가스기능사 기출문제집 필기

합격플래너

3회독

구분			1회독	2회독	3회독
핵심이론 정리집 (별책부록)	1. 가스 안전관리	안전 1~50	DAY 1	–	–
		안전 51~100	DAY 2		
		안전 101~끝까지	DAY 3		
	2. 가스 장치 및 기기		DAY 4		
	3. 가스 설비		DAY 5		
적중이론	1. 가스 일반	고압가스의 기초	DAY 6	DAY 35	DAY 50
		기초물리학			
		고압가스 개론			
		연소 · 폭발 · 폭굉			
		LP가스 설비, 도시가스 설비			
	2. 가스 장치 및 기기	가스 장치	DAY 7	DAY 36	DAY 51
		가스 기기			
		수소 및 수소 안전관리 예상문제	DAY 8		
	3. 가스 안전관리	고압가스 안전관리	DAY 9	DAY 37	DAY 52
		액화석유가스 안전관리법	DAY 10		
		도시가스 안전관리법			
		(공통분야) 고법 · 액법 · 도법			
과년도 출제문제 (CBT 이전)	**2007년** 제1~2회(1월/4월 기출문제)		DAY 11	DAY 38	DAY 53
	2007년 제4~5회(7월/9월 기출문제)		DAY 12		
	2008년 제1~2회(1월/4월 기출문제)		DAY 13	DAY 39	
	2008년 제4~5회(7월/10월 기출문제)		DAY 14		
	2009년 제1~2회(1월/4월 기출문제)		DAY 15	DAY 40	DAY 54
	2009년 제4~5회(7월/9월 기출문제)		DAY 16		
	2010년 제1~2회(1월/4월 기출문제)		DAY 17	DAY 41	
	2010년 제4~5회(7월/10월 기출문제)		DAY 18		
	2011년 제1~2회(1월/4월 기출문제)		DAY 19	DAY 42	DAY 55
	2011년 제4~5회(7월/10월 기출문제)		DAY 20		
	2012년 제1~2회(1월/4월 기출문제)		DAY 21	DAY 43	
	2012년 제4~5회(7월/10월 기출문제)		DAY 22		
	2013년 제1~2회(1월/4월 기출문제)		DAY 23	DAY 44	DAY 56
	2013년 제4~5회(7월/10월 기출문제)		DAY 24		
	2014년 제1~2회(1월/4월 기출문제)		DAY 25	DAY 45	
	2014년 제4~5회(7월/10월 기출문제)		DAY 26		
	2015년 제1~2회(1월/4월 기출문제)		DAY 27	DAY 46	DAY 57
	2015년 제4~5회(7월/10월 기출문제)		DAY 28		
	2016년 제1~4회(1월/4월/7월 기출문제)		DAY 29	DAY 47	
최근 출제문제 (CBT 이후)	제1회 CBT 기출복원문제		DAY 30	DAY 48	DAY 58
	제2회 CBT 기출복원문제		DAY 31		
	제3회 CBT 기출복원문제		DAY 32	DAY 49	
	제4회 CBT 기출복원문제		DAY 33		
	제5회 CBT 기출복원문제		DAY 34		
온라인 모의고사	제1회 CBT 온라인 모의고사		–	–	DAY 59
	제2회 CBT 온라인 모의고사				
	제3회 CBT 온라인 모의고사				
	제4회 CBT 온라인 모의고사				
복습	핵심이론정리집(별책부록) (시험 전 최종마무리로 한번 더 반복학습)				DAY 60

절취선

단기완성 1회독 맞춤 플랜

구분	단원	세부 내용	30일 꼼꼼코스	14일 집중코스	7일 속성코스
핵심이론 정리집 (별책부록)	1. 가스 안전관리	안전 1~50	☐ DAY 1	☐ DAY 1	–
		안전 51~100	☐ DAY 2		
		안전 101~끝까지	☐ DAY 3		
	2. 가스 장치 및 기기		☐ DAY 4	☐ DAY 2	
	3. 가스 설비		☐ DAY 5		
적중이론	1. 가스 일반	고압가스의 기초	☐ DAY 6	☐ DAY 3	☐ DAY 1
		기초물리학			
		고압가스 개론			
		연소 · 폭발 · 폭굉			
		LP가스 설비, 도시가스 설비			
	2. 가스 장치 및 기기	가스 장치	☐ DAY 7	☐ DAY 4	
		가스 기기			
		수소 및 수소 안전관리 예상문제	☐ DAY 8		
	3. 가스 안전관리	고압가스 안전관리	☐ DAY 9	☐ DAY 5	
		액화석유가스 안전관리법	☐ DAY 10		
		도시가스 안전관리법			
		(공통분야) 고법 · 액법 · 도법			
과년도 출제문제 (CBT 이전)	**2007년** 제1~2회(1월/4월 기출문제)		☐ DAY 11	☐ DAY 6	☐ DAY 2
	2007년 제4~5회(7월/9월 기출문제)		☐ DAY 12		
	2008년 제1~2회(1월/4월 기출문제)		☐ DAY 13		
	2008년 제4~5회(7월/10월 기출문제)		☐ DAY 14		
	2009년 제1~2회(1월/4월 기출문제)		☐ DAY 15	☐ DAY 7	
	2009년 제4~5회(7월/9월 기출문제)		☐ DAY 16		
	2010년 제1~2회(1월/4월 기출문제)		☐ DAY 17		
	2010년 제4~5회(7월/10월 기출문제)		☐ DAY 18		
	2011년 제1~2회(1월/4월 기출문제)		☐ DAY 19	☐ DAY 8	☐ DAY 3
	2011년 제4~5회(7월/10월 기출문제)		☐ DAY 20		
	2012년 제1~2회(1월/4월 기출문제)		☐ DAY 21		
	2012년 제4~5회(7월/10월 기출문제)				
	2013년 제1~2회(1월/4월 기출문제)		☐ DAY 22	☐ DAY 9	
	2013년 제4~5회(7월/10월 기출문제)				
	2014년 제1~2회(1월/4월 기출문제)		☐ DAY 23		☐ DAY 4
	2014년 제4~5회(7월/10월 기출문제)				
	2015년 제1~2회(1월/4월 기출문제)		☐ DAY 24	☐ DAY 10	
	2015년 제4~5회(7월/10월 기출문제)				
	2016년 제1~4회(1월/4월/7월 기출문제)		☐ DAY 25		
최근 출제문제 (CBT 이후)	제1회 CBT 기출복원문제		☐ DAY 26	☐ DAY 11	☐ DAY 5
	제2회 CBT 기출복원문제				
	제3회 CBT 기출복원문제				
	제4회 CBT 기출복원문제		☐ DAY 27	☐ DAY 12	
	제5회 CBT 기출복원문제				
온라인 모의고사	제1회 CBT 온라인 모의고사		☐ DAY 28	☐ DAY 13	☐ DAY 6
	제2회 CBT 온라인 모의고사				
	제3회 CBT 온라인 모의고사		☐ DAY 29		
	제4회 CBT 온라인 모의고사				
복습	핵심이론정리집(별책부록) (시험 전 최종마무리로 한번 더 반복학습)		☐ DAY 30	☐ DAY 14	☐ DAY 7

절취선

유일무이 나만의 합격 플랜

나만의 합격코스

구분	과목	세부	날짜	1회독	2회독	3회독	MEMO
핵심이론 정리집 (별책부록)	1. 가스 안전관리	안전 1~50	월 일	☐	☐	☐	
		안전 51~100	월 일	☐	☐	☐	
		안전 101~끝까지	월 일	☐	☐	☐	
	2. 가스 장치 및 기기		월 일	☐	☐	☐	
	3. 가스 설비		월 일	☐	☐	☐	
적중이론	1. 가스 일반	고압가스의 기초	월 일	☐	☐	☐	
		기초물리학	월 일	☐	☐	☐	
		고압가스 개론	월 일	☐	☐	☐	
		연소 · 폭발 · 폭굉	월 일	☐	☐	☐	
		LP가스 설비, 도시가스 설비	월 일	☐	☐	☐	
	2. 가스 장치 및 기기	가스 장치	월 일	☐	☐	☐	
		가스 기기	월 일	☐	☐	☐	
		수소 및 수소 안전관리 예상문제	월 일	☐	☐	☐	
	3. 가스 안전관리	고압가스 안전관리	월 일	☐	☐	☐	
		액화석유가스 안전관리법	월 일	☐	☐	☐	
		도시가스 안전관리법	월 일	☐	☐	☐	
		(공통분야) 고법 · 액법 · 도법	월 일	☐	☐	☐	
과년도 출제문제 (CBT 이전)	**2007년** 제1~2회(1월/4월 기출문제)		월 일	☐	☐	☐	
	2007년 제4~5회(7월/9월 기출문제)		월 일	☐	☐	☐	
	2008년 제1~2회(1월/4월 기출문제)		월 일	☐	☐	☐	
	2008년 제4~5회(7월/10월 기출문제)		월 일	☐	☐	☐	
	2009년 제1~2회(1월/4월 기출문제)		월 일	☐	☐	☐	
	2009년 제4~5회(7월/9월 기출문제)		월 일	☐	☐	☐	
	2010년 제1~2회(1월/4월 기출문제)		월 일	☐	☐	☐	
	2010년 제4~5회(7월/10월 기출문제)		월 일	☐	☐	☐	
	2011년 제1~2회(1월/4월 기출문제)		월 일	☐	☐	☐	
	2011년 제4~5회(7월/10월 기출문제)		월 일	☐	☐	☐	
	2012년 제1~2회(1월/4월 기출문제)		월 일	☐	☐	☐	
	2012년 제4~5회(7월/10월 기출문제)		월 일	☐	☐	☐	
	2013년 제1~2회(1월/4월 기출문제)		월 일	☐	☐	☐	
	2013년 제4~5회(7월/10월 기출문제)		월 일	☐	☐	☐	
	2014년 제1~2회(1월/4월 기출문제)		월 일	☐	☐	☐	
	2014년 제4~5회(7월/10월 기출문제)		월 일	☐	☐	☐	
	2015년 제1~2회(1월/4월 기출문제)		월 일	☐	☐	☐	
	2015년 제4~5회(7월/10월 기출문제)		월 일	☐	☐	☐	
	2016년 제1~4회(1월/4월/7월 기출문제)		월 일	☐	☐	☐	
최근 출제문제 (CBT 이후)	제1회 CBT 기출복원문제		월 일	☐	☐	☐	
	제2회 CBT 기출복원문제		월 일	☐	☐	☐	
	제3회 CBT 기출복원문제		월 일	☐	☐	☐	
	제4회 CBT 기출복원문제		월 일	☐	☐	☐	
	제5회 CBT 기출복원문제		월 일	☐	☐	☐	
온라인 모의고사	제1회 CBT 온라인 모의고사		월 일	☐	☐	☐	
	제2회 CBT 온라인 모의고사		월 일	☐	☐	☐	
	제3회 CBT 온라인 모의고사		월 일	☐	☐	☐	
	제4회 CBT 온라인 모의고사		월 일	☐	☐	☐	
복습	핵심이론정리집(별책부록) (시험 전 최종마무리로 한번 더 반복학습)		월 일	☐	☐	☐	

절취선

저자쌤의 합격플래너 활용 Tip.

01. Choice

시험대비를 위해 여유 있는 시간을 확보해 제대로 공부하여 시험합격은 물론 고득점을 노리는 수험생들은 **Plan 1 (60일 3회독 완벽코스)**를, 폭넓고 깊은 학습은 불가능해도 꼼꼼하게 공부해 한번에 시험합격을 원하시는 수험생들은 **Plan 2 (30일 꼼꼼코스)**를, 시험준비를 늦게 시작하였으나 짧은 기간에 온전히 학습할 수 있는 많은 시간확보가 가능한 수험생들은 **Plan 3 (14일 집중코스)**를, 부족한 시간이지만 열심히 공부하여 60점만 넘어 합격의 영광을 누리고 싶은 수험생들은 **Plan 4 (7 일 속성코스)**가 적합합니다!
단, 저자쌤은 위의 학습플랜 중 충분한 학습기간을 가지고 제대로 시험대비를 할 수 있는 **Plan 1**을 추천합니다!!!

02. Plus

Plan 1~4까지 중 나에게 맞는 학습플랜이 없을 시, **Plan 5**에 **나에게 꼭~ 맞는 나만의 학습계획**을 스스로 세워보거나, 또는 **Plan 2 + Plan 3, Plan 2 + Plan 4, Plan 3 + Plan 4** 등 제시된 코스를 활용하여 나의 시험준비기간에 잘~ 맞는 학습계획을 세워보세요!

03. Unique

유일무이 나만의 합격 플랜에는 계획에 따라 3회독까지 학습체크를 할 수 있는 공란과, 처음 1회독 시 학습한 날짜를 기입할 수 있는 공간을 따로 두었습니다!

04. Pass

별책부록으로 수록되어 있는 **"핵심이론정리집"**은 플래너의 학습일과 상관없이 기출문제를 풀 때 **수시로 참고**하거나 **모든 학습이 끝난 후 한번 더 반복**하여 봐주시고, 시험당일 **시험장에서 최종 마무리용**으로 활용하시길 바랍니다!

※ 합격플래너를 활용해 계획적으로 시험대비를 하여 필기시험에 합격하신 수험생분께는 「문화상품권(2만원)」을 보내드립니다(단, 선착순(10명)이며, 온라인서점에 플래너 활용사진을 포함한 도서리뷰 or 합격후기를 올려주신 후 인증사진을 보내주신 분에 한합니다).
☎ 관련문의 : 031-950-6371

절취선

D+PLUS

더 쉽게 더 빠르게 합격 플러스

가스기능사 필기 기출문제집

양용석 지음

BM (주)도서출판 성안당

도서 A/S 안내

성안당에서 발행하는 모든 도서는 저자와 출판사, 그리고 독자가 함께 만들어 나갑니다.

좋은 책을 펴내기 위해 많은 노력을 기울이고 있습니다. 혹시라도 내용상의 오류나 오탈자 등이 발견되면 **"좋은 책은 나라의 보배"**로서 우리 모두가 함께 만들어 간다는 마음으로 연락주시기 바랍니다. 수정 보완하여 더 나은 책이 되도록 최선을 다하겠습니다.

성안당은 늘 독자 여러분들의 소중한 의견을 기다리고 있습니다. 좋은 의견을 보내주시는 분께는 성안당 쇼핑몰의 포인트(3,000포인트)를 적립해 드립니다.

잘못 만들어진 책이나 부록 등이 파손된 경우에는 교환해 드립니다.

저자 문의 e-mail : 3305542a@daum.net(양용석)

본서 기획자 e-mail : coh@cyber.co.kr(최옥현)

홈페이지 : http://www.cyber.co.kr 전화 : 031) 950-6300

머리말

국가적으로 안전관리 분야(가스 · 소방 · 전기 · 토목 · 건축 등)가 강조되고 있는 현시대에 특히 고압가스 분야에 관심을 가지고 가스기능사 자격을 취득하려는 독자 여러분 반갑습니다.

본 서는 한국산업인력공단에서 2007년부터 현재까지 출제되었던 가스기능사 기출문제를 철저히 분석, 중요한 이론만을 완벽하게 정리하였으며, 특히 기출문제의 가장 취약점인 해당 문제에 대한 이론만을 설명한 것이 아니라 해당 문제 이외에 관련 이론을 모두 핵심정리에 추가함으로써 반드시 합격할 수 있도록 심혈을 기울여 집필하였습니다.

이 책의 특징은 다음과 같습니다.

1. **최신 출제기준**(2021.1.1.~2024.12.31.)에 맞추어 **가스 기초이론을 정리**하였습니다.
2. **기출문제**에서는 **충분한 해설**로 문제에 대한 이해도를 높였습니다.
3. 새로운 CBT 시험에 대비하여 최근의 **CBT 기출복원문제를 수록**하였습니다.
4. 전공자가 아니어도 본 책의 내용만으로 **충분히 합격 가능한 가스기능사 수험서**입니다.

끝으로 이 책의 집필을 위하여 물심양면으로 도움을 주신 도서출판 성안당 회장님과 편집부 임직원 여러분께 진심으로 감사드리며, 수험생 여러분의 합격을 기원드립니다.

이 책을 보면서 궁금한 점이 있으시면 **저자 직통전화(010-5835-0508)**나 **저자 메일(3305542a@daum.net)**로 언제든 질문을 주시면 성실하게 답변드리겠습니다.
또한 출간 이후의 오류사항은 성안당 홈페이지-자료실-정오표 게시판에 올려두겠습니다.

저자 씀

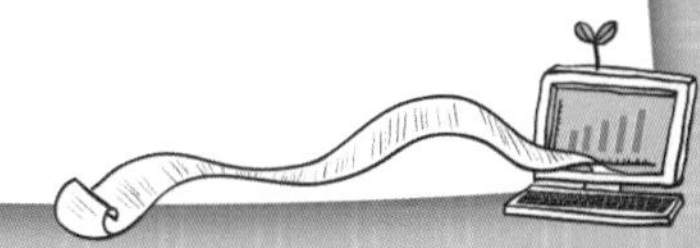

시험 안내

✦ 자격명 : 가스기능사(**과정평가형 자격 취득 가능 종목**)
✦ 영문명 : Craftsman Gas
✦ 관련부처 : 산업통상자원부
✦ 시행기관 : 한국산업인력공단

1 기본 정보

(1) 개요

경제성장과 더불어 산업체로부터 가정에 이르기까지 수요가 증가하고 있는 가스류 제품은 인화성과 폭발성이 있는 에너지 자원이다. 이에 따라 고압가스와 관련된 생산, 공정, 시설, 기수의 안전관리에 대한 제도적 개편과 기능인력을 양성하기 위하여 자격제도를 시행하게 되었다.

(2) 수행직무

고압가스 제조, 저장 및 공급 시설, 용기, 기구 등의 제조 및 수리 시설을 시공, 조작, 검사하기 위한 기술적 사항의 관리, 생산공정에서 가스생산 기계 및 장비를 운전하고 충전하기 위해 예방조치 점검과 고압가스충전용기의 운반, 관리 및 용기 부속품 교체 등의 업무를 수행한다.

(3) 진로 및 전망

① 고압가스 제조업체 · 저장업체 · 판매업체에 기타 도시가스사업소, 용기제조업소, 냉동기계제조업체 등 전국의 고압가스 관련업체로 진출할 수 있다.

② 최근 국민생활수준의 향상과 산업의 발달로 연료용 및 산업용 가스의 수급 규모가 대형화되고, 가스시설의 복잡 · 다양화됨에 따라 가스사고 건수가 급증하고 사고 규모도 대형화되는 추세이다. 한국가스안전공사의 자료에 의하면 가스사고로 인한 인명 피해가 해마다 증가하였고, 정부의 도시가스 확대방안으로 인천, 평택 인수기지에 이어 추가 기지 건설을 추진하는 등 가스 사용량 증가가 예상되어 가스기능사의 인력수요는 증가할 것이다.

(4) 연도별 검정현황

연 도	필 기			실 기		
	응시	합격	합격률	응시	합격	합격률
2022	11,955명	3,986명	33.3%	5,984명	2,049명	34.2%
2021	11,741명	3,753명	31.9%	5,611명	2,479명	44.2%
2020	8,891명	3,003명	33.8%	4,442명	2,597명	58.5%
2019	11,090명	3,426명	30.9%	5,086명	2,828명	55.6%
2018	9,393명	2,751명	29.3%	4,378명	2,457명	56.1%

2 시험 정보

(1) 시험 수수료

① 필기 : 14,500원

② 실기 : 32,800원

(2) 출제 경향

가스 설비, 운전, 저장 및 공급에 대한 취급과 가스장치의 고장진단 및 유지관리, 그리고 가스안전관리에 관한 업무를 수행할 수 있는지의 능력을 평가

(3) 취득방법

① 시행처 : 한국산업인력공단

② 관련학과 : 실업계 고등학교 및 전문대학의 기계공학 또는 화학공학 관련학과

③ 시험과목

- 필기 : 1. 가스 안전관리
  2. 가스 장치 및 기기
  3. 가스 일반
- 실기 : 가스 실무

④ 검정방법

- 필기 : 전 과목 혼합, 객관식 60문항(1시간)
- 실기 : 복합형(2시간(필답형(12문항) : 1시간+동영상(12문항) : 1시간))

⑤ 합격기준

- 필기 : 100점을 만점으로 하여 과목당 40점 이상, 전 과목 평균 60점 이상
- 실기 : 100점(필답형 50점+동영상 50점)을 만점으로 하여 60점 이상

(4) 시험 일정

회 별	필기 원서접수 (인터넷)	필기시험	필기 합격 예정자 발표	실기 원서접수 (인터넷)	실기(면접)시험	합격자 발표
제1회	1. 2.~1. 5.	1. 21.~2. 24.	1. 31.	2. 5.~2. 8.	3. 16.~3. 29.	1차 : 4. 9. 2차 : 4. 17
제2회	3. 12.~3. 15.	3. 31.~4. 4.	4. 17.	4. 23.~4. 26.	6. 1.~6. 16.	1차 : 6. 26. 2차 : 7. 3.
제3회	5. 28.~5. 31.	6. 16.~6. 20.	6. 26.	7. 16.~7. 19.	8. 17.~9. 3.	1차 : 9. 1. 2차 : 9. 25.
제4회	8. 20.~8. 23.	9. 8.~9. 12.	9. 25.	9. 30.~10. 4.	11. 9.~11. 24.	1차 : 12. 4. 2차 : 12. 11.

[비고]

1. 원서접수 시간 : 원서접수 첫날 10시~마지막 날 18시까지입니다.
   (가끔 마지막 날 밤 12:00까지로 알고 접수를 놓치는 경우도 있으니 주의하기 바람!)
2. 필기시험 합격예정자 및 최종합격자 발표시간은 해당 발표일 9시입니다.
3. 주말 및 공휴일, 공단창립기념일(3.18)에는 실기시험 원서접수 불가합니다.
4. **자세한 시험 일정은 Q-net 홈페이지(www.q-net.or.kr)를 참고**하시기 바랍니다.

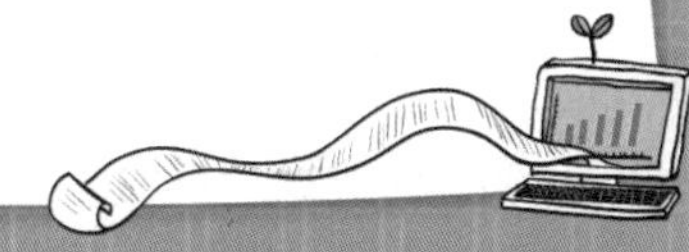

3 시험 접수에서 자격증 수령까지 안내

☑ 원서접수 안내 및 유의사항입니다.

- 원서접수 확인 및 수험표 출력기간은 접수당일부터 시험시행일까지 출력 가능(이외 기간은 조회불가)합니다. 또한 출력장애 등을 대비하여 사전에 출력 보관하시기 바랍니다.
- 원서접수는 온라인(인터넷, 모바일앱)에서만 가능합니다.
- 스마트폰, 태블릿 PC 사용자는 모바일앱 프로그램을 설치한 후 접수 및 취소/환불 서비스를 이용하시기 바랍니다.

STEP 01 필기시험 원서접수

- 필기시험은 온라인 접수만 가능
- Q-net(www.q-net.or.kr) 사이트 회원 가입
- 응시자격 자가진단 확인 후 원서 접수 진행
- 반명함 사진 등록 필요 (6개월 이내 촬영본 / 3.5cm×4.5cm)

STEP 02 필기시험 응시

- 입실시간 미준수 시 시험 응시 불가 (시험시작 30분 전에 입실 완료)
- 수험표, 신분증, 계산기 지참 (공학용 계산기 지참 시 반드시 포맷)

STEP 03 필기시험 합격자 확인

- CBT 형식으로 치러지므로 시험 완료 즉시 합격 여부 확인 가능
- 문자 메시지, SNS 메신저를 통해 합격 통보 (합격자만 통보)
- Q-net(www.q-net.or.kr) 사이트 및 ARS (1666-0100)를 통해서 확인 가능

STEP 04 실기시험 원서접수

- Q-net(www.q-net.or.kr) 사이트에서 원서 접수
- 응시자격서류 제출 후 심사에 합격 처리된 사람에 한하여 원서 접수 가능 (응시자격서류 미제출 시 필기시험 합격예정 무효)

※ 자세한 사항은 Q-net 홈페이지(www.q-net.or.kr)를 참고하시기 바랍니다.

"성안당은 여러분의 합격을 기원합니다"

STEP 05

실기시험 응시

- 수험표, 신분증, 필기구, 공학용 계산기, 종목별 수험자 준비물 지참
  (공학용 계산기는 허용된 종류에 한하여 사용 가능하며, 수험자 지참 준비물은 실기시험 접수기간에 확인 가능)

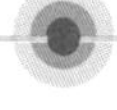

STEP 06

실기시험 합격자 확인

- 문자 메시지, SNS 메신저를 통해 합격 통보
  (합격자만 통보)
- Q-net(www.q-net.or.kr) 사이트 및 ARS (1666-0100)를 통해서 확인 가능

STEP 07

자격증 교부 신청

- 상장형 자격증, 수첩형 자격증 형식 신청 가능
- Q-net(www.q-net.or.kr) 사이트를 통해 신청

STEP 08

자격증 수령

- 상장형 자격증은 합격자 발표 당일부터 인터넷으로 발급 가능
  (직접 출력하여 사용)
- 수첩형 자격증은 인터넷 신청 후 우편수령만 가능
  (수수료 : 3,100원 / 배송비 : 3,010원)

★ 필기/실기 시험 시 허용되는 공학용 계산기 기종

1. 카시오(CASIO) FX-901~999
2. 카시오(CASIO) FX-501~599
3. 카시오(CASIO) FX-301~399
4. 카시오(CASIO) FX-80~120
5. 샤프(SHARP) EL-501-599
6. 샤프(SHARP) EL-5100, EL-5230, EL-5250, EL-5500
7. 캐논(CANON) F-715SG, F-788SG, F-792SGA
8. 유니원(UNIONE) UC-400M, UC-600E, UC-800X
9. 모닝글로리(MORNING GLORY) ECS-101

※ 1. 직업 초기화가 불가능한 계산기는 사용 불가
2. 사칙연산만 가능한 일반 계산기는 기종 상관없이 사용 가능
3. 허용군 내 기종 번호 말미의 영어 표기(ES, MS, EX 등)는 무관

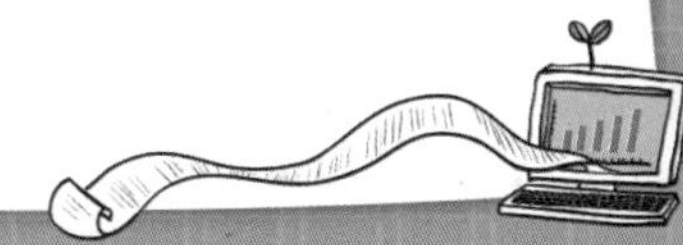

CBT 안내

1 CBT란?

CBT란 Computer Based Test의 약자로, 컴퓨터 기반 시험을 의미한다.
정보기기운용기능사, 정보처리기능사, 굴삭기운전기능사, 지게차운전기능사, 제과기능사, 제빵기능사, 한식조리기능사, 양식조리기능사, 일식조리기능사, 중식조리기능사, 미용사(일반), 미용사(피부) 등 12종목은 이미 오래 전부터 CBT 시험을 시행하고 있으며, **가스기능사는 2016년 5회 시험부터 CBT 시험이 시행**되었다.
CBT 필기시험은 컴퓨터로 보는 만큼 수험자가 답안을 제출함과 동시에 합격여부를 확인할 수 있다.

2 CBT 시험과정

한국산업인력공단에서 운영하는 홈페이지 **큐넷(Q-net)**에서는 누구나 쉽게 **CBT 시험**을 볼 수 있도록 실제 자격시험 환경과 동일하게 구성한 **가상 웹 체험 서비스를 제공**하고 있으며, 그 과정을 요약한 내용은 아래와 같다.

(1) 시험시작 전 신분 확인절차

수험자가 자신에게 배정된 좌석에 앉아 있으면 신분 확인절차가 진행된다.
이것은 시험장 감독위원이 컴퓨터에 나온 수험자 정보와 신분증이 일치하는지를 확인하는 단계이다.

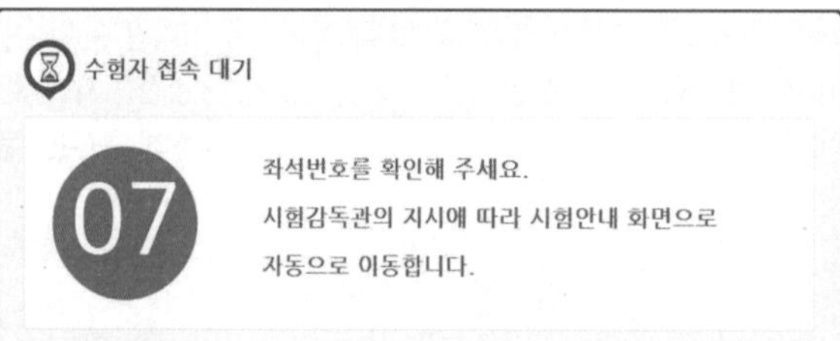

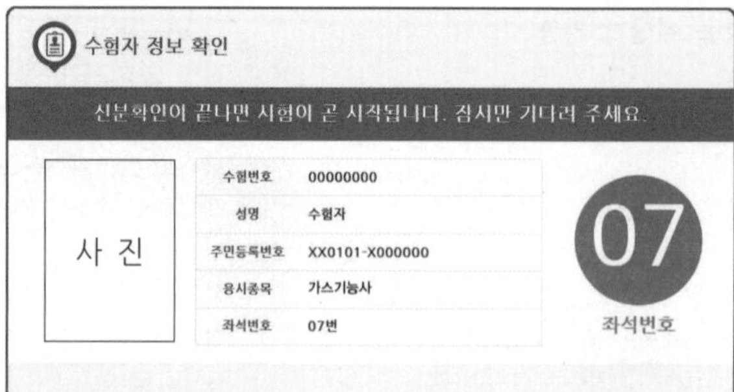

(2) CBT 시험안내 진행

신분 확인이 끝난 후 시험시작 전 CBT 시험안내가 진행된다.

안내사항 > 유의사항 > 메뉴 설명 > 문제풀이 연습 > 시험준비 완료

① 시험 **[안내사항]**을 확인한다.

- 시험은 총 5문제로 구성되어 있으며, 5분간 진행된다.
  (자격종목별로 시험문제 수와 시험시간은 다를 수 있다.(가스기능사 필기-60문제/1시간))
- 시험도중 수험자 PC 장애 발생 시 손을 들어 시험감독관에게 알리면 긴급장애조치 또는 자리이동을 할 수 있다.
- 시험이 끝나면 합격여부를 바로 확인할 수 있다.

② 시험 **[유의사항]**을 확인한다.
시험 중 금지되는 행위 및 저작권 보호에 관한 유의사항이 제시된다.

③ 문제풀이 **[메뉴 설명]**을 확인한다.
문제풀이 기능 설명을 유의해서 읽고 기능을 숙지해야 한다.

④ 자격검정 CBT **[문제풀이 연습]**을 진행한다.
실제 시험과 동일한 방식의 문제풀이 연습을 통해 CBT 시험을 준비한다.

- CBT 시험 문제화면의 기본 글자크기는 150%이다. 글자가 크거나 작을 경우 크기를 변경할 수 있다.
- 화면배치는 1단 배치가 기본 설정이다. 더 많은 문제를 볼 수 있는 2단 배치와 한 문제씩 보기 설정이 가능하다.

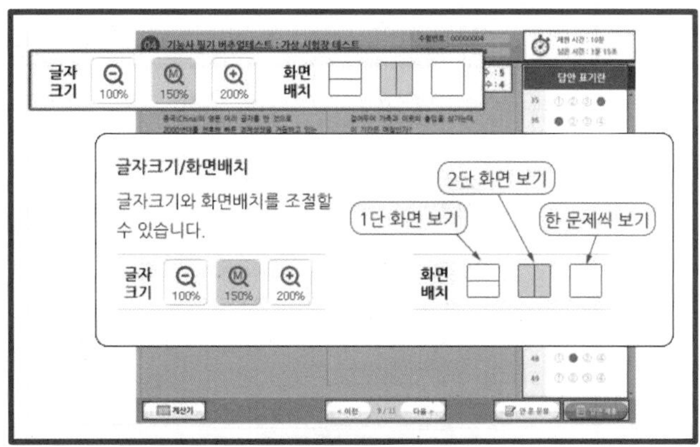

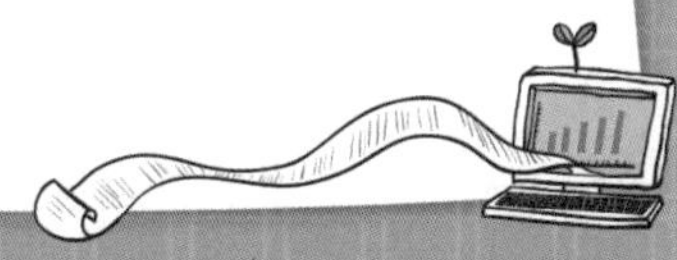

- 답안은 문제의 보기번호를 클릭하거나 답안표기 칸의 번호를 클릭하여 입력할 수 있다.
- 입력된 답안은 문제화면 또는 답안표기 칸의 보기번호를 클릭하여 변경할 수 있다.

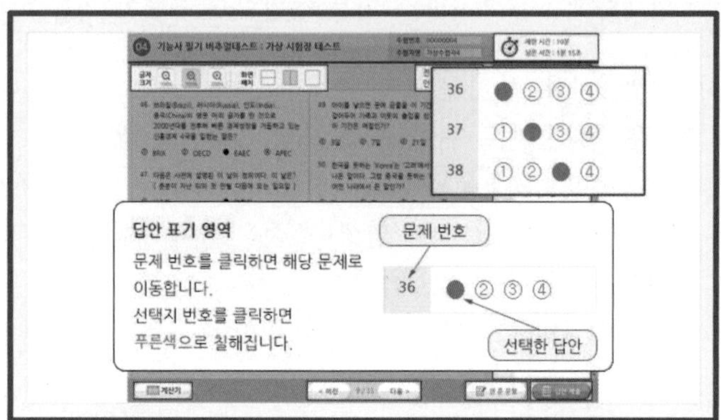

- 페이지 이동은 아래의 페이지 이동 버튼 또는 답안표기 칸의 문제번호를 클릭하여 이동할 수 있다.

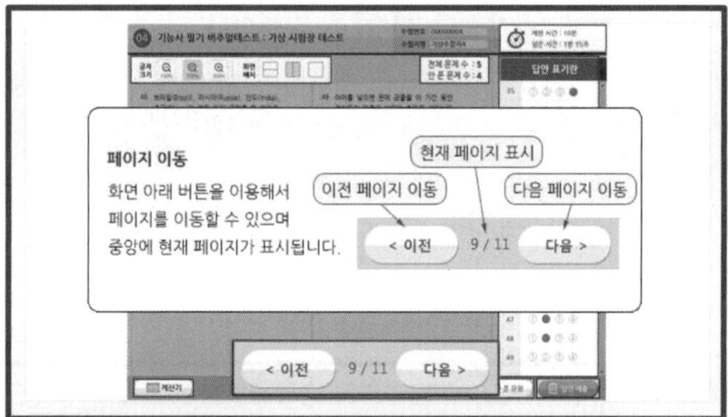

- 응시종목에 계산문제가 있을 경우 좌측 하단의 계산기 기능을 이용할 수 있다.

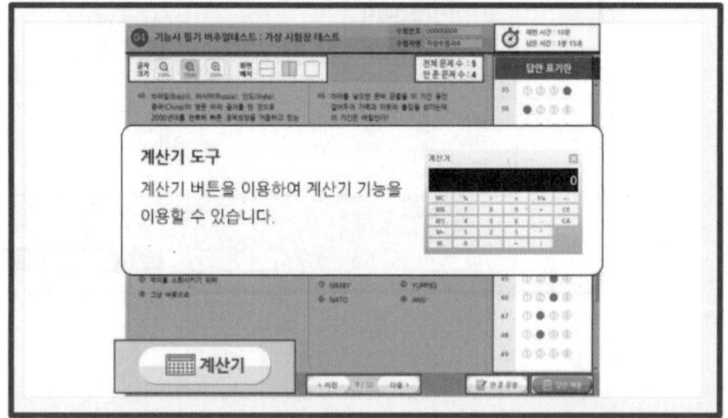

- 안 푼 문제 확인은 답안 표기란 좌측에 안 푼 문제 수를 확인하거나 답안 표기란 하단 [안 푼 문제] 버튼을 클릭하여 확인할 수 있다. 안 푼 문제번호 보기 팝업창에 안 푼 문제번호가 표시된다. 번호를 클릭하면 해당 문제로 이동한다.

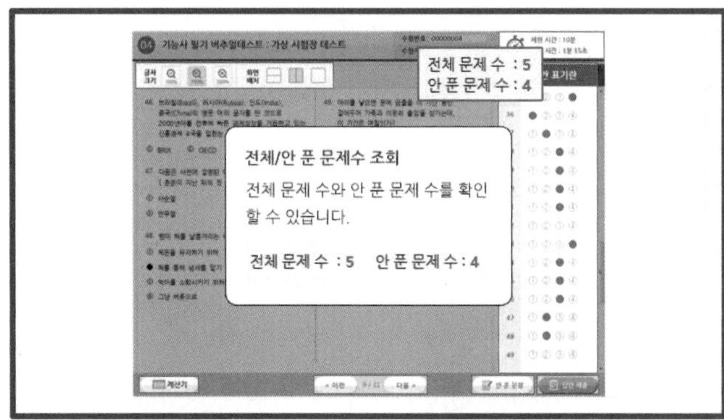

- 시험문제를 다 푼 후 답안 제출을 하거나 시험시간이 모두 경과되었을 경우 시험이 종료되며 시험결과를 바로 확인할 수 있다.
- [답안 제출] 버튼을 클릭하면 답안 제출 승인 알림창이 나온다. 시험을 마치려면 [예] 버튼을 클릭하고 시험을 계속 진행하려면 [아니오] 버튼을 클릭하면 된다. 답안 제출은 실수 방지를 위해 두 번의 확인 과정을 거친다. 이상이 없으면 [예] 버튼을 한 번 더 클릭하면 된다.

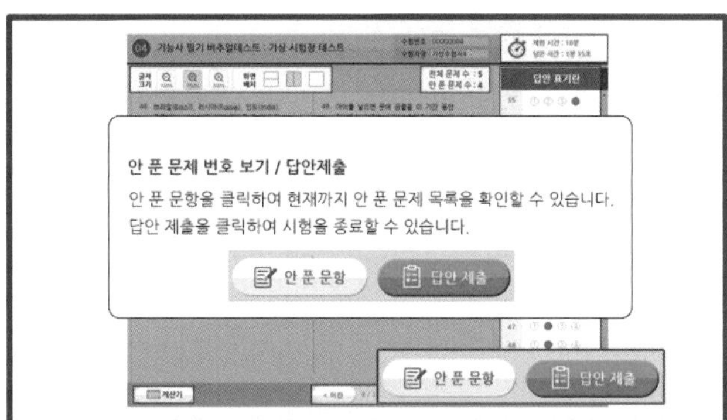

⑤ **[시험준비 완료]**를 한다.

시험 안내사항 및 문제풀이 연습까지 모두 마친 수험자는 [시험준비 완료] 버튼을 클릭한 후 잠시 대기한다.

(3) CBT 시험 시행

(4) 답안 제출 및 합격 여부 확인

★ 더 자세한 내용에 대해서는 Q-Net 홈페이지(www.q-net.or.kr)를 참고해 주시기 바랍니다. ★

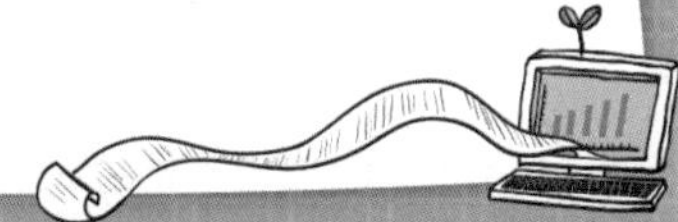

1 국가직무능력표준(NCS)이란?

국가직무능력표준(NCS, National Competency Standards)은 산업현장에서 직무를 행하기 위해 요구되는 지식 · 기술 · 태도 등의 내용을 국가가 산업 부문별, 수준별로 체계화한 것이다.

(1) 국가직무능력표준(NCS) 개념도

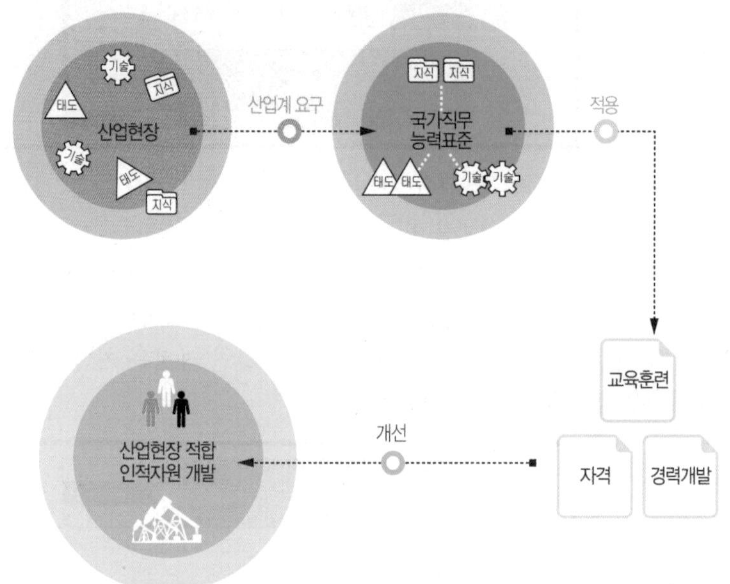

〈직무능력 : 일을 할 수 있는 On-spec인 능력〉

① 직업인으로서 기본적으로 갖추어야 할 공통능력 → **직업기초능력**

② 해당 직무를 수행하는 데 필요한 역량(지식, 기술, 태도) → **직무수행능력**

〈보다 효율적이고 현실적인 대안 마련〉

① 실무중심의 교육 · 훈련 과정 개편

② 국가자격의 종목 신설 및 재설계

③ 산업현장 직무에 맞게 자격시험 전면 개편

④ NCS 채용을 통한 기업의 능력중심 인사관리 및 근로자의 평생경력 개발 관리 지원

(2) 국가직무능력표준(NCS) 학습모듈

국가직무능력표준(NCS)이 현장의 '**직무 요구서**'라고 한다면, **NCS 학습모듈**은 **NCS 능력단위를 교육훈련에서 학습할 수 있도록 구성한 '교수 · 학습 자료**'이다. NCS 학습모듈은 구체적 직무를 학습할 수 있도록 이론 및 실습과 관련된 내용을 상세하게 제시하고 있다.

2 국가직무능력표준(NCS)이 왜 필요한가?

능력 있는 인재를 개발해 핵심 인프라를 구축하고, 나아가 국가경쟁력을 향상시키기 위해 국가직무능력표준이 필요하다.

(1) 국가직무능력표준(NCS) 적용 전/후

지금은

- 직업 교육 · 훈련 및 자격제도가 산업현장과 불일치
- 인적자원의 비효율적 관리 운용

이렇게 바뀝니다.

- 각각 따로 운영되었던 교육 · 훈련, 국가직무능력표준 중심 시스템으로 전환 (일-교육 · 훈련-자격 연계)
- 산업현장 직무중심의 인적자원 개발
- 능력중심사회 구현을 위한 핵심 인프라 구축
- 고용과 평생직업능력 개발 연계를 통한 국가경쟁력 향상

(2) 국가직무능력표준(NCS) 활용범위

기업체 Corporation	교육훈련기관 Education and training	자격시험기관 Qualification
- 현장 수요 기반의 인력채용 및 인사관리 기준 - 근로자 경력 개발 - 직무 기술서	- 직업교육 훈련과정 개발 - 교수계획 및 매체, 교재 개발 - 훈련기준 개발	- 자격종목의 신설 · 통합 · 폐지 - 출제기준 개발 및 개정 - 시험문항 및 평가방법

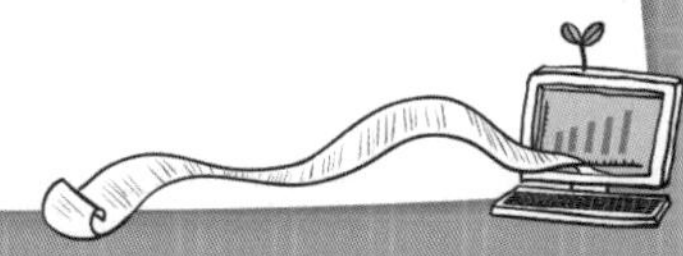

출제기준 (필기)

직무 분야	안전관리	중직무 분야	안전관리	자격 종목	가스기능사	적용 기간	2021.1.1.~2024.12.31.

• **직무 내용** : 가스 제조 · 저장 · 충전 · 공급 및 사용 시설과 용기, 기구 등의 제조 및 수리시설을 시공, 조작, 검사하기 위한 기술적 사항의 관리, 생산 공정에서 가스 생산기계 및 장비를 운전하고 충전하기 위해 예방조치 등의 업무를 수행

필기 검정 방법	객관식	문제 수	60	시험 시간	1시간

필기 과목명	문제 수	주요 항목	세부 항목	세세 항목
가스안전관리, 가스 장치 및 기기, 가스 일반	60	1. 가스안전관리	(1) 가스의 성질	① 가연성 가스 ② 독성 가스 ③ 기타 가스
			(2) 가스 제조 공급 및 충전	① 고압가스 일반제조시설 ② 고압가스 특정제조시설 ③ 고압가스 충전시설 ④ 액화석유가스 충전시설 ⑤ 도시가스 제조 및 공급 시설 ⑥ 도시가스 충전시설 ⑦ 수소 제조 및 충전시설
			(3) 가스 저장 및 사용 시설	① 고압가스 저장시설 ② 고압가스 사용시설 ③ 액화석유가스 저장시설 ④ 액화석유가스 사용시설 ⑤ 도시가스 사용시설 ⑥ 수소 사용시설
			(4) 고압가스 특정설비, 가스용품, 냉동기, 히트펌프, 용기 등의 제조 및 검사	① 특정설비 제조 및 검사 ② 가스용품 제조 및 검사 ③ 냉동기 제조 및 검사 ④ 히트펌프 제조 및 검사 ⑤ 용기 제조 및 검사
			(5) 가스 판매, 운반, 취급	① 고압가스, 액화석유가스 판매시설 ② 고압가스, 액화석유가스 운반 ③ 고압가스, 액화석유가스 취급

필기 과목명	문제 수	주요 항목	세부 항목	세세 항목
			(6) 가스화재 및 폭발 예방	① 폭발범위 ② 폭발의 종류 ③ 폭발의 피해 영향 ④ 폭발 방지대책 ⑤ 위험성 평가 ⑥ 방폭구조 ⑦ 위험장소 ⑧ 부식의 종류 및 방지대책
		2. 가스 장치 및 가스설비	(1) 가스장치	① 기화장치 및 정압기 ② 가스장치 요소 ③ 가스용기 및 탱크 ④ 압축기 및 펌프 ⑤ 가스장치 재료
			(2) 저온장치	① 공기액화분리장치 ② 저온장치 및 재료
			(3) 가스설비	① 고압가스설비 ② 액화석유가스설비 ③ 도시가스설비
			(4) 가스계측기	① 온도계 및 압력계측기 ② 액면 및 유량계측기 ③ 가스분석기 ④ 가스누출검지기 ⑤ 제어기기
		3. 가스 일반	(1) 가스의 기초	① 압력 ② 온도 ③ 열량 ④ 밀도, 비중 ⑤ 가스의 기초 이론 ⑥ 이상기체의 성질
			(2) 가스의 연소	① 연소 현상 ② 연소의 종류와 특성 ③ 가스의 종류 및 특성 ④ 가스의 시험 및 분석 ⑤ 연소계산
			(3) 가스의 성질, 제조 방법 및 용도	① 고압가스 ② 액화석유가스 ③ 도시가스

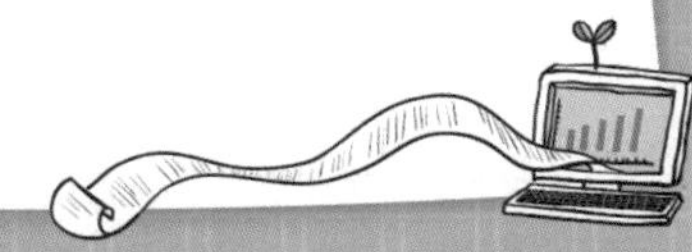

출제기준 (실기)

직무 분야	안전관리	중직무 분야	안전관리	자격 종목	가스기능사	적용 기간	2021.1.1.~2024.12.31.

• **직무 내용** : 가스 제조 · 저장 · 충전 · 공급 및 사용 시설과 용기, 기구 등의 제조 및 수리시설을 시공, 조작, 검사하기 위한 기술적 사항의 관리, 생산 공정에서 가스 생산기계 및 장비를 운전하고 충전하기 위해 예방조치 등의 업무를 수행

• **수행 준거** : 1. 가스 제조에 대한 기초적인 지식 및 기능을 가지고 각종 가스장치를 운용할 수 있다.
2. 가스 설비, 운전, 저장 및 공급에 대한 취급과 가스장치의 유지관리를 할 수 있다.
3. 가스 기기 및 설비에 대한 검사업무 및 가스안전관리 업무를 수행할 수 있다.

실기 검정 방법	복합형	시험 시간	2시간 (필답형 : 1시간, 동영상 : 1시간)

실기 과목명	주요 항목	세부 항목	세세 항목
가스 실무	1. 가스설비	(1) 가스장치 운용하기	① 제조, 저장, 충전 장치를 운용할 수 있다. ② 기화장치를 운용할 수 있다. ③ 저온장치를 운용할 수 있다. ④ 가스용기, 저장탱크를 관리 및 운용할 수 있다. ⑤ 펌프 및 압축기를 운용할 수 있다.
		(2) 가스설비 작업하기	① 가스배관 설비작업을 할 수 있다. ② 가스저장 및 공급설비작업을 할 수 있다. ③ 가스사용설비 관리 및 운용을 할 수 있다.
		(3) 가스 제어 및 계측 기기 운용하기	① 온도계를 유지 · 보수할 수 있다. ② 압력계를 유지 · 보수할 수 있다. ③ 액면계를 유지 · 보수할 수 있다. ④ 유량계를 유지 · 보수할 수 있다. ⑤ 가스검지기기를 운용할 수 있다. ⑥ 각종 제어기기를 운용할 수 있다.
	2. 가스시설 안전관리	(1) 가스안전 관리하기	① 가스의 특성을 알 수 있다. ② 가스위해 예방작업을 할 수 있다. ③ 가스장치의 유지관리를 할 수 있다. ④ 가스연소기기에 대하여 알 수 있다. ⑤ 가스화재 · 폭발의 위험 인지와 응급대응을 할 수 있다.

실기 과목명	주요 항목	세부 항목	세세 항목
		(2) 가스시설 안전검사 수행하기	① 가스관련 안전인증대상 기계 · 기구와 자율안전확인대상 기계 · 기구 등을 구분할 수 있다. ② 가스관련 의무안전인증대상 기계 · 기구와 자율안전확인대상 기계 · 기구 등에 따른 위험성의 세부적인 종류, 규격, 형식의 위험성을 적용할 수 있다. ③ 가스관련 안전인증대상 기계 · 기구와 자율안전대상 기계 · 기구 등에 따른 기계 · 기구에 대하여 측정장비를 이용하여 정기적인 시험을 실시할 수 있도록 관리계획을 작성할 수 있다. ④ 가스관련 안전인증대상 기계 · 기구와 자율안전대상 기계 · 기구 등에 따른 기계 · 기구 설치방법 및 종류에 의한 장단점을 조사할 수 있다. ⑤ 공정진행에 의한 가스관련 안전인증대상 기계 · 기구와 자율안전확인대상 기계 · 기구 등에 따른 기계기구의 설치, 해체, 변경 계획을 작성할 수 있다.

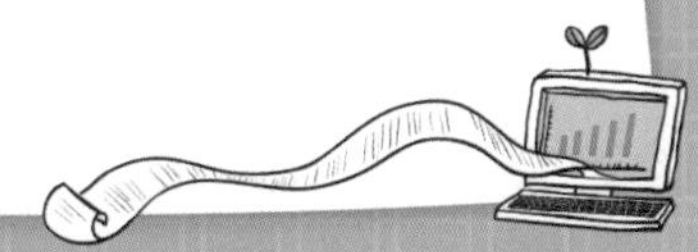

차 례

PART 1 기출문제 출제경향에 따른 적중이론

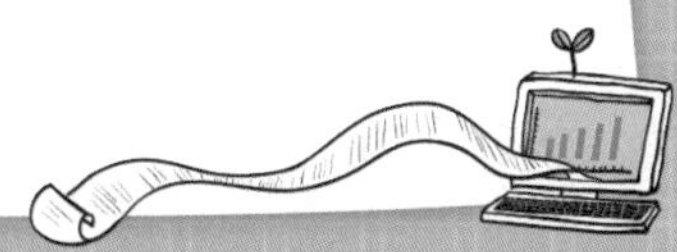

chapter 3 ❙ 가스 안전관리 1-70

PART 2 CBT 완벽대비 과년도 출제문제

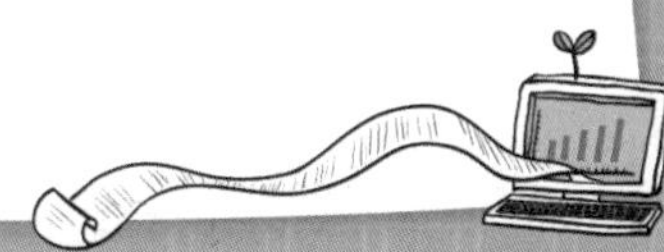

별책부록 시험에 잘 나오는 핵심이론정리집

PART 1

기출문제 출제경향에 따른

적중이론

가스기능사

PART 1. 적중이론

가스 일반

'chapter 1'은 한국산업인력공단 출제기준 중 "가스 일반" 부분입니다.
세부 출제기준은 1. 가스의 기초,
2. 가스의 연소,
3. 가스의 성질 · 제조방법 및 용도입니다.

01 고압가스의 기초

1 원소의 주기율표 · 원자번호

(1 ← 원자번호, H ← 원소기호)

1 H (수소)							2 He (헬륨)
3 Li (리튬)	4 Be (베릴륨)	5 B (붕소)	6 C (탄소)	7 N (질소)	8 O (산소)	9 F (불소)	10 Ne (네온)
11 Na (나트륨)	12 Mg (마그네슘)	13 Al (알루미늄)	14 Si (규소)	15 P (인)	16 S (황)	17 Cl (염소)	18 Ar (아르곤)
19 K (칼륨)	20 Ca (칼슘)						

※ 원자번호 순서대로 암기

(수)(헤)(리)(베)(붕) (탄)(질)(산)(불)(네)
(나)(마)(알)(규)(인) (황)(염)(알)(칼)(칼)

☞ **학습의 요지** : 가스를 공부하기 위하여 원소 20가지의 명칭과 원자량을 반드시 암기해야 한다.

2 원자 · 분자

구 분	내 용
원자	지구상에 존재하는 가장 작은 입자(물질의 특성은 존재하지 않음)
분자	원자의 모임으로 지구상 물질의 특성이 존재하는 가장 작은 입자
원자량(g)	탄소(C)=12g을 기준으로 정하고 그것과 비교한 다른 원자의 질량
분자량(g)	원자량을 모두 합한 질량

각 원소의 원자량

H	He	Li	Be	B	C	N	O	F	Ne	Na	Mg	Al	Si	P	S	Cl	Ar	K	Ca
1	4	7	8	11	12	14	16	19	20	23	24	27	28	31	32	35.5	40	39	40

원자량 계산법		예 시	분자량 계산법
번호가 짝수	원자량=번호×2	O(산소)=8×2=16g Mg(마그네슘)=12×2=24g	C_3H_8=12×3+1×8 =44g
번호가 홀수	원자량=번호×2+1	Na(나트륨)=11×2+1=23g P(인)=15×2+1=31g	C_4H_{10}=12×4+1×10 =58g
그대로 암기하여야 하는 원자량	H=1g, Cl=35.5g, Ar=40g		$3CO_2$=3×(12+16×2) =132g

1. 원소의 기호에 동그라미로 강조된 부분은 반드시 암기해야 한다.
2. 원자번호를 순서대로 암기하는 것은 특별한 방법이 없는 것 같다.
3. 조금은 유치하지만 5개씩 끊어 원소기호의 첫 자를 위주로 암기하도록 한다.
   (수헤리베붕)/(탄질산불네)/(나마알규인)/(황염알칼칼)

02 기초물리학

1 압력

표준대기압(0℃, 1atm 상태)	관련 공식
1atm=1.0332kg/cm^2 =10.332mH$_2$O =760mmHg =76cmHg =14.7psi =101325Pa(N/m^2) =101.325kPa =0.101325MPa	절대압력=대기압+게이지압력=대기압−진공압력 • 절대압력 : 완전진공을 기준으로 하여 측정한 압력으로 압력값 뒤 a를 붙여 표시 • 게이지압력 : 대기압을 기준으로 측정한 압력으로 압력값 뒤 g을 붙여 표시 • 진공압력 : 대기압보다 낮은 압력으로 부압(−)의 의미를 가진 압력으로 압력값 뒤 V를 붙여 표시

입력 단위환산 및 절대압력 계산
상기 대기압력을 암기한 후 같은 단위의 대기압을 나누고 환산하고자 하는 대기압을 곱한다. ex) 1. 80cmHg를 → psi로 환산 시 ① cmHg 대기압 76은 나누고 ② psi 대기압 14.7은 곱함 $\therefore \frac{80}{76} \times 14.7 = 15.47\text{psi}$ 2. 만약 80cmHg가 게이지압력(g)일 때 절대압력(kPa)을 계산한다고 가정 ① 절대압력=대기압력+게이지압력이므로 cmHg 대기압력 76을 더하여 절대로 환산한 다음 ② kPa로 환산, 즉 절대압력으로 계산된 76+80에 cmHg 대기압 76을 나누고 ③ kPa 대기압력 101.325를 곱함 $\therefore \frac{76+80}{76} \times 101.325 = 207.98\text{kPa(a)}$

2 온도

정 의			물질의 차고 더운 정도를 수량적으로 표시한 물리학적 개념
종 류	섭씨온도(℃)		표준대기압 상태에서 물의 빙점 0℃, 비등점을 100℃로 하고 그 사이를 100등분하여 한 눈금을 1℃로 한 온도
	화씨온도(℉)		표준대기압에서 물의 빙점 32℉, 비등점 212℉로 하고 그 사이를 180등분하여 한 눈금을 1℉로 한 온도
	절대온도	정 의	자연계에서 존재하는 가장 낮은 온도
		켈빈온도(K)	섭씨의 절대온도로서 0K=−273℃이다.
		랭킨온도(°R)	화씨의 절대온도로서 0°R=−460℉이다.

관계식과 도표

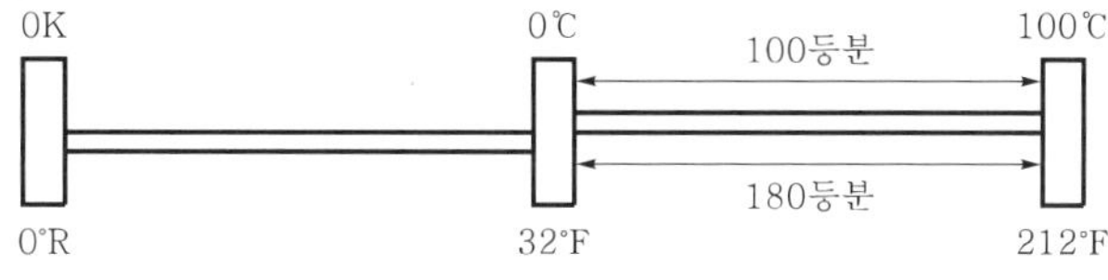

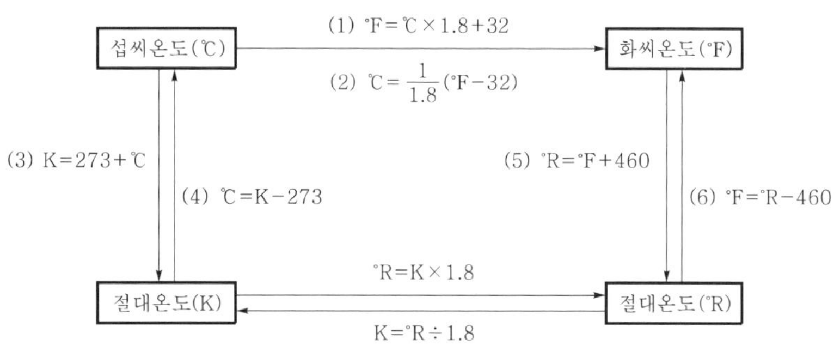

$1.8 = \frac{9}{5}$, $\frac{1}{1.8} = \frac{5}{9}$ 로 표현되기도 한다.

3 열량

정 의	어떤 물체의 질량을 가지고 온도를 높이는 데 필요한 양
1kcal	물 1kg을 1℃(14.5~15.5℃)만큼 높이는 데 필요한 열량
1BTU	물 1lb를 1°F(61.5~62.5°F)만큼 높이는 데 필요한 열량
1CHU	물 1lb를 1℃(14.5~15.5℃)만큼 높이는 데 필요한 열량
1Therm(썸)	BTU의 큰 열량 단위 $1\text{Therm}=10^5\text{BTU}$

4 물리학적 단위 개념

종 류		단 위	정 의
엔탈피		kcal/kg	단위중량당 열량
엔트로피		kcal/kg · K	단위중량당 열량을 절대온도로 나눈 값
비열		kcal/kg · ℃	어떤 물질 1kg을 1℃ 높이는 데 필요한 열량
		정압비열(C_P)	기체의 압력을 일정하게 하고, 측정한 비열
		정적비열(C_V)	기체의 체적을 일정하게 하고, 측정한 비열
		비열비(K)	$K=\dfrac{C_P}{C_V}$이고, $C_P>C_V$이므로 $K>1$이다.
비중	기체비중	무차원 (단위 없음)	공기와 비교한 기체의 무거운 정도 $\dfrac{M}{29}$으로 계산 (여기서, 29 : 공기 분자량, M : 기체 분자량)
	액비중	kg/L	물의 비중 1을 기준으로 하여 비교한 액체의 무게
밀도		g/L, kg/m^3	단위체적당 질량값, 밀도 중 가스의 밀도 Mg/22.4L로 계산
비체적(밀도의 역수)		L/g, $\text{m}^3\text{/kg}$	단위질량당 체적 가스의 비체적 22.4L/Mg

1. 엔트로피 증가의 공식은 $\Delta S=\dfrac{dQ}{T}$로 계산한다.
   예를 들어, 일정온도에서 얻은 열량이 100kcal이고 온도가 50℃ 상태의 엔트로피 증가값은,
   $\Delta S=\dfrac{100}{(273+50)}=0.309\text{kcal/kg}\cdot\text{K}$이다.
2. 기체의 비중은 각 가스의 분자량을 알면 계산할 수 있다.
   CH_4(메탄)=16g, C_3H_8(프로판)=44g인 경우
   메탄의 비중은 $\dfrac{16}{29}=0.55$, 프로판의 비중은 $\dfrac{44}{29}=1.52$이다.
   메탄은 공기보다 가벼워 누설 시 상부에 머물고, 프로판은 공기보다 무거워 누설 시 아래로 가라앉는다. 그러므로 누설을 감지하는 가스검지기를 설치 시 메탄은 천장에서 30cm 이내로, 프로판은 지면에서 30cm 이내로 설치한다.
3. 액의 비중은 물의 비중 1, C_3H_8의 액비중 0.5를 암기하고 있어야 한다. 단위는 kg/L이다. 물의 비중 1kg/L를 풀어 쓰면 1kg의 무게가 1L란 뜻이다. 그러면 물 20L는 20kg이 되며, 마찬가지로 프로판이 0.5kg/L이므로 1L=0.5kg이면 20L는 10kg이 된다.
4. 가스의 밀도와 비체적을 구해 볼까요? 이 역시 분자량을 알면 된다.
   H_2(수소)=2g이므로 수소의 밀도는 2g/22.4L=0.089g/L, 비체적은 22.4L/2g=11.2L/g이 된다.

5 일 · 열 · 일의 열당량 · 열의 일당량 · 마력 · 동력

구 분	단 위
일량	kg · m
열량	kcal
일의 열당량(A)	$\frac{1}{427}$ kcal/kg · m
열의 일당량(J)	427kg · m/kcal
마력(PS)	1PS=75kg · m/s =632.5kcal/h
동력(kW)	1kW=102kg · m/s =860kcal/hr

1. 일의 열당량 $\frac{1}{427}$kcal/kg · m의 개념은 어떤 물질 1kg을 1m 움직이는 데 필요 열량이 $\frac{1}{427}$kcal이다.
2. 열의 일당량 427kg · m/kcal는 1kcal의 열을 가지고 427kg의 물체를 1m 움직일 수 있다는 물리학적 개념이다.
3. 마력(PS)은 말이 가지고 있는 힘으로 말이 75kg의 물체를 1m 움직이는 데 1초가 소요된다는 뜻이다.
   1PS=75kg · m/s에서 75kg · m/s× $\frac{1}{427}$ kcal/kg · m×3600s/hr=632.5kcal/hr가 계산된다.
   이러한 계산의 중간과정은 시험에 안 나오니 결과값 1PS=75kg · m/s=632.5kcal/hr, 1kW=1021g · m/s=860kcal/hr를 기억하면 된다.

6 열역학의 법칙

종 류	정 의
제0법칙	온도가 서로 다른 물체를 접촉 시 일정시간 후 열평형으로 상호간 온도가 같게 됨
제1법칙	일은 열로, 열은 일로 상호변환이 가능한 에너지 보존의 법칙
제2법칙	열은 스스로 고온에서 저온으로 흐르고, 일과 열은 상호변환이 불가능하며, 100% 효율을 가진 열기관은 없음(제2종 영구기관 부정)
제3법칙	어떤 형태로든 절대온도 0K에 이르게 할 수 없음

7 현열(감열)과 잠열

종 류	정 의	공 식
현열(감열)	상태변화가 없고 온도변화가 있는 열량	$Q=Gc\Delta t$
잠열	온도변화가 없고 상태변화가 있는 열량	$Q=G\gamma$

여기서, Q : 열량(kcal), G : 중량(kg), C : 비열(kcal/kg), Δt : 온도차, γ : 잠열량(kcal/kg)
비열은 물의 비열 : 1, 얼음의 비열 : 0.5를 암기, γ : 잠열량은 물이 얼음, 얼음이 물로 변화하는 79.68kcal/kg, 물이 수증기로 변환되는 539kcal/kg을 암기해야 한다.

예제 1. 물 100kg을 10℃에서 50℃로 상승시키는 데 필요한 열량은?

풀이 $Q = Gc\Delta t = 100 \times 1 \times (50-10) = 4000\text{kcal}$

예제 2. 얼음 1000kg이 융해되는 데 필요한 열량은?

풀이 $Q = G\gamma = 1000 \times 79.68 = 79680\text{kcal}$

예제 3. −10℃인 얼음 10kg이 수증기로 되는 총 열량을 계산하면?

풀이
① −10℃ 얼음 → 0℃ 얼음　　$10 \times 0.5 \times 10 = 50\text{kcal}$
② 0℃ 얼음 → 0℃ 물　　$10 \times 79.68 = 796.8\text{kcal}$
③ 0℃ 물 → 100℃ 물　　$10 \times 1 \times 100 = 1000\text{kcal}$
④ 100℃ 물 → 100℃ 수증기　　$10 \times 539 = 5390\text{kcal}$
∴ Q=①+②+③+④=7236.8kcal

8 이상기체(완전가스)

항 목	세부 내용	
성질	• 냉각 압축하여도 액화하지 않는다. • 0K에서도 고체로 되지 않고, 그 기체의 부피는 0이다. • 기체 분자간 인력이나 반발력은 없다. • 0K에서 부피는 0, 평균 운동에너지는 절대온도에 비례한다. • 보일-샤를의 법칙을 만족한다. • 분자의 충돌로 운동에너지가 감소되지 않는 완전탄성체이다.	
실제기체와 비교	이상기체	실제기체
	액화 불가능	액화 가능
참고사항	이상기체가 실제기체처럼 행동하는 온도 · 압력의 조건	실제기체가 이상기체처럼 행동하는 온도 · 압력의 조건
	저온, 고압	고압, 저온
	이상기체를 정적하에서 가열 시 압력, 온도 증가	
C_P, C_V, K	C_P(정압비열), C_V(정적비열), K(비열비)의 관계 • $C_P - C_V = R$ • $\dfrac{C_P}{C_V} = K$ • $K > 1$	• K의 값 – 단원자 분자 : 1.66 – 이원자 분자 : 1.4 – 삼원자 분자 : 1.33

9 이상기체 상태방정식

방정식 종류	기호 설명	보충 설명
$PV=nRT$	P : 압력(atm) V : 부피(L) n : 몰수$=\left[\dfrac{W(\text{질량}):\text{g}}{M(\text{분자량}):\text{g}}\right]$ R : 상수(0.082atm · L/mol · K) T : 절대온도(K)	상수 R=0.082atm · L/mol · K =1.987cal/mol · K =8.314J/mol · K
$PV=GRT$	P : 압력(kg/m^2) V : 체적(m^3) G : 중량(kg) R : $\dfrac{848}{M}$(kg · m/kg · K) T : 절대온도(K)	상수 R값의 변화에 따른 압력단위 변화 $R=\dfrac{8.314}{M}$(kJ/kg · K), P : kPa(kN/m^2) $R=\dfrac{8314}{M}$(J/kg · K), P : Pa(N/m^2)
참고사항	[예제 1] 5atm, 3L에서 20℃의 산소기체 질량(g)을 구하여라. $PV=nRT$로 풀이 [예제 2] 5kg/m^2, 10m^3, 20℃의 산소기체 질량(kg)을 구하여라. $PV=GRT$로 풀이 ※ 주어진 공식의 단위를 보고 어느 공식을 적용할 것인가를 판단해야 한다.	

10 이상기체의 관련 법칙

종 류	정 의
아보가드로의 법칙	모든 기체 1mol이 차지하는 체적은 22.4L이며, 그 때는 분자량만큼의 무게를 가지며, 그 때의 분자수는 6.02×10^{23}개로 한다. 1mol=22.4L=분자량=6.02×10^{23}개
헨리의 법칙 (기체 용해도의 법칙)	• 기체가 용해하는 질량은 압력에 비례 • 용해하는 부피는 압력에 무관
르 샤틀리에의 법칙	폭발성 혼합가스의 폭발한계를 구하는 법칙 $\dfrac{100}{L}=\dfrac{V_1}{L_1}+\dfrac{V_2}{L_2}+\dfrac{V_3}{L_3}+\cdots\cdots$
돌턴의 분압 법칙	혼합기체의 압력은 각 성분기체가 단독으로 나타내는 분압의 합과 같다. • $P=\dfrac{P_1V_1+P_2V_2}{V}$ • 분압 $=$ 전압 $\times\dfrac{\text{성분몰}}{\text{전 몰}}$ $=$ 전압 $\times\dfrac{\text{성분부피}}{\text{전 부피}}$

11 보일, 샤를, 보일－샤를의 법칙

구 분	정 의	공 식	
보일의 법칙	온도가 일정할 때 이상기체의 부피는 압력에 반비례한다.	$P_1V_1 = P_2V_2$	• $P_1V_1T_1$: 처음의 압력, 부피, 온도 • $P_2V_2T_2$: 변경 후의 압력, 부피, 온도
샤를의 법칙	압력이 일정할 때 이상기체의 부피는 절대온도에 비례한다(0℃의 체적 $\frac{1}{273}$씩 증가).	$\frac{V_1}{T_1} = \frac{V_2}{T_2}$	
보일－샤를의 법칙	이상기체의 부피는 압력에 반비례, 절대온도에 비례한다.	$\frac{P_1V_1}{T_1} = \frac{P_2V_2}{T_2}$	

예제 0℃, 1atm, 5L의 부피가 20℃, 2atm으로 변화 시 그때의 체적은 몇 L인가?

풀이 $\frac{P_1V_1}{T_1} = \frac{P_2V_2}{T_2}$

$$\therefore V_2 = \frac{P_1V_1T_2}{T_1P_2} = \frac{1\times5\times293}{273\times2} = 2.68\text{L}$$

03 고압가스 개론

1 고압가스의 분류

분 류		종 류
상태에 따른 분류	압축가스	He(헬륨), Ne(네온), Ar(아르곤), H_2(수소), N_2(질소), O_2(산소), CH_4(메탄), CO(일산화탄소)
	액화가스	C_2H_2를 제외한 압축 이외의 가스, C_3H_8(프로판), C_4H_{10}(부탄), NH_3(암모니아), Cl_2(염소), CO_2(이산화탄소)
	용해가스	C_2H_2(아세틸렌)
연소성(성질)에 따른 분류	가연성 가스	C_2H_2(아세틸렌), C_2H_4O(산화에틸렌), H_2(수소), CO(일산화탄소), CH_4(메탄), C_2H_6(에탄), C_3H_8(프로판), C_4H_{10}(부탄), NH_3(암모니아), CH_3Br(브롬화메탄)
	조연성 가스	O_2(산소), O_3(오존), 공기, Cl_2(염소)
	불연성 가스	He(헬륨), Ne(네온), N_2(질소), CO_2(이산화탄소)
독성 가스		$COCl_2$(포스겐), F_2(불소), O_3(오존), Cl_2(염소)

1. 상태별로 분류 시
   압축가스는 비등점이 낮아 비등점 이하로 낮추어 액으로 만들기 어려워 용기에 기체로 충전하는 가스를 말한다. 고압가스에서는 CO_2(−78.5℃)를 기준으로 그 보다 낮으면 압축, 그 보다 높으면 액화가스로 판정하는데 용기에 충전 시 되도록 액체로 충전하여야 비용이 절감되는 등 경제성이 높아지는데 그 이유는 액은 기체보다 압력이 낮아 저렴한 용접용기에 충전할 수 있고(압축가스 : 무이음 용기충전) 가스를 사용 시 액은 기화되어 사용하므로 많은 양을 담을 수 있어 운반 수송비용이 절감된다. 예를 들어 C_3H_8 액 1L는 기화 시 250배로 팽창하므로 기체로 담아 사용 시 250배 빨리 가스가 떨어질 것이다.
2. 압축 액화를 구별 시 대표 액화가스 4가지(C_3H_8, C_4H_{10}, NH_3, Cl_2)를 암기하고 나머지를 압축가스라 기억하면 된다.
3. 시험에 액화하기 어려운 가스가 무엇인가라는 문제가 자주 출제된다.
   예를 들어 He, N_2, Ar, O_2 중 선택한다면 이것은 비등점이 가장 낮은 가스를 선택하여야 하는데 가스별 비등점은 다음과 같다.

가스명	비등점(℃)	가스명	비등점(℃)
He	−269	CH_4	−162
H_2	−252	C_3H_8	−42
N_2	−196	Cl_2	−34
Ar	−186	NH_3	−33
O_2	−183	C_4H_{10}	−0.5

   상기 가스 중 He의 비점이 가장 낮으므로 액화하기 어려운 첫 번째 가스로 해당될 것이다.
4. C_2H_2(아세틸렌)을 용해가스라 하는 것은 용기에 충전 시 용제(아세톤, DMF) 등을 사용해 녹이면서 충전하므로 용해가스라 부르며 역시 용기충전상태는 액체인 관계로 용접용기에 충전한다.
5. 가연성 가스는 불에 타는 가스이므로 연료(가정취사용, 자동차, 기타 공장 등에서 제품의 제조)로 사용되는 가스를 말하며, 법의 정의는 폭발한계하한 10% 이하, 폭발상한 · 하한의 차이가 20% 이상인 가스이다. 조연성 가스는 가연성이 연소하는 데 보조하여야 하는 가스이므로 조연성이라 하며, 불연성 가스는 불에 타지 않아 고압장치의 치환용 등으로 사용되는 가스이다.
6. 독성 가스란 자체 독성을 이용 소독, 살균 등의 용도로 사용되며, LC_{50}의 규정으로 허용농도가 100만분의 5000 이하 TLV-TWA 규정으로 허용농도가 100만분의 200 이하인 가스를 말한다.

2 각종 가스의 성질

(1) H_2(수소)

구 분		물리 · 화학적 성질
가스의 종류		압축, 가연성 가스
밀도(Mg/22.4L)		2g/22.4L=1lg/L(가스 중 최소밀도)
폭발범위		4~75%
폭굉속도		1400~3500m/s
부식명		수소취성(강의 탈탄)
폭명기	수소폭명기	$2H_2+O_2 \rightarrow 2H_2O$
	염소폭명기	$H_2+Cl_2 \rightarrow 2HCl$
	불소폭명기	$H_2+F_2 \rightarrow 2HF$
확산속도		모든 기체 중 확산속도가 가장 빠르다.

1. 수소는 분자량이 2g으로 모든 가스 중 가장 가벼워 확산속도가 가장 빠르다.
2. 확산이란 대기 중으로 누설 시 빨리 퍼져 날아가는 것인데 다음의 공식으로 계산한다.

$$\frac{u_1}{u_2}=\sqrt{\frac{M_2}{M_1}}$$ (여기서, u : 확산속도, M : 분자량)

3. 수소 : 산소의 확산속도비를 구하면 다음과 같다.

$$\frac{u_{수소}}{u_{산소}}=\sqrt{\frac{32}{2}}=\sqrt{\frac{16}{1}}=\frac{4}{1}$$

4. 폭명기란 화학반응 시 자연의 직사광선(햇빛) 등으로 반응이 폭발적으로 일어나는 것을 의미한다.

(2) O_2(산소)

구 분		물리 · 화학적 성질	
가스 종류		압축가스, 조연성 가스	
상온 · 상압		무색 · 무취, 물에 약간 녹는다.	
공기 중 함유량		부피 : 21%, 중량 : 23.2%	
액체 산소의 색		담청색	
부식명	부식방지금속	산화	Cr, Al, Si
산소의 유지농도		18% 이상 22% 이하	
폭발성		녹, 이물질 특히 유지류와 접촉 시 연소폭발을 일으킴	
제조법		물의 전기분해, 공기액화분리법으로 제조	

1. 산소는 비등점이 −183℃인 압축가스이다.
2. 공기 $100m^3$가 있을 때 산소는 $21m^3$, 공기 100kg이 있을 때 산소는 23.2kg이다.
3. 공기 중 산소의 농도가 6% 이하에서 질식하여 사망의 우려가 있고, 60% 이상에서는 폐에 충열을 일으켜 사망의 우려가 있다.
4. 산소는 유지류와 접촉 시 폭발을 일으키므로 산소의 압축 시 윤활유로는 물 10% 이하 글리세린수를 사용한다.
5. 제조법 중 공기액화 분리장치의 비등점 차이로 제조하는 데 액화 시 O_2(−183℃), Ar(−186℃), N_2(−196℃)의 순서로 액화되고 기화는 반대 순서이다.

(3) C_2H_2(아세틸렌)

구 분		물리 · 화학적 성질
가스의 종류		가연성, 용해가스
폭발범위	공기 중	2.5~81%
	산소 중	2.5~93%
분자량		26g(공기보다 가볍고 무색)
폭발성	분해폭발	$C_2H_2 \rightarrow 2C+H_2$
	화합폭발	$2Cu+C_2H_2 \rightarrow Cu_2C_2+H_2$
	산화폭발	$C_2H_2+2.5O_2 \rightarrow 2CO_2+H_2O$

<table>
<tr><th colspan="2">구 분</th><th>물리 · 화학적 성질</th></tr>
<tr><td colspan="2">제조방법</td><td>카바이드와 물의 혼합
$CaC_2+2H_2O \rightarrow C_2H_2+Ca(OH)_2$</td></tr>
<tr><td colspan="2">제조 시 불순물 종류</td><td>인화수소, 황화수소, 규화수소, 암모니아</td></tr>
<tr><td colspan="2">불순물 제거청정제</td><td>카타리솔, 리가솔, 에퓨렌</td></tr>
<tr><td rowspan="2">관련 공식</td><td>다공도(A)</td><td>$A=\frac{V-E}{V}\times 100$
여기서, V : 다공물질 용적, E : 침윤 잔용적</td></tr>
<tr><td>위험도(H)</td><td>$H=\frac{U-L}{L}$
여기서, U : 폭발상한(%), L : 폭발하한(%)</td></tr>
<tr><td colspan="2">다공물질의 종류</td><td>석면, 규조토, 목탄, 석회, 다공성 플라스틱</td></tr>
<tr><td colspan="2">용제 종류</td><td>아세톤, DMF</td></tr>
<tr><td colspan="2">희석제 종류</td><td>N_2, CH_4, CO, C_2H_4</td></tr>
</table>

1. C_2H_2는 압축(2.5MPa 이상) 시 분해폭발을 일으키므로 용제를 사용하여 녹이면서 충전하므로 용해가스라 한다. 부득이 2.5MPa 이상으로 충전 시 폭발을 방지하기 위하여 희석제를 첨가한다.
2. 충전 후 공간 확산으로 폭발을 방지하기 위하여 빈 공간에 다공물질을 충전하는 데 법규상의 다공도는 75% 이상 92% 미만이 되어야 한다.
3. 동(Cu), 은(Ag), 수은(Hg) 등과 화합 시 약간의 충격에도 폭발을 일으키므로 동을 사용 시 동 함유량 62% 미만을 사용하여야 한다.

예제 1. C_2H_2의 위험도를 계산하시오.

풀이 $H=\frac{81-2.5}{2.5}=31.4$

예제 2. 다공물질 용적이 170m³, 침윤잔용적이 30m³일 때 다공도를 계산하시오.

풀이 $A=\frac{170-30}{170}\times 100=82.35\%$

(4) C_2H_2 발생기 및 C_2H_2 특징

형 식	정 의	특 징
주수식	카바이드에 물을 넣는 방법	• 분해중합의 우려가 있다. • 불순가스 발생이 많다. • 후기가스 발생이 있다.
투입식	물에 카바이드를 넣는 방법	• 대량생산에 적합하다. • 온도 상승이 적다. • 불순가스 발생이 적다.
침지식(접촉식)	물과 카바이드를 소량식 접촉	• 발생기 온도 상승이 쉽다. • 불순물이 혼합되어 나온다. • 발생량을 자동 조정할 수 있다.

① 발생기의 표면온도 : 70℃ 이하
② 발생기의 최적온도 : 50~60℃
③ 발생기 구비조건
  ㉠ 구조가 간단하고 견고하며 취급이 편리
  ㉡ 안전성이 있을 것
  ㉢ 가열지열 발생이 적을 것
  ㉣ 산소의 역류 역화 시 위험이 미치지 않을 것
④ 용기의 충전 중 압력은 2.5MPa 이하이다.
⑤ 최고충전압력은 15℃에서 1.5MPa 이하이다.

(5) CO(일산화탄소)

구 분		물리·화학적 성질
가스의 종류		독성, 가연성
폭발범위		12.5~74%
허용농도	TLV-TWA	50ppm
	LC_{50}	3760ppm
부식	명칭	(카보닐)침탄
	반응식	$Fe+5CO \rightarrow Fe(CO)_5$(철카보닐)
		$Ni+4CO \rightarrow Ni(CO)_4$(니켈카보닐)
	방지법	고온·고압에서 CO를 사용 시 장치 내면을 피복하거나 Ni-Cr계 STS를 사용
압력상승 시		폭발범위가 좁아짐(타 가연성은 압력상승 시 폭발범위 넓어짐)
염소와의 반응		촉매로 활성탄을 사용하여 포스겐을 생성 : $CO+Cl_2 \rightarrow COCl_2$
누설검지시험지		염화파라듐지

(6) CO_2(이산화탄소)

구 분	물리·화학적 성질
가스의 종류	불연성 액화가스
분자량	44g(공기보다 무겁다.)
용기 종류	무이음용기
고체탄산 (드라이아이스) 제조	CO_2를 100atm까지 압축, CO_2 냉각기로 -25℃ 이하로 냉각 후 단열팽창시킴
독성 유무	독성은 없으나 공기 중 다량 존재 시 산소부족으로 질식(TLV-TWA 농도 5000ppm)
용도	청량음료수, 소화제, 드라이아이스로 냉각제 사용
참고	모든 액화가스 용기는 용접용기이나 CO_2는 하계에 용기 내 압력 4~5MPa까지 상승하므로 무이음용기에 충전

(7) 염소(Cl_2)

구 분		물리 · 화학적 성질	
가스의 종류		독성, 액화가스, 조연성	
허용농도	TLV-TWA	1ppm	
	LC_{50}	293ppm	
비등점		−34℃	
윤활제, 건조제		진한 황산	
누설검지		KI 전분지(청변), NH_3와 반응 흰연기 생성	
중화액		가성소다, 탄산소다수용액, 소석회	
수분과 접촉 시 반응		염산생성으로 급격한 부식이 일어남(건조상태에서는 부식이 없음)	
용기 색	안전밸브 형식	갈색	가용전식

(8) NH_3(암모니아)

구 분			물리 · 화학적 성질
가스의 종류			독성, 가연성
허용농도	TLV-TWA		25ppm
	LC_{50}		7338ppm
충전구 나사			오른나사
물과의 반응			물에 800배 녹는다.
누설검지방법			취기, 적색 리트머스 시험지(청변), 네슬러 시약(황갈색반응), HCN(염산)과 접촉 시 흰연기 발생
중화액			물, 묽은 염산, 묽은 황산
제조법	석회질소법		$CaCN_2 + 3H_2O \rightarrow CaCO_3 + 2NH_3$
	하버보시법	반응식	$N_2 + 3H_2 \rightarrow 2NH_3$
		고압합성	압력 : 600~1000kgf/cm^2 → 클로우드법, 카자레법
		중압합성	압력 : 300kgf/cm^2 전후 → IG법, 뉴우파더법, 동공시법, 케미그법
		저압합성	압력 : 150kgf/cm^2 → 켈로그법, 구데법

1. 모든 가연성 가스의 충전구 나사는 왼나사, 전기설비는 방폭구조로 시공하여야 하는데 암모니아는 가연성으로 위험성이 적어 충전구 나사는 오른나사, 전기설비는 방폭구조가 필요없는 일반 전기시설의 구조로 하여도 된다.
2. 암모니아는 물에 다량 용해하므로 헨리법칙이 적용되지 않는다.
3. 동과 접촉 시 착이온 생성으로 부식을 일으키므로 동을 사용 시 동 함유량 62% 미만을 사용하여야 한다.
4. 모든 독성 가스는 산성이라 대부분의 중화액은 염기성 물질(가성소다, 탄산소다)이나 암모니아는 염기성이므로 산성 물질(묽은 염산, 묽은 황산)을 사용하고 물에 잘 녹는 관계로 물을 중화액으로 사용한다.

(9) HCN(시안화수소)

구 분		물리 · 화학적 성질
가스의 종류		독성, 액화 가연성
허용농도	TLV-TWA	10ppm
	LC_{50}	140ppm
폭발범위		6~41%
비등점		25℃
수분과 접촉 시		대기 중 수분 2% 이상 함유 시 중합폭발을 일으킴
안정제		황산, 아황산, 동, 동망, 염화칼슘, 오산화인
누설검지시험지		초산벤젠지(질산구리벤젠지)(청변)
중화액		가성소다수용액
제조법		앤드류소오법, 폼아미드법

HCN은 수분 2% 이상 함유 시 중합폭발을 일으키므로 순도가 98% 이상이어야 하고 용기에 충전 후 60일이 경과하면 대기 중 수분이 2% 이상 응축될 우려가 있어 60일 경과 전 다른 용기에 새로이 충전하여야 한다. 중합폭발을 일으키는 물질로는 산화에틸렌과 시안화수소가 있고 시안화수소는 중합폭발을 방지하기 위해 안정제로 황산, 아황산 등을 사용한다.

(10) $COCl_2$(포스겐)

구 분		물리 · 화학적 성질
가스의 종류		독성 가스
허용농도	TLV-TWA	0.1ppm
	LC_{50}	5ppm
중화액		가성소다수용액, 소석회
윤활제, 건조제		진한 황산
부식성		건조상태에서는 부식성이 없으나 수분 존재 시 염산 생성으로 부식
가수분해		$COCl_2+H_2O \rightarrow CO_2+2HCl$(탄산과 염산 생성)
용도		농약제조에 주로 사용

(11) C_2H_4O(산화에틸렌)

구 분		물리 · 화학적 성질
가스의 종류		독성, 가연성
허용농도	TLV-TWA	1ppm
	LC_{50}	2900ppm
폭발범위		3~80%
폭발성		산화폭발, 분해폭발, 중합폭발
안정제		N_2, CO_2
용기에 충전 전		C_2H_4O를 용기에 충전 시 45℃에서 N_2, CO_2를 0.4MPa 이상 충전 후 산화에틸렌 충전
중화액		물

(12) N_2(질소)

구 분		물리 · 화학적 성질	
가스의 종류		압축가스, 불연성	
비등점		−196℃	
부식명	방지금속	질화	Ni
용도		냉동제, 고압장치의 치환용, 암모니아 제조원료	

(13) H_2S(황화수소)

구 분		물리 · 화학적 성질	
가스의 종류		독성, 가연성, 액화가스	
허용농도	TLV-TWA	10ppm	
	LC_{50}	444ppm	
폭발범위		4.3~45%	
비등점		−60℃	
누설검지시험지		연당지(흑변)	
중화액		가성소다수용액, 탄산소다수용액	
부식명	방지금속	황화	Cr, Al, Si

(14) CH_4(메탄)

구 분	물리 · 화학적 성질
가스의 종류	가연성
연소범위	5~15%
비등점	−162℃
분자량	16g으로 천연가스 주성분
염소와 반응	탈수소 반응으로 CH_3Cl(염화메탄), CH_2Cl_2(염화메틸렌), $CHCl_3$(클로로포름), CCl_4(사염화탄소) 생성

(15) 희가스(불활성 가스) : 주기율표 0족에 존재하는 가스

구 분	물리 · 화학적 성질					
종류	He	Ne	Ar	Kr	Xe	Rn
발광색	황백	주황	적	녹자	청자	청록
용도	가스 크로마토그래피 캐리어가스					
캐리어가스	H_2, N_2, He, Ne					

(16) LP가스

① LP가스의 정의와 특성 : 석유계 저급 탄화수소의 혼합물로 탄소수 C_3~C_4로서 프로판, 프로필렌, 부탄, 부틸렌, 부타디엔 등으로 이루어진 액화석유가스이다.

일반적 특성	연소 특성
• 가스는 공기보다 무겁다(1.5~2배). • 액은 물보다 가볍다(0.5배). • 기화 · 액화가 용이하다. • 기화 시 체적이 커진다. • 천연고무는 용해하므로 패킹제로는 실리콘 고무를 사용한다.	• 연소범위가 좁다. • 연소속도가 늦다. • 연소 시 다량의 공기가 필요하다. • 발화온도가 높다. • 발열량이 높다.

② C_3H_8, C_4H_{10}

구 분 \ 종 류	C_3H_8(프로판)	C_4H_{10}(부탄)
가스의 종류	가연성	가연성
폭발범위	2.1~9.5%	1.8~8.4%
분자량	44g	58g
기체비중	$\frac{44}{29}=1.52$	$\frac{58}{29}=2$
액비중	0.509	0.582
비등점	−42℃(자연기화방식)	−0.5℃(강제기화방식)
연소반응식	$C_3H_8+5O_2 \rightarrow 3CO_2+4H_2O$	$C_4H_{10}+6.5O_2 \rightarrow 4CO_2+5H_2O$
탄화수소에서 C수가 많아짐에 따라 일어나는 현상	• 폭발하한이 낮아진다. • 폭발범위가 좁아진다. • 비등점이 높아진다. • 발열량이 커진다. • 연소속도가 작아진다.	

04 연소 · 폭발 · 폭굉

1 연소

(1) 연소의 기초사항

항 목	세부 핵심 정리 내용
정의	가연물이 산소 또는 조연성과 결합, 빛과 열을 수반하는 산화반응
3대 요소	가연물, 산소공급원(조연성), 점화원(불씨)
점화원의 종류	타격, 마찰, 충격, 전기불꽃, 단열압축

(2) 연소의 종류

① 고체물질의 연소

구 분			세부 내용
연료성질에 따른 분류	표면연소		고체표면에서 연소반응을 일으킴(목탄, 코크스)
	분해연소		연소물질이 완전분해를 일으키면서 연소(종이, 목재)
	증발연소		고체물질이 녹아 액으로 변한 다음 증발하면서 연소(양초, 파라핀)
	연기연소		다량의 연기를 동반하는 표면연소
연소방법에 따른 분류	미분탄 연소	정의	석탄을 잘게 분쇄(200mesh 이하)하여 연소되는 부분의 표면적이 커져 연소효율이 높게 되며, 연소형식에는 U형, L형, 코너형 슬래그탭이 있고 고체물질 중 가장 연소효율이 높다.
		장점	• 적은 공기량으로 완전연소가 가능하다. • 자동제어가 가능하다. • 부하변동에 대응하기 쉽다. • 연소율이 크다.
		단점	• 연소실이 커야 된다. • 타연료에 비해 연소시간이 길다. • 화염길이가 길어진다.

② 액체물질의 연소

구 분	세부 내용
증발연소	액체연료가 증발하는 성질을 이용하여 증발관에서 증발시켜 연소시키는 방법
액면연소	액체연료의 표면에서 연소시키는 방법
분무연소	액체연료를 분무시켜 미세한 액적을 미립화시켜 연소시키는 방법(액체연료 중 연소효율이 가장 높다.)
등심연소	일명 심지연소라고 하며, 램프 등과 같이 연료를 심지로 빨아올려 심지 표면에서 연소시키는 것으로 공기온도가 높을수록 화염의 높이가 커지는 방법

③ 기체물질의 연소

구 분			세부 내용
혼합상태에 따른 분류	예혼합연소	정의	산소공기들을 미리 혼합시켜 놓고 연소시키는 방법
		특징	• 조작이 어렵다. • 미리 공기와 혼합 시 화염이 불안정하다. • 역화의 위험성이 확산연소보다 크다.
	확산연소	정의	수소, 아세틸렌과 같이 공기보다 가벼운 기체를 확산시키면서 연소시키는 방법
		특징	• 조작이 용이하다. • 화염이 안정하다. • 역화위험이 없다.
흐름상태에 따른 분류	층류연소		화염의 두께가 얇은 반응대의 화염
	난류연소		반응대에서 복잡한 형상분포를 가지는 연소형태

2 폭발(Explosion)

항 목		세부 핵심 정리 내용
정의		급격한 압력의 발생·해방의 결과로서 격렬하게 음향을 내며, 파열되거나 팽창하는 현상
종류	화학적 폭발	폭발성 혼합가스에 의한 점화 화약폭발
	분해폭발	고압에 의한 C_2H_2의 분해폭발
	중합폭발	HCN의 중합열에 의한 폭발
	압력폭발	보일러의 폭발, 고압가스 용기 등의 고압력 형성에 의한 폭발
	촉매폭발	수소, 염소가스 혼합 시 직사일광에 의한 폭발
	화합폭발	C_2H_2가 Cu, Ag, Hg 등과 결합 시 약간의 충격에도 일어나는 폭발
약간의 충격에도 폭발이 발생하는 물질의 종류		Cu_2C_2(동아세틸라이트), Ag_2C_2(은아세틸라이트), Hg_2C_2(수은아세틸라이트), AgN_2(아지화은), N_4S_4(유화질소)

3 폭굉(데토네이션), 폭굉유도거리(DID)

폭굉(데토네이션)	
정의	가스 중 음속보다 화염전파속도(폭발속도)가 큰 경우로 파면선단에 솟구치는 압력파가 발생하여 격렬한 파괴작용을 일으키는 원인
폭굉속도	1000~3500m/s
가스의 정상연소속도	0.03~10m/s
폭굉범위와 폭발범위의 관계	폭발범위는 폭굉범위보다 넓고, 폭굉범위는 폭발범위보다 좁다. ※ 폭굉이란 폭발범위 중 어느 부분 가장 격렬한 폭발이 일어나는 부분이다.

폭굉유도거리(DID)	
정의	최초의 완만한 연소가 격렬한 폭굉으로 발전하는 거리 ※ 연소가 → 폭굉으로 되는 거리
짧아지는 조건	• 정상연소속도가 큰 혼합가스일수록 • 압력이 높을수록 • 점화원의 에너지가 클수록 • 관 속에 방해물이 있거나 관경이 가늘수록
참고사항	폭굉유도거리가 짧을수록 폭굉이 잘 일어나는 것을 의미하며, 위험성이 높은 것을 말한다.

4 인화점, 발화(착화)점

구분		내용
정의	인화점	가연물을 연소 시 점화원을 갖고 연소하는 최저온도
	발화(착화)점	가연물을 연소 시 점화원이 없는 상태에서 연소하는 최저온도
참고사항		위험성 척도의 기준 : 인화점
발화가 생기는 요소		온도, 조성, 압력, 용기의 크기와 형태
발화점에 영향을 주는 인자		• 가연성 가스와 공기의 혼합비 • 가열속도와 지속시간 • 점화원의 종류와 에너지 투여법 • 발화가 생기는 공간의 형태와 크기 • 기벽의 재질과 촉매효과
연소 시 산소의 농도가 많아짐에 따라 일어나는 현상		• 연소범위가 넓어진다. • 화염온도가 높아진다. • 발화점, 인화점이 낮아진다. • 연소속도가 빨라진다. • 점화에너지가 낮아진다.

05 LP가스 설비, 도시가스 설비

1 LP가스 설비

(1) 기화장치(Vaporizer)

① 분류 방법

장치 구성 형식	증발 형식
단관식, 다관식, 사관식, 열판식	순간증발식, 유입증발식

작동원리에 따른 분류	
가온감압식	열교환기에 의해 액상의 LP가스를 보내 온도를 가하고 기화된 가스를 조정기로 감압하는 방식
감압가열(온)식	액상의 LP가스를 조정기 감압밸브로 감압하여 열교환기로 보내 온수 등으로 가열하는 방식
작동유체에 따른 분류	• 온수가열식(온수온도 80℃ 이하) • 증기가열식(증기온도 120℃ 이하)

② 강제기화방식

종 류	생가스 공급방식, 공기혼합가스 공급방식, 변성가스 공급방식
참고 (LP가스를 도시가스로 공급하는 방식)	직접혼입식, 공기혼합가스 공급방식, 변성가스 공급방식
공기혼합가스의 공급 목적	재액화 방지, 발열량 조절, 누설 시 손실 감소, 연소효율 증대
기화기 사용 시 장점 (강제기화방식의 장점)	• 한냉 시 연속적 가스공급이 가능하다. • 기화량을 가감할 수 있다. • 설치면적이 적어진다. • 설비비 · 인건비가 절감된다. • 공급가스 조성이 일정하다.

LP가스 공기를 혼합하는 이유

1. LP가스는 가정취사용으로 사용하기에 발열량이 너무 높다. 그래서 공기를 혼합, 발열량을 가정용에 알맞게끔 적당히 낮추어 사용한다. 그 결과 연소효율이 높아지고 가스가 누설되어도 공기와 혼합된 가스가 누설되므로 원료가스가 누설되는 것보다 손실이 적게 되며 공기의 비점이 −190℃ 정도이므로 혼합 시 비점이 낮아져 액화가 어렵기 때문에 재액화가 방지되는 것이다.
2. 기화기를 사용하는 것을 강제기화, 사용하지 않는 것을 외부의 온도에 가스가 기화되는 자연기화라 하는데, 자연기화는 여름과 겨울의 기화량이 달라서 소량 소비처(일반 가정세대)에 사용된다. 기화기를 사용 시 기화기의 열매체(온수나 증기)에 의해 액가스가 기화되므로 아무리 추운 겨울이라도 외기에 관계없이 기화가 되며 항상 기화량이 일정하여 용기나 탱크의 가스를 전량 소비하므로 대량 소비처에서는 결국 설치비 · 인건비가 절감되는 효과를 가져온다.

(2) LP가스 이송방법

① 이송방법의 종류

㉠ 차압에 의한 방법

㉡ 압축기에 의한 방법

㉢ 균압관이 있는 펌프 방법

㉣ 균압관이 없는 펌프 방법

② 이송방법의 장 · 단점

구 분 \ 장 · 단점	장 점	단 점
압축기	• 충전시간이 짧다. • 잔가스 회수가 용이하다. • 베이퍼록의 우려가 없다.	• 재액화 우려가 있다. • 드레인 우려가 있다.
펌 프	• 재액화 우려가 없다. • 드레인 우려가 없다.	• 충전시간이 길다. • 잔가스 회수가 불가능하다. • 베이퍼록의 우려가 있다.

(3) 배관의 유량식

압력별	공 식	기 호
저압배관	$Q=K_1\sqrt{\dfrac{D^5H}{SL}}$	Q : 가스 유량(m^3/hr) K_1 : 폴의 정수(0.707) K_2 : 콕의 정수(52.31) D : 관경(cm) H : 압력손실(mmH_2O) L : 관 길이(m) P_1 : 초압(kg/cm^2a) P_2 : 종압(kg/cm^2a)
중고압배관	$Q=K_2\sqrt{\dfrac{D^5({P_1}^2-{P_2}^2)}{SL}}$	

(4) 배관의 압력손실 요인

종 류	관련 공식		세부 항목
마찰저항(직선배관)에 의한 압력손실	$h=\frac{Q^2 \cdot S \cdot L}{K^2 \cdot D^5}$	h : 압력손실 Q : 가스유량 S : 가스비중 L : 관 길이 D : 관 지름	• 유량의 제곱에 비례(유속의 제곱에 비례) • 관 길이에 비례 • 관 내경의 5승에 반비례 • 가스비중 유체의 점도에 비례
입상(수식상향)에 의한 압력손실	$h=1.293(S-1)H$	H : 입상높이(m)	–
안전밸브에 의한 압력손실			
가스미터에 의한 압력손실			

(5) 배관의 응력의 원인, 진동의 원인

응력의 원인	진동의 원인
• 열팽창에 의한 응력 • 내압에 의한 응력 • 냉간 가공에 의한 응력 • 용접에 의한 응력	• 바람, 지진의 영향(자연의 영향) • 안전밸브 분출에 의한 영향 • 관내를 흐르는 유체의 압력변화에 의한 영향 • 펌프 압축기에 의한 영향 • 관의 굽힘에 의한 힘의 영향

2 도시가스 설비

(1) 도시가스

구 분		세부 핵심 내용
정의		천연가스(액화 포함), 배관을 통하여 공급되는 석유가스, 나프타 부생가스, 바이오가스 또는 합성천연가스 등 대통령령으로 정하는 것이다.
원료	천연가스(NG)	지하에서 발생하는 탄화수소를 주성분으로 하는 가연성 가스
	액화천연가스(LNG)	NG(천연가스)를 −162℃까지 냉각 액화한 것
	나프타(Naphtha)	원유를 상압증류 시 생산되는 비점 200℃ 이하 유분으로 탈황장치가 필요하며 경질나프타(비점 130℃ 이하), 중질나프타(비점 130℃ 이상)의 두 종류가 있다.
	정유(업)가스 (off gas)	메탄, 에틸렌 등의 탄화수소 및 수소를 개질한 것으로 석유정제의 부산물이며 발열량 9800kcal/m^3 정도로 석유정제의 업가스, 석유화학의 업가스 두 종류가 있다.

(2) 도시가스 관련 중요 암기사항

항 목	내 용
액화천연가스 특징	천연가스 액화 전 제진, 탈유, 탈탄산, 탈수, 탈습 등의 전처리를 행하여 탄산가스, 황화수소 등의 불순물을 제거하였으므로 LNG(액화천연가스)는 불순물이 없는 청정연료로 다음과 같다. • 청정연료로 환경문제가 없다. • −162℃의 저온을 이용한 냉열이용이 가능하다. • 저온 저장설비 기화장치가 필요하다. • 초저온의 금속재료를 사용하여야 한다.

항 목	내 용
천연가스를 도시가스로 사용 시 특징	• 천연가스를 그대로 공급 • 천연가스를 공기로 희석해서 공급 • 종래 도시가스에 섞어서 공급 • 종래 도시가스와 유사성질로 개질하여 공급
나프타 특징	• 파라핀계 탄화수소가 많을 것 • 유황분이 적을 것 • 카본 석출이 적을 것 • 촉매의 활성에 악영향이 없을 것
참고사항	P : 파라핀계 탄화수소 O : 올레핀계 탄화수소 N : 나프텐계 탄화수소 A : 방향족 탄화수소

(3) 부취제(부취설비)

종 류 / 특 성	TBM (터시어리부틸메르카부탄)	THT (테트라하이드로티오페)	DMS (디메틸설파이드)
냄새 종류	양파 썩는 냄새	석탄가스 냄새	마늘 냄새
강도	강함	보통	약간 약함
혼합 사용 여부	혼합 사용	단독 사용	혼합 사용

부취제 주입설비	
액체주입식	펌프주입방식, 적하주입방식, 미터연결 바이패스 방식
증발식	위크 증발식, 바이패스 방식
부취제 주입농도	$\frac{1}{1000}=0.1\%$ 정도
토양의 투과성 순서	DMS > TBM > THT
부취제 구비조건	• 독성이 없을 것 • 화학적으로 안정할 것 • 보통냄새와 구별될 것 • 토양에 대한 투과성이 클 것 • 완전연소할 것 • 물에 녹지 않을 것
부취제 농도 측정법	오더미터법, 주사기법, 냄새주머니법, 무취실법

(4) 정압기 특성

특성의 종류	정 의
정특성(시프트, 오프셋 로크업)	정상상태에서 유량과 2차 압력과의 관계
동특성	부하변동에 대한 응답의 신속성과 안정성
유량 특성(평방근형, 직선형, 2차형)	메인밸브의 열림과 유량과의 관계
사용 최대차압	메인밸브에 1차 압력, 2차 압력이 작용하여 최대로 되었을 때 차압
작동 최소차압	정압기가 작동할 수 있는 최소차압

chapter 2 가스 장치 및 기기

'chapter 2'는 한국산업인력공단 출제기준 중 "가스 장치 및 기기" 부분입니다.
세부 출제기준은 1. 가스장치,
2. 저온장치,
3. 가스설비,
4. 가스계측기입니다.

01 가스장치

1 공기액화분리장치

항 목	핵심 정리 사항		
개요	원료공기를 압축하여 액화산소, 액화아르곤, 액화질소를 비등점 차이로 분리 제조하는 공정		
액화순서(비등점)	O_2(−183℃)	Ar(−186℃)	N_2(−196℃)
불순물	• CO_2	• H_2O	
불순물의 영향	• 고형의 드라이아이스로 동결하여 장치 내 폐쇄	• 얼음이 되어 장치 내 폐쇄	
불순물 제거방법	• 가성소다로 제거 $2NaOH + CO_2 \rightarrow Na_2CO_3 + H_2O$	• 건조제(실리카겔, 알루미나, 소바비드 가성소다)로 제거	
분리장치의 폭발원인	• 공기 중 C_2H_2의 혼입 • 액체공기 중 O_3의 혼입 • 공기 중 질소화합물의 혼입 • 압축기용 윤활유 분해에 따른 탄화수소 생성		
폭발원인에 대한 대책	• 장치 내 여과기를 설치 • 부근에 카바이드 작업을 피함 • 윤활유는 양질의 광유를 사용 • 공기 취입구를 맑은 곳에 설치 • 연 1회 CCl_4로 세척		
참고사항	• 고압식 공기액화분리장치 압축기 종류 : 왕복피스톤식 다단압축기 • 압력 150~200atm 정도 • 저압식 공기액화분리장치 압축기 종류 : 원심압축기 • 압력 5atm 정도		
적용범위	• 시간당 압축량 1000Nm^3/hr 초과 시 해당		
즉시 운전을 중지하고 방출하여야 하는 경우	• 액화산소 5L 중 C_2H_2이 5mg 이상 시 • 액화산소 5L 중 탄화수소 중 C의 질량이 500mg 이상 시		

2 저온장치

(1) 냉동장치

항 목		핵심 정리 사항
개요		차가운 냉매를 사용하여 피목적물과 열교환에 의해 온도를 낮게 하여 냉동의 목적을 달성시키는 저온장치
종류	흡수식 냉동장치	① 증발기 → ② 흡수기 → ③ 발생기 → ④ 응축기 ※ 순환과정이므로 흡수기부터 하면 흡수 → 발생 → 응축 → 증발기 순도 가능
	증기압축식 냉동장치	① 증발기 → ② 압축기 → ③ 응축기 → ④ 팽창밸브 ※ 순환과정이므로 압축기부터 하면 압축 → 응축 → 팽창 → 증발기 순도 가능

기타 사항	
한국 1냉동톤(IRT) : 0℃ 물을 0℃ 얼음으로 만드는 데 하루 동안 제거하여야 하는 열량으로 IRT=3320kcal/hr	
흡수식 냉동장치 냉매와 흡수제	냉매가 NH_3이면 흡수제 : 물 냉매가 물이면 흡수제 : 리튬브로마이드(LiBr)

(2) 냉동톤 · 냉매가스 구비조건

① 냉동톤

종 류	IRT 값
한국 1냉동톤	3320kcal/hr
흡수식 냉동설비	6640kcal/hr
원심식 압축기	1.2kW

② 냉매가스 구비조건

㉠ 임계온도가 낮을 것
㉡ 응고점이 낮을 것
㉢ 증발열이 크고, 액체비열이 적을 것
㉣ 윤활유와 작용하여 영향이 없을 것
㉤ 수분과 혼합 시 영향이 적을 것
㉥ 비열비가 적을 것
㉦ 점도가 적을 것
㉧ 냉매가스의 비중이 클 것

(3) 가스액화분리장치

항 목		핵심 세부 내용
개요		저온에서 정류, 분축, 흡수 등의 조작으로 기체를 분리하는 장치
액화분리장치 구분	한냉발생장치	가스액화분리장치의 열손실을 도우며, 액화가스 채취 시 필요한 한냉을 보급하는 장치
	정류(분축, 흡수)장치	원료가스를 저온에서 분리 정제하는 장치
	불순물제거장치	저온으로 동결되는 수분 CO_2 등을 제거하는 장치

항 목		핵심 세부 내용
가스의 액화	단열팽창방법	압축가스를 단열 팽창 시 온도와 압력이 강하하는 팽창밸브의 줄톰슨 효과로 팽창시키는 방법
	팽창기에 의한 방법	외부에 대하여 일을 하면서 단열팽창시키는 방법으로 왕복동형 · 터빈형이 있다.
팽창기	왕복동식 팽창기	• 팽창비 : 40 • 효율 : 60~65% • 처리가스량 : 1000m^3/hr
	터보 팽창기	• 특징 : 처리가스가 윤활유에 혼입되지 않음 • 회전수 : 10000~20000rpm • 처리가스량 : 10000m^3/hr • 팽창비 : 5 • 효율 : 80~85%
공기액화 사이클의 종류	린데식 공기액화 사이클	상온 · 상압의 공기를 압축기에 의해 등온 압축. 열교환기에서 저온으로 냉각 · 단열 · 교축 팽창(등엔탈피)시켜 액체공기로 만드는 줄톰슨 효과를 이용한 사이클
	클로우드식 공기액화 사이클	단열팽창기를 이용, 상온 · 상압의 공기를 액화하는 사이클
	캐피자식 공기액화 사이클	열교환기 축냉기에 의해 원료공기를 냉각시키는 장치로 공기의 압축압력은 7atm 정도이다.
	필립스식 공기액화 사이클	피스톤과 보조피스톤의 작용으로 상부에 팽창기, 하부에 압축기가 있어 수소 · 헬륨 등의 냉매를 이용하여 공기를 액화시키는 사이클이다.
	캐스케이드 공기액화 사이클	비점이 점차 낮은 냉매를 사용, 저비점의 기체를 액화하는 사이클로 다원액화 사이클이라 한다.

(4) 저온단열법

항 목		핵심 세부 내용
상압단열법	정의	단열의 공간에 분말 섬유 등의 단열재를 충전하여 단열하는 방법
	주의사항	• 액체산소장치의 단열에는 불연성 단열재로 사용 • 탱크의 기밀을 유지하여 외부에서 수분이 침입하는 것을 방지
진공단열법	정의	공기의 열전도율보다 낮은 값을 얻기 위해 단열공간을 진공으로 하여 공기를 이용 전열을 제거하는 단열법
	종류	• 고진공 단열법 : 단열공간을 진공으로 열의 전도를 차단하는 단열법 • 분말진공 단열법 : 펄라이트, 규조토 등의 분말로 열의 전도를 차단하는 단열법 • 다층진공 단열법 : 진공도(10^{-5}torr)의 높은 진공도를 이용하여 열의 전도를 차단하는 단열법
단열재의 구비조건		• 열전도율이 적을 것 • 밀도가 적을 것 • 시공이 쉬울 것 • 흡수, 흡습성이 적을 것 • 경제적, 화학적으로 안정할 것

3 배관장치

(1) 배관의 종류 및 기호

기 호	명 칭	사용 특성
SPP	배관용 탄소강관	1MPa 이하
SPPS	압력배관용 탄소강관	1~10MPa 이하
SPPH	고온배관용 탄소강관	10MPa 이상
SPLT	저온배관용 탄소강관	빙점 이하에 사용
SPPW	수도용 아연도금강관	수도용 배관에 사용

※ 법령사항에서 고압에 중압, 저압에 사용하는 배관과 구별하여야 한다.

(2) 배관설계 시 고려사항

① 가능한 옥외에 설치할 것(옥외)

② 은폐 매설을 피할 것=노출하여 시공할 것(노출)

③ 최단거리로 할 것(최단)

④ 구부러지거나 오르내림이 적을 것=굴곡을 적게 할 것
=직선배관으로 할 것(직선)

(3) 배관의 SCH(스케줄 번호)

<table>
<tr><th>개 요</th><td colspan="2">SCH가 클수록 배관의 두께가 두껍다는 것을 의미함</td></tr>
<tr><th rowspan="2">공식의 종류</th><th colspan="2">단위 구분</th></tr>
<tr><th>S(허용응력)</th><th>P(사용압력)</th></tr>
<tr><td>$SCH=10\times\frac{P}{S}$</td><td>kg/mm^2</td><td>kg/cm^2</td></tr>
<tr><td>$SCH=100\times\frac{P}{S}$</td><td>kg/mm^2</td><td>MPa</td></tr>
<tr><td>$SCH=1000\times\frac{P}{S}$</td><td>$kg/mm^2$</td><td>$kg/mm^2$</td></tr>
<tr><td colspan="3">S는 허용응력$\left(\text{인장강도}\times\frac{1}{4}=\text{허용응력}\right)$</td></tr>
</table>

(4) 배관의 이음

<table>
<tr><th colspan="2">종 류</th><th>도시기호</th><th>관련 사항</th></tr>
<tr><td rowspan="2">영구이음</td><td>용접</td><td>—×—</td><td rowspan="6">[배관재료의 구비조건]
① 관내 가스 유통이 원활할 것
② 토양, 지하수 등에 대하여 내식성이 있을 것
③ 절단가공이 용이할 것
④ 내부 가스압 및 외부의 충격하중에 견디는 강도를 가질 것
⑤ 누설이 방지될 것</td></tr>
<tr><td>납땜</td><td>—o—</td></tr>
<tr><td rowspan="4">일시이음</td><td>나사</td><td>—|—</td></tr>
<tr><td>플랜지</td><td>—||—</td></tr>
<tr><td>소켓</td><td>—(—</td></tr>
<tr><td>유니언</td><td>—|||—</td></tr>
</table>

(5) 열응력 제거 이음(신축이음) 종류

이음 종류	설 명
상온(콜드)스프링	배관의 자유팽창량을 미리 계산, 관을 짧게 절단하는 방법(절단길이는 자유팽창량의 1/2)이다.
루프이음	신축 곡관이라고 하며, 관을 루프모양으로 구부려 구부림을 이용하여 신축을 흡수하는 이음방법으로 가장 큰 신축을 흡수하는 이음방법이다.
벨로스이음	팩레스 신축조인트라고 하며, 관의 신축에 따라 슬리브와 함께 신축하는 방법이다.
스위블이음	두 개 이상의 엘보를 이용, 엘보의 공간 내에서 신축을 흡수하는 방법이다.
슬리브이음 (슬라이드)	조인트 본체와 슬리브 파이프로 되어 있으며, 관의 팽창·수축은 본체 속을 슬라이드 하는 슬리브 파이프에 의하여 흡수된다.
신축량 계산식	$\lambda = l\alpha\Delta t$ 여기서, λ : 신축량, l : 관의 길이, α : 선팽창계수, Δt : 온도차

4 밸브

항 목		세부 핵심 내용
종류	글로브(스톱)밸브	개폐가 용이, 유량조절용
	슬루스(게이트)밸브	대형 관로의 유로의 개폐용
	볼밸브	• 배관 내경과 동일, 관내 흐름이 양호 • 압력손실이 적으나 기밀유지가 곤란
	체크밸브	• 유체의 역류방지 • 스윙형(수직, 수평 배관에 사용), 리프트형(수평 배관에 사용)
고압용 밸브 특징		• 주조품보다 단조품을 가공하여 제조한다. • 밸브 시트는 내식성과 경도 높은 재료를 사용한다. • 밸브 시트는 교체할 수 있도록 한다. • 기밀유지를 위해 스핀들에 패킹이 사용된다.
안전밸브		
설치 목적		• 용기나 탱크 설비(기화장치) 등에 설치 • 내부 압력이 급상승 시 안전밸브를 통하여 일부 가스를 분출시켜 용기, 탱크 설비 자체의 폭발을 방지하기 위함
종류	스프링식	가장 많이 사용(스프링의 힘으로 내부 가스를 분출)
	가용전식	• 내부 가스압 상승 시 온도가 상승, 가용전이 녹아 내부 가스를 분출 • 가용합금으로 구리, 주석, 납 등이 사용되며 주로 Cl_2(용융온도 65~68℃), C_2H_2(용융온도 105±5℃)에 적용
	파열판(박판)식	주로 압축가스에 사용되며 압력이 급상승 시 파열판이 파괴되어 내부 가스를 분출
	중추식	거의 사용하지 않음
파열판식 안전밸브의 특징		• 구조 간단, 취급 및 점검이 용이하다. • 부식성 유체에 적합하다. • 한번 작동하면 다시 교체하여야 한다(1회용이다).

5 오토클레이브

구 분		내 용
정의		고온·고압하에서 화학적인 합성이나 반응을 하기 위한 고압반응 가마솥
종류	교반형	전자코일을 이용하거나 모터에 연결된 베일을 이용하는 것
	회전형	오토클레이브 자체를 회전하는 방식(교반효과는 떨어짐)
	진탕형	수평이나 전후 운동을 함으로써 내용물을 교반하는 형식
	가스 교반형	가늘고 긴 수평반응기로 유체가 순환되어 교반하는 형식(레페반응장치에 이용)
부속품		압력계, 온도계, 안전밸브
재료		스테인리스강
압력측정		부르동관 압력계로 측정
온도측정		수은 및 열전대 온도계
레페반응장치		
정의		C_2H_2을 압축하는 것은 극히 위험하나 레페가 종래 합성되지 않았던 위험한 화합물의 제조를 가능하게 한 다수의 신 반응을 말한다.
종류		• 비닐화 • 에틸린산 • 환 중합 • 카르보닐화

6 금속재료

(1) 탄소강

구 분		내 용
정의		보통강이라 부르며 Fe, C를 주성분으로 망간, 규소, 인, 황 등을 소량씩 함유
함유성분의 영향	C(탄소)	강의 인장강도 항복점 증가, 신율·충격치 감소
	Mn(망간)	황의 악영향을 완화, 강의 경도·강도·점성강도 증대
	P(인)	상온취성의 원인, 0.05% 이하로 제한
	S(황)	적열취성의 원인
	Si(규소)	유동성을 좋게 하나 단접성 및 냉간 가공성을 저하

(2) 동(Cu)

구 분		내 용
특징		전성·연성이 풍부하고 가공성, 내식성이 우수
사용금지 가스	NH_3	착이온 생성으로 부식을 일으키므로 62% 미만의 경우 사용 가능
	C_2H_2	동아세틸라이트 생성으로 폭발하므로 62% 미만의 경우 사용 가능
합금 종류	황동	Cu+Zn(동+아연)
	청동	Cu+Sn(동+주석)

(3) 고온 · 고압용 금속재료의 종류

① 5% 크롬(Cr)강

② 9% 크롬(Cr)강

③ 18-8 스테인리스강(오스테나이트계 스테인리스강)

④ 니켈, 크롬, 몰리브덴강

(4) 열처리 종류 및 특성

종 류	특 성
담금질(소입, quenching)	강도 및 경도 증가
불림(소준, normalizing)	결정조직의 미세화
풀림(풀림, annealing)	잔류 응력 제거 및 조직의 연화강도 증가
뜨임(소려, tempering)	내부 응력 제거, 인장강도 및 연성 부여
심랭처리법	오스테나이트계 조직을 마텐자이트 조직으로 바꿀 목적으로 0℃ 이하로 처리하는 방법

7 부식과 방식

(1) 부식

항 목		세부 핵심 내용
지하매설 강관의 부식의 원인		• 이종금속의 접촉에 의한 부식 • 농염전지작용에 의한 부식 • 국부전지에 의한 부식 • 미주전류에 의한 부식 • 박테리아에 의한 부식
부식의 형태	전면부식	전면이 균일하게 되는 부식, 부식 양은 크지만 대처가 쉽다.
	국부부식	특정부분에 집중으로 일어나는 부식으로 부식의 정도가 커 위험성이 높다.
	선택부식	합금 중 특정성분만이 선택적으로 용출되거나 전체가 용출된 다음 특정성분만 재석출이 일어나는 부식이다.
	입계부식	결정입자가 선택적으로 부식되는 형식이다.

(2) 방식

항 목		세부 핵심 내용
금속재료의 부식억제방식법		• 부식환경처리에 의한 방법 • 인히비터(부식억제제)에 의한 방식법 • 피복에 의한 방식법 • 전기방식법
전기방식법	정의	지하매설 배관의 부식을 방지하기 위하여 양전류를 흘러 보내 토양의 음전류와 상쇄하여 부식을 방지하는 방법
	종류	유전양극법(희생양극법), 외부전원법, 선택배류법, 강제배류법

8 압축기

(1) 압축기

구 분			세부 핵심 내용
개요			기체에 기계에너지를 전달하여 압력과 속도를 높여주는 동력장치
분 류	작동압력에 따라		• 압축기(토출압력 $1kg/cm^2$ 이상) • (블로어)송풍기(토출압력 $0.1kg/cm^2$ 이상 $1kg/cm^2$ 미만) • (팬)통풍기(토출압력 $0.1kg/cm^2$ 미만)
	압축방식에 따라	터보형	• 원심 : 원심력에 의해 가스를 압축 • 축류 : 축방향으로 흡입, 축방향으로 토출 • 사류 : 축방향으로 흡입, 경사지게 토출
		용적형	• 왕복식 : 피스톤의 왕복운동으로 압축 • 회전식 : 임펠러의 회전운동으로 압축하는 방식 • 나사식 : 암수 한쌍의 나사가 맞물려 돌아가면서 압축

(2) 각종 압축기 특징

왕복압축기	원심압축기	회전압축기	나사압축기
• 급유식 또는 무급유식이다. • 용량조정범위가 넓고 쉽다. • 압축효율이 높아 쉽게 고압을 얻을 수 있다. • 설치면적이 크고, 소음 진동이 있다. • 용적형이다.	• 무급유식이다. • 압축이 연속적이다. • 압축효율이 낮다. • 소음 · 진동이 적다. • 용량조정범위가 좁고 어렵다.	• 오일윤활식 용적형이다. • 구조가 간단하다. • 소용량으로 사용된다. • 흡입밸브가 없고 크랭크케이스 내는 고압이다. • 압축이 연속적이고, 고진공을 얻을 수 있다.	• 용적형이다. • 무급유 · 급유식이다. • 흡입 · 압축 · 토출의 3행정이다. • 맥동이 없고, 압축이 연속적이다. • 압축효율은 낮다.

(3) 압축비와 실린더 냉각의 목적

압축비가 커질 때의 영향	실린더 냉각의 목적
• 소요동력 증대 • 실린더 내 온도 상승 • 체적효율 저하 • 윤활유 열화 탄화	• 체적효율 증대 • 압축효율 증대 • 윤활기능 향상 • 압축기 수명 연장

(4) 다단압축의 목적, 압축기의 운전 전, 운전 중 주의사항

다단압축의 목적	운전 전 주의사항	운전 중 주의사항
• 가스의 온도 상승을 피함 • 일량이 절약 • 이용효율이 증대 • 힘의 평형이 양호 • 체적효율 증대	• 압축기에 부착된 볼트, 너트 조임상태 확인 • 압력계, 온도계, 드레인 밸브를 전개 지시압력의 이상유무 점검 • 윤활유 상태 점검 • 냉각수 상태 점검	• 압력 · 온도 이상유무 점검 • 소음 · 진동 유무 점검 • 윤활유 상태 점검 • 냉각수량 점검

(5) 압축기에 사용되는 윤활유 종류

각종 가스 윤활유	O_2(산소)	물 또는 10% 이하 글리세린수
	Cl_2(염소)	진한 황산
	LP가스	식물성유
	H_2(수소), C_2H_2(아세틸렌), 공기	양질의 광유
구비조건	• 경제적일 것 • 점도가 적당할 것 • 불순물이 적을 것	• 화학적으로 안정할 것 • 인화점이 높을 것 • 항유화성이 높고, 응고점이 낮을 것

(6) 압축기 용량 조정방법

왕 복	원 심
• 회전수 변경법 • 바이패스 밸브에 의한 방법 • 흡입 주밸브 폐쇄법 • 타임드 밸브에 의한 방법 • 흡입밸브 강제 개방법 • 클리어런스 밸브에 의한 방법	• 속도 제어에 의한 방법 • 바이패스에 의한 방법 • 안내깃(베인 컨트롤) 각도에 의한 방법 • 흡입밸브 조정법 • 토출밸브 조정법

(7) 압축비, 각 단의 토출압력, 2단 압축에서 중간압력 계산법

구 분	핵심 내용
압축비(a)	$a = \sqrt[n]{\frac{P_2}{P_1}}$ 여기서, n : 단수, P_1 : 흡입 절대압력, P_2 : 토출 절대압력
2단 압축에서 중간압력(P_0)	P_1 → [1] → P_0 → [2] → P_2 $P_0 = \sqrt{P_1 \times P_2}$
다단압축에서 각 단의 토출압력	P_1 → [1] → P_{01} → [2] → P_{02} → [3] → P_2 여기서, P_1 : 흡입 절대압력 P_{01} : 1단 토출압력 P_{02} : 2단 토출압력 P_2 : 토출 절대압력 또는 3단 토출압력 $a = \sqrt[n]{\frac{P_2}{P_1}}$ $P_{01} = a \times P_1$ $P_{02} = a \times a \times P_1$ $P_2 = a \times a \times a \times P_1$

예제 1. 흡입압력 1kg/cm², 최종 토출압력 26kg/cm²g인 3단 압축기의 압축비를 구하고, 각 단의 토출압력을 게이지압력으로 계산하시오. (단, 1atm=1kg/cm²이다.)

풀이 $a = \sqrt[3]{\frac{(26+1)}{1}} = 3$

$P_{01} = a \times P_1 = 3 \times 1 = 3\text{kg/cm}^2$

$\therefore\ 3-1 = 2\text{kg/cm}^2\text{g}$

$P_{02} = a \times a \times P_1 = 3 \times 3 \times 1 - 1 = 8\text{kg/cm}^2\text{g}$

$P_2 = a \times a \times a \times P_1 = 3 \times 3 \times 3 \times 1 - 1 = 26\text{kg/cm}^2\text{g}$

예제 2. 흡입압력 1kg/cm², 토출압력 4kg/cm²인 2단 압축기 중간 압력은 몇 kg/cm²g인가? (단, 1atm=1kg/cm²이다.)

풀이 $P_o = \sqrt{P_1 \times P_2} = \sqrt{1 \times 4} = 2\text{kg/cm}^2$

$\therefore\ 2-1 = 1\text{kg/cm}^2\text{g}$

(8) 왕복압축기의 피스톤 압출량(m³/hr)

$$Q = \frac{\pi}{4} D^2 \times L \times N \times n \times n_v \times 60$$

여기서, Q : 피스톤 압출량(m³/hr)
D : 직경(m)
L : 행정(m)
N : 회전수(rpm)
n : 기통수
n_v : 체적효율

※ m³/min값으로 계산 시 60을 곱할 필요가 없음.

예제 실린더 직경 200mm, 행정 100mm, 회전수 200rpm, 기통수 2기통, 체적효율 80%인 왕복압축기 피스톤 압출량(m³/hr)을 계산하여라.

풀이 $Q = \frac{\pi}{4} \times (0.2\text{m})^2 \times (0.1\text{m}) \times 200 \times 2 \times 0.8 \times 60 = 30.16\text{m}^3/\text{hr}$

9 펌프

(1) 분류방법

구 분			세부 핵심 내용	
개요			낮은 곳의 액체를 높은 곳으로 끌어올리는 동력장치	
분류	터보형	원심	벌류트	안내깃이 없는 펌프
			터빈	안내깃이 있는 펌프
		축류	임펠러에서 나오는 액의 흐름이 축방향으로 토출	
		사류	임펠러에서 나온 액의 흐름이 축에 대하여 경사지게 토출	
	용적식	왕복	피스톤, 플런저, 다이어프램	
		회전	기어, 나사, 베인	
	특수펌프		재생(마찰, 웨스크), 제트, 기포, 수격	

(2) 펌프의 이상현상

항 목 \ 구 분	정 의	방지법
캐비테이션	유수 중 그 수온의 증기압보다 낮은 부분이 생기면 물이 증발을 일으키고, 기포를 발생하는 현상	• 펌프 설치위치를 낮춘다. • 두 대 이상의 펌프를 사용한다. • 양흡입펌프를 사용한다. • 펌프 회전수를 낮춘다. • 수직축펌프를 사용하여 회전차를 수중에 잠기게 한다.
	[참고] 발생에 따른 현상	소음, 진동, 깃의 침식, 양정효율곡선 저하
베이퍼록	저비등점의 펌프 등에서 액화가스 이송 시 일어나는 현상으로 액의 끓음에 의한 동요	• 회전수를 낮춘다. • 흡입관경을 넓힌다. • 펌프 설치위치를 낮춘다. • 외부와 단열조치한다. • 실린더 라이너를 냉각시킨다.
	[참고] 베이퍼록이 발생되는 펌프	회전펌프
수격작용(워터해머)	관 속을 충만하게 흐르는 물이 정전 등에 의한 심한 압력변화에 따른 심한 속도변화를 일으키는 현상	• 펌프에 플라이휠을 설치한다. • 관 내 유속을 낮춘다. • 조압수조를 관선에 설치한다. • 밸브를 송출구 가까이 설치하고, 적당히 제어한다.
서징 현상	펌프를 운전 중 주기적으로 양정 토출량 등이 규칙 바르게 변동하는 현상	[서징의 발생조건] • 배관 중에 물탱크나 공기탱크가 있을 때 • 펌프의 양정곡선이 산고곡선이고, 곡선의 산고 상승부에서 운전하였을 때 • 유량조절밸브가 탱크 뒤쪽에 있을 때

원심압축 시의 서징

1. 정의

압축기와 송풍기의 사이에 토출측 저항이 커지면 풍량이 감소하고 어느 풍량에 대하여 일정압력으로 운전되나 우상특성의 풍량까지 감소되면 관로에 심한 공기의 맥동과 진동이 발생하여 불안정 운전이 되는 현상

2. 방지법

① 우상특성이 없게 하는 방식
② 방출밸브에 의한 방법
③ 회전수를 변화시키는 방법
④ 교축밸브를 기계에 근접시키는 방법

(3) 펌프의 마력(PS), 동력(kW) 계산식

항 목 \ 구 분	L_{PS}	L_{kW}
공식	$L_{PS} = \dfrac{\gamma \cdot Q \cdot H}{75\eta}$	$L_{kW} = \dfrac{\gamma \cdot Q \cdot H}{102\eta}$
기호	L_{PS} : 펌프의 마력, L_{kW} : 펌프의 동력, γ : 비중량(kgf/m^3) Q : 유량(m^3/sec), H : 양정(m), η : 효율	
예제	송수량 6000L/min, 양정 10m, 효율 75%인 펌프의 L_{PS}, L_{kW}를 계산 $L_{PS} = \dfrac{1000 \times 6(\text{m}^3/60\text{sec}) \times 10}{75 \times 0.75} = 17.78\text{PS}$ $L_{kW} = \dfrac{1000 \times 6(\text{m}^3/60\text{sec}) \times 10}{102 \times 0.75} = 13.07\text{kW}$	
참고	• γ(비중량)이 주어지지 않으면 물의 비중량 1000kgf/m^{3}을 대입 • 유량의 단위 m^3/sec로 변환	

(4) 펌프 회전수 변경 시 및 상사로 운전 시 변경(송수량, 양정, 동력값)

구 분		내 용
회전수를 $N_1 \rightarrow N_2$로 변경한 경우	송수량(Q_2)	$Q_2 = Q_1 \times \left(\dfrac{N_2}{N_1}\right)^1$
	양정(H_2)	$H_2 = H_1 \times \left(\dfrac{N_2}{N_1}\right)^2$
	동력(P_2)	$P_2 = P_1 \times \left(\dfrac{N_2}{N_1}\right)^3$
회전수를 $N_1 \rightarrow N_2$로 변경과 상사로 운전 시($D_1 \rightarrow D_2$ 변경)	송수량(Q_2)	$Q_2 = Q_1 \times \left(\dfrac{N_2}{N_1}\right)^1\left(\dfrac{D_2}{D_1}\right)^3$
	양정(H_2)	$H_2 = H_1 \times \left(\dfrac{N_2}{N_1}\right)^2\left(\dfrac{D_2}{D_1}\right)^2$
	동력(P_2)	$P_2 = P_1 \times \left(\dfrac{N_2}{N_1}\right)^3\left(\dfrac{D_2}{D_1}\right)^5$
기호 설명		
• Q_1, Q_2 : 처음 및 변경된 송수량 • P_1, P_2 : 처음 및 변경된 동력	• H_1, H_2 : 처음 및 변경된 양정 • N_1, N_2 : 처음 및 변경된 회전수	

예제 회전수 1000rpm에서 1500rpm으로 변하면 송수량, 양정, 동력은 몇 배로 변화되는가?

풀이 ① $Q_2 = Q_1 \times \left(\dfrac{1500}{1000}\right)^1 = 1.5Q_1$ (1.5배)

② $H_2 = H_1 \times \left(\dfrac{1500}{1000}\right)^2 = 2.25H_1$ (2.25배)

③ $P_2 = P_1 \times \left(\dfrac{1500}{1000}\right)^3 = 3.375P_1$ (3.375배)

02 가스 기기

1 압력계

(1) 1차 압력계

액주식(마노미터)		
U자관식	경사관식	환상천평식(링밸런스식)
• P_1, P_2의 차압으로 절대압력을 측정 • 통풍계로 사용 • $P_1 - P_2 = \gamma H$	• 미소압력 측정 • 실험실에서 사용 • $P_2 = P_1 + Sx\sin\theta$	• 링의 상부에 격막, 하부에 수은을 채운 것 • 하부에는 액이 있으며 상부의 기체압력을 측정
액주식 압력계의 액의 구비조건		
• 화학적으로 안정할 것 • 모세관, 표면장력이 적을 것 • 온도변화에 의한 밀도변화가 적을 것	• 점도팽창계수가 적을 것 • 액면은 수평일 것 • 휘발성 흡수성이 적을 것	

자유(부유 피스톤식)		
용 도	부르동관 압력계의 눈금교정용, 연구실용	
게이지압력(P)	$P = \dfrac{W+w}{A}$	W : 추의 무게 w : 피스톤 무게 A : 실린더 단면적
압력 전달유체	오일(경유, 스핀들유, 피마자유, 모빌유)	
오차값(%)	$\dfrac{\text{측정값} - \text{진실값}}{\text{진실값(참값)}} \times 100$	

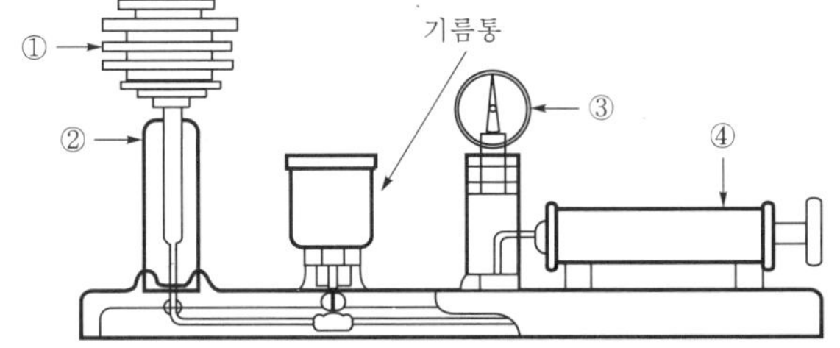

여기서, ① 추
② 램(피스톤)
③ 압력계
④ 펌프

(2) 2차 압력계

측정방법에 따른 분류		세부 핵심 내용
탄성력	부르동관	• 가장 많이 쓰이는 2차 압력계의 대표 압력계 • 고압측정용(3000kg/cm^{2}까지) • 정확도는 낮다.
	다이어프램	• 미소압력 측정 • 부식성 유체 측정에 적합, 응답속도가 빠르다.
	벨로스식	• 진공압이나 차압의 측정에 사용 • 벨로스의 탄성을 이용, 압력을 측정

측정방법에 따른 분류		세부 핵심 내용
전기적 변화	전기저항	• 금속의 전기저항이 압력에 의해 변하는 것을 이용
	피에조 전기압력계	• 수정, 전기석, 롯셀염 등을 이용하여 압력을 측정 • C_2H_2 등과 같은 가스폭발 등 급격한 압력변화를 측정

2 온도계

(1) 기본단위(7종)

길 이	질 량	시 간	전 류	물질량	광 도	온 도
m	kg	sec	A	mol	Cd	K

※ 온도의 기본단위는 K이다.

(2) 접촉식과 비접촉식 온도계

구 분		특 징
접촉식 온도계	유리제 온도계	• 원격측정이 불가능하다.
	바이메탈 온도계	• 연속기록이 불가능하다.
	전기저항 온도계	• 자동제어가 불가능하다.
	열전대 온도계	• 취급 온도측정이 간단하다.
비접촉식 온도계	광고 온도계	• 측정온도 오차가 크다.
	광전관식 온도계	• 고온 측정, 이동물체 측정이 가능하다.
	색 온도계	• 접촉에 의한 열손실이 없다.
	복사(방사) 온도계	• 응답이 빠르고 내구성이 좋다.

(3) 열전대 온도계

① 열전대 온도계의 측정 온도범위와 특성

종 류	온도범위	특 성
PR(R형, 백금－백금 · 로듐) P(－), R(＋)	0~1600℃	산에 강하고, 환원성에 약하다.
CA(K형, 크로멜－알루멜) C(＋), A(－)	－20~1200℃	환원성에 강하고, 산화성에 약하다.
IC(J형, 철－콘스탄탄) I(＋), C(－)	－20~800℃	환원성에 강하고, 산화성에 약하다.
CC(T형, 동－콘스탄탄) C(＋), C(－)	－200~400℃	수분에 약하고, 약산성에만 사용가능하다.
성 분		
• P : Pt(백금) • C : Ni＋Cr(크로멜) • I : (철) • C : (동)	• R : Rh(백금로듐) • A : Ni＋Al, Mn, Si(알루멜) • C : (콘스탄탄) (Cu＋Ni) • C : (콘스탄탄)	

② 측정원리, 효과, 구성요소

구 분	내 용
측정원리	열기전력
효과	제베크 효과
구성요소	열접점, 냉접점, 열전선, 보상도선, 보호관

3 액면계

용 도		종 류
인화 중독 우려가 없는 곳에 사용		슬립튜브식, 회전튜브식, 고정튜브식
LP가스 저장탱크	지상	클린카식
	지하	슬립튜브식
초저온 · 산소 · 불활성에만 사용 가능		환형 유리제 액면계
직접식		직관식, 검척식, 플로트식, 편위식
간접식		차압식, 기포식, 방사선식, 초음파식, 정전용량식
액면계 구비조건		• 고온 · 고압에 견딜 것 • 연속, 원격 측정이 가능할 것 • 부식에 강할 것 • 자동제어장치에 적용 가능 • 경제성이 있고, 수리가 쉬울 것

4 유량계

(1) 종류

분 류		종 류
측정원리	직접법	오벌기어, 루트, 로터리피스톤, 습식가스미터, 회전원판, 왕복피스톤
	간접법	오리피스, 벤투리, 로터미터, 피토관
측정방법	차압식	오리피스, 플로노즐, 벤투리
	면적식	로터미터
	유속식	피토관, 열선식
	전자유도법칙	전자식 유량계
	유체와류 이용	와류식 유량계

(2) 차압식 유량계

구 분	세부 내용
측정원리	압력차로 베르누이 원리를 이용
종류	오리피스, 플로노즐, 벤투리
압력손실이 큰 순서	오리피스>플로노즐>벤투리

(3) 유량계산식

$Q = A \cdot V$

여기서, Q : 유량(m^3/s), A : 관의 단면적$\left(\frac{\pi}{4}d^2\right)$, V : 유속(m/s)

예제 관경 4cm의 관을 유체가 10m/s의 속도로 흐를 때 유체유량(m^3/hr)을 계산하시오.

풀이 $Q = \frac{\pi}{4} \times (0.04m)^2 \times 10m/s = 0.0125m^3/s = 0.0125 \times 3600 = 45.24m^3/hr$

5 가스분석계

(1) 가스분석계의 종류

분석방법	특 징
물리적 분석방법	• 전기전도도를 이용한 것 • 빛의 간섭을 이용한 것 • 가스의 열전도율, 밀도, 비중, 반응성을 이용한 것 • 적외선 흡수를 이용한 것
화학적 분석방법	• 고체의 흡수제를 이용한 것 • 용액의 흡수제(오르자트, 헴펠, 게겔)를 이용한 것 • 가스의 연소열을 이용한 것
기기 분석법	• 가스 크로마토그래피 • Colorimetery • Polarography

(2) 흡수분석법

<table>
<tr><th colspan="2">종 류</th><th colspan="6">분석 순서</th></tr>
<tr><td colspan="2">오르자트법</td><td colspan="2">CO_2</td><td>O_2</td><td colspan="3">CO</td></tr>
<tr><td colspan="2">헴펠법</td><td colspan="2">CO_2</td><td>C_mH_n</td><td colspan="2">O_2</td><td>CO</td></tr>
<tr><td colspan="2">게겔법</td><td>CO_2</td><td>C_2H_2</td><td>C_3H_6, $n-C_4H_{10}$</td><td>C_2H_4</td><td>O_2</td><td>CO</td></tr>
<tr><th colspan="8">분석가스에 대한 흡수액</th></tr>
<tr><td>CO_2</td><td>C_mH_n</td><td colspan="3">O_2</td><td colspan="3">CO</td></tr>
<tr><td>33% KOH</td><td>발연황산</td><td colspan="3">알칼리성 피로카롤 용액</td><td colspan="3">암모니아성 염화제1동 용액</td></tr>
<tr><td colspan="2">C_2H_2</td><td colspan="3">C_3H_6, $n-C_4H_{10}$</td><td colspan="3">C_2H_4</td></tr>
<tr><td colspan="2">옥소수은칼륨 용액</td><td colspan="3">87% H_2SO_4</td><td colspan="3">취수소</td></tr>
</table>

(3) 가연성 가스 검출기 종류

구 분	내 용
간섭계형	가스의 굴절률 차이를 이용하여 농도를 측정(CH_4 및 일반 가연성 가스 검출) $x = \frac{Z}{n_m - n_a} \times 100$ 여기서, x : 성분가스의 농도(%) Z : 공기 굴절률 차에 의한 간섭무늬의 이동 n_m : 성분가스의 굴절률 n_a : 공기의 굴절률
안전등형	• 탄광 내 CH_4의 발생을 검출하는 데 이용(사용연료는 등유) • CH_4의 농도에 따라 청색불꽃길이가 달라지는 것을 판단하여 CH_4의 농도(%)를 측정
열선형	브리지 회로의 편위전류로서 가스의 농도 지시 또는 자동적으로 경보하여 검출하는 방법

(4) 독성 가스 누설검지 시험지와 변색상태

검지가스	시험지	변 색
NH_3	적색 리트머스지	청변
Cl_2	KI 전분지	청변
HCN	초산(질산구리)벤젠지	청변
C_2H_2	염화제1동 착염지	적변
H_2S	연당지	흑변
CO	염화파라듐지	흑변
$COCl_2$	하리슨 시험지	심등색

6 가스계량기

(1) 분류

추량식(추측식)			벤투리형, 와류형, 오리피스형, 델타형
실측식	건식형	회전자식	루트형, 로터리피스톤형, 오벌형
		막식	클로버식, 독립내기식
	습식형		습식 가스미터

(2) 가스계량기의 검정 유효기간

계량기의 종류	검정 유효기간
기준 계량기	2년
LPG 계량기	2년
최대유량 $10m^3$/hr 이하	5년
기타 계량기	8년

성공하려면
당신이 무슨 일을 하고 있는지를 알아야 하며,
하고 있는 그 일을 좋아해야 하며,
하는 그 일을 믿어야 한다.

-윌 로저스(Will Rogers)-

☆

때론 지치고 힘들지만 언제나 가슴에 큰 꿈을 안고 삽시다.
노력은 배반하지 않습니다.^^

chapter 2 ••• 가스 장치 및 기기

출/제/예/상/문/제

[수소 경제 육성 및 수소 안전관리에 관한 법령]

〈목 차〉

1. 수소연료 사용시설의 시설 · 기술 · 검사 기준
   - 일반사항(적용범위, 용어, 시설 설치 제한)
   - 시설기준(배치기준, 화기와의 거리)
     • 수소 제조설비
     • 수소 저장설비
     • 수소가스 설비(배관 설비, 연료전지 설비, 사고예방 설비)
2. 이동형 연료전지(드론용) 제조의 시설 · 기술 · 검사 기준
   - 용어 정의
   - 제조 기술 기준
   - 배관 구조
   - 충전부 구조
   - 장치(시동, 비상정지)
   - 성능(내압, 기밀, 절연저항, 내가스, 내식, 배기가스)
3. 수전해 설비 제조의 시설 · 기술 · 검사 기준
   - 제조시설(제조설비, 검사설비)
   - 안전장치
   - 성능(제품, 재료, 작동, 수소, 품질)
4. 수소 추출설비 제조의 시설 · 기술 · 검사 기준
   - 용어 정의
   - 제조시설(배관재료 적용 제외, 배관 구조, 유체이동 관련기기)
   - 장치(안전, 전기, 열관리, 수소 정제)
   - 성능(절연내력, 살수, 재료, 자동제어시스템, 연소상태, 부품, 내구)

1. 수소연료 사용시설의 시설 · 기술 · 검사 기준

01 다음 중 용어에 대한 설명이 틀린 것은 어느 것인가?

① "수소 제조설비"란 수소를 제조하기 위한 것으로서 법령에 따른 수소용품 중 수전해 설비 수소 추출설비를 말한다.
② "수소 저장설비"란 수소를 충전 · 저장하기 위하여 지상 또는 지하에 고정 설치하는 저장탱크(수소의 질을 균질화하기 위한 것을 포함)를 말한다.
③ "수소가스 설비"란 수소 제조설비, 수소 저장설비 및 연료전지와 이들 설비를 연결하는 배관 및 속설비 중 수소가 통하는 부분을 말한다.
④ 수소 용품 중 "연료전지"란 수소와 전기화학적 반응을 통하여 전기와 열을 생산하는 연료 소비량이 232.6kW 이상인 고정형, 이동형 설비와 그 부대설비를 말한다.

해설

연료전지 : 연료 소비량이 232.6kW 이하인 고정형, 이동형 설비와 그 부대설비

02 물의 전기분해에 의하여 그 물로부터 수소를 제조하는 설비는 무엇인가?

① 수소 추출설비
② 수전해 설비
③ 연료전지 설비
④ 수소 제조설비

정답 01.④ 02.②

03 수소 설비와 산소 설비의 이격거리는 몇 m 이상인가?

① 2m ② 3m
③ 5m ④ 8m

해설

수소-산소 : 5m 이상

참고 수소-화기 : 8m 이상

04 다음 [보기]는 수소 설비에 대한 내용이나 수치가 모두 잘못되었다. 맞는 수치로 나열된 것은 어느 것인가? (단, 순서는 (1), (2), (3)의 순서대로 수정된 것으로 한다.)

[보기]
(1) 유동방지시설은 높이 5m 이상 내화성의 벽으로 한다.
(2) 입상관과 화기의 우회거리는 8m 이상으로 한다.
(3) 수소의 제조 · 저장 설비의 지반조사 대상의 용량은 중량 3ton 이상의 것에 한한다.

① 2m, 2m, 1ton
② 3m, 2m, 1ton
③ 4m, 2m, 1ton
④ 8m, 2m, 1ton

해설

(1) 유동방지시설 : 2m 이상 내화성의 벽
(2) 입상관과 화기의 우회거리 : 2m 이상
(3) 지반조사 대상 수소 설비의 중량 : 1ton 이상

참고 지반조사는 수소 설비의 외면으로부터 10m 이내 2곳 이상에서 실시한다.

05 수소의 제조 · 저장 설비를 실내에 설치 시 지붕의 재료로 맞는 것은?

① 불연 재료
② 난연 재료
③ 무거운 불연 또는 난연 재료
④ 가벼운 불연 또는 난연 재료

해설

수소 설비의 재료 : 불연 재료(지붕은 가벼운 불연 또는 난연 재료)

06 다음 [보기]는 수소의 저장설비에서 대한 내용이다. 맞는 설명은 어느 것인가?

[보기]
(1) 저장설비에 설치하는 가스방출장치의 탱크 용량은 $10m^3$ 이상이다.
(2) 내진설계로 시공하여야 하며, 저장능력은 5ton 이상이다.
(3) 저장설비에 설치하는 보호대의 높이는 0.6m 이상이다.
(4) 보호대가 말뚝 형태일 때는 말뚝이 2개 이상이고 간격은 2m 이상이다.

① (1) ② (2)
③ (3) ④ (4)

해설

(1) 가스방출장치의 탱크 용량 : $5m^3$ 이상
(3) 보호대의 높이 : 0.8m 이상
(4) 말뚝 형태 : 2개 이상, 간격 1.5m 이상

07 수소연료 사용시설에 안전확보 정상작동을 위하여 설치되어야 하는 부속장치에 해당되지 않는 것은?

① 압력조정기
② 가스계량기
③ 중간밸브
④ 정압기

08 수소가스 설비의 T_p, A_p를 옳게 나타낸 것은?

① T_p = 상용압력×1.5
A_p = 상용압력
② T_p = 상용압력×1.2
A_p = 상용압력×1.1
③ T_p = 상용압력×1.5
A_p = 최고사용압력×1.1 또는 8.4kPa 중 높은 압력
④ T_p = 최고사용압력×1.5
A_p = 최고사용압력×1.1 또는 8.4kPa 중 높은 압력

정답 03.③ 04.① 05.④ 06.② 07.④ 08.③

09 다음 [보기]는 수소 제조 시의 수전해 설비에 대한 내용이다. 틀린 내용으로만 나열된 것은?

> [보기]
> (1) 수전해 설비실의 환기가 강제환기만으로 이루어지는 경우에는 강제환기가 중단되었을 때 수전해 설비의 운전이 정상작동이 되도록 한다.
> (2) 수전해 설비를 실내에 설치하는 경우에는 해당 실내의 산소 농도가 22% 이하가 되도록 유지한다.
> (3) 수전해 설비를 실외에 설치하는 경우에는 눈, 비, 낙뢰 등으로부터 보호할 수 있는 조치를 한다.
> (4) 수소 및 산소의 방출관과 방출구는 방출된 수소 및 산소가 체류할 우려가 없는 통풍이 양호한 장소에 설치한다.
> (5) 수소의 방출관과 방출구는 지면에서 5m 이상 또는 설비 상부에서 2m 이상의 높이 중 높은 위치에 설치하며, 화기를 취급하는 장소와 8m 이상 떨어진 장소에 위치하도록 한다.
> (6) 산소의 방출관과 방출구는 수소의 방출관과 방출구 높이보다 낮은 높이에 위치하도록 한다.
> (7) 산소를 대기로 방출하는 경우에는 그 농도가 23.5% 이하가 되도록 공기 또는 불활성 가스와 혼합하여 방출한다.
> (8) 수전해 설비의 동결로 인한 파손을 방지하기 위하여 해당 설비의 온도가 5℃ 이하인 경우에는 설비의 운전을 자동으로 차단하는 조치를 한다.

① (1), (2)
② (1), (2), (5)
③ (1), (5), (8)
④ (1), (2), (7)

해설

(1) 강제환기 중단 시 : 운전 정지
(2) 실내의 산소 농도 : 23.5% 이하
(5) 화기를 취급하는 장소와의 거리 : 6m 떨어진 위치

10 수소 추출설비를 실내에 설치하는 경우 실내의 산소 농도는 몇 % 미만이 되는 경우 운전이 정지되어야 하는가?

① 10.5%　② 15.8%
③ 19.5%　④ 22%

11 다음 ( ) 안에 공통으로 들어갈 단어는 무엇인가?

> 연료전지가 설치된 곳에는 조작하기 쉬운 위치에 ( )를 다음 기준에 따라 설치한다.
> • 수소연료 사용시설에는 연료전지 각각에 대하여 ( )를 설치한다.
> • 배관이 분기되는 경우에는 주배관에 ( )를 설치한다.
> • 2개 이상의 실로 분기되는 경우에는 각 실의 주배관마다 ( )를 설치한다.

① 압력조정기　② 필터
③ 배관용 밸브　④ 가스계량기

12 배관장치의 이상전류로 인하여 부식이 예상되는 장소에는 절연물질을 삽입하여야 한다. 다음의 보기 중 절연물질을 삽입해야 하는 장소에 해당되지 않는 것은?

① 누전으로 인하여 전류가 흐르기 쉬운 곳
② 직류전류가 흐르고 있는 선로(線路)의 자계(磁界)로 인하여 유도전류가 발생하기 쉬운 곳
③ 흙속 또는 물속에서 미로전류(謎路電流)가 흐르기 쉬운 곳
④ 양극의 설치로 전기방식이 되어 있는 장소

13 사업소 외의 배관장치에 설치하는 안전제어장치와 관계가 없는 것은?

① 압력안전장치
② 가스누출검지경보장치
③ 긴급차단장치
④ 인터록장치

정답 09.② 10.③ 11.③ 12.④ 13.④

14 수소의 배관장치에는 이상사태 발생 시 압축기, 펌프 긴급차단장치 등이 신속하게 정지 또는 폐쇄되어야 하는 제어기능이 가동되어야 하는데 이 경우에 해당되지 않는 것은?

① 온도계로 측정한 온도가 1.5배 초과 시
② 규정에 따라 설치된 압력계가 상용압력의 1.1배 초과 시
③ 규정에 따라 압력계로 측정한 압력이 정상운전 시보다 30% 이상 강하 시
④ 측정유량이 정상유량보다 15% 이상 증가 시

15 수소의 배관장치에 설치하는 압력안전장치의 기준이 아닌 것은?

① 배관 안의 압력이 상용압력을 초과하지 않고, 또한 수격현상(water hammer)으로 인하여 생기는 압력이 상용압력의 1.1배를 초과하지 않도록 하는 제어기능을 갖춘 것
② 재질 및 강도는 가스의 성질, 상태, 온도 및 압력 등에 상응되는 적절한 것
③ 배관장치의 압력변동을 충분히 흡수할 수 있는 용량을 갖춘 것
④ 압력이 상용압력의 1.5배 초과 시 인터록기구가 작동되는 제어기능을 갖춘 것

16 수소의 배관장치에서 내압성능이 상용압력의 1.5배 이상이 되어야 하는 경우 상용압력은 얼마인가?

① 0.1MPa 이상　② 0.5MPa 이상
③ 0.7MPa 이상　④ 1MPa 이상

17 수소 배관을 지하에 매설 시 최고사용압력에 따른 배관의 색상이 맞는 것은?

① 0.1MPa 미만은 적색
② 0.1MPa 이상은 황색
③ 0.1MPa 미만은 황색
④ 0.1MPa 이상은 녹색

해설

(1) 지상배관 : 황색
(2) 지하배관
① 0.1MPa 미만 : 황색
② 0.1MPa 이상 : 적색

18 다음 [보기]는 수소배관을 지하에 매설 시 직상부에 설치하는 보호포에 대한 설명이다. 틀린 내용은?

> [보기]
> (1) 두께 : 0.2mm 이상
> (2) 폭 : 0.3m 이상
> (3) 바탕색
> – 최고사용압력 0.1MPa 미만 : 황색
> – 최고사용압력 0.1MPa 이상 2MPa 미만 : 적색
> (4) 설치위치 : 배관 정상부에서 0.3m 이상 떨어진 곳

① (1), (2)
② (1), (3)
③ (2), (3), (4)
④ (1), (2), (3)

해설

(2) 폭 : 0.15m 이상
(3) 바탕색
– 최고사용압력 0.1MPa 미만 : 황색
– 최고사용압력 0.1MPa 이상 1MPa 미만 : 적색
(4) 설치위치 : 배관 정상부에서 0.4m 이상 떨어진 곳

19 연료전지를 연료전지실에 설치하지 않아도 되는 경우는?

① 연료전지를 실내에 설치한 경우
② 밀폐식 연료전지인 경우
③ 연료전지 설치장소 안이 목욕탕인 경우
④ 연료전지 설치장소 안이 사람이 거처하는 곳일 경우

해설

연료전지를 연료전지실에 설치하지 않아도 되는 경우
- 밀폐식 연료전지인 경우
- 연료전지를 옥외에 설치한 경우

정답 14.① 15.④ 16.① 17.③ 18.③ 19.②

20 다음 중 틀린 설명은?

① 연료전지실에는 환기팬을 설치하지 않는다.
② 연료전지실에는 가스레인지의 후드등을 설치하지 않는다.
③ 연료전지는 가연물 인화성 물질과 2m 이상 이격하여 설치한다.
④ 옥외형 연료전지는 보호장치를 하지 않아도 된다.

해설
연료전지는 가연물 인화성 물질과 1.5m 이상 이격하여 설치한다.

21 다음 중 연료전지에 대한 설명으로 올바르지 않은 것은?

① 연료전지 연통의 터미널에는 동력팬을 부착하지 않는다.
② 연료전지는 접지하여 설치한다.
③ 연료전지 발열부분과 전선은 0.5m 이상 이격하여 설치한다.
④ 연료전지의 가스 접속배관은 금속배관을 사용하여 가스의 누출이 없도록 하여야 한다.

해설
전선은 연료전지의 발열부분과 0.15m 이상 이격하여 설치한다.

22 연료전지를 설치 시공한 자는 시공확인서를 작성하고 그 내용을 몇 년간 보존하여야 하는가?

① 1년 ② 2년
③ 3년 ④ 5년

23 수소의 반밀폐식 연료전지에 대한 내용 중 틀린 것은?

① 배기통의 유효단면적은 연료전지의 배기통 접속부의 유효단면적 이상으로 한다.
② 배기통은 기울기를 주어 응축수가 외부로 배출될 수 있도록 설치한다.
③ 배기통은 단독으로 설치한다.
④ 터미널에는 직경 20mm 이상의 물체가 통과할 수 없도록 방조망을 설치한다.

해설
방조망 : 직경 16mm 이상의 물체가 통과할 수 없도록 하여야 한다.
그 밖에 터미널의 전방 · 측면 · 상하 주위 0.6m 이내에는 가연물이 없도록 하며, 연료전지는 급배기에 영향이 없도록 담, 벽 등의 건축물과 0.3m 이상 이격하여 설치한다.

24 수소 저장설비를 지상에 설치 시 가스 방출관의 설치위치는?

① 지면에서 3m 이상
② 지면에서 5m 이상 또는 저장설비의 정상부에서 2m 이상 중 높은 위치
③ 지면에서 5m 이상
④ 수소 저장설비 정상부에서 2m 이상

25 수소가스 저장설비의 가스누출경보기의 가스누출자동차단장치에 대한 내용 중 틀린 것은?

① 건축물 내부의 경우 검지경보장치의 검출부 설치개수는 바닥면 둘레 10m마다 1개씩으로 계산한 수로 한다.
② 건축물 밖의 경우 검지경보장치의 검출부 설치개수는 바닥면 둘레 20m마다 1개씩으로 계산한 수로 한다.
③ 가열로 등 발화원이 있는 제조설비에 누출가스가 체류하기 쉬운 장소의 경우 검지경보장치의 검출부 설치개수는 바닥면 둘레 10m마다 1개씩으로 계산한 수로 한다.
④ 검지경보장치 검출부 설치위치는 천장에서 검출부 하단까지 0.3m 이하가 되도록 한다.

해설
③ 가열로 등 발화원이 있는 제조설비에 누출가스가 체류하기 쉬운 장소의 경우 : 20m마다 1개씩으로 계산한 수

정답 20.③ 21.③ 22.④ 23.④ 24.② 25.③

26 수소 저장설비 사업소 밖의 가스누출경보기 설치장소가 아닌 것은?

① 긴급차단장치가 설치된 부분
② 누출가스가 체류하기 쉬운 부분
③ 슬리브관, 이중관 또는 방호구조물로 개방되어 설치된 부분
④ 방호구조물에 밀폐되어 설치되는 부분

해설
③ 슬리브관, 이중관 또는 방호구조물로 밀폐되어 설치된 부분이 가스누출경보기 설치장소이다.

27 수소의 저장설비에서 천장 높이가 너무 높아 검지경보장치·검출부를 천장에 설치 시 대량누출이 되어 위험한 상태가 되어야 검지가 가능하게 되는 것을 보완하기 위해 설치하는 것은?

① 가스웅덩이
② 포집갓
③ 가스용 맨홀
④ 원형 가스공장

28 수소 저장설비에서 포집갓의 사각형의 규격은?

① 가로 0.3m×세로 0.3m
② 가로 0.4m×세로 0.5m
③ 가로 0.4m×세로 0.6m
④ 가로 0.4m×세로 0.4m

해설
참고 원형인 경우 : 직경 0.4m 이상

29 수소의 제조·저장 설비 배관이 시가지 주요 하천, 호수 등을 횡단 시 횡단거리 500m 이상인 경우 횡단부 양끝에서 가까운 거리에 긴급차단장치를 설치하고 배관연장설비 몇 km마다 긴급차단장치를 추가로 설치하여야 하는가?

① 1km ② 2km
③ 3km ④ 4km

30 수소가스 설비를 실내에 설치 시 환기설비에 대한 내용으로 옳지 않은 것은?

① 천장이나 벽면 상부에 0.4m 이내 2방향 환기구를 설치한다.
② 통풍가능 면적의 합계는 바닥면적 $1m^2$당 $300cm^2$의 면적 이상으로 한다.
③ 1개의 환기구 면적은 $2400cm^2$ 이하로 한다.
④ 강제환기설비의 통풍능력은 바닥면적 $1m^2$마다 $0.5m^3/min$ 이상으로 한다.

해설
0.3m 이내 2방향 환기구를 설치한다.

31 수소가스 설비실의 강제환기설비에 대한 내용으로 맞지 않는 것은?

① 배기구는 천장 가까이 설치한다.
② 배기가스 방출구는 지면에서 5m의 높이에 설치한다.
③ 수소연료전지를 실내에 설치하는 경우 바닥면적 $1m^2$당 $0.3m^3/min$ 이상의 환기능력을 갖추어야 한다.
④ 수소연료전지를 실내에 설치하는 경우 규정에 따른 $45m^3/min$ 이상의 환기능력을 만족하도록 한다.

해설
배기가스 방출구는 지면에서 3m 이상 높이에 설치한다.

32 수소 저장설비는 가연성 저장탱크 또는 가연성 물질을 취급하는 설비와 온도상승방지 조치를 하여야 하는데 그 규정으로 옳지 않은 것은?

① 방류둑을 설치한 가연성 가스 저장탱크
② 방류둑을 설치하지 아니한 조연성 가스 저장탱크의 경우 저장탱크 외면으로부터 20m 이내
③ 가연성 물질을 취급하는 설비의 경우 그 외면에서 20m 이내
④ 방류둑을 설치하지 아니한 가연성 저장탱크의 경우 저장탱크 외면에서 20m 이내

정답 26.③ 27.② 28.④ 29.④ 30.① 31.② 32.②

해설

② 방류둑을 설치하지 아니한 가연성 가스 저장탱크의 경우 저장탱크 외면으로부터 20m 이내

33 수소 저장설비를 실내에 설치 시 방호벽을 설치하여야 하는 저장능력은?

① $30m^3$ 이상 ② $50m^3$ 이상
③ $60m^3$ 이상 ④ $100m^3$ 이상

34 수소가스 배관의 온도상승방지 조치의 규정으로 옳지 않은 것은?

① 배관에 가스를 공급하는 설비에는 상용온도를 초과한 가스가 배관에 송입되지 않도록 처리할 수 있는 필요한 조치를 한다.
② 배관을 지상에 설치하는 경우 온도의 이상상승을 방지하기 위하여 부식방지도료를 칠한 후 은백색 도료로 재도장하는 등의 조치를 한다. 다만, 지상설치 부분의 길이가 짧은 경우에는 본문에 따른 조치를 하지 않을 수 있다.
③ 배관을 교량 등에 설치할 경우에는 가능하면 교량 하부에 설치하여 직사광선을 피하도록 하는 조치를 한다.
④ 배관에 열팽창 안전밸브를 설치한 경우에는 온도가 40℃ 이하로 유지될 수 있도록 조치를 한다.

해설

열팽창 안전밸브가 설치된 경우 온도상승방지 조치를 하지 않아도 된다.

35 수소가스 배관에 표지판을 설치 시 표지판의 설치간격으로 맞는 것은?

① 지하 배관 500m마다
② 지하 배관 300m마다
③ 지상 배관 500m마다
④ 지상 배관 800m마다

해설

- 지하 설치배관 : 500m마다
- 지상 설치배관 : 1000m마다

36 물을 전기분해하여 수소를 제조 시 1일 1회 이상 가스를 채취하여 분석해야 하는 장소가 아닌 것은?

① 발생장치
② 여과장치
③ 정제장치
④ 수소 저장설비 출구

37 수소가스 설비를 개방하여 수리를 할 경우의 내용 중 맞지 않는 것은?

① 가스치환 조치가 완료된 후에는 개방하는 수소가스 설비의 전후 밸브를 확실히 닫고 개방하는 부분의 밸브 또는 배관의 이음매에 맹판을 설치한다.
② 개방하는 수소가스 설비에 접속하는 배관 출입구에 2중으로 밸브를 설치하고, 2중 밸브 중간에 수소를 회수 또는 방출할 수 있는 회수용 배관을 설치하여 그 회수용 배관 등을 통하여 수소를 회수 또는 방출하여 개방한 부분에 수소의 누출이 없음을 확인한다.
③ 대기압 이하의 수소는 반드시 회수 또는 방출하여야 한다.
④ 개방하는 수소가스 설비의 부분 및 그 전후 부분의 상용압력이 대기압에 가까운 설비(압력계를 설치한 것에 한정한다)는 그 설비에 접속하는 배관의 밸브를 확실히 닫고 해당 부분에 가스의 누출이 없음을 확인한다.

해설

대기압 이하의 수소는 회수 또는 방출할 필요가 없다.

38 수소 배관을 용접 시 용접시공의 진행방법으로 가장 옳은 것은?

① 작업계획을 수립 후 용접시공을 한다.
② 적합한 용접절차서(w.p.s)에 따라 진행한다.
③ 위험성 평가를 한 후 진행한다.
④ 일반적 가스 배관의 용접방향으로 진행한다.

정답 33.③ 34.④ 35.① 36.② 37.③ 38.②

39 수소 설비에 설치한 밸브 콕의 안전한 개폐 조작을 위하여 행하는 조치가 아닌 것은?

① 각 밸브 등에는 그 명칭이나 플로시트(flow sheet)에 의한 기호, 번호 등을 표시하고 그 밸브 등의 핸들 또는 별도로 부착한 표지판에 그 밸브 등의 개폐 방향(조작스위치로 그 밸브 등이 설치된 설비에 안전상 중대한 영향을 미치는 밸브 등에는 그 밸브 등의 개폐상태를 포함한다)이 표시되도록 한다.

② 밸브 등(조작스위치로 개폐하는 것을 제외한다)이 설치된 배관에는 그 밸브 등의 가까운 부분에 쉽게 식별할 수 있는 방법으로 그 배관 내의 가스 및 그 밖에 유체의 종류 및 방향이 표시되도록 한다.

③ 조작하여 그 밸브 등이 설치된 설비에 안전상 중대한 영향을 미치는 밸브 등(압력을 구분하는 경우에는 압력을 구분하는 밸브, 안전밸브의 주밸브, 긴급차단밸브, 긴급방출용 밸브, 제어용 공기 등)에는 개폐상태를 명시하는 표지판을 부착하고 조정밸브 등에는 개도계를 설치한다.

④ 계기판에 설치한 긴급차단밸브, 긴급방출밸브 등의 버튼핸들(button handle), 노칭디바이스핸들(notching device handle) 등(갑자기 작동할 염려가 없는 것을 제외한다)에는 오조작 등 불시의 사고를 방지하기 위해 덮개, 캡 또는 보호장치를 사용하는 등의 조치를 함과 동시에 긴급차단밸브 등의 개폐상태를 표시하는 시그널램프 등을 계기판에 설치한다. 또한 긴급차단밸브의 조작위치가 3곳 이상일 경우 평상시 사용하지 않는 밸브 등에는 "함부로 조작하여서는 안 된다"는 뜻과 그것을 조작할 때의 주의사항을 표시한다.

긴급차단밸브의 조작위치가 2곳 이상일 경우 함부로 조작하여서는 안 된다는 뜻과 주의사항을 표시한다.

참고 안전밸브 또는 방출밸브에 설치된 스톱밸브는 수리 등의 필요한 때를 제외하고는 항상 열어둔다.

40 수소 저장설비의 침하방지 조치에 대한 내용이 아닌 것은?

① 수소 저장설비 중 저장능력이 $50m^3$ 이상인 것은 주기적으로 침하상태를 측정한다.

② 침하상태의 측정주기는 1년 1회 이상으로 한다.

③ 벤치마크는 해당 사업소 앞 50만m^2당 1개소 이상을 설치한다.

④ 측정결과 침하량의 단위는 h/L로 계산한다.

저장능력 $100m^3$ 미만은 침하방지 조치에서 제외된다.

41 정전기 제거설비를 정상으로 유지하기 위하여 확인하여야 할 사항이 아닌 것은 어느 것인가?

① 지상에서의 접지 저항치

② 지상에서의 접속부의 접속상태

③ 지하에서의 접지 저항치

④ 지상에서의 절선 및 손상유무

42 수소 설비에서 이상이 발행하면 그 정도에 따라 하나 이상의 조치를 강구하여 위험을 방지하여야 하는데 다음 중 그 조치사항이 아닌 것은?

① 이상이 발견된 설비에 대한 원인의 규명과 제거

② 예비기로 교체

③ 부하의 상승

④ 이상을 발견한 설비 또는 공정의 운전 정지 후 보수

부하의 저하

정답 39.④ 40.① 41.③ 42.③

43 다음 중 틀린 내용은?

① 수소는 누출 시 공기보다 가벼워 누설 가스는 상부로 향한다.
② 수소 배관을 지하에 설치하는 경우에는 배관을 매몰하기 전에 검사원의 확인 후 공정별 진행을 한다.
③ 배관을 매몰 시 검사원의 확인 전에 설치자가 임의로 공정을 진행한 경우에는 그 검사의 성실도를 판단하여 성실도의 지수가 90 이상일 때는 합격 처리를 할 수 있다.
④ 수소의 저장탱크 설치 전 기초 설치를 필요로 하는 공정의 경우에는 보링조사, 표준관입시험, 베인시험, 토질시험, 평판재하시험, 파일재하시험 등을 하였는지와 그 결과의 적합여부를 문서 등으로 확인한다. 또한 검사신청 시험한 기관의 서명이 된 보고서를 첨부하며 해당 서류를 첨부하지 않은 경우 부적합한 것으로 처리된다.

해설

검사원의 확인 전에 설치자가 임의로 공정을 진행한 경우에는 검사원은 이를 불합격 처리를 한다.

44 수소 설비 배관의 기밀시험압력에 대한 내용 중 틀린 것은?

① 기밀시험압력은 상용압력 이상으로 한다.
② 상용압력이 0.7MPa 초과 시 0.7MPa 미만으로 한다.
③ 기밀시험압력에서 누설이 없는 경우 합격으로 처리할 수 있다.
④ 기밀시험은 공기 등으로 하여야 하나 위험성이 없을 때에는 수소를 사용하여 기밀시험을 할 수 있다.

해설

상용압력이 0.7MPa 초과 시 0.7MPa 이상으로 할 수 있다.

45 수소가스 설비의 배관 용접 시 내압기밀시험에 대한 다음 내용 중 틀린 것은?

① 내압기밀시험은 전기식 다이어프램 압력계로 측정하여야 한다.
② 사업소 경계 밖에 설치되는 배관에 대하여 가스시설 용접 및 비파괴시험 기준에 따라 비파괴시험을 하여야 한다.
③ 사업소 경계 밖에 설치되는 배관의 양 끝부분에는 이음부의 재료와 동등 강도를 가진 엔드캡, 막음플랜지 등을 용접으로 부착하여 비파괴시험을 한 후 내압시험을 한다.
④ 내압시험은 상용압력의 1.5배 이상으로 하고 유지시간은 5분에서 20분간을 표준으로 한다.

해설

내압기밀시험은 자기압력계로 측정한다.

46 수소 배관의 기밀시험 시 기밀시험 유지시간이 맞는 것은? (단, 측정기구는 압력계 또는 자기압력기록계이다.)

① $1m^3$ 미만 20분
② $1m^3$ 이상 $10m^3$ 미만 240분
③ $10m^3$ 이상 50분
④ $10m^3$ 이상 시 1440분을 초과 시에는 초과한 시간으로 한다.

해설

압력 측정기구	용적	기밀시험 유지시간
압력계 또는 자기압력 기록계	$1m^3$ 미만	24분
	$1m^3$ 이상 $10m^3$ 미만	240분
	$10m^3$ 이상	$24 \times V$분 (다만, 1440분을 초과한 경우는 1440분으로 할 수 있다.)

$24 \times V$는 피시험 부분의 용적(단위 : m^3)이다.

정답 43.③ 44.② 45.① 46.②

2. 이동형 연료전지(드론용) 제조의 시설 · 기술 · 검사 기준

47 다음 설명에 부합되는 용어는 무엇인가?

> 수소이온을 통과시키는 고분자막을 전해질로 사용하여 수소와 산소의 전기화학적 반응을 통해 전기와 열을 생산하는 설비와 그 부대설비를 말한다.

① 연료전지
② 이온전지
③ 고분자전해질 연료전지(PEMFC)
④ 가상연료전지

48 위험부분으로부터의 접근, 외부 분진의 침투, 물의 침투에 대한 외함의 방진보호 및 방수보호 등급을 표시하는 용어는?

① UP
② Tp
③ IP
④ MP

49 다음 중 연료전지에 사용할 수 있는 재료는?

① 폴리염화비페닐(PCB)
② 석면
③ 카드뮴
④ 동, 동합금 및 스테인리스강

50 배관을 접속하기 위한 연료전지 외함의 접속부 구조에 대한 설명으로 틀린 것은?

① 배관의 구경에 적합하여야 한다.
② 일반인의 접근을 방지하기 위하여 외부에 노출시켜서는 안 된다.
③ 진동, 자충 등의 요인에 영향이 없어야 한다.
④ 내압력, 열하중 등의 응력에 견뎌야 한다.

해설

외부에서 쉽게 확인할 수 있도록 외부에 노출되어 있어야 한다.

51 연료전지의 구조에 대한 맞는 내용을 고른 것은?

> (1) 연료가스가 통하는 부분에 설치된 호스는 그 호스가 체결된 축 방향을 따라 150N의 힘을 가하였을 때 체결이 풀리지 않는 구조로 한다.
> (2) 연료전지의 안전장치가 작동해야 하는 설정값은 원격조작 등을 통하여 변경이 가능하도록 한다.
> (3) 환기팬 등 연료전지의 운전상태에서 사람이 접할 우려가 있는 가동부분은 쉽게 접할 수 없도록 적절한 보호틀이나 보호망 등을 설치한다.
> (4) 정격입력전압 또는 정격주파수를 변환하는 기구를 가진 이중정격의 것은 변환된 전압 및 주파수를 쉽게 식별할 수 있도록 한다. 다만, 자동으로 변환되는 기구를 가지는 것은 그렇지 않다.
> (5) 압력조정기(상용압력 이상의 압력으로 압력이 상승한 경우 자동으로 가스를 방출하는 안전장치를 갖춘 것에 한정한다)에서 방출되는 가스는 방출관 등을 이용하여 외함 외부로 직접 방출하여서는 안 되는 구조로 하여야 한다.
> (6) 연료전지의 배기가스는 방출관 등을 이용하여 외함 외부로 직접 배출되어서는 안 되는 구조로 하여야 한다.

① (2), (4) ② (3), (4)
③ (4), (5) ④ (5), (6)

해설

(1) 147.1N
(2) 임의로 변경할 수 없도록 하여야 한다.
(5) 외함 외부로 직접 방출하는 구조로 한다.
(6) 외함 외부로 직접 배출되는 구조로 한다.

52 연료 인입 자동차단밸브의 전단에 설치해야 하는 것은?

① 1차 차단밸브 ② 퓨즈콕
③ 상자콕 ④ 필터

정답 47.③ 48.③ 49.④ 50.② 51.② 52.④

해설

인입밸브 전단에 필터를 설치하며, 필터의 여과재 최대직경은 1.5mm 이하이고 1mm 초과하는 틈이 없어야 한다.

53 연료전지 배관에 대한 다음 설명 중 틀린 것은?

① 중력으로 응축수를 배출하는 경우 응축수 배출배관의 내부 직경은 13mm 이상으로 한다.
② 용기용 밸브의 후단 연료가스 배관에는 인입밸브를 설치한다.
③ 인입밸브 후단에는 그 인입밸브와 독립적으로 작동하는 인입밸브를 병렬로 1개 이상 추가하여 설치한다.
④ 인입밸브는 공인인증기관의 인증품 또는 규정에 따른 성능시험을 만족하는 것을 사용하고, 구동원 상실 시 연료가스의 통로가 자동으로 차단되는 fail safe로 한다.

직렬로 1개 이상 추가 설치한다.

54 연료전지의 전기배선에 대한 아래 (　) 안에 공통으로 들어가는 숫자는?

- 배선은 가동부에 접촉하지 않도록 설치해야 하며, 설치된 상태에서 (　)N의 힘을 가하였을 때에도 가동부에 접촉할 우려가 없는 구조로 한다.
- 배선은 고온부에 접촉하지 않도록 설치해야 하며, 설치된 상태에서 (　)N의 힘을 가하였을 때 고온부에 접촉할 우려가 있는 부분은 피복이 녹는 등의 손상이 발생되지 않도록 충분한 내열성능을 갖는 것으로 한다.
- 배선이 구조물을 관통하는 부분 또는 (　)N의 힘을 가하였을 때 구조물에 접촉할 우려가 있는 부분은 피복이 손상되지 않는 구조로 한다.

① 1　② 2
③ 3　④ 5

55 연료전지의 전기배선에 대한 내용 중 틀린 것은?

① 전기접속기에 접속한 것은 5N의 힘을 가하였을 때 접속이 풀리지 않는 구조로 한다.
② 리드선, 단자 등은 숫자, 문자, 기호, 색상 등의 표시를 구분하여 식별 가능한 조치를 한다. 다만, 접속부의 크기, 형태를 달리하는 등 물리적인 방법으로 오접속을 방지할 수 있도록 하고 식별조치를 하여야 한다.
③ 단락, 과전류 등과 같은 이상 상황이 발생한 경우 전류를 효과적으로 차단하기 위해 퓨즈 또는 과전류보호장치 등을 설치한다.
④ 전선이 기능상 부득이하게 외함을 통과하는 경우에는 부싱 등을 통해 적절한 보호조치를 하여 피복 손상, 절연 파괴 등의 우려가 없도록 한다.

해설

물리적인 방법으로 오접속 방지 조치를 할 경우 식별조치를 하지 않을 수 있다.

56 연료전지의 전기배선에 있어 단자대의 충전부와 비충전부 사이 단자대와 단자대가 설치되는 접촉부위에 해야 하는 조치는?

① 외부 케이싱　② 보호관 설치
③ 절연 조치　④ 정전기 제거장치 설치

57 연료전지의 외부출력 접속기에 대한 적합하지 않은 내용은?

① 연료전지의 출력에 적합한 것을 사용한다.
② 외부의 위해요소로부터 쉽게 파손되지 않도록 적절한 보호조치를 한다.
③ 100N 이하의 힘으로 분리가 가능하여야 한다.
④ 분리 시 케이블 손상이 방지되는 구조이어야 한다.

해설

150N 이하의 힘으로 분리가 가능하여야 한다.

정답 53.③ 54.② 55.② 56.③ 57.③

58 연료전지의 충전부 구조에 대한 틀린 설명은 어느 것인가?

① 충전부의 보호함이 드라이버, 스패너 등의 공구 또는 보수점검용 열쇠 등을 이용하지 않아도 쉽게 분리되는 경우에는 그 보호함 등을 제거한 상태에서 시험지를 삽입하여 시험지가 충전부에 접촉하지 않는 구조로 한다.
② 충전부의 보호함이 나사 등으로 고정 설치되어 공구 등을 이용해야 분리되는 경우에는 그 보호함이 분리되어 있지 않은 상태에서 시험지를 삽입하여 시험지가 충전부에 접촉하지 않는 구조로 한다.
③ 설치한 상태에서 사람이 쉽게 접촉할 우려가 없는 설치면의 충전부에 시험지가 접촉하여도 된다.
④ 질량이 40kg을 넘는 몸체 밑면의 개구부에서 0.4m 이상 떨어진 충전부에 시험지가 접촉하지 않는 구조로 한다.

해설

충전부에 시험지가 접촉하여도 되는 경우
- 설치한 상태에서 사람이 쉽게 접촉할 우려가 없는 설치면의 충전부
- 질량 40kg을 넘는 몸체 밑면의 개구부에서 0.4m 이상 떨어진 충전부
- 구조상 노출될 수밖에 없는 충전부로서 절연변압기에 접속된 2차측의 전압이 교류인 경우 30V(직류의 경우 45V) 이하인 것
- 대지와 접지되어 있는 외함과 충전부 사이에 1MΩ의 저항을 설치한 후 수전해 설비 내 충전부의 상용주파수에서 그 저항에 흐르는 전류가 1mA 이하인 것

59 다음 중 연료전지의 비상정지제어기능이 작동해야 하는 경우가 아닌 것은?

① 연료가스의 압력 또는 온도가 현저하게 상승하였을 경우
② 연료가스의 누출이 검지된 경우
③ 배터리 전압에 이상이 생겼을 경우
④ 비상제어장치와 긴급차단장치가 연동되어 이상이 발생한 경우

해설

비상제어기능이 작동해야 하는 경우
①, ②, ③ 및
- 제어 전원전압이 현저하게 저하하는 등 제어장치에 이상이 생길 우려가 있는 경우
- 스택에 과전류가 생겼을 경우
- 스택의 발생전압에 이상이 생겼을 경우
- 스택의 온도가 현저하게 상승 시
- 연료전지 안의 온도가 현저하게 상승, 하강 시
- 연료전지 안의 환기장치가 이상 시
- 냉각수 유량이 현저하게 줄어든 경우

60 연료전지의 장치 설치에 대한 내용 중 틀린 것은?

① 과류방지밸브 및 역류방지밸브를 설치하고자 하는 경우에는 용기에 직접 연결하거나 용기에서 스택으로 수소가 공급되는 라인에 직렬로 설치해야 한다.
② 역류방지밸브를 용기에 직렬로 설치할 때에는 충격, 진동 및 우발적 손상에 따른 위험을 최소화하기 위해 용기와 역류방지밸브 사이에는 반드시 차단밸브를 설치하여야 한다.
③ 용기 일체형 연료전지의 경우 용기에 수소를 공급받기 위한 충전라인에는 역류방지 기능이 있는 리셉터클을 설치하여야 한다.
④ 용기 일체형 리셉터클과 용기 사이에 추가로 역류방지밸브를 설치하여야 한다.

해설

용기와 역류방지밸브 사이에 차단밸브를 설치할 필요가 없다.

61 연료전지의 전기배선 시 용기 및 압력 조절의 실패로 상용압력 이상의 압력이 발생할 때 설치해야 하는 장치는?

① 과압안전장치
② 역화방지장치
③ 긴급차단장치
④ 소정장치

해설

참고 과압안전장치의 종류 : 안전밸브 및 릴리프밸브 등

정답 58.④ 59.④ 60.② 61.①

62 연료전지의 연료가스 누출검지장치에 대한 내용 중 틀린 것은?

① 검지 설정값은 연료가스 폭발하한계의 1/4 이하로 한다.
② 검지 설정값의 ±10% 이내의 범위에서 연료가스를 검지하고, 검지가 되었음을 알리는 신호를 30초 이내에 제어장치로 보내는 것으로 한다.
③ 검지소자는 사용 상태에서 불꽃을 발생시키지 않는 것으로 한다. 다만, 검지소자에서 발생된 불꽃이 외부로 확산되는 것을 차단하는 조치(스트레이너 설치 등)를 하는 경우에는 그렇지 않을 수 있다.
④ 연료가스 누출검지장치의 검지부는 연료가스의 특성 및 외함 내부의 구조 등을 고려하여 누출된 연료가스가 체류하기 쉬운 장소에 설치한다.

해설
20초 이내에 제어장치로 보내는 것으로 한다.

63 연료전지의 내압성능에 대하여 ( ) 안에 들어갈 수치로 틀린 것은?

> 연료가스 등 유체의 통로(스택은 제외한다)는 상용압력의 (㉮)배 이상의 수압으로 그 구조상 물로 실시하는 내압시험이 곤란하여 공기·질소·헬륨 등의 기체로 내압시험을 실시하는 경우 1.25배 (㉯)분간 내압시험을 실시하여 팽창·누설 등의 이상이 없어야 한다. 공통압력시험은 스택 상용압력(음극과 양극의 상용압력이 서로 다른 경우 더 높은 압력을 기준으로 한다)의 1.5배 이상의 수압으로 그 구조상 물로 실시하는 것이 곤란하여 공기·질소·헬륨 등의 기체로 실시하는 경우 (㉰)배 음극과 양극의 유체통로를 동시에 (㉱)분간 가압한다. 이 경우, 스택의 음극과 양극에 가압을 위한 압력원은 공통으로 해야 한다.

① ㉮ 1.5　② ㉯ 20
③ ㉰ 1.5　④ ㉱ 20

해설
㉰ 1.25배

64 연료전지 부품의 내구성능에 관한 내용 중 틀린 것은?

① 자동차단밸브의 경우, 밸브(인입밸브는 제외한다)를 (2~20)회/분 속도로 250000회 내구성능시험을 실시한 후 성능에 이상이 없어야 한다.
② 자동제어시스템의 경우, 자동제어시스템을 (2~20)회/분 속도로 250000회 내구성능시험을 실시한 후 성능에 이상이 없어야 하며, 규정에 따른 안전장치 성능을 만족해야 한다.
③ 이상압력차단장치의 경우, 압력차단장치를 (2~20)회/분 속도로 5000회 내구성능시험을 실시한 후 성능에 이상이 없어야 하며, 압력차만 설정값의 ±10% 이내에서 안전하게 차단해야 한다.
④ 과열방지안전장치의 경우, 과열방지안전장치를 (2~20)회/분 속도로 5000회 내구성능시험을 실시한 후 성능에 이상이 없어야 하며, 과열차단 설정값의 ±5% 이내에서 안전하게 차단해야 한다.

해설
③ 이상압력차단장치 설정값의 ±5% 이내에서 안전하게 차단하여야 한다.

65 드론형 이동연료전지의 정격운전조건에서 60분 동안 5초 이하의 간격으로 측정한 배기가스 중 수소의 평균농도는 몇 ppm 이하가 되어야 하는가?

① 100
② 1000
③ 10000
④ 100000

해설
참고 이동형 연료전지(지게차용)의 정격운전조건에서 60분 동안 5초 이하의 간격으로 배기가스 중 H_2, CO, 메탄올의 평균농도가 초과하면 안 되는 배기가스 방출 제한 농도값

- H_2 : 5000ppm
- CO : 200ppm
- 메탄올 : 200ppm

정답 62.② 63.③ 64.③ 65.③

66 수소연료전지의 각 성능에 대한 내용 중 틀린 것은?

① 내가스 성능 : 수소가 통하는 배관의 패킹류 및 금속 이외의 기밀유지부는 5℃ 이상 25℃ 이하의 수소를 해당 부품에 인가되는 압력으로 72시간 인가 후 24시간 동안 대기 중에 방치하여 무게변화율이 20% 이내이고 사용상 지장이 있는 열화 등이 없어야 한다.
② 내식 성능 : 외함, 습도가 높은 환경에서 사용되는 것, 연료가스, 배기가스, 물 등의 유체가 통하는 부분의 금속재료는 규정에 따른 내식성능시험을 실시하여 이상이 없어야 하며, 합성수지 부분은 80℃±3℃의 공기 중에 1시간 방치한 후 자연냉각 시켰을 때 부풀음, 균열, 갈라짐 등의 이상이 없어야 한다.
③ 연료소비량 성능 : 연료전지는 규정에 따른 정격출력 연료소비량 성능시험으로 측정한 연료소비량이 표시 연료소비량의 ±5% 이내인 것으로 한다.
④ 온도상승 성능 : 연료전지의 출력 상태에서 30분 동안 측정한 각 항목별 허용최고온도에 적합한 것으로 한다.

해설

온도상승 성능 : 1시간 동안 측정한 각 항목별 최고온도에 적합한 것으로 한다.

참고 그 밖에

(1) 용기고정 성능
용기의 무게(완충 시 연료가스 무게를 포함한다)와 동일한 힘을 용기의 수직방향 중심높이에서 전후좌우의 4방향으로 가하였을 때 용기의 이탈 및 고정장치의 파손 등이 없는 것으로 한다.
(2) 환기 성능
① 환기유량은 연료전지의 외함 내에 체류 가능성이 있는 수소의 농도가 1% 미만으로 유지될 수 있도록 충분한 것으로 한다.
② 연료전지의 외함 내부로 유입되거나 외함 외부로 배출되는 공기의 유량은 제조사가 제시한 환기유량 이상이어야 한다.
(3) 전기출력 성능
연료전지의 정격출력 상태에서 1시간 동안 측정한 전기출력의 평균값이 표시정격출력의 ±5% 이내인 것으로 한다.
(4) 발전효율 성능
연료전지는 규정에 따른 발전효율시험으로 측정한 발전효율이 제조자가 표시한 값 이상인 것으로 한다.
(5) 낙하 내구성능
시험용 판재로부터 수직방향 1.2m 높이에서 4방향으로 떨어뜨린 후 제품성능을 만족하는 것으로 한다.

67 연료전지의 절연저항 성능에서 500V의 절연저항계 사이의 절연저항은 얼마인가?

① 1MΩ ② 2MΩ
③ 3MΩ ④ 4MΩ

68 수소연료전지의 절연거리시험에서 공간거리 측정의 오염등급 기준 중 1등급에 해당되는 것은?

① 주요 환경조건이 비전도성 오염이 없는 마른 곳 오염이 누적되지 않는 곳
② 주요 환경조건이 비전도성 오염이 일시적으로 누적될 수도 있는 곳
③ 주요 환경조건이 오염이 누적되고 습기가 있는 곳
④ 주요 환경조건이 먼지, 비, 눈 등에 노출되어 오염이 누적되는 곳

해설

① : 오염등급 1
② : 오염등급 2
③ : 오염등급 3
④ : 오염등급 4

69 연료전지의 접지 연속성 시험에서 무부하 전압이 12V 이하인 교류 또는 직류 전원을 사용하여 접지단자 또는 접지극과 사람이 닿을 수 있는 금속부와의 사이에 기기의 정격전류의 1.5배와 같은 전류 또는 25A의 전류 중 큰 쪽의 전류를 인가한 후 전류와 전압 강하로부터 산출한 저항값은 얼마 이하가 되어야 하는가?

① 0.1Ω ② 0.2Ω
③ 0.3Ω ④ 0.4Ω

정답 66.④ 67.① 68.① 69.①

70 연료전지의 시험연료의 성분부피 특성에서 온도와 압력의 조건은?

① 5℃, 101.3kPa
② 10℃, 101.3kPa
③ 15℃, 101.3kPa
④ 20℃, 101.3kPa

71 연료전지의 시험환경에서 측정불확도의 대기압에서 오차범위가 맞는 것은?

① ±100Pa
② ±200Pa
③ ±300Pa
④ ±500Pa

해설

측정 불확도(오차)의 범위
- 대기압 : ±500Pa
- 가스 압력 : ±2% full scale
- 물 배관의 압력손실 : ±5%
- 물 양 : ±1%
- 가스 양 : ±1%
- 공기량 : ±2%

72 연료전지의 시험연료 기준에서 각 가스 성분 부피가 맞는 것은?

① H_2 : 99.9% 이상
② CH_4 : 99% 이상
③ C_3H_8 : 99% 이상
④ C_4H_{10} : 98.9% 이상

해설

시험연료 성분 부피 및 특성

구분	성분 부피(%)						특성		
	수소 (H_2)	메탄 (CH_4)	프로판 (C_3H_{10})	부탄 (C_4H_{10})	질소 (N_2)	공기 (O_2 21% N_2 79%)	총발열량 MJ/m^3N	진발열량 MJ/m^3N	비중 (공기=1)
시험연료	99.9	–	–	–	0.1	–	12.75	10.77	0.070

73 다음은 연료전지의 인입밸브 성능시험에 대한 내용이다. 밸브를 잠근 상태에서 밸브 위 입구측에 공기, 질소 등의 불활성 기체를 이용하여 상용압력이 0.9MPa일 때는 몇 MPa로 가압하여 성능시험을 하여야 하는가?

① 0.7　② 0.8
③ 0.9　④ 1

해설

- 밸브를 잠근 상태에서 밸브의 입구측에 공기 또는 질소 등의 불활성 기체를 이용하여 상용압력 이상의 압력(0.7MPa을 초과하는 경우 0.7MPa 이상으로 한다)으로 2분간 가압하였을 때 밸브의 출구측으로 누출이 없어야 한다.
- 밸브는 (2~20)회/분 속도로 개폐를 250000회 반복하여 실시한 후 규정에 따른 기밀성능을 만족해야 한다.

74 연료전지의 인입배분 성능시험에서 밸브 호칭경에 대한 차단시간이 맞는 것은?

① 50A 미만 1초 이내
② 100A 미만 2초 이내
③ 100A 이상 200A 미만 3초 이내
④ 200A 이상 3초 이내

해설

밸브의 차단시간

밸브의 호칭 지름	차단시간
100A 미만	1초 이내
100A 이상 200A 미만	3초 이내
200A 이상	5초 이내

75 연료전지를 안전하게 사용할 수 있도록 극성이 다른 충전부 사이나 충전부와 사람이 접촉할 수 있는 비충전 금속부 사이 가스 안전수칙 표시를 할 때 침투전압 기준과 표시 문구가 맞는 것은?

① 200V 초과, 위험 표시
② 300V 초과, 주의 표시
③ 500V 초과, 위험 표시
④ 600V 초과, 주의 표시

정답 70.③ 71.④ 72.① 73.① 74.③ 75.④

76 연료전지를 안전하게 사용하기 위해 배관 표시 및 시공 표지판을 부착 시 맞는 내용은?

① 배관 연결부 주위에 가스 위험 등의 표시를 한다.
② 연료전지의 눈에 띄기 쉬운 곳에 안전관리자의 전화번호를 게시한다.
③ 연료전지의 눈에 띄기 쉬운 곳에 제조자의 상호가 표시된 시공 표지판을 부착한다.
④ 연료전지의 눈에 띄기 쉬운 곳에 제조자의 상호 소재지 제조일을 기록한 시공 표지판을 부착한다.

참고 배관 연결부 주위에 가스, 전기 등을 표시

3. 수전해 설비 제조의 시설 · 기술 · 검사 기준

77 다음 중 수전해 설비에 속하지 않는 것은?

① 산성 및 염기성 수용액을 이용하는 수전해 설비
② AEM(음이온교환막) 전해질을 이용하는 수전해 설비
③ PEM(양이온교환막) 전해질을 이용하는 수전해 설비
④ 산성과 염기성을 중화한 수용액을 이용하는 수전해 설비

78 수전해 설비의 기하학적 범위가 맞는 것은?

① 급수밸브로부터 스택, 전력변환장치, 기액분리기, 열교환기, 수분제거장치, 산소제거장치 등을 통해 토출되는 수소, 수소배관의 첫 번째 연결부위까지
② 수전해 설비가 하나의 외함으로 둘러싸인 구조의 경우에는 외함 외부에 노출되지 않는 각 장치의 접속부까지
③ 급수밸브에서 수전해 설비의 외함까지
④ 연료전지의 차단밸브에서 수전해 설비의 외함까지

해설

참고 ② 수전해 설비가 외함으로 둘러싸인 구조의 경우 외함 외부에 노출되는 장치 접속부까지가 기하학적 범위에 해당한다.

79 수전해 설비의 비상정지등이 발생하여 수전해 설비를 안전하게 정지하고 이후 수동으로만 운전을 복귀시킬 수 있게 하는 용어의 설명은?

① IP 등급
② 로크아웃(lockout)
③ 비상운전복귀
④ 공정운전 재가 등

80 수전해 설비의 외함에 대하여 틀린 설명은 어느 것인가?

① 유지보수를 위해 사람이 외함 내부로 들어갈 수 있는 구조를 가진 수전해 설비의 환기구 면적은 $0.05m^2/m^3$ 이상으로 한다.
② 외함에 설치된 패널, 커버, 출입문 등은 외부에서 열쇠 또는 전용공구 등을 통해 개방할 수 있는 구조로 하고, 개폐상태를 유지할 수 있는 구조를 갖추어야 한다.
③ 작업자가 통과할 정도로 큰 외함의 점검구, 출입문 등은 바깥쪽으로 열리는 구조여야 하며, 열쇠 또는 전용공구 없이 안에서 쉽게 개방할 수 있는 구조여야 한다.
④ 수전해 설비가 수산화칼륨(KOH) 등 유해한 액체를 포함하는 경우, 수전해 설비의 외함은 유해한 액체가 외부로 누출되지 않도록 안전한 격납수단을 갖추어야 한다.

해설

환기구의 면적은 $0.003m^2/m^3$ 이상으로 한다.

정답 76.④ 77.④ 78.① 79.② 80.①

81 수전해 설비의 재료에 관한 내용 중 틀린 것은 어느 것인가?

① 수용액, 산소, 수소가 통하는 배관은 금속재료를 사용해야 하며, 기밀을 유지하기 위한 패킹류 시일(seal)재 등에도 가능한 금속으로 기밀을 유지한다.
② 외함 및 습도가 높은 환경에서 사용되는 금속은 스테인리스강 등 내식성이 있는 재료를 사용해야 하며, 탄소강을 사용하는 경우에는 부식에 강한 코팅을 한다.
③ 고무 또는 플라스틱의 비금속성 재료는 단기간에 열화되지 않도록 사용조건에 적합한 것으로 한다.
④ 전기절연물 단열재는 그 부근의 온도에 견디고 흡습성이 적은 것으로 하며, 도전재료는 동, 동합금, 스테인리스강 등으로 안전성을 기하여야 한다.

기밀유지를 위한 패킹류에는 금속재료를 사용하지 않아도 된다.

82 수전해 설비의 비상정지제어기능이 작동해야 하는 경우가 맞는 것은?

① 외함 내 수소의 농도가 2% 초과할 때
② 발생 수소 중 산소의 농도가 2%를 초과할 때
③ 발생 산소 중 수소의 농도가 2%를 초과할 때
④ 외함 내 수소의 농도가 3%를 초과할 때

해설

비상정지제어기능 작동 농도
- 외함 내 수소의 농도 1% 초과 시
- 발생 수소 중 산소의 농도 3% 초과 시
- 발생 산소 중 수소의 농도 2% 초과 시

83 수전해 설비의 수소 정제장치에 필요 없는 설비는?

① 긴급차단장치
② 산소제거 설비
③ 수분제거 설비
④ 각 설비에 모니터링 장치

84 수전해 설비의 열관리장치에서 독성의 유체가 통하는 열교환기는 파손으로 인해 상수원 및 상수도에 영향을 미칠 위험이 있는 경우 이중벽으로 하고 이중벽 사이는 공극으로서 대기 중으로 개방된 구조로 하여야 한다. 독성의 유체 압력이 냉각 유체의 압력보다 몇 kPa 낮은 경우 모니터를 통하여 그 압력 차이가 항상 유지되는 구조인 경우 이중벽으로 하지 않아도 되는가?

① 30kPa
② 50kPa
③ 60kPa
④ 70kPa

85 수전해 설비의 정격운전 2시간 동안 측정된 최고허용온도가 틀린 항목은?

① 조작 시 손이 닿는 금속제, 도자기, 유리제 50℃ 이하
② 가연성 가스 차단밸브 본체의 가연성 가스가 통하는 부분의 외표면 85℃ 이하
③ 기기 후면, 측면 80℃
④ 배기통 급기구와 배기통 벽 관통부 목벽의 표면 100℃ 이하

해설

기기 후면, 측면 100℃ 이하

4. 수소 추출설비 제조의 시설 · 기술 · 검사 기준

86 수소 추출설비의 연료가 사용되는 항목이 아닌 것은?

① 「도시가스사업법」에 따른 "도시가스"
② 「액화석유가스의 안전관리 및 사업법」(이하 "액법"이라 한다)에 따른 "액화석유가스"
③ "탄화수소" 및 메탄올, 에탄올 등 "알코올류"
④ SNG에 사용되는 탄화수소류

정답 81.① 82.③ 83.① 84.④ 85.③ 86.④

87 수소 추출설비의 기하학적 범위에 대한 내용이다. ( ) 안에 공통으로 들어갈 적당한 단어는?

> 연료공급설비, 개질기, 버너, ( )장치 등 수소 추출에 필요한 설비 및 부대설비와 이를 연결하는 배관으로 인입밸브 전단에 설치된 필터부터 ( )장치 후단의 정제수소 수송배관의 첫 번째 연결부까지이며 이에 해당하는 수소 추출설비가 하나의 외함으로 둘러싸인 구조의 경우에는 외함 외부에 노출되는 각 장치의 접속부까지를 말한다.

① 수소여과 ② 산소정제
③ 수소정제 ④ 산소여과

88 수소 추출설비에 대한 내용으로 틀린 것은?

① "연료가스"란 수소가 주성분인 가스를 생산하기 위한 연료 또는 버너 내 점화 및 연소를 위한 에너지원으로 사용되기 위해 수소 추출설비로 공급되는 가스를 말한다.
② "개질가스"란 연료가스를 수증기 개질, 자열 개질, 부분 산화 등 개질반응을 통해 생성된 것으로서 수소가 주성분인 가스를 말한다.
③ 안전차단시간이란 화염이 있다는 신호가 오지 않는 상태에서 연소안전제어기가 가스의 공급을 허용하는 최소의 시간을 말한다.
④ 화염감시장치란 연소안전제어기와 화염감시기로 구성된 장치를 말한다.

해설
안전차단시간 : 공급을 허용하는 최대의 시간

89 수소 추출설비에서 개질가스가 통하는 배관의 재료로 부적당한 것은?

① 석면으로 된 재료
② 금속 재료
③ 내식성이 강한 재료
④ 코팅된 재료

90 수소 추출설비에서 개질기와 수소 정제장치 사이에 설치하면 안 되는 동력 기계 및 설비는 무엇인가?

① 배관
② 차단밸브
③ 배관연결 부속품
④ 압축기

91 수소 추출설비에서 연료가스 배관에는 독립적으로 작동하는 연료인입 자동차단밸브를 직렬로 몇 개 이상을 설치하여야 하는가?

① 1개 ② 2개
③ 3개 ④ 4개

92 수소 추출설비에서 인입밸브의 구동원이 상실되었을 때 연료가스 통로가 자동으로 차단되는 구조를 뜻하는 용어는?

① Back fire ② Liffting
③ Fail-safe ④ Yellow tip

93 다음 보기 내용에 대한 답으로 옳은 것으로만 묶여진 것은? (단, (1), (2), (3)의 순서대로 나열된 것으로 한다.)

> (1) 연료가스 인입밸브 전단에 설치하여야 하는 것
> (2) 중력으로 응축수를 배출 시 배출 배관의 내부직경
> (3) 독성의 연료가스가 통하는 배관에 조치하는 사항

① 필터, 15mm, 방출장치 설치
② 필터, 13mm, 회수장치 설치
③ 필터, 11mm, 이중관 설치
④ 필터, 9mm, 회수장치 설치

해설
연료가스 전단에 필터를 설치하며, 필터의 여과재 최대직경은 1.5mm 이하이고, 1mm를 초과하는 틈이 없어야 한다. 또한 메탄올 등 독성의 연료가스가 통하는 배관은 이중관 구조로 하고 회수장치를 설치하여야 한다.

정답 87.③ 88.③ 89.① 90.④ 91.② 92.③ 93.②

94 수소 추출설비에서 방전불꽃을 이용하는 점화장치의 구조로서 부적합한 것은?

① 전극부는 상시 황염이 접촉되는 위치에 있는 것으로 한다.
② 전극의 간격이 사용 상태에서 변화되지 않도록 고정되어 있는 것으로 한다.
③ 고압배선의 충전부와 비충전 금속부와의 사이는 전극간격 이상의 충분한 공간 거리를 유지하고 점화동작 시에 누전을 방지하도록 적절한 전기절연 조치를 한다.
④ 방전불꽃이 닿을 우려가 있는 부분에 사용하는 전기절연물은 방전불꽃으로 인한 유해한 변형 및 절연저하 등의 변질이 없는 것으로 하며, 그 밖에 사용 시 손이 닿을 우려가 있는 고압배선에는 적절한 전기절연피복을 한다.

해설

전극부는 상시 황염이 접촉되지 않는 위치에 있는 것으로 한다.

참고 점화히터를 이용하는 점화의 경우에는 다음에 적합한 구조로 한다.
- 점화히터는 설치위치가 쉽게 움직이지 않는 것으로 한다.
- 점화히터의 소모품은 쉽게 교환할 수 있는 것으로 한다.

95 수소 추출설비에서 촉매버너의 구조에 대한 내용으로 맞지 않는 것은?

① 촉매연료 산화반응을 일으킬 수 있도록 의도적으로 인화성 또는 폭발성 가스가 생성되도록 하는 수소 추출설비의 경우 구성요소 내에서 인화성 또는 폭발성 가스의 과도한 축적위험을 방지해야 한다.
② 공기과잉 시스템인 경우 연료 및 공기의 공급은 반응 시작 전에 공기가 있음을 확인하고 공기 공급을 준비하며, 반응장치에 연료가 들어갈 수 있도록 조절되어야 한다.
③ 연료과잉 시스템인 경우 연료 및 공기의 공급은 반응 시작 전에 연료가 있음을 확인하고 연료 공급이 준비될 때까지 반응장치에 공기가 들어가지 않도록 조절되어야 한다.
④ 제조자는 제품 기술문서에 반응이 시작되는 최대대기시간을 명시해야 한다. 이 경우 최대대기시간은 시스템 제어장치의 반응시간, 연료-공기 혼합물의 인화성 등을 고려하여 결정되어야 한다.

해설

공기 공급이 준비될 때까지 반응장치에 연료가 들어가지 않도록 조절되어야 한다.

96 다음 중 개질가스가 통하는 배관의 접지기준에 대한 설명으로 틀린 것은?

① 직선배관은 100m 이내의 간격으로 접지를 한다.
② 서로 교차하지 않는 배관 사이의 거리가 100m 미만인 경우, 배관 사이에서 발생될 수 있는 스파크 점프를 방지하기 위해 20m 이내의 간격으로 점퍼를 설치한다.
③ 서로 교차하는 배관 사이의 거리가 100m 미만인 경우, 배관이 교차하는 곳에는 점퍼를 설치한다.
④ 금속 볼트 또는 클램프로 고정된 금속 플랜지에는 추가적인 정전기 와이어가 장착되지 않지만 최소한 4개의 볼트 또는 클램프들마다에는 양호한 전도성 접촉점이 있도록 해야 한다.

해설

직선배관은 80m 이내의 간격으로 접지를 한다.

97 수소 추출설비의 급배기통 접속부의 구조가 아닌 것은?

① 리브 타입
② 플랜지이음 방식
③ 리벳이음 방식
④ 나사이음 방식

정답 94.① 95.② 96.① 97.③

98 다음 중 수소 정제장치의 접지기준에 대한 설명으로 틀린 것은?

① 수소 정제장치의 입구 및 출구 단에는 각각 접지부가 있어야 한다.
② 직경이 2.5m 이상이고 부피가 $50m^3$ 이상인 수소 정제장치에는 두 개 이상의 접지부가 있어야 한다.
③ 접지부의 간격은 50m 이내로 하여야 한다.
④ 접지부의 간격은 장치의 둘레에 따라 균등하게 분포되어야 한다.

접지부의 간격은 30m 이내로 하여야 한다.

99 수소 추출설비의 유체이동 관련 기기 구조와 관련이 없는 것은?

① 회전자의 위치에 따라 시동되는 것으로 한다.
② 정상적인 운전이 지속될 수 있는 것으로 한다.
③ 전원에 이상이 있는 경우에도 안전에 지장 없는 것으로 한다.
④ 통상의 사용환경에서 전동기의 회전자는 지장을 받지 않는 구조로 한다.

해설

① 회전자의 위치에 관계없이 시동이 되는 것으로 한다.

100 수소 추출설비의 가스홀더, 압축기, 펌프 및 배관 등 압력을 받는 부분에는 그 압력부 내의 압력이 상용압력을 초과할 우려가 있는 장소에 안전밸브, 릴리프밸브 등의 과압안전장치를 설치하여야 한다. 다음 중 설치하는 곳으로 틀린 것은?

① 내·외부 요인으로 압력상승이 설계압력을 초과할 우려가 있는 압력용기 등
② 압축기(다단압축기의 경우에는 각 단을 포함한다) 또는 펌프의 출구측
③ 배관 안의 액체가 1개 이상의 밸브로 차단되어 외부열원으로 인한 액체의 열팽창으로 파열이 우려되는 배관
④ 그 밖에 압력조절 실패, 이상반응, 밸브의 막힘 등으로 인해 상용압력을 초과할 우려가 있는 압력부

해설

③ 배관 안의 액체가 2개 이상의 밸브로 차단되어 외부열원으로 인한 액체의 열팽창으로 파열이 우려되는 배관

101 수소 추출설비 급배기통의 리브 타입의 접속부 길이는 몇 mm 이상인가?

① 10mm ② 20mm
③ 30mm ④ 40mm

102 수소 추출설비의 비상정지제어 기능이 작동하여야 하는 경우에 해당되지 않는 것은?

① 제어 전원전압이 현저하게 저하하는 등 제어장치에 이상이 생겼을 경우
② 수소 추출설비 안의 온도가 현저하게 상승하였을 경우
③ 수소 추출설비 안의 환기장치에 이상이 생겼을 경우
④ 배열회수계통 출구부 온수의 온도가 50℃를 초과하는 경우

해설

④ 배열회수계통 출구부 온수의 온도가 100℃를 초과하는 경우

상기항목 이외에
- 연료가스 및 개질가스의 압력 또는 온도가 현저하게 상승하였을 경우
- 연료가스 및 개질가스의 누출이 검지된 경우
- 버너(개질기 및 그 외의 버너를 포함한다)의 불이 꺼졌을 경우

참고 비상정지 후에는 로크아웃 상태로 전환되어야 하며, 수동으로 로크아웃을 해제하는 경우에만 정상운전하는 구조로 한다.

103 수소 추출설비, 수소 정제장치에서 흡착, 탈착 공정이 수행되는 배관에 산소농도 측정설비를 설치하는 이유는 무엇인가?

① 수소의 순도를 높이기 위하여
② 산소 흡입 시 가연성 혼합물과 폭발성 혼합물의 생성을 방지하기 위하여
③ 수소가스의 폭발범위 형성을 하지 않기 위하여
④ 수소, 산소의 원활한 제조를 위하여

정답 98.③ 99.① 100.③ 101.④ 102.④ 103.②

104 압력 또는 온도의 변화를 이용하여 개질가스를 정제하는 방식의 경우 장치가 정상적으로 작동되는지 확인할 수 있도록 갖추어야 하는 모니터링 장치의 설치위치는?

① 수소 정제장치 및 장치의 연결배관
② 수소 정제장치에 설치된 차단배관
③ 수소 정제장치에 연결된 가스검지기
④ 수소 정제장치와 연료전지

참고 모니터링 장치의 설치 이유 : 흡착, 탈착 공정의 압력과 온도를 측정하기 위해

105 수소 정제장치는 시스템의 안전한 작동을 보장하기 위해 장치를 안전하게 정지시킬 수 있도록 제어되는 것으로 하여야 한다. 다음 중 정지 제어해야 하는 경우가 아닌 것은?

① 공급가스의 압력, 온도, 조성 또는 유량이 경보 기준수치를 초과한 경우
② 프로세스 제어밸브가 작동 중에 장애를 일으키는 경우
③ 수소 정제장치에 전원공급이 차단된 경우
④ 흡착 및 탈착 공정이 수행되는 배관의 수소 함유량이 허용한계를 초과하는 경우

④ 흡착 및 탈착 공정이 수행되는 배관의 산소 함유량이 허용한계를 초과하는 경우
그 이외에 버퍼탱크의 압력이 허용 최대설정치를 초과하는 경우

106 수소 추출설비의 내압성능에 관한 내용이 아닌 것은?

① 상용압력 1.5배 이상의 수압으로 한다.
② 공기, 질소, 헬륨인 경우 상용압력 1.25배 이상으로 한다.
③ 시험시간은 30분으로 한다.
④ 안전인증을 받은 압력용기는 내압시험을 하지 않아도 된다.

시험시간은 20분으로 한다.

107 수소 추출설비의 각 성능에 대한 내용 중 틀린 것은?

① 충전부와 외면 사이 절연저항은 1MΩ 이상으로 한다.
② 내가스 성능에서 탄화수소계 연료가스가 통하는 배관의 패킹류 및 금속 이외의 기밀유지부는 5℃ 이상 25℃ 이하의 n-펜탄 속에 72시간 이상 담근 후, 24시간 동안 대기 중에 방치하여 무게 변화율이 20% 이내이고 사용상 지장이 있는 연화 및 취화 등이 없어야 한다.
③ 수소가 통하는 배관의 패킹류 및 금속 이외의 기밀유지부는 5℃ 이상 25℃ 이하의 수소가스를 해당 부품에 작용되는 상용압력으로 72시간 인가 후, 24시간 동안 대기 중에 방치하여 무게 변화율이 20% 이내이고 사용상 지장이 있는 연화 및 취화 등이 없어야 한다.
④ 투과성 시험에서 탄화수소계 비금속 배관은 35±0.5℃ 온도에서 0.9m 길이의 비금속 배관 안에 순도 95% C_3H_8가스를 담은 상태에서 24시간 동안 유지하고 이후 6시간 동안 측정한 가스 투과량은 3mL/h 이하이어야 한다.

순도 98% C_3H_8가스

108 다음 중 수소 추출설비의 내식 성능을 위한 염수분무를 실시하는 부분이 아닌 것은 어느 것인가?

① 연료가스, 개질가스가 통하는 부분
② 배기가스, 물, 유체가 통하는 부분
③ 외함
④ 습도가 낮은 환경에서 사용되는 금속

해설

습도가 높은 환경에서 사용되는 금속 부분에 염수분무를 실시한다.

정답 104.① 105.④ 106.③ 107.④ 108.④

109 옥외용 및 강제배기식 수소 추출설비의 살수성능 시험방법으로 살수 시 항목별 점화성능 기준에 해당하지 않는 것은?

① 점화 ② 불꽃모양
③ 불옮김 ④ 연소상태

110 다음은 수소 추출설비에서 촉매버너를 제외한 버너의 운전성능에 대한 내용이다. ( ) 안에 맞는 수치로만 나열된 것은?

> 버너가 점화되기 전에는 항상 연소실이 프리퍼지되는 것으로 해야 하는데 송풍기 정격효율에서의 송풍속도로 프리퍼지하는 경우 프리퍼지 시간은 ( )초 이상으로 한다. 다만, 연소실을 ( )회 이상 치환할 수 있는 공기를 송풍하는 경우에는 프리퍼지 시간을 30초 이상으로 하지 않을 수 있다. 또한 프리퍼지가 완료되지 않는 경우 점화장치가 작동되지 않는 것으로 한다.

① 10, 5 ② 20, 5
③ 30, 5 ④ 40, 5

111 수소 추출설비에서 촉매버너를 제외한 버너의 운전성능에 대한 다음 내용 중 ( ) 안에 들어갈 수치가 틀린 것은?

> 점화는 프리퍼지 직후 자동으로 되는 것으로 하며, 정격주파수에서 정격전압의 (㉮)% 전압으로 (㉯)회 중 3회 모두 점화되는 것으로 한다. 다만, 3회 중 (㉰)회가 점화되지 않는 경우에는 추가로 (㉱)회를 실시하여 모두 점화되는 것으로 한다. 또한 점화로 폭발이 되지 않는 것으로 한다.

① ㉮ 90 ② ㉯ 3
③ ㉰ 1 ④ ㉱ 3

해설

3회 중 1회가 점화되지 않는 경우에는 추가로 2회를 실시하여 모두 점화되어야 하므로 총 5회 중 4회 점화

112 수소 추출설비 버너의 운전성능에서 가스공급을 개시할 때 안전밸브가 3가지 조건을 모두 만족 시 작동되어야 한다. 3가지 조건에 들지 않는 것은?

① 규정에 따른 프리퍼지가 완료되고 공기압력감시장치로부터 송풍기가 작동되고 있다는 신호가 올 것
② 가스압력장치로부터 가스압력이 적정하다는 신호가 올 것
③ 점화장치는 안전을 위하여 꺼져 있을 것
④ 파일럿 화염으로 버너가 점화되는 경우에는 파일럿 화염이 있다는 신호가 올 것

해설

점화장치는 켜져 있을 것

113 수소 추출설비의 화염감시장치에서 표시가스 소비량이 몇 kW 초과하는 버너는 시동 시 안전차단시간 내에 화염이 검지되지 않을 때 버너가 자동폐쇄 되어야 하는가?

① 10kW
② 20kW
③ 30kW
④ 50kW

114 수소 추출설비의 화염감시에서 불꺼짐 시 안전장치 작동의 주역할은 무엇인가?

① 생가스 누출 방지
② 누출 시 검지장치 작동
③ 누출 시 퓨즈콕 폐쇄
④ 누출 시 착화 방지

115 수소 추출설비의 화염감시에서 불꺼짐 시 안전장치가 작동되어야 하는 화염의 형태는 어느 것인가?

① 리프팅
② 백파이어
③ 옐로팁
④ 블루오프

정답 109.② 110.③ 111.④ 112.③ 113.④ 114.① 115.④

116 수소 추출설비 운전 중 이상사태 시 버너의 안전장치가 작동하여 가스의 공급이 차단되어야 하는 경우가 아닌 것은?

① 제어에너지가 단절된 경우 또는 조절장치나 감시장치로부터 신호가 온 경우
② 가스압력감시장치로부터 버너에 대한 가스의 공급압력이 소정의 압력 이하로 강하하였다고 신호가 온 경우
③ 가스압력감시장치로부터 버너에 대한 가스의 공급압력이 소정의 압력 이상으로 상승하였다고 신호가 온 경우. 다만, 공급가스압력이 8.4kPa 이하인 경우에는 즉시 화염감시장치로 안전차단밸브에 차단신호를 보내 가스의 공급이 차단되도록 하지 않을 수 있다.
④ 공기압력감시장치로부터 연소용 공기압력이 소정의 압력 이하로 강하하였다고 신호가 온 경우 또는 송풍기의 작동상태에 이상이 있다고 신호가 온 경우

해설

③ 공급압력이 3.3kPa 이하인 경우에는 즉시 화염감시장치로 안전차단밸브에 차단신호를 보내 가스의 공급이 차단되도록 하지 않을 수 있다.

117 수소 추출설비의 버너 이상 시 안전한 작동정지의 주기능은 무엇인가?

① 역화소화음 방지
② 선화 방지
③ 블루오프 소음음 방지
④ 옐로팁 소음음 방지

해설

안전한 작동정지(역화 및 소화음 방지) : 정상운전상태에서 버너의 운전을 정지시키고자 하는 경우 최대연료소비량이 350kW를 초과하는 버너는 최대가스소비량의 50% 미만에서 이루어지는 것으로 한다.

118 수소 추출설비의 누설전류시험 시 누설전류는 몇 mA이어야 하는가?

① 1mA ② 2mA
③ 3mA ④ 5mA

119 수소 추출설비의 촉매버너 성능에서 반응실패로 잠긴 시간은 정격가스소비량으로 가동 중 반응실패를 모의하기 위해 반응기 온도를 모니터링하는 온도센서를 분리한 시점부터 공기과잉 시스템의 경우 연료 차단시점, 연료과잉 시스템의 경우 공기 및 연료 공급 차단시점까지 몇 초 초과하지 않아야 하는가?

① 1초
② 2초
③ 3초
④ 4초

120 수소 추출설비의 연소상태 성능에 대한 내용 중 틀린 것은?

① 배기가스 중 CO 농도는 정격운전 상태에서 30분 동안 5초 이하의 간격으로 측정된 이론건조연소가스 중 CO 농도(이하 "CO%"라 한다)의 평균값은 0.03% 이하로 한다.
② 이론건조연소가스 중 NO_x의 제한농도 1등급은 70(mg/kWh)이다.
③ 이론건조연소가스 중 NO_x의 제한농도 2등급은 100(mg/kWh)이다.
④ 이론건조연소가스 중 NO_x의 제한농도 3등급은 200(mg/kWh)이다.

해설

등급별 제한 NO_x 농도

등급	제한 NO_x 농도(mg/kWh)
1	70
2	100
3	150
4	200
5	260

121 수소 추출설비의 공기감시장치 성능에서 급기구, 배기구 막힘 시 배기가스 중 CO 농도의 평균값은 몇 % 이하인가?

① 0.05% ② 0.06%
③ 0.08% ④ 0.1%

정답 116.③ 117.① 118.④ 119.③ 120.④ 121.②

122 다음 보기 중 수소 추출설비의 부품 내구성능에서의 시험횟수가 틀린 것은?

> (1) 자동차단밸브 : 250000회
> (2) 자동제어시스템 : 250000회
> (3) 전기점화장치 : 250000회
> (4) 풍압스위치 : 5000회
> (5) 화염감시장치 : 250000회
> (6) 이상압력차단장치 : 250000회
> (7) 과열방지안전장치 : 5000회

① (2), (3)
② (4), (5)
③ (4), (6)
④ (5), (6)

해설

(4) 풍압스위치 : 250000회
(6) 이상압력차단장치 : 5000회

123 수소 추출설비의 종합공정검사에 대한 내용이 아닌 것은?

① 종합공정검사는 종합품질관리체계 심사와 수시 품질검사로 구분하여 각각 실시한다.
② 심사를 받고자 신청한 제품의 종합품질관리체계 심사는 규정에 따라 적절하게 문서화된 품질시스템 이행실적이 3개월 이상 있는 경우 실시한다.
③ 수시 품질검사는 종합품질관리체계 심사를 받은 품목에 대하여 1년에 1회 이상 사전통보 후 실시한다.
④ 수시 품질검사는 품목 중 대표성 있는 1종의 형식에 대하여 정기 품질검사와 같은 방법으로 한다.

1년에 1회 이상 예고없이 실시한다.

124 수소 추출설비에 대한 내용 중 틀린 것은?

① 정격 수소 생산 효율은 수소 추출시험방법에 따른 제조사가 표시한 값 이상이어야 한다.
② 정격 수소 생산량 성능은 수소 추출설비의 정격운전상태에서 측정된 수소 생산량은 제조사가 표시한 값의 ±5% 이내인 것으로 한다.
③ 정격 수소 생산 압력성능은 수소 추출설비의 정격운전상태에서 측정된 수소 생산압력의 평균값을 제조사가 표시한 값의 ±5% 이내인 것으로 한다.
④ 환기성능에서 환기유량은 수소 추출설비의 외함 내에 체류 가능성이 있는 가연가스의 농도가 폭발하한계 미만이 유지될 수 있도록 충분한 것으로 한다.

해설

환기유량은 폭발하한계 1/4 미만

125 수소 추출설비의 부품 내구성능의 니켈, 카르보닐 배출제한 성능에서 니켈을 포함하는 촉매를 사용하는 반응기에 대한 (　) 안에 알맞은 온도는 몇 ℃인가?

> 운전시작 시 반응기의 온도가 (　)℃ 이하인 경우에는 반응기 내부로 연료가스 투입이 제한되어야 한다.

① 100
② 200
③ 250
④ 300

해설

참고 비상정지를 포함한 운전 정지 시 및 종료 시 반응기의 온도가 250℃ 이하로 내려가기 전에 반응기의 내부로 연결가스 투입이 제한되어야 하며, 반응기 내부의 가스는 외부로 안전하게 배출되어야 한다.

126 아래의 보기 중 청정수소에 해당되지 않는 것은?

① 무탄소 수소
② 저탄소 수소
③ 저탄소 수소화합물
④ 무탄소 수소화합물

정답 122.③ 123.③ 124.④ 125.③ 126.④

해설

- 무탄소 수소 : 온실가스를 배출하지 않는 수소
- 저탄소 수소 : 온실가스를 기준 이하로 배출하는 수소
- 저탄소 수소 화합물 : 온실가스를 기준 이하로 배출하는 수소 화합물
- 수소발전 : 수소 또는 수소화합물을 연료로 전기 또는 열을 생산하는 것

127 다음 중 수소경제이행기본계획의 수립과 관계없는 것은?

① LPG, 도시가스 등 사용연료의 협의에 관한 사항
② 정책의 기본방향에 관한 사항
③ 제도의 수립 및 정비에 관한 사항
④ 기반조성에 관한 사항

해설

②, ③, ④ 이외에
- 재원조달에 관한 사항
- 생산시설 및 수소연료 공급시설의 설치에 관한 사항
- 수소의 수급계획에 관한 사항

128 수소전문투자회사는 자본금의 100분의 얼마를 초과하는 범위에서 대통령령으로 정하는 비율 이상의 금액을 수소전문기업에 투자하여야 하는가?

① 30
② 50
③ 70
④ 100

129 다음 중 수소 특화단지의 궁극적 지정대상 항목은?

① 수소 배관시설
② 수소 충전시설
③ 수소 전기차 및 연료전지
④ 수소 저장시설

130 수소 경제의 기반조성 항목 중 전문인력 양성과 관계가 없는 것은?

① 수소 경제기반 구축에 부합하는 기술인력 양성체제 구축
② 우수인력의 양성
③ 기반 구축을 위한 기술인력의 재교육
④ 수소 충전, 저장 시설 근무자 및 사무요원의 양성기술교육

해설

상기 항목 이외에
수소경제기반 구축에 관한 현장 기술인력의 재교육

131 수소산업 관련 기술개발 촉진을 위하여 추진하는 사항과 거리가 먼 것은?

① 개발된 기술의 확보 및 실용화
② 수소 관련 사업 및 유사연료(LPG, 도시)
③ 수소산업 관련 기술의 협력 및 정보교류
④ 수소산업 관련 기술의 동향 및 수요 조사

132 수소 사업자가 하여서는 안 되는 금지행위에 해당하지 않는 것은?

① 수소를 산업통상자원부령으로 정하는 사용 공차를 벗어나 정량에 미달하게 판매하는 행위
② 인위적으로 열을 증가시켜 부당하게 수소의 부피를 증가시켜 판매하는 행위
③ 정량 미달을 부당하게 부피를 증가시키기 위한 영업시설을 설치, 개조한 경우
④ 정당한 사유 없이 수소의 생산을 중단, 감축 및 출고, 판매를 제한하는 행위

해설

산업통상자원부령 → 대통령령

133 수소연료 공급시설 설치계획서 제출 시 관련 없는 항목은?

① 수소연료 공급시설 공사계획
② 수소연료 공급시설 설치장소
③ 수소연료 공급시설 규모
④ 수소연료 사용시설에 필요한 수소 수급방식

해설

④ 사용시설 → 공급시설
상기 항목 이외에 자금조달방안

정답 127.① 128.② 129.③ 130.④ 131.② 132.① 133.④

134 다음 중 연료전지 설치계획서와 관련이 없는 항목은?

① 연료전지의 설치계획
② 연료전지로 충당하는 전력 및 온도, 압력
③ 연료전지에 필요한 연료공급 방식
④ 자금조달 방안

해설

② 연료전지로 충당하는 전력 및 열비중

135 다음 중 수소 경제 이행에 필요한 사업이 아닌 것은?

① 수소의 생산, 저장, 운송, 활용 관련 기반 구축에 관한 사업
② 수소산업 관련 제품의 시제품 사용에 관한 사업
③ 수소 경제 시범도시, 시범지구에 관한 사업
④ 수소제품의 시범보급에 관한 사업

해설

② 수소산업 관련 제품의 시제품 생산에 관한 사업
상기 항목 이외에
- 수소산업 생태계 조성을 위한 실증사업
- 그 밖에 수소 경제 이행과 관련하여 산업통상자원부 장관이 필요하다고 인정하는 사업

136 수소 경제 육성 및 수소 안전관리자의 자격 선임인원으로 틀린 것은 어느 것인가?

① 안전관리총괄자 1인
② 안전관리부총괄자 1인
③ 안전관리책임자 1인
④ 안전관리원 2인

137 수소 경제 육성 및 수소의 안전관리에 따른 안전관리책임자의 자격에서 양성교육 이수자는 근로기준법에 따른 상시 사용하는 근로자 수가 몇 명 미만인 시설로 한정하는가?

① 5인 ② 8인
③ 10인 ④ 15인

해설

안전관리자의 자격과 선임인원

안전관리자의 구분	자격	선임인원
안전관리 총괄자	해당사업자 (법인인 경우에는 그 대표자를 말한다)	1명
안전관리 부총괄자	해당 사업자의 수소용품 제조시설을 직접 관리하는 최고책임자	1명
안전관리 책임자	일반기계기사 · 화공기사 · 금속기사 · 가스산업기사 이상의 자격을 가진 사람 또는 일반시설 안전관리자 양성교육 이수자 (「근로기준법」에 따른 상시 사용하는 근로자 수가 10명 미만인 시설로 한정한다)	1명 이상
안전관리원	가스기능사 이상의 자격을 가진 사람 또는 일반시설 안전관리자 양성교육 이수자	1명 이상

138 수소 판매 및 수소의 보고내용 중 틀린 항목은?

① 보고의 내용은 수소의 종류별 체적단위(Nm^3)의 정상판매가격이다.
② 보고방법은 전자보고 및 그 밖의 적절한 방법으로 한다.
③ 보고기한은 판매가격 결정 또는 변경 후 24시간 이내이다.
④ 전자보고란 인터넷 부가가치통신망(UAN)을 말한다.

해설

보고의 내용은 수소의 종류별 중량(kg)단위의 정상판매가격이다.

139 수소용품의 검사를 생략할 수 있는 경우가 아닌 것은?

① 검사를 실시함으로 수소용품의 성능을 떨어뜨릴 우려가 있는 경우
② 검사를 실시함으로 수소용품에 손상을 입힐 우려가 있는 경우
③ 검사 실시의 인력이 부족한 경우
④ 산업통상자원부 장관이 인정하는 외국의 검사기관으로부터 검사를 받았음이 증명되는 경우

정답 134.② 135.② 136.④ 137.③ 138.① 139.③

140 다음 [보기]는 수소용품 제조시설의 안전관리자에 대한 내용이다. 맞는 것은?

> ㉮ 허가관청이 안전관리에 지장이 없다고 인정하면 수소용품 제조시설의 안전관리책임자를 가스기능사 이상의 자격을 가진 사람 또는 일반시설 안전관리자 양성교육 이수자로 선임할 수 있으며, 안전관리원을 선임하지 않을 수 있다.
> ㉯ 수소용품 제조시설의 안전관리책임자는 같은 사업장에 설치된 「고압가스안전관리법」에 따른 특정고압가스 사용신고시설, 「액화석유가스의 안전관리 및 사업법」에 따른 액화석유가스 특정사용시설 또는 「도시가스사업법」에 따른 특정가스 사용시설의 안전관리책임자를 겸할 수 있다.

① ㉮의 보기가 올바른 내용이다.
② ㉯의 보기가 올바른 내용이다.
③ ㉮는 올바른 보기, ㉯는 틀린 보기이다.
④ ㉮, ㉯ 모두 올바른 내용이다.

정답 140.④

chapter 3 가스 안전관리

'chapter 3'은 한국산업인력공단 출제기준 중 "가스 안전관리" 부분입니다.
세부 출제기준은 1. 가스의 성질, 2. 가스 제조 및 충전,
3. 가스 저장 및 사용시설,
4. 고압가스 특정설비, 가스 용품, 냉동기 용기 등의 제조 및 검사,
5. 가스 판매, 운반, 취급,
6. 가스 화재 및 폭발 예방입니다.

01 고압가스 안전관리

1 고압가스 안전관리법

(1) 고압가스 안전관리법의 적용을 받는 고압가스와 법의 적용을 받지 않는 고압가스

적용 고압가스	적용범위에서 제외되는 고압가스
• 상용 35℃에서 1MPa(g) 이상 압축가스 • 15℃에서 0Pa(g)을 초과하는 아세틸렌가스 • 상용온도에서 0.2MPa(g) 이상 액화가스로서 실제 그 압력이 0.2MPa(g) 이상 되는 것 또는 0.2MPa(g) 되는 경우 35℃ 이하인 액화가스 • 35℃에서 0Pa 초과하는 액화가스 중 액화시안화수소, 액화브롬화메탄 및 액화산화에틸렌가스	• 에너지이용합리화법의 적용을 받는 2도관 안의 고압증기 • 철도차량의 에어컨디셔너 안의 고압가스 • 선박안전법의 적용을 받는 선박 안의 고압가스 • 광산보안법의 적용을 받는 광산·광업 설비 안 고압가스 • 전기사업법에 따른 가스를 압축, 액화, 그 밖의 방법으로 처리하는 그 전기설비 안의 고압가스 • 원자력법의 적용을 받는 원자로 및 그 부속설비 안의 고압가스 • 내연기관 또는 토목공사에 사용되는 압축장치 안의 고압가스 • 오토클레이브 안의 고압가스(단, 수소, 아세틸렌, 염화비닐은 제외) • 액화브롬화메탄 제조설비 외에 있는 액화브롬화메탄 • 등화용의 아세틸렌 • 청량음료수, 과실수, 발포성 주류 고압가스 • 냉동능력 3톤 미만 고압가스 • 내용적 1L 이하 소화기용 고압가스

(2) 독성, 가연성 가스의 정의

구 분		정 의
독성 가스	LC_{50}	성숙한 흰쥐의 집단에서 1시간 흡입실험에 의해 14일 이내에 실험동물의 50%가 사망할 수 있는 농도로서 허용농도 100만분의 5000 이하가 독성 가스이다.
	TLV-TWA	건강한 성인 남자가 1일 8시간 주 40시간 동안 그 분위기에서 작업하여도 건강에 지장이 없는 농도로서 허용농도 100만분의 200 이하가 독성 가스이다.
가연성 가스		• 폭발한계 하한이 10% 이하 • 폭발한계 상한과 하한의 차이가 20% 이상인 것

※ 현행 법규에는 LC_{50}을 기준으로 하며

1. TLV-TWA는 ① 가스누설경보기
   ② 벤트스택 착지농도
   ③ 0종, 1종 독성 가스 종류 등 일부에만 적용
2. LC_{50}을 기준으로 200ppm 이하를 맹독성 가스라고 함

(3) 중요가스의 폭발범위

가스명칭	폭발범위(%)	가스명칭	폭발범위(%)
C_2H_2(아세틸렌)	2.5~81	CH_4(메탄)	5~15
C_2H_4O(산화에틸렌)	3~80	C_2H_6(에탄)	3~12.5
H_2(수소)	4~75	C_2H_4(에틸렌)	2.7~36
CO(일산화탄소)	12.5~74	C_3H_8(프로판)	2.1~9.5
HCN(시안화수소)	6~41	C_4H_{10}(부탄)	1.8~8.4
CS_2(이황화탄소)	1.2~44	NH_3(암모니아)	15~28
H_2S(황화수소)	4.3~45	CH_3Br(브롬화메탄)	13.5~14.5

※ NH_3, CH_3Br은 가연성 정의에 관계없이 안전관리법의 규정으로 가연성 가스라 간주함

(4) 중요가스의 허용농도

가스명칭	허용농도(ppm)		가스명칭	허용농도(ppm)	
	TLV-TWA	LC_{50}		TLV-TWA	LC_{50}
포스겐($COCl_2$)	0.1	5	불화수소(HF)	3	13700
오존(O_3)	0.1	9	시안화수소(HCN)	10	140
불소(F_2)	0.1	185	황화수소(H_2S)	10	444
포스핀(PH_3)	0.3	20	브롬화메탄(CH_3Br)	20	850
염소(Cl_2)	1	293	암모니아(NH_3)	25	7338
산화에틸렌(C_2H_4O)	1	2900	염화수소(HCl)	5	3120
벤젠(C_6H_6)	1	13700	일산화탄소(CO)	50	3760

2 고압가스 특정제조

(1) 고압가스 특정제조 시설 · 누출확산 방지조치(KGS Fp 111) (2.5.8.4)

시가지, 하천, 터널, 도로, 수로, 사질토, 특수성 지반(해저 제외) 배관 설치 시 고압가스 종류에 따라 안전한 방법으로 가스의 누출확산 방지조치를 한다. 이 경우 고압가스의 종류, 압력, 배관의 주위상황에 따라 배관을 2중관으로 하고, 가스누출 검지경보장치를 설치한다.

(2) 이중관 설치 독성 가스

<table>
<tr><th colspan="2">구 분</th><th>해당 가스</th></tr>
<tr><td colspan="2">독성 가스 중 이중관 설치 가스 및 누출확산 방지조치 대상가스</td><td>아황산, 암모니아, 염소, 염화메탄, 산화에틸렌, 시안화수소, 포스겐, 황화수소</td></tr>
<tr><td rowspan="2">하천수로 횡단 시</td><td>이중관</td><td>아황산, 염소, 시안화수소, 포스겐, 황화수소, 불소, 아크릴알데히드</td></tr>
<tr><td>방호구조물에 설치하는 것</td><td>하천수로 횡단 시 이중관에 설치하는 독성 가스를 제외한 그 이외의 독성 가스</td></tr>
<tr><td colspan="2">이중관의 규격</td><td>외층관 내경=내층관 외경×1.2배 이상</td></tr>
</table>

(3) 산업통상자원부령으로 정하는 고압가스 관련 설비(특정설비)

① 안전밸브 · 긴급차단장치 · 역화방지장치
② 기화장치
③ 압력용기
④ 자동차용 가스 자동주입기
⑤ 독성 가스 배관용 밸브
⑥ 냉동설비(일체형 냉동기는 제외)를 구성하는 압축기 · 응축기 · 증발기 또는 압력용기
⑦ 특정고압가스용 실린더 캐비닛
⑧ 자동차용 압축천연가스 완속충전설비(처리능력이 시간당 $18.5m^3$ 미만인 충전설비를 말함)
⑨ 액화석유가스용 용기 잔류가스 회수장치

(4) 특정고압가스 · 특수고압가스

특정고압가스	특수고압가스	특정고압가스인 동시에 특수고압가스
수소, 산소, 액화암모니아, 아세틸렌, 액화염소, 천연가스, 압축모노실란, 압축디보레인, 액화알진, 포스핀, 셀렌화수소, 게르만, 디실란, 오불화비소, 오불화인, 삼불화인, 삼불화질소, 삼불화붕소, 사불화유황, 사불화규소	포스핀, 압축모노실란, 디실란, 압축디보레인, 액화알진, 세렌화수소, 게르만	포스핀, 셀렌화수소, 게르만, 디실란

(5) 가스누출경보기 및 자동차단장치 설치(KGS Fu 2.8.2) (KGS Fp 211)

항 목		간추린 세부 핵심 내용	
설치 대상가스		독성 가스 공기보다 무거운 가연성 가스 저장설비	
설치 목적		가스누출 시 신속히 검지하여 대응조치하기 위함	
검지경보장치	기능	가스누출을 검지 농도 지시함과 동시에 경보하되 담배연기, 잡가스에는 경보하지 않을 것	
	종류	접촉연소방식, 격막갈바니 전지방식, 반도체방식	
가스별 경보농도	가연성	폭발하한계의 1/4 이하에서 경보	
	독성	TLV-TWA 기준농도 이하	
	NH_3	실내에서 사용 시 TLV-TWA 50ppm 이하	
경보기 정밀도	가연성	±25% 이하	
	독성	±30% 이하	
검지에서 발신까지 걸리는 시간	NH_3, CO	경보농도의 1.6배 농도에서	60초 이내
	그 밖의 가스		30초 이내
지시계 눈금	가연성	0 ~ 폭발하한계값	
	독성	TLV-TWA 기준농도의 3배값	
	NH_3	실내에서 사용 시 150ppm	

1. 가스누출 시 경보를 발신 후 그 농도가 변화하여도 계속 경보하고 대책강구 후 경보가 정지되게 한다.
2. 검지에서 발신까지 걸리는 시간에서 CO, NH_3가 타 가스와 달리 60초 이내 경보하는 이유는 폭발하한이 CO(12.5%), NH_3(15%)로 너무 높아 그 농도 검지에 시간이 타 가스에 비해 많이 소요되기 때문이다.

(6) 가스누출검지 경보장치의 설치장소 및 검지경보장치 검지부 설치 수

법규에 따른 구분	바닥면 둘레(m)	1개 이상의 비율로 설치
고압가스	10	건축물 내
	20	건축물 밖
	20	가열로 발화원이 있는 제조설비 주위
	10	특수반응설비
액화석유가스	10	건축물 내
	20	용기보관장소, 용기저장실, 건축물 밖
도시가스	20	지하정압기실을 포함한 정압기실
그 밖의 1개 이상의 설치 장소	• 계기실 내부 1개 이상 • 방류둑 내 저장탱크마다 1개 이상 • 독성 가스 충전용 접속군 주위 1개 이상	

(7) 긴급이송설비

시설명 / 항 목	벤트스택		플레어스택	
	긴급용(공급시설) 벤트스택	그 밖의 벤트스택		
개요	가연성 또는 독성 가스의 고압가스 설비 중 특수 반응설비와 긴급차단장치를 설치한 고압가스 설비에 이상사태 발생 시 설비 안 내용물을 설비 밖으로 긴급 안전하게 이송하는 설비로서 독성, 가연성 가스를 방출시키는 탑		개요	가연성 또는 독성 가스의 고압가스 설비 중 특수 반응설비와 긴급차단장치를 설치한 고압가스 설비에 이상사태 발생 시 설비 안 내용물을 설비 밖으로 긴급 안전하게 이송하는 설비로서 가연성 가스를 연소시켜 방출시키는 탑
착지농도	가연성 : 폭발하한계값 미만의 높이 독성 : TLV-TWA 기준농도값 미만이 되는 높이		발생복사열	제조시설에 나쁜 영향을 미치지 아니하도록 안전한 높이 및 위치에 설치
독성 가스 방출 시	제독조치 후 방출		재료 및 구조	발생 최대열량에 장시간 견딜 수 있는 것
정전기 낙뢰의 영향	착화방지조치를 강구, 착화 시 즉시 소화조치 강구		파일럿 버너	항상 점화하여 폭발을 방지하기 위한 조치가 되어 있는 것
벤트스택 및 연결배관의 조치	응축액의 고임을 제거 및 방지조치		지표면에 미치는 복사열	4000kcal/m^2 · hr 이하
액화가스가 함께 방출되거나 급랭 우려가 있는 곳	연결된 가스공급 시설과 가장 가까운 곳에 기액분리기 설치	액화가스가 함께 방출되지 아니하는 조치	긴급이송설비로부터 연소하여 안전하게 방출시키기 위하여 행하는 조치사항	• 파일럿 버너를 항상 작동할 수 있는 자동점화장치 설치 및 파일럿 버너가 꺼지지 않도록 자동점화장치 기능이 완전히 유지되도록 설치 • 역화 및 공기혼합 폭발방지를 위하여 갖추는 시설 ① Liquid Seal 시설 ② Flame Arrestor 설치 ③ Vapor Seal 설치 ④ Purge Gas의 지속적 주입 ⑤ Molecular 설치
방출구 위치 (작업원이 정상작업의 필요장소 및 항상 통행장소로부터 이격거리)	10m 이상	5m 이상		

※ 긴급이송설비에 부속된 처리설비는 이송되는 설비 안의 내용물을 다음의 방법 중 하나의 방법으로 처리할 수 있어야 한다.

① 플레어스택에서 안전하게 연소시킨다.
② 안전한 장소에 설치되어 있는 저장탱크 등에 임시 이송한다.
③ 벤트스택에서 안전하게 방출시킨다.
④ 독성가스는 제독 조치 후 안전하게 폐기시킨다.

(8) 저장탱크의 내부압력이 외부압력보다 낮아져 저장탱크가 파괴되는 것을 방지하기 위한 조치의 설비(부압을 방지하는 조치)

① 압력계
② 압력경보설비

③ 그 밖의 것(다음 중 어느 한 개의 설비)
   ㉠ 진공안전밸브
   ㉡ 다른 저장탱크 또는 시설로부터의 가스도입 배관(균압관)
   ㉢ 압력과 연동하는 긴급차단장치를 설치한 냉동제어설비
   ㉣ 압력과 연동하는 긴급차단장치를 설치한 송액설비

(9) 배관의 감시장치에서 경보하는 경우와 이상사태가 발생한 경우

구 분 변동사항	경보하는 경우	이상사태가 발생한 경우
배관 내 압력	상용압력의 1.05배 초과 시(단상용 압력이 4MPa 이상 시 상용압력에 0.2MPa를 더한 압력)	상용압력의 1.1배 초과 시
압력변동	정상압력보다 15% 이상 강하 시	정상압력보다 30% 이상 강하 시
유량변동	정상유량보다 7% 이상 변동 시	정상유량보다 15% 이상 증가 시
고장밸브 및 작동장치	긴급차단밸브 고장 시	가스누설검지 경보장치 작동 시

(10) 긴급차단장치

구 분	내 용
기능	이상사태 발생 시 작동하여 가스 유동을 차단하여 피해 확대를 막는 장치(밸브)
적용시설	내용적 5,000L 이상 저장탱크
원격조작온도	110℃
동력원(밸브를 작동하게 하는 힘)	유압, 공기압, 전기압, 스프링압
설치위치	• 탱크 내부 • 탱크와 주밸브 사이 • 주밸브의 외측 ※ 단, 주밸브와 겸용으로 사용해서는 안 된다.
긴급차단장치를 작동하게 하는 조작원의 설치위치	
고압가스, 일반 제조시설, LPG법 일반 도시가스사업법	• 고압가스 특정 제조시설 • 가스도매사업법
탱크 외면 5m 이상	탱크 외면 10m 이상
수압시험 방법	• 연 1회 이상 • KS B 2304의 방법으로 누설검사

(11) 과압안전장치(KGS Fu 211, KGS Fp 211)

항 목	간추린 세부 핵심 내용
설치개요(2.8.1)	설비 내 압력이 상용압력 초과 시 즉시 상용압력 이하로 되돌릴 수 있도록 설치

항 목		간추린 세부 핵심 내용
종류(2.8.1.1)	안전밸브	기체 증기의 압력상승방지를 위하여
	파열판	급격한 압력의 상승, 독성 가스 누출, 유체의 부식성 또는 반응생성물의 성상에 따라 안전밸브 설치 부적당 시
	릴리프밸브 또는 안전밸브	펌프 배관에서 액체의 압력상승방지를 위하여
	자동압력제어장치	상기 항목의 안전밸브, 파열판, 릴리프밸브와 병행 설치 시
설치장소(2.8.1.2) 최고허용압력 설계압력 초과 우려 장소	액화가스 고압설비	저장능력 300kg 이상 용기집합장치 설치장소
	압력용기 압축기 (각단) 펌프 출구	압력 상승이 설계압력을 초과할 우려가 있는 곳
	배관	배관 내 액체가 2개 이상 밸브에 의해 차단되어 외부 열원에 의해 열팽창의 우려가 있는 곳
	고압설비 및 배관	이상반응 밸브 막힘으로 설계압력 초과 우려 장소

3 일반제조

(1) 저장능력 계산

압축가스	액화가스		
	저장탱크	소형 저장탱크	용 기
$Q=(10P+1)V$	$W=0.9dV$	$W=0.85dV$	$W=\frac{V}{C}$
여기서, Q : 저장능력(m^3) P : 35℃ F_P(MPa) V : 내용적(m^3)	여기서, W : 저장능력(kg) d : 액비중(kg/L) V : 내용적(L) C : 충전상수(Cl_2 : 0.8, NH_3 : 1.86, C_3H_8 : 2.35)		

예제 1. 액비중 0.45인 산소탱크 10000L의 저장탱크의 저장능력은?

풀이 $W=0.9dV=0.9\times0.45\text{kg/L}\times10000\text{L}=4050\text{kg}$

예제 2. 내용적 50L 암모니아 용기의 충전량(kg)은?

풀이 $W=\frac{V}{C}=\frac{50}{1.86}=26.88\text{kg}$

(2) 방호벽

종 류	높 이(mm)	두 께(mm)
철근콘크리트	2000	120
설치기준		
(1) 두께 9mm 이상 철근을 400mm×400mm 이하 간격으로 배근 결속 (2) 기준 ① 일체로 된 철근콘크리트 기초 ② 기초의 높이 350mm 이상 되메우기 깊이 300mm 이상 ③ 기초 두께는 방호벽 최하부 두께의 120% 이상		
콘크리트 블록	2000	150

설치기준		
(1) 두께 150mm 이상 3200mm 이하 보조벽을 본체와 직각으로 설치 (2) 보조벽은 방호벽면으로부터 400mm 이상 돌출 그 높이는 방호벽 높이 400mm 이상 아래에 있지 않게 한다.		
후강판	2000	6
박강판	2000	3.2
설치기준		
30mm×30mm의 앵글강을 가로, 세로 400mm 이하 간격으로 용접보강한 강판을 1800mm 이하의 간격으로 세운 지주와 용접 결속		

(3) 물분무장치

구 분 / 시설별	저장탱크 전표면	준내화구조	내화구조
탱크 상호 1m 또는 최대직경 1/4 길이 중 큰 쪽과 거리를 유지하지 않은 경우	8L/min	6.5L/min	4L/min
저장탱크 최대직경의 1/4보다 적은 경우	7L/min	4.5L/min	2L/min

- 조작위치 : 15m
- 소화전의 호스 끝 수압 : 0.35MPa
- 연속분무 가능시간 : 30분
- 방수능력 : 400L/min

구분	조건	내용
물분무장치가 없을 경우 탱크의 이격거리	탱크의 직경을 각각 D_1, D_2라고 했을 때	
	$(D_1+D_2)\times\frac{1}{4}>1\text{m}$일 때	그 길이 유지
	$(D_1+D_2)\times\frac{1}{4}<1\text{m}$일 때	1m 유지
저장탱크를 지하에 설치 시	상호간 1m 이상 유지	

(4) 에어졸 제조설비

구 조	내 용	기타 항목
내용적	1L 미만	• 정량을 충전할 수 있는 자동충전기 설치 • 인체, 가정 사용, 제조시설에는 불꽃길이 시험장치 설치 • 분사제는 독성이 아닐 것 • 인체에 사용 시 20cm 이상 떨어져 사용 • 특정부위에 장시간 사용하지 말 것
용기재료	강, 경금속	
금속제 용기두께	0.125mm 이상	
내압시험압력	0.8MPa	
가압시험압력	1.3MPa	
파열시험압력	1.5MPa	
누설시험온도	46~50℃ 미만	
화기와 우회거리	8m 이상	
불꽃길이 시험온도	24℃ 이상 26℃ 이하	
시료	충전용기 1조에서 3개 채취	
버너와 시료간격	15cm	
버너 불꽃길이	4.5cm 이상 5.5cm 이하	

제품 기재사항	
가연성	• 40℃ 이상 장소에 보관하지 말 것 • 불 속에 버리지 말 것 • 사용 후 잔가스 제거 후 버릴 것 • 밀폐장소에 보관하지 말 것
가연성 이외의 것	상기 항목 이외에 • 불꽃을 향해 사용하지 말 것 • 화기부근에서 사용하지 말 것 • 밀폐실 내에서 사용 후 환기시킬 것

(5) 시설별 이격거리

시 설	이격거리
가연성 제조시설과 비가연성 제조시설	5m 이상
가연성 제조시설과 산소 제조시설	10m 이상
액화석유가스 충전용기와 잔가스용기	1.5m 이상
탱크로리와 저장탱크	3m 이상

(6) 고압가스 제조설비의 정전기 제거설비 설치

항 목		내 용
가연성 제조설비의 접지 저항치	총합	100Ω
	피뢰설비가 있는 경우	10Ω
단독으로 접지하는 설비		탑류, 저장탱크 열교환기, 회전기계, 벤트스택
본딩용 접속선으로 접속하여 접지하는 경우		기계가 복잡하게 연결되어 있는 경우 및 배관 등으로 연속되어 있는 경우

(7) 안전밸브 작동 검사주기

구 분	점검주기
압축기 최종단	1년 1회
그 밖의 안전밸브	2년 1회

(8) 안전밸브 형식 및 종류

종 류	해당 가스
가용전식	C_2H_2, Cl_2, C_2H_2O
파열판식	압축가스
스프링식	가용전식, 파열판식을 제외한 모든 가스(가장 널리 사용)
중추식	거의 사용 안함

(9) 용기밸브 충전구나사

구 분		해당 가스
왼나사	해당 가스	가연성 가스(NH_3, CH_3Br 제외)
	전기설비	방폭구조로 시공
오른나사	해당 가스	NH_3, CH_3Br 및 가연성 이외의 모든 가스
	전기설비	방폭구조로 시공할 필요 없음
A형		충전구나사 숫나사
B형		충전구나사 암나사
C형		충전구에 나사가 없음

(10) 고압가스 저장시설

구 분		이격거리 및 설치기준
화기와 우회거리	가연성 산소설비	8m 이상
	그 밖의 가스설비	2m 이상
유동방지시설	높이	2m 이상 내화성의 벽
	가스설비 및 화기와 우회 수평거리	8m 이상
불연성 건축물 안에서 화기 사용 시	수평거리 8m 이내에 있는 건축물 개구부	방화문 또는 망입유리로 폐쇄
	사람이 출입하는 출입문	2중문의 시공

4 고압가스 용기

(1) 용기 안전점검 유지관리(고법 시행규칙 별표 18)

① 내 외면을 점검하여 위험한 부식, 금, 주름 등이 있는지 여부 확인
② 도색 및 표시가 되어 있는지 여부 확인
③ 스커트에 찌그러짐이 있는지, 사용할 때 위험하지 않도록 적정간격을 유지하고 있는지 확인
④ 유통 중 열영향을 받았는지 점검하고, 열영향을 받은 용기는 재검사 실시
⑤ 캡이 씌워져 있거나 프로텍터가 부착되어 있는지 여부 확인
⑥ 재검사 도래 여부 확인
⑦ 아랫부분 부식상태 확인
⑧ 밸브의 몸통 충전구나사, 안전밸브에 지장을 주는 흠, 주름, 스프링 부식 등이 있는지 확인
⑨ 밸브의 그랜드너트가 고정핀에 의하여 이탈방지 조치가 되어 있는지 여부 확인
⑩ 밸브의 개폐조작이 쉬운 핸들이 부착되어 있는지 여부 확인
⑪ 충전가스 종류에 맞는 용기 부속품이 부착되어 있는지 여부 확인

(2) 용기의 C, P, S 함유량(%)

성 분 / 용기 종류	C(%)	P(%)	S(%)
무이음용기	0.55 이하	0.04 이하	0.05 이하
용접용기	0.33 이하	0.04 이하	0.05 이하

(3) 항구증가율(%)

항 목		세부 핵심 내용
공식		$\frac{\text{항구증가량}}{\text{전증가량}} \times 100$
합격기준	신규검사	10% 이하
	재검사	10% 이하(질량검사 95% 이상 시)
		6% 이하(질량검사 90% 이상 95% 미만 시)

(4) 용기의 각인 사항

기 호	내 용	단 위
V	내용적	L
W	초저온 용기 이외의 용기에 밸브 부속품을 포함하지 아니한 용기 질량	kg
T_W	아세틸렌 용기에 있어 용기 질량에 다공물질 용제 및 밸브의 질량을 합한 질량	kg
T_P	내압시험압력	MPa
F_P	최고충전압력	MPa
t	500L 초과 용기 동판 두께	mm
	그 외의 표시사항	
	• 용기 제조업자의 명칭 또는 약호 • 충전하는 명칭 • 용기의 번호	

(5) 용기 종류별 부속품의 기호

기 호	내 용
AG	C_2H_2 가스를 충전하는 용기의 부속품
PG	압축가스를 충전하는 용기의 부속품
LG	LPG 이외의 액화가스를 충전하는 용기의 부속품
LPG	액화석유가스를 충전하는 용기의 부속품
LT	초저온 저온용기의 부속품

(6) 법령에서 사용되는 압력의 종류

구 분	세부 핵심 내용
T_P(내압시험압력)	용기 및 탱크 배관 등에 내압력을 가하여 견디는 정도의 압력
F_P(최고충전압력)	• 압축가스의 경우 35℃에서 용기에 충전할 수 있는 최고의 압력 • 압축가스는 최고충전압력 이하로 충전 • 액화가스의 경우 내용적의 90% 이하 또는 85% 이하로 충전
A_P(기밀시험압력)	누설 유무를 측정하는 압력
상용압력	내압시험압력 및 기밀시험압력의 기준이 되는 압력으로 사용상태에서 해당 설비 각 부에 작용하는 최고사용압력
안전밸브 작동압력	설비, 용기 내 압력이 급상승 시 작동 일부 또는 전부의 가스를 분출시킴으로 설비 용기 자체가 폭발 파열되는 것을 방지하도록 안전밸브를 작동시키는 압력

<table>
<tr><td rowspan="18">상호관계</td><td>용기별</td><td colspan="4">용기 분야</td></tr>
<tr><td>용기 구분 / 압력별</td><td>압축가스</td><td>저온, 초저온 용기</td><td>액화가스 용기</td><td>C_2H_2 용기</td></tr>
<tr><td>F_P</td><td>$T_P \times \frac{3}{5}$
(35℃의 용기충전 최고압력)</td><td>상용압력 중 최고의 압력</td><td>$T_P \times \frac{3}{5}$</td><td>15℃에서 1.5MPa</td></tr>
<tr><td>A_P</td><td>F_P</td><td>$F_P \times 1.1$</td><td>F_P</td><td>$F_P \times 1.8 = 1.5 \times 1.8 = 2.7\text{MPa}$</td></tr>
<tr><td>T_P</td><td>$F_P \times \frac{5}{3}$</td><td>$F_P \times \frac{5}{3}$</td><td>법규에서 정한 A, B로 구분된 압력</td><td>$F_P \times 3 = 1.5 \times 3 = 4.5\text{MPa}$</td></tr>
<tr><td>안전밸브 작동압력</td><td colspan="4">$T_P \times \frac{8}{10}$ 이하</td></tr>
<tr><td>설비별</td><td colspan="4">저장탱크 및 배관 용기 이외의 설비 분야</td></tr>
<tr><td>법규 구분 / 압력별</td><td>고압가스 액화석유가스</td><td>냉동장치</td><td colspan="2">도시가스</td></tr>
<tr><td>상용압력</td><td>T_P, A_P의 기준이 되는 사용상태에서 해당 설비 각 부 최고사용압력</td><td>설계압력</td><td colspan="2">최고사용압력</td></tr>
<tr><td rowspan="2">A_P</td><td rowspan="2">상용압력</td><td rowspan="2">설계압력 이상</td><td>공급시설</td><td>사용시설 및 정압기시설</td></tr>
<tr><td>최고사용압력×1.1배 이상</td><td>8.4kPa 이상 또는 최고사용압력×1.1배 중 높은 압력</td></tr>
<tr><td>T_P</td><td>사용(상용)압력×1.5(물, 공기로 시험 시 상용압력×1.25배)</td><td>• 설계압력×1.5(공기, 질소로 시험시 설계압력×1.25) : 냉동제조
• 설계압력×1.3(공기, 질소로 시험시 설계압력×1.1) : 냉동기설비</td><td colspan="2">최고사용압력×1.5배 이상(공기, 질소로 시험 시 최고사용압력×1.25배 이상)</td></tr>
<tr><td>안전밸브 작동압력</td><td colspan="4">$T_P \times \frac{8}{10}$ 이하(단, 액화산소탱크의 안전밸브 작동압력은 상용압력×1.5배 이하)</td></tr>
</table>

(7) 압력계 기능 검사주기, 최고눈금의 범위

압력계 종류	기능 검사주기
충전용 주관 압력계	매월 1회 이상
그 밖의 압력계	3월 1회 이상
최고눈금 범위	상용압력의 1.5배 이상 2배 이하

(8) 압축금지 가스

구 분	압축금지(%)
가연성 중의 산소 및 산소 중 가연성	4% 이상
수소, 아세틸렌, 에틸렌 중 산소 및 수소, 아세틸렌, 에틸렌	2% 이상

02 액화석유가스 안전관리법

1 다중이용시설의 종류(시행규칙 별표 2)

(1) 유통산업발전법에 따른 대형백화점, 쇼핑센터 및 도매센서
(2) 항공법에 따른 공항의 여객청사
(3) 여객자동차운수사업법에 따른 여객자동차 터미널
(4) 국유철도의 운영에 관한 특례법에 따른 철도 역사
(5) 도로교통법에 따른 고속도로의 휴게소
(6) 관광진흥법에 따른 관광호텔 관광객 이용시설 및 종합유원시설 중 전문 종합휴양업으로 등록한 시설
(7) 한국마사회법에 따른 경마장
(8) 청소년 기본법에 따른 청소년 수련시설
(9) 의료법에 따른 종합병원
(10) 항만법에 따른 종합여객시설
(11) 기타 시 · 도지사가 안전관리상 필요하다고 지정하는 시설 중 그 저장능력 100kg을 초과하는 시설

2 액화석유가스 판매 용기저장소 시설기준(시행규칙 별표 6)

배치기준	• 사업소 부지는 그 한 면이 폭 4m 이상 도로와 접할 것 • 용기보관실은 화기를 취급하는 장소까지 2m 이상 우회거리를 두거나 용기를 보관하는 장소와 화기를 취급하는 장소 사이에 누출가스가 유동하는 것을 방지하는 시설을 할 것
저장설비기준	• 용기보관실은 불연재료를 사용하고 그 지붕은 불연성재료를 사용한 가벼운 지붕을 설치할 것 • 용기보관실의 벽은 방호벽으로 할 것 • 용기보관실 면적은 $19m^2$ 이상으로 할 것
사고설비예방기준	• 용기보관실은 분리형 가스 누설경보기를 설치할 것 • 용기보관실의 전기설비는 방폭구조일 것 • 용기보관실은 환기구를 갖추고 환기불량 시 강제통풍시설을 갖출 것
부대설비기준	• 용기보관실 사무실은 동일 부지 안에 설치하고 사무실 면적은 $9m^2$ 이상일 것 • 용기운반자동차의 원활한 통행과 용기의 원활한 하역작업을 위하여 보관실 주위 $11.5m^2$ 이상의 부지를 확보할 것

3 저장탱크 및 용기에 충전

설비 \ 가스	액화가스	압축가스
저장탱크	90% 이하	상용압력 이하
용 기	90% 이하	최고충전압력 이하
85% 이하로 충전하는 경우	• 소형 저장탱크 • LPG 차량용 용기 • LPG 가정용 용기	–

4 저장능력에 따른 액화석유가스 사용시설과 화기와 우회거리

저장능력	화기와 우회거리(m)
1톤 미만	2m
1톤 이상 3톤 미만	5m
3톤 이상	8m

5 액화석유가스 사용 시 중량판매하는 사항

(1) 내용적 30L 미만 용기로 사용 시
(2) 옥외 이동하면서 사용 시
(3) 6개월 기간 동안 사용 시
(4) 산업용, 선박용, 농축산용으로 사용 또는 그 부대시설에서 사용 시
(5) 재건축, 재개발 도시계획대상으로 예정된 건축물 및 허가권자가 증개축 또는 도시가스 예정 건축물로 인정하는 건축물에서 사용 시
(6) 주택 이외 건축물 중 그 영업장의 면적이 $40m^2$ 이하인 곳에서 사용 시
(7) 노인복지법에 따른 경로당 또는 영유아복지법에 따른 가정보육시설에서 사용 시
(8) 단독주택에서 사용 시
(9) 그 밖에 체적판매 방법으로 판매가 곤란하다고 인정 시

6 용기보관실 및 용기집합설비 설치(KGS Fu 431)

용기저장능력에 따른 구분	세부 핵심 내용
100kg 이하	직사광선 빗물을 받지 않도록 조치
100kg 초과	• 용기보관실 설치 용기보관실 벽 문은 불연재료, 지붕은 가벼운 불연재료로 설치, 구조는 단층구조 • 용기집합설비의 양단 마감조치에는 캡 또는 플랜지 설치 • 용기를 3개 이상 집합하여 사용 시 용기집합장치 설치 • 용기와 연결된 측도관 트윈호스 조정기 연결부는 조정기 이외의 설비와는 연결하지 않는다. • 용기보관실 설치곤란 시 외부인 출입방지용 출입문을 설치하고 경계표시

7 폭발방지장치와 방파판(KGS Ac 113) (p13)

구 분		세부 핵심 내용
방파판	정의	액화가스 충전탱크 및 차량 고정탱크에 액면요동을 방지하기 위하여 설치되는 판
	면적	탱크 횡단면적의 40% 이상
	부착위치	원호부 면적이 탱크 횡단면적의 20% 이하가 되는 위치
	재료 및 두께	3.2mm 이상의 SS 41 또는 이와 동등 이상의 강도(단, 초저온탱크는 2mm 이상 오스테나이트계 스테인리스강 또는 4mm 이상 알루미늄합금판)
	설치 수	내용적 $5m^3$ 마다 1개씩
폭발방지장치	설치장소와 설치탱크	주거 · 상업지역, 저장능력 10t 이상 저장탱크(지하설치 시는 제외), 차령에 고정된 LPG 탱크
	재료	알루미늄 합금박판
	형태	다공성 벌집형

8 LPG 저장탱크 설치규정 · 소형 저장탱크 설치규정

LPG 저장탱크 지하설치			
구 조	재 료	수밀성콘크리트	레드믹스콘크리트
천장, 벽, 바닥구조		두께 30cm 이상 철근콘크리트의 구조	
이격거리	저장탱크 상호간	1m 이상	
	저장탱크실 바닥과 저장탱크 하부	60cm 이상	
	저장탱크실 상부 윈면과 저장탱크 상부	60cm 이상	
저장탱크 빈 공간에 채우는 물질		세립분을 함유하지 않은 마른 모래(※ 고압가스 저장탱크의 경우 일반 마른 모래 채움)	
저장탱크 묻은 곳의 지상		경계표시	
점검구	설치 수	• 20t 이하 : 1개소 • 20t 초과 : 2개소	
점검구	크기	• 사각형 : 0.8m×1m • 원형 : 0.8m	
가스방출관 위치		지면에서 5m 이상	

<table>
<tr><th colspan="5">소형 저장탱크</th></tr>
<tr><td>시설기준</td><td colspan="4">지상 설치, 옥외 설치, 습기가 적은 장소, 통풍이 양호한 장소, 사업소 경계는 바다, 호수, 하천, 도로의 경우 토지 경계와 탱크 외면간 0.5m 이상 안전공지 유지</td></tr>
<tr><td>전용탱크실에 설치하는 경우</td><td colspan="4">• 옥외 설치할 필요 없음
• 환기구 설치(바닥면적 $1m^2$당 $300cm^2$의 비율로 2방향 분산 설치)
• 전용탱크실 외부(LPG 저장소, 화기엄금, 관계자 외 출입금지 등을 표시)</td></tr>
<tr><td>살수장치</td><td colspan="4">저장탱크 외면 5m 떨어진 장소에서 조작할 수 있도록 설치</td></tr>
<tr><td>설치기준</td><td colspan="4">• 동일장소 설치 수 : 6기 이하
• 바닥에서 5m 이상 콘크리트 바닥에 설치
• 충전질량 합계 : 5000kg 미만
• 충전질량 1000kg 이상은 높이 1m 이상 경계책 설치
• 화기와 거리 5m 이상 이격</td></tr>
<tr><td>기초</td><td colspan="4">지면 5cm 이상 높게 설치된 콘크리트 위에 설치</td></tr>
<tr><td rowspan="4">보호대</td><td colspan="2">재질</td><td colspan="2">철근콘크리트, 강관재</td></tr>
<tr><td colspan="2">높이</td><td colspan="2">80cm 이상</td></tr>
<tr><td rowspan="2">두께</td><td>강관재</td><td colspan="2">100A 이상</td></tr>
<tr><td>철근콘크리트</td><td colspan="2">12cm 이상</td></tr>
<tr><td>기화기</td><td colspan="2">• 3m 이상 우회거리 유지
• 자동안전장치 부착</td><td>소화설비</td><td>• 충전질량 1000kg 이상 ABC용 분말소화기 B-12 이상의 것 2개 이상 보유
• 충전호스 길이 10m 이상</td></tr>
</table>

9 액화석유가스 자동차에 고정된 충전시설의 가스설비 기준(KGS Fp 332) (2.4)

(1) 충전시설의 건축물 외부에 로딩암을 설치한다.

① 건축물 내부에 설치 시 환기구 2방향 설치

② 환기구 면적은 바닥면적의 6% 이상

(2) 충전기 외면과 가스설비실 외면의 거리 8m 이하 시 로딩암을 설치하지 않는다.

(3) **보호대**

① 높이 80cm 이상

② 두께(철근콘크리트 12cm, 강관재 100A 이상)

(4) **캐노피**

충전기 상부에 공지면적의 $\frac{1}{2}$ 이상 되게 설치한다.

(5) 충전기 충전호스 길이는 5m 이내로 한다.

(6) 충전호스에 과도한 인장력이 가해졌을 때 충전기와 가스주입기가 분리될 수 있는 안전장치를 설치한다.

(7) 가스주입기는 원터치형으로 한다.

10 LPG 자동차 충전소에 설치할 수 있는 건축물

설치시설의 종류	용 도
작업장	• 충전을 하기 위한 곳 • 자동차 점검 간이정비를 위한 곳(용접, 판금, 도정, 화기작업은 제외)
사무실 회의실	충전소 업무
대기실	충전소 관계자 근무를 위함
용기재검사시설	충전사업자가 운영하고 있는 시설
숙소	충전소 종사자용
면적 $100m^2$ 이하 식당	충전소 종사자용
면적 $100m^2$ 이하 창고	비상발전기실 또는 공구보관용
세차시설	자동차 세정용
자동판매기 · 현금자동지급기	충전소 출입 대상자용
소매점 및 전시장	• 충전소 출입 대상자용 • 액화석유가스를 연료로 사용하는 자동차를 전시하는 공간
그 밖에 산업통상자원부장관이 안전관리에 지정이 없다고 인정하는 건축물, 시설	충전사업에 직접 관계되는 가스설비실 및 압축기실 해당 충전사업과 직접 연관이 있는 건축물

03 도시가스 안전관리법

1 용어 정의

(1) 도시가스

천연가스(액화한 것을 포함), 배관을 통하여 공급되는 석유가스, 나프타 부생가스, 바이오가스 또는 합성천연가스로서 대통령령으로 정하는 것

(2) 가스도매사업

일반도시가스 사업자 및 나프타 부생가스, 바이오가스 제조 사업자 외의 자가 일반도시가스사업자, 도시가스충전사업자 또는 산업통상자원부령으로 정하는 대량수요자에게 도시가스를 공급하는 사업

(3) 일반도시가스사업

가스도매사업자 등으로부터 공급받은 도시가스 또는 스스로 제조한 석유가스, 나프타 부생가스, 바이오가스를 일방의 수요에 따라 배관을 통하여 수요자에게 공급하는 사업

2 도시가스 배관

(1) 도시가스 배관의 종류

배관의 종류		정 의
배관		본관, 공급관, 내관 또는 그 밖의 관
본관	가스도매사업	도시가스 제조사업소(액화천연가스의 인수기지)의 부지경계에서 정압기지의 경계까지 이르는 배관(밸브기지 안 밸브 제외)
	일반도시가스사업	도시가스 제조사업소의 부지경계 또는 가스도매사업자의 가스시설 경계에서 정압기까지 이르는 배관
	나프타 부생 바이오가스 제조사업	해당 제조사업소의 부지경계에서 가스도매사업자 또는 일반도시가스사업자의 가스시설 경계 또는 사업 경계까지 이르는 배관
	합성천연가스 제조사업	해당 제조사업소 부지경계에서 가스도매사업자의 가스시설 경계 또는 사업소 경계까지 이르는 배관
공급관	공동주택, 오피스텔, 콘도미니엄, 그 밖의 산업통상자원부 인정 건축물에 가스공급 시	정압기에서 가스사용자가 구분하여 소유하거나 점유하는 건축물의 외벽에 설치하는 계량기의 전단밸브까지 이르는 배관
	공동주택 외의 건축물 등에 도시가스 공급 시	정압기에서 가스사용자가 소유하거나 점유하고 있는 토지의 경계까지 이르는 배관
	가스도매사업의 경우	정압기지에서 일반 도시가스사업자의 가스공급시설이나 대량수요자의 가스사용 시설에 이르는 배관
	나프타 부생가스, 바이오가스 제조사업 및 합성천연가스 제조사업	해당 사업소의 본관 또는 부지경계에서 가스사용자가 소유하거나 점유하고 있는 토지의 경계까지 이르는 배관
사용자 공급관		공급관 중 가스사용자가 소유하거나 점유하고 있는 토지의 경계에서 가스사용자가 구분하여 소유하거나 점유하는 건축물의 외벽에 설치된 계량기의 전단밸브(계량기가 건축물 내부에 설치된 경우 그 건축물의 외벽)까지 이르는 배관
내관		• 가스사용자가 소유하거나 점유하고 있는 토지의 경계에서 연소기까지 이르는 배관 • 공동주택 등으로 가스사용자가 구분하여 소유하거나 점유하는 건축물 외벽에 계량기 설치 시 : 계량기 전단밸브까지 이르는 배관 • 계량기가 건축물 내부에 설치 시 : 건축물 외벽까지 이르는 배관

(2) 노출가스 배관에 대한 시설 설치기준

구 분		세부 내용
노출 배관길이 15m 이상 점검통로 조명시설	가드레일	0.9m 이상 높이
	점검통로 폭	80cm 이상
	발판	통행상 지장이 없는 각목
	점검통로 조명	가스배관 수평거리 1m 이내 설치 70lux 이상
노출 배관길이 20m 이상 시 가스누출 경보장치 설치기준	설치간격	20m 마다 설치 근무자가 상주하는 곳에 경보음이 전달
	작업장	경광등 설치(현장상황에 맞추어)

3 정압기

(1) 정압기(Governor) (KGS Fs 552)

구 분	세부 내용
정의	도시가스 압력을 사용처에 맞게 낮추는 감압기능, 2차측 압력을 허용범위 내의 압력으로 유지하는 정압기능, 가스흐름이 없을 때 밸브를 완전히 폐쇄하여 압력상승을 방지하는 폐쇄기능을 가진 기기로서 정압기용 압력조정기와 그 부속설비
정압기용 부속설비	1차측 최초 밸브로부터 2차측 말단 밸브 사이에 설치된 배관, 가스차단장치, 정압기용 필터, 긴급차단장치(slamshut valve), 안전밸브(safety valve), 압력기록장치(pressure recorder), 각종 통보설비, 연결배관 및 전선
종 류	
지구정압기	일반도시가스사업자의 소유시설로 가스도매사업자로부터 공급받은 도시가스의 압력을 1차적으로 낮추기 위해 설치하는 정압기
지역정압기	일반도시가스사업자의 소유시설로서 지구정압기 또는 가스도매사업자로부터 공급받은 도시가스의 압력을 낮추어 다수의 사용자에게 가스를 공급하기 위해 설치하는 정압기
캐비닛형 구조의 정압기	정압기 배관 및 안전장치 등이 일체로 구성된 정압기에 한하여 사용할 수 있는 정압기실로 내식성 재료의 캐비닛과 철근콘크리트 기초로 구성된 정압기실

(2) 정압기와 필터(여과기)의 분해점검주기

시설 구분	정압기, 필터		분해점검 주기
공급시설	정압기		2년 1회
	예비정압기		3년 1회
	필터	공급개시 직후	1월 이내
		1월 이내 점검한 다음	1년 1회

시설 구분	정압기, 필터		분해점검 주기
사용시설	정압기	처음 향후(두번째부터)	3년 1회 4년 1회
	필터	공급개시 직후	1월 이내
		1월 이내 점검 후	3년 1회
		3년 1회 점검한 그 이후	4년 1회

예비정압기 종류와 그 밖에 정압기실 점검사항	
예비정압기 종류	정압기실 점검사항
• 주정압기의 기능상실에만 사용하는 것 • 월 1회 작동점검을 실시하는 것	• 정압기실 전체는 1주 1회 작동상황 점검 • 정압기실 가스누출 경보기는 1주 1회 이상 점검

(3) 지하의 정압기실 가스공급시설 설치규정

구 분 / 항 목	공기보다 비중이 가벼운 경우	공기보다 비중이 무거운 경우
흡입구, 배기구 관경	100mm 이상	100mm 이상
흡입구	지면에서 30cm 이상	지면에서 30cm 이상
배기구	천장면에서 30cm 이상	지면에서 30cm 이상
배기가스 방출구	지면에서 3m 이상	지면에서 5m 이상 (전기시설물 접촉 우려가 있는 경우 3m 이상)

(4) 도시가스 정압기실 안전밸브 분출부의 크기

입구측 압력		안전밸브 분출부 구경
0.5MPa 이상	유량과 무관	50A 이상
0.5MPa 미만	유량 $1000Nm^3/h$ 이상	50A 이상
	유량 $1000Nm^3/h$ 미만	25A 이상

4 융착

(1) 융착이음 종류

구 분		내 용
열융착	맞대기(바트)	• 공칭외경 90mm 이상 직관과 이음관 연결에 적용 • 이음관 연결오차는 배관두께의 10% 이하
	소켓	• 배관 및 이음관의 접합은 일직선 유지 • 융착작업은 홀더를 사용하며, 용융부위는 소켓 내부 경계턱까지 완전히 삽입
	새들	• 접합부 전면에 대칭형의 둥근 형상 이 중 비드가 고르게 형성되도록 새들 중심선과 배관의 중심선 직각 유지

구 분		내 용
전기융착	소켓	이음부는 PE배관과 일직선 유지
	새들	이음매 중심선과 PE배관 중심선은 직각을 유지
융착기준		가열온도, 가열유지시간, 냉각시간을 준수

5 기타 항목

(1) 도시가스의 연소성을 판단하는 지수

구 분	핵심 내용
웨버지수(WI)	$$WI=\frac{H_g}{\sqrt{d}}$$ 여기서, WI : 웨버지수 H_g : 도시가스 총 발열량(kcal/m^3) $\sqrt{d}$: 도시가스의 공기에 대한 비중

(2) 도시가스 사용시설의 월 사용예정량

$$Q=\frac{\{(A\times 240)+(B\times 90)\}}{11000}$$

여기서, Q : 월 사용예정량(m^3)
A : 산업용으로 사용하는 연소기의 명판에 기재된 가스소비량 합계(kcal/hr)
B : 산업용으로 아닌 연소기의 명판에 기재된 가스소비량 합계(kcal/hr)

(3) 특정가스 사용시설의 사용량

$$Q=X\times\frac{A(\text{kcal/m}^3)}{11000}$$

여기서, Q : 도시가스 사용량(m^3)
X : 실제 사용하는 도시가스 사용량(m^3)
A : 실제 사용하는 도시가스 열량(kcal/m^3)

(4) 도시가스 배관망의 전산화 관리대상

① 배관설치 도면
② 시방서
③ 시공자
④ 시공 연월일

(5) 전용 보일러실에 설치할 필요가 없는 보일러 종류

① 밀폐식 보일러
② 가스보일러를 옥외에 설치 시
③ 전용 급기통을 부착시키는 구조로 검사에 합격된 강제식 보일러

(6) LPG 저장탱크, 도시가스 정압기실 안전밸브 가스 방출관의 방출구 설치위치

<table>
<tr><th colspan="3">LPG 저장탱크</th><th colspan="2">도시가스 정압기실</th><th>고압가스 저장탱크</th></tr>
<tr><td colspan="2" rowspan="2">지상설치탱크</td><td rowspan="2">지하설치
탱크</td><td>지상설치</td><td>지하설치</td><td>설치능력</td></tr>
<tr><td colspan="2">지면에서 5m 이상</td><td>5m³ 이상 탱크</td></tr>
<tr><td>3t 이상
일반탱크</td><td>3t 미만
소형저장탱크</td><td rowspan="3">지면에서
5m 이상</td><td colspan="2">지하정압기실 배기관의 배기가스
방출구</td><td>설치위치</td></tr>
<tr><td rowspan="2">지면에서 5m 이상, 탱크 저장부에서 2m 중 높은 위치</td><td rowspan="2">지면에서 2.5m 이상, 탱크 정상부에서 1m 중 높은 위치</td><td>공기보다 무거운
도시가스</td><td>공기보다 가벼운
도시가스</td><td rowspan="2">지면에서 5m 이상, 탱크 정상부에서 2m 이상 중 높은 위치</td></tr>
<tr><td>• 지면에서 5m 이상
• 전기시설물 접촉 우려 시 3m 이상</td><td>지면에서 3m 이상</td></tr>
</table>

04 (공통분야) 고법 · 액법 · 도법(공통사항)

1 위험장소와 방폭구조

(1) 위험장소

종 류	정 의
0종 장소	상용의 상태에서 가연성 가스의 농도가 연속해서 폭발하한계 이상으로 되는 장소(폭발상한계를 넘는 경우에는 폭발한계 이내로 들어갈 우려가 있는 경우를 포함한다.)
1종 장소	상용상태에서 가연성 가스가 체류해 위험하게 될 우려가 있는 장소, 정비보수 또는 누출 등으로 인하여 종종 가연성 가스가 체류하여 위험하게 될 우려가 있는 장소
2종 장소	• 밀폐된 용기 또는 설비 안에 밀봉된 가연성 가스가 그 용기 또는 설비의 사고로 인하여 파손되거나 오조작의 경우에만 누출할 위험이 있는 장소 • 확실한 기계적 환기조치에 따라 가연성 가스가 체류하지 아니하도록 되어 있으나 환기장치에 이상이나 사고가 발생한 경우에는 가연성 가스가 체류해 위험하게 될 우려가 있는 장소 • 1종 장소의 주변 또는 인접한 실내에서 위험한 농도의 가연성 가스가 종종 침입할 우려가 있는 장소

※ 0종 장소에는 원칙적으로 본질안전방폭구조만을 사용한다.

(2) 방폭구조

종 류	내 용
내압(d) 방폭구조	용기의 내부에 폭발성 가스의 폭발이 일어날 경우, 용기가 폭발압력에 견디고 외부의 폭발성 가스에 인화될 위험이 없도록 한 방폭구조
압력(p) 방폭구조	점화원이 될 우려가 있는 부분을 용기 안에 넣고 보호 기체(신선한 공기 또는 불활성 기체)를 용기 안에 압입함으로써 폭발성 가스가 침입하는 것을 방지하도록 되어 있는 방폭구조
유입(o) 방폭구조	전기불꽃을 발생하는 부분을 용기 내부의 기름에 내장하여 외부의 폭발성 가스 또는 점화원 등에 접촉 시 점화의 우려가 없도록 한 방폭구조

종 류	내 용
안전증(e) 방폭구조	정상운전 중의 내부에서 불꽃이 발생하지 않도록 전기적, 기계적, 구조적으로 온도상승에 대해 안전도를 증가시킨 구조로 내압 방폭구조보다 용량이 적음
본질안전(ia, ib) 방폭구조	정상 시 또는 단락, 단선, 지락 등의 사고 시에 발생하는 아크, 불꽃, 고열에 의하여 폭발성 가스나 증기에 점화되지 않는 것이 확인된 구조
특수(s) 방폭구조	폭발성 가스, 증기 등에 의하여 점화하지 않는 구조로서 모래 등을 채워 넣은 사입 방폭구조 등

(3) 안전간격에 따른 폭발 등급

폭발 등급	안전간격	해당 가스
1등급	0.6mm 이상	메탄, 에탄, 프로판, 부탄, 암모니아, 일산화탄소, 아세톤, 벤젠
2등급	0.4mm 이상 0.6mm 이하	에틸렌, 석탄가스
3등급	0.4mm 이하	이황화탄소, 수소, 아세틸렌, 수성가스

2 내진설계

(1) 내진설계 기준(KGS Gc 203, 204)

구 분		내 용
배관	내진 특등급	막대한 피해를 초래하는 경우로서 최고사용압력 6.9MPa 이상 배관 (독성 가스를 수송하는 고압가스 배관의 중요도)
	내진 1등급	상당한 피해를 초래하는 경우로서 최고사용압력 0.5MPa 이상 배관 (가연성 가스를 수송하는 배관의 중요도)
	내진 2등급	경미한 피해를 초래하는 경우로서 특등급, 1등급 이외의 배관 (독성, 가연성 이외의 가스를 수송하는 고압가스 배관의 중요도)
시설	내진 특등급	설비의 손상이나 기능상실이 공공의 생명, 재산에 막대한 피해 초래 및 사회정상기능 유지에 심각한 지장을 가져올 수 있는 것
	내진 1등급	설비의 손상이나 기능상실이 공공의 생명, 재산에 상당한 피해를 초래할 수 있는 것
	내진 2등급	설비의 손상이나 기능상실이 공공의 생명, 재산에 경미한 피해를 초래할 수 있는 것

(2) 내진설계 적용시설(KGS Gc 203) (지하설치 시는 제외)

고압가스 적용 대상시설		
대상시설물 (지지구조물 및 기초와 연결부 포함)	용 량	
	독성, 가연성	비독성, 비가연성
저장탱크 및 압력용기(반응, 분리, 정제, 증류 등을 행하는 탑류로서 동체부 높이 5m 이상)	5톤, 500m^3 이상	10톤, 1000m^3 이상
세로방향으로 설치한 원통형 응축기	동체길이 5m 이상	
수액기	내용적 5000L 이상	

액화석유가스 적용대상시설	
대상시설물(지지구조물 및 기초와 연결부 포함)	용 량
저장탱크	3톤 이상
도법 적용 대상시설	
대상시설물(지지구조물 및 기초와 연결부 포함)	용 량
저장탱크	3톤 이상
기타 대상시설	
• 액화도시가스 자동차 충전시설 • 고정식 압축 도시가스 충전시설 • 고정식 압축 도시가스 이동식 충전차량의 충전시설 • 이동식 압축 도시가스 자동차 충전시설	
대상시설물(지지구조물 및 기초와 연결부 포함)	용 량
가스홀더 및 저장탱크	5톤 이상, 500m^3 이상

3 고압가스 운반 등의 기준(KGS Gc 206)

(1) 운반 등의 기준 적용 제외

① 운반하는 고압가스 양이 13kg(압축의 경우 1.3m^3) 이하인 경우
② 소방자동차, 구급자동차, 구조차량 등이 긴급 시에 사용하기 위한 경우
③ 스킨스쿠버 등 여가목적으로 공기 충전용기를 2개 이하로 운반하는 경우
④ 산업통상자원부장관이 필요하다고 인정하는 경우

(2) 고압가스 충전용기 운반기준

① 충전용기 적재 시 적재함에 세워서 적재한다.
② 차량의 최대 적재량 및 적재함을 초과하여 적재하지 아니한다.
③ 납붙임 및 접합 용기를 차량에 적재 시 용기 이탈을 막을 수 있도록 보호망을 적재함에 씌운다.
④ 충전용기를 차량에 적재 시 고무링을 씌우거나 적재함에 세워서 적재한다. 단, 압축가스의 경우 세우기 곤란 시 적재함 높이 이내로 눕혀서 적재가능하다.
⑤ 독성 가스 중 가연성, 조연성 가스는 동일차량 적재함에 운반하지 아니한다.
⑥ 밸브돌출 충전용기는 고정식 프로텍터, 캡을 부착하여 밸브 손상방지 조치를 한 후 운반한다.
⑦ 충전용기를 차에 실을 때 충격방지를 위해 완충판을 차량에 갖추고 사용한다.
⑧ 충전용기는 이륜차(자전거 포함)에 적재하여 운반하지 아니한다.
⑨ 염소와 아세틸렌, 암모니아, 수소는 동일차량에 적재하여 운반하지 아니한다.
⑩ 가연성과 산소를 동일차량에 적재운반 시 충전용기 밸브를 마주보지 않도록 한다.
⑪ 충전용기와 위험물안전관리법에 따른 위험물과 동일차량에 적재하여 운반하지 아니한다.

(3) 경계 표시

구 분		내 용
설치위치		차량 앞뒤 명확하게 볼 수 있도록(RTC 차량은 좌우에서 볼 수 있도록)
표시사항		위험고압가스, 독성 가스 등 삼각기를 외부운전석 등에 게시
규격	직사각형	가로치수 : 차폭의 30% 이상, 세로치수 : 가로의 20% 이상
	정사각형	면적 : 600cm^2 이상
	삼각기	• 가로 : 40cm, 세로 : 30cm • 바탕색 : 적색, 글자색 : 황색
그 밖의 사항		• 상호, 전화번호 • 운반기준 위반행위를 신고할 수 있는 허가관청, 등록관청의 전화번호 등이 표시된 안내문을 부착
경계 표시 도형		위험 고압가스 / 독성가스 (30cm, 40cm)

(4) 운반책임자 동승기준

용기에 의한 운반				
가스 종류			허용농도(ppm)	적재용량(m^3, kg)
독성 가스	압축가스(m^3)		200 초과	100m^3 이상
			200 이하	10m^3 이상
	액화가스(kg)		200 초과	1000kg 이상
			200 이하	100kg 이상
비독성 가스	압축가스	가연성	300m^3 이상	
		조연성	600m^3 이상	
	액화가스	가연성	3000kg 이상(납붙임 접합용기는 2000kg 이상)	
		조연성	6000kg 이상	

차량에 고정된 탱크에 의한 운반(운행거리 200km 초과 시에만 운반챔임자 동승)					
압축가스(m^3)			액화가스(kg)		
독성	가연성	조연성	독성	가연성	조연성
100m^3 이상	300m^3 이상	600m^3 이상	1000kg 이상	3000kg 이상	6000kg 이상

(5) 운반하는 용기 및 차량에 고정된 탱크에 비치하는 소화설비

독성 가스 중 가연성 가스를 운반 시 비치하는 소화설비(5kg 운반 시는 제외)			
운반하는 가스량에 따른 구분	소화기 종류		비치 개수
	소화제 종류	능력단위	
압축 100m^3 이상 액화 1000kg 이상의 경우	분말소화제	B-C용 또는 ABC용 B-6 (약제중량 4.5kg) 이상	2개 이상
압축 15m^3 초과, 100m^3 미만 액화 150kg 초과, 1000kg 미만의 경우	분말소화제	상동	1개 이상
압축 15m^3 액화 150kg 이하의 경우	분말소화제 B-3 이상		1개 이상

차량에 고정된 탱크 운반 시 소화설비			
가스의 구분	소화기 종류		비치 개수
	소화제 종류	능력단위	
가연성 가스	분말소화제	BC용 B-10 이상 또는 ABC용 B-12 이상	차량 좌우 각각 1개 이상
산소	분말소화제	BC용 B-8 이상 또는 ABC용 B-10 이상	
보호장비			
독성 가스 종류에 따른 방독면, 고무장갑, 고무장화 그 밖의 보호구 재해발생방지를 위한 응급조치에 필요한 제독제, 자재, 공구 등을 비치하고 매월 1회 점검하여 항상 정상적인 상태로 유지			

(6) 운반 독성 가스 양에 따른 소석회 보유량(KGS Gc 206)

품 명	운반하는 독성 가스 양, 액화가스 질량 1000kg		적용 독성 가스
	미만의 경우	이상의 경우	
소석회	20kg 이상	40kg 이상	염소, 염화수소, 포스겐, 아황산가스 등 효과가 있는 액화가스에 적용

(7) 차량 고정탱크에 휴대해야 하는 안전운행 서류

① 고압가스 이동계획서
② 관련자격증
③ 운전면허증
④ 탱크테이블(용량 환산표)
⑤ 차량 운행일지
⑥ 차량등록증

(8) 차량 고정탱크(탱크로리) 운반기준

항 목	내 용
두 개 이상의 탱크를 동일차량에 운반 시	• 탱크 마다 주밸브 설치 • 탱크 상호 탱크와 차량 고정부착 조치 • 충전관에 안전밸브, 압력계 긴급탈압밸브 설치
LPG를 제외한 가연성 산소	18000L 이상 운반금지
NH_3를 제외한 독성	12000L 이상 운반금지
액면요동방지를 위해 하는 조치	방파판 설치
차량의 뒷범퍼와 이격거리	• 후부취출식 탱크(주밸브가 탱크 뒤쪽에 있는 것) : 40cm 이상 이격 • 후부취출식 이외의 탱크 : 30cm 이상 이격 • 조작상자(공구 등 기타 필요한 것을 넣는 상자) : 20cm 이상 이격
기타	돌출 부속품에 대한 보호장치를 하고 밸브콕 등에 개폐표시방향을 할 것

항 목	내 용
참고사항	LPG 차량 고정탱크(탱크로리)에 가스를 이입할 수 있도록 설치되는 로딩암을 건축물 내부에 설치 시 통풍을 양호하게 하기 위하여 환기구를 설치, 이때 환기구 면적의 합계는 바닥면적의 6% 이상

(9) 차량 고정탱크 및 용기에 의한 운반 시 주차 시의 기준(KGS Gc 206)

구 분	내 용
주차 장소	• 1종 보호시설에서 15m 이상 떨어진 곳 • 2종 보호시설이 밀집되어 있는 지역으로 육교 및 고가차도 아래는 피할 것 • 교통량이 적고 부근에 화기가 없는 안전하고 지반이 좋은 장소
비탈길 주차 시	주차 Break를 확실하게 걸고 차바퀴에 차바퀴 고정목으로 고정
차량운전자, 운반책임자가 차량에서 이탈한 경우	항상 눈에 띄는 장소에 있도록 한다.
기타 사항	• 장시간 운행으로 가스온도가 상승되지 않도록 한다. • 40℃ 초과 우려 시 급유소를 이용, 탱크에 물을 뿌려 냉각한다. • 노상주차 시 직사광선을 피하고 그늘에 주차하거나 탱크에 덮개를 씌운다(단, 초저온, 저온탱크는 그러하지 아니하다.). • 고속도로 운행 시 규정속도를 준수, 커브길에서는 신중하게 운전한다. • 200km 이상 운행 시 중간에 충분한 휴식을 한다. • 운반책임자의 자격을 가진 운전자는 운반도중 응급조치에 대한 긴급지원 요청을 위하여 주변의 제조 · 저장 판매 수입업자, 경찰서, 소방서의 위치를 파악한다. • 차량 고정탱크로 고압가스 운반 시 고압가스에 대한 주의사항을 기재한 서면을 운반책임자 운전자에게 교부하고 운반 중 휴대시킨다.

4 가스시설 전기방식 기준(KGS Gc 202)

(1) 전기방식 조치대사시설 및 제외대상시설

조치대상시설	제외대상시설
고압가스의 특정 · 일반 제조사업자, 충전사업자, 저장소 설치자 및 특정고압가스사용자의 시설 중 지중, 수중에서 설치하는 강제 배관 및 저장탱크(액화석유가스 도시가스시설 동일)	• 가정용 시설 • 기간을 임시 정하여 임시로 사용하기 위한 가스시설 • PE(폴리에틸렌관)

(2) 전기방식

측정 및 점검주기			
관 대지전위	외부전원법에 따른 외부전원점, 관대지전위, 정류기 출력전압, 전류, 배선 접속, 계기류 확인	배류법에 따른 배류점, 관대지전위, 배류기 출력전압, 전류, 배선 접속, 계기류 확인	절연부속품, 역전류 방지, 장치 결선, 보호절연체 효과
1년 1회	3개월 1회	3개월 1회	6개월 1회

전위 측정용(터미널(T/B)) 시공방법		
외부전원법	희생양극법, 배류법	
500m 간격	300m 간격	
전기방식 기준		
고압가스	액화석유가스	도시가스
포화황산동 기준 전극		
−5V 이상 −0.85V 이하	−0.85V 이하	−0.85V 이하
황산염 환원 박테리아가 번식하는 토양		
−0.95V 이하	−0.95V 이하	−0.95V 이하

5 고압가스(Gc 211), 액화석유가스(Gc 231), 도시가스(Gc 251), 안전성 평가 기준

(1) 안전성 평가 관련 전문가의 구성팀

① 안전성 평가 전문가

② 설계 전문가

③ 공정 전문가 1인 이상 참여

(2) 위험성 평가방법의 분류

구 분	해당 기법	정 의
정량적	FTA(결함수분석기법)	사고를 일으키는 장치의 이상이나 운전자의 실수의 조합을 연역적으로 분석하는 기법
	ETA(사건수분석기법)	초기사건으로 알려진 특정한 장치의 이상이나 운전자의 실수로부터 발생되는 잠재적 사고결과를 평가하는 기법
	CCA(원인결과분석기법)	잠재된 사고의 결과와 사고의 근본원인을 찾아내고 결과와 원인의 상호관계를 예측 평가하는 기법
	HEA(작업자분석기법)	설비 운전원 정비보수와 기술자 등의 작업에 영향을 미칠 요소를 평가, 그 실무의 원인을 파악 추적하여 실수의 상대적 순위를 결정하는 평가기법
정성적	체크리스트	공정 및 설비의 오류, 결함, 위험상황 등을 목록화한 형태로 작성, 경험을 비교함으로써 위험성을 평가하는 기법
	위험과 운전분석(HAZOP)	공정에 존재하는 위험요소들과 공정의 효율을 떨어뜨릴 수 있는 운전상의 문제점을 찾아내 원인을 제거하는 평가기법
	상대위험순위 결정	설비에 존재하는 위험순위에 대하여 수치적으로 상대위험순위를 지표화하여 그 피해, 정도를 나타내는 평가기법
그 이외에 사고예방질문분석(What-if), FMECA(이상위험도 분석) 등이 있음.		

6 액화석유가스안전관리법과 도시가스안전관리법의 배관이음매, 호스이음매(용접 제외), 가스계량기와 전기계량기, 개폐기, 전기점멸기, 전기접속기, 절연조치를 한 전선, 절연조치를 하지 않은 전선, 단열조치를 하지 않은 굴뚝 등과 이격거리

<table>
<tr><th colspan="2">항 목</th><th>간추린 세부 핵심 내용</th></tr>
<tr><td colspan="2">전기계량기
전기개폐기</td><td>법규 구분, 배관이음매, 가스계량기
구분 없이 모두 60cm 이상</td></tr>
<tr><td rowspan="2">전기점멸기
전기접속기</td><td>도시가스사용시설의 배관이음매,
호스이음매(용접이음매 제외)</td><td>15cm 이상</td></tr>
<tr><td>그 이외의 시설
• LPG, 도시가스 공급시설
• LPG 사용시설의 가스계량기, 배관이음매
• 도시가스 사용시설의 가스계량기</td><td>30cm 이상</td></tr>
<tr><td colspan="2">절연조치 한 전선</td><td>가스계량기와 이격거리는 규정이 없으며
배관이음매와는 법규 구분 없이 10cm 이상</td></tr>
<tr><td rowspan="2">절연조치 하지
않은 전선</td><td>LPG공급시설의 배관이음매</td><td>30cm 이상</td></tr>
<tr><td>그 이외의 시설
• 도시가스 공급시설의 배관이음매
• LPG, 도시가스 사용시설의 배관이음매
가스계량기</td><td>15cm 이상</td></tr>
<tr><td rowspan="5">단열조치 하지
않은 굴뚝</td><td>LPG, 도시가스 공급시설</td><td rowspan="3">30cm 이상</td></tr>
<tr><td>LPG 사용시설 가스계량기</td></tr>
<tr><td>도시가스 사용시설 가스계량기</td></tr>
<tr><td>LPG 사용시설 배관이음매,
호스이음매</td><td rowspan="2">15cm 이상</td></tr>
<tr><td>도시가스 사용시설 배관이음매,
호스이음매</td></tr>
</table>

PART 2

CBT 완벽대비

과년도 출제문제

가스기능사

PART 2. 과년도 출제문제

국가기술자격 필기시험문제

2007년 기능사 제1회 필기시험(1부) (2007년 1월 시행)

자격종목	시험시간	문제수	문제형별
가스기능사	**1시간**	**60**	**A**

수험번호		성 명	

01 고압가스 충전시설의 안전밸브 중 압축기의 최종단에 설치한 것은 내압시험 압력의 8/10 이하의 압력에서 작동할 수 있도록 조정을 몇 년에 몇 회 이상 실시하여야 하는가?

① 2년에 1회 이상
② 1년에 1회 이상
③ 1년에 2회 이상
④ 2년에 3회 이상

해설
안전밸브 작동검사 주기
㉠ 압축기 최종단 : 1년 1회
㉡ 기타 : 2년 1회

02 액화석유가스는 공기 중의 혼합 비율의 용량이 얼마의 상태에서 감지할 수 있도록 냄새가 나는 물질을 섞어 용기에 충전하여야 하는가?

① $\frac{1}{10}$ ② $\frac{1}{100}$
③ $\frac{1}{1000}$ ④ $\frac{1}{10000}$

03 인체용 에어졸 제품의 용기에 기재할 사항으로 옳지 않은 것은? **[안전 50]**

① 특정부위에 계속하여 장시간 사용하지 말 것
② 가능한 한 인체에서 10cm 이상 떨어져서 사용할 것
③ 온도가 40℃ 이상 되는 장소에 보관하지 말 것
④ 불 속에 버리지 말 것

04 연소에 대한 일반적인 설명 중 옳지 않은 것은?

① 인화점이 낮을수록 위험성이 크다.
② 인화점보다 착화점의 온도가 낮다.
③ 발열량이 높을수록 착화온도는 낮아진다.
④ 가스의 온도가 높아지면 연소범위는 넓어진다.

해설
② 인화점은 점화원을 가지고 연소되는 온도이므로 착화점보다 더 낮음

05 아세틸렌이 은, 수은과 반응하여 폭발성의 금속 아세틸라이드를 형성하여 폭발하는 형태는? **[설비 15]**

① 분해 폭발
② 화합 폭발
③ 산화 폭발
④ 압력 폭발

해설
C_2H_2 화합(아세틸라이드) 폭발의 3종류

반응식	해당 금속	해당 폭발물질
$2Cu+C_2H_2 \rightarrow Cu_2C_2$	Cu	Cu_2C_2(동아세틸라이드)
$2Ag+C_2H_2 \rightarrow Ag_2C_2$	Ag	Ag_2C_2(은아세틸라이드)
$2Hg+C_2H_2 \rightarrow Hg_2C_2$	Hg	Hg_2C_2(수은아세틸라이드)
아세틸라이드 : 약간의 충격에도 폭발을 일으키는 물질		

정답 01.② 02.③ 03.② 04.② 05.②

06 염소(Cl_2)의 성질에 대한 설명 중 옳지 않은 것은?

① 상온에서 물에 용해하여 염산과 차아염소산을 생성한다.
② 암모니아와 반응하여 염화암모늄을 생성한다.
③ 소석회에 용이하게 흡수된다.
④ 완전히 건조된 염소는 철과 반응하므로 철강용기를 사용할 수 없다.

㉠ $Cl_2+H_2O \rightarrow HCl$(염산)$+HClO$(차아염소산)
㉡ $3Cl_2+8NH_3 \rightarrow 6NH_4Cl$(염화암모늄)
㉢ 염소의 제독제(가성소다, 탄산소다, 소석회)
㉣ 건조상태에는 부식성이 없다.

07 배관 내의 상용압력이 4MPa인 도시가스 배관의 압력이 상승하여 경보장치의 경보가 울리기 시작하는 압력은? **[안전 40]**

① 4MPa 초과 시
② 4.2MPa 초과 시
③ 5MPa 초과 시
④ 5.2MPa 초과 시

상용압력 4MPa 이상 시 0.2MPa를 더한 압력이므로 4MPa+0.2MPa=4.2MPa 초과 시 경보한다.

08 다음 중 웨버지수(WI)의 계산식을 바르게 나타낸 것은? (단, H_g는 도시가스의 총 발열량, d는 도시가스의 공기에 대한 비중을 나타낸다.)

① $WI=\dfrac{H_g}{\sqrt{d}}$　② $WI=\dfrac{\sqrt{H_g}}{d}$
③ $WI=H_g\times\sqrt{d}$　④ $WI=H_g\times d^2$

09 고압가스 설비에 장치하는 압력계의 최고눈금의 기준으로 옳은 것은?

① 상용압력의 1.0배 이하
② 상용압력의 2.0배 이하
③ 상용압력의 1.5배 이상 2.0배 이하
④ 상용압력의 2.0배 이상 2.5배 이하

10 고압가스의 운반기준으로 옳지 않은 것은 어느 것인가? **[안전 4]**

① 염소와 아세틸렌, 수소는 동일차량에 적재하여 운반하지 못한다.
② 아세틸렌과 산소는 동일차량에 적재하여 운반하지 못한다.
③ 독성 가스 중 가연성 가스와 조연성 가스는 동일차량에 적재하여 운반하지 못한다.
④ 충전용기와 휘발유는 동일차량에 적재하여 운반하지 못한다.

가연성 산소는 충전용기의 밸브가 마주보지 않으면 동일차량에 적재 가능

11 폭발범위에 대한 설명 중 옳은 것은?

① 공기 중의 아세틸렌가스의 폭발범위는 약 4~71%이다.
② 공기 중의 폭발범위는 산소 중의 폭발범위보다 넓다.
③ 고온·고압일 때 폭발범위는 대부분 넓어진다.
④ 한계산소 농도치 이하에서는 폭발성 혼합가스가 생성된다.

㉠ C_2H_2(2.5~81%)
㉡ 산소 중의 폭발범위가 공기 중 보다 더욱 더 넓다.
㉢ 한계농도 이상에서 폭발성 혼합가스 생성

12 가스계량기와 화기(그 시설 안에서 사용하는 자체 화기는 제외)와의 우회거리는 몇 [m] 이상 유지하여야 하는가?

① 1　② 2
③ 3　④ 5

13 내용적 1000L인 염소용기 제조 시 부식 여유는 몇 [mm] 이상 주어야 하는가?

① 1　② 2
③ 3　④ 5

정답 06.④ 07.② 08.① 09.③ 10.② 11.③ 12.② 13.③

용기 종류에 따른 부식 여유두께 수치(KGS Ac 211 관련)

가스명	내용적	부식 여유두께의 수치(mm)
NH_3 (충전용기)	1000L 이하	1
	1000L 초과	2
Cl_2 (충전용기)	1000L 이하	3
	1000L 초과	5

14 다음 중 고압가스의 제조장치에서 누설되고 있는 것을 그 냄새로 알 수 있는 것은?

① 일산화탄소 ② 이산화탄소
③ 염소 ④ 아르곤

15 지상에 액화석유가스(LPG) 저장탱크를 설치하는 경우 냉각살수장치는 그 외면으로부터 몇 [m] 이상 떨어진 곳에서 조작할 수 있어야 하는가?

① 2 ② 3
③ 5 ④ 7

탱크 외면으로부터 아래 장치의 조작위치

장치명	조작위치(m)
냉각살수장치	5
물분무장치	15

16 다음 중 에어졸이 충전된 용기에서 에어졸의 누출시험을 하기 위한 시설은? **[안전 50]**

① 자동충전기
② 수압시험 탱크
③ 가압시험 탱크
④ 온수시험 탱크

17 가스가 누출되었을 때 사용하는 가스누출 검지경보장치 중에서 독성 가스용 가스누출 검지경보장치의 경보농도는 어떻게 정하여져 있는가? **[안전 18]**

① 폭발한계의 $\frac{1}{2}$ 이하에서 경보
② 폭발한계의 $\frac{1}{4}$ 이하에서 경보
③ 허용농도 이하에서 경보
④ 허용농도의 2배 이하에서 경보

가스별 경보농도

가스별	경보농도
가연성	폭발한계 하한의 1/4 이하
독성	TLV-TWA의 허용농도 이하
NH_3	실내에서 사용 시 50ppm 이하

18 긴급용 벤트스택 방출구의 위치는 작업원이 정상작업을 하는데 필요한 장소 및 작업원이 항시 통행하는 장소로부터 몇 [m] 이상 떨어진 곳에 설치하여야 하는가?

① 5 ② 7
③ 10 ④ 15

벤트스택 방출구 위치(작업원이 정상 작업하는 데 필요장소 및 통행장소로부터 떨어진 위치에서)

구 분	작업원이 정상 작업하는데 필요장소 및 통행 장소로부터
긴급용(공급시설) 벤트스택	10m 이상
그 밖의 벤트스택	5m 이상

19 고압가스 설비에서 폭발, 화재의 원인이 되는 정전기 발생을 방지하거나 억제하는 방법으로 옳지 않은 것은?

① 마찰을 적게 한다.
② 유속을 크게 한다.
③ 주위를 이온화하여 중화한다.
④ 습도를 높게 한다.

20 가스가 누설될 경우 가스의 검지에 사용되는 시험지가 옳게 짝지어진 것은? **[안전 21]**

① 암모니아 – 하리슨 시약
② 황화수소 – 초산벤지딘지
③ 염소 – 염화제1동 착염지
④ 일산화탄소 – 염화파라듐지

㉠ NH_3(적색리트머스) – 청변
㉡ H_2S(연당지) – 흑변
㉢ Cl_2(KI 전분지) – 청변

정답 14.③ 15.③ 16.④ 17.③ 18.③ 19.② 20.④

21 독성 가스의 저장탱크에는 과충전방지장치를 설치하도록 규정되어 있다. 저장탱크의 내용적이 몇 [%]를 초과하여 충전되는 것을 방지하기 위한 것인가? [안전 13]

① 80% ② 85%
③ 90% ④ 95%

22 도시가스 배관의 지하매설 시 사용하는 침상재료(Bedding)는 배관 하단에서 배관 상단 몇 [cm]까지 포설하는가? [안전 51]

① 10 ② 20
③ 30 ④ 50

23 고압가스 특정 제조시설에서 지상에 배관을 설치하는 경우 사용압력이 1MPa 이상일 때 공지의 폭은 얼마 이상을 유지하여야 하는가? (단, 전용 공업지역 이외의 경우이다.) [안전 52]

① 5m ② 9m
③ 15m ④ 20m

해설
상용압력에 따른 공지의 폭
㉠ 0.2MPa 미만 : 5m
㉡ 0.2~1MPa : 9m
㉢ 1MPa 이상 : 15m

24 다음 ( ) 안의 ㉠과 ㉡에 들어갈 명칭은 어느 것인가? [안전 11]

> "아세틸렌을 용기에 충전하는 때에는 미리 용기에 다공물질을 고루 채워 다공도가 75% 이상 92% 미만이 되도록 한 후 (㉠) 또는 (㉡)를(을) 고루 침윤시키고 충전하여야 한다."

① ㉠ 아세톤, ㉡ 알코올
② ㉠ 아세톤, ㉡ 물(H_2O)
③ ㉠ 아세톤, ㉡ 디메틸포름아미드
④ ㉠ 알코올, ㉡ 물(H_2O)

25 탱크를 지상에 설치하고자 할 때 방류둑을 설치하지 않아도 되는 저장탱크는? [안전 15]

① 저장능력 1000톤 이상의 질소탱크
② 저장능력 1000톤 이상의 부탄탱크
③ 저장능력 1000톤 이상의 산소탱크
④ 저장능력 5톤 이상의 염소탱크

26 다음 중 연소의 3요소에 해당되는 것은?

① 공기, 산소공급원, 열
② 가연물, 연료, 빛
③ 가연물, 산소공급원, 공기
④ 가연물, 공기, 점화원

27 용기 내부에 절연유를 주입하여 불꽃, 아크 또는 고온 발생부분이 기름 속에 잠기게 함으로써 기름면 위에 존재하는 가연성 가스에 인화되지 않도록 한 방폭구조는 어느 것인가? [안전 45]

① 압력방폭구조 ② 유입방폭구조
③ 내압방폭구조 ④ 안전증 방폭구조

28 액화염소가스 2000kg을 운반 시에 차량에 휴대하여야 하는 소석회의 양은 얼마 이상이어야 하는가? [안전 32]

① 20kg ② 40kg
③ 60kg ④ 80kg

해설
독성 가스 운반 시 휴대하여야 하는 제독제

품 명	운반하는 독성 가스의 양 액화가스 질량 1000kg 미만인 경우	운반하는 독성 가스의 양 액화가스 질량 1000kg 이상인 경우	비 고
소석회	20kg 이상	40kg 이상	염소, 염화수소, 포스겐, 아황산가스 등 효과가 있는 액화가스에 적용

29 다음 중 독성이면서 가연성 가스가 아닌 것은? [안전 17]

① 포스겐 ② 황화수소
③ 시안화수소 ④ 일산화탄소

해설
① 포스겐 : 독성 가스만 해당

정답 21.③ 22.③ 23.③ 24.③ 25.① 26.④ 27.② 28.② 29.①

30 가스공급자는 안전유지를 위하여 안전관리자를 선임한다. 이 때 안전관리자의 업무가 아닌 것은?

① 용기 또는 작업과정의 안전유지
② 안전관리 규정의 시행 및 그 기록의 작성 · 보존
③ 종사자에 대한 안전관리를 위하여 필요한 지휘 · 감독
④ 공급시설의 정기검사

④ 완성검사, 정기검사 등은 한국가스안전공사의 검사원이 시행

31 왕복 펌프에 사용하는 밸브 중 점성액이나 고형물이 들어가 있는 액에 적합한 밸브는?

① 원판밸브
② 윤형 밸브
③ 플레트밸브
④ 구밸브

32 양정 20m, 송수량 0.25m^3/min, 펌프 효율 65%인 터빈 펌프의 축동력은 약 몇 [kW]인가?

① 1.26 ② 1.36
③ 1.59 ④ 1.69

$$L_{\mathrm{kW}} = \frac{\gamma \cdot Q \cdot H}{102\eta}$$

여기서, γ : 1000kg/m^3
Q : 0.25m^3/60sec
η : 0.65
H : 20m

$$= \frac{1000 \times (0.25/60) \times 20}{102 \times 0.65} = 1.26\mathrm{kW}$$

33 압축기에서 다단압축의 목적이 아닌 것은 어느 것인가? **[설비 11]**

① 가스의 온도 상승을 방지하기 위하여
② 힘의 평형을 달리하기 위해서
③ 이용효율을 증가시키기 위하여
④ 압축 일량의 절약을 위하여

34 배관 작업 시 관 끝을 막을 때 주로 사용하는 부속품은?

① 캡 ② 엘보
③ 플랜지 ④ 니플

관 끝을 막는 부속품 : 캡 또는 막음 플랜지

35 "초저온 용기"라 함은 몇 [℃] 이하의 액화가스를 충전하기 위한 용기를 말하는가?

① −50 ② −100
③ −150 ④ −186

36 다음 [보기]와 같은 정압기의 종류는?

[보기]
- Unloading형이다.
- 본체는 복좌밸브로 되어 있어 상부에 다이어프램을 가진다.
- 정특성은 아주 좋으나 안정성은 떨어진다.
- 다른 형식에 비하여 크기가 크다.

① 레이놀즈 정압기
② 엠코 정압기
③ 피셔식 정압기
④ 엑셀 플로식 정압기

37 다음 열전대 중 측정온도가 가장 높은 것은? **[장치 8]**

① 백금−백금 · 로듐형
② 크로멜−알루멜형
③ 철−콘스탄탄형
④ 동−콘스탄탄형

38 스테판−볼츠만의 법칙을 이용하여 측정 물체에서 방사되는 전방사 에너지를 렌즈 또는 반사경을 이용하여 온도를 측정하는 온도계는?

① 색 온도계
② 방사 온도계
③ 열전대 온도계
④ 광전관 온도계

정답 30.④ 31.④ 32.① 33.② 34.① 35.① 36.① 37.① 38.②

해설

방사(복사) 온도계

스테판 볼츠만의 법칙을 적용 : 물체의 전방사 에너지는 절대온도의 4승에 비례

$Q = 4.88\varepsilon\left(\frac{T}{100}\right)^4$ (kcal/hr)

39 다음 그림과 같이 깊이 10cm인 물탱크 출구에서의 물의 유속은 약 몇 [m/s]인가?

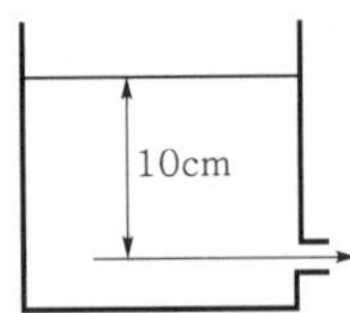

① 1.2　　② 12
③ 1.4　　④ 14

해설

유속(V) = $\sqrt{2gH}$

여기서, $g = 9.8\text{m/s}^2$

$H = 10\text{cm} = 0.1\text{m}$

$= \sqrt{2 \times 9.8 \times 0.1} = 1.4\text{m/s}$

40 도시가스 제조방식 중 접촉분해 공정에 해당하지 않는 것은? [안전 124]

① 수소화분해 공정
② 고압수증기 개질 공정
③ 저온수증기 개질 공정
④ 사이클식 접촉분해 공정

41 공기액화 분리장치용 구성기기 중 압축기에서 고압으로 압축된 공기를 저온 · 저압으로 낮추는 역할을 하는 장치는?

① 응축기　　② 유분리기
③ 팽창기　　④ 열교환기

42 다음 중 공기액화 사이클의 종류에 해당되지 않는 것은? [장치 13]

① 클로드 공기액화 사이클
② 캐피자 공기액화 사이클
③ 뉴파우더 공기액화 사이클
④ 필립스 공기액화 사이클

43 다음 중 직동식 정압기의 기본 구성요소가 아닌 것은?

① 다이어프램
② 스프링
③ 메인밸브
④ 안전밸브

44 반복하중에 의해 재료의 저항력이 저하하는 현상을 무엇이라고 하는가?

① 교축
② 크리프
③ 피로
④ 응력

45 불꽃의 주위, 특히 불꽃의 기저부에 대한 공기의 움직임이 강해지면 불꽃이 노즐에 정착하지 않고 떨어지게 되어 꺼져버리는 현상은?

① 옐로팁(yellow tip)
② 리프팅(lifting)
③ 블로오프(blow-off)
④ 백파이어(back fire)

해설

블로오프, 옐로팁

구 분	정 의
블로오프 (blow-off)	불꽃 주위 특히 불꽃 기저부에 대한 공기의 움직임이 강해지면 불꽃이 노즐에 정착하지 않고 꺼져버리는 현상
옐로팁 (yellow tip)	염의 선단이 적황색이 되어 타고 있는 현상으로 연소반응의 속도가 느리다는 것을 의미하며 1차 공기가 부족하거나 주물 밑부분의 철가루 등이 원인

46 고온 · 고압의 수소와 작용시키면 화합하여 암모니아를 생성하는 가스는?

① 질소　　② 탄소
③ 염소　　④ 메탄

해설

$3H_2 + N_2 \rightarrow 2NH_3$

정답 39.③ 40.① 41.③ 42.③ 43.④ 44.③ 45.③ 46.①

47 다음 중 산소의 성질에 대한 설명으로 옳지 않은 것은?

① 그 자신은 폭발위험은 없으나 연소를 돕는 조연제이다.
② 액체산소는 무색, 무취이다.
③ 화학적으로 활성이 강하며, 많은 원소와 반응하며 산화물을 만든다.
④ 상자성을 가지고 있다.

액체산소 : 담청색

48 암모니아 누설검사법으로 가장 적합한 방법은? **[설비 20]**

① 뷰렛법 검사 ② 타이록스법 검사
③ 네슬러시약 검사 ④ 알카이드법 검사

49 다음 설명 중 틀린 것은? **[설비 2]**

① 대기압보다 낮은 압력을 진공이라고 한다.
② 진공압은 mmHg · V로 나타낸다.
③ 절대압력=대기압－진공압이다.
④ 진공도의 단위는 %로 표시하며 대기압일 때 진공도 100%라고 한다.

대기압일 때 진공도 0이다.

50 다음 온도 관계식 중 옳은 것은? (단, 켈빈온도는 T_k, 섭씨온도는 t_c, 랭킨온도는 T_R, 화씨온도는 t_F이다.) **[설비 19]**

① $t_c = \frac{9}{5}(t_F - 32)$
② $T_k = t_c + 273.15$
③ $T_R = \frac{5}{9}T_k$
④ $t_F = T_R + 460$

51 천연가스를 연료화 하기 위한 전처리 공정 중 제거대상물질이 아닌 것은?

① 수분
② 파라핀계 탄화수소
③ 탄산가스
④ 유황분

천연가스를 LNG로 만들기 전 불순물 제거 과정 : 제진, 탈수, 탈습, 탈황, 탈탄산

52 완전진공을 0으로 하여 측정한 압력을 의미하는 것은? **[설비 2]**

① 절대압력 ② 게이지압력
③ 표준대기압 ④ 진공압력

53 다음 설명 중 틀린 것은? **[설비 5, 39]**

① 비열의 단위는 kcal/℃이다.
② 1kcal란 물 1kg을 1℃ 올리는 데 필요한 열량을 말한다.
③ 1CHU란 물 1lb를 1℃ 올리는 데 필요한 열량을 말한다.
④ 비열비(C_p/C_v)의 값은 언제나 1보다 크다.

비열의 단위 : kcal/kg℃

54 동합금제의 부르동관을 사용한 압력계가 있다. 다음 중 이 압력계를 사용할 수 없는 가스는?

① 수소 ② 산소
③ 질소 ④ 암모니아

NH_3는 동(Cu)과 접촉 시 부식을 일으킴

55 염소폭명기에 대한 반응식은?

① $Cl_2 + CH_4 \rightarrow CH_3Cl + HCl$
② $Cl_2 + CO \rightarrow COCl_2$
③ $Cl_2 + H_2O \rightarrow HClO + HCl$
④ $Cl_2 + H_2 \rightarrow 2HCl$

폭명기 : 화학반응 시 촉매없이 햇빛 등으로 폭발적으로 반응을 일으키는 반응식

종 류	반응식
염소폭명기	$H_2+Cl_2 \rightarrow 2HCl$
수소폭명기	$2H_2+O_2 \rightarrow 2H_2O$
불소폭명기	$H_2+F_2 \rightarrow 2HF$

정답 47.② 48.③ 49.④ 50.② 51.② 52.① 53.① 54.④ 55.④

56 프로판 용기에 50kg의 가스가 충전되어 있다. 이 때 액상의 LP가스는 몇 [L]의 체적을 갖는가? (단, 프로판의 액비중량은 0.5kg/L 이다.)

① 25　② 50
③ 100　④ 150

액비중 0.5kg/L이므로
1L : 0.5kg
x(L) : 50kg
$\therefore x = \frac{1 \times 50}{0.5} = 100\text{L}$

57 절대온도 300K는 랭킨온도(°R)로 약 몇 도인가?

① 27　② 167
③ 541　④ 572

$°R = 1.8 \times K = 1.8 \times 300 = 540°R$

58 LP가스가 불완전연소 되는 원인으로 가장 거리가 먼 것은?

① 공기공급량 부족 시
② 가스의 조성이 맞지 않을 때
③ 가스기구 및 연소기구가 맞지 않을 때
④ 산소공급이 과잉일 때

불완전연소 원인
㉠ 공기량 부족
㉡ 가스 조성 불량
㉢ 가스기구 연소기구 불량
㉣ 프레임의 냉각

59 기체의 밀도를 이용해서 분자량을 구할 수 있는 법칙과 관계가 가장 깊은 것은?

① 아보가드로의 법칙
② 헨리의 법칙
③ 반 데르 발스의 법칙
④ 일정 성분비의 법칙

아보가드로의 법칙 : 모든 기체 1mol은 분자량만큼의 무게를 가지고 그때 차지하는 부피는 22.4L이다.
1mol = 22.4L = 분자량(g) = 6.02×10^{23}개의 분자 수

60 도시가스와 비교한 LP가스의 특성이 아닌 것은?

① 발열량이 높기 때문에 단시간에 온도를 높일 수 있다.
② 열용량이 크므로 작은 배관 지름으로도 공급에 무리가 없다.
③ 자가 공급이므로 Peak time이나 한가한 때는 일정한 공급을 할 수 없다.
④ 가스의 조성이 일정하고 소규모 또는 일시적으로 사용할 때는 경제적이다.

정답 56.③ 57.③ 58.④ 59.① 60.③

국가기술자격 필기시험문제

2007년 기능사 제2회 필기시험(1부) (2007년 4월 시행)

자격종목	시험시간	문제수	문제형별
가스기능사	**1시간**	**60**	**A**

수험번호		성 명	

01 500kg의 R-12를 내용적 50L 용기에 충전하려할 때 필요한 용기는 몇 개인가? (단, 가스정수 C는 0.86이다.) **[안전 30]**

① 5 ② 7
③ 9 ④ 11

용기 1개당 질량

$$W=\frac{V}{C}$$

$$=\frac{50}{0.86}=58.139\text{kg}$$

∴ 용기 수 : $500 \div 58.139 = 8.6 = 9$

02 공기액화 분리장치에 들어가는 공기 중에 아세틸렌가스가 혼입되면 안 되는 이유로서 가장 옳은 것은?

① 산소의 순도가 나빠지기 때문에
② 분리기 내의 액화산소 탱크 내에 들어가 폭발하기 때문에
③ 배관 내에서 동결되어 막히므로
④ 질소와 산소의 분리에 방해가 되므로

(1) 공기액화 분리장치의 폭발원인
㉠ 공기 취입구로부터 C_2H_2 혼입
㉡ 압축기용 윤활유 분해에 따른 탄화수소 생성
㉢ 액체공기 중 O_3의 혼입
㉣ 공기 중 질소화합물의 혼입

(2) 공기액화 분리장치의 폭발원인에 따른 대책
㉠ 장치 내 여과기를 설치한다.
㉡ 윤활유는 양질의 광유를 사용한다.
㉢ 공기 취입구를 맑은 곳에 설치한다.
㉣ 부근에 카바이드 작업을 피한다.
㉤ 연 1회 CCl_4로 세척한다.

03 고압가스 저장에 대한 설명 중 옳지 않은 것은?

① 충전용기는 넘어짐 및 충격을 방지하는 조치를 할 것
② 가연성 가스의 저장실은 누출된 가스가 체류하지 아니하도록 할 것
③ 가연성 가스를 저장하는 곳에는 방폭형 휴대용 손전등 외의 등화를 휴대하지 아니할 것
④ 충전용기와 잔가스 용기는 서로 단단히 결속하여 넘어지지 않도록 할 것

충전용기와 잔가스 용기는 구분하여 보관

04 LPG에 대한 설명 중 옳지 않은 것은?

① 액화석유가스의 약자이다.
② 고급 탄화수소의 혼합물이다.
③ 탄소 수 3 및 4의 탄화수소 또는 이를 주성분으로 하는 혼합물이다.
④ 무색, 투명하고 물에 난용이다.

LPG : C_3H_8, C_4H_{10}이 주성분
탄소 수 C_4 이하를 저급 탄화수소라 한다.

05 LPG 충전소에는 시설의 안전확보상 "충전 중 엔진정지"를 주위의 보기 쉬운 곳에 설치해야 한다. 이 표지판의 바탕색과 문자색은? **[안전 5]**

① 흑색바탕에 백색 글씨
② 흑색바탕에 황색 글씨
③ 백색바탕에 흑색 글씨
④ 황색바탕에 흑색 글씨

정답 01.③ 02.② 03.④ 04.② 05.④

06 제조소에 설치하는 긴급차단장치에 대한 설명으로 옳지 않은 것은? [안전 19]

① 긴급차단장치는 저장탱크 주밸브의 외측에 가능한 한 저장탱크의 가까운 위치에 설치해야 한다.
② 긴급차단장치는 저장탱크 주밸브와 겸용으로 하여 신속하게 차단할 수 있어야 한다.
③ 긴급차단장치의 동력원은 그 구조에 따라 액압, 기압, 전기 또는 스프링 등으로 할 수 있다.
④ 긴급차단장치는 당해 저장탱크 외면으로부터 5m 이상 떨어진 곳에서 조작할 수 있어야 한다.

긴급차단밸브는 주밸브와 겸용할 수 없다.

07 다음 중 가연성이며 독성 가스인 것은 어느 것인가? [안전 17]

① NH_3 ② H_2
③ CH_4 ④ N_2

08 초저온 용기의 단열성능 시험용 저온액화가스가 아닌 것은? [장치 9]

① 액화아르곤 ② 액화산소
③ 액화공기 ④ 액화질소

해설
단열성능 시험용 가스(액화산소, 액화아르곤, 액화질소)

09 공기 중에서 가연성 물질을 연소시킬 때 공기 중의 산소농도를 증가시키면 연소속도와 발화온도는 각각 어떻게 되는가?

① 연소속도는 빨라지고, 발화온도는 높아진다.
② 연소속도는 빨라지고, 발화온도는 낮아진다.
③ 연소속도는 느려지고, 발화온도는 높아진다.
④ 연소속도는 느려지고, 발화온도는 낮아진다.

10 아세틸렌가스를 제조하기 위한 설비를 설치하고자 할 때 아세틸렌가스가 통하는 부분은 동 함유량이 몇 [%] 이하의 것을 사용해야 하는가?

① 62 ② 72
③ 75 ④ 85

11 가연성 가스 제조시설의 고압가스 설비는 그 외면으로부터 산소 제조시설의 고압가스 설비와 몇 [m] 이상의 거리를 유지하여야 하는가?

① 5m ② 10m
③ 15m ④ 20m

12 일반용 고압가스 용도의 도색이 옳게 짝지어진 것은? [안전 3]

① 액화암모니아 – 백색
② 수소 – 회색
③ 아세틸렌 – 흑색
④ 액화염소 – 황색

수소(주황색), 아세틸렌(황색), 액화염소(갈색)

13 액화석유가스 용기에 가장 적합한 안전밸브는? [설비 28]

① 가용전식
② 스프링식
③ 중추식
④ 파열판식

안전밸브 형식 및 종류

종 류	해당 가스
가용전식	C_2H_2, Cl_2, C_2H_2O
파열판식	압축가스
스프링식	가용전식, 파열판식을 제외한 모든 가스(가장 널리 사용)
중추식	거의 사용 안함

※ 파열판식 안전밸브의 특징
1. 한 번 작동 후 새로운 박판과 교체하여야 한다.
2. 구조 간단, 취급점검이 용이하다.
3. 부식성 유체에 적합하다.

정답 06.② 07.① 08.③ 09.② 10.① 11.② 12.① 13.②

14 지하에 매설된 도시가스 배관의 전기방식 방법이 아닌 것은? **[설비 16]**

① 희생양극법 ② 직류법
③ 배류법 ④ 외부전원법

15 암모니아 냉매의 누설시험법으로 틀린 것은? **[설비 20]**

① 적색 리트머스 시험지가 푸른색으로 변화
② 자극성 냄새로 발견
③ 진한 염산에 접촉시키면 연기가 남
④ 네슬러 시약에 접촉하면 백색으로 변화

네슬러 시약(황갈색)

16 산소에 대한 설명 중 옳지 않은 것은 어느 것인가? **[설비 6]**

① 고압의 산소와 유지류의 접촉은 위험하다.
② 과잉 산소는 인체에 해롭다.
③ 내산화성 재료로서는 주로 납(Pb)이 사용된다.
④ 산소의 화학반응에서 과산화물은 위험성이 있다.

산화 방지 금속 : Cr, Al, Si

17 방폭 전기기기의 구조별 표시 방법 중 "e"의 표시는? **[안전 45]**

① 안전증 방폭구조
② 내압방폭구조
③ 유입방폭구조
④ 압력방폭구조

18 다음 중 액화석유가스를 저장하기 위하여 지상 또는 지하에 고정설치된 저장탱크는 그 저장능력이 몇 톤 이상인 탱크를 말하는가?

① 3 ② 5
③ 10 ④ 100

19 LPG 사용시설의 저압배관은 얼마 이상의 압력으로 실시하는 내압시험에서 이상이 없어야 하는 것으로 규정되어 있는가?

① 0.2MPa ② 0.5MPa
③ 0.8MPa ④ 1.0MPa

20 다음 중 도시가스 매설배관 보호용 보호포에 표시하지 않아도 되는 사항은? **[안전 8]**

① 가스명
② 사용압력
③ 공급자명
④ 배관 매설년도

21 도시가스 사용시설은 최고사용압력의 1.1배 또는 얼마의 압력 중 높은 압력으로 실시하는 기밀시험에 이상이 없어야 하는가?

① 5.4kPa ② 6.4kPa
③ 7.4kPa ④ 8.4kPa

22 천연가스로 도시가스를 공급하고 있다. 이 천연가스의 주성분은?

① CH_4 ② C_2H_6
③ C_3H_8 ④ C_4H_{10}

23 차량에 고정된 산소탱크는 내용적이 몇 [L]를 초과해서는 안 되는가? **[안전 12]**

① 12000 ② 15000
③ 18000 ④ 20000

㉠ 가연성 산소(18000L 초과 금지)
㉡ 독성(12000L 초과 금지)

24 다음 중 기체연료의 연소형태로서 가장 옳은 것은? **[장치 15]**

① 증발연소 ② 표면연소
③ 분해연소 ④ 확산연소

해설
기체의 연소에는 확산연소와 예혼합연소가 있다.

정답 14.② 15.④ 16.③ 17.① 18.① 19.③ 20.④ 21.④ 22.① 23.③ 24.④

25 액화석유가스 자동차 충전소에서 이·충전 작업을 위하여 저장탱크와 탱크로리를 연결하는 가스 용품의 명칭은?

① 역화방지장치 ② 로딩암
③ 퀵 카플러 ④ 긴급차단밸브

26 고압가스 운반 시 밸브가 돌출한 충전용기에는 밸브의 손상을 방지하기 위하여 무엇을 설치하여 운반하여야 하는가?

① 고무판
② 프로텍터 또는 캡
③ 스커트
④ 목재 칸막이

27 다음 중 특정고압가스에 해당되지 않는 것은? **[안전 53]**

① 이산화탄소 ② 수소
③ 산소 ④ 천연가스

해설

특정·특수 고압가스(고법 안전관리법 제20조 시행령 제16조 관련)

특정고압가스	특수고압가스
수소, 산소, 액화암모니아, 액화염소, 아세틸렌 천연가스, 압축모노실란, 압축디보레인, 액화알진 ㉠ 포스핀, ㉡ 셀렌화수소, ㉢ 게르만, ㉣ 디실란, ㉤ 오불화비소, ㉥ 오불화인, ㉦ 삼불화인, ㉧ 삼불화질소, ㉨ 삼불화붕소, ㉩ 사불화유황, ㉪ 사불화규소	포스핀, 압축모노실란, 디실란, 압축디보레인, 액화알진, 셀렌화수소, 게르만

※ 1. ㉠~㉪까지가 법상의 특정고압가스
2. box 부분도 특정고압가스이나 ㉠~㉪까지를 우선적으로 간주(보기에 ㉠~㉪까지가 나오고 box부분이 있을 때는 box부분의 가스가 아닌 보기로 될 수 있음. 법령과 시행령의 해석에 따른 차이임)

특정고압가스를 사용 시 사용신고를 하여야 하는 경우

구 분	저장능력 및 사용신고 조건
액화가스 저장설비	250kg 이상
압축가스 저장설비	$50m^3$ 이상
배관	배관으로 사용 시(천연가스는 제외)
자동차 연료	자동차 연료용으로 사용 시
기타	압축모노실란, 압축디보레인, 액화알진, 포스핀, 셀렌화수소, 게르만, 디실란, 오불화비소, 오불화인, 삼불화인, 삼불화질소, 삼불화붕소, 사불화유황, 사불화규소, 액화염소, 액화암모니아 사용 시

28 아세틸렌 제조설비에서 충전용 지관은 탄소 함유량이 얼마 이하인 강을 사용하여야 하는가?

① 0.1% ② 2.1%
③ 4.3% ④ 6.7%

29 도시가스 사용시설의 월 사용예정량(m^3) 산출식으로 올바른 것은? (단, A는 산업용으로 사용하는 연소기의 명판에 기재된 가스소비량의 합계(kcal/h), B는 산업용이 아닌 연소기의 명판에 기재된 가스소비량의 합계(kcal/h)이다.) **[안전 54]**

① $\{(A\times240)+(B\times90)\}/11000$
② $\{(A\times240)+(B\times90)\}/10500$
③ $\{(A\times220)+(B\times80)\}/11000$
④ $\{(A\times220)+(B\times80)\}/10500$

30 가스사용자가 소유하거나 점유하고 있는 토지의 경계에서 가스사용자가 구분하여 소유하거나 점유하는 건축물의 외벽에 설치된 계량기의 전단밸브까지에 이르는 배관을 무엇이라고 하는가? **[안전 143]**

① 본관 ② 저압관
③ 사용자 공급관 ④ 내관

31 흡입압력이 대기압과 같으며 최종압력이 $15kgf/cm^2g$인 4단 공기압축기의 압축비는? (단, 대기압은 $1kgf/cm^2$로 한다.)

① 2 ② 4
③ 8 ④ 16

정답 25.② 26.② 27.① 28.① 29.① 30.③ 31.①

압축비(a)

$$a = \sqrt[n]{\frac{P_2}{P_1}}$$

여기서, n : 단수
P_1 : 흡입 절대압력
P_2 : 토출 절대압력

$$= \sqrt[4]{\frac{(15+1)}{1}} = 2$$

32 LP가스 용기의 재질로서 가장 적절한 것은?

① 주철 ② 탄소강
③ 내산강 ④ 두랄루민

33 다음 중 터보(Turbo)형 펌프가 아닌 것은 어느 것인가? **[설비 9]**

① 원심 펌프
② 사류 펌프
③ 축류 펌프
④ 플런저 펌프

㉠ 터보형 : 원심, 축류, 사류
㉡ 용적형 : 왕복(피스톤, 플런저)회전

34 암모니아용 부르동관 압력계의 재질로서 가장 적당한 것은?

① 황동 ② Al강
③ 청동 ④ 연강

NH_3

사용 불가능재료	사용 가능재료
Cu, Al	함유량 62% 미만 Cu 철(강) 및 철합금

35 차압을 측정하여 유량을 계측하는 유량계가 아닌 것은? **[장치 28]**

① 오리피스미터
② 피토관
③ 벤투리미터
④ 플로노즐

유량계 분류

구 분		종 류
측정방법	직접	습식 가스미터
	간접	피토관, 오리피스, 벤투리, 로터미터
측정원리	차압식	오리피스, 플로노즐, 벤투리
	유속식	피토관
	면적식	로터미터

36 공기를 공기액화 분리법으로 액화시킬 때 가장 먼저 액화되는 것은?

① N_2 ② O_2
③ Ar ④ He

공기의 액화 및 기화 순서

구 분	순 서
액화	$O_2 \rightarrow Ar \rightarrow N_2$
기화	$N_2 \rightarrow Ar \rightarrow O_2$
액화는 비점이 높은 순서 기화는 비점이 낮은 순서	

37 헴펠법에 의한 가스분석 시 가장 먼저 흡수되는 가스는? **[장치 6]**

① C_2H_6 ② CO_2
③ O_2 ④ CO

헴펠법 : $CO_2 \rightarrow C_mH_n \rightarrow O_2 \rightarrow CO$

38 고압식 액체산소 분리장치의 주요 구성이 아닌 것은?

① 공기압축기
② 기화기
③ 액화산소 탱크
④ 저온 열교환기

고압식 공기액화 분리장치 공정

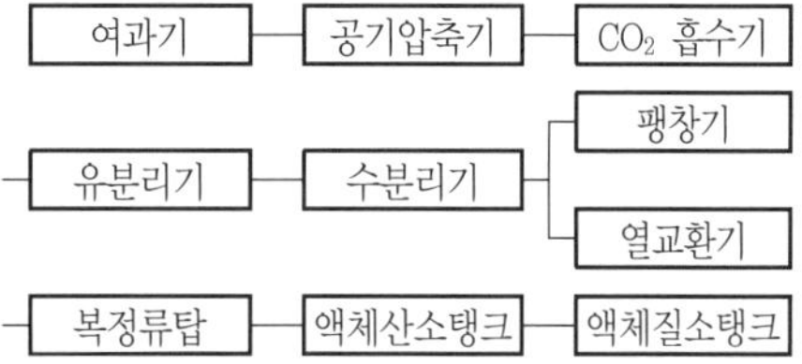

정답 32.② 33.④ 34.④ 35.② 36.② 37.② 38.②

39 20RT의 냉동능력을 갖는 냉동기에서 응축온도가 +30℃, 증발온도가 −25℃일 때 냉동기를 운전하는 데 필요한 냉동기의 성적계수(COP)는 얼마인가?

① 4.51 ② 7.46
③ 14.51 ④ 17.46

냉동기 성적계수

$$\frac{Q_2}{Q_1 - Q_2} = \frac{T_2}{T_1 - T_2}$$

여기서, Q_1, Q_2 : 고온, 저온 열량
T_1, T_2 : 고온, 저온 온도

$$= \frac{(273-25)}{(273+30)-(273-25)}$$

$= 4.51$

㉠ 열펌프 성적계수 : $\frac{T_1}{T_1 - T_2}$

㉡ 효율 : $\frac{T_1 - T_2}{T_1}$

40 액체주입식 부취제 설비의 종류에 해당되지 않는 것은? **[안전 55]**

① 위크증발식
② 적하주입식
③ 펌프주입식
④ 미터연결 바이패스식

위크증발식 : 증발식 부취설비에 해당

41 아세틸렌 제조시설에서 가스 발생기의 종류에 해당하지 않는 것은? **[설비 3]**

① 주수식 ② 침지식
③ 투입식 ④ 사관식

42 캐피자(Kapitze) 공기액화 사이클에서 공기의 압축 압력은 약 얼마 정도인가? **[장치 13]**

① 3atm
② 7atm
③ 29atm
④ 40atm

43 정압기의 특성에 대한 설명 중 틀린 것은 어느 것인가? **[설비 22]**

① 정특성은 정상상태에서의 유량과 2차 압력과의 관계를 말한다.
② 동특성은 부하변동에 대한 응답의 신속성과 안전성이 요구된다.
③ 유량 특성은 메인밸브의 열림과 점도와의 관계를 말한다.
④ 사용 최대차압은 실용적으로 사용할 수 있는 범위에서 최대로 되었을 때의 차압을 말한다.

유량 특성 : 메인밸브 열림(스트로크-리프트)과 유량과의 관계 특성

44 용기의 원통부로부터 길이방향으로 잘라내어 탄성한도, 연신율, 항복점, 단면수축률 등을 측정하는 검사 방법은?

① 외관검사 ② 인장시험
③ 충격시험 ④ 내압시험

45 펌프의 성능을 표시하는 특성곡선에서 일반적으로 표시되어 있지 않은 것은?

① 양정 ② 축동력
③ 토출량 ④ 임펠러 재질

46 다음 중 수성가스는 어느 것인가?

① $CO_2 + H_2O$ ② $CO_2 + H_2$
③ $CO + H_2$ ④ $CO + H_2O$

47 다음 중 표준대기압(1atm)이 아닌 것은?

① 760mmHg
② 1.013bar
③ 101302.7N/m^2
④ 10.332PSI

1atm = 1.0332kg/cm^2 = 10.332mH$_2$O
= 76cmHg = 760mmHg
= 1.013bar = 101325N/m^2
= 14.7PSI

정답 39.① 40.① 41.④ 42.② 43.③ 44.② 45.④ 46.③ 47.④

48 상온의 물 1lb를 1°F 올리는 데 필요한 열량을 의미하는 것은? **[설비 5]**

① 1cal ② 1BTU
③ 1CHU ④ 1erg

49 암모이나가스의 특성에 대해 옳은 것은?

① 물에 잘 녹지 않는다.
② 무색의 기체이다.
③ 상온에서 아주 불안정하다.
④ 물에 녹으면 산성이 된다.

NH_3
물 1에 800배 용해

50 다음 화합물 중 탄소의 함유량이 가장 많은 것은?

① CO_2 ② CH_4
③ C_2H_4 ④ CO

① $\frac{12}{44}=0.27$

② $\frac{12}{16}=0.75$

③ $\frac{24}{28}=0.86$

④ $\frac{12}{28}=0.43$

51 다음 설명 중 옳지 않은 것은?

① 1J은 1N · m와 같다.
② 등엔트로피 과정이란 가역단열 과정을 말한다.
③ 1kcal는 427kgf · m와 같다.
④ 카르노 사이클은 2개의 등온과정과 2개의 등압과정으로 구성된 사이클이다.

해설

카르노 사이클

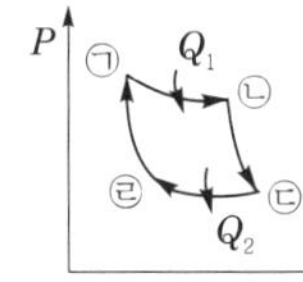

㉠ → ㉡ : 등온팽창 (열의 흡수)
㉡ → ㉢ : 단열팽창
㉢ → ㉣ : 등온압축 (열의 방출)
㉣ → ㉠ : 단열압축

두 개의 등온과 두 개의 단열 과정으로 이루어짐

52 임계온도에 대한 설명으로 옳은 것은?

① 기체를 액화할 수 있는 최저의 온도
② 기체를 액화할 수 있는 절대온도
③ 기체를 액화할 수 있는 최고의 온도
④ 기체를 액화할 수 있는 평균온도

해설

㉠ 임계온도 : 기체를 액화시킬 수 있는 최고의 온도
㉡ 임계압력 : 기체를 액화시킬 수 있는 최소의 압력
㉢ 액화의 조건 : 임계온도 이하로 냉각, 임계압력 이상으로 가압

53 프로판의 완전연소 반응식으로 옳은 것은?

① $C_3H_8+4O_2 \rightarrow 3CO_2+2H_2O$
② $C_3H_8+5O_2 \rightarrow 3CO_2+4H_2O$
③ $C_3H_8+2O_2 \rightarrow 3CO+H_2O$
④ $C_3H_8+O_2 \rightarrow CO_2+H_2O$

해설

각 탄화수소의 연소반응식
- $CH_4+2O_2 \rightarrow CO_2+2H_2O$
- $C_2H_6+3.5O_2 \rightarrow 2CO_2+3H_2O$
- $C_3H_8+5O_2 \rightarrow 3CO_2+4H_2O$
- $C_4H_{10}+6.5O_2 \rightarrow 4CO_2+5H_2O$

54 물을 전기분해하여 수소를 얻고자 할 때 주로 사용되는 전해액은 무엇인가?

① 1%정도의 묽은 염산
② 20%정도의 수산화나트륨용액
③ 10%정도의 탄산칼슘용액
④ 25%정도의 황산용액

해설

$2H_2O \rightarrow 2H_2+O_2$에서
전해액 : 20%의 NaOH 수용액

55 메탄가스의 특성에 대한 설명 중 틀린 것은?

① 메탄은 프로판에 비해 연소에 필요한 산소량이 많다.
② 폭발하한 농도가 프로판보다 높다.
③ 무색, 무취이다.
④ 폭발상한 농도가 부탄보다 높다.

해설

CH_4, C_3H_8에서 탄소, 수소의 양이 C_3H_8보다 적으므로 연소에 필요한 산소 및 공기량이 적다.

정답 48.② 49.② 50.③ 51.④ 52.③ 53.② 54.② 55.①

56 헨리의 법칙에 잘 적용되지 않는 가스는 어느 것인가?

① 암모니아
② 수소
③ 산소
④ 이산화탄소

헨리의 법칙(기체 용해도의 법칙)

정 의	• 기체가 용해하는 질량은 압력에 비례 • 온도에는 반비례 • 용해 부피는 압력에 관계없이 일정
적용 기체	H_2, O_2, CO_2, N_2
적용되지 않는 기체	NH_3(암모니아는 물 1에 800배 용해하므로 물에 다량 녹는 기체는 헨리 법칙이 적용되지 않는다.)

57 다음 중 가장 높은 온도는?

① 25℃
② 250K
③ 41°F
④ 460°R

단위를 ℃로 통일하면

② 250K : (250−273) = −23℃

③ 41°F : $\frac{1}{1.8}(41-32) = 5$℃

④ 460°R : 460−40 = 0°F

$\frac{1}{1.8}(0-32) = -17$℃

58 이상기체의 정압비열(C_P)과 정적비열(C_V)에 대한 설명 중 틀린 것은 어느 것인가? (단, K는 비열비이고, R은 이상기체상수이다.)

① 정적비열과 R의 합은 정압비열이다.

② 비열비(k)는 $\frac{C_P}{C_V}$로 표현된다.

③ 정적비열은 $\frac{R}{K-1}$로 표현된다.

④ 정압비열은 $\frac{K-1}{K}$으로 표현된다.

C_V(정적비열), C_P(정압비열), K(비열비), R(기체상수) 관계

구 분	관계식
K(비열비)	$\frac{C_P}{C_V}(K>1)$
$C_P - C_V$	R
C_P	$\frac{K}{K-1}R$
C_V	$\frac{1}{K-1}R$

59 질소와 수소를 원료로 하여 암모니아를 합성한다. 표준상태에서 수소 $5m^3$가 반응하였을 때 암모니아는 약 몇 [kg]이 생성되는가?

① 1.52 ② 2.53
③ 3.54 ④ 4.55

$N_2 + 3H_2 \rightarrow 2NH_3$

$5m^3 : x(kg)$

$3\times22.4m^3 : 2\times17kg$

$\therefore x = \frac{5\times2\times17}{3\times22.4} = 2.53kg$

60 국내 도시가스 연료로 사용되고 있는 LNG와 LPG(+Air)의 특성에 대한 설명 중 틀린 것은?

① 모두 무색·무취이나 누출할 경우 쉽게 알 수 있도록 냄새 첨가제(부취제)를 넣고 있다.
② LNG는 냉열 이용이 가능하나, LPG(+Air)는 냉열 이용이 가능하지 않다.
③ LNG는 천연고무에 대한 용해성이 있으나, LPG(+Air)는 천연고무에 대한 용해성이 없다.
④ 연소 시 필요한 공기량은 LNG가 LPG보다 적다.

LPG는 천연고무를 용해하므로 패킹재료는 합성고무제인 실리콘 고무를 사용한다.

정답 56.① 57.① 58.④ 59.② 60.③

국가기술자격 필기시험문제

2007년 기능사 제4회 필기시험(1부) (2007년 7월 시행)

자격종목	시험시간	문제수	문제형별
가스기능사	1시간	60	A

수험번호		성 명	

01 암모니아 취급 시 피부에 닿았을 때 조치사항으로 가장 적당한 것은?

① 열습포로 감싸준다.
② 다량의 물로 세척 후 붕산수를 바른다.
③ 산으로 중화시키고 붕대로 감는다.
④ 아연화 연고를 바른다.

02 도시가스 배관의 설치기준 중 옥외 공동구벽을 관통하는 배관의 손상방지 조치로 옳은 것은?

① 지반의 부등침하에 대한 영향을 줄이는 조치
② 보호관과 배관 사이에 일정한 공간을 비워두는 조치
③ 공동구의 내외에서 배관에 작용하는 응력의 촉진 조치
④ 배관의 바깥지름에 3cm를 더한 지름의 보호관 설치 조치

해설

옥외의 공동구 안에 설치배관 기준(KGS Fs 451)(2.5.8.3.9) 관련

항 목	세부 핵심 내용
설치장치	환기장치가 있도록 한다.
전기설비	방폭구조
신축흡수조치	벨로즈형 주름관으로 신축흡수
공동구벽 관통부	㉠ 배관 외경에 5cm를 더한 지름 또는 배관 외경 1.2배 지름 중 작은지름 이상의 보호관 설치 ㉡ 보호관과 배관 사이 가황고무 등을 충전, 배관작용 응력이 서로 전달되지 않도록 ㉢ 지반의 부등침하 영향을 줄이는 조치 ㉣ 배관에 가스유입 차단장치를 설치하되 그 장치가 옥외공동구 안에 설치 시 격벽을 설치

03 다음 중 마찰, 타격 등으로 격렬히 폭발하는 예민한 폭발물질로서 가장 거리가 먼 것은?

① AgN_2
② H_2S
③ Ag_2C_2
④ N_4S_4

화합폭발(아세틸라이드 폭발)

정 의	약간의 충격에도 폭발을 일으킴
폭발을 일으키는 물질	AgN_2, N_4S_4, Cu_2C_2, Ag_2C_2, Hg_2C_2

04 내용적 94L인 액화프로판 용기의 저장능력은 몇 [kg]인가? (단, 충전상수 C는 2.35이다.) **[안전 30]**

① 20
② 40
③ 60
④ 80

$$W = \frac{V}{C} = \frac{94}{2.35} = 40\text{kg}$$

05 아세틸렌가스 또는 압력이 9.8MPa 이상인 압축가스를 용기에 충전하는 경우 방호벽을 설치하지 않아도 되는 경우는? **[안전 57]**

① 압축기와 충전장소 사이
② 압축기와 그 가스 충전용기 보관장소 사이
③ 압축가스를 운반하는 차량과 충전용기 사이
④ 압축가스 충전장소와 그 가스 충전용기 보관장소 사이

06 액화천연가스 저장설비의 안전거리 산정식으로 옳은 것은? (단, L : 유지거리, C : 상수, W : 저장능력톤의 제곱근 또는 질량이다.)

① $L = C\sqrt[3]{143000W}$
② $L = W\sqrt{143000C}$
③ $L = C\sqrt{143000W}$
④ $W = L\sqrt[3]{143000C}$

07 저장탱크를 지하에 매설하는 경우의 기준 중 틀린 것은? **[안전 6]**

① 저장탱크의 주위에 마른 모래를 채울 것
② 저장탱크의 정상부와 지면과의 거리는 40cm 이상으로 할 것
③ 저장탱크를 2개 이상 인접하여 설치하는 경우에는 상호 간에 1m 이상의 거리를 유지할 것
④ 저장탱크를 묻은 곳의 주위에는 지상에 경계를 표시할 것

해설
탱크 정상부와 지면과의 거리는 60cm 이상으로 할 것

08 도시가스 사업자는 가스공급시설을 효율적으로 관리하기 위하여 배관·정압기에 대하여 도시가스 배관망을 전산화하여야 한다. 이 때 전산관리 대상이 아닌 것은 어느 것인가? **[안전 57]**

① 설치도면 ② 시방서
③ 시공자 ④ 배관제조자

도시가스 배관망의 전산화 및 가스설비 유지관리(KGS Fs 551) 관련

• 가스설비유지관리(3. 1. 3)

개 요	도시가스 사업자는 구역압력조정기의 가스누출경보, 차량추출 비상발생 시 상황실로 전달하기 위함
안전조치사항 (㉠, ㉡ 중 하나만 조치하면 된다)	㉠ 인근주민(2~3세대)을 모니터 요원으로 지정 가스안전관리 업무협약서를 작성 보존 ㉡ 조정기 출구배관 가스압력의 비정상적인 상승, 출입문 개폐여부 가스누출여부 등을 도시가스 사업자의 안전관리자가 상주하는 곳에 통보할 수 있는 경보설비를 갖춤

• 배관망의 전산화(3. 1. 4. 1)

개 요	가스공급시설의 효율적 관리
전산화 항목	(배관, 정압기) ㉠ 설치도면 ㉡ 시방서(호칭경, 재질 관련 사항) ㉢ 시공자, 시공 연월일

09 독성 가스의 가스설비에 관한 배관 중 2중관으로 하여야 하는 가스는? **[안전 59]**

① 아황산가스
② 이황화탄소가스
③ 수소가스
④ 불소가스

독성 가스 배관 중 이중관의 설치규정(KGS Fp 112)

항 목	이중관 대상가스
이중관 설치 개요	독성 가스 배관이 가스 종류, 성질, 압력, 주위 상황에 따라 안전한 구조를 갖기 위함
독성 가스 중 이중관 대상 가스 (2.5.2.3.1 관련) 제조시설에서 누출 시 확산을 방지해야 하는 독성 가스	아황산, 암모니아, 염소, 염화메탄, 산화에틸렌, 시안화수소, 포스겐, 황화수소(아암염염산시포황)
하천수로 횡단하여 배관 매설 시 이중관	아황산, 염소, 시안화수소, 포스겐, 황화수소, 불소, 아크릴알데히드(아염시포황불아)

정답 05.③ 06.① 07.② 08.④ 09.①

항 목	이중관 대상가스
하천수로 횡단하여 배관 매설 시 이중관	※ 독성 가스 중 이중관 가스에서 암모니아, 염화메탄, 산화에틸렌을 제외하고 불소와 아크릴알데히드 추가(제외 이유 : 암·염산은 물로서 중화가 가능하므로)
하천수로 횡단하여 배관 매설 시 방호구조물에 설치하는 가스	하천수로 횡단 시 2중관으로 설치되는 독성 가스를 제외한 그 밖의 독성, 가연성 가스의 배관
이중관의 규격	외층관 내경=내층관 외경×1.2배 이상 ※ 내층관과 외층관 사이에 가스누출검지 경보설비의 검지부를 설치하여 누출을 검지하는 조치 강구

10 고압가스 운반기준에 대한 안전기준 중 틀린 것은? **[안전 4]**

① 밸브 돌출용기는 고정식 프로텍터나 캡 등을 부착하여 손상을 방지한다.
② 운반 시 넘어짐 등으로 인한 충격을 방지하기 위하여 와이어로프 등으로 결속한다.
③ 위험물안전관리법이 정하는 위험물과 충전용기를 동일차량에 적재 시는 1m 정도 이격시킨 후 운반한다.
④ 독성 가스 중 가연성과 조연성 가스는 동일차량 적재함에 적재하여 운반하지 않는다.

해설
고법 시행규칙 별표 9의 2
충전용기와 위험물안전관리법에 정하는 위험물과는 동일차량에 적재하여 운반하지 않는다.

11 아황산가스의 제독제로 갖추어야 할 것이 아닌 것은? **[안전 22]**

① 가성소다수용액
② 소석회
③ 탄산소다수용액
④ 물

12 고압가스 용기보관장소에 충전용기를 보관할 때의 기준 중 틀린 것은? **[안전 66]**

① 충전용기와 잔가스용기는 각각 구분하여 용기보관장소에 놓을 것
② 용기보관 장소의 주위 5m 이내에는 화기 또는 인화성 물질이나 발화성 물질을 두지 아니할 것
③ 충전용기는 항상 40℃ 이하의 온도를 유지하고, 직사광선을 받지 않도록 조치할 것
④ 가연성 가스 용기보관장소에는 방폭형 휴대용 손전등 외의 등화를 휴대하고 들어가지 아니할 것

용기보관장소 2m 이내에는 화기 인화성 물질을 두지 않을 것
고압가스 용기의 보관(시행규칙 별표 9)

항 목	간추린 핵심 내용
구분보관	㉠ 충전용기 잔가스 용기 ㉡ 가연성 독성 산소 용기
충전용기	㉠ 40℃ 이하 유지 ㉡ 직사광선을 받지 않도록 ㉢ 넘어짐 및 충격 밸브손상 방지 조치 난폭한 취급금지(5L 이하 제외) ㉣ 밸브 돌출용기 가스 충전 후 넘어짐 및 밸브손상 방지조치(5L 이하 제외)
용기 보관장소	2m 이내 화기인화성 발화성 물질을 두지 않을 것
가연성 보관장소	㉠ 방폭형 휴대용 손전등 이외 등화를 휴대하지 않을 것 ㉡ 보관장소는 양호한 통풍구조로 할 것
가연성 독성 용기 보관장소	충전용기 인도 시 가스누출 여부를 인수자가 보는데서 확인

13 액화석유가스를 저장하는 시설의 강제통풍구조에 대한 기준 중 틀린 것은? **[안전 67]**

① 통풍능력이 바닥면적 $1m^2$ 마다 $0.5m^3$/분 이상으로 한다.
② 흡입구는 바닥면 가까이에 설치한다.
③ 배기가스 방출구를 지면에서 5m 이상의 높이에 설치한다.
④ 배기구는 천장면에서 30cm 이내에 설치한다.

정답 10.③ 11.② 12.② 13.④

④ 배기구는 지면에서 30cm 이내

LP가스 환기설비(KGS Fu 332) (2.8.9)

항 목		세부 핵심 내용
자연 환기	환기구	바닥면에 접하고 외기에 면하게 설치
	통풍면적	바닥면적 $1m^2$당 $300cm^2$ 이상
	1개소 환기구 면적	㉠ $2400cm^2$ 이하(철망 환기구 틀 통의 면적은 뺀 것으로 계산) ㉡ 강판 갤러리 부착 시 환기구 면적의 50%로 계산
	한방향 환기구	전체 환기구 필요통풍 가능 면적의 70%까지만 계산
	사방이 방호벽으로 설치 시	환기구 방향은 2방향 분산 설치
강제 환기	개 요	자연 환기 설비 설치 불가능 시 설치
	통풍능력	바닥면적 $1m^2$당 $0.5m^3/min$ 이상
	흡입구	바닥면 가까이 설치
	배기가스 방출구	지면에서 5m 이상 높이에 설치

14 다음 가스 중 독성이 가장 강한 것은?

① 암모니아 ② 디메틸아민
③ 브롬화메틸 ④ 아크릴로니트릴

독성 가스 허용농도

가스명	허용농도(ppm)	
	TLV-TWA	LC 50
암모니아	25	7338
디메틸아민 $(CH_3)_2NH$	20	11100
브롬화메틸	20	850
아크릴로니트릴	0.001	666

15 가스 중의 음속보다도 화염전파속도가 큰 경우로서 충격파라고 하는 솟구치는 압력파가 생기는 현상은? **[장치 5]**

① 폭발 ② 폭굉
③ 폭연 ④ 연소

16 다음 가스 중 발화온도와 폭발 등급에 의한 위험성을 비교하였을 때 위험도가 가장 큰 것은?

① 부탄
② 암모니아
③ 아세트알데히드
④ 메탄

위험도 계산

① 부탄 $= \frac{8.4-1.8}{1.8} = 3.67$

② 암모니아 $= \frac{28-15}{15} = 0.86$

③ 아세트알데히드 $= \frac{60-4.0}{4.0} = 14$

④ 메탄 $= \frac{15-5}{5} = 2$

17 LPG 충전집단 공급저장시설의 공기 내압시험 시 상용압력의 일정 압력 이상 승압 후 단계적으로 승압시킬 때 몇 [%]씩 증가시키는가? **[안전 25]**

① 상용압력의 5%씩
② 상용압력의 10%씩
③ 상용압력의 15%씩
④ 상용압력의 20%씩

T_P(내압시험) : 공기질소로 하는 경우

시 기	승 압(%)
최초	상용압력 50%까지
그 이후	상용압력 10%씩 단계적으로 승압

18 도시가스 사용시설의 기밀시험 기준으로 옳은 것은? (단, 연소기는 제외한다.)

① 최고사용압력의 1.1배 또는 8.40kPa 중 높은 압력 이상의 압력으로 실시하여 이상이 없을 것
② 최고사용압력의 1.2배 또는 10.00kPa 중 높은 압력 이상의 압력으로 실시하여 이상이 없을 것
③ 최고사용압력의 1.1배 또는 10.00kPa 중 높은 압력 이상의 압력으로 실시하여 이상이 없을 것
④ 최고사용압력의 1.2배 또는 8.40kPa 중 높은 압력 이상의 압력으로 실시하여 이상이 없을 것

정답 14.④ 15.② 16.③ 17.② 18.①

19 독성 가스를 용기에 의하여 운반 시 구비하여야 할 보호장비 중 반드시 휴대하지 않아도 되는 것은? [안전 39]

① 방독면
② 제독제
③ 고무장갑 및 고무장화
④ 산소마스크

20 LPG 연소기의 명판에 기재할 사항이 아닌 것은?

① 연소기명　② 가스소비량
③ 연소기 재질명　④ 제조(로드)번호

21 고압가스 설비에 장치하는 압력계의 최고 눈금의 기준은?

① 내압시험 압력의 1배 이상 2배 이하
② 상용압력의 1.5배 이상 2배 이하
③ 상용압력의 2배 이상 3배 이하
④ 내압시험 압력의 1.5배 이상 2배 이하

22 가연성 액화가스를 충전하여 200km를 초과하여 운반할 때 운반책임자를 동승시켜야 하는 기준은? (단, 납붙임 및 접합용기는 제외한다.) [안전 60]

① 1000kg 이상
② 2000kg 이상
③ 3000kg 이상
④ 6000kg 이상

23 저온 저장탱크에는 그 저장탱크의 내부압력이 외부압력보다 저하함에 따라 그 저장탱크가 파괴되는 것을 방지하기 위한 조치로서 갖추지 않아도 되는 설비는? [안전 20]

① 진공 안전밸브
② 다른 저장탱크 또는 시설로부터의 가스도입 배관(균압관)
③ 압력과 연동하는 긴급차단장치를 설치한 송액설비
④ 물분무설비

24 수소의 특징에 대한 설명으로 옳은 것은?

① 조연성 기체이다.
② 폭발범위가 넓다.
③ 가스의 비중이 커서 확산이 느리다.
④ 저온에서 탄소와 수소취성을 일으킨다.

해설

수소

항 목	내 용
분자량	2g(가장 비중이 작다)
확산속도	모든 가스 중 가장 빠르다.
고온 · 고압 시	수소취성을 일으킨다.
특성	압축가스(−252℃) 가연성(4~75%)

25 가스 공급시설의 임시 사용기준 항목이 아닌 것은?

① 도시가스 공급이 가능한지의 여부
② 당해 지역의 도시가스의 수급상 도시가스의 공급이 필요한지의 여부
③ 공급의 이익 여부
④ 가스공급시설을 사용함에 따른 안전저해의 우려가 있는지의 여부

26 가연성 가스를 취급하는 장소에는 누출된 가스의 폭발사고를 방지하기 위하여 전기설비를 방폭구조로 한다. 다음 중 방폭구조가 아닌 것은? [안전 45]

① 안전증 방폭구조
② 내열방폭구조
③ 압력방폭구조
④ 내압방폭구조

27 일반 도시가스사업자 정압기의 가스방출관 방출구는 지면으로부터 몇 [m] 이상의 높이에 설치하여야 하는가? (단, 전기시설물과의 접촉 등으로 사고의 우려가 없는 장소이다.) [안전 61]

① 1　② 2
③ 3　④ 5

정답 19.④ 20.③ 21.② 22.③ 23.④ 24.② 25.③ 26.② 27.④

28 수소와 염소에 일광을 비추었을 때 일어나는 폭발의 형태로서 가장 옳은 것은?

① 분해 폭발 ② 중합 폭발
③ 촉매 폭발 ④ 산화 폭발

$H_2+Cl_2 \rightarrow 2HCl$(촉매 : 햇빛 일광)

29 가스사용시설의 지하매설 배관이 저압인 경우 배관 색상은?

① 황색 ② 적색
③ 백색 ④ 청색

가스 배관의 색상

구 분		색 상
지상 배관		황색
매몰 배관	저압	황색
	중압 이상	적색

30 LNG 충전시설의 충전소에 기재한 "화기엄금"이라고 표시한 게시판의 색깔로 옳은 것은 어느 것인가? [안전 5]

① 황색바탕에 적색 글씨
② 황색바탕에 흑색 글씨
③ 백색바탕에 적색 글씨
④ 백색바탕에 흑색 글씨

31 LPG, 액화산소 등을 저장하는 탱크에 사용되는 단열재 선정 시 고려해야 할 사항으로 옳은 것은? [설비 23]

① 밀도가 크고 경량일 것
② 저온에 있어서의 강도는 적을 것
③ 열전도율이 클 것
④ 안전사용 온도범위가 넓을 것

32 연소의 이상현상 중 불꽃의 주위, 특히 불꽃의 기저부에 대한 공기의 움직임이 세어지면 불꽃이 노즐에서 정착하지 않고 떨어지게 되어 꺼져버리는 현상은? [장치 12]

① 선화 ② 역화
③ 블로오프 ④ 불완전연소

33 원심 펌프를 병렬연결 운전할 때의 일반적인 특성으로 옳은 것은? [설비 12]

① 유량은 불변이다.
② 양정은 증가한다.
③ 유량은 감소한다.
④ 양정은 일정하다.

34 왕복 펌프의 밸브로서 구비해야 할 조건이 아닌 것은?

① 누출물을 막기 위하여 밸브의 중량이 클 것
② 내구성이 있을 것
③ 밸브의 개폐가 정확할 것
④ 유체가 밸브를 지날 때의 저항을 최소한으로 할 것

35 부취제의 주입설비에서 액체주입법에 해당되지 않는 것은? [안전 55]

① 위크증발식
② 펌프주입식
③ 미터연결 바이패스식
④ 적하주입식

36 암모니아 합성공정 중 중압합성에 해당되지 않는 것은? [설비 24]

① IG법 ② 뉴파우더법
③ 케미크법 ④ 케로그법

케로그법 : 저압법

37 고온 · 고압의 가스 배관에 주로 쓰이며 분해, 보수 등이 용이하나 매설 배관에는 부적당한 접합 방법은?

① 플랜지접합 ② 나사접합
③ 차입접합 ④ 용접접합

38 저온 배관용 탄소강관의 표시기호는? [장치 10]

① SPPS ② SPLT
③ SPPH ④ SPHT

정답 28.③ 29.① 30.③ 31.④ 32.③ 33.④ 34.① 35.① 36.④ 37.① 38.②

해설
SPPS(압력배관용 탄소강관), SPPH(고압배관용 탄소강관), SPHT(고온배관용 탄소강관)

39 열기전력을 이용한 온도계가 아닌 것은 어느 것인가? [장치 8]

① 백금-백금 로듐 온도계
② 동-콘스탄탄 온도계
③ 철-콘스탄탄 온도계
④ 백금-콘스탄탄 온도계

해설
열전대 온도계 종류
PR(백금-백금 로듐), CA(크로멜-알루멜), IC(철-콘스탄탄), OC(동-콘스탄탄)

40 염화파라듐지로 검지할 수 있는 가스는 어느 것인가? [안전 21]

① 아세틸렌　② 황화수소
③ 염소　④ 일산화탄소

41 왕복식 압축기의 구성 부품이 아닌 것은?

① 피스톤　② 임펠러
③ 커넥팅 로드　④ 크랭크축

42 탄소강 중에 저온취성을 일으키는 원소로 옳은 것은?

① P　② S
③ Mo　④ Cu

43 유체가 5m/s의 속도로 흐를 때 이 유체의 속도수두는 약 몇 [m]인가? (단, 중력가속도는 9.8m/s^{2}이다.)

① 0.98　② 1.28
③ 12.2　④ 14.1

해설
수두$(H)=\dfrac{V^2}{2g}$

여기서, V : 5m/s, g : 9.8m/s^2

$=\dfrac{5^2}{2\times 9.8}$

$=1.28$m

44 다음 [보기]와 관련 있는 분석법은?

[보기]
- 쌍극자 모멘트의 알짜변화
- 진동 짝지움
- Nernst 백열등
- Fourier 변환 분광계

① 질량분석법
② 흡광광도법
③ 적외선 분광분석법
④ 킬레이트 적정법

45 가늘고 긴 수직형 반응기로 유체가 순환됨으로써 교반이 행하여지는 방식으로 주로 대형 화학공장 등에 채택되는 오토클레이브는? [장치 4]

① 진탕형　② 교반형
③ 회전형　④ 가스교반형

46 물 1kg을 1℃ 올리는 데 필요한 열량은 얼마인가? [설비 5]

① 1kcal　② 1J
③ 1btu　④ 1erg

47 메탄가스에 대한 설명 중 틀린 것은?

① 무색, 무취의 기체이다.
② 공기보다 무거운 기체이다.
③ 천연가스의 주성분이다.
④ 폭발범위는 약 5~15% 정도이다.

해설
CH_4의 분자량은 16g, 공기분자량 29g이므로 공기보다 가볍다.

48 아세틸렌(C_2H_2)에 대한 설명 중 틀린 것은?

① 카바이드(CaC_2)에 물을 넣어 제조한다.
② 동과 접촉하여 동아세틸라이드를 만드므로 동 함유량이 62% 이상을 설비로 사용한다.
③ 흡열 화합물이므로 압축하면 분해 폭발을 일으킬 수 있다.
④ 공기 중 폭발범위는 약 2.5~80.5%이다.

정답 39.④ 40.④ 41.② 42.① 43.② 44.③ 45.④ 46.① 47.② 48.②

동 함유량 62% 미만 사용

㉠ CaC_2(카바이드)$+2H_2O \rightarrow C_2H_2+Ca(OH)_2$

㉡ $2Cu+C_2H_2 \rightarrow Cu_2C_2+H_2$

Cu_2C_2(동아세틸라이드) 생성 우려로 동합금 62% 미만을 사용

49 산소에 대한 설명으로 옳은 것은?

① 가연성 가스이다.
② 자성(磁性)을 가지고 있다.
③ 수소와는 반응하지 않는다.
④ 폭발범위가 비교적 큰 가스이다.

산소는 조연성이므로 폭발범위가 없음

50 수소폭명기(Detonation Gas)에 대한 설명으로 옳은 것은?

① 수소와 산소가 부피비 1 : 1로 혼합된 기체이다.
② 수소와 산소가 부피비 2 : 1로 혼합된 기체이다.
③ 수소와 염소가 부피비 1 : 1로 혼합된 기체이다.
④ 수소와 염소가 부피비 2 : 1로 혼합된 기체이다.

폭명기

종 류	반응식
수소폭명기	$2H_2+O_2 \rightarrow 2H_2O$
염소폭명기	$H_2+Cl_2 \rightarrow 2HCl$
불소폭명기	$H_2+F_2 \rightarrow 2HF$

51 다음 압력 중 표준대기압이 아닌 것은?

① $10.332mH_2O$
② 1atm
③ 14.7inchHg
④ 76cmHg

1atm $=10.332mH_2O$
$=407inH_2O$
$=76cmHg$
$=30inHg$

52 산화에틸렌의 성질에 대한 설명 중 틀린 것은?

① 무색의 유독한 기체이다.
② 알코올과 반응하여 글리콜에테르를 생성한다.
③ 암모니아와 반응하여 에탄올아민을 생성한다.
④ 물, 아세톤, 사염화탄소 등에 불용이다.

C_2H_4O 물에 용해된다.

53 아세틸렌의 가스발생기 중 다량의 물속에 CaC_2를 투입하는 방법으로서 주로 공업적으로 대량생산에 적합한 가스발생 방법은 어느 것인가? [설비 3]

① 주수식
② 침지식
③ 접촉식
④ 투입식

54 도시가스 제조방식 중 촉매를 사용하여 사용온도 400~800℃에서 탄화수소와 수증기를 반응시켜 수소, 메탄, 일산화탄소, 탄산가스 등의 저급 탄화수소로 변환시키는 프로세스는? [설비 21]

① 열분해 프로세스
② 접촉분해 프로세스
③ 부분연소 프로세스
④ 수소화분해 프로세스

55 다음 중 냄새가 나는 물질(부취제)의 구비조건이 아닌 것은? [안전 55]

① 독성이 없을 것
② 저농도에 있어서도 냄새를 알 수 있을 것
③ 완전연소하고 연소 후에는 유해물질을 남기지 말 것
④ 일상생활의 냄새와 구분되지 않을 것

정답 49.② 50.② 51.③ 52.④ 53.④ 54.② 55.④

56 도시가스에 사용되는 부취제 중 DMS의 냄새는? **[안전 55]**

① 석탄가스 냄새 ② 마늘 냄새
③ 양파 썩는 냄새 ④ 암모니아 냄새

㉠ TBM(양파 썩는 냄새)
㉡ THT(석탄 가스 냄새)
㉢ DMS(마늘 냄새)

57 다음 ( ) 안에 알맞은 것은? **[설비 3]**

절대압력=( )+게이지압력

① 진공압 ② 수두압
③ 대기압 ④ 동압

58 표준상태에서 아세틸렌가스의 밀도는 약 몇 [g/L]인가?

① 0.86 ② 1.16
③ 1.34 ④ 2.24

가스 밀도 : Mg(분자량)÷22.4L
∴ 26g÷22.4L=1.16g/L

59 다음 중 엔트로피의 단위로 옳은 것은?

① W/m · ℃ ② W/m^3
③ J/K ④ kcal/kg

해설
엔트로피 : 단위 중량당의 열량을 절대온도로 나눈 값
kcal/kg · K, kJ/kg · K, J/kg · K 등

60 밀폐된 용기 내의 압력이 20기압일 때 O_2의 분압은? (단, 용기 내에는 N_2가 80%, O_2가 20% 있다.)

① 3기압 ② 4기압
③ 5기압 ④ 6기압

해설

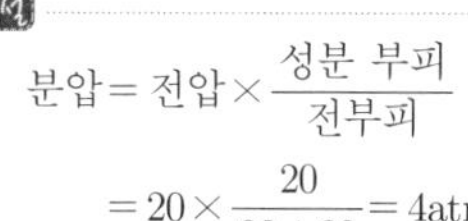

$$분압 = 전압 \times \frac{성분\ 부피}{전부피}$$

$$= 20 \times \frac{20}{80+20} = 4atm$$

정답 56.② 57.③ 58.② 59.③ 60.②

국가기술자격 필기시험문제

2007년 기능사 제5회 필기시험(1부) (2007년 9월 시행)

자격종목	시험시간	문제수	문제형별
가스기능사	**1시간**	**60**	**A**

수험번호		성 명	

01 에틸렌 공업용 가스용기에 사용하는 문자의 색상은?

① 적색 ② 녹색
③ 흑색 ④ 백색

C_2H_4 용기 색상

공업용		의료용	
용기색	글자색	용기색	글자색
회색	백색	자색	백색

02 공기 중에서 폭발범위가 가장 넓은 가스는?

① C_2H_4O ② CH_4
③ C_2H_4 ④ C_3H_8

폭발범위

가스명	폭발범위(%)
산화에틸렌	3~80
메탄	5~15
에틸렌	2.7~36
프로판	2.1~9.5

03 초저온 용기에 대한 정의로 옳은 것은?

① 임계온도가 50℃ 이하인 액화가스를 충전하기 위한 용기
② 강판과 동판으로 제조된 용기
③ −50℃ 이하인 액화가스를 충전하기 위한 용기로서 용기 내의 가스온도가 상용의 온도를 초과하지 않도록 한 용기
④ 단열재로 피복하여 용기 내의 가스온도가 상용의 온도를 초과하도록 조치된 용기

04 다음 중 가연성 가스 제조공장에서 착화의 원인으로 가장 거리가 먼 것은? **[설비 25]**

① 정전기
② 사용 촉매의 접촉작용
③ 밸브의 급격한 조작
④ 베릴륨합금제 공구에 의한 충격

베릴륨합금제 공구 : 불꽃이 나지 않는 안전용 공구로서 가연성 제조 공장에서 주로 사용

05 다음 중 가스 배관주위에 매설물을 부설하고자 할 때 이격거리 기준은 몇 [cm] 이상인가?

① 20
② 30
③ 50
④ 60

06 일반 도시가스사업의 가스 공급시설의 정압기에 대한 분해점검 시기로서 옳은 것은 어느 것인가? **[안전 44]**

① 6개월에 1회 이상
② 1년에 1회 이상
③ 2년에 1회 이상
④ 3년에 1회 이상

㉠ 정압기 분해점검 : 2년 1회
㉡ 정압기 필터 : 사용 개시 후 1월 이내 점검 그 이후는 1년 1회 점검, 단독 사용자 정압기는 3년 1회 점검

정답 01.④ 02.① 03.③ 04.④ 05.② 06.③

07 아세틸렌을 용기에 충전 시, 미리 용기에 다공질물을 고루 채운 후 침윤 및 충전을 해야 하는데 이 때 다공도는 얼마로 해야 하는가? **[안전 11]**

① 75% 이상 92% 미만
② 70% 이상 95% 미만
③ 62% 이상 75% 미만
④ 92% 이상

08 독성 가스의 저장설비에서 가스누출에 대비하여 설치하여야 하는 것은?

① 액화방지장치 ② 액회수장치
③ 살수장치 ④ 흡수장치

09 고압가스 설비를 수리할 경우 가스설비 내를 대기압 이하까지 가스 치환을 생략할 수 없는 것은? **[안전 41]**

① 사람이 그 설비의 밖에서 작업하는 것
② 당해 가스설비의 내용적이 $1m^3$ 이하인 것
③ 화기를 사용하지 아니하는 작업인 것
④ 출입구의 밸브가 확실히 폐지되어 있고 내용적이 $10m^3$ 이상의 가스설비에 이르는 사이에 1개 이상의 밸브를 설치한 것

④ 내용적 $5m^3$ 이상 가스설비에 이르는 사이에 2개 이상의 밸브 설치 시

10 산소압축기의 내부 윤활유로 사용되는 것은 어느 것인가? **[설비 10]**

① 물 또는 10% 묽은 글리세린수
② 진한 황산
③ 양질의 광유
④ 디젤엔진유

11 가스누출 경보기의 기능에 대한 설명으로 옳은 것은? **[안전 18]**

① 전원의 전압등 변동이 ±3% 정도일 때에도 경보밀도가 저하되지 않을 것
② 가연성 가스의 경보농도는 폭발하한계의 $\frac{1}{2}$ 이하일 것
③ 경보를 울린 후 가스농도가 변하면 원칙적으로 경보를 중지시키는 구조일 것
④ 지시계의 눈금은 가연성 가스용은 0~폭발하한계 값일 것

㉠ 전원전압의 변동이 ±10% 정도
㉡ 폭발하한계의 1/4 이하

12 특정고압가스 사용시설에 대한 설명으로 옳은 것은?

① 산소의 저장설비 주위 5m 이내에서는 화기를 취급하지 않도록 할 것
② 가연성 가스의 사용시설 설치실은 누설된 가스가 체류될 수 있도록 할 것
③ 고압가스설비는 상용압력의 1.5배 이상의 압력에서 항복을 일으키지 않는 두께일 것
④ 고압가스설비에는 저장능력에 관계없이 안전밸브를 설치할 것

② 가스누설 시 체류하지 않도록
③ 상용압력 2배 이상의 압력에서 항복을 일으키지 않는 두께
④ 저장능력 300kg 이상 시 안전밸브를 설치

13 액화가스를 충전하는 탱크는 그 내부에 액면요동을 방지하기 위하여 무엇을 설치해야 하는가? **[안전 62]**

① 방파판 ② 안전밸브
③ 액면계 ④ 긴급차단장치

14 고압가스 용기의 안전점검 기준에 해당되지 않는 것은? **[안전 63]**

① 용기의 부식, 도색 및 표시 확인
② 용기의 캡이 씌워져 있거나 프로텍터의 부착여부 확인
③ 재검사 기간의 도래여부를 확인
④ 용기의 누설을 성냥불로 확인

정답 07.① 08.④ 09.④ 10.① 11.④ 12.① 13.① 14.④

15 고압가스 일반제조시설에서 밸브가 돌출한 충전용기에는 충전한 후 넘어짐 방지조치를 하지 않아도 되는 용량은 내용적 몇 [L] 미만인가? **[안전 66]**

① 5　② 10
③ 20　④ 50

16 가스의 폭발범위에 영향을 주는 인자로서 가장 거리가 먼 것은?

① 비열　② 압력
③ 온도　④ 가스의 양

17 포스겐의 취급사항에 대한 설명 중 틀린 것은?

① 포스겐을 함유한 폐기액은 산성물질로 충분히 처리한 후 처분할 것
② 취급 시에는 반드시 방독마스크를 착용할 것
③ 환기시설을 갖출 것
④ 누설 시 용기부식의 원인이 되므로 약간의 누설에도 주의할 것

해설
포스겐은 산성이므로 폐기액은 염기성 물질인 가성소다수용액, 소석회 등으로 처리 할 것

18 다음 ( ) 안에 알맞은 것은?

> "시안화수소를 충전한 용기는 충전한 후 ( )일이 경과되기 전에 다른 용기에 옮겨 충전할 것. 다만 순도 ( )% 이상으로서 착색되지 아니한 것은 다른 용기에 옮겨 충전하지 아니할 수 있다."

① 30, 90　② 30, 95
③ 60, 90　④ 60, 98

19 상용압력이 10MPa인 고압가스 설비의 내압시험 압력은 몇 [MPa] 이상으로 하여야 하는가? **[안전 2]**

① 8　② 10
③ 12　④ 15

T_P=상용압력×1.5배 이상이므로
=10×1.5=15MPa 이상
(단, 공기 질소로 내압시험 시는 T_P=상용압력×1.25배 이상)

20 다음 착화온도에 대한 설명 중 틀린 것은?

① 탄화수소에서 탄소 수가 많은 분자일수록 착화온도는 낮아진다.
② 산소농도가 클수록, 압력이 클수록 착화온도는 낮아진다.
③ 화학적으로 발열량이 높을수록 착화온도는 낮아진다.
④ 반응활성도가 작을수록 착화온도는 낮아진다.

④ 반응활성도가 작을수록 착화온도는 높아진다.

21 고압가스 저장탱크 2개를 지하에 인접하여 설치하는 경우 상호간에 유지하여야 할 최소거리의 기준은? **[안전 6]**

① 30cm
② 60cm
③ 1m
④ 3m

22 아세틸렌에 대한 설명 중 틀린 것은?

① 액체아세틸렌은 비교적 안정하다.
② 접촉적으로 수소화하면 에틸렌, 에탄이 된다.
③ 압축하면 탄소와 수소로 자기분해 한다.
④ 구리, 은, 수은 등의 금속과 화합 시 아세틸라이드를 생성한다.

① 고체아세틸렌은 비교적 안정하다.

23 인화점이 약 -30℃로 전구 표면이나 증기 파이프에 닿기만 해도 발화하는 것은?

① CS_2　② C_2H_2
③ C_2H_4　④ C_3H_8

정답 15.① 16.① 17.① 18.④ 19.④ 20.④ 21.③ 22.① 23.①

24 다음 중 가성소다를 제독제로 사용하지 않는 가스는? [안전 22]

① 염소가스 ② 염화메탄
③ 아황산가스 ④ 시안화수소

해설
염화메탄의 제독제 : 물을 사용

25 다음 중 아세틸렌의 분석에 사용되는 시약은 어느 것인가? [안전 36]

① 동암모니아
② 파라듐블랙
③ 발연황산
④ 피로카롤

C_2H_2 품질검사 시약

시 약	시험방법
발연황산 시약	오르자트법
브롬 시약	뷰렛법
질산은 시약	정성시험

26 고압가스안전관리상 제1종 보호시설이 아닌 것은? [안전 64]

① 학교 ② 여관
③ 주택 ④ 시장

27 다음 가스검지 시의 지시약과 반응색이 맞지 않는 것은? [안전 21]

① 산성가스－리트머스지 : 적색
② $COCl_2$－하리슨씨 시약 : 심등색
③ CO－염화파라듐지 : 흑색
④ HCN－질산구리벤젠지 : 적색

해설
HCN－초산(질산구리) 벤젠지 : 청변

28 도시가스 배관의 외부전원법에 의한 전기방식 설비의 계기류 확인은 몇 개월에 1회 이상 하여야 하는가? [안전 42]

① 1 ② 3
③ 6 ④ 12

해설
전기방식 특정 및 점검주기

주 기	측정항목
3월 1회	외부전원법, 배류법에 의한 외부전원점, 배류점의 관 대지전위, 정류기 배류기 출력전압, 배선접속 계기류 확인
6월 1회	절연부속품 역전류 방지장치 결선 보호절연체 효과
1년 1회	관 대지전위

29 고압가스 특정제조에서 지하매설 배관은 그 외면으로부터 지하의 다른 시설물과 몇 [m] 이상 거리를 유지해야 하는가? [안전 1]

① 0.3
② 0.5
③ 1
④ 1.2

30 다음 중 가스에 대한 정의가 잘못된 것은 어느 것인가? [안전 65]

① 압축가스－일정한 압력에 의하여 압축되어 있는 가스
② 액화가스－가압 · 냉각 등의 방법에 의하여 액체상태로 되어 있는 것으로서 대기압에서의 비점이 40℃ 이하 또는 상용의 온도 이하인 것
③ 독성 가스－인체에 유해한 독성을 가진 가스로서 허용농도가 100만분의 300이하인 것
④ 가연성 가스－공기 중에서 연소하는 가스로서 폭발한계의 하한이 10% 이하인 것과 폭발한계의 상한과 하한의 차가 20% 이상인 것

독성 가스 허용농도

종 류	정 의
LC 50	100만분의 5000 이하
TLV-TWA	100만분의 200 이하

정답 24.② 25.③ 26.③ 27.④ 28.② 29.① 30.③

31 저온장치의 단열법 중 일반적으로 사용되는 단열법으로 단열공간에 분말, 섬유 등의 단열재를 충전하는 방법은? **[장치 27]**

① 상압 단열법
② 진공 단열법
③ 고진공 단열법
④ 다층진공 단열법

32 펌프의 유량이 100m³/s, 전양정 50m, 효율이 75%일 때 회전수를 20% 증가시키면 소요동력은 몇 배가 되는가?

① 1.73　② 2.36
③ 3.73　④ 4.36

소요동력

$$P_2 = P_1 \times \left(\frac{N+0.2}{N}\right)^3 = 1.2^3 P_1 = 1.73P_1$$

33 내용적 35L에 압력 0.2MPa의 수압을 걸었더니 내용적이 35.34L로 증가되었다. 이 용기의 항구증가율은 얼마인가? (단, 대기압으로 하였더니 35.03L이었다.)

① 6.8%　② 7.4%
③ 8.1%　④ 8.8%

$$\text{항구증가율}(\%) = \frac{\text{항구증가량}}{\text{전증가량}} \times 100 = \frac{35.03-35}{35.34-35} \times 100 = 8.8\%$$

10% 이하이면 합격이다.

34 다음 가스분석법 중 흡수분석법에 해당하지 않는 것은? **[장치 6]**

① 헴펠법　② 산화동법
③ 오르자트법　④ 게겔법

35 가스액화 분리장치의 주요구성 부분이 아닌 것은?

① 기화장치　② 정류장치
③ 한냉발생장치　④ 불순물 제거장치

36 2단 감압조정기 사용 시의 장점에 대한 설명으로 가장 거리가 먼 것은? **[설비 26]**

① 공급압력이 안정하다.
② 용기 교환주기의 폭을 넓힐 수 있다.
③ 중간 배관이 가늘어도 된다.
④ 입상에 의한 압력손실을 보정할 수 있다.

용기 교환주기의 폭을 넓힐 수 있다.
→ 자동교체 조정기 사용 시 장점

37 LPG나 액화가스와 같이 저비점이고 내압이 0.4~0.5MPa 이상인 액체에 주로 사용되는 펌프의 메커니컬 시일의 형식은?

① 더블 시일형
② 인사이드 시일형
③ 아웃사이드 시일형
④ 밸런스 시일형

38 다음 중 충전구가 오른나사인 가연성 가스는? **[안전 37]**

① LPG　② 수소
③ 액화암모니아　④ 시안화수소

충전구 나사 오른나사의 가연성 가스
NH_3, CH_3Br

39 기어 펌프의 특징에 대한 설명 중 틀린 것은?

① 저압력에 적합하다.
② 토출압력이 바뀌어도 토출량은 크게 바뀌지 않는다.
③ 고점도액의 이송에 적합하다.
④ 흡입양정이 크다.

40 강관의 스케줄(schedule) 번호가 의미하는 것은?

① 파이프의 길이
② 파이프의 바깥지름
③ 파이프의 무게
④ 파이프의 두께

정답 31.① 32.① 33.④ 34.② 35.① 36.② 37.④ 38.③ 39.① 40.④

$$SCH = 10 \times \frac{P}{S}$$

여기서, SCH : 배관의 두께
P : 압력(kg/cm^2)
S : 허용응력(kg/mm^2)

41 다음 중 액화석유가스 이송용 펌프에서 발생하는 이상현상으로 가장 거리가 먼 것은?

① 캐비테이션 ② 수격작용
③ 오일포밍 ④ 베이퍼록

42 다음은 저압식 공기액화 분리장치의 작동 개요의 일부이다. ( ) 안에 각각 알맞은 수치를 옳게 나열한 것은?

> "저압식 공기액화 분리장치의 복식 정류탑에서는 하부탑에서 약 5atm의 압력하에서 원료공기가 정류되고, 동탑 상부에서는 (㉠)% 정도의 액체질소가, 탑 하부에서는 (㉡)% 정도의 액체공기가 분리된다."

① ㉠ 98, ㉡ 40 ② ㉠ 40, ㉡ 98
③ ㉠ 78, ㉡ 30 ④ ㉠ 30, ㉡ 78

43 열전대 온도계의 원리를 옳게 설명한 것은 어느 것인가? **[장치 8]**

① 금속의 열전도를 이용한다.
② 2종 금속의 열기전력을 이용한다.
③ 금속과 비금속 사이의 유도기전력을 이용한다.
④ 금속의 전기저항이 온도에 의해 변화하는 것을 이용한다.

44 액주식 압력계에 사용되는 액체의 구비조건으로 틀린 것은? **[장치 11]**

① 화학적으로 안정되어야 한다.
② 모세관 현상이 없어야 한다.
③ 점도와 팽창계수가 작아야 한다.
④ 온도변화에 의한 밀도가 커야 한다.

45 도시가스 제조공정 중 가열방식에 의한 분류에서 산화나 수첨반응에 의한 발열반응을 이용하는 방식은?

① 외열식
② 자열식
③ 축열식
④ 부분연소식

도시가스 제조공정의 분류

구 분		특 징
원료 송입에 의한 분류	연속식	㉠ 가스량 조절은 원료 송입량 조절에 의하며 장치능력의 50~100% 사이에서 조절 ㉡ 원료의 송입과 가스발생이 연속적으로 이루어진다.
	배치식	㉠ 가스발생량 조절은 급격하게 되지 않는다. ㉡ 원료를 일정량을 취하여 가스화하고 가스발생이 없으면 잔류물을 제거하는 과정을 반복하여 원료를 가스화한다.
	사이클링식	㉠ 연속식과 배치식의 중간형태 ㉡ 가스발생량의 조절은 자동으로 운전하고 정지된다.
가열 방식에 의한 분류	외열식	원료가 들어있는 용기를 외부에서 가열
	축열식	가스화 반응기 내에서 연료를 연소 후 가열 송입한 후 가스화의 열원으로 사용
	자열식	가스화에 필요한 열이 산화, 분해, 수첨 등의 발열반응에 의해 가스를 발생시키는 법
	부분연소식	원료에 소량의 공기, 산소를 혼합 반응기에서 일부 연소를 하고 그 열로 원료의 가스화 열원으로 한다.

46 내용적 40L의 용기에 아세틸렌가스 6kg(액비중 0.613)을 충전할 때 다공성 물질의 다공도를 90%라 하면 표준상태에서 안전공간은 약 몇 [%]인가? (단, 아세톤의 비중은 0.8이고, 주입된 아세톤량은 13.9kg이다.)

① 12 ② 18
③ 22 ④ 31

정답 41.③ 42.① 43.② 44.④ 45.② 46.③

㉠ C_2H_2 질량을 부피(L)로 환산
$6(kg) \div 0.613(kg/L) = 9.78L$
㉡ 아세톤 질량을 부피(L)로 환산
$13.9(kg) \div 0.8(kg/L) = 17.37L$
㉢ 다공도 90%의 다공물질의 부피 $40 \times 0.1 = 4L$
㉣ 내용적 40L에 대한 용기의 안전공간

$$\frac{40-(9.78+17.37+4)}{40} \times 100 \fallingdotseq 22\%$$

47 다음 [보기]에서 염소가스의 성질에 대한 것으로 모두 나열한 것은?

[보기]
㉠ 상온에서 기체이다.
㉡ 상압에서 -40~-50℃로 냉각하면 쉽게 액화한다.
㉢ 인체에 대하여 극히 유독하다.

① ㉠, ㉡ ② ㉡, ㉢
③ ㉠, ㉢ ④ ㉠, ㉡, ㉢

48 다음 중 압력이 가장 높은 것은?

① 1atm
② $1kg/cm^2$
③ $8lb/in^2$
④ 700mmHg

$1atm = 1.033kg/cm^2 = 14.7lb/in^2 = 760mmHg$
가장 높은 압력 1atm

49 다음 중 수성가스(water gas)의 조성에 해당하는 것은?

① $CO+H_2$ ② CO_2+H_2
③ $CO+N_2$ ④ CO_2+N_2

50 다음 중 물의 비등점을 [°F]로 나타내면?

① 32 ② 100
③ 180 ④ 212

$$°F = \frac{9}{5}℃ + 32$$
$$= \frac{9}{5} \times 100 + 32 = 212°F$$

51 암모니아 합성공정 중 중압법이 아닌 것은 어느 것인가? **[설비 24]**

① 뉴파우더법 ② 동공시법
③ IG법 ④ 케로그법

케로그법(저압법)

52 일산화탄소의 성질에 대한 설명 중 틀린 것은?

① 산화성이 강한 가스이다.
② 공기보다 약간 가벼우므로 수상치환으로 포집한다.
③ 개미산에 진한 황산을 작용시켜 만든다.
④ 혈액 속의 헤모글로빈과 반응하여 산소의 운반력을 저하시킨다.

53 프로판을 완전연소시켰을 때 주로 생성되는 물질은?

① CO_2, H_2 ② CO_2, H_2O
③ C_2H_4, H_2O ④ C_4H_{10}, CO

$C_3H_8+5O_2 \rightarrow 3CO_2+4H_2O$

54 다음 에너지에 대한 설명 중 틀린 것은 어느 것인가? **[설비 27]**

① 열역학 제0법칙은 열평형에 관한 법칙이다.
② 열역학 제1법칙은 열과 일 사이의 방향성을 제시한다.
③ 이상기체를 정압하에서 가열하면 체적은 증가하고 온도는 상승한다.
④ 혼합 기체의 압력은 각 성분의 분압의 합과 같다는 것은 돌턴의 법칙이다.

㉠ 열역학 1법칙 : 에너지 보존의 법칙
㉡ 열역학 2법칙 : 일과 열의 방향성을 제시한 법칙

55 다음 중 수돗물의 살균과 섬유의 표백용으로 주로 사용되는 가스는?

① F_2 ② Cl_2
③ O_2 ④ CO_2

정답 47.④ 48.① 49.① 50.④ 51.④ 52.① 53.② 54.② 55.②

56 임계온도(critical temperature)에 대하여 옳게 설명한 것은?

① 액체를 기화시킬 수 있는 최고의 온도
② 가스를 기화시킬 수 있는 최저의 온도
③ 가스를 액화시킬 수 있는 최고의 온도
④ 가스를 액화시킬 수 있는 최저의 온도

㉠ 임계온도 : 가스를 액화시킬 수 있는 최고의 온도
㉡ 임계압력 : 가스를 액화시킬 수 있는 최소의 압력
㉢ 액화의 조건 : 임계온도 이하로 냉각, 임계압력 이상으로 가압

57 다음 중 드라이아이스의 제조에 사용되는 가스는?

① 일산화탄소　② 이산화탄소
③ 아황산가스　④ 염화수소

58 LPG에 대한 설명 중 틀린 것은?

① 액체상태는 물(비중 1)보다 가볍다.
② 기화열이 커서 액체가 피부에 닿으면 동상의 우려가 있다.
③ 공기와 혼합시켜 도시가스 원료로도 사용된다.
④ 가정에서 연료용으로 사용하는 LPG는 올레핀계 탄화수소이다.

LPG(C_3H_8, C_4H_{10})이 주성분으로 알칸족이므로 파라핀계 탄화수소이다.

59 낮은 압력에서 방전시킬 때 붉은색을 방출하는 비활성 기체는?

① He　② Kr
③ Ar　④ Xe

60 아세틸렌의 폭발하한은 부피로 2.5%이다. 가로 2m, 세로 2.5m, 높이 2m인 공간에서 아세틸렌이 약 몇 [g]이 누출되면 폭발할 수 있는가? (단, 표준상태라고 가정하고, 아세틸렌의 분자량은 26이다.)

① 25　② 29
③ 250　④ 290

아세틸렌 부피 $x(\mathrm{m}^3)$

공기량 : $(2\times2.5\times2)\mathrm{m}^3$이므로$=10\mathrm{m}^3$

$$\frac{x}{\text{전체가스량}\{(x)+(10)\}}\times100=2.5\%$$

$2.5(x+10)=100x$

$x(100-2.5)=25$

$$x=\frac{25}{97.5}=0.2564\mathrm{m}^3$$

$\therefore$ $0.2564\mathrm{m}^3 : y(\mathrm{kg})$

$22.4\mathrm{m}^3 : 26\mathrm{kg}$

$$y=\frac{0.2564\times26}{22.4}=0.29\mathrm{kg}=290\mathrm{g}$$

국가기술자격 필기시험문제

2008년 기능사 제1회 필기시험(1부) (2008년 2월 시행)

자격종목	시험시간	문제수	문제형별
가스기능사	**1시간**	**60**	**A**

수험번호		성 명	

01 용기의 재검사 주기에 대한 기준 중 옳지 않은 것은? **[안전 68]**

① 용접용기로서 신규검사 후 15년 이상 20년 미만인 용기는 2년 마다 재검사
② 500L 이상 이음매없는 용기는 5년 마다 재검사
③ 저장탱크가 없는 곳에 설치한 기화기는 2년 마다 재검사
④ 압력용기는 4년 마다 재검사

해설
저장탱크가 없는 곳에 설치된 기화장치 재검사 주기 : 3년 마다

02 가연성 물질을 공기로 연소시키는 경우에 공기 중의 산소농도를 높게 하면 연소속도와 발화온도는 어떻게 변하는가?

① 연소속도는 빠르게 되고, 발화온도는 높아진다.
② 연소속도는 빠르게 되고, 발화온도는 낮아진다.
③ 연소속도는 느리게 되고, 발화온도는 높아진다.
④ 연소속도는 느리게 되고, 발화온도는 낮아진다.

03 다음 가연성 가스 중 위험성이 가장 큰 것은 어느 것인가?

① 수소 ② 프로판
③ 산화에틸렌 ④ 아세틸렌

연소범위

가스명	연소범위(%)
C_2H_2	2.5~81
C_2H_4O	3~80
H_2	4~75
C_3H_8	2.1~9.5

04 다음 가스 중 독성이 가장 큰 것은?

① 염소 ② 불소
③ 시안화수소 ④ 암모니아

독성 가스 허용농도

가스명	허용농도(ppm)	
	TLV-TWA	LC 50
불소	0.1	185
염소	1	293
시안화수소	10	140
암모니아	25	7338

※ 출제 당시 LC 50의 기준은 없었으며 현재는 허용농도 기준을 TLV-TWA인지, LC 50인지 조건을 제시한다.

05 후부취출식 탱크에서 탱크 주밸브 및 긴급차단장치에 속하는 밸브와 차량의 뒷범퍼와의 수평거리는 얼마 이상 떨어져 있어야 하는가? **[안전 12]**

① 20cm ② 30cm
③ 40cm ④ 60cm

해설
후부취출식 탱크의 차량 뒷범퍼와의 수평거리 : 40cm 이상

정답 01.③ 02.② 03.④ 04.② 05.③

06 습식 아세틸렌 발생기의 표면온도는 몇 [℃] 이하로 유지하여야 하는가? **[설비 3]**

① 30 ② 40
③ 60 ④ 70

07 고압가스 일반 제조의 시설기준에 대한 내용 중 틀린 것은?

① 가연성 가스 제조시설의 고압가스 설비는 다른 가연성 가스 고압설비와 2m 이상 거리를 유지한다.
② 가연성 가스설비 및 저장설비는 화기와 8m 이상의 우회거리를 유지한다.
③ 사업소에는 경계표지와 경계책을 설치한다.
④ 독성 가스가 누출될 수 있는 장소에는 위험표지를 설치한다.

고압가스 일반제조 시설기준의 설비와의 이격거리

구 분	이격거리
가연성 설비-가연성 설비	5m 이상
가연성 설비-산소설비	10m 이상

08 공업용 질소용기의 문자 색상은? **[안전 3]**

① 백색 ② 적색
③ 흑색 ④ 녹색

질소용기 색상

용 도	용기색상	문자색상
공업용	회색	백색
의료용	흑색	백색

09 다음 중 허용농도 1ppb에 해당하는 것은?

① $\frac{1}{10^3}$ ② $\frac{1}{10^6}$
③ $\frac{1}{10^9}$ ④ $\frac{1}{10^{10}}$

10 산화에틸렌 충전용기에는 질소 또는 탄산가스를 충전하는 데 그 내부 가스압력의 기준으로 옳은 것은?

① 상온에서 0.2MPa 이상
② 35℃에서 0.2MPa 이상
③ 40℃에서 0.4MPa 이상
④ 45℃에서 0.4MPa 이상

11 가스를 사용하려 하는데 밸브에 얼음이 얼어붙었다. 이 때 조치 방법으로 가장 적절한 것은?

① 40℃ 이하의 더운물을 사용하여 녹인다.
② 80℃의 램프로 가열하여 녹인다.
③ 100℃의 뜨거운 물을 사용하여 녹인다.
④ 가스 토치로 가열하여 녹인다.

12 액화염소가스의 1일 처리능력이 38000kg일 때 수용정원이 350명인 공연장과의 안전거리는 얼마를 유지해야 하는가? **[안전 7]**

① 17m ② 21m
③ 24m ④ 27m

보호시설의 안전조치

독성 · 가연성	1종	2종
3만 초과 4만 이하	27m	18m

※ 350명 공연장 : 1종 보호시설

13 다음 각 독성 가스 누출 시의 제독제로서 적합하지 않은 것은? **[안전 22]**

① 염소 : 탄산소다수용액
② 포스겐 : 소석회
③ 산화에틸렌 : 소석회
④ 황화수소 : 가성소다수용액

14 다음 가스의 용기보관실 중 그 가스가 누출된 때에 체류하지 않도록 통풍구를 갖추고, 통풍이 잘 되지 않는 곳에는 강제통풍시설을 설치하여야 하는 곳은?

① 질소 저장소 ② 탄산가스 저장소
③ 헬륨 저장소 ④ 부탄 저장소

해설

강제환기 시설 : 공기보다 무거운 가연성 가스 저장시설에 자연환기 시설을 설치 불가능할 때 설치한다.

정답 06.④ 07.① 08.① 09.③ 10.④ 11.① 12.④ 13.③ 14.④

15 다음 중 고압가스 일반 제조시설에서 저장탱크 및 가스홀더는 몇 [m^3] 이상의 가스를 저장하는 것에 가스방출장치를 설치하여야 하는가?

① 5　　② 10
③ 15　　④ 20

16 도시가스 사용시설에서 가스계량기는 절연조치를 하지 아니한 전선과는 몇 [cm] 이상의 거리를 유지하여야 하는가? **[안전 24]**

① 5　　② 15
③ 30　　④ 150

해설

가스계량기, 호스이음부, 배관의 이음부 유지거리(단, 용접이음부 제외)

<table>
<tr><th>시설명</th><th>이격거리</th><th colspan="2">법령 및 시설기준</th><th colspan="2">이격하여야 하는 해당 시설</th></tr>
<tr><td>전기계량기 전기개폐기</td><td>60cm 이상</td><td colspan="2">LPG, 도시가스의 공급시설 사용시설</td><td colspan="2">배관이음매(용접이음매 제외), 호스이음매, 가스계량기</td></tr>
<tr><td rowspan="3">전기점멸기 전기접속기</td><td rowspan="2">30cm 이상</td><td colspan="2">LPG 도시가스 공급시설</td><td colspan="2">배관이음매(용접이음매 제외)</td></tr>
<tr><td>LPG 사용시설</td><td>도시가스 사용시설</td><td>호스, 배관이음매 가스계량기</td><td>가스계량기</td></tr>
<tr><td>15cm 이상</td><td colspan="2">도시가스 사용시설</td><td colspan="2">배관이음매(용접이음매 제외)</td></tr>
<tr><td rowspan="2">단열조치 하지 않은 굴뚝</td><td>30cm 이상</td><td>LPG 도시가스 공급시설</td><td>LPG 도시가스 사용시설</td><td>배관이음매</td><td>가스계량기</td></tr>
<tr><td>15cm 이상</td><td colspan="2">LPG 도시가스 사용시설</td><td colspan="2">호스이음매, 배관이음매</td></tr>
<tr><td rowspan="2">절연조치 하지 않은 전선</td><td>30cm 이상</td><td colspan="2">LPG 공급시설</td><td colspan="2">배관이음매</td></tr>
<tr><td>15cm 이상</td><td>도시가스 공급시설</td><td>LPG 도시가스 사용시설</td><td>배관이음매</td><td>호스 이음매, 배관 이음매, 가스 계량기</td></tr>
<tr><td>절연조치한 전선</td><td>10cm 이상</td><td>LPG 도시가스 공급시설</td><td>LPG 도시가스 사용시설</td><td>배관 이음매</td><td>배관 이음매, 호스 이음매</td></tr>
<tr><td>암기방법</td><td colspan="5">㉠ 전기계량기, 전기개폐기 : LPG, 도시가스 공급시설 사용시설에 관계없이 60cm 이상
㉡ 전기점멸기, 전기접속기 : 도시가스 사용시설의 배관이음매는 15cm, 그 이외는 모두 30cm 이상
㉢ 단열조치 하지 않은 굴뚝 : LPG, 도시가스 사용시설의 호스, 배관이음매 15cm, 그 이외는 모두 30cm 이상</td></tr>
</table>

17 고압가스의 충전용기는 항상 몇 [℃] 이하의 온도를 유지하여야 하는가?

① 15
② 20
③ 30
④ 40

18 1종 보호시설이 아닌 것은? **[안전 64]**

① 가설건축물이 아닌 사람을 수용하는 건축물로서 사실상 독립된 부분의 연면적이 1500m^2인 건축물
② 문화재보호법에 의하여 지정문화재로 지정된 건축물
③ 교회의 시설로서 수용능력이 200인(人)인 건축물
④ 어린이집 및 어린이놀이터

해설

보호시설

<table>
<tr><th colspan="2">구 분</th><th>해당 시설</th></tr>
<tr><td rowspan="4">1종</td><td>면적</td><td>1000m^2 이상</td></tr>
<tr><td>300인 이상</td><td>예식장, 장례식장, 전시장</td></tr>
<tr><td>20인 이상</td><td>아동, 심신장애 복지시설</td></tr>
<tr><td>그 밖의 시설</td><td>학교, 유치원, 어린이집, 놀이방, 학원, 병원, 도서관, 시장, 공중목욕탕, 극장, 교회, 공회당, 호텔, 여관, 문화재</td></tr>
<tr><td rowspan="2">2종</td><td>면적</td><td>100m^2 이상 1000m^2 이하</td></tr>
<tr><td>그 외 시설</td><td>주택</td></tr>
</table>

정답 15.① 16.② 17.④ 18.③

19 내화구조의 가연성 가스의 저장탱크 상호 간의 거리가 1m 또는 두 저장탱크의 최대 지름을 합산한 길이의 $\frac{1}{4}$ 길이 중 큰 쪽의 거리를 유지하지 못한 경우 물분무장치의 수량기준으로 옳은 것은? **[안전 69]**

① $4L/m^2 \cdot min$ ② $5L/m^2 \cdot min$
③ $6.5L/m^2 \cdot min$ ④ $8L/m^2 \cdot min$

20 액화석유가스 용기 충전시설에서 방류둑의 내측과 그 외면으로부터 몇 [m] 이내에는 저장탱크 부속설비 외의 것을 설치하지 않아야 하는가?

① 5 ② 7
③ 10 ④ 15

21 C_2H_2 제조설비에서 제조된 C_2H_2을 충전용기에 충전 시 위험한 경우는?

① 아세틸렌이 접촉되는 설비부분에 동 함량 72%의 동합금을 사용하였다.
② 충전 중의 압력을 2.5MPa 이하로 하였다.
③ 충전 후에 압력이 10℃에서 1.5MPa 이하로 될 때까지 정치하였다.
④ 충전용 지관은 탄소 함유량 0.1% 이하의 강을 사용하였다.

해설
① C_2H_2 제조시설 : Cu 및 62% 이상 Cu 합금 사용 시 Cu_2C_2(동아세틸라이드) 생성으로 약간의 충격에도 폭발의 우려가 있음

22 방류둑에는 계단, 사다리 또는 토사를 높이 쌓아올림 등에 의한 출입구를 둘레 몇 [m]마다 1개 이상을 두어야 하는가? **[안전 15]**

① 30 ② 40
③ 50 ④ 60

23 고압가스 특정제조시설에서 배관을 해저에 설치하는 경우의 기준 중 옳지 않은 것은?

① 배관은 해저면 밑에 매설할 것
② 배관은 원칙적으로 다른 배관과 교차하지 아니할 것
③ 배관은 원칙적으로 다른 배관과 수평거리로 20m 이상을 유지할 것
④ 배관의 입상부에는 방호시설물을 설치할 것

해설
특정제조 고압가스 배관의 해저 · 해상 설치기준(KGS Fp 111) (2.5.7.1) 관련
㉠ 배관은 해저면 밑에 매설한다(단, 닻내림 등으로 손상우려가 없거나 부득이한 경우에는 매설하지 아니할 수 있다).
㉡ 다른 배관과 교차하지 아니한다.
㉢ 다른 배관과 수평거리 30m 이상 유지한다.
㉣ 입상부에는 방호시설물을 설치한다.
㉤ 두 개 이상의 배관설치 시 조치사항
- 두 개 이상 배관을 형광 등으로 매거나 구조물에 조립 설치
- 충분한 간격을 두고 부설
- 부설 후 적정 간격이 되도록 이동시켜 매설

24 액화석유가스의 안전관리 시 필요한 안전관리책임자가 해임 또는 퇴직하였을 때에는 그 날로부터 며칠 이내에 다른 안전관리책임자를 선임하여야 하는가?

① 10일 ② 15일
③ 20일 ④ 30일

25 일반 도시가스사업자 정압기의 분해점검 실시 주기는? **[안전 44]**

① 3개월에 1회 이상
② 6개월에 1회 이상
③ 1년에 1회 이상
④ 2년에 1회 이상

26 다음 중 가연성이면서 독성인 가스는 어느 것인가? **[안전 17]**

① 프로판
② 불소
③ 염소
④ 암모니아

정답 19.① 20.③ 21.① 22.③ 23.③ 24.④ 25.④ 26.④

27 가스누출 검지경보장치의 설치기준 중 틀린 것은? **[안전 18]**

① 통풍이 잘 되는 곳에 설치할 것
② 가스의 누설을 신속하게 검지하고 경보하기에 충분한 수일 것
③ 그 기능은 가스 종류에 적절한 것일 것
④ 체류할 우려가 있는 장소에 적절하게 설치할 것

28 다음 중 2중 배관으로 하지 않아도 되는 가스는? **[안전 59]**

① 일산화탄소
② 시안화수소
③ 염소
④ 포스겐

29 지하에 매설된 도시가스 배관의 전기방식 기준으로 틀린 것은? **[안전 42]**

① 전기방식 전류가 흐르는 상태에서 토양 중에 있는 배관 등의 방식전위 상한값은 포화황산동 기준전극으로 −0.85V 이하일 것
② 전기방식 전류가 흐르는 상태에서 자연전위와의 전위변화가 최소한 −300mV 이하일 것
③ 배관에 대한 전위측정은 가능한 배관 가까운 위치에서 실시할 것
④ 전기방식 시설의 관 대지전위 등을 2년에 1회 이상 점검할 것

해설
관 대지전위 측정주기 : 1년 1회

30 LPG 사용시설의 기준에 대한 설명 중 틀린 것은? **[안전 24]**

① 연소기 사용압력이 3.3kPa를 초과하는 배관에는 배관용 밸브를 설치할 수 있다.
② 배관이 분기되는 경우에는 주배관에 배관용 밸브를 설치한다.
③ 배관의 관경이 33mm 이상의 것은 3m 마다 고정장치를 한다.
④ 배관의 이음부(용접이음 제외)와 전기 접속기와는 15cm 이상의 거리를 유지한다.

배관 이음부 전기접속기(30cm 이상)
㉠ LPG 도시가스 공급시설
배관이음매 : 전기점멸기, 전기접속기 30cm 이격
㉡ LPG 사용시설
배관 호스이음매 : 전기점멸 전기접속기 30cm 이격
㉢ 도시가스 사용시설
배관 호스이음매 : 전기점멸 전기접속기 15cm 이격

31 수소나 헬륨을 냉매로 사용한 냉동방식으로 실린더 중에 피스톤과 보조 피스톤으로 구성되어 있는 액화 사이클은? **[장치 13]**

① 클로드 공기액화 사이클
② 린데 공기액화 사이클
③ 필립스 공기액화 사이클
④ 캐피자 공기액화 사이클

32 LPG 용기에 사용되는 조정기의 기능으로 가장 옳은 것은? **[설비 26]**

① 가스의 유량조정
② 가스의 유출압력조정
③ 가스의 밀도조정
④ 가스의 유속조정

33 고온배관용 탄소강관의 규격기호는? **[장치 10]**

① SPPH
② SPHT
③ SPLT
④ SPPW

해설
㉠ SPPH(고압배관용 탄소강관)
㉡ SPHT(고온배관용 탄소강관)
㉢ SPLT(저온배관용 탄소강관)
㉣ SPPW(수도용 아연도금강관)

정답 27.① 28.① 29.④ 30.④ 31.③ 32.② 33.②

34 원통형의 관을 흐르는 물의 중심부의 유속을 피토관으로 측정하였더니 정압과 동압의 차가 수주 10m이었다. 이 때 중심부의 유속은 약 몇 [m/s]인가?

① 10　② 14
③ 20　④ 26

속도수두 $H = \frac{V^2}{2g}$ 에서

$V^2 = 2gH$

$\therefore V = \sqrt{2gH} = \sqrt{2 \times 9.8 \times 10} = 14\text{m/s}$

35 보온재 중 안전사용 온도가 가장 높은 것은?

① 글라스 화이버　② 플라스틱 폼
③ 규산칼슘　④ 세라믹 화이버

36 부르동관 압력계 사용 시의 주의사항으로 옳지 않은 것은?

① 사전에 지시의 정확성을 확인하여 둘 것
② 안전장치가 부착된 안전한 것을 사용할 것
③ 온도나 진동, 충격 등의 변화가 적은 장소에서 사용할 것
④ 압력계에 가스를 유입하거나 빼낼 때는 신속히 조작할 것

37 다음 중 공기액화 분리장치의 주요 구성요소가 아닌 것은?

① 공기압축기　② 팽창밸브
③ 열교환기　④ 수취기

수취기(드레인 세퍼레이터) : 산소 가스를 압축하는 배관 중에 설치하여 수분을 제거하는 기구

38 가스관(강관)의 특징으로 틀린 것은?

① 구리관보다 강도가 높고 충격에 강하다.
② 관의 치수가 큰 경우 구리관보다 비경제적이다.
③ 관의 접합작업이 용이하다.
④ 연관이나 주철광에 비해 가볍다.

39 아세틸렌용기의 안전밸브 형식으로 가장 많이 사용되는 것은? **[설비 28]**

① 가용전식　② 파열판식
③ 스프링식　④ 중추식

40 압축된 가스를 단열팽창시키면 온도가 강하하는 것은 어떤 효과에 해당되는가?

① 단열 효과　② 줄-톰슨 효과
③ 서징 효과　④ 블로어 효과

41 땅 속의 애노드에 강제전압을 가하여 피방식 금속제를 캐소드로 하는 전기방식법은?

① 희생양극법
② 외부전원법
③ 선택배류법
④ 강제배류법

42 펌프의 회전수를 1000rpm에서 1200rpm으로 변화시키면 동력은 약 몇 배가 되는가?

① 1.3　② 1.5
③ 1.7　④ 2.0

$$L_{(PS)_2} = L_{(PS)_1} \times \left(\frac{N_2}{N_1}\right)^3$$
$$= L_{(PS)_1} \times \left(\frac{1200}{1000}\right)^3 = 1.7L_{(PS)_1}$$

43 기화기, 혼합기(믹서)에 의해서 기화한 부탄에 공기를 혼합하여 만들어지며, 부탄을 다량 소비하는 경우에 적합한 공급방식은?

① 생가스 공급방식
② 공기혼합 공급방식
③ 자연기화 공급방식
④ 변성가스 공급방식

44 시간당 200톤의 물을 20cm의 내경을 갖는 PVC 파이프로 수송하였다. 관 내의 평균유속은 약 몇 [m/s]인가?

① 0.9　② 1.2
③ 1.8　④ 3.6

정답 34.② 35.④ 36.④ 37.④ 38.② 39.① 40.② 41.② 42.③ 43.② 44.③

$Q = 200\text{t/hr} = 200\text{m}^3/3600\text{s}$

$D = 20\text{cm} = 0.2\text{m}$

$$\therefore\ V = \frac{Q}{\frac{\pi}{4}D^2} = \frac{(200\text{m}^3/3600\text{s})}{\frac{\pi}{4}\times(0.2\text{m})^2} = 1.76 \fallingdotseq 1.8\text{m/s}$$

45 수소(H_2)가스 분석 방법으로 가장 적당한 것은?

① 파라듐관 연소법
② 헴펠법
③ 황산바륨 침전법
④ 흡광광도법

파라듐관 연소법 : 10% 파라듐 석면 0.1~0.2g을 넣은 파라듐관(80℃ 정도 유지)에 시료 가스와 적당량의 O_2를 통하여 연소시키면 연소 전후 체적차 2/3 수소량이 된다. 이 때 C_nH_{2n+2}는 변화하지 않으므로 H_2량이 산출된다.

46 다음 중 주로 부가(첨가)반응을 하는 가스는?

① CH_4 ② C_2H_2
③ C_3H_8 ④ C_4H_{10}

해설

탄화수소의 일반식

구 분	일반식	해당 반응
알칸족	C_nH_{2n+2}	치환
알켄족	C_nH_{2n}	첨가(부가)반응
알킨족	C_nH_{2n-2}	첨가(부가)반응

47 다음 [보기]와 같은 성질을 갖는 것은?

[보기]
- 공기보다 무거워서 누출 시 낮은 곳에 체류한다.
- 기화 및 액화가 용이하며, 발열량이 크다.
- 증발잠열이 크기 때문에 냉매로 이용된다.

① O_2 ② CO
③ LPG ④ C_2H_4

48 다음 중 공기보다 가벼운 가스는?

① O_2 ② SO_2
③ H_2 ④ CO_2

49 다음 중 무색투명한 액체로 특유의 복숭아 향과 같은 취기를 가진 독성 가스는?

① 포스겐 ② 일산화탄소
③ 시안화수소 ④ 산화에틸렌

50 일반적으로 기체에 있어서 정압비열과 정적비열과의 관계는?

① 정적비열=정압비열
② 정적비열=2×정압비열
③ 정적비열>정압비열
④ 정적비열<정압비열

$C_P > C_V$, $K = \dfrac{C_P}{C_V}$ 이고 $K > 1$이다.

51 다음 중 표준상태에서 비점이 가장 높은 것은?

① 나프타 ② 프로판
③ 에탄 ④ 부탄

비등점

가스명	비등점(℃)
나프타	200
프로판	−42
에탄	−88.5
부탄	−0.5

52 다음 중 표준대기압에 해당되지 않는 것은?

① 760mmHg ② 14.7PSI
③ 0.101MPa ④ 1013bar

해설

1atm = 760mmHg = 14.7PSI
= 0.101325MPa = 1.013bar

53 열역학적 계(system)가 주위와의 열교환을 하지 않고 진행되는 과정을 무슨 과정이라고 하는가?

① 단열과정 ② 등온과정
③ 등압과정 ④ 등적과정

단열 : 압축 전후 전혀 열의 출입이 없는 과정

정답 45.① 46.② 47.③ 48.③ 49.③ 50.④ 51.① 52.④ 53.①

54 프로판가스 60mol%, 부탄가스 40mol%의 혼합가스 1mol을 완전연소시키기 위하여 필요한 이론공기량은 약 몇 [mol]인가? (단, 공기 중 산소는 21mol%이다.)

① 17.7 ② 20.7
③ 23.7 ④ 26.7

해설
㉠ $C_3H_8 + 5O_2 \rightarrow 3CO_2 + 4H_2O$이므로
C_3H_8의 산소의 몰수 5×0.6
㉡ $C_4H_{10} + 6.5O_2 \rightarrow 4CO_2 + 5H_2O$이므로
C_4H_{10}의 산소의 몰수 6.5×0.4

∴ 공기의 몰수는 $\{(5\times0.6)+(6.5\times0.4)\}\times\frac{1}{0.21}$
$=26.7\text{mol}$

공기 중 산소는 21%이므로 공기×0.21=산소
산소×$\frac{1}{0.21}$=공기이다.

55 메탄 95% 및 에탄 5%로 구성된 천연가스 $1m^3$의 진발열량은 약 몇 [kcal]인가? (단, 표준상태에서 메탄의 진발열량 8124cal/L, 에탄은 14602cal/L이다.)

① 8151 ② 8242
③ 8353 ④ 8448

해설
$cal/L = kcal/m^3$이므로
$8124kcal/m^3 \times 0.95 + 14602kcal/m^3 \times 0.05$
$= 8448kcal/m^3$

56 염소에 대한 설명 중 틀린 것은?

① 상온 · 상압에서 황록색의 기체로 조연성이 있다.
② 강한 자극성의 취기가 있는 독성 기체이다.
③ 수소와 염소의 등량 혼합 기체를 염소폭명기라 한다.
④ 건조상태의 상온에서 강재에 대하여 부식성을 갖는다.

해설
염소
㉠ 수분 함유 시 : 급격히 부식이 일어남
㉡ 수분이 없는 건조상태 : 부식이 일어나지 않음

57 다음 LNG와 SNG에 대한 설명으로 옳은 것은?

① 액체상태의 나프타를 LNG라 한다.
② SNG는 대체천연가스 또는 합성천연가스를 말한다.
③ LNG는 액화석유가스를 말한다.
④ SNG는 각종 도시가스의 총칭이다.

해설
㉠ LNG : 액화천연가스
㉡ SNG : 대체 또는 합성천연가스

58 다음 비열에 대한 설명 중 틀린 것은?

① 단위는 kcal/kg · ℃이다.
② 비열이 크면 열용량도 크다.
③ 비열이 크면 온도가 빨리 상승한다.
④ 구리(銅)는 물보다 비열이 작다.

해설
비열이 큰 물질일수록 빨리 더워지거나 빨리 식어지지 않는다.

59 황화수소에 대한 설명 중 옳지 않은 것은?

① 건조된 상태에서 수은, 동과 같은 금속과 반응한다.
② 무색의 특유한 계란 썩는 냄새가 나는 기체이다.
③ 고농도를 다량으로 흡입할 경우에는 인체에 치명적이다.
④ 농질산, 발연질산 등의 산화제와 심하게 반응한다.

60 기체의 체적이 커지면 밀도는?

① 작아진다.
② 커진다.
③ 일정하다.
④ 체적과 밀도는 무관하다.

해설
가스의 밀도 = $\frac{\text{분자량}}{22.4L}$ 이므로
체적이 커지면
기체의 밀도 = $\frac{\text{질량}}{\text{체적}}$ 이므로
체적이 커지면 밀도는 작아진다.

정답 54.④ 55.④ 56.④ 57.② 58.③ 59.① 60.①

국가기술자격 필기시험문제

2008년 기능사 제2회 필기시험(1부) (2008년 3월 시행)

자격종목	시험시간	문제수	문제형별
가스기능사	**1시간**	**60**	**A**

수험번호		성 명	

01 가연성 물질을 취급하는 설비의 주위라 함은 방류둑을 설치한 가연성 가스 저장탱크에서 당해 방류둑 외면으로부터 몇 [m] 이내를 말하는가? **[안전 70]**

① 5 ② 10
③ 15 ④ 20

해설
가연성 물질 취급설비 주의
㉠ 방류둑 설치 : 방류둑 외면 10m 이내
㉡ 방류둑 미설치 : 당해 저장탱크 20m 이내

02 도시가스의 가스발생설비, 가스정제설비, 가스홀더 등이 설치된 장소 주위에는 철책 또는 철망 등의 경계책을 설치하여야 하는데 그 높이는 몇 [m] 이상으로 하여야 하는가?

① 1 ② 1.5
③ 2.0 ④ 3.0

03 액화가스를 충전하는 탱크는 그 내부에 액면요동을 방지하기 위하여 무엇을 설치하는가? **[안전 62]**

① 방파판 ② 보호판
③ 박강판 ④ 후강판

04 다음 중 용기보관장소에 충전용기를 보관할 때의 기준으로 틀린 것은? **[안전 66]**

① 충전용기와 잔가스용기는 각각 구분하여 보관할 것
② 가연성 가스, 독성 가스 및 산소의 용기는 각각 구분하여 보관할 것
③ 충전용기는 항상 50℃ 이하의 온도를 유지하고 직사광선을 받지 아니하도록 할 것
④ 용기보관장소의 주위 2m 이내에는 화기 또는 인화성 물질이나 발화성 물질을 두지 아니할 것

05 산소없이 분해 폭발을 일으키는 물질이 아닌 것은? **[설비 29]**

① 아세틸렌
② 히드라진
③ 산화에틸렌
④ 시안화수소

시안화수소(산화 폭발, 중합 폭발)

06 차량에 고정된 탱크로부터 가스를 저장탱크에 이송할 때의 작업내용으로 가장 거리가 먼 것은?

① 부근에 화기의 유무를 확인한다.
② 차바퀴 전후를 고정목으로 고정한다.
③ 소화기를 비치한다.
④ 정전기 제거용 접지 코드를 제거한다.

07 다음 중 공기 중에서 폭발범위가 가장 넓은 가스는?

① 황화수소 ② 암모니아
③ 산화에틸렌 ④ 프로판

정답 01.② 02.② 03.① 04.③ 05.④ 06.④ 07.③

가연성 가스 폭발범위

가스명	폭발범위(%)
황화수소	4.3~45
암모니아	15~28
산화에틸렌	3~80
프로판	2.1~9.5

08 고압가스 용기 중 동일차량에 혼합 적재하여 운반하여도 무방한 것은? **[안전 4]**

① 산소와 질소, 탄산가스
② 염소와 아세틸렌, 암모니아 또는 수소
③ 동일차량에 용기의 밸브가 서로 마주보게 적재한 가연성 가스와 산소
④ 충전용기와 위험물안전관리법이 정하는 위험물

09 압축 가연성 가스를 몇 [m^3] 이상을 차량에 적재하여 운반하는 때에 운반책임자를 동승시켜 운반에 대한 감독 또는 지원을 하도록 되어 있는가? **[안전 60]**

① 100　　② 300
③ 600　　④ 1000

10 일산화탄소와 공기의 혼합가스는 압력이 높아지면 폭발범위는 어떻게 되는가?

① 변함없다.
② 좁아진다.
③ 넓어진다.
④ 일정치 않다.

폭발범위와 압력의 관계

가스명	압력상승 시 폭발범위
CO	압력을 올리면 범위가 좁아진다.
H_2	압력을 올리면 초기에는 좁아지다가 어느 한계점에서 다시 넓어진다.
CO, H_2를 제외한 모든 가연성 가스	넓어진다.

11 품질검사 기준 중 산소의 순도측정에 사용되는 시약은? **[안전 36]**

① 동 · 암모니아 시약
② 발연황산 시약
③ 피로카롤 시약
④ 하이드로설파이드 시약

품질검사 시 사용되는 시약의 종류

가스명	사용 시약	검사방법
O_2	동암모니아	오르자트법
H_2	피로카롤 하이드로설파이드	오르자트법
C_2H_2	발연 황산	오르자트법
	브롬 시약	뷰렛법
	질산은 시약	정성시험

12 LP가스 용기 충전시설 중 지상에 설치하는 경우 저장탱크의 주위에는 액상의 LP가스가 유출하지 아니하도록 방류둑을 설치하여야 한다. 다음 중 얼마의 저장량 이상일 때 방류둑을 설치하여야 하는가? **[안전 15]**

① 500톤　　② 1000톤
③ 1500톤　　④ 2000톤

LP가스 방류둑 설치 기준 : 1000t 이상

13 다음 중 독성 가스의 가스설비 배관을 2중관으로 하지 않아도 되는 가스는? **[안전 58]**

① 암모니아　　② 염소
③ 황화수소　　④ 불소

독성 가스 중 이중관으로 설치하는 가스 : 아황산, 암모니아, 염소, 염화메탄, 산화에틸렌, 시안화수소, 포스겐, 황화수소

14 도시가스 사용시설 중 20A 가스관에 대한 고정장치의 간격으로 옳은 것은? **[안전 71]**

① 1m　　② 2m
③ 3m　　④ 5m

배관 고정장치
㉠ 13A 미만 : 1m 마다
㉡ 13~33A : 2m 마다
㉢ 33A 이상 : 3m 마다

정답 08.① 09.② 10.② 11.① 12.② 13.④ 14.②

15 도시가스사업법에서 정한 중압의 기준은?

① 0.1MPa 미만의 압력
② 1MPa 미만의 압력
③ 0.1MPa 이상 1MPa 미만의 압력
④ 1MPa 이상의 압력

고압, 중압, 저압의 기준

가스명	고압(MPa)	중압(MPa)	저압(MPa)
LP가스	0.2 이상	0.01 ~0.2	0.01 미만
도시가스	1 이상	0.1 ~1	0.1 미만

16 다음 중 독성 가스 재해설비를 갖추어야 하는 시설이 아닌 것은?

① 아황산가스 및 암모니아 충전설비
② 염소 및 황화수소 충전설비
③ 프레온가스를 사용한 냉동제조시설 및 충전시설
④ 염화메탄 충전설비

독성 가스 중 재해설비를 갖추어야 하는 독성 가스의 종류 : 아황산, 암모니아, 염소, 염화메탄, 산화에틸렌, 시안화수소, 포스겐, 황화수소
(**아암염염산시포황**)

17 0℃, 1atm에서 4L이었던 기체는 273℃, 1atm일 때 몇 [L]가 되는가?

① 2
② 4
③ 8
④ 12

해설

T_1 : (0+273)=273K
P_1 : 1atm
V_1 : 4L
T_2 : (273+273)=546K
P_2 : 1atm V_2 = ?
샤를의 법칙(압력이 일정)으로

$$\therefore V_2 = \frac{V_1 T_2}{T_1} = \frac{4\times546}{273} = 8\text{L}$$

18 LP가스 설비 중 조정기(Regulator) 사용의 주된 목적은? [설비 26]

① 유량 조절
② 발열량 조절
③ 유속 조절
④ 공급압력 조절

조정기

항 목	내 용
사용목적	공급(유출) 압력조정, 안정된 연소
고장 시 영향	누설, 불완전 연소

19 다음 중 용기밸브의 그랜드 너트의 6각 모서리에 V형의 홈을 낸 것은 무엇을 표시하는가?

① 왼나사임을 표시
② 오른나사임을 표시
③ 암나사임을 표시
④ 수나사임을 표시

20 고압가스 충전용기 파열사고의 직접원인으로 가장 거리가 먼 것은?

① 질소용기 내에 5%의 산소가 존재할 때
② 재료의 불량이나 용기가 부식되었을 때
③ 가스가 과충전되어 있을 때
④ 충전용기가 외부로부터 열을 받았을 때

21 도시가스 공급시설 중 저장탱크 주위의 온도상승방지를 위하여 설치하는 고정식 물분무장치의 단위면적당 방사능력의 기준은? (단, 단열재를 피복한 준내화구조 저장탱크가 아니다.) [안전 74]

① 2.5L/분 · m^2 이상
② 5L/분 · m^2 이상
③ 7.5L/분 · m^2 이상
④ 10L/분 · m^2 이상

정답 15.③ 16.③ 17.③ 18.④ 19.① 20.① 21.②

해설

도시가스 저장설비 물분무장치(KGS Fp 451) (2.3.3.3) 관련

항 목	내 용
저장탱크	물분무장치 설치
시설부근에 화기 대량 취급 가스공급시설	수막 또는 동등 이상 능력의 시설을 설치
전표면 살수량	탱크면적 $1m^2$당 5L/min 분무할 수 있는 고정장치 설치
준내화구조 탱크	탱크면적 $1m^2$당 2.5L/min 분무할 수 있는 고정장치 설치
소화전	㉠ 탱크 외면 40m 이내에서 방사 가능 ㉡ 호스끝 수압 0.35MPa 이상 ㉢ 방수능력 400L/min 이상

22 일산화탄소의 경우 가스누출 검지경보장치의 검지에서 발신까지 걸리는 시간은 경보농도의 1.6배 농도에서 몇 초 이내로 규정되어 있는가? **[안전 18]**

① 10　　② 20
③ 30　　④ 60

가스누출 시 검지에서 발신까지 걸리는 시간

가스명	시 간
CO, NH_3	1분
그 밖의 가스	30초

※ CO, NH_3는 하한치가 높아 연소범위 이내로 진입 시 타 가스에 비해 소요시간이 걸림

23 다음 중 운전 중의 제조설비에 대한 일일 점검항목이 아닌 것은?

① 회전기계의 진동, 이상음, 이상온도 상승
② 인터록의 작동
③ 제조설비 등으로부터의 누출
④ 제조설비의 조업조건의 변동상황

24 가스중독의 원인이 되는 가스가 아닌 것은?

① 시안화수소　　② 염소
③ 아황산가스　　④ 수소

해설

수소는 독성 가스가 아님

25 겨울철 LP가스 용기에 서릿발이 생겨 가스가 잘 나오지 않을 경우 가스를 사용하기 위한 가장 적절한 조치는?

① 연탄불로 쪼인다.
② 용기를 힘차게 흔든다.
③ 열습포를 사용한다.
④ 90℃ 정도의 물을 용기에 붓는다.

해설

용기를 녹이는 방법
㉠ 열습포(더운 물수건) 사용
㉡ 40℃ 이하 온수 사용

26 다음 중 고압가스를 차량으로 운반할 때 몇 [km] 이상의 거리를 운행하는 경우에 중간에 휴식을 취한 후 운행하도록 되어 있는가?

① 100　　② 200
③ 300　　④ 400

27 다음 중 천연가스 지하매설 배관의 퍼지용으로 주로 사용되는 가스는?

① H_2　　② Cl_2
③ N_2　　④ O_2

28 고압가스 특정제조의 플레어스택 설치 기준에 대한 설명이 아닌 것은?

① 가연성 가스가 플레어스택에 항상 10% 정도 머물 수 있도록 그 높이를 결정하여 시설한다.
② 플레어스택에서 발생하는 복사열이 다른 시설에 영향을 미치지 않도록 안전한 높이와 위치에 설치한다.
③ 플레어스택에서 발생하는 최대열량에 장시간 견딜 수 있는 재료와 구조이어야 한다.
④ 파일럿 버너를 항상 점화하여 두는 등 플레어스택에 관련된 폭발을 방지하기 위한 조치를 한다.

정답 22.④ 23.② 24.④ 25.③ 26.② 27.③ 28.①

해설

플레어스택(KGS Fp 111) (2.7.5.3)

항 목	세부 핵심 내용
개요	긴급이송설비로 이송되는 가스를 안전하게 연소시킬 수 있는 것
발생복사열	타 제조설비에 나쁜 영향을 미치지 아니하도록 안전한 높이 및 위치에 설치
폭발방지조치	파일럿 버너를 항상 점화하여 두는 등의 조치
복사열	$4000kcal/m^2h$ 이하
역화 및 공기와 혼합 폭발방지하기 위한 시설	㉠ Liquid seal 설치 ㉡ Flame Arrestor 설치 ㉢ Vapor seal 설치 ㉣ Purge gas 주입 ㉤ Molecular 설치

29 액화석유가스를 자동차에 충전하는 충전호스의 길이는 몇 [m] 이내이어야 하는가? (단, 자동차 제조공정 중에 설치된 것을 제외한다.)

① 3 ② 5
③ 8 ④ 10

30 선박용 액화석유가스 용기의 표시방법으로 옳은 것은?

① 용기의 상단부에 폭 2cm의 황색띠를 두 줄로 표시한다.
② 용기의 상단부에 폭 2cm의 백색띠를 두 줄로 표시한다.
③ 용기의 상단부에 폭 5cm의 황색띠를 두 줄로 표시한다.
④ 용기의 상단부에 폭 5cm의 백색띠를 두 줄로 표시한다.

31 다음 중 고압가스용 금속재료에서 내질화성(耐窒化性)을 증대시키는 원소는?

① Ni ② Al
③ Cr ④ Mo

질소가스
㉠ 부식명 : 질화
㉡ 질화 방지 금속 : Ni

32 나사압축기에서 수로터 직경 150mm, 로터 길이 100mm, 수로터 회전수 350rpm이라고 할 때 이론적 토출량은 약 몇 [m^3/min]인가? (단, 로터 형상에 의한 계수(C_v)는 0.476이다.)

① 0.11 ② 0.21
③ 0.37 ④ 0.47

나사압축기 이론적 토출량

$Q = C_V \times D^2 \times L \times N$

여기서, $C_V = 0.476$
$D = 0.15m$
$L = 0.1m$
$N = 350rpm$이므로

$\therefore Q = 0.476 \times (0.15m)^2 \times 0.1m \times 350$
$= 0.37m^3/min$

33 가스버너의 일반적인 구비조건으로 옳지 않은 것은?

① 화염이 안정될 것
② 부하조절비가 적을 것
③ 저공기비로 완전연소할 것
④ 제어하기 쉬울 것

34 다음 중 비접촉식 온도계에 해당하는 것은? **[장치 3]**

① 열전온도계
② 압력식 온도계
③ 광고온도계
④ 저항온도계

해설

온도계	종 류	
접촉식	유리제	수은, 알코올, 베크만
	전기저항, 열전대, 압력식	
비접촉식	광고, 광전관, 색 복사	

35 다음 흡수분석법 중 오르자트법에 의해서 분석되는 가스가 아닌 것은? **[장치 6]**

① CO_2 ② C_2H_6
③ O_2 ④ CO

정답 29.② 30.② 31.① 32.③ 33.② 34.③ 35.②

36 다음 중 정유가스(off 가스)의 주성분은?

① H_2+CH_4　② CH_4+CO
③ H_2+CO　④ $CO+C_3H_8$

37 다음 중 주철관에 대한 접합법이 아닌 것은?

① 기계적 접합　② 소켓 접합
③ 플레어 접합　④ 빅토릭 접합

플레어 접합(동관의 접합)

38 다음 중 저압식 공기액화 분리장치에서 사용되지 않는 장치는?

① 여과기　② 축냉기
③ 액화기　④ 중간냉각기

중간냉각기(고압식 공기액화 분리장치)

39 흡수식 냉동기에서 냉매로 물을 사용할 경우 흡수제로 사용하는 것은?

① 암모니아　② 사염화에탄
③ 리튬브로마이드　④ 파라핀유

흡수식 냉동장치

냉 매	흡수제
NH_3	물(H_2O)
H_2O	LiBr(리튬브로마이드)

40 다음 유량계 중 간접 유량계가 아닌 것은 어느 것인가? **[장치 16]**

① 피토관　② 오리피스미터
③ 벤투리미터　④ 습식 가스미터

41 LPG, 액화가스와 같은 저비점의 액체에 가장 적합한 펌프의 축봉장치는?

① 싱글 시일형　② 더블 시일형
③ 언밸런스 시일형　④ 밸런스 시일형

42 가스액화 분리장치 중 축냉기에 대한 설명으로 틀린 것은?

① 열교환기이다.
② 수분을 제거시킨다.
③ 탄산가스를 제거시킨다.
④ 내부에는 열용량이 적은 충전물이 들어있다.

43 공기액화분리기 내의 CO_2를 제거하기 위해 NaOH 수용액을 사용한다. 1.0kg의 CO_2를 제거하기 위해서는 약 몇 [kg]의 NaOH를 가해야 하는가?

① 0.9　② 1.8
③ 3.0　④ 3.8

$2NaOH+CO_2 \rightarrow Na_2CO_3+H_2O$
$x(\text{kg}) : 1.0\text{kg}$
$2\times 40\text{kg} : 44\text{kg}$
$\therefore x=\dfrac{2\times 40\times 1.0}{44}=1.82$

44 펌프의 캐비테이션 발생에 따라 일어나는 현상이 아닌 것은? **[설비 7]**

① 양정곡선이 증가한다.
② 효율곡선이 저하한다.
③ 소음과 진동이 발생한다.
④ 깃에 대한 침식이 발생한다.

45 LP가스를 자동차용 연료로 사용할 때의 특징에 대한 설명 중 틀린 것은?

① 완전연소가 쉽다.
② 배기가스에 독성이 적다.
③ 기관의 부식 및 마모가 적다.
④ 시동이나 급가속이 용이하다.

LP가스를 자동차 연료로 사용 시

구 분	내 용
장점	㉠ 경제적이다. ㉡ 완전 연소한다. ㉢ 공해가 적다. ㉣ 엔진수명이 연장된다.
단점	㉠ 용기의 무게와 장소가 필요하다. ㉡ 누설가스가 차내에 들어오지 않도록 밀폐시켜야 한다. ㉢ 급속한 가속은 곤란하다.

정답 36.① 37.③ 38.④ 39.③ 40.④ 41.④ 42.④ 43.② 44.① 45.④

46 진공압이 57cmHg일 때 절대압력은? (단, 대기압은 760mmHg이다.) [설비 2]

① $0.19kg/cm^2a$
② $0.26kg/cm^2a$
③ $0.31kg/cm^2a$
④ $0.38kg/cm^2a$

절대압력=대기압력−진공압력
760−570=190mmHg
$\therefore \frac{190}{760} \times 1.033 = 0.258kg/cm^2$

47 다음 온도의 환산식 중 틀린 것은? [설비 19]

① $°F = 1.8℃ + 32$
② $℃ = \frac{5}{9}(°F - 32)$
③ $°R = 460 + °F$
④ $°R = \frac{5}{9}K$

$°R = 1.8K = \frac{9}{5}K$

48 다음 암모니아에 대한 설명 중 틀린 것은?

① 무색무취의 가스이다.
② 암모니아가 분해하면 질소와 수소가 된다.
③ 물에 잘 용해된다.
④ 유안 및 요소의 제조에 이용된다.

49 다음 [보기]와 같은 반응은 어떤 반응인가?

[보기]
• $CH_4 + Cl_2 \rightarrow CH_3Cl + HCl$
• $CH_3Cl + Cl_2 \rightarrow CH_2Cl_2 + HCl$

① 첨가 ② 치환
③ 중합 ④ 축합

탄화수소 일반식 및 반응 종류

구 분	일반식	반응의 종류
알칸족	C_nH_{2n+2}	치환
알켄족	C_nH_{2n}	첨가(부가)
알킨족	C_nH_{2n-2}	첨가(부가)

50 에틸렌(C_2H_4)이 수소와 반응할 때 일으키는 반응은?

① 환원반응 ② 분해반응
③ 제거반응 ④ 첨가반응

불포화 탄화수소(알켄, 알킨)(C_nH_{2n}, C_nH_{2n-2}) : 첨가 또는 부가 반응

51 파라핀계 탄화수소 중 가장 간단한 형의 화합물로서 불순물을 전혀 함유하지 않는 도시가스의 원료는?

① 액화천연가스
② 액화석유가스
③ off 가스
④ 나프타

LNG(액화천연가스)
천연가스(NG)를 액화 전 제진, 제습, 탈습, 탈탄산, 탈황 등의 정제 과정을 거쳐 액화하므로 LNG에서 기화된 천연가스를 불순물을 함유하지 않은 청정연료라 한다.

52 다음 중 1기압(1atm)과 같지 않은 것은?

① 760mmHg
② 0.9807bar
③ $10.332mH_2O$
④ 101.3kPa

$1atm = 760mmHg = 1.013bar$
$= 10.332mH_2O = 101.3kPa$

53 다음 비열(specific heat)에 대한 설명 중 틀린 것은?

① 어떤 물질 1kg을 1℃ 변화시킬 수 있는 열량이다.
② 일반적으로 금속은 비열이 작다.
③ 비열이 큰 물질일수록 온도의 변화가 쉽다.
④ 물의 비열은 약 1kcal/kg · ℃이다.

비열이 큰 물질일수록 쉽게 뜨거워지지도 않고 쉽게 식지도 않는다.

정답 46.② 47.④ 48.① 49.② 50.④ 51.① 52.② 53.③

54 다음 산소에 대한 설명 중 틀린 것은?

① 폭발한계는 공기 중 비교하면 산소 중에서는 현저하게 넓어진다.
② 화학반응에 사용하는 경우에는 산화물이 생성되어 폭발의 원인이 될 수 있다.
③ 산소는 치료의 목적으로 의료계에 널리 이용되고 있다.
④ 환원성을 이용하여 금속제련에 사용한다.

55 다음 중 수소(H_2)에 대한 설명으로 옳은 것은 어느 것인가?

① 3중 수소는 방사능을 갖는다.
② 밀도가 크다.
③ 금속재료를 취하시키지 않는다.
④ 열전달률이 아주 작다.

H_2
㉠ 가스 중 최소의 밀도
㉡ 고온고압에서 수소취성을 일으킨다.
㉢ 열전달률이 매우 높다.

56 다음 탄화수소에 대한 설명 중 틀린 것은 어느 것인가?

① 외부의 압력이 커지게 되면 비등점은 낮아진다.
② 탄소 수가 같을 때 포화탄화수소는 불포화탄화수소보다 비등점이 높다.
③ 이성체 화합물에서는 normal은 iso보다 비등점이 높다.
④ 분자 중 탄소 원자 수가 많아질수록 비등점은 높아진다.

① 압력이 높아지면 비등점이 높아진다.

57 프로판가스 1kg의 기화열은 약 몇 [kcal]인가?

① 75　② 92
③ 102　④ 539

58 산소용기에 부착된 압력계의 읽음이 10kgf/cm^{2}이었다. 이 때 절대압력은 몇 [kgf/cm^2]인가? (단, 대기압은 1.033kgf/cm^{2}이다.)

① 1.033　② 8.967
③ 10　④ 11.033

압력계 읽음(게이지압력)=10kg/cm^2
∴ 절대압력=대기압력+게이지압력
=1.033+10=11.033kg/cm^2

59 다음 중 일반적인 석유정제 과정에서 발생되지 않는 가스는?

① 암모니아　② 프로판
③ 메탄　④ 부탄

석유정제 과정에서 발생되는 가스 : 탄화수소이다.

60 다음 아세틸렌에 대한 설명 중 틀린 것은?

① 연소 시 고열을 얻을 수 있어 용접용으로 쓰인다.
② 압축하면 폭발을 일으킨다.
③ 2중 결합을 가진 불포화탄화수소이다.
④ 구리, 은과 반응하여 폭발성의 화합물을 만든다.

해설

아세틸렌 구조식

H−C ≡ C−H
↑
3중 결합을 가진다.

정답 54.④ 55.① 56.① 57.③ 58.④ 59.① 60.③

국가기술자격 필기시험문제

2008년 기능사 제4회 필기시험(1부) (2008년 7월 시행)

자격종목	시험시간	문제수	문제형별
가스기능사	**1시간**	**60**	**A**

수험번호		성 명	

01 가스용기의 취급 및 주의사항에 대한 설명 중 틀린 것은?

① 충전 시 용기는 용기 재검사 기간이 지나지 않았는지를 확인한다.
② LPG 용기나 밸브를 가열할 때는 뜨거운 물(40℃ 이상)을 사용해야 한다.
③ 충전한 후에는 용기밸브의 누출 여부를 확인한다.
④ 용기 내에 잔류물이 있을 때에는 잔류물을 제거하고 충전한다.

② 40℃ 이하의 더운물 사용

02 LP가스 설비를 수리할 때 내부의 LP가스를 질소 또는 물로 치환하고, 치환에 사용된 가스나 액체를 공기로 재치환하여야 하는데, 이 때 공기에 의한 재치환 결과가 산소농도 측정기로 측정하여 산소농도가 얼마의 범위 내에 있을 때까지 공기로 재치환하여야 하는가?

① 4~6%
② 7~11%
③ 12~16%
④ 18~22%

설비 내 가스별 치환 후의 농도

가 스	치환농도
독성	TLV-TWA 허용농도 이하
가연성	폭발하한의 1/4 이하
산소	18% 이상 22% 이하

03 가스사용시설의 배관을 움직이지 아니하도록 고정부착하는 조치에 대한 설명 중 틀린 것은? **[안전 71]**

① 관경이 13mm 미만의 것에는 1000mm 마다 고정부착하는 조치를 해야 한다.
② 관경이 33mm 이상의 것에는 3000mm 마다 고정부착하는 조치를 해야 한다.
③ 관경이 13mm 이상 33m 미만의 것에는 2000mm 마다 고정부착하는 조치를 해야 한다.
④ 관경이 43mm 이상의 것에는 4000mm 마다 고정부착하는 조치를 해야 한다.

04 내용적이 300L인 용기에 액화암모니아를 저장하려고 한다. 이 저장설비의 저장능력은 얼마인가? (단, 액화암모니아의 충전정수는 1.86이다.)

① 161kg ② 232kg
③ 279kg ④ 558kg

액화가스 용기의 저장능력

$W=\frac{V}{C}=\frac{300}{1.86}=161\text{kg}$

05 도시가스 공급 배관에서 입상관의 밸브는 바닥으로부터 몇 [m] 범위로 설치하여야 하는가?

① 1m 이상, 1.5m 이내
② 1.6m 이상, 2m 이내
③ 1m 이상, 2m 이내
④ 1.5m 이상, 3m 이내

정답 01.② 02.④ 03.④ 04.① 05.②

06 다음 가스의 저장시설 중 반드시 통풍구조로 하여야 하는 곳은?

① 산소 저장소 ② 질소 저장소
③ 헬륨 저장소 ④ 부탄 저장소

공기보다 무거운 가연성 가스 저장실은 자연환기(통풍구) 시설을 갖추고 자연 환기시설 설치 불가능일 시 강제 환기시설을 갖추어야 한다.

07 다음 중 독성 가스 제조시설 식별표지의 글씨 색상은? (단, 가스의 명칭은 제외한다.) **[안전 26]**

① 백색 ② 적색
③ 노란색 ④ 흑색

표지 종류	바탕색	글자색	적색으로 표시
위험표지	백색	흑색	주의
식별표지	백색	흑색	가스명칭

08 다음 독성 가스 중 제독제로 물을 사용할 수 없는 것은? **[안전 22]**

① 암모니아 ② 아황산가스
③ 염화메탄 ④ 황화수소

제독제로 물을 사용할 수 있는 독성 가스
암모니아, 염화메탄, 산화에틸렌, 아황산
④ 황화수소 : 가성소다수용액, 탄산소다수용액

09 다음 중 공기액화 분리장치에서 발생할 수 있는 폭발의 원인으로 볼 수 없는 것은 어느 것인가? **[장치 14]**

① 액체공기 중에 산소의 혼입
② 공기취입구에서 아세틸렌의 침입
③ 윤활유 분해에 의한 탄화수소의 생성
④ 산화질소(NO), 과산화질소(NO_2)의 혼입

공기액화 분리장치에서 폭발원인이 되는 가스
C_2H_2, O_3, 탄화수소, 질소화합물

10 일반 도시가스 공급시설의 시설기준으로 틀린 것은? **[안전 2]**

① 가스공급시설을 설치하는 실(제조소 및 공급소 내에 설치된 것에 한함)은 양호한 통풍구조로 한다.
② 제조소 또는 공급소에 설치한 가스가 통하는 가스공급시설의 부근에 설치하는 전기설비는 방폭성능을 가져야 한다.
③ 가스방출관의 방출구는 지면으로부터 5m 이상의 높이로 설치하여야 한다.
④ 고압 또는 중압의 가스공급시설은 최고사용압력의 1.1배 이상의 압력으로 실시하는 내압시험에 합격해야 한다.

T_P = 최고사용압력 × 1.5배 이상

11 산화에틸렌의 충전 시 산화에틸렌의 저장탱크는 그 내부의 분위기 가스를 질소 또는 탄산가스로 치환하고 몇 [℃] 이하로 유지하여야 하는가?

① 5 ② 15
③ 40 ④ 60

12 LP가스의 용기보관실 바닥면적이 $3m^2$라면 통풍구의 크기는 몇 [cm^2] 이상으로 하도록 되어 있는가?

① 500 ② 700
③ 900 ④ 1,100

$1m^2 = 10^4 cm^2$이므로
$3m^2 = 3 \times 10^4 cm^2$
통풍구의 크기는 바닥면적의 3%이므로
$\therefore\ 3 \times 10^4 \times 0.03 = 900 cm^2$

13 고압가스 품질검사에서 산소의 경우 동·암모니아 시약을 사용한 오르자트법에 의한 시험에서 순도가 몇 [%] 이상이어야 하는가? **[안전 36]**

① 98 ② 98.5
③ 99 ④ 99.5

품질검사 대상가스의 순도
㉠ 산소 : 99.5%
㉡ 수소 : 98.5%
㉢ 아세틸렌 : 98% 이상

정답 06.④ 07.④ 08.④ 09.① 10.④ 11.① 12.③ 13.④

14 다음 각 가스의 위험성에 대한 설명 중 틀린 것은?

① 가연성 가스의 고압 배관밸브를 급격히 열면 배관 내의 철, 녹 등이 급격히 움직여 발화의 원인이 될 수 있다.
② 염소와 암모니아가 접촉할 때, 염소과잉의 경우는 대단히 강한 폭발성 물질인 NCl_3를 생성하여 사고발생의 원인이 된다.
③ 아르곤은 수은과 접촉하면 위험한 성질인 아르곤수은을 생성하여 사고발생의 원인이 된다.
④ 암모니아용의 장치나 계기로서 구리나 구리합금을 사용하면 금속이온과 반응하여 착이온을 만들어 위험하다.

Ar(아르곤)은 불연성 : 폭발 우려가 없음

15 아세틸렌 용기에 다공질 물질을 고루 채운 후 아세틸렌을 충전하기 전에 침윤시키는 물질은? **[안전 11]**

① 알코올 ② 아세톤
③ 규조토 ④ 탄산마그네슘

C_2H_2 용기에 충전하는 물질

구 분	종 류
용제	아세톤, DMF
다공물질	석면, 규조토, 목탄, 석회, 탄산마그네슘, 다공성 플라스틱

16 액화석유가스가 공기 중에 누출 시 그 농도가 몇 [%]일 때 감지할 수 있도록 냄새가 나는 물질(부취제)을 섞는가? **[안전 55]**

① 0.1 ② 0.5
③ 1 ④ 2

17 탄화수소에서 탄소의 수가 증가할 때 생기는 현상으로 틀린 것은?

① 증기압이 낮아진다.
② 발화점이 낮아진다.
③ 비등점이 낮아진다.
④ 폭발하한계가 낮아진다.

탄화수소에서 탄소 수 증가 시 현상

항 목	현 상
비등점	높아진다.
폭발범위	좁아진다.
폭발하한	낮아진다.
증기압	낮아진다.

18 압축 또는 액화 그 밖의 방법으로 처리 할 수 있는 가스의 용적이 1일 $100m^3$ 이상인 사업소는 압력계를 몇 개 이상 비치하도록 되어 있는가?

① 1
② 2
③ 3
④ 4

19 다음 중 아세틸렌, 암모니아 또는 수소와 동일차량에 적재 운반할 수 없는 가스는 어느 것인가? **[안전 4]**

① 염소
② 액화석유가스
③ 질소
④ 일산화탄소

20 다음 각 가스의 성질에 대한 설명으로 옳은 것은?

① 산화에틸렌은 분해 폭발성 가스이다.
② 포스겐의 비점은 −128℃로서 매우 낮다.
③ 염소는 가연성 가스로서 물에 매우 잘 녹는다.
④ 일산화탄소는 가연성이며, 액화하기 쉬운 가스이다.

㉠ C_2H_4O : 분해 폭발, 중합 폭발, 산화 폭발
㉡ $COCl_2$(포스겐) : 비등점 8.3℃
㉢ Cl_2(염소) : 독성 가스, 조연성 가스
㉣ CO(일산화탄소) : 압축가스, 가연성 가스

정답 14.③ 15.② 16.① 17.③ 18.② 19.① 20.①

21 용기 또는 용기밸브에 안전밸브를 설치하는 이유는?

① 규정량 이상의 가스를 충전시켰을 때 여분의 가스를 분출하기 위해
② 용기 내 압력이 이상 상승 시 용기 파열을 방지하기 위해
③ 가스출구가 막혔을 때 가스출구로 사용하기 위해
④ 분석용 가스출구로 사용하기 위해

22 다음 중 연소기구에서 발생할 수 있는 역화(back fire)의 원인이 아닌 것은? **[장치 7]**

① 염공이 적게 되었을 때
② 가스의 압력이 너무 낮을 때
③ 콕이 충분히 열리지 않았을 때
④ 버너 위에 큰 용기를 올려서 장시간 사용할 경우

해설

① 염공이 크게 되었을 때

역 화	선 화
㉠ 염공이 크게 ㉡ 가스 공급압력 낮게 ㉢ 노즐구멍이 클 때 ㉣ 버너 가열 시	㉠ 공급압력 높을 때 ㉡ 염공이 적을 때 ㉢ 노즐구멍이 작을 때

23 방류둑의 내측 및 그 외면으로부터 몇 [m] 이내에 그 저장탱크의 부속설비 외의 것을 설치하지 못하도록 되어 있는가?

① 10 ② 20
③ 30 ④ 50

24 도시가스 지하매설용 중압 배관의 색상은 어느 것인가? **[안전 153]**

① 황색 ② 적색
③ 청색 ④ 흑색

해설

가스배관의 도색

구 분		도 색
지상배관		황색
매몰배관	저압	황색
	중압 이상	적색

25 고압가스 특정제조시설 중 비가연성 가스의 저장탱크는 몇 [m^3] 이상일 경우에 지진 영향에 대한 안전한 구조로 설계하여야 하는가? **[안전 72]**

① 5 ② 250
③ 500 ④ 1000

해설

내진설계 시공기준
㉠ 가연성, 독성 : 5t, 500m^3 이상
㉡ 비가연성, 비독성 : 10t, 1000m^3 이상
(액화가스 : ton, 압축가스 : m^3 단위)

가스시설 내진설계 기준(KGS Gc 203)

항 목		간추린 핵심 내용	
용어	내진 설계설비	저장탱크, 가스홀더, 응축기, 수액기, 탑류, 압축기, 펌프, 기화기, 열교환기, 냉동설비, 가열설비, 계량설비, 정압설비와 지지구조물	
	활성단층	현재 활동 중이거나 과거 5년 이내 전단파괴를 일으킨 흔적이 있다고 입증된 단층	
내진 등급	설비의 손상 기능 상실이 사업소 경계 밖에 있는 공공의 생명재산	㉠ 막대한 피해 초래 ㉡ 사회의 정상적 기능유지에 심각한 지장을 가져옴	특등급
		㉠ 상당한 피해 초래	1등급
		㉡ 경미한 피해 초래	2등급
1종 독성 가스(허용농도 1ppm 이하)		염소, 시안화수소, 이산화질소, 불소, 포스겐	
2종 독성 가스(허용농도 1ppm 초과 10ppm 이하)		염화수소, 삼불화붕소, 이산화유황, 불화수소, 브롬화메틸, 황화수소	

내진설계 적용 대상 시설

법령구분		보유능력	대상 시설물
고법 적용 시설	독성, 가연성	5t, 500m^3 이상	㉠ 저장탱크(지하 제외) ㉡ 압력용기(반응, 분리, 정제, 증류 등을 행하는 탑류) 동체부 높이 5m 이상인 것
	비독성 비가연성	10t, 1000m^3 이상	
	세로방향 설치 동체 길이 5m 이상		원통형 응축기 및 내용적 5000L 이상 수액기와 지지구조물
액법 도법 적용 시설	3t, 300m^3 이상		저장탱크 가스홀더의 연결부와 지지구조물
그 밖의 도법 적용 시설	5t, 500m^3 이상		고정식 압축도시가스 충전시설, 고정식 압축도시가스 자동차충전시설, 이동식 압축도시가스 자동차충전시설, 액화도시가스 자동차충전시설

정답 21.② 22.① 23.① 24.② 25.④

26 독성 가스의 저장탱크에는 가스의 용량이 그 저장탱크 내용적으로 90%를 초과하는 것을 방지하는 장치를 설치하여야 한다. 이 장치를 무엇이라고 하는가?

① 경보장치
② 액면계
③ 긴급차단장치
④ 과충전방지장치

27 고압가스 운반 등의 기준으로 틀린 것은?

① 고압가스를 운반하는 때에는 재해방지를 위하여 필요한 주의사항을 기재한 서면을 운전자에게 교부하고 운전 중 휴대하게 한다.
② 차량의 고장, 교통사정 또는 운전자의 휴식 등 부득이한 경우를 제외하고는 장시간 정차하여서는 안 된다.
③ 고속도로 운행 중 점심식사를 하기 위해 운반책임자와 운전자가 동시에 차량을 이탈할 때에는 시건장치를 하여야 한다.
④ 지정한 도로, 시간, 속도에 따라 운반하여야 한다.

해설
고압가스 운행 중 조치(KGS 206) (2.1.4.2.8)
고압가스를 적재하여 운반하는 차량은 차량의 고장, 교통사정, 운반책임자 또는 운전자의 휴식 등 부득이한 경우를 제외하고 장시간 정차하여서는 안 되며 운반책임자, 운전자는 동시에 차량에서 이탈하지 아니한다.

28 다음 가스 중 착화온도가 가장 낮은 것은?

① 메탄 ② 에틸렌
③ 아세틸렌 ④ 일산화탄소

해설
가스별 착화온도

가 스	착화온도(℃)
메탄	537
에틸렌	450
아세틸렌	299
일산화탄소	605

29 다음 중 보일러 중독사고의 주원인이 되는 가스는?

① 이산화탄소 ② 일산화탄소
③ 질소 ④ 염소

30 산소운반 차량에 고정된 탱크의 내용적은 몇 [L]를 초과할 수 없는가? **[안전 12]**

① 12000 ② 18000
③ 24000 ④ 30000

㉠ LPG를 제외한 가연성 산소 : 18000L 이상 초과 금지
㉡ NH_3를 제외한 독성 : 12000L 이상 초과 금지

31 펌프를 운전할 때 송출압력과 송출유량이 주기적으로 변동하여 펌프의 토출구 및 흡입구에서 압력계의 지침이 흔들리는 현상을 무엇이라고 하는가?

① 맥동(Surging)현상
② 진동(Vibration)현상
③ 공동(Cavitation)현상
④ 수격(Water Hammering)현상

32 다음 중 왕복식 펌프에 해당하는 것은 어느 것인가? **[설비 9]**

① 기어 펌프 ② 베인 펌프
③ 터빈 펌프 ④ 플런저 펌프

33 다음 배관 부속품 중 관 끝을 막을 때 사용하는 것은?

① 소켓 ② 캡
③ 니플 ④ 엘보

34 다음 중 흡수분석법의 종류가 아닌 것은 어느 것인가? **[장치 6]**

① 헴펠법
② 활성알루미나겔법
③ 오르자트법
④ 게겔법

정답 26.④ 27.③ 28.③ 29.② 30.② 31.① 32.④ 33.② 34.②

35 다이어프램식 압력계의 특징에 대한 설명 중 틀린 것은?

① 정확성이 높다.
② 반응속도가 빠르다.
③ 온도에 따른 영향이 적다.
④ 미소압력을 측정할 때 유리하다.

36 부하변화가 큰 곳에 사용되는 정압기의 특성을 의미하는 것은? [설비 22]

① 정특성　② 동특성
③ 유량 특성　④ 속도 특성

37 다음 중 저온장치에서 사용되는 저온단열법의 종류가 아닌 것은? [장치 27]

① 고진공 단열법
② 분말진공 단열법
③ 다층진공 단열법
④ 단층진공 단열법

38 루트미터에 대한 설명으로 옳은 것은 어느 것인가? [장치 17]

① 설치공간이 크다.
② 일반 수용가에 적합하다.
③ 스트레이너가 필요없다.
④ 대용량의 가스 측정에 적합하다.

막식, 습식, 루트식 가스미터의 장 · 단점

항목 \ 종류	막식 가스미터	습식 가스미터	루트식 가스미터
장 점	㉠ 미터 가격이 저렴하다. ㉡ 설치 후 유지관리에 시간을 요하지 않는다.	㉠ 계량값이 정확하다. ㉡ 사용 중에 기차변동이 없다. ㉢ 드럼 타입으로 계량된다.	㉠ 설치면적이 작다. ㉡ 중압의 계량이 가능하다. ㉢ 대유량의 가스 측정기에 적합하다.
단 점	대용량의 경우 설치면적이 크다.	㉠ 설치면적이 크다. ㉡ 사용 중 수위조정이 필요하다.	㉠ 스트레나 설치 및 설치 후의 유지관리가 필요하다. ㉡ $0.5m^3/h$ 이하의 소유량에서는 부동의 우려가 있다.
일반적 용도	일반수용가	㉠ 기준 가스 미터용 ㉡ 실험실용	대수용가
용량범위 (m^3/h)	1.5~200	0.2~3000	100~5000

39 다음 중 상온취성의 원인이 되는 원소는?

① S　② P
③ Cr　④ Mn

원소별 취성의 원인

원 소	취성의 종류
S	적열취성
P	상온취성
Mn	S와 결합 S의 악영향을 완화

40 2000rpm으로 회전하는 펌프를 3500rpm으로 변환하였을 경우 펌프의 유량과 양정은 각각 몇 배가 되는가?

① 유량 : 2.65, 양정 : 4.12
② 유량 : 3.06, 양정 : 1.75
③ 유량 : 3.06, 양정 : 5.36
④ 유량 : 1.75, 양정 : 3.06

㉠ $Q_2 = Q_1 \times \left(\frac{N_2}{N_1}\right)^1 = Q_1 \times \left(\frac{3500}{2000}\right)^1 = 1.75Q_1$

㉡ $H_2 = H_1 \times \left(\frac{N_2}{N_1}\right)^2 = H_1 \times \left(\frac{3500}{2000}\right)^2 = 3.06H_2$

41 40L의 질소 충전용기에 20℃, 150atm의 질소가스가 들어있다. 이 용기의 질소분자의 수는 얼마인가? (단, 아보가드로 수는 6.02×10^{23} 이다.)

① 4.8×10^{21}
② 1.5×10^{24}
③ 2.4×10^{24}
④ 1.5×10^{26}

정답 35.③ 36.② 37.④ 38.④ 39.② 40.④ 41.④

해설

㉠ $PV=nRT$에서

$$n(\text{몰수})=\frac{PV}{RT}=\frac{150\times40}{0.082\times(273+20)}$$
$$=249.729\text{mol}$$

㉡ 아보가드의 법칙에 의하여 $1\text{mol}=6.02\times10^{23}$개의 분자 수를 가지므로

$\therefore\ 249.729\times6.02\times10^{23}=1.5\times10^{26}$

42 LP가스의 이송설비 중 압축기에 의한 공급방식의 설명으로 틀린 것은? [설비 1]

① 이송시간이 짧다.
② 재액화의 우려가 없다.
③ 잔가스 회수가 용이하다.
④ 베이퍼록 현상의 우려가 없다.

해설

압축기 이송 시 단점
㉠ 재액화 우려가 있다.
㉡ 드레인 우려가 있다.

43 원심식 압축기의 특징에 대한 설명으로 옳은 것은?

① 용량 조정범위는 비교적 좁고, 어려운 편이다.
② 압축비가 크며, 효율이 대단히 높다.
③ 연속 토출로 맥동현상이 크다.
④ 서징현상이 발생하지 않는다.

해설

왕복 원심 압축기의 특성

왕 복	원 심
㉠ 용적형이다. ㉡ 오일 윤활식 및 무급유식이다. ㉢ 쉽게 고압을 얻을 수 있다. ㉣ 소음 · 진동이 크다. ㉤ 용량조정이 쉽고 범위가 넓다.	㉠ 원심형이다. ㉡ 무급유식이다. ㉢ 압축효율이 낮다. ㉣ 연속 송출된다. ㉤ 소음 · 진동이 적다. ㉥ 용량조정이 어렵고 범위가 좁다.

44 소용돌이를 유체 중에 일으켜 소용돌이의 발생 수가 유속과 비례하는 것을 응용한 형식의 유량계는?

① 오리피스식
② 부자식
③ 와류식
④ 전자식

소용돌이 유량계=와류식 유량계

45 열전대 온도계 보호관의 구비조건에 대한 설명 중 틀린 것은?

① 압력에 견디는 힘이 강할 것
② 외부 온도변화를 열전대에 전하는 속도가 느릴 것
③ 보호관 재료가 열전대에 유해한 가스를 발생시키지 않을 것
④ 고온에서도 변형되지 않고 온도의 급변에도 영향을 받지 않을 것

46 다음 가스의 일반적인 성질에 대한 설명으로 옳은 것은?

① 질소는 안정된 가스로 불활성 가스라고도 하며, 고온 · 고압에서도 금속과 화합하지 않는다.
② 산소는 액체공기를 분류하여 제조하는 반응성이 강한 가스로 그 자신이 잘 연소한다.
③ 염소는 반응성이 강한 가스로 강재에 대하여 상온, 건조한 상태에서도 현저한 부식성을 갖는다.
④ 아세틸렌은 은(Ag), 수은(Hg) 등의 금속과 반응하여 폭발성 물질을 생성한다.

47 다음 가스 중 열전도율이 가장 큰 것은?

① H_2
② N_2
③ CO_2
④ SO_2

48 게이지압력을 옳게 표시한 것은? [설비 2]

① 게이지압력=절대압력−대기압
② 게이지압력=대기압−절대압력
③ 게이지압력=대기압+절대압력
④ 게이지압력=절대압력+진공압력

정답 42.② 43.① 44.③ 45.② 46.④ 47.① 48.①

49 다음 중 표준상태에서 가스상 탄화수소의 점도가 가장 높은 가스는?

① 에탄 ② 메탄
③ 부탄 ④ 프로판

50 다음 중 액화석유가스의 주성분이 아닌 것은?

① 부탄
② 헵탄
③ 프로판
④ 프로필렌

LPG 주성분(탄소 수가 3~4)
㉠ 부탄(C_4H_{10})
㉡ 헵탄(C_7H_{16})
㉢ 프로판(C_3H_8)
㉣ 프로필렌(C_3H_6)

51 다음 중 같은 조건하에서 기체의 확산속도가 가장 느린 것은?

① O_2 ② CO_2
③ C_3H_8 ④ C_4H_{10}

그레암의 확산속도의 법칙
기체의 확산속도는 분자량의 제곱근에 반비례하고 분자량이 큰 가스가 확산이 가장 느리다.

52 다음 중 LNG(액화천연가스)의 주성분은?

① C_3H_8 ② C_2H_6
③ CH_4 ④ H_2

53 다음의 가스가 누출될 때 사용되는 시험지와 변색 상태를 옳게 짝지은 것은? [안전 21]

① 포스겐 : 하리슨 시약-청색
② 황화수소 : 초산납 시험지-흑색
③ 시안화수소 : 초산벤젠지-적색
④ 일산화탄소 : 요오드칼륨 전분지-황색

㉠ 포스겐 : 심등색
㉡ 시안화수소 : 청색
㉢ 일산화탄소(염화파라듐지) : 흑색

54 나프타의 성상과 가스화에 미치는 영향 중 PONA값의 각 의미에 대하여 잘못 나타낸 것은? [설비 30]

① P : 파라핀계 탄화수소
② O : 올레핀계 탄화수소
③ N : 나프텐계 탄화수소
④ A : 지방족 탄화수소

A : 방향족 탄화수소

55 아세틸렌의 분해 폭발을 방지하기 위하여 첨가하는 희석제가 아닌 것은?

① 에틸렌 ② 산소
③ 메탄 ④ 질소

C_2H_2 희석제 : 충전압력 2.5MPa 이상 시 첨가
N_2, CH_4, CO, C_2H_4

56 다음 중 NH_3의 용도가 아닌 것은?

① 요소 제조 ② 질산 제조
③ 유안 제조 ④ 포스겐 제조

57 다음 중 시안화수소에 안정제를 첨가하는 주된 이유는?

① 분해 폭발하므로
② 산화 폭발을 일으킬 염려가 있으므로
③ 시안화수소는 강한 인화성 액체이므로
④ 소량의 수분으로도 중합하여 그 열로 인해 폭발할 위험이 있으므로

HCN : 수분 2% 이상 함유 시 중합 폭발을 일으키므로
㉠ 순도 98% 이상
㉡ 충전 후 60일 경과 전 다른 용기에 다시 충전
㉢ 안정제 : 황산, 아황산, 동, 동망, 염화칼슘, 오산화인 등이 있다.

58 다음 중 섭씨온도(℃)의 눈금과 일치하는 화씨온도(℉)는?

① 0 ② −10
③ −30 ④ −40

정답 49.② 50.② 51.④ 52.③ 53.② 54.④ 55.② 56.④ 57.④ 58.④

$°F = ℃ \times \frac{9}{5} + 32$에서

$= (-40) \times \frac{9}{5} + 32 = -40°F$이므로

$\therefore -40℃ = -40°F$

59 표준상태(0℃, 101.3kPa)에서 메탄(CH_4)가스의 비체적(L/g)은 얼마인가?

① 0.71
② 1.40
③ 1.71
④ 2.40

가스의 비체적은 22.4L/M(분자량)g = 22.4L/16g
= 1.4L/g

60 도시가스 배관이 10m 수직 상승했을 경우 배관 내의 압력 상승은 약 몇 [kPa]이 되겠는가? (단, 가스의 비중은 0.65이다.)

① 44
② 64
③ 86
④ 105

㉠ $P = S \times H$

여기서, S : 비중(kg/L)
H : (높이)

$= 0.65\text{kg/L} \times 10\text{m}$

$= 0.65\text{kg}/10^3\text{cm}^3 \times 10\text{cm}$

$= 0.65\text{kg/cm}^2$

㉡ kPa로 환산 시

$\frac{0.65}{1.033} \times 101.325 = 63.75 ≒ 64\text{kPa}$

정답 59.② 60.②

국가기술자격 필기시험문제

2008년 기능사 제5회 필기시험(1부) (2008년 10월 시행)

자격종목	시험시간	문제수	문제형별
가스기능사	**1시간**	**60**	**A**

수험번호		성 명	

01 일반 도시가스사업의 가스공급시설 중 최고사용압력이 저압인 유수식 가스홀더에서 갖추어야 할 기준이 아닌 것은?

① 가스방출장치를 설치한 것일 것
② 봉수의 동결방지 조치를 한 것일 것
③ 모든 관의 입·출구에는 반드시 신축을 흡수하는 조치를 할 것
④ 수조에 물공급관과 물넘쳐 빠지는 구멍을 설치한 것일 것

유수식·무수식 가스홀더 기준

유수식	무수식
㉠ 가스의 방출장치 설치 ㉡ 봉수의 동결방지 조치 ㉢ 수조에 물공급관과 물넘쳐 빠지는 구멍 설치	㉠ 피스톤이 원활히 작동할 것 ㉡ 봉액 사용 시 봉액 공급용 예비 펌프 설치

02 다음 중 저장탱크의 방류둑 용량은 저장능력 상당용적 이상의 용적이어야 한다. 다만, 액화산소 저장탱크의 경우에는 저장능력 상당 용적의 몇 [%] 용량 이상으로 할 수 있는가? **[안전 15]**

① 40 ② 60
③ 80 ④ 90

방류둑 용량

항 목	내 용
개요	액화가스 누설 시 차단하는 능력의 정도
독가연성 저장탱크에 설치된 것	저장능력 상당용적 이상 (=저장능력 상당용적의 100%)
산소 저장탱크에 설치된 것	저장능력 상당용적의 60% 이상

03 다음 중 동이나 동합금이 함유된 장치를 사용하였을 때 폭발의 위험성이 가장 큰 가스는?

① 황화수소
② 수소
③ 산소
④ 아르곤

Cu(동)을 사용하면 위험한 가스의 종류
C_2H_2, H_2S, NH_3

04 카바이드(CaC_2) 저장 및 취급 시의 주의사항으로 옳지 않은 것은?

① 습기가 있는 곳을 피할 것
② 보관 드럼통은 조심스럽게 취급할 것
③ 저장실은 밀폐구조로 바람의 경로가 없도록 할 것
④ 인화성, 가연성 물질과 혼합하여 적재하지 말 것

③ 카바이드는 가연물이므로 저장실은 통풍이 양호하여야 한다.

05 LP가스가 충전된 납붙임 용기 또는 접합용기는 얼마의 온도범위에서 가스누출시험을 할 수 있는 온수시험 탱크를 갖추어야 하는가? **[안전 50]**

① 20℃ 이상 32℃ 미만
② 35℃ 이상 45℃ 미만
③ 46℃ 이상 50℃ 미만
④ 52℃ 이상 60℃ 미만

정답 01.③ 02.② 03.① 04.③ 05.③

06 특정고압가스 사용시설의 시설기준 및 기술기준으로 틀린 것은? **[안전 23]**

① 저장시설의 주위에는 보기 쉽게 경계 표지를 할 것
② 사용시설은 습기 등으로 인한 부식을 방지하는 조치를 할 것
③ 독성 가스의 감압설비와 그 가스의 반응설비 간의 배관에는 일류방지장치를 할 것
④ 고압가스의 저장량이 300kg 이상인 용기보관실의 벽은 방호벽으로 할 것

KGS Fu 211(2.8.4)
③ 독성 가스 감압설비와 그 가스의 반응설비 간의 배관에는 역류방지장치 설치

07 다음 방류둑 내측 및 그 외면으로부터 몇 [m] 이내에는 그 저장탱크의 부속설비 외의 것을 설치하지 않아야 하는가? (단, 저장능력이 2천톤인 가연성 가스 저장탱크 시설이다.) **[설비 13]**

① 10　② 15
③ 20　④ 25

방류둑 부속설비 설치에 관한 규정

구 분	간추린 핵심 내용
방류둑 외측 및 내면	10m 이내 그 저장탱크 부속설비 이외의 것을 설치하지 아니함
10m 이내 설치 가능 시설	㉠ 해당 저장탱크의 송출 송액설비 ㉡ 불활성 가스의 저장탱크 물분무, 살수장치 ㉢ 가스누출검지 경보설비 ㉣ 조명, 배수설비 ㉤ 배관 및 파이프 래크

[참고] 상기 문제 출제 시에는 10m 이내 설치 가능시설의 규정이 없었으나 법 규정 이후 변경되었음.

08 다음은 이동식 압축천연가스 자동차 충전시설을 점검한 내용이다. 이 중 기준에 부적합한 경우는?

① 이동충전차량과 가스배관구를 연결하는 호스의 길이가 6m이었다.
② 가스배관구 주위에는 가스배관구를 보호하기 위하여 높이 40cm, 두께 13cm인 철근콘크리트 구조물이 설치되어 있다.
③ 이동충전차량과 충전설비 사이 거리는 8m이었고, 이동충전차량과 충전설비 사이에 강판제 방호벽이 설치되어 있었다.
④ 충전설비 근처 및 충전설비에서 6m 떨어진 장소에 수동 긴급차단장치가 각각 설치되어 있었으며 눈에 잘 띄었다.

이동식 압축천연가스 자동차 충전시설 기준(KGS Fp 652) (2. 1. 3)
다른 설비와의 거리
㉠ 가스배관구와 가스배관구 사이 또는 이동충전차량과 충전설비 사이에는 8m 이상 거리 유지
㉡ 처리, 이동충전차량 충전설비의 외면으로부터 화기까지 8m 이상 우회거리 유지
㉢ 처리설비, 이동충전차량 및 충전설비는 인화 가연성 저장소로부터 8m 이상 거리 유지

09 고압가스 운반기준에 대한 설명 중 틀린 것은? **[안전 4]**

① 밸브가 돌출한 충전용기는 고정식 프로텍터나 캡을 부착하여 밸브의 손상을 방지한다.
② 충전용기를 운반할 때 넘어짐 등으로 인한 충격을 방지하기 위하여 충전용기를 단단하게 묶는다.
③ 위험물안전관리법이 정하는 위험물과 충전용기를 동일차량에 적재 시는 1m 정도 이격시킨 후 운반한다.
④ 염소와 아세틸렌 · 암모니아 또는 수소는 동일차량에 적재하여 운반하지 않는다.

③ 위험물안전관리법이 정하는 위험물과 충전용기는 동일차량에 적재하여 운반하지 못한다.

정답 06.③ 07.① 08.① 09.③

10 가연성 액화가스를 충전하여 200km를 초과하여 운반할 경우 몇 [kg] 이상일 때 운반책임자를 동승시켜야 하는가? **[안전 60]**

① 1000 ② 2000
③ 3000 ④ 6000

가연성 액화가스 3000kg 이상, 가연성 압축가스 $300m^3$ 이상일 때 운반책임자 동승

11 액화석유가스 충전사업시설 중 두 저장탱크의 최대직경을 합산한 길이의 $\frac{1}{4}$이 0.5m일 경우에 저장탱크 간의 거리는 몇 [m] 이상을 유지하여야 하는가? **[안전 144]**

① 0.5 ② 1
③ 2 ④ 3

물분무장치가 없는 경우 저장탱크 이격거리
두 탱크 직경 합산×1/4의 값
㉠ 1m 보다 클 경우 : 그 길이
㉡ 1m 보다 작을 경우 : 1m 유지
※ 두 탱크간의 최소한의 이격거리 : 1m 이상

12 LPG 충전 · 집단공급 저장시설의 공기에 의한 내압시험 시 상용압력의 일정압력 이상으로 승압한 후 단계적으로 승압시킬 때 상용압력의 몇 [%]씩 증가시켜 내압시험압력에 달하도록 하여야 하는가? **[안전 25]**

① 5 ② 10
③ 15 ④ 20

13 지상에 액화석유가스(LPG) 저장탱크를 설치할 때 냉각살수장치는 일반적인 경우 그 외면으로부터 몇 [m] 이상 떨어진 곳에서 조작할 수 있어야 하는가?

① 2 ② 3
③ 5 ④ 7

냉각살수, 물분무장치 조작위치(저장탱크의 외면으로부터)
㉠ 냉각 살수장치 : 5m 이상
㉡ 물분무장치 : 15m 이상

14 고압가스 용기의 어깨부분에 "F_P : 15MPa"라고 표기되어 있다. 이 의미를 옳게 설명한 것은? **[안전 2]**

① 사용압력이 15MPa이다.
② 설계압력이 15MPa이다.
③ 내압시험압력이 15MPa이다.
④ 최고충전압력이 15MPa이다.

압력의 용어

종 류	정 의
T_P	내압시험압력
F_P	최고충전압력
A_P	기밀시험압력

그 이외에 ㉠ 상용압력, ㉡ 설계압력, ㉢ 최고사용압력, ㉣ 안전밸브 작동압력

15 고압가스 운반 시 사고가 발생하며 가스 누출부분의 수리가 불가능한 경우의 조치사항으로 틀린 것은?

① 상황에 따라 안전한 장소로 운반할 것
② 착화된 경우 용기 파열 등의 위험이 없다고 인정될 때는 그대로 둘 것
③ 독성 가스가 누출할 경우에는 가스를 제독할 것
④ 비상연락망에 따라 관계업소에 원조를 의뢰할 것

용기를 안전한 곳으로 이송시킬 것

16 다음은 도시가스 사용시설의 월 사용예정량을 산출하는 식이다. 이 중 기호 "A"가 의미하는 것은? **[안전 54]**

[보기]

$$Q=\frac{[(A\times 240)+(B\times 90)]}{11000}$$

① 월 사용예정량
② 산업용으로 사용하는 연소기의 명판에 기재된 가스소비량의 합계
③ 산업용이 아닌 연소기의 명판에 기재된 가스소비량의 합계
④ 가정용 연소기의 가스소비량 합계

정답 10.③ 11.② 12.② 13.③ 14.④ 15.② 16.②

B의 경우 : 산업용이 아닌 연소기 명판에 기재된 가스소비량 합계(kcal/hr)

17 다음 독성 가스의 제독제로 가성소다수용액이 사용되지 않는 것은? **[안전 22]**

① 포스겐　　② 염화메탄
③ 시안화수소　　④ 아황산가스

18 우리나라도 지진으로부터 안전한 지역이 아니라는 판단하에 고압가스 설비를 설치할 때에는 내진설계를 하도록 의무화하고 있다. 다음 중 내진설계 대상이 아닌 것은 어느 것인가? **[안전 72]**

① 동체부의 높이가 3m인 증류탑
② 저장능력이 1000m^3인 수소 저장탱크
③ 저장능력이 5톤인 염소 저장탱크
④ 저장능력이 10톤인 액화질소 저장탱크

① 동체부 높이 5m 이상

19 LPG 사용시설에 사용하는 압력조정기에 대하여 실시하는 각종 시험압력 중 가스의 압력이 가장 높은 것은? **[안전 73]**

① 1단 감압식 저압조정기의 조정압력
② 1단 감압식 저압조정기의 출구측 기밀시험압력
③ 1단 감압식 저압조정기의 출구측 내압시험압력
④ 1단 감압식 저압조정기의 안전밸브 작동 개시압력

③ 1단 감압식 저압조정기 출구측 내압시공압력 3MPa(보통 내압시험압력 값이 가장 높다.)

압력조정기

• 종류에 따른 입구 조정압력범위

종 류	입구압력(MPa)		조정압력(kPa)
1단 감압식 저압조정기	0.07～1.56		2.3～3.3
1단 감압식 준저압 조정기	0.1～1.56		5.0～30.0 이내에서 제조자가 설정한 기준압력의 ±20%
2단 감압식 1차용 조정기	용량 100kg/h 이하	0.1～1.56	57.0～83.0
	용량 100kg/h 초과	0.3～1.56	
2단 감압식 2차용 저압 조정기	0.01～0.1 또는 0.025～0.1		2.30～3.30
2단 감압식 2차용 준저압 조정기	조정압력 이상～0.1		5.0～30.0 이내에서 제조자가 설정한 기준압력의 ±20%
자동절체식 일체형 저압조정기	0.1～1.56		2.55～3.3
자동절체식 일체형 준저압 조정기	0.1～1.56		5.0～30.0 이내에서 제조자가 설정한 기준압력의 ±20%
그 밖의 압력조정기	조정압력 이상～1.56		5kPa를 초과하는 압력 범위에서 상기압력조정기 종류에 따른 조정압력에 해당하지 않는 것에 한하며 제조자가 설정한 기준압력의 ±20%일 것

• 종류별 기밀시험압력

종 류 ＼ 구 분		입구측(MPa)	출구측(MPa)
1단 감압식 저압		1.56 이상	5.5
1단 감압식 준저압		1.56 이상	조정압력의 2배 이상
2단 감압식 1차용		1.8 이상	150 이상
2단 감압식 2차용	저압	0.5 이상	5.5
	준저압		조정압력의 2배 이상
자동절체식	저압	1.8 이상	5.5
	준저압		조정압력의 2배 이상
그 밖의 조정기		최대입구 압력 1.1배 이상	조정압력의 1.5배

• 조정압력이 3.30kPa 이하인 안전장치 작동입력

항 목	압 력(kPa)
작동 표준	7.0
작동 개시	5.60~8.40
작동 정지	5.04~8.40

정답 17.② 18.① 19.③

20 전기시설물과의 접촉 등에 의한 사고의 우려가 없는 장소에서 일반 도시가스사업자 정압기의 가스방출관 방출구는 지면으로부터 몇 [m] 이상의 높이에 설치하여야 하는가? **[안전 61]**

① 1　　② 2
③ 3　　④ 5

전기시설물의 접촉 우려가 있는 경우에는 3m 이상으로 할 수 없으며, 접촉 우려가 없을 경우에는 5m 이상으로 한다.

21 다음 용기 종류별 부속품의 기호가 옳지 않은 것은? **[안전 29]**

① 저온용기의 부속품 : LT
② 압축가스 충전용기 부속품 : PG
③ 액화가스 충전용기 부속품 : LPG
④ 아세틸렌가스 충전용기 부속품 : AG

LPG : 액화석유가스를 충전하는 용기의 부속품

22 프로판가스의 위험도(H)는 약 얼마인가? (단, 공기 중의 폭발범위는 2.1~9.5v%이다.)

① 2.1　　② 3.5
③ 9.5　　④ 11.6

$$위험도=\frac{폭발상한-폭발하한}{폭발하한}=\frac{9.5-2.1}{2.1}=3.5$$

23 다음 중 고압가스 관련설비가 아닌 것은 어느 것인가? **[안전 35]**

① 일반 압축가스 배관용 밸브
② 자동차용 압축천연가스 완속충전설비
③ 액화석유가스용 용기 잔류가스 회수장치
④ 안전밸브, 긴급차단장치, 액화방지장치

24 다음 중 가연성이며 독성 가스인 것은 어느 것인가? **[안전 17]**

① NH_3　　② H_2
③ CH_4　　④ N_2

25 아세틸렌가스를 제조하기 위한 설비를 설치하고자 할 때 아세틸렌가스가 통하는 부분에 동합금을 사용할 경우 동 함유량은 몇 [%] 이하의 것을 사용하여야 하는가?

① 62　　② 72
③ 75　　④ 85

26 아세틸렌가스 또는 압력이 9.8MPa 이상인 압축가스를 용기에 충전하는 경우에 압축기와 그 충전장소 사이에 다음 중 반드시 설치하여야 하는 것은? **[안전 57]**

① 가스방출장치
② 안전밸브
③ 방호벽
④ 압력계와 액면계

27 가연성 가스를 취급하는 장소에는 누출된 가스의 폭발사고를 방지하기 위하여 전기설비를 방폭구조로 한다. 다음 중 방폭구조가 아닌 것은? **[안전 45]**

① 안전증 방폭구조
② 내열방폭구조
③ 압력방폭구조
④ 내압방폭구조

방폭구조의 종류
㉠ d : 내압방폭구조
㉡ p : 압력방폭구조
㉢ e : 안전증 방폭구조
㉣ o : 유입방폭구조
㉤ ia, ib : 본질안전 방폭구조
㉥ s : 특수 방폭구조

28 액화암모니아 50kg을 충전하기 위하여 용기의 내용적은 몇 [L]로 하여야 하는가? (단, 암모니아의 정수 C는 1.86이다.)

① 27　　② 40
③ 70　　④ 93

$W=\frac{V}{C}$이므로

$\therefore V=W\times C=50\times1.86=93L$

정답 20.④ 21.③ 22.② 23.① 24.① 25.① 26.③ 27.② 28.④

29 다음 중 초저온용기에 대한 신규검사 항목에 해당되지 않는 것은?

① 압궤시험
② 다공도시험
③ 단열성능시험
④ 용접부에 관한 방사선 검사

초저온용기 검사항목

설계단계검사	제품확인검사
설계, 외관, 재료, 용접부, 방사선 투과, 침투, 탐상, 내압, 기밀, 단열성능	외관 재료 용접부 방사선투과 내압 기밀 단열성 등

※ 법규 변경으로 현재 규정과 맞지 않음

30 내용적 1000L 이하인 암모니아를 충전하는 용기를 제조할 때 부식 여유의 두께는 몇 [mm] 이상으로 하여야 하는가?

① 1 ② 2
③ 3 ④ 5

부식 여유수치(C)

가스명		부식 여유치(mm)
NH_3	1000L 이하	1
	1000L 초과	2
Cl_2	1000L 이하	3
	1000L 초과	5

31 회전 펌프의 일반적인 특징으로 틀린 것은?

① 토출압력이 높다.
② 흡입양정이 작다.
③ 연속회전하므로 토출액의 맥동이 적다.
④ 점성이 있는 액체에 대해서도 성능이 좋다.

32 왕복식 압축기에서 피스톤과 크랭크 샤프트를 연결하여 왕복운동을 시키는 역할을 하는 것은?

① 크랭크 ② 피스톤링
③ 커넥팅 로드 ④ 톱 클리어런스

33 산소용기의 최고충전압력이 15MPa일 때 이 용기의 내압시험압력은? [안전 2]

① 15MPa ② 20MPa
③ 22.5MPa ④ 25MPa

용기(T_P)$= F_P \times \frac{5}{3}$ 이므로

$\therefore\ 15 \times \frac{5}{3} = 25\text{MPa}$

34 다음 배관 부속품 중 유니언 대용으로 사용할 수 있는 것은?

① 엘보 ② 플랜지
③ 리듀서 ④ 부싱

35 다음 중 액면계의 측정방식에 해당하지 않는 것은?

① 압력식 ② 정전용량식
③ 초음파식 ④ 환상천평식

환상천평식(=링밸런스식) : 압력계

36 LP가스 용기로서 갖추어야 할 조건으로 틀린 것은?

① 사용 중에 견딜 수 있는 연성, 인장강도가 있을 것
② 충분한 내식성, 내마모성이 있을 것
③ 완성된 용기는 균열, 뒤틀림, 찌그러짐 기타 해로운 결함이 없을 것
④ 중량이면서 충분한 강도를 가질 것

④ 가벼울 것

37 다음 중 구리판, 알루미늄판 등 판재의 연성을 시험하는 방법은?

① 인장시험
② 그리프시험
③ 에릭션시험
④ 토션시험

정답 29.② 30.① 31.② 32.③ 33.④ 34.② 35.④ 36.④ 37.③

38 세라믹버너를 사용하는 연소기에 반드시 부착하여야 하는 것은?

① 가버너
② 과열방지장치
③ 산소결핍안전장치
④ 전도안전장치

39 액화가스의 비중이 0.8, 배관 직경이 50mm이고 시간당 유량이 15톤일 때 배관 내의 평균 유속은 약 몇 [m/s]인가?

① 1.80 ② 2.66
③ 7.56 ④ 8.52

중량유량

$G=\gamma A V$에서

$V=\dfrac{G}{\gamma \cdot A}$ 이므로

여기서, G : $15\text{m}^3/\text{hr}$

γ : 1000kg/m^3

A : $\dfrac{\pi}{4}\times(0.05)^2$

$\therefore V=\dfrac{15\text{m}^3/3600\text{s}}{1000\times\dfrac{\pi}{4}\times(0.05)^2} \fallingdotseq 2.65\text{m/s}$

40 전기방식법에 속하지 않는 것은? **[설비 16]**

① 희생양극법
② 외부전원법
③ 배류법
④ 피복방식법

41 다음 [보기]와 관련 있는 분석법은?

[보기]
• 쌍극자 모멘트의 알짜변화
• 진동 짝지음
• Nernst 백열등
• Fourier 변환분광계

① 질량분석법
② 흡광광도법
③ 적외선 분광분석법
④ 킬레이트 적정법

42 "압축된 가스를 단열팽창시키면 온도가 강하한다."는 것은 무슨 효과라고 하는가?

① 단열 효과
② 줄-톰슨 효과
③ 정류 효과
④ 팽윤 효과

② 물에 녹지 않는다.

43 다음 중 벨로스식 압력측정장치와 가장 관계가 있는 것은?

① 피스톤식 ② 전기식
③ 액체봉입식 ④ 탄성식

44 도로에 매설된 도시가스 배관의 누출여부를 검사하는 장비로서 적외선 흡광 특성을 이용한 가스누출검지기는?

① FID ② OMD
③ CO 검지기 ④ 반도체식 검지기

② OMD(광학식 메탄가스 검지기) : 적외선의 흡광 특성을 이용하여 가스누설 유무를 측정하는 검지장치

45 도시가스에는 가스누출 시 신속한 인지를 위해 냄새가 나는 물질(부취제)를 첨가하고, 정기적으로 농도를 측정하도록 하고 있다. 다음 중 농도측정 방법이 아닌 것은 어느 것인가? **[안전 49]**

① 오더(Oder)미터법
② 주사기법
③ 냄새주머니법
④ 헴펠(Hempel)법

상기 항목 이외에 무취실법이 있다.

46 다음 가스 중 표준상태에서 공기보다 가벼운 것은?

① 메탄 ② 에탄
③ 프로판 ④ 프로필렌

정답 38.① 39.② 40.④ 41.③ 42.② 43.④ 44.② 45.④ 46.①

해설

가스별 분자량

가스명	분자량(g)
CH_4	16
C_2H_6	30
C_3H_8	44
C_3H_6	42

47 메탄(CH_4)의 성질에 대한 설명 중 틀린 것은?

① 무색, 무취의 기체로 잘 연소한다.
② 무극성이며 물에 대한 용해도가 크다.
③ 염소와 반응시키면 염소화합물을 만든다.
④ 니켈 촉매하에 고온에서 산소 또는 수증기를 반응시키면 CO와 H_2를 발생한다.

48 샤를의 법칙에서 기체의 압력이 일정할 때 모든 기체의 부피는 온도가 1℃ 상승함에 따라 0℃ 때의 부피보다 어떻게 되는가?

① 22.4배씩 증가한다.
② 22.4배씩 감소한다.
③ $\frac{1}{273}$ 씩 증가한다.
④ $\frac{1}{273}$ 씩 감소한다.

49 공기 중에서 폭발하한이 가장 낮은 탄화수소는?

① CH_4　② C_4H_{10}
③ C_3H_8　④ C_2H_6

가스별 폭발범위

가스명	폭발범위(%)
CH_4	5 ~ 15
C_4H_{10}	1.8 ~ 8.4
C_3H_8	2.1 ~ 9.5
C_2H_6	3 ~ 12.5

50 하버-보시법으로 암모니아 44g을 제조하려면 표준상태에서 수소는 약 몇 [L]가 필요한가?

① 22　② 44
③ 87　④ 100

하버보시법에 의한 NH_3 제조반응식

$N_2 + 3H_2 \rightarrow 2NH_3$

x(L) : 44g

3×22.4L : 2×17g

$$\therefore x = \frac{3 \times 22.4 \times 44}{2 \times 17} = 86.96\text{L}$$

51 표준상태에서 염소가스의 증기 비중은 약 얼마인가?

① 0.5　② 1.5
③ 2.0　④ 2.4

염소(Cl_2) : 분자량 71g이므로

$$\therefore \text{비중}(s) = \frac{71}{29} = 2.4$$

52 다음 중 LP가스의 제조법이 아닌 것은?

① 석유정제 공정으로부터 제조
② 일산화탄소의 전화법에 의해 제조
③ 나프타 분해 생성물로부터의 제조
④ 습성 천연가스 및 원유로부터의 제조

53 다음 각 가스의 특성에 대한 설명으로 틀린 것은?

① 수소는 고온 · 고압에서 탄소강과 반응하여 수소취성을 일으킨다.
② 산소는 공기액화 분리장치를 통해 제조하며, 질소와 분리 시 비등점 차이를 이용한다.
③ 일산화탄소의 국내 독성 허용농도는 LC 50 기준으로 50ppm이다.
④ 암모니아는 붉은 리트머스를 푸르게 변화시키는 성질을 이용하여 검출할 수 있다.

CO의 허용농도

㉠ LC 50 : 3760ppm
㉡ TLV-TWA : 50ppm

정답 47.② 48.③ 49.② 50.③ 51.④ 52.② 53.③

54 물을 전기분해하여 수소를 얻고자 할 때 주로 사용되는 전해액은 무엇인가?

① 25% 정도의 황산수용액
② 1% 정도의 묽은 염산수용액
③ 10% 정도의 탄산칼슘수용액
④ 20% 정도의 수산화나트륨수용액

2H2O → $2H_2+O_2$
전기분해 시 사용 전해액 : 20% NaOH 용액

55 섭씨온도로 측정할 때 상승된 온도가 5℃이었다. 이 때 화씨온도로 측정하면 상승온도는 몇 도인가?

① 7.5　② 8.3
③ 9.0　④ 41

상승온도 5℃이므로
°F = ℃×1.8에서
=5×1.8=9°F만큼 상승

56 다음은 탄화수소(C_mH_n)의 완전연소 시 이다. ( ) 안에 알맞은 것은?

[보기]

$$C_mH_n+\left(m+\frac{n}{4}\right)O_2 \rightarrow mCO_2+(\quad)H_2O$$

① n　② $\frac{n}{2}$
③ m　④ $\frac{m}{2}$

57 부탄 1m³을 완전연소시키는 데 필요한 이론공기량은 약 몇 [m³]인가? (단, 공기 중의 산소농도는 21v%이다.)

① 5　② 23.8
③ 6.5　④ 31

㉠ C_4H_{10}의 연소반응식
$C_4H_{10}+6.5O_2 \rightarrow 4CO_2+5H_2O$에서
㉡ C_4H_{10}과 O_2가 1 : 6.5이므로
∴ 이론공기량= 산소량(6.5)$\times\frac{100}{21}$=30.95m³

58 다음 중 표준대기압으로 틀린 것은?

① 1.0332kg/cm²　② 1013.2bar
③ 10.332mH₂O　④ 76cmHg

1atm=1.0332kg/cm²=1.013bar
=10.332mH_2O=76cmHg

59 다음 중 이상기체상수 R값이 1.987일 때 이에 해당되는 단위는?

① J/mol · K
② atm · L/mol · K
③ cal/mol · K
④ N · m/mol · K

R=0.082atm · L/mol · K
=82.05atm · mL/mol · K
=1.987cal/mol · K
=8.314J/mol · K
=8.314×10^7erg/mol · K

60 국제단위계는 7가지의 SI 기본단위로 구성된다. 다음 중 기본량과 SI 기본단위가 틀리게 짝지어진 것은? **[장치 18]**

① 질량–킬로그램(kg)
② 길이–미터(m)
③ 시간–초(s)
④ 물질량–몰(kmol)

해설
기본단위
길이(m), 질량(kg), 시간(sec), 전류(A), 온도(K), 광도(Cd), 물질량(mol)

정답 54.④ 55.③ 56.② 57.④ 58.② 59.③ 60.④

국가기술자격 필기시험문제

2009년 기능사 제1회 필기시험(1부) (2009년 1월 시행)

자격종목	시험시간	문제수	문제형별
가스기능사	1시간	60	A

수험번호		성 명	

01 아르곤(Ar)가스 충전용기의 도색은 어떤 색상으로 하여야 하는가?

① 백색 ② 녹색
③ 갈색 ④ 회색

02 다음 중 가스도매사업의 가스공급시설 · 기술기준에서 배관을 지상에 설치할 경우 원칙적으로 배관에 도색하여야 하는 색상은 어느 것인가? **[안전 153]**

① 흑색 ② 황색
③ 적색 ④ 회색

㉠ 지상 배관 : 황색
㉡ 지하 배관 : 적색 또는 황색

03 충전용기를 차량에 적재하여 운반하는 도중에 주차하고자 할 때 주의사항으로 옳지 않은 것은?

① 충전용기를 싣거나 내릴 때를 제외하고는 제1종 보호시설의 부근 및 제2종 보호시설이 밀집된 지역을 피한다.
② 주차 시는 엔진을 정지시킨 후 주차 제동장치를 걸어 놓는다.
③ 주차를 하고자 하는 주위의 교통상황 · 지형조건 · 화기 등을 고려하여 안전한 장소를 택하여 주차한다.
④ 주차 시에는 긴급한 사태를 대비하여 바퀴 고정목을 사용하지 않는다.

④ 차바퀴 고정목을 사용한다.

04 다음 가스의 폭발에 대한 설명 중 틀린 것은?

① 폭발범위가 넓은 것은 위험하다.
② 가스의 비중이 큰 것은 낮은 곳에 체류할 위험이 있다.
③ 안전간격이 큰 것일수록 위험하다.
④ 폭굉은 화염전파속도가 음속보다 크다.

해설

안전간격이 큰 것일수록 안전
㉠ 1등급 : 0.6mm 이상
㉡ 2등급 : 0.4mm 이상 0.6mm 미만
㉢ 3등급 : 0.4mm 미만
㉣ 1등급이 제일 안전
㉤ 3등급이 제일 위험

05 방안에서 가스난로를 사용하다가 사망한 사고가 발생하였다. 다음 중 이 사고의 주된 원인은?

① 온도 상승에 의한 질식
② 산소부족에 의한 질식
③ 탄산가스에 의한 질식
④ 질소와 탄산가스에 의한 질식

06 배관의 표지판은 배관이 설치되어 있는 경로에 따라 배관의 위치를 정확히 알 수 있도록 설치하여야 한다. 지상에 설치된 배관은 표지판을 몇 [m] 이하의 간격으로 설치하여야 하는가? **[안전 75]**

① 100 ② 300
③ 500 ④ 1000

정답 01.④ 02.② 03.④ 04.③ 05.② 06.④

해설

㉠ 지상 배관 표지판 설치간격 : 1000m(지하배관 500m)

㉡ 도시가스 배관 표지판 설치간격
- 가스도매사업과 일반 도시가스사업의 제조소, 공급소 : 500m
- 일반 도시가스사업의 제조소, 공급소 밖 : 200m 마다

07 국내 일반가정에 공급되는 도시가스(LNG)의 발열량은 약 몇 [kcal/m^3]인가? (단, 도시가스 월 사용예정량의 산정기준에 따른다.)

① 9000　② 10000
③ 11000　④ 12000

08 일산화탄소와 공기의 혼합가스 폭발범위는 고압일수록 어떻게 변하는가?

① 넓어진다.　② 변하지 않는다.
③ 좁아진다.　④ 일정치 않다.

해설

압력 상승 시 폭발범위

가스 종류	폭발범위
CO	좁아진다.
H_2	좁아지다가 계속 압력을 올리면 넓어진다.
그 밖의 가연성 가스	넓어진다.

09 도시가스가 안전하게 공급되어 사용되기 위한 조건으로 옳지 않은 것은?

① 공급하는 가스에 공기 중의 혼합 비율의 용량이 1/1000 상태에서 감지할 수 있는 냄새가 나는 물질을 첨가해야 한다.
② 정압기 출구에서 측정한 가스압력은 1.5kPa 이상 2.5kPa 이내를 유지해야 한다.
③ 웨버지수는 표준 웨버지수의 ±4.5% 이내를 유지해야 한다.
④ 도시가스 중 유해성분은 건조한 도시가스 1m^{3}당 황 전량은 0.5g 이하를 유지해야 한다.

정압기 출구에서 측정한 가스의 압력범위
1kPa 이상 2.5kPa 이내를 유지

10 가연성 가스의 제조설비 중 전기설비를 방폭성능을 가지는 구조로 갖추지 아니하여도 되는 가스는? **[안전 37]**

① 암모니아　② 염화메탄
③ 아크릴알데히드　④ 산화에틸렌

해설

전기설비를 방폭구조로 시공 여부

방폭구조를 시공하여야 할 가스	방폭구조를 시공하지 않아도 되는 가스
NH_3, CH_3Br을 제외한 모든 가연성 가스	NH_3, CH_3Br을 포함한 가연성 이외의 모든 가스

11 고압가스의 분출에 대하여 정전기가 가장 발생되기 쉬운 경우는?

① 가스가 충분히 건조되어 있을 경우
② 가스 속에 고체의 미립자가 있을 경우
③ 가스분자량이 작은 경우
④ 가스비중이 큰 경우

12 고압가스의 제조장치에서 누출되고 있는 것을 그 냄새로 알 수 있는 가스는?

① 일산화탄소　② 이산화탄소
③ 염소　④ 아르곤

13 긴급용 벤트스택 방출구의 위치는 작업원이 정상작업을 하는데 필요한 장소 및 작업원이 항시 통행하는 장소로부터 몇 [m] 이상 떨어진 곳에 설치하여야 하는가? **[안전 77]**

① 5　② 7
③ 10　④ 15

14 용기 내부에서 가연성 가스의 폭발이 발생할 경우 그 용기가 폭발압력에 견디고, 접합면, 개구부 등을 통하여 외부의 가연성 가스에 인화되지 아니하도록 한 방폭구조는 어느 것인가? **[안전 45]**

① 내압방폭구조
② 압력방폭구조
③ 유입방폭구조
④ 안전증 방폭구조

정답 07.③ 08.③ 09.② 10.① 11.② 12.③ 13.③ 14.①

15 도시가스 매설 배관의 보호판은 누출가스가 지면으로 확산되도록 구멍을 뚫는데 그 간격의 기준으로 옳은 것은? **[안전 8]**

① 1m 이하 간격　② 2m 이하 간격
③ 3m 이하 간격　④ 5m 이하 간격

16 LP가스 충전설비의 작동상황 점검주기로 옳은 것은?

① 1일 1회 이상　② 1주일 1회 이상
③ 1월 1회 이상　④ 1년 1회 이상

17 긴급차단장치의 조작 동력원이 아닌 것은 어느 것인가? **[안전 19]**

① 액압　② 기압
③ 전기　④ 차압

18 액화염소가스 1375kg을 용량 50L인 용기에 충전하려면 몇 개의 용기가 필요한가? (단, 액화염소가스의 정수(C)는 0.8이다.)

① 20　② 22
③ 25　④ 27

용기 수＝전체 가스량 ÷ 용기 1개당 질량

$\therefore$ 1375kg $\div \frac{50}{0.8}$ = 22개

19 도시가스 사용시설의 노출 배관에 의무적으로 표시하여야 하는 사항이 아닌 것은?

① 최고사용압력　② 가스 흐름방향
③ 사용가스명　④ 공급자명

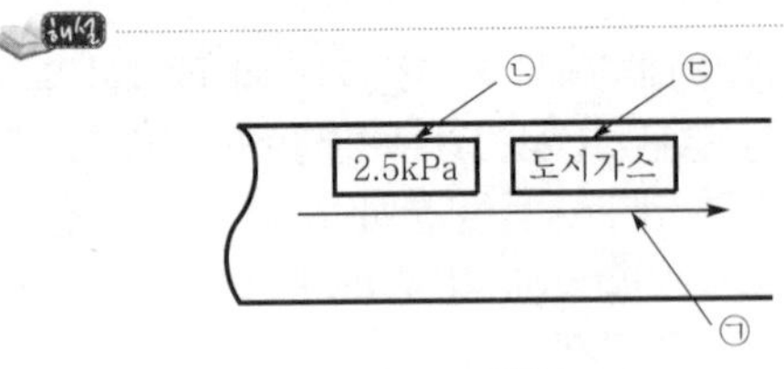

▌고압가스 배관▐

※ 가스 배관에 표시하는 사항
㉠ 가스 흐름방향
㉡ 최고사용압력
㉢ 사용가스명

20 다음 중 고압가스 운반기준 위반사항은 어느 것인가? **[안전 4, 60]**

① LPG와 산소를 동일차량에 그 충전용기의 밸브가 서로 마주보지 않도록 적재하였다.
② 운반 중 충전용기를 40℃ 이하로 유지하였다.
③ 비독성 압축가연성 가스 500m³를 운반 시 운반책임자를 동승시키지 않고 운반하였다.
④ 200km 이상의 거리를 운행하는 경우에 중간에 충분한 휴식을 취하였다.

독성 가스 용기 이외의 용기운반 기준의 운반책임자 동승기준

가스 종류		동승기준 적재용량
압축	가연성	300m³ 이상
	조연성	600m³ 이상
액화	가연성	3000kg 이상
	조연성	6000kg 이상

21 독성 가스의 충전용기를 차량에 적재하여 운반 시 그 차량의 앞뒤 보기 쉬운 곳에 반드시 표시해야 할 사항이 아닌 것은?

① 위험 고압가스
② 독성 가스
③ 위험을 알리는 도형
④ 제조회사

고압가스 운반차량의 경계표지(KGS Gc 206) (2.1.1.2)

구 분		경계표지 종류
독성 가스 충전용기 운반		㉠ 붉은 글씨의 위험고압가스, 독성 가스 ㉡ 위험을 알리는 도형, 상호, 사업자전화번호, 운반기준 위반행위를 신고할 수 있는 등록관청전화번호 안내문
독성 가스 이외 충전용기 운반		상기 항목의 독성 가스 표시를 제외한 나머지는 모두 동일하게 표시
경계 표지 크기	직사각형	㉠ 가로 : 차체폭의 30% 이상 ㉡ 세로 : 가로의 20% 이상
	정사각형	경계면적 600cm² 이상
	삼각기	바탕색 : 적색, 글자색 : 황색

정답 15.③ 16.① 17.④ 18.② 19.④ 20.③ 21.④

구 분	경계표지 종류
그 밖의 사항	경계표지는 차량의 앞뒤에서 볼 수 있도록 위험고압가스, 필요에 따라 독성 가스라 표시, 삼각기를 외부 운전석에 게시(단, RTC의 경우는 좌우에서 볼 수 있도록)

22 다음 중 고압가스 처리설비로 볼 수 없는 것은?

① 저장탱크에 부속된 펌프
② 저장탱크에 부속된 안전밸브
③ 저장탱크에 부속된 압축기
④ 저장탱크에 부속된 기화장치

고법 시행규칙 제2조 (정의)
처리설비 : 압축 액화 그 밖의 방법으로 처리할 수 있는 설비 중 고압가스 제조 충전에 필요한 설비와 저장탱크에 딸린 펌프 압축기 기화장치를 말한다.

23 도시가스 배관의 관경이 25mm인 것은 몇 [m] 마다 고정하여야 하는가? **[안전 71]**

① 1 ② 2
③ 3 ④ 4

해설
㉠ 13mm 미만 : 1m 마다
㉡ 13~33mm : 2m
㉢ 33mm 이상 : 3m 마다 고정장치

24 가스보일러 설치기준에 따라 반드시 내열 실리콘으로 마감조치를 하여 기밀이 유지되도록 하여야 하는 부분은?

① 배기통과 가스보일러의 접속부
② 배기통과 배기통의 접속부
③ 급기통과 배기통의 접속부
④ 가스보일러와 급기통의 접속부

25 고압가스 저장능력 산정기준에 액화가스의 저장탱크 저장능력을 구하는 식은? (단, Q, W는 저장능력, P는 최고충전압력, V는 내용적, C는 가스 종류에 따른 정수, d는 가스의 비중이다.) **[안전 30]**

① $Q=(10P+1)V$
② $Q=10PV$
③ $W=\dfrac{V}{C}$
④ $W=0.9dV$

26 다음 중 2중 배관으로 하지 않아도 되는 가스는? **[안전 58]**

① 일산화탄소 ② 시안화수소
③ 염소 ④ 포스겐

해설
2중 배관 설치하는 가스(아황산, 암모니아, 염소, 염화메탄, 산화에틸렌, 시안화수소, 포스겐, 황화수소)

27 도시가스 본관 중 중압 배관의 내용적이 $9m^3$일 경우, 자기압력 기록계를 이용한 기밀시험 유지시간은? **[안전 79]**

① 24분 이상 ② 40분 이상
③ 216분 이상 ④ 240분 이상

해설
가스배관 압력측정 기구별 기밀유지시간(KGS Fs 551)(4.2.2.9.4)
• 압력측정 기구별 기밀유지시간

압력측정기구	최고사용압력	용 적	기밀유지시간
수은주 게이지	0.3 MPa 미만	$1m^3$ 미만	2분
		$1m^3$ 이상 $10m^3$ 미만	10분
		$10m^3$ 이상 $300m^3$ 미만	V분(다만, 120분을 초과할 경우는 120분으로 할 수 있다)
수주 게이지	저압	$1m^3$ 미만	1분
		$1m^3$ 이상 $10m^3$ 미만	5분
		$10m^3$ 이상 $300m^3$ 미만	$0.5\times V$분(다만, 60분을 초과할 경우는 60분으로 할 수 있다)
전기식 다이어 프램형 압력계	저압	$1m^3$ 미만	4분
		$1m^3$ 이상 $10m^3$ 미만	40분
		$10m^3$ 이상 $300m^3$ 미만	$4\times V$분(다만, 240분을 초과할 경우는 240분으로 할 수 있다)

정답 22.② 23.② 24.① 25.④ 26.① 27.④

압력 측정 기구	최고 사용 압력	용 적	기밀유지시간
압력계 또는 자기압력 기록계	저압 중압	$1m^3$ 미만	24분
		$1m^3$ 이상 $10m^3$ 미만	240분
		$10m^3$ 이상 $300m^3$ 미만	24×V분(다만, 1440분을 초과할 경우는 1440분으로 할 수 있다)
	고압	$1m^3$ 미만	48분
		$1m^3$ 이상 $10m^3$ 미만	480분
		$10m^3$ 이상 $300m^3$ 미만	48×V분(다만, 2880분을 초과할 경우는 2880분으로 할 수 있다)

※ 1. V는 피시험부분의 용적(단위 : m^3)이다.
2. 최소기밀시험 유지시간 ㉠ 자기압력기록계 30분, ㉡ 전기다이어프램형 압력계 4분

• 기밀유지 실시 시기

대상 구분		기밀시험 실시 시기
PE 배관		설치 후 15년이 되는 해 및 그 이후 5년마다
폴리에틸렌 피복강관	1993.6.26 이후 설치	
	1993.6.25 이전 설치	설치 후 15년이 되는 해 및 그 이후 3년마다
그 밖의 배관		설치 후 15년이 되는 해 및 그 이후 1년 마다
공동주택 등(다세대 제외) 부지 내 설치 배관		3년 마다

28 가스의 경우 폭굉(Detonation)의 연소속도는 약 몇 [m/s] 정도인가? **[장치 5]**

① 0.03~10 ② 10~50
③ 100~600 ④ 1000~3000

㉠ 가스의 정상연소속도 : 0.03~10m/s
㉡ 폭굉의 연소속도 : 1000~3500m/s

29 수소의 폭발한계는 4~75v%이다. 수소의 위험도는 약 얼마인가?

① 0.9 ② 17.75
③ 18.7 ④ 19.75

$$위험도 = \frac{폭발상한 - 폭발하한}{폭발하한}$$
$$= \frac{75-4}{4} = 17.75$$

30 다음 가스 폭발의 위험성 평가기법 중 정량적 평가 방법은? **[안전 111]**

① HAZOP(위험성운전 분석기법)
② FTA(결함수 분석기법)
③ Check List법
④ WHAT-IF(사고예상질문 분석기법)

정량적 평가기법
㉠ FTA(결함수 분석기법)
㉡ ETA(사건수 분석기법)
㉢ CCA(원인결과 분석기법)
㉣ HEA(작업자 분석기법)
그 이외는 정성적 평가기법

31 다음 중 왕복 펌프에 사용하는 밸브 중 점성액이나 고형물이 들어 있는 액에 적합한 밸브는?

① 원판밸브 ② 윤형 밸브
③ 플래트밸브 ④ 구밸브

32 가스액화 분리장치의 축냉기에 사용되는 축냉체는?

① 규조토 ② 자갈
③ 암모니아 ④ 희가스

33 주로 탄광 내에서 CH_4의 발생을 검출하는데 사용되며 청염(푸른 불꽃)의 길이로써 그 농도를 알 수 있는 가스검지기는 어느 것인가? **[장치 26]**

① 안전등형 ② 간섭계형
③ 열선형 ④ 흡광광도형

34 압력계의 측정 방법에는 탄성을 이용하는 것과 전기적 변화를 이용하는 방법 등이 있다. 다음 중 전기적 변화를 이용하는 압력계는?

① 부르동관 압력계
② 벨로스 압력계
③ 스트레인 게이지
④ 다이어프램 압력계

정답 28.④ 29.② 30.② 31.④ 32.② 33.① 34.③

35 다음 중 비접촉식 온도계에 해당하지 않는 것은? [장치 3]

① 광전관 온도계 ② 색 온도계
③ 방사 온도계 ④ 압력식 온도계

36 다음 중 저온단열법이 아닌 것은? [장치 27]

① 분말섬유 단열법
② 고진공 단열법
③ 다층진공 단열법
④ 분말진공 단열법

37 20RT의 냉동능력을 갖는 냉동기에서 응축온도가 30℃, 증발온도가 −25℃일 때 냉동기를 운전하는 데 필요한 냉동기의 성적계수(COP)는 약 얼마인가?

① 4.5 ② 7.5
③ 14.5 ④ 17.5

냉동기의 성적계수 $= \dfrac{Q_2}{Q_1 - Q_2} = \dfrac{T_2}{T_1 - T_2}$

$= \dfrac{(273-25)}{(30)-(-25)} = 4.5$

38 언로딩형과 로딩형이 있으며 대용량이 요구되고 유량 제어범위가 넓은 경우에 적합한 정압기는?

① 피셔식 정압기
② 레이놀즈식 정압기
③ 파일럿식 정압기
④ 엑셜플로식 정압기

39 나사압축기(Screw compressor)의 특징에 대한 설명으로 틀린 것은?

① 흡입, 압축, 토출의 3행정으로 이루어져 있다.
② 기체에는 맥동이 없고 연속적으로 압축한다.
③ 토출압력의 변화에 의한 용량변화가 크다.
④ 소음방지장치가 필요하다.

40 유속이 일정한 장소에서 전압과 정압의 차이를 측정하여 속도수두에 따른 유속을 구하여 유량을 측정하는 형식의 유량계는?

① 피토관식 유량계 ② 열선식 유량계
③ 전자식 유량계 ④ 초음파식 유량계

41 요오드화 칼륨지(KI 전분지)를 이용하여 어떤 가스의 누출여부를 검지한 결과 시험지가 청색으로 변하였다. 이 때 누출된 가스의 명칭은? [안전 21]

① 시안화수소 ② 아황산가스
③ 황화수소 ④ 염소

42 2종 금속의 양 끝의 온도 차에 따른 열기전력을 이용하여 온도를 측정하는 온도계는?

① 베크만 온도계
② 바이메탈식 온도계
③ 열전대 온도계
④ 전기저항 온도계

43 액화산소 등과 같은 극저온 저장탱크의 액면 측정에 주로 사용되는 액면계는?

① 햄프슨식 액면계
② 슬립 튜브식 액면계
③ 크랭크식 액면계
④ 마그네틱식 액면계

44 적외선 흡광방식으로 차량에 탑재하여 메탄의 누출여부를 탐지하는 것은?

① FID(Flame Ionization Detector)
② OMD(Optical Methane Detector)
③ ECD(Electron Capture Detector)
④ TCD(Thermal Conductivity Detector)

해설

검지기의 종류

종 류	명 칭
FID	불꽃이온화검지기
OMD	광학메탄검지기
ECD	전자포획이온화검지기
TCD	열전도도형검지기
참고	• FID : 주로 탄화수소를 검출 • OMD : 적외선 흡광방식으로 검출 • ECD : 가장 많이 쓰임

45 가스용 금속 플렉시블호스에 대한 설명으로 틀린 것은?

① 이음쇠는 플레어(flare) 또는 유니온(union)의 접속 기능이 있어야 한다.
② 호스의 최대길이는 10000mm 이내로 한다.
③ 호스길이의 허용오차는 $^{+3}_{-2}$% 이내로 한다.
④ 튜브는 금속제로서 주름가공으로 제작하여 쉽게 굽혀질 수 있는 구조로 한다.

가스용 금속 플렉시블호스(KGS Aa 535) (3.4)

항 목	세부 내용
연소기용 호스	㉠ 플레어 이음으로 튜브와 이음쇠를 분리할 수 없는 구조 ㉡ 배관용 호스는 플레어 또는 유니온의 접속기능을 가지는 것 ㉢ 호스길이는 이음쇠 끝에서 다른 쪽 이음쇠 끝까지로 하고 최대길이 3m 이하, 최소길이 0.3m 이상 ㉣ 길이 허용오차는 −2% ~ +3% 이내
배관용 호스	㉠ 튜브와 이음쇠를 구분 ㉡ 최대길이는 50m ㉢ 튜브길이 허용오차 −2% ~ +3% 이내
튜브	금속재로서 주름가공으로 제작하여 쉽게 굽혀질 수 없는 구조, 외면에는 보호피막을 입힌 것으로 한다.

46 다음 [보기]의 성질을 갖는 기체는?

[보기]
- 2중 결합을 가지므로 각종 부가반응을 일으킨다.
- 무색, 독특한 감미로운 냄새를 지닌 기체이다.
- 물에는 거의 용해되지 않으나 알코올, 에테르에는 잘 용해된다.
- 아세트알데히드, 산화에틸렌, 에탄올, 이산화에틸렌 등을 얻는다.

① 아세틸렌
② 프로판
③ 에틸렌
④ 프로필렌

47 다음 중 수분이 존재하였을 때 일반 강재를 부식시키는 가스는?

① 일산화탄소 ② 수소
③ 황화수소 ④ 질소

수분 존재 시 강재 부식 가스
Cl_2, $COCl_2$, H_2S, SO_2, CO_2

48 산소(O_2)에 대한 설명 중 틀린 것은?

① 무색, 무취의 기체이며, 물에는 약간 녹는다.
② 가연성 가스이나 그 자신을 연소하지 않는다.
③ 용기의 도색은 일반 공업용이 녹색, 의료용이 백색이다.
④ 저장용기는 무계목 용기를 사용한다.

49 수소의 성질에 대한 설명 중 틀린 것은?

① 무색, 무미, 무취의 가연성 기체이다.
② 가스 중 최소의 밀도를 가진다.
③ 열전도율이 작다.
④ 높은 온도일 때에는 강재, 기타 금속 재료라도 쉽게 투과한다.

50 가스 비열비의 값은?

① 언제나 1보다 작다.
② 언제나 1보다 크다.
③ 1보다 크기도 하고 작기도 하다.
④ 0.5와 1 사이의 값이다.

$K=\dfrac{C_P}{C_V}$이고 $C_P > C_V$이므로 $K>1$이다.

51 다음 중 독성 가스에 해당되는 것은?

① 에틸렌
② 탄산가스
③ 시클로프로판
④ 산화에틸렌

산화에틸렌(독성, 가연성)

정답 45.② 46.③ 47.③ 48.② 49.③ 50.② 51.④

52 다음 중 가스 크로마토그래피의 캐리어가스로 사용되는 것은?

① 헬륨 ② 산소
③ 불소 ④ 염소

캐리어가스(시료 운반용)
He, H_2, N_2, Ne
가장 많이 쓰이는 것(He, H_2)

53 다음 압력이 가장 큰 것은?

① 1.01MPa ② 5atm
③ 100inHg ④ 88PSI

단위를 atm으로 통일
① $\frac{1.0}{0.101325}=10\text{atm}$
② 5atm
③ $\frac{100}{30}=3.33\text{atm}$
④ $\frac{88}{14.7}=5.98\text{atm}$
∴ ① 10atm이 가장 크다.

54 LPG(액화석유가스)의 일반적인 특징에 대한 설명으로 틀린 것은?

① 저장탱크 또는 용기를 통해 공급된다.
② 발열량이 크고 열효율이 높다.
③ 가스는 공기보다 무거우나 액체는 물보다 가볍다.
④ 물에 녹지 않으며, 연소 시 메탄에 비해 공기량이 적게 소요된다.

④ LPG(C_3H_8, C_4H_{10})이 CH_4에 비하여 탄소, 수소수가 많으므로 공기량이 많이 소요됨

55 기준물질의 밀도에 대한 측정물질의 밀도의 비를 무엇이라고 하는가?

① 비중량 ② 비용
③ 비중 ④ 비체적

56 탄소 2kg을 완전연소시켰을 때 발생되는 연소가스는 약 몇 [kg]인가?

① 3.67 ② 7.33
③ 5.87 ④ 8.89

연소반응식
$C+O_2 \rightarrow CO_2$
12kg : 44kg
2kg : x(kg)
$\therefore x=\frac{2\times 44}{12}=7.33\text{kg}$

57 섭씨 −40℃는 화씨온도로 약 몇 [℉]인가?

① 32 ② 45
③ 273 ④ −40

$°F = ℃\times\frac{9}{5}+32=(-40)\times\frac{9}{5}+32=-40$
∴ −40°F

58 프로판(C_3H_8) 1m^3을 완전연소시킬 때 필요한 이론산소량은 몇 [m^3]인가?

① 5 ② 10
③ 15 ④ 20

연소반응식
$C_3H_8+5O_2 \rightarrow 3CO_2+4H_2O$에서
$C_3H_8 : O_2=1:5$이므로
C_3H_8 1m^3에 대한 필요산소량은 5m^3이다.

59 다음 중 SI 기본단위가 아닌 것은? **[장치 18]**

① 질량 : 킬로그램(kg)
② 주파수 : 헤르츠(Hz)
③ 온도 : 켈빈(K)
④ 물질량 : 몰(mol)

기본단위

종 류	질량	전류	물질량	온도	길이	시간	광도
단 위	kg	A	mol	K	m	sec	cd

60 다음 중 "제2종 영구기관은 존재할 수 없다. 제2종 영구기관의 존재 가능성을 부인한다."라고 표현되는 법칙은? **[설비 27]**

① 열역학 제0법칙 ② 열역학 제1법칙
③ 열역학 제2법칙 ④ 열역학 제3법칙

정답 52.① 53.① 54.④ 55.③ 56.② 57.④ 58.① 59.② 60.③

국가기술자격 필기시험문제

2009년 기능사 제2회 필기시험(1부) (2009년 3월 시행)

자격종목	시험시간	문제수	문제형별
가스기능사	**1시간**	**60**	**A**

수험번호		성 명	

01 도시가스 사용시설 중 호스의 길이는 연소기까지 몇 [m] 이내로 하여야 하는가?

① 1 ② 2
③ 3 ④ 4

02 고압가스 용기보관의 기준에 대한 설명으로 틀린 것은? **[안전 66]**

① 용기보관장소 주위 2m 이내에는 화기를 두지 말 것
② 가연성 가스·독성 가스 및 산소의 용기는 각각 구분하여 용기보관장소에 놓을 것
③ 가연성 가스를 저장하는 곳에는 방폭형 휴대용 손전등 외의 등화를 휴대하지 말 것
④ 충전용기와 잔가스용기는 서로 단단히 결속하여 넘어지지 않도록 할 것

해설
고법 시행규칙 별표 9 기술기준 ①항
충전용기, 잔가스용기는 구분하여 용기보관장소에 놓을 것

03 하천의 바닥이 경암으로 이루어져 도시가스 배관의 매설깊이를 유지하기 곤란하여 배관을 보호 조치한 경우에는 배관의 외면과 하천 바닥면의 경암 상부와의 최소거리는 얼마이어야 하는가?

① 1.0m ② 1.2m
③ 2.5m ④ 4m

04 고압가스 저장능력 산정 시 액화가스의 용기 및 차량에 고정된 탱크의 산정식은? (단, W는 저장능력(kg), d는 액화가스의 비중(kg/L), V_2는 내용적(L), C는 가스의 종류에 따르는 정수이다.) **[안전 30]**

① $W=0.9dV_2$ ② $W=\frac{V_2}{C}$

③ $W=0.9dC_2$ ④ $W=\frac{V_2}{C^2}$

05 공기 중에서 가연성 물질을 연소시킬 때 공기 중의 산소농도를 증가시키면 연소속도와 발화온도는 각각 어떻게 되는가?

① 연소속도는 빨라지고, 발화온도는 높아진다.
② 연소속도는 빨라지고, 발화온도는 낮아진다.
③ 연소속도는 느려지고, 발화온도는 높아진다.
④ 연소속도는 느려지고, 발화온도는 낮아진다.

06 탄화수소에서 탄소 수가 증가할수록 높아지는 것은?

① 증기압
② 발화점
③ 비등점
④ 폭발하한계

정답 01.③ 02.④ 03.② 04.② 05.② 06.③

해설

탄화수소에서 탄소 수 증가 시 발생되는 현상

항 목	변 화
증가압	낮아진다.
폭발하한	낮아진다.
폭발범위	좁아진다.
발화점	낮아진다.
비등점	높아진다.

07 다음 중 LPG 사용시설에서 가스누출 경보장치 검지부 설치높이의 기준으로 옳은 것은?

① 지면에서 30cm 이내
② 지면에서 60cm 이내
③ 천장에서 30cm 이내
④ 천장에서 60cm 이내

08 비중이 공기보다 무거워 바닥에 체류하는 가스로만 된 것은?

① 프로판, 염소, 포스겐
② 프로판, 수소, 아세틸렌
③ 염소, 암모니아, 아세틸렌
④ 염소, 포스겐, 암모니아

해설

각 가스 분자량
$C_3H_8=44$
$Cl_2=71$
$COCl_2=99$
$H_2=2$
$C_2H_2=26$
$NH_3=17$

09 다음 중 가스누출 자동차단기를 설치하여도 설치 목적을 달성할 수 없는 시설이 아닌 것은?

① 개방된 공장의 국부난방시설
② 경기장의 성화대
③ 상·하방향, 전·후방향, 좌·우방향 중에서 2방향 이상이 외기에 개방된 가스사용시설
④ 개방된 작업장에 설치된 용접 또는 절단시설

10 공정에 존재하는 위험요소들과 공정의 효율을 떨어뜨릴 수 있는 운전상의 문제점을 찾아내어 그 원인을 제거하는 정성적 안전성 평가 기법을 의미하는 것은?

① FTA
② ETA
③ CCA
④ HAZOP

해설

HAZOP(위험과 운전분석 기법)

11 가연성이며 독성인 가스는? **[안전 18]**

① 아세틸렌, 프로판
② 수소, 이산화탄소
③ 암모니아, 산화에틸렌
④ 아황산가스, 포스겐

12 아세틸렌가스를 2.5MPa의 압력으로 압축할 때 사용되는 희석제가 아닌 것은? **[설비 15]**

① 질소　② 메탄
③ 일산화탄소　④ 아세톤

13 가스가 누출된 경우에 제2의 누출을 방지하기 위해서 방류둑을 설치한다. 방류둑을 설치하지 않아도 되는 저장탱크는? **[안전 15]**

① 저장능력 1000톤의 액화질소탱크
② 저장능력 10톤의 액화암모니아탱크
③ 저장능력 1000톤의 액화산소탱크
④ 저장능력 5톤의 액화염소탱크

14 수소폭명기는 수소와 산소의 혼합비가 얼마일 때를 말하는가? (단, 수소 : 산소의 비이다.)

① 1 : 2　② 2 : 1
③ 1 : 3　④ 3 : 1

폭명기

종 류	반응식
수소폭명기	$2H_2+O_2 \rightarrow 2H_2O$
염소폭명기	$H_2+Cl_2 \rightarrow 2HCl$
불소폭명기	$H_2+F_2 \rightarrow 2HF$

정답 07.① 08.① 09.③ 10.④ 11.③ 12.④ 13.① 14.②

15 다음 중 배관을 지하에 매설하는 경우 배관은 그 외면으로부터 도로 밑의 다른 시설물과 몇 [m] 이상의 거리를 유지하여야 하는가? **[안전 1]**

① 0.2
② 0.3
③ 0.5
④ 1

16 고압가스 일반제조시설의 저장탱크를 지하에 매설하는 경우의 기준에 대한 설명으로 틀린 것은? **[안전 6]**

① 저장탱크 외면에는 부식방지 코팅을 한다.
② 저장탱크는 천장, 벽, 바닥의 두께가 각각 10cm 이상의 콘크리트로 설치한다.
③ 저장탱크 주위에는 마른 모래를 채운다.
④ 저장탱크에 설치한 안전밸브에는 지면에서 5m 이상의 높이에 방출구가 있는 가스방출관을 설치한다.

② 천장, 벽, 바닥은 두께 30cm 이상의 철근콘크리트로 만든 방에 설치

17 다음 중 발화온도의 폭발 등급에 의한 위험성을 비교하였을 때 위험도가 가장 큰 것은?

① 부탄
② 암모니아
③ 아세트알데히드
④ 메탄

연소범위에 따른 위험도

가스명	연소범위(%)	위험도 값
C_4H_{10}	1.8~8.4	$\frac{8.4-1.8}{1.8}=3.67$
NH_3	15~28	$\frac{28-15}{15}=0.87$
아세트알데히드 (CH_3CHO)	4~60	$\frac{60-4}{4}=14$
메탄	5~15	$\frac{15-5}{5}=2$

18 액화석유가스는 공기 중의 혼합 비율의 용량이 얼마인 상태에서 감지할 수 있도록 냄새가 나는 물질을 섞어 용기에 충전하여야 하는가? **[안전 55]**

① $\frac{1}{10}$
② $\frac{1}{100}$
③ $\frac{1}{1000}$
④ $\frac{1}{10000}$

19 사람이 사망하기 시작하는 폭발압력은 약 몇 [kPa]인가?

① 70 ② 700
③ 1700 ④ 2700

20 다음 중 독성 가스를 사용하는 내용적이 몇 [L] 이상인 수액기 주위에 액상의 가스가 누출될 경우에 대비하여 방류둑을 설치하여야 하는가? **[안전 15]**

① 1000 ② 2000
③ 5000 ④ 10000

21 가스설비의 설치가 완료된 후에 실시하는 내압시험 시 공기를 사용하는 경우 우선 상용압력의 몇 [%]까지 승압하는가? **[안전 25]**

① 30 ② 40
③ 50 ④ 60

22 고압가스 용기 파열사고의 원인으로 가장 거리가 먼 것은?

① 용기의 내(耐)압력 부족
② 용기의 재질 불량
③ 용접상의 결함
④ 이상압력 저하

정답 15.② 16.② 17.③ 18.③ 19.② 20.④ 21.③ 22.④

23 제조소에 설치하는 긴급차단장치에 대한 설명으로 옳지 않은 것은? **[안전 19]**

① 긴급차단장치는 저장탱크 주밸브의 외측에 가능한 한 저장탱크의 가까운 위치에 설치해야 한다.
② 긴급차단장치는 저장탱크 주밸브와 겸용으로 하여 신속하게 차단할 수 있어야 한다.
③ 긴급차단장치의 동력원은 그 구조에 따라 액압, 기압, 전기 또는 스프링 등으로 할 수 있다.
④ 긴급차단장치는 당해 저장탱크 외면으로부터 5m 이상 떨어진 곳에서 조작할 수 있어야 한다.

긴급차단장치는 주밸브와 겸용으로 사용할 수 없다.

24 도시가스 배관에 설치하는 전위측정용 터미널의 간격을 옳게 나타낸 것은? **[설비 16]**

① 희생양극법 : 300m 이내, 외부전원법 : 400m 이내
② 희생양극법 : 300m 이내, 외부전원법 : 500m 이내
③ 희생양극법 : 400m 이내, 외부전원법 : 500m 이내
④ 희생양극법 : 400m 이내, 외부전원법 : 600m 이내

25 LPG 충전 · 저장 · 집단공급 · 판매시설 · 영업소의 안전성 확인 적용대상 공정이 아닌 것은?

① 지하탱크를 지하에 매설한 후의 공정
② 배관의 지하매설 및 비파괴시험 공정
③ 방호벽 또는 지상형 저장탱크의 기초설치 공정
④ 공정상 부득이하여 안전성 확인 시 실시하는 내압 · 기밀시험 공정

안정성 확인을 받아야 할 공정(KGS Fs 331) (4.2.1.1)
㉠ 저장탱크를 지하에 매몰하기 전의 공정
㉡ 비파괴시험 및 배관의 매설깊이 확인공정
㉢ 방호벽 지상형 저장탱크 기초설치공정

26 액화석유가스 사용시설에서 소형 저장탱크의 저장능력이 몇 [kg] 이상인 경우에 과압안전장치를 설치하여야 하는가?

① 100
② 150
③ 200
④ 250

27 다음 (　) 안에 들어갈 수 있는 경우로 옳지 않은 것은?

> "액화천연가스의 저장설비 및 처리설비는 그 외면으로부터 사업소 경계까지 일정규모 이상의 안전거리를 유지하여야 한다. 이 때 사업소 경계가 (　)의 경우에는 이들의 반대편 끝을 경계로 보고 있다."

① 산　　② 호수
③ 하천　　④ 바다

28 다음 중 가연성 가스와 산소의 혼합비가 완전산화에 가까울수록 발화지연은 어떻게 되는가?

① 길어진다.
② 짧아진다.
③ 변함이 없다.
④ 일정치 않다.

29 유독성 가스를 검지하고자 할 때 하리슨 시험지를 사용하는 가스는? **[안전 21]**

① 염소
② 아세틸렌
③ 황화수소
④ 포스겐

30 0℃, 101325Pa의 압력에서 건조한 도시가 $1m^3$당 유해성분인 암모니아는 몇 [g]을 초과하면 안 되는가?

① 0.02　　② 0.2
③ 0.3　　④ 0.5

정답 23.② 24.② 25.① 26.④ 27.① 28.② 29.④ 30.②

해설

출제 당시와 법규 변경

도시가스의 품질검사(도시가스의 통합 고시 별표 1)

검사항목	단위(0℃, 101.3kPa 기준)	허용기준
열량	MJ/m^3	도시가스사업법 제20조 산자부 또는 시·도지사 승인을 받은 규정의 열량
웨버지수	MJ/m^3	52.75~57.77
	$kcal/m^3$	12600~13800
황화수소	mg/m^3	10 이하
전유황	mg/m^3	30 이하
암모니아	mg/m^3	검출되지 않음
수소, 아르곤, 일산화탄소	mol%	10 이하
상기 항목의 검사방법	거의 모든 검사방법은 G/C(가스크로마토그래프)로 성분 분석	

31 암모니아 합성법 중에서 고압합성에 사용되는 방식은? **[설비 24]**

① 카자레법 ② 뉴파우더법
③ 케미크법 ④ 구데법

해설

암모니아 합성범위

㉠ 고압법(카자레법, 클로드법) : 60~100MPa
㉡ 중압법(IG법, 동공시법) : 30MPa
㉢ 저압법(구데법, 케로그법) : 15MPa

32 액화석유가스 이송용 펌프에서 발생하는 이상현상으로 가장 거리가 먼 것은?

① 캐비테이션 ② 수격작용
③ 오일포밍 ④ 베이퍼록

33 대기 개방식 가스보일러가 반드시 갖추어야 하는 것은?

① 과압방지용 안전장치
② 저수위 안전장치
③ 공기 자동빼기장치
④ 압력 팽창탱크

34 2단 감압조정기의 장점이 아닌 것은?

① 공급압력이 안정하다.
② 배관이 가늘어도 된다.
③ 장치가 간단하다.
④ 각 연소기구에 알맞은 압력으로 공급이 가능하다.

조정기의 장·단점

종 류	장 점	단 점
1단 감압식	㉠ 장치가 간단하다. ㉡ 조작이 간단하다.	㉠ 최종압력이 부정확하다. ㉡ 배관이 굵어진다.
2단 감압식	㉠ 최종압력이 정확하다. ㉡ 각 연소기구에 알맞은 압력으로 공급이 가능하다. ㉢ 중간배관이 가늘어도 된다. ㉣ 공급압력이 안정하다.	㉠ 검사방법이 복잡하다. ㉡ 재액화에 문제가 있다. ㉢ 조정기가 많이 든다.

35 재료에 인장과 압축하중을 오랜 시간 반복적으로 적용시키면 그 응력이 인장강도 보다 작은 경우에도 파괴되는 현상은?

① 인성파괴 ② 피로파괴
③ 취성파괴 ④ 크리프 파괴

36 LP가스 용기의 재질로서 가장 적당한 것은?

① 주철 ② 탄소강
③ 알루미늄 ④ 두랄루민

37 냉동설비 중 흡수식 냉동설비의 냉동능력 정의로 옳은 것은? **[안전 91]**

① 발생기를 가열하는 24시간의 입열량 6천640kcal를 1일의 냉동력 1톤으로 봄
② 발생기를 가열하는 1시간의 입열량 3천320kcal를 1일의 냉동력 1톤으로 봄
③ 발생기를 가열하는 1시간의 입열량 6천640kcal를 1일의 냉동력 1톤으로 봄
④ 발생기를 가열하는 24시간의 입열량 3천320kcal를 1일의 냉동력 1톤으로 봄

해설

냉동능력 1RT

㉠ 원심식 압축기 : 원동기 정격출력 1.2kW
㉡ 한국 1냉동톤 : 압축기 능력 3320kcal/hr

정답 31.① 32.③ 33.② 34.③ 35.② 36.② 37.③

38 다음 각종 온도계에 대한 설명으로 옳은 것은?

① 저항 온도계는 이종 금속 2종류의 양단을 용접 또는 납붙임으로 양단의 온도가 다를 때 발생하는 열기전력의 변화를 측정하여 온도를 구한다.
② 유리제 온도계의 봉입액으로 수은을 쓴 것은 -30~350℃ 정도의 범위에서 사용된다.
③ 온도계의 온도검출부는 열용량이 크면 좋다.
④ 바이메탈식 온도계는 온도에 따른 전기적 변화를 이용한 온도계이다.

39 가스액화 분리장치의 구성 3요소가 아닌 것은?

① 한냉발생장치 ② 정류장치
③ 불순물 제거장치 ④ 유회수장치

40 액주식 압력계에 사용되는 액체의 구비조건으로 틀린 것은? [장치 11]

① 화학적으로 안정되어야 한다.
② 모세관 현상이 없어야 한다.
③ 점도와 팽창계수가 작아야 한다.
④ 온도변화에 의한 밀도변화가 커야 한다.

41 다음 중 왕복식 펌프에 해당하지 않는 것은 어느 것인가? [설비 9]

① 플런저 펌프 ② 피스톤 펌프
③ 다이어프램 펌프 ④ 기어 펌프

기어 펌프 : 회전 펌프

42 내용적 50L의 용기에 수압 30kgf/cm^{2}를 가해 내압시험을 하였다. 이 경우에 30kgf/cm^{2}의 수압을 걸었을 때 용기의 용적이 50.5L로 늘어났고 압력을 제거하여 대기압으로 하니 용기용적은 50.025L로 되었다. 항구증가율은 얼마인가?

① 0.3% ② 0.5%
③ 3% ④ 5%

해설

$$\text{항구증가율}(\%) = \frac{\text{항구증가량}}{\text{전증가량}} \times 100 = \frac{50.025-50}{50.5-50} \times 100 = 5\%$$

43 공기액화 분리장치의 내부 세정액으로 가장 적당한 것은?

① 가성소다 ② 사염화탄소
③ 물 ④ 묽은 염산

44 다음 중 방폭구조의 표시 방법으로 잘못된 것은? [안전 45]

① 안전증 방폭구조 : e
② 본질안전 방폭구조 : b
③ 유입방폭구조 : o
④ 내압방폭구조 : d

본질안전 방폭구조 : ia, ib

45 유체가 5m/s의 속도로 흐를 때 이 유체의 속도수두는 약 몇 [m]인가? (단, 중력가속도는 9.8m/s^{2}이다.)

① 0.98 ② 1.28
③ 12.2 ④ 14.1

$$\text{속도수두}(H) = \frac{V^2}{2g}$$

여기서, $V = 5\text{m/s}$

$g = 9.8\text{m/s}^2$

$$\therefore\ H = \frac{5^2}{2 \times 9.8} = 1.28\text{m}$$

46 다음 중 염소의 용도로 적합하지 않은 것은?

① 소독용으로 쓰인다.
② 염화비닐 제조의 원료이다.
③ 표백제로 쓰인다.
④ 냉매로 사용된다.

④ 냉매로 사용되는 가스 : NH_3, 프레온가스

정답 38.② 39.④ 40.④ 41.④ 42.④ 43.② 44.② 45.② 46.④

47 아세틸렌 충전 시 첨가하는 다공물질의 구비조건이 아닌 것은? [안전 11]

① 화학적으로 안정할 것
② 기계적인 강도가 클 것
③ 가스의 충전이 쉬울 것
④ 다공도가 적을 것

④ 고다공도일 것

48 냄새가 나는 물질(부취제)의 구비조건이 아닌 것은? [안전 55]

① 독성이 없을 것
② 저농도에서도 냄새를 알 수 있을 것
③ 완전연소하고 연소 후에도 유해물질을 남기지 말 것
④ 일상생활의 냄새와 구분되지 않을 것

④ 보통 존재 냄새와 구별될 것

49 염화메탄의 특징에 대한 설명으로 틀린 것은?

① 무취이다.
② 공기보다 무겁다.
③ 수분 존재 시 금속과 반응한다.
④ 유독한 가스이다.

CH_3Cl(염화메탄) : 독성 가스

50 압력에 대한 설명으로 옳은 것은? [설비 2]

① 표준대기압이란 0℃에서 수은주 760mmHg에 해당하는 압력을 말한다.
② 진공압력이란 대기압보다 낮은 압력으로 대기압력과 절대압력을 합한 것이다.
③ 용기 내벽에 가해지는 기체의 압력을 게이지압력이라 하며 대기압과 압력계에 나타난 압력을 합한 것이다.
④ 절대압력이란 표준대기압 상태를 0으로 기준하여 측정한 압력을 말한다.

② 진공압력=대기압력−절대압력
③ 게이지압력=절대압력−대기압력
④ 절대압력=완전진공 상태를 0으로 보고 기준한 압력

51 화씨 86°F는 절대온도로 몇 [K]인가? [설비 21]

① 233 ② 303
③ 490 ④ 522

$℃ = \frac{5}{9}(°F - 32)$
$= \frac{5}{9}(86 - 32) = 30℃$
$\therefore K = ℃ + 273$이므로
$= 30 + 273 = 303K$

52 산소의 성질에 대한 설명으로 틀린 것은?

① 자신은 연소하지 않고 연소를 돕는 가스이다.
② 물에 잘 녹으며 백금과 화합하여 산화물을 만든다.
③ 화학적으로 활성이 강하여 다른 원소와 반응하여 산화물을 만든다.
④ 무색, 무취의 기체이다.

O_2 : 물에 잘 녹지 않는다.

53 이상기체에 대한 설명으로 옳은 것은 어느 것인가?

① 일정온도에서 기체부피는 압력에 비례한다.
② 일정압력에서 부피는 온도에 반비례한다.
③ 일정부피에서 압력은 온도에 반비례한다.
④ 보일-샤를의 법칙을 따르는 기체를 말한다.

㉠ 기체의 부피는 압력에 반비례
㉡ 기체의 부피는 온도에 비례
㉢ 기체의 압력은 온도에 비례

54 다음 중 불연성 가스는?

① 수소
② 헬륨
③ 아세틸렌
④ 히드라진

①, ③, ④ : 가연성 가스

정답 47.④ 48.④ 49.① 50.① 51.② 52.② 53.④ 54.②

55 산소가스가 27℃에서 130kgf/cm^{2}의 압력으로 50kg이 충전되어 있다. 이 때 부피는 몇 [m^3]인가? (단, 산소의 정수는 26.5kgf · m/kg · K이다.) **[설비 41]**

① 0.25 ② 0.28
③ 0.30 ④ 0.43

$PV = GRT$에서

$V = \frac{GRT}{P}$이므로

여기서, G : 50kg
R : 26.5
T : 273+27=300K
P : 130×10^4 kg/m^2

$\therefore V = \frac{50 \times 26.5 \times 300}{130 \times 10^4} = 0.305$

56 프로판의 착화온도는 약 몇 [℃] 정도인가?

① 460~520 ② 550~590
③ 600~660 ④ 680~740

57 다음 중 가장 낮은 압력은?

① 1bar ② 0.99atm
③ 28.56inHg ④ 10.3mH$_2$O

모든 압력을 atm으로 통일하면

① $\frac{1}{1.013} = 0.98$atm

② 0.99atm

③ $\frac{28.56}{30} = 0.95$atm

④ $\frac{10.3mH_2O}{10.3mH_2O} = 1$atm

1atm=1.01325bar=30inHg=10.33mH$_2$O

58 "가연성 가스"라 함은 폭발한계의 상한과 하한의 차가 몇 [%] 이상인 것을 말하는가?

① 5 ② 10
③ 15 ④ 20

가연성의 정의
㉠ 폭발하한값이 10% 이하인 것
㉡ 폭발상한과 하한의 차이가 20% 이상인 것

59 "어떠한 방법으로라도 어떤 계를 절대온도 0도에 이르게 할 수 없다."는 열역학 제 몇 법칙인가? **[설비 27]**

① 열역학 제0법칙
② 열역학 제1법칙
③ 열역학 제2법칙
④ 열역학 제3법칙

60 염소가스의 건조제로 사용되는 것은?

① 진한 황산 ② 염화칼슘
③ 활성알루미나 ④ 진한 염산

해설

Cl_2
㉠ 윤활제 : 진한 황산
㉡ 건조제 : 진한 황산

정답 55.③ 56.① 57.③ 58.④ 59.④ 60.①

국가기술자격 필기시험문제

2009년 기능사 제4회 필기시험(1부) (2009년 7월 시행)

자격종목	시험시간	문제수	문제형별
가스기능사	**1시간**	**60**	**A**

수험번호		성 명	

01 프로판의 표준상태에서의 이론적인 밀도는 몇 [kg/m^3]인가?

① 1.52 ② 1.96
③ 2.96 ④ 3.52

C_3H_8의 분자량 44g이므로

$\therefore$ C_3H_8의 밀도$=\frac{44g}{22.4L}=1.96g/L=1.96kg/m^3$

02 도시가스 배관의 전기방식 전류가 흐르는 상태에서 자연전위와의 전위변화는 최소한 몇 [mV] 이하이어야 하는가? (단, 다른 금속과 접촉하는 배관을 제외한다.) **[안전 42]**

① −100 ② −200
③ −300 ④ −500

03 다음 중 방폭 지역이 0종인 장소에는 원칙적으로 어떤 방폭구조의 것을 사용하여야 하는가? **[안전 45]**

① 내압방폭구조
② 압력방폭구조
③ 본질안전 방폭구조
④ 안전증 방폭구조

위험장소에 따른 방폭기기 선정

위험장소	사용 방폭기기 종류
0종	(ia, ib)
1종	(ia, ib) (o) (p) (d)
2종	(ia, ib) (o) (p) (d) (e)
방폭구조 명칭	본질안전 : (ia, ib) 유입(o) 압력(p), 내압(d), 안전증(e)

04 2005년 2월에 제조되어 신규검사를 득한 LPG 20kg용 용접용기(내용적 47L)의 최초의 재검사 연월은? **[안전 68]**

① 2007년 2월
② 2008년 2월
③ 2009년 2월
④ 2010년 2월

고법 시행규칙 별표 22

<table>
<tr><th colspan="2" rowspan="2">용기 종류</th><th colspan="3">신규검사 후 경과연수</th></tr>
<tr><th>15년 미만</th><th>15년 이상 20년 미만</th><th>20년 이상</th></tr>
<tr><th colspan="2"></th><th colspan="3">재검사 주기</th></tr>
<tr><td rowspan="2">LPG 용기</td><td>500L 이상</td><td>5년마다</td><td>2년마다</td><td>1년마다</td></tr>
<tr><td>500L 미만</td><td colspan="2">5년마다</td><td>2년마다</td></tr>
</table>

LPG : 47L(500L 미만), 20년 미만 : 5년마다 이므로 2010년 2월

05 저장탱크에 설치한 안전밸브에는 지면에서 몇 [m] 이상의 높이에 방출구가 있는 가스 방출관을 설치하여야 하는가?

① 2 ② 3
③ 5 ④ 10

저장탱크의 가스 방출관의 위치

구 분	방출관 위치(m)
지상탱크	지면에서 5m 탱크 정상부에서 2m 중 높은 위치
지하탱크	지면에서 5m 이상
LPG 소형 저장탱크	지면에서 2.5m 이상 탱크 정상부에서 1m 중 높은 위치

정답 01.② 02.③ 03.③ 04.④ 05.③

06 고압가스 판매 허가를 득하여 사업을 하려는 경우 각각의 용기보관실 면적은 몇 [m^2] 이상이어야 하는가? **[안전 98]**

① 7　　② 10
③ 12　　④ 15

고압가스 LPG 판매시설 용기보관실 면적
㉠ 고법 : $10m^2$
㉡ LPG : $19m^2$

07 용기보관장소의 충전용기 보관기준으로 틀린 것은? **[안전 66]**

① 충전용기와 잔가스용기는 서로 넘어지지 않게 단단히 결속하여 놓는다.
② 가연성·독성 및 산소용기는 각각 구분하여 용기보관장소에 놓는다.
③ 용기는 항상 40℃ 이하의 온도를 유지하고, 직사광선을 받지 않게 한다.
④ 작업에 필요한 물건(계량기 등) 이외에는 두지 않는다.

충전용기와 잔가스용기는 용기보관장소에 구분하여 보관한다.

08 독성 가스 배관은 2중관 구조로 하여야 한다. 이 때 외층관 내경은 내층관 외경의 몇 배 이상을 표준으로 하는가? **[안전 59]**

① 1.2　　② 1.5
③ 2　　④ 2.5

09 차량에 고정된 탱크 중 독성 가스는 내용적을 얼마 이하로 하여야 하는가? **[안전 12]**

① 12000L
② 15000L
③ 16000L
④ 18000L

차량에 고정된 탱크의 내용적
㉠ 독성 12000L 이하(단, NH_3 제외)
㉡ 가연성(LPG 제외), 산소 18000L 이하

10 가스누출 경보기의 검지부를 설치할 수 있는 장소는?

① 증기, 물방울, 기름기 섞인 연기 등이 직접 접촉될 우려가 있는 곳
② 주위온도 또는 복사열에 의한 온도가 섭씨 40℃ 미만이 되는 곳
③ 설비 등에 가려져 누출가스의 유동이 원활하지 못한 곳
④ 차량, 그 밖의 작업 등으로 인하여 경보기가 파손될 우려가 있는 곳

11 도시가스 공급 배관을 차량이 통행하는 폭 8m 이상인 도로에 매설할 때의 깊이는 몇 [m] 이상으로 하여야 하는가? **[안전 131]**

① 1.0　　② 1.2
③ 1.5　　④ 2.0

배관의 매설깊이

구 분	매설깊이(m)
차량통행 폭 8m 이상의 도로	1.2 이상
8m 미만 도로	1 이상

12 다음 중 독성 가스가 아닌 것은?

① 아크릴로니트릴
② 벤젠
③ 암모니아
④ 펜탄

13 가스의 종류를 가연성에 따라 구분한 것이 아닌 것은?

① 가연성 가스
② 조연성 가스
③ 불연성 가스
④ 압축가스

고압가스의 분류

분 류	해당 가스
연소성(성질)별	가연성, 조연성, 불연성
상태별	압축, 액화, 용해

정답 06.② 07.① 08.① 09.① 10.② 11.② 12.④ 13.④

14 고압가스 특정 제조사업소의 고압가스설비 중 특수반응설비와 긴급차단장치를 설치한 고압가스설비에서 이상사태가 발생하였을 때 그 설비 내의 내용물을 설비 밖으로 긴급하고 안전하게 이송하여 연소시키기 위한 것은?

① 내부반응 감시장치
② 벤트스택
③ 인터록
④ 플레어스택

15 특정 고압가스 사용시설 중 고압가스의 저장량이 몇 [kg] 이상인 용기보관실의 벽을 방호벽으로 설치하여야 하는가? **[안전 57]**

① 100　② 200
③ 300　④ 500

특정 고압가스 사용시설 방호벽 설치기준

가스 종류	설치기준
액화가스	300kg 이상
압축가스	$60m^3$ 이상

16 독성 가스 운반차량에 반드시 갖추어야 할 용구나 물품에 해당되지 않는 것은? **[안전 39]**

① 방독면
② 제독제
③ 고무장갑
④ 소화장비

소화장비 : 가연성 가스, 산소 가스운반 시 갖추어야 하는 장비

17 아세틸렌가스 충전 시 첨가하는 희석제가 아닌 것은? **[설비 15]**

① 메탄
② 일산화탄소
③ 에틸렌
④ 이산화황

C_2H_2를 2.5MPa 이상 압축 시 첨가 희석제
①, ②, ③ 이외에 N_2

18 액화석유가스 저장시설의 액면계 설치 기준으로 틀린 것은?

① 액면계는 평형반사식 유리액면계 및 평형투시식 유리액면계를 사용할 수 있다.
② 유리액면계에 사용되는 유리는 KS B 6208(보일러용 수면계 유리) 중 기호 B 또는 P의 것 또는 이와 동등 이상이어야 한다.
③ 유리를 사용한 액면계에는 액면의 확인을 명확하게 하기 위하여 덮개 등을 하지 않는다.
④ 액면계 상하에는 수동식 및 자동식 스톱밸브를 각각 설치한다.

19 고압가스 특정 제조시설에서 안전구역을 설정하기 위한 연소열량의 계산 공식을 옳게 나타낸 것은? (단, Q는 연소열량, W는 저장설비 또는 처리설비에 따라 정한 수치, K는 가스의 종류 및 상용온도에 따라 정한 수치이다.) **[안전 82]**

① $Q = K + W$
② $Q = \dfrac{W}{K}$
③ $Q = \dfrac{K}{W}$
④ $Q = K \times W$

고압가스 특정제로 안전구역 설정(KGS Fp 111) (2.1.9)

구 분	간추린 핵심 내용
설치 개요	재해발생 시 확대방지를 위해 가연성 독성 가스설비를 통로 공지 등으로 구분된 안전구역 안에 설치
안전구역 면적	2만m^2 이하
저장 처리설비 안에 1종류의 가스가 있는 경우 연소열량수치 Q	$Q = K \cdot W = 6 \times 10^8$ 이하 여기서, Q : 연소열량의 수치 K : 가스종류 및 상용온도에 따른 수치 W : 저장설비 처리설비에 따라 정한 수치

정답 14.④ 15.③ 16.④ 17.④ 18.③ 19.④

20 암모니아를 사용하는 냉동장치의 시운전에 사용할 수 없는 가스는?

① 질소 ② 산소
③ 아르곤 ④ 이산화탄소

산소는 가연성 설비에 시운전으로 사용 시 폭발범위 조성으로 폭발의 우려가 있다.

21 사업소 내에서 긴급사태 발생 시 필요한 연락을 하기 위해 안전관리자가 상주하는 사업소와 현장사업소 간에 설치하는 통신설비가 아닌 것은? **[안전 48]**

① 구내 전화
② 인터폰
③ 페이징 설비
④ 메가폰

안전관리자가 상주하는 사업소와 현장사업소 간 통신시설 ①, ②, ③ 이외에 구내방송설비

22 고압가스 제조장치의 취급에 대한 설명으로 틀린 것은?

① 안전밸브는 천천히 작동하게 한다.
② 압력계의 밸브는 천천히 연다.
③ 액화가스를 탱크에 처음 충전할 때 천천히 충전한다.
④ 제조장치의 압력을 상승시킬 때 천천히 상승시킨다.

안전밸브 작동압력

구 분	작동압력
액화산소탱크	상용압력×1.5배 이하
그 밖의 경우	$T_P \times \frac{8}{10}$배 이하

23 도시가스 배관의 해저 설치 시의 기준으로 틀린 것은?

① 배관은 원칙적으로 다른 배관과 교차하지 아니하도록 한다.
② 배관의 입상부에는 방호시설물을 설치한다.
③ 배관은 해저면 위에 설치한다.
④ 배관은 원칙적으로 다른 배관과 30m 이상의 수평거리를 유지한다.

배관의 해저 해상 설치(KGS Fp 111)(2.5.7.5)

구 분	간추린 핵심 내용
설치 위치	해저면 밑에 매설(단, 닻 내림 등 손상우려가 없거나 부득이한 경우는 제외)
설치 방법	㉠ 다른 배관과 교차하지 아니할 것 ㉡ 다른 배관과 30m 이상 수평거리 유지

24 가연성 가스 제조시설의 고압가스설비는 그 외면으로부터 산소 제조시설의 고압가스설비와 몇 [m] 이상의 거리를 유지하여야 하는가?

① 5
② 8
③ 10
④ 15

고압가스 특정제조 다른 설비와의 거리(KGS Fp 111)(2.1.3)

항 목	거 리(m)
안전구역 안의 고압설비와 다른 안전구역 안의 고압설비	30m 이상
가연성 저장탱크와 처리능력 20만m³ 압축기	30m 이상
가연성 제조 고압가스설비 다른 가연성 제조 고압가스설비	5m 이상
가연성 제조 고압가스설비와 산소제조의 고압가스설비	10m 이상
제조설비의 면과 그 제조소 경계	20m 이상

25 액화질소 35톤을 저장하려고 할 때 사업소 밖의 제1종 보호시설과 유지하여야 하는 안전거리는 최소 몇 [m]인가? **[안전 7]**

① 8 ② 9
③ 11 ④ 13

저장능력 액화질소 35톤

저장능력	1종	2종
3만 초과 4만 이하	13m	9m

정답 20.② 21.④ 22.① 23.③ 24.③ 25.④

26 고압가스의 인허가 및 검사의 기준이 되는 "처리능력"을 산정함에 있어 기준이 되는 온도 및 압력은?

① 온도 : 섭씨 15도, 게이지압력 : 0파스칼
② 온도 : 섭씨 15도, 게이지압력 : 1파스칼
③ 온도 : 섭씨 0도, 게이지압력 : 0파스칼
④ 온도 : 섭씨 0도, 게이지압력 : 1파스칼

27 의료용 가스 용기의 도색 구분 표시로 틀린 것은? **[안전 3]**

① 산소－백색
② 질소－청색
③ 헬륨－갈색
④ 에틸렌－자색

㉠ 질소 의료용 용기 도색 : 흑색
㉡ 질소 공업용 용기 도색 : 회색

28 20kg LPG 용기의 내용적은 몇 [L]인가? (단, 충전상수 C는 2.35이다.)

① 8.51
② 20
③ 42.3
④ 47

$W=\frac{V}{C}$ 이므로

$\therefore\ V=W\times C=20\times 2.35=47\text{L}$

29 방류둑의 성토는 수평에 대하여 몇 도 이하의 기울기로 하여야 하는가? **[안전 15]**

① 15 ② 30
③ 45 ④ 60

30 지상에 설치하는 액화석유가스 저장탱크의 외면에는 그 주위에서 보기 쉽도록 가스의 명칭을 표시해야 하는데 무슨 색으로 표시하여야 하는가?

① 은백색 ② 황색
③ 흑색 ④ 적색

㉠ LPG 저장탱크 도색 : 은백색
㉡ LPG의 글자색 : 적색

31 LP가스용 용기 밸브의 몸통에 사용되는 재료로 가장 적당한 것은?

① 단조용 황동 ② 단조용 강재
③ 절삭용 주물 ④ 인발용 구리

32 배관 속을 흐르는 액체의 속도를 급격히 변화시키면 물이 관벽을 치는 현상이 일어나는 데 이런 현상을 무엇이라 하는가?

① 캐비테이션 현상
② 워터해머링 현상
③ 서징 현상
④ 맥동 현상

33 상용압력이 10MPa인 고압가스설비에 압력계를 설치하려고 한다. 압력계의 최고눈금 범위는?

① 11~15MPa ② 15~20MPa
③ 18~20MPa ④ 20~25MPa

압력계의 최고눈금범위
상용압력의 1.5배 이상 2배 이하이므로
$10\times 1.5\sim 10\times 2=15\sim 20\text{MPa}$

34 가스히트펌프(GHP)는 다음 중 어떤 분야로 분류되는가?

① 냉동기 ② 특정설비
③ 가스용품 ④ 용기

35 유체 중에 인위적인 소용돌이를 일으켜 와류의 발생 수, 즉 주파수가 유속에 비례한다는 사실을 응용하여 유량을 측정하는 유량계는?

① 볼텍스 유량계 ② 전자 유량계
③ 초음파 유량계 ④ 임펠러 유량계

소용돌이＝와류＝볼텍스

정답 26.③ 27.② 28.④ 29.③ 30.④ 31.① 32.② 33.② 34.① 35.①

36 도시가스의 총 발열량이 10400kcal/m^3, 공기에 대한 비중이 0.55일 때 웨버지수는 얼마인가?

① 11023 ② 12023
③ 13023 ④ 14023

$WI(\text{웨버지수}) = \frac{H}{\sqrt{d}}$

여기서, H : 10400kcal/m^3
d : 비중 0.55

$\therefore WI = \frac{10400}{\sqrt{0.55}} = 14023$

37 포화황산동 기준전극으로 매설 배관의 방식전위를 측정하는 경우 몇 [V] 이하이어야 하는가? **[안전 42]**

① −0.75V ② −0.85V
③ −0.95V ④ −2.5V

매설 배관 방식 전위
㉠ 포화황산동 기준전극 : −0.85V 이하
㉡ 황산염 환원 박테리아가 번식하는 토양 : −0.95V 이하

38 가스 충전구에 따른 분류 중 가스 충전구에 나사가 없는 것을 무슨 형으로 표시하는가?

① A ② B
③ C ④ D

충전구 나사형식

구 분	나사형식
A형	숫나사
B형	암나사
C형	나사가 없음

39 로터리 압축기에 대한 설명으로 틀린 것은 어느 것인가? **[설비 32]**

① 왕복식 압축기에 비해 부품 수가 적고 구조가 간단하다.
② 압축기 단속적이므로 저진공에 적합하다.
③ 기름윤활방식으로 소용량이다.
④ 구조상 흡입기체에 기름이 혼입되기 쉽다.

로터리(회전) 압축기

개 요	로터를 회전, 일정 용액의 실린더 내 기체를 흡입 용적을 감소시켜 기체를 압축하는 압축기
특 징	㉠ 고정익형, 회전익형이 있다. ㉡ 압축이 연속적이고 고진공을 얻을 수 있다. ㉢ 흡입밸브가 없고, 크랭크 내는 고압이다. ㉣ 오일윤활식이다. ㉤ 왕복에 비해 구조가 간단하다. ㉥ 맥동이 적다.

40 다음 중 스크루 펌프는 어느 형식의 펌프에 해당하는가? **[설비 9]**

① 축류식
② 원심식
③ 회전식
④ 왕복식

㉠ (스크루=나사)펌프 : 회전식
㉡ 회전식 pump(나사, 기어, 베인)

41 다음 가스분석법 중 흡수분석법에 해당하지 않는 것은? **[장치 6]**

① 헴펠법
② 산화동법
③ 오르자트법
④ 게겔법

② 산화동법 : 분별연소법

42 다음 중 초저온 저장탱크의 측정에 많이 사용되며 차압에 의해 액면을 측정하는 액면계는?

① 햄프슨식 액면계
② 전기저항식 액면계
③ 초음파식 액면계
④ 크링카식 액면계

43 LP가스 자동차 충전소에서 사용하는 디스펜서(Dispenser)에 대하여 옳게 설명한 것은?

① LP가스 충전소에서 용기에 일정량의 LP가스를 충전하는 충전기기이다.
② LP가스 충전소에서 용기에 충전하는 가스용적을 계량하는 기기이다.
③ 압축기를 이용하여 탱크로리에서 저장탱크로 LP가스를 이송하는 장치이다.
④ 펌프를 이용하여 LP가스를 저장탱크로 이송할 때 사용하는 안전장치이다.

44 도시가스에서 사용하는 부취제의 종류가 아닌 것은? **[안전 55]**

① THT ② TBM
③ MMA ④ DMS

45 실린더 중에 피스톤과 보조 피스톤이 있고, 상부에 팽창기, 하부에 압축기로 구성되어 있으며, 수소, 헬륨을 냉매로 하는 것이 특징인 공기액화장치는? **[장치 24]**

① 카르노식 액화장치
② 필립스식 액화장치
③ 린데식 액화장치
④ 클라우드식 액화장치

46 공기 중에 10vol% 존재 시 폭발의 위험성이 없는 가스는?

① CH_3Br ② C_2H_6
③ C_2H_4O ④ H_2S

가스별 폭발범위

가스명	폭발범위(%)
CH_3Br	13.5~14.5
C_2H_6	3~12.5
C_2H_4O	3~80
H_2S	1.2~44

47 고압가스의 일반적 성질에 대한 설명으로 옳은 것은?

① 암모니아는 동을 부식하고 고온 · 고압에서는 강재를 침식한다.
② 질소는 안정한 가스로서 불활성 가스라고도 하고 고온에서도 금속과 화합하지 않는다.
③ 산소는 액체공기를 분류하여 제조하는 반응성이 강한 가스로 자신은 잘 연소한다.
④ 염소는 반응성이 강한 가스로 강재에 대하여 상온에서도 건조한 상태로 현저히 부식성을 갖는다.

② 질소는 안정된 가스이나 고온에서는 금속과 화합한다.
③ 산소는 다른 가스가 연소하는 것을 도와주는 조연성 가스이다.
④ 염소는 수분과 접촉 시 현저한 부식이 있으며 건조한 상태에서는 부식성이 없다.

48 0℃, 1atm에서 5L인 기체가 273℃, 1atm에서 차지하는 부피는 약 몇 [L]인가? (단, 이상기체로 가정한다.)

① 2 ② 5
③ 8 ④ 10

$\frac{V_1}{T_1} = \frac{V_2}{T_2}$ 이므로

$\therefore V_2 = \frac{V_1 T_2}{T_1}$

여기서, V_1 : 5L
T_1 : (273+0)K
T_2 : (273+273)=546K

$= \frac{5 \times 546}{273}$

$= 10L$

49 수소 20v%, 메탄 50v%, 에탄 30v% 조성의 혼합가스가 공기와 혼합된 경우 폭발하한계의 값은? (단, 폭발하한계 값은 각각 수소는 4v%, 메탄은 5v%, 에탄은 3v%이다.)

① 3 ② 4
③ 5 ④ 6

정답 43.① 44.③ 45.② 46.① 47.① 48.④ 49.②

르 샤트리에(혼합가스 폭발한계)의 법칙

$\frac{100}{L}=\frac{V_1}{L_1}+\frac{V_2}{L_2}+\frac{V_3}{L_3}$ 이므로

$$\therefore L=\frac{100}{\frac{V_1}{L_1}+\frac{V_2}{L_2}+\frac{V_3}{L_3}}=\frac{100}{\frac{20}{4}+\frac{50}{5}+\frac{30}{3}}=4\%$$

50 질소가스의 특징에 대한 설명으로 틀린 것은?

① 암모니아 합성원료이다.
② 공기의 주성분이다.
③ 방전용으로 사용된다.
④ 산화방지제로 사용된다.

③ 방전용 가스는 Ar이다.

51 500kcal/h의 열량을 일(kgf · m/s)로 환산하면 얼마가 되겠는가?

① 59.3 ② 500
③ 4215.5 ④ 213500

열의 일당량(J) = 427kg · m/kcal이므로
∴ 500kcal/3600s × 427kg · m/kcal
≒ 59.3kg · m/s

52 도시가스의 주원료인 메탄(CH_4)의 비점은 약 얼마인가?

① −50℃ ② −82℃
③ −120℃ ④ −162℃

53 액비중에 대한 설명으로 옳은 것은?

① 4℃ 물의 밀도와의 비를 말한다.
② 0℃ 물의 밀도와의 비를 말한다.
③ 절대 영도에서 물의 밀도와의 비를 말한다.
④ 어떤 물질이 끓기 시작한 온도에서의 질량을 말한다.

54 탄소와 수소의 중량비(C/H)가 가장 큰 것은?

① 에탄 ② 프로필렌
③ 프로판 ④ 메탄

㉠ C_2H_6 = 24 : 6 = 4 : 1
㉡ C_3H_6 = 36 : 6 = 6 : 1
㉢ C_3H_8 = 36 : 8 = 4.5 : 1
㉣ CH_4 = 12 : 4 = 3 : 1

55 다음 중 공기 중에서 가장 무거운 가스는?

① C_4H_{10} ② SO_2
③ C_2H_4O ④ $COCl_2$

각 가스의 분자량

가스명	분자량(g)
C_4H_{10}	58
SO_2	64
C_2H_4O	44
$COCl_2$	99

56 액체는 무색투명하고, 특유의 복숭아향을 가진 맹독성 가스는?

① 일산화탄소 ② 포스겐
③ 시안화수소 ④ 메탄

57 단위 넓이에 수직으로 작용하는 힘을 무엇이라고 하는가?

① 압력 ② 비중
③ 일률 ④ 에너지

58 산소의 농도를 높임에 따라 일반적으로 감소하는 것은?

① 연소속도 ② 폭발범위
③ 화염속도 ④ 점화에너지

산소농도 증가 시 변화값

항 목	변화값
연소범위	넓어진다(증가)
연소속도	빨라진다(증가)
화염속도	빨라진다(증가)
화염온도	높아진다(증가)
발화(점화)에너지	낮아진다(감소)
인화점	낮아진다(감소)

정답 50.③ 51.① 52.④ 53.① 54.② 55.④ 56.③ 57.① 58.④

59 완전진공을 0으로 하여 측정한 압력을 의미하는 것은? **[설비 2]**

① 절대압력
② 게이지압력
③ 표준대기압
④ 진공압력

60 다음 중 1atm을 환산한 값으로 틀린 것은?

① 14.7PSI ② 760mmHg
③ 10.332mH_2O ④ 1.013kgf/m^2

1atm = 1.0332kg/cm^2
= 10.332mH_2O
= 760mmHg
= 14.7PSI

정답 59.① 60.④

국가기술자격 필기시험문제

2009년 기능사 제5회 필기시험(1부) (2009년 9월 시행)

자격종목	시험시간	문제수	문제형별
가스기능사	1시간	60	A

수험번호		성 명	

01 가스의 폭발범위에 영향을 주는 인자로서 가장 거리가 먼 것은?

① 비열 ② 압력
③ 온도 ④ 조성

02 액화석유가스 지상 저장탱크 주위에는 저장능력이 얼마 이상일 때 방류둑을 설치하여야 하는가? **[안전 15]**

① 300kg ② 1000kg
③ 300톤 ④ 1000톤

액화석유 지상 저장탱크 주위
방류둑 설치 용량 : 1000t 이상

03 산소가 충전되어 있는 용기의 온도가 15℃일 때 압력은 15MPa이었다. 이 용기가 직사일광을 받아 온도가 40℃로 상승하였다면, 이때의 압력은 약 몇 [MPa]이 되겠는가?

① 5.6 ② 10.3
③ 16.3 ④ 40.0

$\frac{P_1 V_1}{T_1} = \frac{P_2 V_2}{T_2}$ 에서 $(V_1 = V_2)$이므로

$\therefore P_2 = \frac{P_1 T_2}{T_1} = \frac{15 \times (273+40)}{(273+15)} = 16.3\text{MPa}$

04 고압가스 충전용기의 운반기준으로 틀린 것은 어느 것인가? **[안전 4]**

① 염소와 아세틸렌, 암모니아 또는 수소는 동일차량에 적재하여 운반하지 아니 한다.
② 가연성 가스와 산소를 동일차량에 적재하여 운반할 때에는 그 충전용기의 밸브가 서로 마주 보도록 적재한다.
③ 충전용기와 소방기본법에서 정하는 위험물과는 동일차량에 적재하여 운반하지 아니 한다.
④ 독성 가스를 차량에 적재하여 운반할 때는 그 독성 가스의 종류에 따른 방독면, 고무장갑, 고무장화 그 밖의 보호구를 갖춘다.

고압가스 시행규칙 별표 9 충전용기의 보관
② 가연성 가스와 산소를 동일차량에 적재운반 시 그 충전용기의 밸브를 서로 마주 보지 않도록 적재하여야 한다.

05 고압가스안전관리법상 "충전용기"라 함은 고압가스의 충전질량 또는 충전압력의 몇 분의 몇 이상이 충전되어 있는 상태의 용기를 말하는가? **[안전 84]**

① $\frac{1}{5}$ ② $\frac{1}{4}$
③ $\frac{1}{2}$ ④ $\frac{3}{4}$

고압가스안전관리법 시행규칙 제2조 정의

용 어	정 의
충전용기	충전질량 또는 압력의 1/2 이상 충전되어 있는 상태의 용기
잔가스용기	충전질량 또는 압력의 1/2 미만 충전되어 있는 용기

정답 01.① 02.④ 03.③ 04.② 05.③

06 액화석유가스의 안전관리에 필요한 안전관리자가 해임 또는 퇴직하였을 때에는 원칙적으로 그 날로부터 며칠 이내에 다른 안전관리자를 선임하여야 하는가?

① 10일
② 15일
③ 20일
④ 30일

07 도시가스 배관의 설치장소나 구경에 따라 적절한 배관재료와 접합 방법을 선정하여야 한다. 다음 중 배관재료 선정기준으로 틀린 것은?

① 배관 내의 가스흐름이 원활한 것으로 한다.
② 내부의 가스압력과 외부로부터의 하중 및 충격하중 등에 견디는 강도를 갖는 것으로 한다.
③ 토양·지하수 등에 대하여 강한 부식성을 갖는 것으로 한다.
④ 절단가공이 용이한 것으로 한다.

배관재료의 구비조건
㉠ 관내 가스 유통이 원활할 것
㉡ 접합이 용이하고 가스 누출이 방지될 것
㉢ 내부의 가스압과 외부의 하중 및 충격하중에 견디는 강도를 가질 것
㉣ 토양, 지하수 등에 내식성이 있을 것

08 내용적이 1천L 이상인 초저온 가스용 용기의 단열성능 시험결과 합격기준은 몇 [kcal/h·℃·L] 이하인가? **[장치 9]**

① 0.0005
② 0.001
③ 0.002
④ 0.005

내용적에 따른 단열성능 시험 합격기준

내용적	침투열량값(kcal/hr℃L)
1000L 이상	0.002 이하
1000L 미만	0.0005 이하
시험용 가스	액화질소, 액화아르곤, 액화산소

09 고압가스안전관리법 시행규칙에서 정의한 "처리능력"이라 함은 처리설비 또는 감압·설비에 의하여 며칠에 처리할 수 있는 가스의 양을 말하는가? **[안전 84]**

① 1일　② 7일
③ 10일　④ 30일

10 다음 중 분해에 의한 폭발을 하지 않는 가스는? **[설비 29]**

① 시안화수소　② 아세틸렌
③ 히드라진　④ 산화에틸렌

① HCN(중합 및 산화 폭발)

11 액화석유가스 공급시설 중 저장설비의 주위에는 경계책 높이를 몇 [m] 이상으로 설치하도록 하고 있는가?

① 0.5　② 1.0
③ 1.5　④ 2.0

12 다음 중 안전관리상 압축을 금지하는 경우가 아닌 것은? **[안전 78]**

① 수소 중 산소의 용량이 3% 함유되어 있는 경우
② 산소 중 에틸렌의 용량이 3% 함유되어 있는 경우
③ 아세틸렌 중 산소의 용량이 3% 함유되어 있는 경우
④ 산소 중 프로판의 용량이 3% 함유되어 있는 경우

④ 산소 중 가연성(수소, 아세틸렌, 에틸렌 제외)은 4% 이상 함유 시 압축이 금지되므로 산소 중 프로판 3%는 압축이 가능한 경우임

13 고압가스안전관리법에서 정하고 있는 특정설비가 아닌 것은? **[안전 35]**

① 안전밸브
② 기화장치
③ 독성 가스 배관용 밸브
④ 도시가스용 압력조정기

정답 06.④ 07.③ 08.③ 09.① 10.① 11.③ 12.④ 13.④

특정설비의 종류
㉠ 긴급차단장치, 역화방지장치, 기화장치, 특정고압가스용 실린더 캐비닛
㉡ 액화석유가스용 용기 잔류가스 회수장치
㉢ 액화천연가스 저장탱크
㉣ 냉동용 특정설비
㉤ 독성 가스 배관용 밸브, 자동차용 압축천연가스 완속충전설비

14 도시가스 중 유해성분 측정 대상인 가스는?

① 일산화탄소 ② 시안화수소
③ 황화수소 ④ 염소

유해성분 측정(황, 황화수소, 암모니아)

15 가스 중 음속보다 화염전파속도가 큰 경우 충격파가 발생하는 데 이 때 가스의 연소속도로서 옳은 것은? **[장치 5]**

① 0.3~100m/s ② 100~300m/s
③ 700~800m/s ④ 1000~3500m/s

16 후부취출식 탱크에서 탱크 주밸브 및 긴급차단장치에 속하는 밸브와 차량의 뒷범퍼와의 수평거리는 얼마 이상이어야 하는가? **[안전 12]**

① 20cm ② 30cm
③ 40cm ④ 60cm

차량 고정 탱크의 차량 뒷범퍼와 이격거리

구 분	이격거리(cm)
후부취출식 탱크	40
후부취출식 이외의 탱크	30
조작상자	20

17 산소 또는 천연메탄을 압축하기 위한 배관과 이에 접속하는 압축기와의 사이에 반드시 설치하여야 하는 것은?

① 표시판 ② 압력계
③ 수취기 ④ 안전밸브

18 같은 저장실에 혼합 저장이 가능한 것은?

① 수소와 염소가스
② 수소와 산소
③ 아세틸렌가스와 산소
④ 수소와 질소

19 LPG 용기보관소 경계표지의 "연"자 표시의 색상은?

① 흑색 ② 적색
③ 황색 ④ 흰색

20 다음 중 내부반응 감시장치를 설치하여야 할 특수반응 설비에 해당하지 않는 것은 어느 것인가? **[안전 85]**

① 암모니아 2차 개질로
② 수소화 분해반응기
③ 사이클로헥산 제조시설의 벤젠 수첨 반응기
④ 산화에틸렌 제조시설의 아세틸렌 중합기

내부반응 감시장치와 특수반응 설비(KGS Fp 111)(2.6.14)

항 목	간추린 핵심 내용
설치 개요	㉠ 고압설비 중 현저한 발열반응 ㉡ 부차적으로 발생하는 2차 반응으로 인한 폭발 등의 위해 발생 방지를 위함
내부 반응 감시 장치	㉠ 온도감시장치 ㉡ 압력감시장치 ㉢ 유량감시장치 ㉣ 가스밀도조성 등의 감시장치
내부 반응 감시 장치의 특수 반응 설비	㉠ 암모니아 2차 개질로 ㉡ 에틸렌 제조시설의 아세틸렌 수첨탑 ㉢ 산화에틸렌 제조시설의 에틸렌과 산소 또는 공기와의 반응기 ㉣ 사이크로헥산 제조시설의 벤젠 수첨반응기 ㉤ 석유 정제에 있어서 중유 직접 수첨탈황반응기 및 수소화 분해반응기 ㉥ 저밀도 폴리에틸렌 중합기 ㉦ 메탄올 합성 반응탑

21 다음 중 허용농도 1ppb에 해당하는 것은?

① $\frac{1}{10^3}$ ② $\frac{1}{10^6}$
③ $\frac{1}{10^9}$ ④ $\frac{1}{10^{10}}$

22 노출된 도시가스 배관의 보호를 위한 안전조치 시 노출해 있는 배관부분의 길이가 몇 [m]를 넘을 때 점검자가 통행이 가능한 점검통로를 설치하여야 하는가? [안전 126]

① 10 ② 15
③ 20 ④ 30

23 가스에 대한 정의가 잘못된 것은? [안전 84]

① 압축가스란 일정한 압력에 의하여 압축되어 있는 가스를 말한다.
② 액화가스란 가압·냉각 등의 방법에 의하여 액체상태로 되어 있는 것으로서 대기압에서의 비점이 40℃ 이하 또는 상용온도 이하인 것을 말한다.
③ 독성 가스란 인체에 유해한 독성을 가진 가스로서 허용농도가 100만분의 3000 이하인 것을 말한다.
④ 가연성 가스란 공기 중에서 연소하는 가스로서 폭발한계의 하한이 10% 이하인 것과 폭발한계의 상한과 하한의 차가 20% 이상인 것을 말한다.

해설

독성
㉠ TLV-TWA 농도 : 100만분의 200 이하
㉡ LC 50 농도 : 100만분의 5000 이하

24 다음 [보기]의 가스 중 독성이 강한 순서부터 바르게 나열된 것은?

[보기]
㉠ H_2S ㉡ CO ㉢ Cl_2 ㉣ $COCl_2$

① ㉣ > ㉢ > ㉠ > ㉡
② ㉢ > ㉣ > ㉡ > ㉠
③ ㉣ > ㉡ > ㉠ > ㉢
④ ㉣ > ㉢ > ㉡ > ㉠

해설

가스별 허용농도

가스명	허용농도(ppm)	
	LC 50	TLV-TWA
H_2S	444	10
CO	3760	50
Cl_2	293	1
$COCl_2$	5	0.1

25 정압기실 주위에는 경계책을 설치하여야 한다. 이 때 경계책을 설치한 것으로 보지 않는 경우는? [안전 56]

① 철근콘크리트로 지상에 설치된 정압기실
② 도로의 지하에 설치되어 사람과 차량의 통행에 영향을 주는 장소로서 경계책 설치가 부득이한 정압기실
③ 정압기가 건축물 안에 설치되어 있어 경계책을 설치할 수 있는 공간이 없는 정압기실
④ 매몰형 정압기

26 다음 중 지연성(조연성) 가스가 아닌 것은?

① 네온 ② 염소
③ 이산화질소 ④ 오존

해설

Ne(네온) : 주기율표 0족인 불활성 가스

27 내압시험압력 및 기밀시험압력의 기준이 되는 압력으로서 사용 상태에서 해당 설비 등의 각 부에 작용하는 최고사용압력을 의미하는 것은?

① 작용압력 ② 상용압력
③ 사용압력 ④ 설정압력

28 공기 중에서의 폭발범위가 가장 넓은 가스는?

① 황화수소 ② 암모니아
③ 산화에틸렌 ④ 프로판

해설

폭발범위

가스명	폭발범위(%)
황화수소	1.2 ~ 44
암모니아	15 ~ 28
산화에틸렌	3 ~ 80
프로판	2.1 ~ 9.5

29 방폭 전기기기의 구조별 표시 방법 중 내압방폭구조의 표시 방법은? [안전 45]

① d ② o
③ p ④ e

정답 22.② 23.③ 24.① 25.④ 26.① 27.② 28.③ 29.①

② 유입방폭구조(o)
③ 압력방폭구조(p)
④ 안전증방폭구조(e)
이 외에
㉠ 본질안전 : (ia, ib)
㉡ 특수 : s

30 고정식 압축천연가스 자동차 충전의 시설기준에서 저장설비, 처리설비, 압축가스설비 및 충전설비는 인화성 물질 또는 가연성 물질 저장소로부터 얼마 이상의 거리를 유지하여야 하는가?

① 5m　② 8m
③ 12m　④ 20m

31 관 도중에 조리개(교축기구)를 넣어 조리개 전후의 차압을 이용하여 유량을 측정하는 계측기는?

① 오벌식 유량계
② 오리피스 유량계
③ 막식 유량계
④ 터빈 유량계

교축기구(차압식) 유량계
㉠ 오리피스
㉡ 플로노즐
㉢ 벤투리

32 원통형의 관을 흐르는 물의 중심부의 유속을 피토관으로 측정하였더니 수주의 높이가 10m이었다. 이 때 유속은 약 몇 [m/s]인가?

① 10　② 14
③ 20　④ 26

속도수두

$H = \dfrac{V^2}{2g}$에서

$V^2 = 2gH$이므로

$\therefore\ V = \sqrt{2gH}$

$= \sqrt{2 \times 9.8 \times 10} = 14\text{m/s}$

33 오르자트 가스분석기에는 수산화칼륨(KOH) 용액이 들어있는 흡수 피펫이 내장되어 있는데 이것은 어떤 가스를 측정하기 위한 것인가? **[장치 6]**

① CO_2　② C_2H_6
③ O_2　④ CO

흡수액
㉠ CO_2 : KOH 용액
㉡ C_mH_n : 발연황산
㉢ O_2 : 알칼리성 피로카롤용액
㉣ CO : 암모니아성 염화제1동용액

34 개방형 온수기에 반드시 부착하지 않아도 되는 안전장치는?

① 소화안전장치
② 전도안전장치
③ 과열방지장치
④ 불완전연소 방지장치 또는 산소결핍 안전장치

35 고압가스설비에 설치하는 벤트스택과 플레어스택에 관한 설명으로 틀린 것은? **[안전 77]**

① 플레어스택에는 긴급이송설비로부터 이송되는 가스를 연소시켜 대기로 안전하게 방출시킬 수 있는 파일럿 버너 또는 항상 작동할 수 있는 자동점화장치를 설치한다.
② 플레어스택의 설치위치 및 높이는 플레어스택 바로 밑의 지표면에 미치는 복사열이 $4000\text{kcal/m}^2 \cdot \text{h}$ 이하가 되도록 한다.
③ 가연성 가스의 긴급용 벤트스택의 높이는 착지농도가 폭발하한계 값 미만이 되도록 충분한 높이로 한다.
④ 벤트스택은 가능한 한 공기보다 무거운 가스를 방출해야 한다.

④ 벤트스택은 독성 및 가연성 가스를 방출하는 탑

정답 30.② 31.② 32.② 33.① 34.② 35.④

36 정압기를 평가·선정할 경우 고려해야 할 특성이 아닌 것은? [설비 22]

① 정특성 ② 동특성
③ 유량 특성 ④ 압력 특성

37 LPG의 연소방식이 아닌 것은? [안전 10]

① 적화식
② 세미분젠식
③ 분젠식
④ 원지식

LPG 연소방식
①, ②, ③ 이외에 전1차 공기식이 있음

38 회전 펌프의 특징에 대한 설명으로 틀린 것은 어느 것인가? [설비 32]

① 토출압력이 높다.
② 연속 토출되어 맥동이 많다.
③ 점성이 있는 액체에 성능이 좋다.
④ 왕복 펌프와 같은 흡입·토출 밸브가 없다.

회전(로터리) 펌프 : 맥동이 적다.

39 오리피스미터로 유량을 측정하는 것은 어떤 원리를 이용한 것인가?

① 베르누이의 정리
② 패러데이의 법칙
③ 아르키메데스의 원리
④ 돌턴의 법칙

차압식 유량계(오리피스, 플로노즐 벤투리) 측정원리 : 베르누이의 정리

40 저온장치에 사용되고 있는 단열법 중 단열을 하는 공간에 분말, 섬유 등의 단열재를 충전하는 방법으로 일반적으로 사용되는 단열법은? [장치 27]

① 상압의 단열법
② 고진공 단열법
③ 다층 진공단열법
④ 린데식 단열법

41 펌프의 회전수를 1000rpm에서 1200rpm으로 변화시키면 동력은 약 몇 배가 되는가?

① 1.3 ② 1.5
③ 1.7 ④ 2.0

회전수를 N_1에서 N_2로 변경 시 변화된 동력 L_2의 값

$$\therefore\ L_2 = L_1 \times \left(\frac{N_2}{N_1}\right)^3 = L_1 \times \left(\frac{1200}{1000}\right)^3 \fallingdotseq 1.72$$

42 극저온 저장탱크의 액면측정에 사용되며 고압부와 저압부의 차압을 이용하는 액면계는?

① 초음파식 액면계
② 크린카식 액면계
③ 슬립튜브식 액면계
④ 햄프슨식 액면계

(차압식=햄프슨)식 액면계

43 스테판-볼츠만의 법칙을 이용하여 측정 물체에서 방사되는 전방사 에너지를 렌즈 또는 방사경을 이용하여 온도를 측정하는 온도계는?

① 색 온도계
② 방사 온도계
③ 열전대 온도계
④ 광전관 온도계

방사(복사) 온도계
원리 : 스테판 볼츠만의 법칙 적용
→ 물체가 가지는 전방사 에너지는 절대온도 4승에 비례

$$Q = 4.88\varepsilon\left(\frac{T}{100}\right)^4 (\text{kcal/h})$$

44 압력변화에 의한 탄성변위를 이용한 탄성 압력계에 해당되지 않는 것은?

① 플로트식 압력계
② 부르동관식 압력계
③ 다이어프램식 압력계
④ 벨로스식 압력계

정답 36.④ 37.④ 38.② 39.① 40.① 41.③ 42.④ 43.② 44.①

압력계의 분류

분류 구분	종 류
탄성식 압력계	부르동관, 벨로스, 다이어프램
전기식 압력계	전기저항, 피에조 전기식
액주식	링밸런스(환상천평)식 U자관 경사관식
1차	자유(부유) 피스톤식, 액주계(마노미터)
2차	부르동관, 벨로스, 다이어프램, 전기저항

45 자동제어계의 제어동작에 의한 분류 시 연속동작에 해당되지 않는 것은? **[장치 19]**

① ON-OFF 제어 ② 비례 동작
③ 적분 동작 ④ 미분 동작

46 대기압이 1.0332kgf/cm^{2}이고, 계기압력이 10kgf/cm^{2}일 때 절대압력은 약 몇 [kgf/cm^2]인가? **[설비 2]**

① 8.9668 ② 10.332
③ 11.0332 ④ 103.32

절대압력 = 대기압력 + 계기압력
= 1.0332kg/cm^2 + 10kgf/cm^2
= 11.0332kgf/cm^2

47 다음 중 가연성 가스 취급장소에서 사용 가능한 방폭공구가 아닌 것은? **[설비 25]**

① 알루미늄합금 공구
② 베릴륨합금 공구
③ 고무 공구
④ 나무 공구

가연성 가스 공장에서 불꽃발생을 방지하기 위하여 사용되는 안전용 공구의 재료
㉠ 나무
㉡ 고무
㉢ 가죽
㉣ 플라스틱
㉤ 베릴륨합금
㉥ 베아론합금

48 일기예보에서 주로 사용하는 1헥토파스칼은 약 몇 [N/m^2]에 해당하는가?

① 1 ② 10
③ 100 ④ 1000

49 헨리법칙이 잘 적용되지 않는 가스는?

① 수소 ② 산소
③ 이산화탄소 ④ 암모니아

헨리의 법칙(기체 용해도의 법칙)

구 분	내 용
개요	기체가 용해하는 질량은 압력에 비례, 부피는 압력에 관계없이 일정하다.
적용 가스(물에 잘 녹지 않는 가스가 적용)	N_2, H_2, O_2, CO_2
적용되지 않는 가스	NH_3(NH_3는 물 1에 800배 용해되므로 헨리 법칙이 적용되지 않는다)

50 임계압력(atm)이 가장 높은 가스는?

① CO ② C_2H_4
③ HCN ④ Cl_2

임계압력 : 가스를 액화시키는 데 필요한 최소의 압력

가스별	임계압력(atm)
CO	34.5
C_2H_4(에틸렌)	9.9
HCN(시안화수소)	53
Cl_2(염소)	76

51 천연가스의 성질에 대한 설명으로 틀린 것은?

① 주성분은 메탄이다.
② 독성이 없고 청결한 가스이다.
③ 공기보다 무거워 누출 시 바닥에 고인다.
④ 발열량은 약 9500~10500kcal/m^3 정도이다.

천연가스 주성분은 CH_4으로 분자량이 16g으로 공기보다 가볍다.

정답 45.① 46.③ 47.① 48.③ 49.④ 50.④ 51.③

52 액화석유가스에 대한 설명으로 틀린 것은?

① 프로판, 부탄을 주성분으로 한 가스를 액화한 것이다.
② 물에 잘 녹으며 유지류 또는 천연고무를 잘 용해시킨다.
③ 기체의 경우 공기보다 무거우나 액체의 경우 물보다 가볍다.
④ 상온 · 상압에서 기체이나 가압이나 냉각을 통해 액화가 가능하다.

② 액화석유가스 : 물에 녹지 않으며 천연고무를 용해시키므로 패킹제로는 합성고무제인 실리콘고무를 사용한다.

53 도시가스의 주성분인 메탄가스가 표준상태에서 $1m^3$ 연소하는 데 필요한 산소량은 약 몇 $[m^3]$인가?

① 2　② 2.8
③ 8.89　④ 9.6

㉠ 연소반응식
$CH_4 + 2O_2 \rightarrow CO_2 + 2H_2O$
㉡ $CH_4 : O_2 = 1 : 2$이므로 CH_4 $1m^3$에 대한 필요 O_2의 양은 $2m^3$이다.

54 "열은 스스로 다른 물체에 아무런 변화도 주지 않고 저온 물체에서 고온 물체로 이동하지 않는다."라고 표현되는 법칙은 어느 것인가? **[설비 27]**

① 열역학 제0법칙
② 열역학 제1법칙
③ 열역학 제2법칙
④ 열역학 제3법칙

55 공기액화 분리장치의 폭발원인으로 볼 수 없는 것은? **[장치 14]**

① 공기취입구로부터 O_2 혼입
② 공기취입구로부터 C_2H_2 혼입
③ 액체 공기 중에 O_3 혼입
④ 공기 중에 있는 NO_2 혼입

56 질소의 용도가 아닌 것은?

① 비료에 이용
② 질산 제조에 이용
③ 연료용에 이용
④ 냉매로 이용

N_2는 가연성이 아니므로 연료용으로 사용할 수 없다.

57 섭씨온도와 화씨온도가 같은 경우는?

① −40℃　② 32°F
③ 273℃　④ 45°F

−40℃ = −40°F

58 10Joule의 일의 양을 [cal] 단위로 나타내면?

① 0.39　② 1.39
③ 2.39　④ 3.39

1J = 0.239cal이므로
∴ 10J = 10 × 0.239 = 2.39cal

59 표준상태(0℃, 1기압)에서 프로판의 가스 밀도는 약 몇 [g/L]인가?

① 1.52　② 1.97
③ 2.52　④ 2.97

$$\text{가스의 밀도} = \frac{M(\text{분자량})\text{g}}{22.4\text{L}} \text{이므로}$$
$$= \frac{44\text{g}}{22.4\text{L}} = 1.97\text{g/L}$$

60 공기비(m)가 클 경우 연소에 미치는 영향에 대한 설명으로 가장 거리가 먼 것은 어느 것인가? **[장치 23]**

① 미연소에 의한 열손실이 증가한다.
② 연소가스 중에 SO_3의 양이 증대한다.
③ 연소가스 중에 NO_2의 발생이 심해진다.
④ 통풍력이 강하여 배기가스에 의한 열손실이 커진다.

정답 52.② 53.① 54.③ 55.① 56.③ 57.① 58.③ 59.② 60.①

국가기술자격 필기시험문제

2010년 기능사 제1회 필기시험(1부) (2010년 1월 시행)

자격종목	시험시간	문제수	문제형별
가스기능사	**1시간**	**60**	**A**

수험번호		성 명	

01 사업자 등은 그의 시설이나 제품과 관련하여 가스사고가 발생한 때에는 한국가스안전공사에 통보하여야 한다. 사고의 통보 시에 통보 내용에 포함되어야 하는 사항으로 규정하고 있지 않은 사항은? **[안전 86]**

① 피해현황(인명 및 재산)
② 시설현황
③ 사고내용
④ 사고원인

해설
(고법 시행규칙 별표 34) 사고 통보내용에 포함되어야 하는 사항 : ①, ②, ③ 이외에 통보의 소속, 직위, 성명, 연락처, 사고발생일시, 사고발생장소 등

02 저장탱크의 지하설치 기준에 대한 설명으로 틀린 것은? **[안전 6]**

① 천장, 벽 및 바닥의 두께가 각각 30cm 이상인 방수조치를 한 철근콘크리트로 만든 곳에 설치한다.
② 지면으로부터 저장탱크의 정상부까지의 깊이는 1m 이상으로 한다.
③ 저장탱크에 설치한 안전밸브에는 지면에서 5m 이상의 높이에 방출구가 있는 가스방출관을 설치한다.
④ 저장탱크를 매설한 곳의 주위에는 지상에 경계표지를 설치한다.

해설
(KGS Fu 331 관련) 저장탱크 지하설치
② 지면에서 저장탱크 정상부까지 깊이는 60cm 이상으로 한다.

03 가스보일러 설치기준에 따라 반밀폐식 가스보일러의 공동 배기방식에 대한 기준으로 틀린 것은?

① 공동배기구의 정상부에서 최상층 보일러의 역풍방지장치 개구부 하단까지의 거리가 5m일 경우 공동배기구에 연결시킬 수 있다.
② 공동배기구 유효단면적 계산식($A = Q \times 0.6 \times K \times F + P$)에서 P는 배기통의 수평투영면적(mm^2)을 의미한다.
③ 공동배기구는 굴곡없이 수직으로 설치하여야 한다.
④ 공동배기구는 화재에 의한 피해확산 방지를 위하여 방화 댐퍼(Damper)를 설치하여야 한다.

④ 공동배기구 및 배기통에는 방화댐퍼를 설치하지 아니 한다.

가스보일러 설치(KGS Fu 551)

구 분	간추린 핵심 내용
공동 설치 기준	㉠ 가스보일러는 전용보일러실에 설치 ㉡ 전용보일러실에 설치하지 않아도 되는 종류 • 밀폐식 보일러 • 보일러를 옥외 설치 시 • 전용급기통을 부착시키는 구조로 검사에 합격한 강제식 보일러 ㉢ 전용보일러실에는 환기팬을 설치하지 않는다. ㉣ 보일러는 지하실, 반지하실에 설치하지 않는다.

정답 01.④ 02.② 03.④

구 분		간추린 핵심 내용
반밀폐식	자연배기식	㉠ 배기통 굴곡 수는 4개 이하 ㉡ 배기통 입상높이는 10m 이하 10m 초과 시는 보온조치 ㉢ 배기통 가로길이는 5m 이하
	공동배기식	㉠ 공동배기구 정상부에서 최상층 보일러 역풍방지장치 개구부 하단까지 거리가 4m 이상 시 공동배기구에 연결하고 그 이하는 단독배기통 방식으로 한다. ㉡ 공동배기구 유효단면적 $A=Q\times0.6\times K\times F+P$ 여기서, A : 공동배기구 유효단면적(mm^2) Q : 보일러 가스소비량 합계(kcal/h) K : 형상계수 F : 보일러의 동시 사용률 P : 배기통의 수평투영면적(mm^2) ㉢ 동일층에서 공동배기구로 연결되는 보일러 수는 2대 이하 ㉣ 공동배기구 최하부에는 청소구와 수취기 설치 ㉤ 공동배기구 배기통에는 방화댐퍼를 설치하지 아니 한다.

04 가연성 물질을 취급하는 설비는 그 외면으로부터 몇 [m] 이내에 온도 상승 방지설비를 하여야 하는가? **[안전 70]**

① 10m ② 15m
③ 20m ④ 30m

온도 상승 방지조치를 하는 거리
㉠ 방류둑 설치 시 : 방류둑 외면 10m 이내
㉡ 방류둑 미설치 시 : 당해 저장탱크 외면 20m 이내
㉢ 가연성 물질 취급설비 : 그 외면으로 20m 이내

05 아세틸렌이 은, 수은과 반응하여 폭발성의 금속 아세틸라이드를 형성하여 폭발하는 형태는? **[설비 15]**

① 분해 폭발 ② 화합 폭발
③ 산화 폭발 ④ 압력 폭발

(Cu, Ag, Hg)+C_2H_2 ⇨ 화합(아세틸라이드) 폭발

C_2H_2 화합(아세틸라이드) 폭발의 3종류

해당금속	반응식	생성 폭발물질
Cu	$2Cu+C_2H_2 \rightarrow Cu_2C_2$	Cu_2C_2(동아세틸라이드)
Ag	$2Ag+C_2H_2 \rightarrow Ag_2C_2$	Ag_2C_2(은아세틸라이드)
Hg	$2Hg+C_2H_2 \rightarrow Hg_2C_2$	Hg_2C_2(수은아세틸라이드)

06 고압가스안전관리법에서 규정한 특정 고압가스에 해당하지 않는 것은? **[안전 53]**

① 삼불화질소
② 사불화규소
③ 수소
④ 오불화비소

문제 오류 : 수소도 특정고압가스에 해당됨.

07 고압가스안전관리법에 정하고 있는 저장능력 산정기준에 대한 설명으로 옳은 것은 어느 것인가? **[안전 30]**

① 압축가스와 액화가스의 저장탱크 능력 산정식은 동일하다.
② 저장능력 합산 시에는 액화가스 10kg을 압축가스 $10m^3$로 본다.
③ 저장탱크 및 용기가 배관으로 연결된 경우에는 각각의 저장능력을 합산한다.
④ 액화가스 용기 저장능력 산정식은 $W=0.9dV_2$이다.

① 압축 : $Q=(10p+1)$
② 압축가스 $1m^3$=액화가스 10kg으로 간주
③ 액화가스 용기 : $W=\frac{V}{C}$
④ 액화가스 저장탱크 : $W=0.9dV$

08 플레어스택의 높이는 지표면에 미치는 복사열이 얼마 이하가 되도록 설치하여야 하는가? **[안전 77]**

① $1000kcal/m^2 \cdot hr$
② $2000kcal/m^2 \cdot hr$
③ $3000kcal/m^2 \cdot hr$
④ $4000kcal/m^2 \cdot hr$

정답 04.③ 05.② 06.③ 07.③ 08.④

09 독성 가스 배관은 안전한 구조를 갖도록 하기 위해 2중관 구조로 하여야 한다. 다음 가스 중 2중관으로 하지 않아도 되는 가스는 어느 것인가? **[안전 59]**

① 암모니아 ② 염화메탄
③ 시안화수소 ④ 에틸렌

해설
독성 가스 중 이중관으로 시공하여야 하는 가스의 종류 : 아황산, 암모니아, 염소, 염화메탄, 산화에틸렌, 시안화수소, 포스겐, 황화수소

10 압축, 액화 그 밖의 방법으로 처리할 수 있는 가스의 용적이 1일 100m^3 이상인 사업소에는 표준이 되는 압력계를 몇 개 이상 비치하여야 하는가?

① 1개 ② 2개
③ 3개 ④ 4개

11 1종 보호시설이 아닌 것은? **[안전 64]**

① 대지면적 2000제곱미터에 신축한 주택
② 국보 제1호인 숭례문
③ 시장에 있는 공중목욕탕
④ 건축연면적이 300제곱미터인 유아원

해설
주택 : 2종 보호시설

12 초저온 용기의 정의로 옳은 것은? **[안전 84]**

① 임계온도가 50℃ 이하인 액화가스를 충전하기 위한 용기
② 강판과 동판으로 제조된 용기
③ -50℃ 이하인 액화가스를 충전하기 위한 용기로서 용기 내의 가스온도가 상용의 온도를 초과하지 않도록 한 용기
④ 단열재로 피복하여 용기 내의 가스온도가 상용의 온도를 초과하도록 조치된 용기

13 액화석유가스를 저장하는 저장능력 10000L의 저장탱크가 있다. 긴급차단장치를 조작할 수 있는 위치는 해당 저장탱크로부터 몇 미터 이상에서 조작할 수 있어야 하는가? **[안전 19]**

① 3m ② 4m
③ 5m ④ 6m

14 엘피지의 충전용기와 잔가스용기의 보관 장소는 얼마 이상의 간격을 두어 구분이 되도록 해야 하는가?

① 1.5m 이상 ② 2m 이상
③ 2.5m 이상 ④ 3m 이상

15 염소(Cl_2)가스의 위험성에 대한 설명으로 틀린 것은?

① 독성 가스이다.
② 무색이고 자극적인 냄새가 난다.
③ 수분 존재 시 금속에 강한 부식성을 갖는다.
④ 유기화합물과 반응하여 폭발적인 화합물을 형성한다.

해설
Cl_2 : 황록색의 독성, 조연성 액화가스

16 염소의 재해 방지용으로 사용되는 제독제가 될 수 없는 것은? **[안전 22]**

① 소석회
② 탄산소다수용액
③ 가성소다수용액
④ 물

17 액화석유가스 자동차용기 충전소에 설치하는 충전기의 충전호스 기준에 대한 설명으로 틀린 것은? **[안전 87]**

① 충전호스에 과도한 인장력이 가해졌을 때 충전기와 가스주입기가 분리될 수 있는 안전장치를 설치한다.
② 충전호스에 부착하는 가스주입기는 원터치형으로 한다.
③ 자동차 제조공정 중에 설치된 충전호스에 부착하는 가스주입기는 원터치형으로 하지 않을 수 있다.
④ 자동차 제조공정 중에 설치된 충전호스의 길이는 5m 이상으로 할 수 있다.

정답 09.④ 10.② 11.① 12.③ 13.③ 14.① 15.② 16.④ 17.③

해설

③ 가스주입기는 원터치형

액화석유가스 자동차에 고정된 충전시설 가스설비 설치기준(KGS Fp 332) (2.4)

구 분		간추린 핵심 내용
로딩암 설치		충전시설 건축물 외부
로딩암을 내부 설치 시		㉠ 환기구 2방향 설치 ㉡ 환기구 면적은 바닥면적 6% 이상
충전기 보호대	높이	45cm 이상
	두께	㉠ 철근콘크리트제 : 12cm 이상 ㉡ 강관제 : 80A 이상
캐노피		충전기 상부 공지면적의 1/2 이상으로 설치
충전기 호스길이		㉠ 5m 이내 정전기 제거장치 설치 ㉡ 자동차 제조공정 중에 설치 시는 5m 이상 가능
가스주입기		원터치형으로 할 것
세이프티 카플러 설치		충전호스에 과도한 인장력이 가해졌을 때 충전기와 가스 주입기가 분리될 수 있는 안전장치
소형 저장 탱크의 보호대	재질	철근콘크리트 및 강관제
	높이	100cm 이상
	두께	㉠ 철근콘크리트 12cm 이상 ㉡ 강관제 100A 이상

18 독성 가스의 저장탱크에는 과충전방지장치를 설치하도록 규정되어 있다. 저장탱크의 내용적이 몇 [%]를 초과하여 충전되는 것을 방지하기 위한 것인가? **[안전 13]**

① 80%
② 85%
③ 90%
④ 95%

19 공기 중의 산소 농도나 분압이 높아지는 경우의 연소에 대한 설명으로 틀린 것은?

① 연소속도 증가
② 발화온도 상승
③ 점화에너지의 감소
④ 화염온도의 상승

② 발화온도 감소

20 다음 중 가연성 가스의 검지경보장치 중 반드시 방폭성능을 갖지 않아도 되는 가스는? **[안전 37]**

① 수소　② 일산화탄소
③ 암모니아　④ 아세틸렌

㉠ NH3, CH3Br을 제외한 가연성 : 방폭구조로 시공

㉡ NH3, CH3Br을 포함한 가연성 이외 : 방폭구조로 시공하지 않아도 된다.

21 다음 중 일반 도시가스사업자 정압기 입구측의 압력이 0.6MPa일 경우 안전밸브 분출부의 크기는 얼마 이상으로 해야 하는가? **[안전 88]**

① 20A 이상
② 30A 이상
③ 50A 이상
④ 100A 이상

정압기 입구압력 0.5MPa 이상 : 안전밸브 분출부 크기 50A 압력

22 C_2H_2 제조설비에서 제조된 C_2H_2를 충전용기에 충전 시 위험한 경우는?

① 아세틸렌이 접촉되는 설비 부분에 동 함량 72%의 동합금을 사용하였다.
② 충전 중의 압력을 2.5MPa 이하로 하였다.
③ 충전 후에 압력이 15℃에서 1.5MPa 이하로 될 때까지 정치하였다.
④ 충전용 지관은 탄소 함유량 0.1% 이하의 강을 사용하였다.

C_2H_2은 동 함유량 62% 이상을 사용 시 Cu_2C_2 생성으로 폭발의 우려가 있다.

23 가스계량기와 전기개폐기와의 이격거리는 최소 얼마 이상이어야 하는가? **[안전 24]**

① 10cm　② 15cm
③ 30cm　④ 60cm

정답 18.③ 19.② 20.③ 21.③ 22.① 23.④

24 압축천연가스 자동차 충전의 저장설비 및 완충탱크 안전장치의 방출관 시설기준으로 옳은 것은?

① 방출관은 지상으로부터 20m 이상의 높이 또는 저장탱크 및 완충탱크의 정상부로부터 10m의 높이 중 높은 위치로 한다.
② 방출관은 지상으로부터 15m 이상의 높이 또는 저장탱크 및 완충탱크의 정상부로부터 5m의 높이 중 높은 위치로 한다.
③ 방출관은 지상으로부터 10m 이상의 높이 또는 저장탱크 및 완충탱크의 정상부로부터 3m의 높이 중 높은 위치로 한다.
④ 방출관은 지상으로부터 5m 이상의 높이 또는 저장탱크 및 완충탱크의 정상부로부터 2m의 높이 중 높은 위치로 한다.

해설
압축천연가스 자동차 충전의 시설기술 기준(KGS)(2.6.1.8)

항 목		내 용
가스방출장치		$5m^3$ 이상 저장탱크 가스홀더에 설치
내진설계		㉠ 5t, $500m^3$ 이상 ㉡ 저장탱크 압력용기에 적용 (단, 반응 분리 정제 등을 행하는 탑류로서 높이 5m 이상에 한함)
가스 방출관	처리설비 압축가스 설비	지상에서 5m 이상 수직설치
	저장설비 완충탱크	지상에서 5m 이상 저장설비 완충탱크, 정상부에서 2m 중 높은 위치

25 가연성 가스 제조시설의 고압가스설비(저장탱크 및 배관은 제외한다)에는 그 외면으로부터 다른 가연성 가스 제조시설의 고압가스설비와 몇 [m] 이상의 거리를 유지하여야 하는가? **[안전 89]**

① 2　② 3
③ 5　④ 10

26 포스겐의 취급사항에 대한 설명 중 틀린 것은?

① 포스겐을 함유한 폐기액은 산성 물질로 충분히 처리한 후 처분할 것
② 취급 시에는 반드시 방독마스크를 착용할 것
③ 환기시설을 갖출 것
④ 누설 시 용기부식의 원인이 되므로 약간의 누설에도 주의할 것

해설
$COCl_2$(포스겐)
액성이 산성이므로 중화 시 염기성인 NaOH 수용액, 소석회 등으로 중화한다.
[참고] 독성 가스 중 염기성 물질은 NH_3 뿐이다(NH_3 중화액 : 물, 묽은 염산, 묽은 황산).

27 고압가스 용기의 어깨부분에 "F_P : 15MPa"라고 표기되어 있다. 이 의미를 옳게 설명한 것은? **[안전 2]**

① 사용압력이 15MPa이다.
② 설계압력이 15MPa이다.
③ 내압시험압력이 15MPa이다.
④ 최고충전압력이 15MPa이다.

28 다음 가스의 일반적인 성질에 대한 설명 중 틀린 것은?

① 염산(HCl)은 암모니아와 접촉하면 흰 연기를 낸다.
② 시안화수소(HCN)는 복숭아 냄새가 나는 맹독성 기체이다.
③ 염소(Cl_2)는 황록색의 자극성 냄새가 나는 맹독성 기체이다.
④ 수소(H_2)는 저온 · 저압 하에서 탄소강과 반응하여 수소취성을 일으킨다.

해설
④ 수소취성(강의 탈탄) : 수소가 고온 · 고압 하에 강중의 탄소와 반응 CH_4를 생성함으로 강을 취약하게 만드는 부식
$Fe_3C + 2H_2 \rightarrow CH_4 + 3Fe$

정답 24.④ 25.③ 26.① 27.④ 28.④

29 부탄(C_4H_{10})의 위험도는 약 얼마인가? (단, 폭발범위는 1.9~8.5%이다.)

① 1.23 ② 2.27
③ 3.47 ④ 4.58

$$위험도 = \frac{폭발상한 - 폭발하한}{폭발하한} = \frac{8.5 - 1.9}{1.9} = 3.47$$

30 다음 방류둑의 구조에 대한 설명으로 틀린 것은? **[안전 15]**

① 방류둑의 재료는 철근콘크리트, 철골·철근 콘크리트, 흙 또는 이들을 조합하여 만든다.
② 철근콘크리트는 수밀성 콘크리트를 사용한다.
③ 성토는 수평에 대하여 45° 이하의 기울기로 하여 다져 쌓는다.
④ 방류둑은 액밀하지 않은 것으로 한다.

④ 방류둑은 액밀한 구조로 시공

31 다음 중 일체형 냉동기로 볼 수 없는 것은?

① 냉매설비 및 압축용 원동기가 하나의 프레임 위에 일체로 조립된 것
② 냉동설비를 사용할 때 스톱밸브 조작이 필요한 것
③ 응축기 유닛과 증발기 유닛이 냉매 배관으로 연결된 것으로서 1일 냉동능력이 20톤 미만인 공조용 패키지 에어컨
④ 사용장소에 분할·반입하는 경우에 냉매설비에 용접 또는 절단을 수반하는 공사를 하지 아니하고 재조립하여 냉동제조용으로 사용할 수 있는 것

32 수소취성을 방지하기 위하여 첨가되는 원소가 아닌 것은? **[설비 6]**

① Mo ② W
③ Ti ④ Mn

해설

수소취성(강의 탈탄)의 방지 방법 : 고온·고압 하에서 H_2를 사용하는 경우에는 탄소강 사용을 금지하고 5~6% Cr(크롬)강에 W(텅스텐), Mo(몰리브덴), Ti(티탄), V(바나듐) 등을 첨가한다.

33 기어 펌프로 10kg 용기에 LP가스를 충전하던 중 베이퍼록이 발생되었다면 그 원인으로 틀린 것은?

① 저장탱크의 긴급차단 밸브가 충분히 열려 있지 않았다.
② 스트레이너에 녹, 먼지가 끼었다.
③ 펌프의 회전수가 적었다.
④ 흡입측 배관의 지름이 가늘었다.

해설

베이퍼록 현상

항 목	핵심 내용
정의	저비등점을 가진 액화가스를 이송 시 pump 입구에서 발생하는 현상으로 비등점이 낮아 외부 복사열에 의하여 기화된 가스가 공존하여 액의 끓음에 의한 동요가 일어나는 현상
발생 조건	㉠ 펌프 입구가 좁을 때 ㉡ 회전이 빠를 때 ㉢ pump 입구에 이물질이 존재 시
방지법	㉠ 외부와 단열조치한다. ㉡ 실린더 라이너를 냉각시킨다. ㉢ 회전수를 줄인다. ㉣ 흡입관경을 넓힌다.

34 배관용 밸브 제조자가 안전관리 규정에 따라 자체검사를 적정하게 수행하기 위해 갖추어야 하는 계측기기에 해당하는 것은?

① 내전압 시험기 ② 토크메터
③ 대기압계 ④ 표면온도계

35 액체질소 순도가 99.999%이면 불순물은 몇 [ppm]인가?

① 1 ② 10
③ 100 ④ 1000

1%=10000ppm이므로 불순물이 차지하는 (%)=100−99.999=0.001%

∴ 0.001%×10000ppm/%=10ppm

정답 29.③ 30.④ 31.② 32.④ 33.③ 34.② 35.②

36 오리피스, 벤투리관 및 플로노즐에 의하여 유량을 구할 때 가장 관계가 있는 것은?

① 유로의 교축기구 전후의 압력차
② 유로의 교축기구 전후의 성상차
③ 유로의 교축기구 전후의 온도차
④ 유로의 교축기구 전후의 비중차

해설

차압식 유량계

구 분	내 용
종류	오리피스, 플로노즐, 벤투리
측정원리	베르누이 정리에 의한 교축 전후 압력차
효과	제어백 효과
Re	$Re=10^5$에서 가장 정도가 좋다.

37 다음 (   ) 안에 알맞은 말은?

> 도시가스용 압력조정기의 유량시험은 조절 스프링을 고정하고 표시된 입구압력 범위 안에서 (㉠)을 통과시킬 경우 출구압력은 제조자가 제시한 설정압력의 ±(㉡)% 이내로 한다.

① ㉠ 최대표시유량, ㉡ 10
② ㉠ 최대표시유량, ㉡ 20
③ ㉠ 최대출구유량, ㉡ 10
④ ㉠ 최대출구유량, ㉡ 20

38 공기액화 분리장치에 들어가는 공기 중에 아세틸렌가스가 혼입되면 안 되는 주된 이유는? **[장치 14]**

① 질소와 산소의 분리에 방해가 되므로
② 산소의 순도가 나빠지기 때문에
③ 분리기 내의 액체산소의 탱크 내에 들어가 폭발하기 때문에
④ 배관 내에서 동결되어 막히므로

39 촉매를 사용하여 사용온도 400~800℃에서 탄화수소와 수증기를 반응시켜 메탄, 수소, 일산화탄소, 이산화탄소로 변환하는 방법은? **[설비 21]**

① 열분해 공정　　② 접촉분해 공정
③ 부분연소 공정　　④ 수소화분해 공정

40 압축기에서 다단압축을 하는 주된 목적은 무엇인가? **[설비 11]**

① 압축일과 체적효율 증가
② 압축일 증가와 체적효율 감소
③ 압축일 감소와 체적효율 증가
④ 압축일과 체적효율 감소

해설

다단압축의 목적
㉠ 압축일량의 감소
㉡ 체적효율 증가
㉢ 힘의 평형 유지
㉣ 가스온도 상승을 피함

41 고온 · 고압의 가스 배관에 주로 쓰이며 분해, 보수 등이 용이하나 매설 배관에는 부적당한 접합 방법은?

① 플랜지접합　　② 나사접합
③ 차입접합　　④ 용접접합

42 고압식 공기액화 분리장치에서 구조상 없는 부분은?

① 아세틸렌 흡착기　　② 열교환기
③ 수소액화기　　④ 팽창기

고압식 공기액화 분리장치의 공정도

43 강의 표면에 타 금속을 침투시켜 표면을 경화시키고 내식성, 내산화성을 향상시키는 것을 금속침투법이라 한다. 그 종류에 해당되지 않는 것은? **[설비 45]**

① 세라다이징(Sheradizing)
② 칼로라이징(Calorizing)
③ 크로마이징(Chromizing)
④ 도우라이징(Dowrizing)

정답 36.① 37.② 38.③ 39.② 40.③ 41.① 42.③ 43.④

금속침투법의 종류 : 세라다이징, 크로마이징, 칼로라이징, 실리콘라이징, 보로나이징 등

44 압축천연가스(CNG) 자동차 충전소에 설치하는 압축가스 설비의 설계압력이 25MPa인 경우 압축가스 설비에 설치하는 압력계의 법적 최대지시 눈금은 최소 얼마 이상으로 하여야 하는가?

① 25.0MPa ② 27.5MPa
③ 37.5MPa ④ 50.0MPa

압력계 눈금범위
상용(설계)압력의 1.5배 이상 2배 이하 최소눈금치 1.5배이므로
∴ $25 \times 1.5 = 37.5$MPa

45 침종식 압력계에서 사용하는 측정원리(법칙)는 무엇인가?

① 아르키메데스의 원리
② 파스칼의 원리
③ 뉴턴의 법칙
④ 돌턴의 법칙

침종식 압력계
㉠ 측정원리 : 아르키메데스 원리(액체 속에 띄운 플로트의 편위가 내부 압력에 비례하는 원리)
㉡ 종류
- 단종형 : 기체의 압력을 측정(1kPa)
- 복종형 : 매우 낮은 압력을 측정(0.05~0.3kPa)

46 암모니아가스를 저장하는 용기에 대한 설명으로 틀린 것은?

① 용접용기로 재질은 탄소강으로 한다.
② 검지경보장치는 방폭성능을 가지지 않아도 된다.
③ 충전구의 나사형식은 왼나사로 한다.
④ 용기의 바탕색은 백색으로 한다.

③ 암모니아 용기밸브의 충전구 나사 : 오른나사

47 1Pa는 몇 [N/m^2]인가?

① 1 ② 10^2
③ 10^3 ④ 10^4

Pa(파스칼) = (N/m^2)이므로
$1Pa = 1N/m^2$

48 다음 중 메탄의 성질에 대한 설명으로 틀린 것은?

① 무색, 무취의 기체이다.
② 파란색 불꽃을 내며 탄다.
③ 공기 및 산소와의 혼합물에 불을 붙이면 폭발한다.
④ 불안정하여 격렬히 반응한다.

49 표준상태에서 프로판 22g을 완전연소시켰을 때 얻어지는 이산화탄소의 부피는 몇 [L]인가?

① 23.6 ② 33.6
③ 35.6 ④ 67.6

C_3H_8의 연소반응식
$C_3H_8 + 5O_2 \rightarrow 3CO_2 + 4H_2O$
44g : 3×22.4L
22g : x(L)
$\therefore x = \dfrac{22 \times 3 \times 22.4}{44} = 33.6L$

50 다음 온도의 환산식 중 틀린 것은?

① $°F = 1.8℃ + 32$ ② $℃ = \dfrac{5}{9}(°F - 32)$
③ $°R = 460 + °F$ ④ $°R = \dfrac{5}{9}K$

$°R = \dfrac{9}{5}K$

51 다음 중 부취제의 토양 투과성의 크기가 순서대로 된 것은? **[안전 55]**

① DMS > TBM > THT
② DMS > THT > TBM
③ TBM > DMS > THT
④ THT > TBM > DMS

부취제 냄새의 강도의 경우는
TBM(강함) > THT(보통) > DMS(약간 약함)

정답 44.③ 45.① 46.③ 47.① 48.④ 49.② 50.④ 51.①

52 가스의 정상연소속도를 가장 옳게 나타낸 것은? **[장치 5]**

① 0.03~10m/s　② 30~100m/s
③ 350~500m/s　④ 1000~3500m/s

㉠ 가스의 정상연소속도 : 0.03~10m/s
㉡ 가스의 폭굉속도 : 1000~3500m/s

53 NG(천연가스), LPG(액화석유가스), LNG(액화천연가스) 등 기체연료의 특징에 대한 설명으로 틀린 것은?

① 공해가 거의 없다.
② 적은 공기비로 완전연소한다.
③ 연소효율이 높다.
④ 저장이나 수송이 용이하다.

④ 기체의 연료는 액체, 고체 연료에 비하여 저장 수송이 어렵고 수송 시 비용도 많이 든다.

54 아세틸렌 중의 수분을 제거하는 건조제로 주로 사용되는 것은?

① 염화칼슘　② 사염화탄소
③ 진한 황산　④ 활성알루미나

55 다음 중 NH_3의 용도가 아닌 것은?

① 요소 제조　② 질산 제조
③ 유안 제조　④ 포스겐 제조

④ $CO + Cl_2 \rightarrow COCl_2$(포스겐)
포스겐은 CO와 Cl_2가 원료이므로 NH_3과 무관하다.

56 도시가스의 유해성분 · 열량 · 압력 및 연소성 측정에 관한 설명으로 틀린 것은?

① 매일 2회 도시가스 제조소의 출구에서 자동열량 측정기로 열량을 측정한다.
② 정압기 출구 및 가스공급시설 끝부분의 배관(일반 가정의 취사용)에서 측정한 가스압력은 0.5kPa 이내를 유지한다.
③ 도시가스 원료가 LNG 및 LPG+Air가 아닌 경우 황전량, 황화수소 및 암모니아 등 유해성분 측정을 매주 1회 검사한다.
④ 도시가스 성분 중 유해성분의 양은 0℃, 101325Pa에서 건조한 도시가스 $1m^3$당 황전량은 0.5g, 황화수소는 0.02g, 암모니아는 0.2g을 초과하지 못한다.

② 정압기 출구 및 가스공급시설의 끝부분 배관에서 측정한 압력은 1kPa 이상 2.5kPa 이하를 유지

57 고온 · 고압에서 질화작용과 수소취화작용이 일어나는 가스는?

① NH_3　② SO_2
③ Cl_2　④ C_2H_2

NH_3는 질소와 수소를 동시에 가지고 있으므로 질소에 의한 질화작용, 수소에 의한 수소취성이 있다.

58 다음 압력에 대한 설명으로 옳은 것은?

① 공기가 누르는 대기압력은 지역이나 기후조건에 관계없이 일정하다.
② 고압가스 용기 내벽에 가해지는 기체의 압력은 절대압력을 나타낸다.
③ 지구 표면에서 거리가 멀어질수록 공기가 누르는 힘은 커진다.
④ 표준기압보다 낮은 압력을 진공압력이라 하며 진공도로 표시할 수 있다.

㉠ 대기압력은 조건에 따라 변화가 가능하다.
㉡ 용기 내벽의 압력 배관에서 측정한 압력계에 나타나는 압력은 게이지압력이다.
㉢ 지표면에 가까우면 공기가 누르는(대기압력) 압력이 커지고 멀어지면 작아진다.
㉣ 대기압력보다 낮은 압력을 진공압력이라 하고 부압(−)의 의미를 가지는 것으로 압력값 뒤에 V를 붙여 진공압력임을 표시한다.

59 기체상태의 가스를 액화시킬 수 있는 최고의 온도를 무엇이라고 하는가?

① 화씨온도　② 절대온도
③ 임계온도　④ 액화온도

해설

㉠ 임계온도 : 가스를 액화시킬 수 있는 최고의 온도
㉡ 임계압력 : 가스를 액화시킬 수 있는 최저의 압력

정답　52.①　53.④　54.①　55.④　56.②　57.①　58.④　59.③

60 가연성 가스이면서 독성 가스인 것은 어느 것인가? **[안전 17]**

① 일산화탄소 ② 프로판
③ 메탄 ④ 불소

가연성인 동시에 독성 가스
㉠ 암모니아
㉡ 브롬화메탄
㉢ 벤젠
㉣ 시안화수소
㉤ 일산화탄소
㉥ 산화에틸렌
㉦ 황화수소
㉧ 염화메탄
㉨ 이황화탄소

정답 60. ①

국가기술자격 필기시험문제

2010년 기능사 제2회 필기시험(1부) (2010년 3월 시행)

자격종목	시험시간	문제수	문제형별
가스기능사	**1시간**	**60**	**A**

수험번호		성 명	

01 아세틸렌의 주된 연소 형식은?

① 확산연소 ② 증발연소
③ 분해연소 ④ 표면연소

해설
기체물질의 연소에는 주로 확산·예혼합 연소의 2종류가 있는데 C_2H_2은 분자량 26g으로 공기보다 가벼우며 이러한 가스는 주로 확산연소의 형태를 가진다.

02 독성 가스 제조시설 식별표지의 글씨 색상은? (단, 가스의 명칭은 제외한다.) **[안전 26]**

① 백색 ② 적색
③ 황색 ④ 흑색

해설
독성 가스의 표지

종류 \ 구분	바탕색	글자색	적색 표시사항
식 별	백색	흑색	가스의 명칭
위 험			주의

03 운전 중의 제조설비에 대한 일일 점검항목이 아닌 것은?

① 회전기계의 진동, 이상음, 이상온도 상승
② 인터록의 작동
③ 가스설비로부터의 누출
④ 가스설비의 조업조건의 변동상황

해설
③ 인터록 : 정기점검항목
인터록 : 제조소 또는 그 제조소에 속하는 계기를 장치한 회로에는 정상적인 가스의 제조 조건에서 일탈하는 것을 방지하기 위하여 제조 설비안 가스의 제조를 제어하는 기구

04 상온에서 압축 시 액화되지 않는 가스는?

① 염소
② 부탄
③ 메탄
④ 프로판

해설
상태별 가스의 종류

구 분	가스의 종류
압축가스	H_2, O_2, N_2, CO, CH_4, Ar
액화가스	압축 이외의 모든 가스 (Cl_2, NH_3, CO_2) 등
용해가스	C_2H_2

05 처리능력이라 함은 처리설비 또는 감압설비에 의하여 며칠에 처리할 수 있는 가스량을 말하는가?

① 1일
② 3일
③ 5일
④ 7일

06 배관 내의 상용압력이 4MPa인 도시가스 배관의 압력이 상승하여 경보장치의 경보가 울리기 시작하는 압력은? **[안전 40]**

① 4MPa 초과 시
② 4.2MPa 초과 시
③ 5MPa 초과 시
④ 5.2MPa 초과 시

해설
상용압력이 4MPa 이상 시 0.2MPa를 더한 압력에서 경보하여야 하므로 4.2MPa 초과 시 경보한다.

정답 01.① 02.④ 03.② 04.③ 05.① 06.②

07 액화가스 충전시설의 정전기 제거조치의 기준으로 옳은 것은?

① 탑류, 저장탱크, 열교환기 등은 단독으로 되어 있도록 한다.
② 벤트스택은 본딩용 접속으로 공동접지한다.
③ 접지저항의 총합은 200Ω 이하로 한다.
④ 본딩용 접속선의 단면적은 $3mm^2$ 이상의 것을 사용한다.

해설

가스 제조설비의 정전기 제거설비 설치(KGS Fp 111)(2.6.11)

항 목		간추린 세부 핵심 내용
설치목적		가연성 제조설비에 발생한 정전기가 점화원으로 되는 것을 방지하기 위함
접지 저항치	총합	100Ω 이하
	피뢰설비가 있는 것	10Ω 이하
본딩용 접속선 접지접속선 단면적		㉠ $5.5mm^2$ 이상(단선은 제외)을 사용 ㉡ 경납붙임 용접, 접속금구 등으로 확실하게 접지
단독 접지설비		탑류, 저장탱크 열교환기, 회전기계, 벤트스택

08 용기에 충전하는 시안화수소의 순도는 몇 [%] 이상으로 규정되어 있는가?

① 90 ② 95
③ 98 ④ 99.5

09 내용적이 300L인 용기에 액화암모니아를 저장하려고 한다. 이 저장설비의 저장능력은 얼마인가? (단, 액화암모니아의 충전 정수는 1.86이다.)

① 161kg
② 232kg
③ 279kg
④ 558kg

$$W=\frac{V}{C}=\frac{300}{1.86}=161\text{kg}$$

10 LPG 용기 충전시설에 설치되는 긴급차단장치에 대한 기준으로 틀린 것은 어느 것인가? **[안전 19]**

① 저장탱크 외면에서 5m 이상 떨어진 위치에서 조작하는 장치를 설치한다.
② 기상 가스 배관 중 송출 배관에는 반드시 설치한다.
③ 액상의 가스를 이입하기 위한 배관에는 역류방지 밸브로 갈음할 수 있다.
④ 소형 저장탱크에는 의무적으로 설치할 필요가 없다.

해설

긴급차단장치 설치장소
액송출 배관, 액수입 배관 및 이들 겸용 배관으로
㉠ 탱크 내부
㉡ 탱크와 주밸브 사이
㉢ 주밸브 외측에 설치

11 에어졸 제조시설에는 온수시험 탱크를 갖추어야 한다. 에어졸 충전용기의 가스누출시험 온수온도의 범위는? **[안전 50]**

① 26℃ 이상 30℃ 미만
② 36℃ 이상 40℃ 미만
③ 46℃ 이상 50℃ 미만
④ 56℃ 이상 60℃ 미만

12 다음 가스 중 위험도가 가장 큰 것은 어느 것인가?

① 프로판
② 일산화탄소
③ 아세틸렌
④ 암모니아

해설

각 가스의 연소범위
① 프로판 : 2.1~9.5%
② 일산화탄소 : 12.5~74%
③ 아세틸렌 : 2.5~81%
④ 암모니아 : 15~28%

∴ 연소범위에 따른 위험도$=\frac{\text{상한}-\text{하한}}{\text{폭발하한}}$으로 아세틸렌이 가장 위험

정답 07.① 08.③ 09.① 10.② 11.③ 12.③

13 어떤 고압설비의 상용압력이 1.6MPa일 때 이 설비의 내압시험압력은 몇 [MPa] 이상으로 실시하여야 하는가? **[안전 2]**

① 1.6
② 2.0
③ 2.4
④ 2.7

T_P(내압시험압력)=상용압력×1.5 이상이므로
=1.6×1.5=2.4MPa

14 연소의 3요소에 해당되는 것은 어느 것인가?

① 공기, 산소공급원, 열
② 가연물, 연료, 빛
③ 가연물, 산소공급원, 공기
④ 가연물, 공기, 점화원

15 도시가스 배관의 굴착공사 작업에 대한 설명 중 틀린 것은? **[안전 33]**

① 가스 배관과 수평거리 1m 이내에서는 파일박기를 하지 아니 한다.
② 항타기는 가스 배관과 수평거리가 2m 이상 되는 곳에 설치한다.
③ 가스 배관의 주위를 굴착하고자 할 때에는 가스 배관의 좌우 1m 이내의 부분은 인력으로 굴착한다.
④ 줄파기 1일 시공량 결정은 시공속도가 가장 느린 천공작업에 맞추어 결정한다.

(KGS Fs 551)
굴착공사 시 가스 배관에서 1m 이내에 있을 경우 Guide pipe(유도 배관)를 설치시공 후 되메우기 시공을 한다.

16 다음 독성 가스 중 제독제로 물을 사용할 수 없는 것은? **[안전 22]**

① 암모니아
② 아황산가스
③ 염화메탄
④ 황화수소

㉠ 물을 제독제로 사용할 수 있는 독성 가스의 종류 : 암모니아, 염화메탄, 산화에틸렌, 아황산
㉡ 황화수소 제독제 : 가성소다수용액, 탄산소다수용액

17 인체용 에어졸 제품의 용기에 기재할 사항으로 틀린 것은? **[안전 50]**

① 특정부위에 계속하여 장시간 사용하지 말 것
② 가능한 한 인체에서 10cm 이상 떨어져서 사용할 것
③ 온도가 40℃ 이상 되는 장소에 보관하지 말 것
④ 불 속에 버리지 말 것

에어졸 제조시설(KGS Fp 112)
인체용으로 사용 시 가능한 한 20cm 이상 이격하여 사용

18 차량이 통행하기 곤란한 지역의 경우 액화석유가스 충전용기를 오토바이에 적재하여 운반할 수 있다. 다음 중 오토바이에 적재하여 운반할 수 있는 충전용기 기준에 적합한 것은? **[안전 4]**

① 충전량이 10kg인 충전용기–적재 충전용기 2개
② 충전량이 13kg인 충전용기–적재 충전용기 3개
③ 충전량이 20kg인 충전용기–적재 충전용기 3개
④ 충전량이 20kg인 충전용기–적재 충전용기 4개

독성 가스용기 이외의 용기운반 기준
㉠ 충전용기는 이륜차에 운반하지 않는다.
㉡ 단, 아래의 경우는 운반이 가능하다.
- 차량통행이 곤란한 지역 또는 시·도지사가 이륜차에 의해 운반가능하다고 인정 시
- 용기운반 전용 적재함이 부착된 경우
- 충전량 20kg 이하의 용기 2개 이하만 적재가 가능

정답 13.③ 14.④ 15.① 16.④ 17.② 18.①

19 도시가스에 대한 설명 중 틀린 것은 어느 것인가?

① 국내에서 공급하는 대부분의 도시가스는 메탄을 주성분으로 하는 천연가스이다.
② 도시가스는 주로 배관을 통하여 수요가에게 공급된다.
③ 도시가스의 원료로 LPG를 사용할 수 있다.
④ 도시가스는 공기와 혼합만 되면 폭발한다.

④ 도시가스는 공기와 혼합 시 폭발범위 내에서만 폭발이 가능하다.

20 일반 도시가스 공급시설의 시설기준으로 틀린 것은?

① 가스공급시설을 설치한 곳에는 누출된 가스가 머물지 아니하도록 환기설비를 설치한다.
② 공동구 안에는 환기장치를 설치하며 전기설비가 있는 공동구에는 그 전기설비를 방폭구조로 한다.
③ 저장탱크의 안전장치인 안전밸브나 파열판에는 가스방출관을 설치한다.
④ 저장탱크의 안전밸브는 다이어프램식 안전밸브로 한다.

④ 저장탱크 안전밸브 형식 : 스프링식

21 다음 중 냄새로 누출 여부를 쉽게 알 수 있는 가스는?

① 질소, 이산화탄소
② 일산화탄소, 아르곤
③ 염소, 암모니아
④ 에탄, 부탄

22 고압가스용 재충전 금지용기는 안전성 및 호환성을 확보하기 위하여 일정 치수를 갖는 것으로 하여야 한다. 이에 대한 설명 중 틀린 것은?

① 납붙임 부분은 용기 몸체 두께의 4배 이상의 길이로 한다.
② 최고충전압력(MPa) 수치와 내용적(L) 수치와의 곱이 100 이하로 한다.
③ 최고충전압력이 35.5MPa 이하이고 내용적이 20리터 이하로 한다.
④ 최고충전압력이 3.5MPa 이상인 경우에는 내용적이 5리터 이하로 한다.

③ 최고충전압력 22.5 이하이고 내용적은 20L 이하

고압가스 재충전 금지용기의 시설 · 기술 기준(KGS Ac 216)

항 목	간추린 세부 핵심 내용
충전 제한	㉠ 합격 후 3년 경과 시 충전금지 ㉡ 가연성 독성 이외의 가스를 충전
재료	㉠ 스테인리스, 알루미늄합금 ㉡ 탄소(0.33% 이하) ㉢ 인(0.04% 이하) ㉣ 황(0.05% 이하)
두께	용기 동판의 최대두께와 최소두께의 차이는 평균두께의 10% 이하
구조	용기와 부속품을 분리할 수 없는 구조
치수	㉠ 최고압력수치와 내용적(L)의 곱이 100 이하 ㉡ 최고충전압력이 22.5MPa 이하 내용적 20L 이하 ㉢ 최고충전압력이 3.5MPa 이상 시 내용적 5L 이하 ㉣ 납붙임 부분은 용기 몸체 두께의 4배 이상

23 도시가스의 배관에 표시하여야 할 사항이 아닌 것은?

① 사용가스명 ② 최고사용압력
③ 가스의 흐름방향 ④ 가스 공급자명

24 흡수식 냉동설비의 냉동능력 정의는? **[안전 91]**

① 발생기를 가열하는 1시간의 입열량 3천 320kcal를 1일의 냉동능력 1톤으로 본다.
② 발생기를 가열하는 1시간의 입열량 6천 640kcal를 1일의 냉동능력 1톤으로 본다.
③ 발생기를 가열하는 24시간의 입열량 3천 320kcal를 1일의 냉동능력 1톤으로 본다.
④ 발생기를 가열하는 24시간의 입열량 6천 640kcal를 1일의 냉동능력 1톤으로 본다.

정답 19.④ 20.④ 21.③ 22.③ 23.④ 24.②

25 고압가스 일반 제조시설에서 아세틸렌가스를 용기에 충전하는 경우에 방호벽을 설치하지 않아도 되는 곳은? **[안전 57]**

① 압축기의 유분리기와 고압건조기 사이
② 압축기와 아세틸렌가스 충전장소 사이
③ 압축기와 아세틸렌가스 충전용기 보관장소 사이
④ 충전장소와 아세틸렌 충전용 주관밸브 조작밸브 사이

26 습식 아세틸렌 발생기의 표면온도는 몇 [℃] 이하를 유지하여야 하는가? **[설비 3]**

① 70
② 90
③ 100
④ 110

27 운전 중인 액화석유가스 충전설비의 작동상황에 대하여 주기적으로 점검하여야 한다. 점검 주기는?

① 1일에 1회 이상
② 1주일에 1회 이상
③ 3월에 1회 이상
④ 6월에 1회 이상

28 독성 가스의 제독작업에 필요한 보호구 장착훈련의 주기는?

① 1개월 마다 1회 이상
② 2개월 마다 1회 이상
③ 3개월 마다 1회 이상
④ 6개월 마다 1회 이상

29 다음 중 특정설비 재검사 면제대상이 아닌 것은?

① 차량에 고정된 탱크
② 초저온 압력용기
③ 역화방지장치
④ 독성 가스 배관용 밸브

30 내용적 1L 이하의 일회용 용기로서 라이터 충전용, 연료가스용 등으로 사용하는 용기는?

① 용접용기
② 이음매 없는 용기
③ 접합 또는 납붙임 용기
④ 융착용기

31 가연성 가스의 제조설비 내에 설치하는 전기기기에 대한 설명으로 옳은 것은?

① 1종 장소에는 원칙적으로 전기설비를 설치해서는 안 된다.
② 안전증 방폭구조는 전기기기의 불꽃이나 아크를 발생하여 착화원이 될 염려가 있는 부분을 기름 속에 넣은 것이다.
③ 2종 장소는 정상의 상태에서 폭발성 분위기가 연속하여 또는 장시간 생성되는 장소를 말한다.
④ 가연성 가스가 존재할 수 있는 위험장소는 1종 장소, 2종 장소 및 0종 장소로 분류하고 위험장소에서는 방폭형 전기기기를 설치하여야 한다.

1. 위험장소에 전기설비 설치 시 방폭형 전기기기 설치
   ㉠ 0종 : 본질안전방폭구조
   ㉡ 1종 : 본질안전, 유입, 압력, 내압 방폭구조
   ㉢ 2종 : 본질안전, 유입, 압력, 내압, 안전증 방폭구조
2. 전기기기 불꽃이 아크를 발생하여 착화원이 될 염려가 있는 부분을 기름 속에 넣은 방폭구조 : 유입 방폭구조
3. 위험장소

위험장소	정 의
0종	상용의 상태에서 가연성 농도가 연속해서 폭발상한계 이상으로 되는 장소(폭발상한계를 넘는 경우 폭발한계 이내로 들어갈 수 있는 경우 포함)
1종	상용상태에서 가연성 가스가 체류해 위험하게 될 우려가 있는 장소, 정비 보수 누출 등으로 인하여 종종 가연성 가스가 체류하여 위험하게 될 우려가 있는 장소

정답 25.① 26.① 27.① 28.③ 29.① 30.③ 31.④

위험장소	정 의
2종	㉠ 밀폐용기 또는 밀봉된 가연성 가스가 그 용기설비의 사고로 인하여 파손되거나 오조작의 경우에만 누출위험이 있는 장소 ㉡ 확실한 기계환기 조치에 따라 가연성 가스를 체류하지 아니하도록 되어 있으나 환기장치 이상이나 사고발생 시 가연성 가스가 체류해 위험하게 될 우려가 있는 장소 ㉢ 1종 장소의 주변 또는 인접한 실내에서 위험한 농도의 가연성 가스가 종종 침입할 우려가 있는 장소

32 발연 황산시약을 사용한 오르자트법 또는 브롬 시약을 사용한 뷰렛법에 의한 시험에서 순도가 98% 이상이고, 질산은 시약을 사용한 정성시험에서 합격한 것을 품질검사 기준으로 하는 가스는? **[안전 36]**

① 시안화수소
② 산화에틸렌
③ 아세틸렌
④ 산소

품질검사 대상가스

구분 / 종류	시 약	검사 방법	순 도	충전상태
O_2	동암모니아	오르자트법	99.5%	35℃ 11.8MPa
H_2	피로카롤 하이드로 설파이드	오르자트법	98.5%	35℃ 11.8MPa
C_2H_2	발연황산 브롬 시약 질산은 시약	오르자트법 뷰렛법 정성시험	98%	

33 진탕형 오토클레이브의 특징이 아닌 것은 어느 것인가? **[장치 4]**

① 가스 누출의 가능성이 없다.
② 고압력에 사용할 수 있고 반응물의 오손이 없다.
③ 뚜껑판에 뚫어진 구멍에 촉매가 끼어 들어갈 염려가 있다.
④ 교반효과가 뛰어나며 교반형에 비하여 효과가 크다.

해설

진탕형 오토클레이브 특징
㉠ 가스누설 가능성이 없다.
㉡ 두껑판에 뚫어진 구멍에 촉매가 끼어들어갈 염려가 있다.
㉢ 고압력에 사용할 수 있고 반응물의 오손이 없다.
㉣ 장치 전체가 진동하므로 압력계는 본체로부터 떨어져 설치한다.
※ 교반형의 특징 : 교반효과가 뛰어나며 진탕형에 비하여 효과가 크다.

34 압축기에서 두압이란?

① 흡입 압력이다.
② 증발기 내의 압력이다.
③ 크랭크 케이스 내의 압력이다.
④ 피스톤 상부의 압력이다.

35 다음 중 저장탱크 및 가스홀더는 가스가 누출되지 않는 구조로 하고 얼마 이상의 가스를 저장하는 것에는 가스방출장치를 설치하는가?

① $1m^3$
② $3m^3$
③ $5m^3$
④ $10m^3$

36 탱크로리 충전작업 중 작업을 중단해야 하는 경우가 아닌 것은? **[설비 33]**

① 탱크 상부로 충전 시
② 과충전 시
③ 가스누출 시
④ 안전밸브 작동 시

정답 32.③ 33.④ 34.④ 35.③ 36.①

37 다음 그림은 무슨 공기액화장치인가?

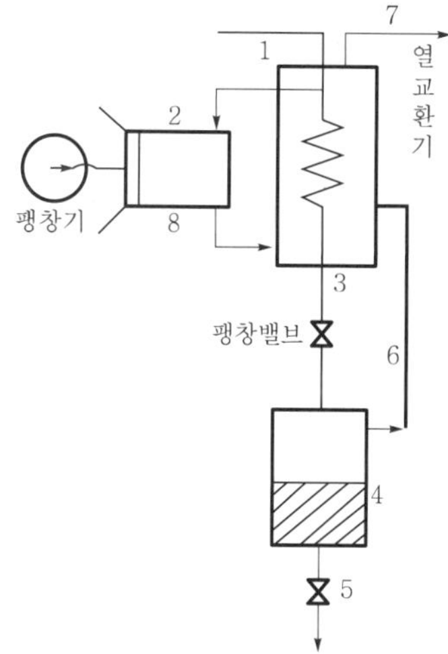

① 클로드식 액화장치
② 린데식 액화장치
③ 캐피자식 액화장치
④ 필립스식 액화장치

38 암모니아용 부르동관 압력계의 재질로서 가장 적당한 것은?

① 황동 ② Al강
③ 청동 ④ 연강

39 증기압축식 냉동기에서 냉매가 순환되는 경로로 옳은 것은? **[장치 20]**

① 압축기 → 증발기 → 응축기 → 팽창밸브
② 증발기 → 응축기 → 압축기 → 팽창밸브
③ 증발기 → 팽창밸브 → 응축기 → 압축기
④ 압축기 → 응축기 → 팽창밸브 → 증발기

흡수식 냉동장치의 순환경로
흡수기 → 발생기(재생기) → 응축기 → 증발기

40 도시가스 배관의 접합 방법 중 강관의 접합 방법으로 사용하지 않는 것은?

① 나사접합
② 용접접합
③ 플랜지접합
④ 압축접합

41 터보식 펌프로서 비교적 저양정에 적합하며, 효율변화가 비교적 급한 펌프는?

① 원심 펌프 ② 축류 펌프
③ 왕복 펌프 ④ 베인 펌프

42 연료의 배기가스를 화학적으로 액 속에 흡수시켜 그 용량의 감소로 가스의 농도를 분석하며 3개의 피펫과 1개의 뷰렛, 2개의 수준병으로 구성된 가스분석 방법은?

① 헴펠(Hempel)법
② 오르자트(Orsat)법
③ 게겔(Gockel)법
④ 직접법(Iodimetry)

43 차압식 유량계의 계측 원리는? **[장치 28]**

① 베르누이의 정리를 이용
② 피스톤의 회전을 적산
③ 전열선의 저항값을 이용
④ 전자유도 법칙을 이용

44 온도계의 선정 방법에 대한 설명 중 틀린 것은?

① 지시 및 기록 등을 쉽게 행할 수 있을 것
② 견고하고 내구성이 있을 것
③ 취급하기가 쉽고 측정하기 간편할 것
④ 피측 온체의 화학반응 등으로 온도계에 영향이 있을 것

45 아세틸렌 용기에 충전하는 다공성 물질이 아닌 것은? **[안전 11]**

① 석면 ② 목탄
③ 폴리에틸렌 ④ 다공성 플라스틱

46 압력환산 값을 서로 옳게 나타낸 것은?

① $1lb/ft^2 ≒ 0.142kg/cm^2$
② $1kg/cm^2 ≒ 13.7lb/in^2$
③ $1atm ≒ 1033g/cm^2$
④ $76cmHg ≒ 1013dyne/cm^2$

정답 37.① 38.④ 39.④ 40.④ 41.② 42.② 43.① 44.④ 45.③ 46.③

해설

$1ft = 12in$

$14.7lb \Big/ \left(\frac{1}{12}\right)ft^2 = 2116.8lb/ft^2$

① $\frac{1}{2116.8} \times 1.033 = 0.000488kg/cm^2$

② $\frac{1}{1.033} \times 14.7 = 14.22lb/in^2$

③ $1atm = 1.033kg/cm^2 = 1033g/cm^2$

④ $76cmHg = 1.0332kg/cm^2$

$= 1.0332 \times 10^3 g/cm^2$

$= 1.0332 \times 10^3 g \times 9.8 \times 10^2 cm/s^2/cm^2$

$= 9.8 \times 1.0332 \times 10^5 (g \cdot cm/s^2)/cm^2$

$= 1012340dyme/cm^2$

47 고압가스안전관리법령에 따라 "상용의 온도에서 압력이 1MPa 이상이 되는 압축가스로서 실제로 그 압력이 1MPa 이상이 되는 경우에는 고압가스에 해당한다." 여기에서 압력은 어떠한 압력을 말하는가?

① 대기압　② 게이지압력
③ 절대압력　④ 진공압력

48 다음 중 유해한 유황 화합물 제거 방법에서 건식법에 속하지 않는 것은?

① 활성탄 흡착법
② 산화철 접촉법
③ 몰리큘러시브 흡착법
④ 시볼트법

49 표준대기압에서 물의 동결(凍結) 온도로서 값이 틀린 하나는?

① 0°F　② 0℃
③ 273K　④ 492°R

50 포스겐에 대한 설명으로 옳은 것은?

① 순수한 것은 무색, 무취의 기체이다.
② 수산화나트륨에 빨리 흡수된다.
③ 폭발성과 인화성이 크다.
④ 화학식은 COCl이다.

해설

포스겐(COCl2) 제독제
㉠ 가성소다(수산화나트륨)수용액
㉡ 소석회

51 어떤 액체의 비중이 13.6이다. 액체 표면에서 수직으로 15m 깊이에서의 압력은?

① $2.04kg/cm^2$
② $20.4kg/cm^2$
③ $2.04kg/m^2$
④ $20.4kg/mm^2$

해설

$P = SH$(액비중×높이)이므로

여기서, $S : \frac{13.6}{1000}kg/cm^3$

$H : 15m = 1500cm$

$\therefore P = \frac{13.6}{1000} \times 1500kg/cm^2 = 20.4kg/cm^2$

52 아세틸렌의 성질에 대한 설명으로 옳은 것은?

① 분해 폭발성이 있는 가스이므로 단독으로 가압하여 충전할 수 없다.
② 염소와 반응하여 염화비닐을 만든다.
③ 염화수소와 반응하여 사염화에탄이 생성된다.
④ 융점은 약 82℃ 정도이다.

53 다음 중 냉매로 사용되며 무독성인 기체는 어느 것인가?

① CCl_2F_2　② NH_3
③ CO　④ SO_2

① CCl_2F_2 : 프레온(무독성 냉매가스)

54 다음 중 에틸렌 제조의 원료로 사용되지 않는 것은?

① 나프타
② 에탄올
③ 프로판
④ 염화메탄

정답 47.② 48.④ 49.① 50.② 51.② 52.① 53.① 54.④

55 공기 중 함유량이 큰 것부터 차례로 나열된 것은?

① 네온>아르곤>헬륨
② 네온>헬륨>아르곤
③ 아르곤>네온>헬륨
④ 아르곤>헬륨>네온

56 가열로에서 20℃ 물 1000kg을 80℃ 온수로 만들려고 한다. 프로판가스는 약 몇 [kg]이 필요한가? (단, 가열로의 열효율은 90%이며, 프로판가스의 열량은 12000kcal/kg이다.)

① 4.6
② 5.6
③ 6.6
④ 7.6

해설

㉠ 물 1000kg이 20℃에서 80℃까지 올라간 열량

$Q = Gc\Delta t$

$= 1{,}000 \times 1 \times 60 = 60000\text{kcal}$

㉡ C_3H_8 1kg 당 발생열량

$12000\text{kcal/kg} \times 0.9 = 10800\text{kcal/kg}$

$\therefore \dfrac{60000\text{kcal}}{10800\text{kcal/kg}} = 5.6\text{kg}$

57 "기체 혼합물의 전 부피는 동일 온도 및 압력 하에서 각 성분 기체의 부분 부피의 합과 같다."라는 혼합 기체의 법칙은?

① Amagat의 법칙
② Boyle의 법칙
③ Charles의 법칙
④ Dalton의 법칙

58 수소와 산소의 비가 얼마일 때 폭명기라고 하는가?

① 2 : 1　② 1 : 1
③ 1 : 2　④ 3 : 2

폭명기

종 류	반응식
수소	$2H_2 + O_2 \rightarrow 2H_2O$
염소	$H_2 + Cl_2 \rightarrow 2HCl$
불소	$H_2 + F_2 \rightarrow 2HF$

59 다음 ( ) 안의 ㉠~㉡에 각각 알맞은 것은?

천연가스의 주성분인 메탄(CH_4)은 1kg당 0℃, 1기압에서 기체상태로 $1.4m^3$이며 이것을 (㉠)℃, 1기압으로 액화하면 체적이 $0.0024m^3$으로 되어 약 (㉡)로 줄어든다.

① ㉠ −42.1, ㉡ 1/600
② ㉠ −162, ㉡ 1/250
③ ㉠ −162, ㉡ 1/600
④ ㉠ −62, ㉡ 1/250

60 고체연료인 석탄의 공업분석 항목으로 옳은 것은?

① 탄소　② 회분
③ 수소　④ 질소

석탄의 분석

구 분	성 분
원소분석	C, H, O, N, P, S
공업분석	수분, 회분, 휘발분, 고정탄소

정답 55.③ 56.② 57.① 58.① 59.③ 60.②

국가기술자격 필기시험문제

2010년 기능사 제4회 필기시험(1부) (2010년 7월 시행)

자격종목	시험시간	문제수	문제형별
가스기능사	**1시간**	**60**	**A**

수험번호		성 명	

01 액화석유가스 사용시설에서 저장능력이 2톤인 경우 저장설비가 화기취급장소와 유지하여야 하는 우회거리는 얼마 이상이어야 하는가? **[안전 90]**

① 2m ② 3m
③ 5m ④ 8m

(KGS Fu 431) LPG 사용시설 화기 우회거리
㉠ 저장능력 1톤 미만 : 2m
㉡ 저장능력 1톤 이상 3톤 미만 : 5m
㉢ 저장능력 3톤 이상 : 8m

02 고압가스 운반책임자를 꼭 동승하여야 하는 경우로서 틀린 것은? **[안전 60]**

① 압축가스인 수소 $500m^3$를 적재하여 운반할 경우
② 압축가스인 산소 $800m^3$를 적재하여 운반할 경우
③ 액화석유가스를 충전한 납붙임용기 1000kg을 적재하여 운반하는 경우
④ 액화천연가스를 충전한 탱크로리로서 3000kg을 적재하여 운반하는 경우

③ 납붙임 접합 가연성 액화가스 용기의 운반책임자 동승기준 : 2000kg 이상

03 고압가스 충전용기의 운반기준으로 틀린 것은? **[안전 79]**

① 충전용기를 차량에 적재하여 운반할 때는 붉은 글씨로 "위험고압가스"라는 경계표시를 할 것
② 운반 중의 충전용기는 항상 50℃ 이하를 유지할 것
③ 하역 작업 시에는 완충판 위에서 취급하며 이를 항상 차량에 비치할 것
④ 충격을 방지하기 위하여 로프 등으로 결속할 것

② 운반 전의 충전용기는 40℃ 이하 유지

04 배관용 탄소강관에 아연(Zn)을 도금하는 주된 이유는?

① 미관을 아름답게 하기 위해
② 보온성을 증대하기 위해
③ 내식성을 증대하기 위해
④ 부식성을 증대하기 위해

05 에어졸 제조설비 및 에어졸 충전용기 저장소는 화기 및 인화성 물질과 얼마 이상의 우회거리를 유지하여야 하는가? **[안전 50]**

① 5m ② 8m
③ 12m ④ 20m

06 도시가스의 유해성분 측정 대상이 아닌 것은? **[안전 81]**

① 황 ② 황화수소
③ 이산화탄소 ④ 암모니아

도시가스 유해성분(황, 황화수소, 암모니아)
※ 출제 당시와 기준 변경

정답 01.③ 02.③ 03.② 04.③ 05.② 06.③

07 고압가스안전관리법의 적용을 받는 가스는? **[안전 95]**

① 철도 차량의 에어컨디셔너 안의 고압가스
② 냉동능력 3톤 미만인 냉동설비 안의 고압가스
③ 용접용 아세틸렌가스
④ 액화브롬화메탄 제조설비 외에 있는 액화브롬화메탄

해설

적용 고압가스·적용되지 않는 고압가스 종류와 범위

구 분		간추린 핵심 내용
적용되는 고압가스 종류 범위	압축가스	㉠ 상용온도에서 압력 1MPa(g) 이상 되는 것으로 실제로 1MPa(g) 이상 되는 것 ㉡ 35℃에서 1MPa(g) 이상 되는 것(C_2H_2 제외)
	액화가스	㉠ 상용온도에서 압력 0.2MPa(g) 이상 되는 것으로 실제로 0.2MPa 이상 되는 것 ㉡ 압력이 0.2MPa가 되는 경우 온도가 35℃ 이하인 것
	아세틸렌	15℃에서 0Pa를 초과하는 것
	액화 (HCN, CH_3Br, C_2H_4O)	35℃에서 0Pa를 초과하는 것
적용 범위에서 제외되는 고압가스	에너지 이용 합리화법 적용	보일러 안과 그 도관 안의 고압증기
	철도차량	에어컨디셔너 안의 고압가스
	선박 안전법	선박 안의 고압가스
	광산법, 항공법	광업을 위한 설비 안의 고압가스, 항공기 안의 고압가스
	기타	㉠ 전기사업법에 의한 전기설비 안 고압가스 ㉡ 수소, 아세틸렌 염화비닐을 제외한 오토클레이브 내 고압가스 ㉢ 원자력법에 의한 원자로, 부속설비 내 고압가스 ㉣ 등화용 아세틸렌 ㉤ 액화브롬화메탄 제조설비 외에 있는 액화브롬화메틸 ㉥ 청량음료수 과실주 발포성 주류 고압가스 ㉦ 냉동능력 35 미만의 고압가스 ㉧ 내용적 1L 이하 소화용기의 고압가스

08 다음 중 동일차량에 적재하여 운반할 수 없는 경우는? **[안전 4]**

① 산소와 질소
② 질소와 탄산가스
③ 탄산가스와 아세틸렌
④ 염소와 아세틸렌

해설

염소(아세틸렌, 암모니아, 수소)는 동일차량에 적재하여 운반할 수 없음

09 가연성 가스의 발화도 범위가 85℃ 초과 100℃ 이하는 다음 발화도 범위에 따른 방폭 전기기기의 온도 등급 중 어디에 해당하는가?

① T 3 ② T 4
③ T 5 ④ T 6

해설

가연성 가스 발화도 범위에 따른 방폭 전기기기의 온도 등급(KGS Gc 210) (2.2.2.2 관련)

가연성 가스의 발화도(℃) 범위	방폭 전기기기의 온도 등급
450 초과	T 1
300 초과 450 이하	T 2
200 초과 300 이하	T 3
135 초과 200 이하	T 4
100 초과 135 이하	T 5
85 초과 100 이하	T 6

10 고압가스를 차량으로 운반할 때 몇 [km] 이상의 거리를 운행하는 경우에 중간에 휴식을 취한 후 운행하도록 되어 있는가?

① 100 ② 200
③ 300 ④ 400

11 가연성 가스라 함은 공기 중에서 연소하는 가스로서 폭발한계의 하한과 폭발한계의 상한을 규정하고 있다. 하한 값으로 옳은 것은? **[안전 84]**

① 10퍼센트 이하 ② 20퍼센트 이하
③ 10퍼센트 이상 ④ 20퍼센트 이상

정답 07.③ 08.④ 09.④ 10.② 11.①

해설

가연성의 정의(고법 시행규칙 제2조)
㉠ 폭발한계 하한 값 : 10% 이하
㉡ 폭발한계 상한과 하한의 차이 값 : 20% 이상

12 고압가스 배관에서 상용압력이 0.2MPa 이상 1MPa 미만인 경우 공지의 폭은 얼마로 정해져 있는가? (단, 전용 공업지역 이외의 경우이다.) **[안전 52]**

① 3m 이상
② 5m 이상
③ 9m 이상
④ 15m 이상

해설

상용압력에 따른 공지 폭(KGS Fp 111) (2.5.7.3.2 관련)

상용압력(MPa)	공지의 폭(m)
0.2MPa 미만	5m 이상
0.2MPa 이상 1MPa 미만	9m 이상
1MPa 이상	15m 이상

13 액화석유가스를 자동차에 충전하는 충전호스의 길이는 몇 [m] 이내이어야 하는가? (단, 자동차 제조공정 중에 설치된 것을 제외한다.) **[안전 87]**

① 3　② 5
③ 8　④ 10

14 다음 중 액화석유가스(LPG)의 기화장치의 액유출방지장치와 관련한 설명으로 틀린 것은?

① 액유출방지장치 작동여부는 기화장치의 압력계로 확인이 가능하다.
② 액유출 현상의 발생이 감지되면 신속히 기화장치의 입구밸브를 잠궈 더 이상의 액상가스 유입을 막아야 한다.
③ 액유출 현상이 발생되면 대부분 조정기 전단에서 결로 현상이나 성애가 끼는 현상이 발생한다.
④ 액유출 현상이 발생하면 액팽창에 의해 조정기 및 계량기가 파손될 수 있다.

기화장치

액가스
기화된 기체가스
액유출방지장치
액체가스
온수

[공정 설명] 기화기 외함에는 80℃ 정도의 온수가 흐름. 기화기 내함에는 기화되지 않은 액가스가 80℃ 온수에 의해 기체가스가 유출. 만약 액유출방지장치가 고장, 액가스 유출 시 저온에 의하여 액유출방지장치의 후단에 있는 부속장치가 동결(결로, 성에) 발생

15 가스 난방기구가 보급되면서 급배기 불량으로 인명사고가 많이 발생한다. 그 이유로 가장 옳은 것은?

① N_2 발생
② CO_2 발생
③ CO 발생
④ 연소되지 않은 생가스 발생

16 부탄가스용 연소기의 명판에 기재할 사항이 아닌 것은?

① 연소기명
② 제조자의 형식 호칭
③ 연소기 재질명
④ 제조(로트) 번호

해설

이동식 부탄연소기 명판에 기재사항
①, ②, ④항 이외에 사용가스명, 제조년월, 품질보증기간용도, 제조자명이나 수입판매자명, 제조자 · 판매자의 주소, 전화번호

17 가스를 사용하려 하는데 밸브에 얼음이 얼어붙었다. 이 때 조치 방법으로 가장 적절한 것은?

① 40℃ 이하의 더운 물을 사용하여 녹인다.
② 80℃의 램프로 가열하여 녹인다.
③ 100℃의 뜨거운 물을 사용하여 녹인다.
④ 가스 토치로 가열하여 녹인다.

정답 12.③ 13.② 14.③ 15.③ 16.③ 17.①

18 아황산가스의 제독제로 갖추어야 할 것이 아닌 것은? [안전 22]

① 가성소다수용액
② 소석회
③ 탄산소다수용액
④ 물

아황산 제독제
㉠ 가성소다수용액
㉡ 탄산소다수용액
㉢ 물

19 다음 중 수소 취급 시 주의사항 중 옳지 않은 것은?

① 수소용기의 안전밸브는 가용전식과 파열판식을 병용한다.
② 용기밸브는 오른나사이다.
③ 수소가스는 피로카롤 시약을 사용한 오르자트법에 의한 시험법에서 순도가 98.5% 이상이어야 한다.
④ 공업용 용기 도색은 주황색이고, "연" 자 표시는 백색이다.

수소는 가연성이므로 용기밸브의 충전구 나사는 왼나사이다.

20 다음 중 같은 용기보관실에 저장이 가능한 가스는?

① 산소, 수소
② 염소, 질소
③ 아세틸렌, 염소
④ 암모니아, 산소

산소는 조연성 가스이므로 가연성과 함께 보관 시 폭발의 우려가 있다.

21 원심식 압축기를 사용하는 냉동설비는 원동기 정격출력 얼마를 1일의 냉동능력 1톤으로 하는가? [안전 91]

① 1.2kW ② 2.4kW
③ 3.6kW ④ 4.8kW

22 고압가스 배관을 지하에 매설하는 경우의 설치기준으로 틀린 것은? [안전 1]

① 배관은 건축물과는 1.5m, 지하도로 및 터널과는 10m 이상의 거리를 유지한다.
② 독성 가스의 배관은 그 가스가 혼입될 우려가 있는 수도시설과는 300m 이상의 거리를 유지한다.
③ 배관은 그 외면으로부터 지하의 다른 시설물과 0.3m 이상의 거리를 유지한다.
④ 지표면으로부터 배관의 외면까지 매설 깊이는 산이나 들에서는 1.2m 이상, 그 밖의 지역에서는 1.0m 이상으로 한다.

④ 지표면으로부터 배관의 외면까지의 매설깊이
- 산, 들 : 1m 이상
- 그 밖의 지역 : 1.2m 이상 유지

23 고압가스에 대한 사고예방 설비기준으로 옳지 않은 것은?

① 가연성 가스의 가스설비 중 전기설비는 그 설치장소 및 그 가스의 종류에 따라 적절한 방폭성능을 가지는 것일 것
② 고압가스설비에는 그 설비 안의 압력이 내압압력을 초과하는 경우 즉시 그 압력을 내압압력 이하로 되돌릴 수 있는 안전장치를 설치하는 등 필요한 조치를 할 것
③ 폭발 등의 위해가 발생할 가능성이 큰 특수반응설비에는 그 위해의 발생을 방지하기 위하여 내부반응 감시설비 및 위험사태 발생 방지설비의 설치 등 필요한 조치를 할 것
④ 저장탱크 및 배관에는 그 저장탱크 및 배관이 부식되는 것을 방지하기 위하여 필요한 조치를 할 것

과압안전장치 설치(KGS Fp 112) (2.6.1)
② 고압설비는 그 설비 안의 압력이 상용압력을 초과하는 즉시 그 압력을 상용압력 이하로 되돌릴 수 있는 안전장치를 설치하는 등 필요한 조치를 할 것

정답 18.② 19.② 20.② 21.① 22.④ 23.②

24 도시가스사업소 내에서는 긴급사태 발생 시 필요한 연락을 신속히 할 수 있도록 통신시설을 갖추어야 한다. 이 때 인터폰을 설치하는 경우 통신범위는? **[안전 48]**

① 안전관리자가 상주하는 사업소와 현장 사업소와의 사이
② 사업소 내 전체
③ 종업원 상호간
④ 사업소 책임자와 종업원 상호간

통신시설의 인터폰 설치
㉠ 안전관리자가 상주하는 사무소와 현장사무소 사이
㉡ 현장 사무소 상호간

25 고압가스 용기의 안전점검 기준에 해당되지 않는 것은? **[안전 96]**

① 용기의 부식, 도색 및 표시확인
② 용기의 캡이 씌워져 있거나 프로텍터의 부착여부 확인
③ 재검사 기간의 도래여부를 확인
④ 용기의 누출을 성냥불로 확인

용기에서 가스누출 검사
㉠ 비눗물 검사
㉡ 독성 가스의 경우 누설검지액 및 누설가스시험지 사용
고압가스 용기 안전점검 유지관리 지침의 점검항목(고압가스안전관리법 시행규칙 별표 사항)
㉠ 용기 전체점검 부식금 주름 여부
㉡ 재검사 도래기간 여부
㉢ 유통 중 열영향을 받은 여부 및 열영향을 받은 용기는 재검사
㉣ 용기의 도색 및 표시여부
㉤ 용기 스커트의 찌그러짐 확인
㉥ 용기 캡 부착여부 프로텍터 부착여부 확인
㉦ 용기 하부 부식 상태
㉧ 밸브 몸통 충전구 나사 안전밸브에 지장을 주는 흠 주름 스프링 부식여부 확인
㉨ 밸브의 그랜드너트가 고정핀에 의해 이탈방지 조치
㉩ 충전가스에 맞는 부속품 부착여부 확인

26 일반 도시가스사업자 정압기의 분해점검 실시 주기는? **[안전 44]**

① 3개월에 1회 이상
② 6개월에 1회 이상
③ 1년에 1회 이상
④ 2년에 1회 이상

일반 도시가스사업의 가스공급시설의 시설 · 기술 검사기준

27 폭발한계의 범위가 가장 좁은 것은?

① 프로판 ② 암모니아
③ 수소 ④ 아세틸렌

가스별 폭발범위

가스명	폭발범위(%)
프로판	2.1 ~ 9.5
암모니아	15 ~ 28
수소	4 ~ 75
아세틸렌	2.5 ~ 81

28 고압가스 특정 제조시설의 배관시설에 검지경보장치의 검출부를 설치하여야 하는 장소가 아닌 것은? **[안전 16]**

① 긴급차단장치의 부분
② 방호구조물 등에 의하여 개방되어 설치된 배관의 부분
③ 누출된 가스가 체류하기 쉬운 구조인 배관의 부분
④ 슬리브관, 이중관 등에 의하여 밀폐되어 설치된 배관의 부분

② 방호구조물 등에 의하여 밀폐되어 설치된 배관부분

29 고압장치 운전 중 점검사항으로 가장 거리가 먼 것은?

① 가스경보기의 상태
② 진동 및 소음 상태
③ 누출상태
④ 벨트의 이완상태

정답 24.① 25.④ 26.④ 27.① 28.② 29.④

해설

고압장치 운전 전, 운전 중 점검사항

구 분	점검사항
운전 전	㉠ 모든 볼트, 너트 조임상태 확인 ㉡ 압력계, 온도계 점검 ㉢ 윤활유 상태 점검 ㉣ 냉각수 상태 점검 ㉤ 벨트 상태 점검
운전 중	㉠ 압력 이상 유무 점검 ㉡ 온도 이상 유무 점검 ㉢ 소음, 진동 이상 유무 점검 ㉣ 윤활유 상태 점검 ㉤ 냉각수 점검

30 0℃, 1atm에서 4L인 기체는 273℃, 1atm일 때 몇 [L]가 되는가?

① 2　② 4
③ 8　④ 12

$\frac{P_1 V_1}{T_1} = \frac{P_2 V_2}{T_2}$에서 ($P_1 = P_2$이므로)

$\therefore V_2 = \frac{V_1 T_2}{T_1} = \frac{4 \times (273 + 273)}{273} = 8\text{L}$

31 수소취성을 방지하기 위해 강에 첨가하는 원소로서 옳은 것은? **[설비 6]**

① Cr　② Al
③ Mn　④ P

수소취성 방지법 : 5~6% Cr강에 W, Mo, Ti, V 등

32 원심 펌프를 직렬로 연결시켜 운전하면 무엇이 증가하는가? **[설비 12]**

① 양정　② 동력
③ 유량　④ 효율

해설

㉠ 직렬운전 : 양정 증가, 유량 불변
㉡ 병렬운전 : 양정 불변, 유량 증가

33 펌프가 운전 중에 한숨을 쉬는 것과 같은 상태가 되어 토출구 및 흡입구에서 압력계의 바늘이 흔들리며 동시에 유량이 변화하는 현상을 무엇이라고 하는가?

① 캐비테이션(공동현상)
② 워터해머링(수격작용)
③ 바이브레이션(진동현상)
④ 서징(맥동현상)

34 수은을 이용한 U자관 압력계에서 액주높이 (h) 600mm, 대기압(P_1)은 1kg/cm²일 때 P_2는 약 몇 [kg/cm²]인가?

① 0.22　② 0.92
③ 1.82　④ 9.16

해설

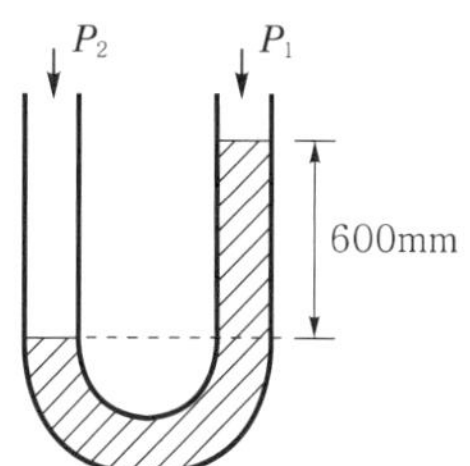

$P_2 = P_1 + SH$이므로

여기서, $P_1 = 1\text{kg/cm}^2$

$S(\text{수은비중}) = \frac{13.6}{10^3}(\text{kg/cm}^3)$

$H = 60\text{cm}$

$\therefore P_2 = 1\text{kg/cm}^2 + \frac{13.6}{10^3}(\text{kg/cm}^3) \times 60\text{cm}$

$= 1.82\text{kg/cm}^2$

35 액면계로부터 가스가 방출되었을 때 인화 또는 중독의 우려가 없는 가스에만 사용할 수 있는 액면계가 아닌 것은?

① 고정 튜브식
② 회전 튜브식
③ 슬립 튜브식
④ 평형 튜브식

36 무급유 압축기의 종류가 아닌 것은?

① 카본(Carbon)링식
② 테프론(Teflon)링식
③ 다이어프램(Diaphragm)식
④ 브론즈(Bronze)식

정답 30.③ 31.① 32.① 33.④ 34.③ 35.④ 36.④

무급유 압축기(오일레스 콤프레서)

항 목	내 용
정의	압축기를 운전 시 윤활유(오일)를 윤활제로 사용하지 못하는 압축기
적용	산소압축기 및 식품, 양조 등의 제조 공정에 공업용 기름이 혼입되면 안 되는 경우
사용되는 링의 종류	㉠ 카본링 ㉡ 테프론링 ㉢ 다이어프램링

37 계측과 제어의 목적이 아닌 것은?

① 조업조건의 안정화
② 고효율화
③ 작업인원의 증가
④ 안전위생관리

계측의 목적
①, ②, ④항 이외에 작업인원 절감 등이 있음

38 공기액화 분리장치의 이산화탄소 흡수탑에서 가성소다로 이산화탄소를 제거한다. 이 반응식으로 옳은 것은? [설비 4]

① $2NaOH+CO_2 \rightarrow Na_2CO_3+H_2O$
② $2NaOH+3CO_2 \rightarrow Na_2CO_3+2CO+H_2O$
③ $NaOH+CO_2 \rightarrow Na_2CO_3+H_2O$
④ $NaOH+2CO_2 \rightarrow NaCO_3+CO+H_2O$

39 다음 중 용기 파열사고의 원인으로 보기 어려운 것은?

① 용기의 내압력 부족
② 용기 내압의 상승
③ 안전밸브의 작동
④ 용기 내에서 폭발성 혼합가스에 의한 발화

안전밸브가 작동 시 용기 내부압력은 낮아지므로 파열되지는 않는다.

40 고압가스 일반 제조시설의 배관 중 압축가스 배관에 반드시 설치하여야 하는 계측기기는?

① 온도계 ② 압력계
③ 풍향계 ④ 가스분석계

배관에 설치되는 계측기

구 분	설치 계측 기기
압축가스	압력계
액화가스	압력계, 온도계
공동 설치	안전밸브

※ 배관의 적당한 곳에 안전밸브를 설치하고 그 분출면적은 배관 최대 지름부 단면적의 1/10 이하로 한다.

41 가스액화 분리장치 중 원료가스를 저온에서 분리, 정제하는 장치는?

① 한냉장치 ② 정류장치
③ 열교환장치 ④ 불순물 제거장치

42 고압가스 관련설비에 해당되지 않는 시설은 어느 것인가? [안전 35]

① 안전밸브
② 긴급차단장치
③ 특정 고압가스용 실린더 캐비닛
④ 압력조정기

고압가스 관련설비(특정설비)
①, ②, ③항 이외에 저장탱크, 역화방지장치, 냉동용특정설비, 기화장치, 압력용기, 자동차용 가스 자동주입기, 자동차용 CNG 완속충전설비, 독성 가스 배관용 밸브, 특정 고압가스용 실린더 캐비닛, LP용기 잔류가스 회수장치

43 원심식 압축기의 회전속도를 1.2배로 증가시키면 약 몇 배의 동력이 필요한가?

① 1.2배 ② 1.4배
③ 1.7배 ④ 2.0배

회전수를 $N_1 \rightarrow N_2$로 변경 시 변경된 동력(P_2)

$$P_2 = P_1 \times \left(\frac{N_2}{N_1}\right)^3$$

$$= P_1 \times \left(\frac{1.2N_1}{N_1}\right)^3 = 1.7P_1$$

정답 37.③ 38.① 39.③ 40.② 41.② 42.④ 43.③

44 저온 정밀 증류법을 이용하여 주로 분석할 수 있는 가스는?

① 탄화수소의 혼합가스
② SO_2 가스
③ CO_2 가스
④ O_2 가스

45 다음 배관 재료 중 사용온도 350℃ 이하, 압력 1MPa 이상 10MPa까지의 LPG 및 도시가스의 고압관에 사용되는 것은? **[장치 10]**

① SPP ② SPW
③ SPPW ④ SPPS

㉠ SPP(배관용 탄소강관) : 사용압력 1MPa 이하
㉡ SPPW(수도용 아연도금강관) : 정두수 100m 이하 급수관에 사용
㉢ SPPS(압력배관용 탄소강관) : 사용압력 1~10MPa 이하
㉣ SPPH(고압배관용 탄소강관) : 사용압력 10MPa 이상
㉤ SPW(배관용 아크용접 탄소강관) : 사용압력 1.5MPa

46 표준대기압에서 1BTU의 의미는? **[설비 5]**

① 순수한 물 1kg을 1℃ 변화시키는 데 필요한 열량
② 순수한 물 1lb을 1℃ 변화시키는 데 필요한 열량
③ 순수한 물 1kg을 1°F 변화시키는 데 필요한 열량
④ 순수한 물 1lb을 1°F 변화시키는 데 필요한 열량

47 가스와 그 용도가 옳게 짝지어진 것은?

① 수소 : 경화유 제조/산소 : 용접, 절단용
② 수소 : 경화유 제조/이산화탄소 : 포스겐 제조
③ 산소 : 용접, 절단용/이산화탄소 : 포스겐 제조
④ 수소 : 경화유 제조/염소 : 청량음료

48 독성이며 가연성의 가스는? **[안전 17]**

① 수소 ② 일산화탄소
③ 이산화탄소 ④ 헬륨

49 산소의 일반적인 특징에 대한 설명으로 틀린 것은?

① 수소와 반응하여 격렬하게 폭발한다.
② 유지류와 접촉 시 폭발의 위험이 있다.
③ 공기 중에서 무성 방전시키면 과산화수소(H_2O_2)가 발생된다.
④ 산소의 분압이 높아지면 폭굉범위가 넓어진다.

③ 산소와 무성 방전 시 O_3(오존)이 된다.

$$O_2 + \frac{1}{2}O_2 \rightarrow O_3$$

50 다음 화합물 중 탄소의 함유량이 가장 많은 것은?

① CO_2
② CH_4
③ C_2H_4
④ CO

$$\text{탄소 함유량(\%)} = \frac{\text{탄소량}}{\text{전체 값(분자량)}} \times 100$$

① $\frac{12}{44} \times 100 = 27\%$

② $\frac{12}{16} \times 100 = 75\%$

③ $\frac{24}{28} \times 100 = 85.7\%$

④ $\frac{12}{28} \times 100 = 42.3\%$

51 다음 중 저장소의 바닥 환기에 가장 중점을 두어야 하는 가스는?

① 메탄
② 에틸렌
③ 아세틸렌
④ 부탄

공기보다 무거운 가스는 자연환기시설을 갖추고 자연환기가 불가능 시 강제 환기시설을 갖춘다.
④ C_4H_{10} = 58g으로 공기보다 무거워서 누설 시 바닥으로 가라앉음

정답 44.① 45.④ 46.④ 47.① 48.② 49.③ 50.③ 51.④

52 염소의 특징에 대한 설명 중 틀린 것은?

① 염소 자체는 폭발성, 인화성은 없다.
② 상온에서 자극성의 냄새가 있는 맹독성 기체이다.
③ 염소와 산소의 1 : 1 혼합물을 염소폭명기라고 한다.
④ 수분이 있으면 염산이 생성되어 부식성이 강해진다.

③ 염소와 수소의 1 : 1 혼합물을 염소폭명기라 한다.
$H_2 + Cl_2 \rightarrow 2HCl$

53 8kg의 물을 18℃에서 98℃까지 상승시키는데 표준상태에서 0.034m^{3}의 LP가스를 연소시켰다. 프로판의 발열량이 24000kcal/m^{3}이라면 이 때의 열효율은 약 몇 [%]인가?

① 48.6 ② 59.3
③ 66.6 ④ 78.4

㉠ 8kg 물 18℃에서 98℃까지 상승시키는 열량
$Q = GC\Delta t = 8 \times 1 \times (98-18) = 640\text{kcal}$
㉡ C_3H_8 0.034m^3 연소 시 발열량
24000kcal/m^3 × 0.034m^3 = 816kcal

∴ 열효율 $= \frac{640}{816} \times 100 = 78.4\%$

54 천연가스의 주성분인 물질의 분자량은?

① 16 ② 32
③ 44 ④ 58

천연가스 주성분은 CH_4이므로
CH_4의 분자량 = 16g

55 1kW의 열량을 환산한 것으로 옳은 것은?

① 536kcal/h ② 632kcal/h
③ 720kcal/h ④ 860kcal/h

㉠ 1PSh = 632.5kcal/hr
㉡ 1kWh = 860kcal/hr

56 다음 중 1Nm^{3}의 총 발열량이 가장 큰 가스는 어느 것인가?

① 프로판 ② 부탄
③ 수소 ④ 도시가스

㉠ 체적당 발열량(kcal/Nm^3) : 탄소 수와 수소의 수가 많을수록 발열량이 높다.
㉡ 중량당 발열량(kcal/kg) : 상황에 따라 열량의 큰 정도가 달라진다.

57 도시가스 제조소의 패널에 의한 부취제의 농도측정 방법이 아닌 것은? **[안전 49]**

① 냄새주머니법
② 오더미터법
③ 주사기법
④ 가스분석 기법

58 화씨온도 86℉는 몇 [℃]인가?

① 30 ② 35
③ 40 ④ 45

$℃ = \frac{5}{9}(°F - 32) = \frac{5}{9}(86-32) = 30℃$

59 아연, 구리, 은, 코발트 등과 같은 금속과 반응하여 착이온을 만드는 가스는?

① 암모니아 ② 염소
③ 아세틸렌 ④ 질소

NH_3는 Zn, Cu, Ag, Co 등과 착이온 생성으로 부식, 그러므로 동 함유량 62% 미만의 동합금 사용

60 LPG의 증기압력과 온도와의 관계로서 옳은 것은?

① 온도가 올라감에 따라 압력도 증가한다.
② 온도와 압력과는 관련이 없다.
③ 온도가 올라감에 따라 압력은 떨어진다.
④ 온도가 내려감에 따라 압력은 증가한다.

정답 52.③ 53.④ 54.① 55.④ 56.② 57.④ 58.① 59.① 60.①

국가기술자격 필기시험문제

2010년 기능사 제5회 필기시험(1부) (2010년 10월 시행)

자격종목	시험시간	문제수	문제형별
가스기능사	**1시간**	**60**	**A**

수험번호		성 명	

01 가연성 가스의 제조설비 중 전기설비는 방폭성능을 가진 구조로 하여야 한다. 이에 해당되지 않는 가스는? **[안전 37]**

① 수소
② 프로판
③ 일산화탄소
④ 암모니아

해설

전기설비의 방폭구조 시공여부

구 분	내 용
NH_3, CH_3Br을 제외한 모든 가연성 가스	방폭구조로 전기설비를 시공
모든 비가연성 가스 NH_3, CH_3Br	방폭구조로 전기설비를 시공할 필요가 없음

02 가스검지 시의 지시약과 그 반응색의 연결이 옳지 않은 것은? **[안전 21]**

① 산성 가스-리트머스지 : 적색
② $COCl_2$-하리슨씨 시약 : 심등색
③ CO-염화파라듐지 : 흑색
④ HCN-질산구리벤젠지 : 적색

해설

HCN-질산구리벤젠지 : 청변

03 프레온 냉매가 실수로 눈에 들어갔을 경우 눈세척에 사용되는 약품으로 가장 적당한 것은?

① 바세린
② 약한 붕산용액
③ 농피크린산용액
④ 유동 파라핀

04 공기액화 분리장치에서의 액화산소통 내의 액화산소 5L 중 아세틸렌의 질량이 얼마를 초과할 때 폭발방지를 위하여 운전을 중지하고 액화산소를 방출시켜야 하는가? **[장치 14]**

① 0.1mg ② 5mg
③ 50mg ④ 500mg

해설

공기액화 분리장치의 운전을 즉시 중지하고 액화산소를 방출하여야 하는 경우
액화산소 5L 중,
㉠ 탄화수소 중 탄소의 질량이 500mg 이상 시
㉡ C_2H_2의 질량이 5mg 이상 시

05 액화석유가스를 충전하는 충전용 주관의 압력계는 국가표준기준법에 의한 교정을 받은 압력계로 몇 개월 마다 한 번 이상 그 기능을 검사하여야 하는가?

① 1개월
② 2개월
③ 3개월
④ 6개월

06 다음 중 아세틸렌, 암모니아 또는 수소와 동일차량에 적재 운반할 수 없는 가스는 어느 것인가? **[안전 4]**

① 염소
② 액화석유가스
③ 질소
④ 일산화탄소

정답 01.④ 02.④ 03.② 04.② 05.① 06.①

07 고압가스시설의 가스누출 검지경보장치 중 검지부 설치 수량의 기준으로 틀린 것은? **[안전 16]**

① 건축물 내에 설치되어 있는 압축기, 펌프 및 열교환기 등 고압가스 설비군의 바닥면 둘레가 22m인 시설에 검지부 2개 설치
② 에틸렌 제조시설의 아세틸렌 수첨탑으로서 그 주위에 누출한 가스가 체류하기 쉬운 장소의 바닥면 둘레가 30m인 경우에 검지부 3개 설치
③ 가열로가 있는 제조설비의 주위에 가스가 체류하기 쉬운 장소의 바닥면 둘레가 18m인 경우에 검지부 1개 설치
④ 염소충전용 접속구 군의 주위에 검지부 2개 설치

해설
건축물 내 바닥면 둘레 10m에 대하여 1개 이상이므로, ①항의 경우 22m이므로 3개 이상 설치

08 산소가스를 용기에 충전할 때의 주의사항에 대한 설명으로 옳은 것은?

① 충전압력은 용기 내부의 산소가 30℃로 되었을 때의 상태로 규제된다.
② 용기 제조일자를 조사하여 유효기간이 경과한 미검용기는 절대로 충전하지 않는다.
③ 미량의 기름이라면 밸브 등에 묻어 있어도 상관없다.
④ 고압밸브를 개폐 시에는 신속히 조작한다.

해설
① 충전압력은 상용온도에서 최고충전압력 이하로 충전한다.
③ 산소는 유지류와 혼합 시 폭발 우려
④ 밸브의 조작은 서서히 개폐한다.

09 액화가스를 충전하는 탱크는 그 내부에 액면요동을 방지하기 위하여 무엇을 설치하여야 하는가? **[안전 62]**

① 방파판　② 안전밸브
③ 액면계　④ 긴급차단장치

10 다음 중 용기보관장소에 대한 설명으로 틀린 것은?

① 용기보관소 경계표지는 해당 용기보관소 또는 보관실의 출입구 등 외부로부터 보기 쉬운 곳에 게시한다.
② 수소 용기보관장소에는 겨울철 실내온도가 내려가므로 상부의 통풍구를 막아야 한다.
③ 용기보관장소에는 계량기 등 작업에 필요한 물건 외에는 두지 않는다.
④ 가연성 가스와 산소의 용기는 각각 구분하여 용기보관장소에 놓는다.

해설
② 수소는 공기보다 가벼운 가연성이므로 천장부에 통풍이 잘 되어야 한다.

11 저장설비나 가스설비의 수리 또는 청소할 때 가스 치환작업을 생략할 수 있는 경우가 아닌 것은? **[안전 41]**

① 가스설비의 내용적이 $2m^3$ 이하일 경우
② 작업원이 설비 내부로 들어가지 않고 작업할 경우
③ 출입구의 밸브가 확실하게 폐지되어 있고 내용적 $5m^3$ 이상의 가스설비에 이르는 사이에 2개 이상의 밸브를 설치한 경우
④ 설비의 간단한 청소, 개스킷의 교환이나 이와 유사한 경미한 작업일 경우

해설
① 내용적 $1m^3$ 이하일 때 가스의 치환작업이 생략된다.

12 고압가스 판매자가 실시하는 용기의 안전점검 및 유지관리의 기준으로 틀린 것은?

① 용기 아랫부분의 부식상태를 확인할 것
② 완성검사 도래여부를 확인할 것
③ 밸브의 그랜드너트가 고정핀으로 이탈 방지를 위한 조치가 되어 있는지의 여부를 확인할 것
④ 용기캡이 씌워져 있거나 프로텍터가 부착되어 있는지의 여부를 확인할 것

정답 07.① 08.② 09.① 10.② 11.① 12.②

② 용기의 재검사 도래여부 확인(용기에는 완성검사라는 용어가 없음)
㉠ 용기의 처음 검사항목 : 신규검사
㉡ 주기적으로 받는 검사 : 재검사

13 고압가스 용기보관의 기준에 대한 설명으로 틀린 것은? **[안전 66]**

① 용기보관장소 주위 2m 이내에는 화기를 두지 말 것
② 가연성 가스 · 독성 가스 및 산소의 용기는 각각 구분하여 용기보관장소에 놓을 것
③ 가연성 가스를 저장하는 곳에는 방폭형 휴대용 손전등 외의 등화를 휴대하지 말 것
④ 충전용기와 잔가스용기는 서로 단단히 결속하여 넘어지지 않도록 할 것

해설
고법 시행규칙 별표 ⑨항
④ 충전용기와 잔가스 용기는 용기보관장소에 구분하여 보관

14 도시가스용 가스계량기와 전기개폐기와의 이격거리는 몇 [cm] 이상으로 하여야 하는가? **[안전 24]**

① 15 ② 30
③ 45 ④ 60

15 차량에 고정된 탱크 중 독성 가스는 내용적을 얼마 이하로 하여야 하는가? **[안전 12]**

① 12000L
② 15000L
③ 16000L
④ 18000L

16 국내 일반 가정에 공급되는 도시가스(LNG)의 발열량은 약 몇 [kcal/m^3]인가? (단, 도시가스 월 사용예정량의 산정기준에 따른다.)

① 9000 ② 10000
③ 11000 ④ 12000

17 LP가스의 특징에 대한 설명으로 틀린 것은 어느 것인가?

① LP가스는 공기보다 무거워 낮은 곳에 체류하기 쉽다.
② 액체상태의 LP가스는 물보다 가볍고 증발잠열이 매우 작다.
③ 고무, 페인트, 윤활유를 용해시킬 수 있다.
④ 액체상태 LP가스를 기화하면 부피가 약 260배로 현저히 증가한다.

② LP가스는 액비중이 0.5이므로 물의 비중 1보다 가볍다.
• LP가스는 증발잠열이 매우 크다.

18 시안화수소의 충전 시 사용되는 안정제가 아닌 것은?

① 암모니아
② 황산
③ 염화칼슘
④ 인산

해설
HCN(시안화수소)
㉠ 수분 2% 이상 함유 시 중합 폭발을 일으킨다.
㉡ 시안화수소의 순도 98% 이상이다.
㉢ 중합방지 안정제 : 황산, 염화칼슘, 인산, 오산화인, 아황산 등이다.

19 다음 중 특정 고압가스 사용시설의 시설기준 및 기술기준으로 틀린 것은? **[안전 97]**

① 저장시설의 주위에는 보기 쉽게 경계표지를 할 것
② 가스설비에는 그 설비의 안전을 확보하기 위하여 습기 등으로 인한 부식방지 조치를 할 것
③ 독성 가스의 감압설비와 그 가스의 반응설비 간의 배관에는 일류방지장치를 할 것
④ 고압가스의 저장량이 300kg 이상인 용기보관실의 벽은 방호벽으로 할 것

정답 13.④ 14.④ 15.① 16.③ 17.② 18.① 19.③

고법 시행규칙 별표 8

③ 특정고압가스 사용시설 기준 중 독성 가스 감압설비와 그 반응설비 간의 배관에는 역류방지장치를 설치

특정고압가스 사용시설 · 기술 기준(고법 시행규칙 별표 8)

항 목		간추린 핵심 내용
화기와의 거리	가연성 설비, 저장설비	우회거리 8m
	산소	이내거리 5m
저장능력 500kg 이상 액화염소 저장시설 안전거리	1종	17m 이상
	2종	12m 이상
가연성, 산소충전용기 보관실 벽		불연재료 사용
가연성 충전용기 보관실 지붕		가벼운 불연재료 또는 난연재료 사용(단, 암모니아는 가벼운 재료를 하지 않아도 된다.)
독성 가스 감압설비 그 반응설비 간의 배관		역류방지장치 설치
수소, 산소아세틸렌화염 사용시설		역화방지장치 설치
방호벽 설치 저장용량	액화가스	300kg 이상
	압축가스	$60m^3$ 이상

20 산소압축기의 내부 윤활유로 사용되는 것은 어느 것인가? **[설비 10]**

① 물 또는 10% 묽은 글리세린수
② 진한 황산
③ 양질의 광유
④ 디젤엔진유

21 상온에서 압축하면 비교적 쉽게 액화되는 가스는?

① 수소
② 질소
③ 메탄
④ 프로판

상태별 가스의 종류

구 분	종 류
압축가스	H_2, O_2, N_2, Ar, CH_4, CO
액화가스	상기 이외의 모든 가스 Cl_2, NH_3, CO_2, C_3H_8, C_4H_{10} (단, C_2H_2 제외)
용해가스	C_2H_2

22 용기 파열사고의 원인으로 가장 거리가 먼 것은?

① 용기의 내압력 부족
② 용기 내압의 상승
③ 용기 내에서 폭발성 혼합가스에 의한 발화
④ 안전밸브의 작동

23 다음 중 가연성이며 독성인 가스는 어느 것인가? **[안전 17]**

① 아세틸렌, 프로판
② 수소, 이산화탄소
③ 암모니아, 산화에틸렌
④ 아황산가스, 포스겐

독 · 가연성 : 아크릴로니트릴, 벤젠, 시안화수소, 일산화탄소, 산화에틸렌, 염화메탄, 황화수소, 석탄가스, 암모니아, 브롬화메탄

24 내용적이 $1m^3$인 밀폐된 공간에 프로판을 누출시켜 폭발시험을 하려고 한다. 이론적으로 최소 몇 [L]의 프로판을 누출시켜야 폭발이 이루어지겠는가? (단, 프로판의 폭발범위는 2.1~9.5%이다.)

① 2.1 ② 9.5
③ 21 ④ 95

공기량($1m^3$) C_3H_8의 양($x(m^3)$)

$C_3H_8(\%) = \dfrac{x}{공기+x} = 0.021$에서 폭발되므로

$x = 0.021(1+x)$

$x(1-0.021) = 0.021$

$\therefore x = \dfrac{0.021}{1-0.021} = 0.021450m^3 \fallingdotseq 21L$

정답 20.① 21.④ 22.④ 23.③ 24.③

25 다음 중 가장 높은 압력은?

① 8.0mH_2O　② 0.82kg/cm^2
③ 9000kg/m^2　④ 500mmHg

단위를 (kg/cm^2)으로 통일하면

① $\frac{8.0mH_2O}{10.332mH_2O} \times 1.0332kg/cm^2 = 0.0008kg/cm^2$

② 0.82kg/cm^2

③ $\frac{9000kg/m^2}{10332kg/m^2} \times 1.0332kg/cm^2 = 0.9kg/cm^2$

④ $\frac{500mmHg}{760mmHg} \times 1.0332kg/cm^2 = 0.679kg/cm^2$

26 가연성 가스와 산소의 혼합비가 완전산화에 가까울수록 발화지연은 어떻게 되는가?

① 길어진다.
② 짧아진다.
③ 변함이 없다.
④ 일정치 않다.

27 도시가스 사용시설 중 자연배기식 반밀폐식 보일러에서 배기톱의 옥상돌출부는 지붕면으로부터 수직거리로 몇 [cm] 이상으로 하여야 하는가?

① 30　② 50
③ 90　④ 100

28 다음 중 LPG를 수송할 때의 주의사항으로 틀린 것은?

① 운전 중이나 정차 중에도 허가된 장소를 제외하고는 담배를 피워서는 안 된다.
② 운전자는 운전기술 외에 LPG의 취급 및 소화기 사용 등에 관한 지식을 가져야 한다.
③ 누출됨을 알았을 때는 가까운 경찰서, 소방서까지 직접 운행하여 알린다.
④ 주차할 때는 안전한 장소에 주차하며, 운반책임자와 운전자는 동시에 차량에서 이탈하지 않는다.

누출 시 즉시 운행을 중지하고 경찰서, 소방서 등 관계 관청에 알린다.

29 액화석유가스의 사용시설 중 관경이 33mm 이상의 배관은 몇 [m] 마다 고정·부착하는 조치를 하여야 하는가? [안전 71]

① 1　② 2
③ 3　④ 4

해설

배관의 고정부착 조치
㉠ 13mm 미만 : 1m
㉡ 13~33mm : 2m
㉢ 33mm 이상 : 3m 마다 고정부착 조치

30 가연성 가스를 취급하는 장소에는 누출된 가스의 폭발사고를 방지하기 위하여 전기설비를 방폭구조로 한다. 다음 중 방폭구조가 아닌 것은? [안전 45]

① 안전증 방폭구조
② 내열방폭구조
③ 압력방폭구조
④ 내압방폭구조

상기 항목 이외에 유입방폭구조, 본질안전방폭구조 등이 있음

31 다음 정압기 중 고차압이 될수록 특성이 좋아지는 것은?

① Reynolds식
② axial flow식
③ Fisher식
④ KRF식

32 압축기가 과열운전되는 원인으로 가장 거리가 먼 것은?

① 압축비 증대
② 윤활유 부족
③ 냉동부하의 감소
④ 냉매량 부족

33 아세틸렌의 정성시험에 사용되는 시약은 어느 것인가? [안전 36]

① 질산은　② 구리암모니아
③ 염산　④ 피로카롤

정답 25.③ 26.② 27.③ 28.③ 29.③ 30.② 31.② 32.③ 33.①

해설

C_2H_2 품질검사 시약과 검사법

검사 방법	시 약
오르자트법	발연황산
뷰렛법	브롬 시약
정성시험	질산은 시약

34 다음 중 2차 압력계이며 탄성을 이용하는 대표적인 압력계는?

① 부르동관식 압력계
② 수은주 압력계
③ 벨로스식 압력계
④ 자유피스톤형 압력계

해설

압력계의 분류

구 분	종 류
탄성식	부르동관(가장 대표적인 압력계) 벨로스 다이어프램
전기식	전기저항압력계 피에조전기압력계

35 흡수분석법의 종류가 아닌 것은? **[장치 6]**

① 헴펠법
② 활성알루미나겔법
③ 오르자트법
④ 게겔법

36 백금-백금 로듐 열전대 온도계의 온도측정 범위로 옳은 것은? **[장치 8]**

① −180~350℃
② −20~800℃
③ 0~1600℃
④ 300~2000℃

37 다음 중 초저온 저장탱크에 사용하는 재질로 적당하지 않은 것은? **[설비 34]**

① 탄소강
② 18-8 스테인리스강
③ 9% Ni강
④ 동합금

38 다음 중 고압가스 충전시설 기준에서 풍향계를 설치하여야 하는 가스는?

① 액화석유가스
② 압축산소가스
③ 액화질소가스
④ 암모니아가스

해설

풍향계 : 독성 가스를 취급하는 제조 저장실에 설치하여 누설 시 바람의 방향을 보고 대피하는 데 대피방향을 결정한다.

39 한쪽 조건이 충족되지 않으면 다른 제어는 정지되는 자동제어방식은?

① 피드백
② 시퀀스
③ 인터록
④ 프로세스

40 외경이 300mm이고, 두께가 30mm인 가스용 폴리에틸렌(PE)관의 사용압력 범위는 얼마인가? **[안전 92]**

① 0.4MPa 이하
② 0.25MPa 이하
③ 0.2MPa 이하
④ 0.1MPa 이하

해설

(KGS Fp 551) (2.5.4.1.2) 관련

PE관의 SDR= $\frac{D(\text{외경})}{t(\text{최소두께})} = \frac{300}{30} = 10$에서 PE관 SDR과 압력의 관계에서

SDR	압 력(MPa)
11 이하	0.4 이하
17 이하	0.25 이하
21 이하	0.2 이하

∴ 정답은 0.4MPa 이하이다.

41 다음 중 아세틸렌 및 합성용 가스의 제조에 사용되는 반응장치는?

① 축열식 반응기
② 탑식 반응기
③ 유동층식 접촉반응기
④ 내부 연소식 반응기

정답 34.① 35.② 36.③ 37.① 38.④ 39.③ 40.① 41.④

42 LP가스를 도시가스와 비교하여 사용 시 장점으로 옳지 않은 것은?

① LP가스는 열용량이 크기 때문에 작은 배관경으로 공급할 수 있다.
② LP가스는 연소용 공기 또는 산소가 다량으로 필요하지 않다.
③ LP가스는 입지적 제약이 없다.
④ LP가스는 조성이 일정하다.

해설
② LP가스는 다량공기 · 산소가 필요하며, 이와 같이 다량의 공기 · 산소가 필요한 경우는 단점에 해당된다.

43 압축기에 사용하는 윤활유 선택 시 주의사항으로 틀린 것은? **[설비 10]**

① 사용가스와 화학반응을 일으키지 않을 것
② 인화점이 높을 것
③ 정제도가 높고 잔류탄소의 양이 적을 것
④ 점도가 적당하고 항유화성이 적을 것

해설
윤활유 구비조건
④ 점도가 적당하고 항유화성이 클 것

44 액화가스 충전에는 액펌프와 압축기가 사용될 수 있다. 이 때 압축기를 사용하는 경우의 특징이 아닌 것은? **[설비 1]**

① 충전시간이 짧다.
② 베이퍼록 등 운전상 장애가 일어나기 쉽다.
③ 재액화 현상이 일어날 수 있다.
④ 잔가스의 회수가 가능하다.

해설
② 베이퍼록을 펌프로 이송 시 일어나는 현상

45 크로멜-알루멜(K형) 열전대에서 크로멜의 구성 성분은? **[장치 8]**

① Ni-Cr ② Cu-Cr
③ Fe-Cr ④ Mn-Cr

46 1기압, 150℃에서의 가스상 탄화수소의 점도가 가장 높은 것은?

① 메탄 ② 에탄
③ 프로필렌 ④ n-부탄

47 수돗물의 살균과 섬유의 표백용으로 주로 사용되는 가스는?

① F_2 ② Cl_2
③ O_2 ④ CO_2

해설
Cl_2 용도 : 수돗물 살균소독, 표백제

48 내용적이 48m³인 LPG 저장탱크에 부탄 18톤을 충전한다면 저장탱크 내의 액체부탄의 용적은 상용의 온도에서 저장탱크 내용적의 약 몇 [%]가 되겠는가? (단, 저장탱크의 상온온도에 있어서의 액체부탄의 비중은 0.55로 한다.)

① 58 ② 68
③ 78 ④ 88

해설
V : 48m³에 차지하는 부탄 18ton을 액비중을 이용하여 m³ 단위로 변형하면
$18\text{ton} \div 0.55\text{t/m}^3 = 32.727\text{m}^3$
$\therefore$ 부탄이 차지하는 (%) $= \frac{32.727}{48} \times 100 ≒ 68\%$

49 수소가스와 동량 혼합 시 폭발성이 있는 가스는?

① 질소
② 염소
③ 아세틸렌
④ 암모니아

수소 염소=1 : 1로 혼합 시 폭발적인 반응
염소폭명기를 생성
$H_2 + Cl_2 \rightarrow 2HCl$

50 이산화탄소에 대한 설명으로 틀린 것은?

① 공기보다 무겁다.
② 무색, 무취의 기체이다.
③ 상온에서 액화가 가능하다.
④ 물에 녹이면 강알칼리성을 나타낸다.

해설
④ CO_2는 물과 반응 시 약산성인 H_2CO_3(탄산)이 된다.
$CO_2 + H_2O \rightarrow H_2CO_3$

정답 42.② 43.④ 44.② 45.① 46.① 47.② 48.② 49.② 50.④

51 수분이 존재할 때 일반 강재를 부식시키는 가스는?

① 일산화탄소 ② 수소
③ 황화수소 ④ 질소

수분 존재 시 부식을 일으키는 가스
가스+수분=산성이 되는 가스이므로
㉠ $COCl_2$, Cl_2(염산생성)
㉡ H_2S, SO_2(황산생성)
㉢ CO_2(탄산생성)

52 가스의 기초법칙에 대한 설명으로 옳은 것은 어느 것인가? **[설비 27]**

① 열역학 제1법칙 : 100% 효율을 가지고 있는 열기관은 존재하지 않는다.
② 그라함(Graham)의 확산법칙 : 기체의 확산(유출)속도는 그 기체의 분자량(밀도)의 제곱근에 반비례한다.
③ 아마가트(Amagat)의 분압법칙 : 이상기체 혼합물의 전체 압력은 각 성분기체의 분압의 합과 같다.
④ 돌턴(Dalton)의 분압법칙 : 이상기체 혼합물의 전체 부피는 각 성분의 부피의 합과 같다.

① 100% 효율을 가지는 열기관은 존재하지 않는다. : 열역학 제2법칙
④ 돌턴의 분압의 법칙 : 이상기체 혼합물의 전체의 압력은 각각의 분압의 합과 같다.

53 대기압이 1.033kgf/cm^{2}일 때 산소용기에 달린 압력계의 읽음이 10kgf/cm^{2}이었다. 이 때의 계기압력은 몇 [kgf/cm^2]인가?

① 1.033 ② 8.976
③ 10 ④ 11.033

압력계 눈금=계기(게이지)압력이므로 10kgf/cm^{2}이다.

54 산화에틸렌에 대한 설명으로 틀린 것은?

① 산화에틸렌의 저장탱크에는 그 저장탱크 내용적의 90%를 초과하는 것을 방지하는 과충전방지조치를 한다.
② 산화에틸렌 제조설비에는 그 설비로부터 독성 가스가 누출될 경우 그 독성가스로 인한 중독을 방지하기 위하여 제독설비를 설치한다.
③ 산화에틸렌 저장탱크는 45℃에서 그 내부 가스의 압력이 0.4MPa 이상이 되도록 탄산가스를 충전한다.
④ 산화에틸렌을 충전한 용기는 충전 후 24시간 정치하고 용기에 충전 연월일을 명기한 표지를 붙인다.

산화에틸렌 충전(KGS Fp 112) (3.2.2.5) (p94)

항 목	세부 내용
저장탱크	그 내부를 N_2, CO_2 및 산화에틸렌가스의 분위기 가스를 N_2, CO_2로 치환한 후 5℃ 유지
저장탱크 및 용기	㉠ 충전 시 내부를 N_2, CO_2로 바꾼 후 산, 알칼리를 함유하지 않은 상태로 충전 ㉡ 45℃에서 내부가스 압력이 0.4MPa 이상 되도록 N_2, CO_2를 충전

55 가스의 연소와 관련하여 공기 중에서 점화원 없이 연소하기 시작하는 최저온도를 무엇이라 하는가?

① 인화점 ② 발화점
③ 끓는점 ④ 융해점

인화점, 발화점의 차이점

구 분	내 용
발화점	연소의 3요소 중 점화원이 없이 연소하는 최저온도
인화점	연소의 3요소 중 점화원을 가지고 연소하는 최저온도
참고	위험성의 척도 : 인화점

56 다음 중 희(稀)가스가 아닌 것은?

① He ② Kr
③ Xe ④ O_3

희가스 : 주기율표 0족에 속하는 가스
He(헬륨), Ne(네온), Ar(아르곤), Xe(크세논), Kr(크립톤), Rn(라돈) 등

정답 51.③ 52.② 53.③ 54.④ 55.② 56.④

57 다음 중 착화온도가 가장 낮은 것은 어느 것인가?

① 메탄 ② 일산화탄소
③ 프로판 ④ 수소

폭발하한이 낮을수록 착화온도가 낮다.
㉠ 메탄(5~15%)
㉡ 일산화탄소(12.5~74%)
㉢ 프로판(2.1~9.5%)
㉣ 수소(4~75%)

58 수소의 용도에 대한 설명으로 가장 거리가 먼 것은?

① 암모니아 합성 가스의 원료로 이용
② 2000℃ 이상의 고온을 얻어 인조보석, 유리제조 등에 이용
③ 산화력을 이용하여 니켈 등 금속의 산화에 사용
④ 기구나 풍선 등에 충전하여 부양용으로 사용

59 다음 중 산화철이나 산화알루미늄에 의해 중합반응을 하는 가스는?

① 산화에틸렌 ② 시안화수소
③ 에틸렌 ④ 아세틸렌

60 다음 LNG와 SNG에 대한 설명으로 옳은 것은?

① LNG는 액화석유가스를 말한다.
② SNG는 각종 도시가스의 총칭이다.
③ 액체 상태의 나프타를 LNG라 한다.
④ SNG는 대체천연가스 또는 합성천연가스를 말한다.

㉠ LPG : 액화석유가스
㉡ LNG : 액화천연가스
㉢ SNG : 합성천연가스(대체천연가스)

정답 57.③ 58.③ 59.① 60.④

국가기술자격 필기시험문제

2011년 기능사 제1회 필기시험(1부) (2011년 2월 시행)

자격종목	시험시간	문제수	문제형별
가스기능사	**1시간**	**60**	**A**

수험번호		성 명	

01 공기 중에서 폭발범위가 가장 넓은 가스는?

① C_2H_4O ② CH_4
③ C_2H_4 ④ C_3H_8

가스별 폭발범위

가스명	폭발범위(%)
C_2H_4O	3~80
CH_4	5~15
C_2H_4	2.7~32
C_3H_8	2.1~9.5

02 아세틸렌을 용기에 충전 시 미리 용기에 다공물질을 채우는 데 이때 다공도의 기준으로 옳은 것은? **[안전 11]**

① 75% 이상 92% 미만
② 80% 이상 95% 미만
③ 95% 이상
④ 98% 이상

03 헤라이드 토치를 사용하여 프레온의 누출검사를 할 때 다량으로 누출될 때의 색깔은?

① 황색 ② 청색
③ 녹색 ④ 자색

04 다음은 어떤 안전설비에 대한 설명인가?

> "설비가 잘못 조작되거나 정상적인 제조를 할 수 없는 경우 자동으로 원재료의 공급을 차단시키는 등 고압가스 제조설비 안의 제조를 제어하는 기능을 한다."

① 안전밸브 ② 긴급차단장치
③ 인터록 기구 ④ 벤트스택

05 물체의 상태변화 없이 온도변화만 일으키는 데 필요한 열량을 무엇이라 하는가?

① 현열 ② 잠열
③ 열용량 ④ 대사량

열의 종류

열의 종류	정 의	계산식
현열(감열)	온도변화가 있는 열량	$Q=G\cdot c\cdot \Delta t$
잠열	상태의 변화가 있는 열량	$Q=G\cdot \gamma$

여기서, Q : 열량(kcal)
c : 비열(kcal/kg℃)
Δt : 온도차
γ : 잠열량(kcal/kg)
G : 물체의 중량(kg)

06 조정압력이 3.3kPa 이하인 LP가스용 조정기 안전장치의 작동정지압력은? **[안전 73]**

① 5.04~7.0kPa ② 5.60~7.0kPa
③ 5.04~8.4kPa ④ 5.60~8.4kPa

조정압력 3.30kPa 이하
안전장치 작동압력의 종류

항 목	압력(kPa)
작동표준	7.0
작동개시	5.60~8.40
작동정지	5.04~8.40

정답 01.① 02.① 03.④ 04.③ 05.① 06.③

07 다음 각 금속재료의 가스 작용에 대한 설명으로 옳은 것은?

① 수분을 함유한 염소는 상온에서도 철과 반응하지 않으므로 철강의 고압용기에 충전할 수 있다.
② 아세틸렌은 강과 직접 반응하여 폭발성의 금속 아세틸라이드를 생성한다.
③ 일산화탄소는 철족의 금속과 반응하여 금속 카르보닐을 생성한다.
④ 수소는 저온 · 저압 하에서 질소와 반응하여 암모니아를 생성한다.

㉠ 수분을 함유한 염소가스 : 염산 생성으로 부식
㉡ C_2H_2+(Cu, Ag, Hg) 등과 반응
폭발성 물질인 아세틸라이드를 생성
㉢ Ni+4CO → $Ni(CO)_4$(니켈카보닐)
Fe+5CO → $Fe(CO)_5$(철카보닐)
CO는 금속과 반응 카르보닐 생성
㉣ 수소는 고압 · 저온에서
N_2와 반응 NH_3를 생성

$$N_2 + 3H_2 \xrightarrow{\text{고압 · 저온}} 2NH_3$$

08 LPG 사용시설의 고압 배관에서 이상압력 상승 시 방출할 수 있는 안전장치를 설치하여야 하는 저장능력의 기준은?

① 100kg 이상
② 150kg 이상
③ 200kg 이상
④ 250kg 이상

09 고압가스 판매소의 시설기준에 대한 설명으로 틀린 것은? **[안전 98]**

① 충전용기의 보관실은 불연재료를 사용한다.
② 가연성 가스 · 산소 및 독성 가스의 저장실은 각각 구분하여 보관한다.
③ 용기보관실 및 사무실은 동일 부지 안에 설치하지 않는다.
④ 산소, 독성 가스 또는 가연성 가스를 보관하는 용기보관실의 면적은 각 고압가스별로 $10m^2$ 이상으로 한다.

저장설비 재료 및 설치기준(KGS Fs 111(2.3.1))

항 목	간추린 핵심 내용
충전용기보관실	불연재료 사용
충전용기보관실 지붕	불연성, 난연성 재료의 가벼운 것
용기보관실 사무실	동일 부지에 설치
가연성, 독성, 산소 저장실	구분하여 설치
누출가스가 혼합 후 폭발성 가스나 독성 가스 생성우려가 있는 경우	가스의 용기보관실을 분리하여 설치

용기보관실 사무실은 동일 부지에 설치. 다만, 해상에서 가스판매업을 하고자 하는 경우 용기보관실은 해상구조물이나 선박에 설치할 수 있다.

10 차량에 고정된 탱크 운반차량에서 돌출 부속품의 보호조치에 대한 설명으로 틀린 것은 어느 것인가? **[안전 12]**

① 후부취출식 탱크의 주밸브는 차량의 뒷범퍼와의 수평거리가 30cm 이상 떨어져 있어야 한다.
② 부속품이 돌출된 탱크는 그 부속품의 손상으로 가스가 누출되는 것을 방지하는 조치를 하여야 한다.
③ 탱크 주밸브와 긴급차단장치에 속하는 밸브를 조작상자 내에 설치한 경우 조작상자와 차량의 뒷범퍼와의 수평거리는 20cm 이상 떨어져 있어야 한다.
④ 탱크 주밸브 및 긴급차단장치에 속하는 중요한 부속품이 돌출된 저장탱크는 그 부속품을 차량의 좌측면이 아닌 곳에 설치한 단단한 조작상자 내에 설치하여야 한다.

차량 고정탱크 운반기준에서 차량 뒷범퍼와 수평거리

구 분	수평거리(cm)
후부취출식 탱크	40cm 이상
후부취출식 이외의 탱크	30cm 이상
조작상자와의 거리	20cm 이상

정답 07.③ 08.④ 09.③ 10.①

11 고압가스설비에 설치하는 압력계의 최고눈금에 대한 측정범위의 기준으로 옳은 것은?

① 상용압력의 1.0배 이상 1.2배 이하
② 상용압력의 1.2배 이상 1.5배 이하
③ 상용압력의 1.5배 이상 2.0배 이하
④ 상용압력의 2.0배 이상 3.0배 이하

12 고압가스의 분출에 대하여 정전기가 가장 발생되기 쉬운 경우는?

① 가스가 충분히 건조되어 있을 경우
② 가스 속에 고체의 미립자가 있을 경우
③ 가스의 분자량이 작은 경우
④ 가스의 비중이 큰 경우

13 고압가스 일반 제조시설의 밸브가 돌출한 충전용기에서 고압가스를 충전한 후 넘어짐 방지조치를 하지 않아도 되는 용량의 기준은 내용적이 몇 [L] 미만일 때인가? **[안전 66]**

① 5 ② 10
③ 20 ④ 50

14 LPG 충전 · 집단공급 저장시설의 공기에 의한 내압시험 시 상용압력의 일정압력 이상으로 승압한 후 단계적으로 승압시킬 때, 상용압력의 몇 [%]씩 증가시켜 내압시험 압력에 달하였을 때 이상이 없어야 하는가? **[안전 25]**

① 5 ② 10
③ 15 ④ 20

15 염소가스 저장탱크의 과충전방지장치는 가스충전량이 저장탱크 내용적의 몇 [%]를 초과할 때 가스충전이 되지 않도록 동작하는가? **[안전 13]**

① 60% ② 70%
③ 80% ④ 90%

16 가연성 가스라 함은 폭발한계의 상한과 하한의 차가 몇 [%] 이상인 것인가? **[안전 84]**

① 10% ② 20%
③ 30% ④ 40%

17 액화석유가스(LPG) 이송 방법과 관련이 먼 것은? **[설비 1]**

① 압력차에 의한 방법
② 온도차에 의한 방법
③ 펌프에 의한 방법
④ 압축기에 의한 방법

18 고압가스 용기보관실에 충전용기를 보관할 때의 기준으로 틀린 것은? **[안전 66]**

① 충전용기와 잔가스용기는 각각 구분하여 용기보관장소에 놓는다.
② 용기보관장소의 주위 5m 이내에는 화기 또는 인화성 물질이나 발화성 물질을 두지 아니 한다.
③ 충전용기는 항상 40℃ 이하의 온도를 유지하고, 직사광선을 받지 않도록 조치한다.
④ 가연성 가스 용기보관장소에는 방폭형 휴대용 손전등 외의 등화를 휴대하고 들어가지 아니 한다.

해설
고압가스 용기의 보관(고법 시행규칙 별표 9)
용기보관장소 : 2m 이내에는 화기 · 인화성 · 발화성 물질을 두지 아니할 것

19 충전용기를 차량에 적재하여 운반하는 도중에 주차하고자 할 때의 주의사항으로 옳지 않은 것은?

① 충전용기를 적재한 차량은 제1종 보호시설로부터 15m 이상 떨어지고, 제2종 보호시설이 밀집된 지역은 가능한 한 피한다.
② 주차 시에는 엔진을 정지시킨 후 주차브레이크를 걸어놓는다.
③ 주차를 하고자 하는 주위의 교통상황 · 지형조건 화기 등을 고려하여 안전한 장소를 택하여 주차한다.
④ 주차 시에는 긴급한 사태에 대비하여 바퀴 고정목을 사용하지 않는다.

해설
④ 주차 시, 긴급 시에 대비 바퀴고정목을 사용

정답 11.③ 12.② 13.① 14.② 15.④ 16.② 17.② 18.② 19.④

20 다음 중 지진감지장치를 반드시 설치하여야 하는 도시가스 시설은?

① 가스도매사업자 인수기지
② 가스도매사업자 정압기지
③ 일반 도시가스사업자 제조소
④ 일반 도시가스사업자 정압기

21 아황산가스의 제독제가 아닌 것은? [안전 22]

① 소석회 ② 가성소다수용액
③ 탄산소다수용액 ④ 물

22 다음 중 암모니아가스 검지경보장치는 검지에서 발신까지 걸리는 시간을 얼마 이내로 하는가? [안전 18]

① 30초 ② 1분
③ 2분 ④ 3분

23 가정에서 액화석유가스(LPG)가 누출될 때 가장 쉽게 식별할 수 있는 방법은 어느 것인가?

① 냄새로서 식별
② 리트머스 시험지 색깔로 식별
③ 누출 시 발생되는 흰색 연기로 식별
④ 성냥 등으로 점화시켜 봄으로써 식별

해설
㉠ LPG는 무색무취이다.
㉡ 가정에 판매되는 LPG는 공기 중 1/1000 상태로 부취제를 함유하므로 누설 시 냄새로 알 수 있다.

24 압축 또는 액화 그 밖의 방법으로 처리할 수 있는 가스의 용적이 1일 $100m^3$ 이상인 사업소는 압력계를 몇 개 이상 비치하도록 되어 있는가?

① 1 ② 2
③ 3 ④ 4

해설
탱크 표면적 $1m^2$당 방사량
㉠ 전표면 : 5L/min
㉡ 준내화구조 : 2.5L/min

25 도시가스 공급시설 중 저장탱크 주위의 온도 상승방지를 위하여 설치하는 고정식 물분무장치의 단위면적당 방사능력의 기준은? (단, 단열재를 피복한 준내화구조 저장탱크가 아니다.) [안전 74]

① 2.5L/분 · m^2 이상
② 5L/분 · m^2 이상
③ 7.5L/분 · m^2 이상
④ 10L/분 · m^2 이상

26 고압가스 저장탱크 및 처리설비에 대한 설명으로 틀린 것은? [안전 144]

① 가연성 저장탱크를 2개 이상 인접설치 시에는 0.5m 이상의 거리를 유지한다.
② 지면으로부터 매설된 저장탱크 정상부까지의 깊이는 60cm 이상으로 한다.
③ 저장탱크를 매설한 곳의 주위에는 지상에 경계표지를 한다.
④ 독성 가스 저장탱크실과 처리설비실에는 가스누출 검지경보장치를 설치한다.

해설
저장탱크 2개 이상 인접설치 시 두 저장탱크 최대직경을 합산한 값의 $\frac{1}{4}$ 또는 1m 중 큰 거리를 이격한다.

27 수성 가스의 주성분으로 바르게 이루어진 것은?

① CO, CO_2 ② CO_2, N_2
③ CO, H_2O ④ CO, H_2

28 용기의 내부에 절연유를 주입하여 불꽃, 아크 또는 고온발생 부분이 기름 속에 잠기게 함으로써 기름면 위에 존재하는 가연성 가스에 인화되지 않도록 한 방폭구조는? [안전 45]

① 압력방폭구조
② 유입방폭구조
③ 내압방폭구조
④ 안전증 방폭구조

정답 20.② 21.① 22.② 23.① 24.② 25.② 26.① 27.④ 28.②

29 프로판 15vol%와 부탄 85vol%로 혼합된 가스의 공기 중 폭발하한 값은 얼마인가? (단, 프로판의 폭발하한 값은 2.1%로 하고, 부탄은 1.8%로 한다.)

① 1.84 ② 1.88
③ 1.94 ④ 1.98

$\frac{100}{L}=\frac{V_1}{L_1}+\frac{V_2}{L_2}$ 이므로

$\therefore\ L=\frac{100}{\frac{V_1}{L_1}+\frac{V_2}{L_2}}=\frac{100}{\frac{15}{2.1}+\frac{85}{1.8}}\fallingdotseq 1.84$

30 체적 $0.8m^3$의 용기에 16kg의 가스가 들어 있다면 이 가스의 밀도는?

① $0.05kg/m^3$ ② $8kg/m^3$
③ $16kg/m^3$ ④ $20kg/m^3$

가스의 밀도
Mg(분자량)÷22.4L
또는, 질량(kg)÷체적(m^3)이므로
$\therefore$ $16kg \div 0.8m^3 = 20kg/m^3$

31 헴프슨식이라고도 하며 저장조 상부로부터의 압력과 저장조 하부로부터의 압력의 차로서 액면을 측정하는 것은?

① 부자식 액면계 ② 차압식 액면계
③ 편위식 액면계 ④ 유리관식 액면계

32 코일장에 감겨진 백금선의 표면으로 가스가 산화반응할 때의 발열에 의해 백금선의 저항 값이 변화하는 현상을 이용한 가스검지 방법은?

① 반도체식 ② 기체열전도식
③ 접촉연소식 ④ 액체열전도식

33 대기 차단식 가스보일러에서 반드시 갖추어야 할 장치가 아닌 것은?

① 저수위 안전장치 ② 압력계
③ 압력팽창탱크 ④ 헛불방지장치

34 원심 펌프를 직렬로 연결하여 운전할 때 양정과 유량의 변화는? [설비 12]

① 양정 : 일정, 유량 : 일정
② 양정 : 증가, 유량 : 증가
③ 양정 : 증가, 유량 : 일정
④ 양정 : 일정, 유량 : 증가

병렬운전 시에는 유량 증가, 양정 불변

35 초저온용 가스를 저장하는 탱크에 사용되는 단열재의 구비조건으로 틀린 것은? [설비 23]

① 밀도가 클 것
② 흡수성이 없을 것
③ 열전도도가 작을 것
④ 화학적으로 안정할 것

36 다음 중 특정설비가 아닌 것은? [안전 35]

① 차량에 고정된 탱크
② 안전밸브
③ 긴급차단장치
④ 압력조정기

특정설비 종류 : 저장탱크, 안전밸브, 긴급차단장치, 역화방지장치, 냉동용 특정설비, 기화장치, 압력용기, 자동차용 가스 자동주입기, 자동차용 CNG 완속충전설비, 독성 가스 배관용 밸브, 특정 고압가스용 실린더 캐비닛, LP용기 잔류가스 회수장치

37 고속회전하는 임펠러의 원심력에 의해 속도에너지를 압력에너지로 바꾸어 압축하는 형식으로서 유량이 크고 설치면적이 적게 차지하는 압축기의 종류는?

① 왕복식 ② 터보식
③ 회전식 ④ 흡수식

38 루트미터에 대한 설명으로 옳은 것은 어느 것인가? [장치 17]

① 설치공간이 크다.
② 일반 수용가에 적합하다.
③ 스트레이너가 필요없다.
④ 대용량의 가스 측정에 적합하다.

정답 29.① 30.④ 31.② 32.③ 33.① 34.③ 35.① 36.④ 37.② 38.④

39 액화산소 및 LNG 등에 사용할 수 없는 재질은? **[설비 34]**

① Al 합금　② Cu 합금
③ Cr 강　④ 18-8 스테인리스강

액화산소(−183℃), LNG(−162℃) 등에는 초저온용의 재질을 사용하여야 한다.

40 액주식 압력계에 사용되는 액체의 구비조건으로 틀린 것은? **[장치 11]**

① 화학적으로 안정되어야 한다.
② 모세관 현상이 없어야 한다.
③ 점도와 팽창계수가 작아야 한다.
④ 온도변화에 의한 밀도변화가 커야 한다.

④ 온도변화에 따른 밀도, 압력 등의 변화가 적어야 한다.

41 다음 중 액면계의 측정방식에 해당하지 않는 것은?

① 압력식　② 정전용량식
③ 초음파식　④ 환상천평식

③ 환상천평식은 압력계의 종류에 해당

42 흡입압력이 대기압과 같으며 최종압력이 $15kgf/cm^2g$인 4단 공기압축기의 압축비는 약 얼마인가? (단, 대기압은 $1kgf/cm^2$로 한다.)

① 2　② 4
③ 8　④ 16

해설
압축비 $a = \sqrt[n]{\frac{P_2}{P_1}}$

여기서, n : 단수
P_1 : 흡입 절대압력
P_2 : 토출 절대압력

$= \sqrt[4]{\frac{(15+1)}{1}} = 2$

43 LP가스의 이송설비에서 펌프를 이용한 것에 비해 압축기를 이용한 충전 방법의 특징이 아닌 것은? **[설비 1]**

① 충전시간이 길다.
② 잔가스 회수가 가능하다.
③ 압축기의 오일이 탱크에 들어가 드레인의 원인이 된다.
④ 베이퍼록 현상이 없다.

해설
충전시간이 짧다.

44 저온장치 진공단열법에 해당되지 않는 것은? **[장치 27]**

① 고진공 단열법
② 격막진공 단열법
③ 분말진공 단열법
④ 다층진공 단열법

45 고압가스 용기에 사용되는 강의 성분원소 중 탄소, 인, 황 및 규소의 작용에 대한 설명으로 옳지 않은 것은?

① 탄소량이 증가하면 인장강도는 증가한다.
② 황은 적열취성의 원인이 된다.
③ 인은 상온취성의 원인이 된다.
④ 규소량이 증가하면 충격치는 증가한다.

해설
④ Si(규소)와 충격치는 무관

46 다음과 같은 특징을 가지는 가스는?

[보기]
- 맹독성이고 자극성 냄새의 황록색 기체
- 임계온도는 약 144℃, 임계압력은 약 76.1atm
- 수은법, 격막법 등에 의해 제조

① CO　② Cl_2
③ $COCl_2$　④ H_2S

47 프로판 용기에 50kg의 가스가 충전되어 있다. 이 때 액상의 LP가스는 몇 [L]의 체적을 갖는가? (단, 프로판의 액비중량은 0.5kg/L이다.)

① 25　② 50
③ 100　④ 150

정답 39.③ 40.④ 41.④ 42.① 43.① 44.② 45.④ 46.② 47.③

액비중 0.5kg/L이므로

1L : 0.5kg

x(L) : 50kg

$\therefore x = \frac{1 \times 50}{0.5} = 100\text{L}$

48 1.0332kg/cm^{2}a는 게이지압력(kg/cm^{2}g)으로 얼마인가? (단, 대기압은 1.0332kg/cm^{2}이다.) **[설비 3]**

① 0 ② 1

③ 1.0332 ④ 2.0664

절대압력 = 대기압력 + 게이지압력이므로

∴ 게이지압력 = 절대압력 − 대기압력

= 1.0332 − 1.0332

= 0kg/cm^{2}g

49 압력의 단위로 사용되는 SI 단위는?

① atm ② Pa

③ psi ④ bar

50 아세틸렌에 대한 설명으로 틀린 것은?

① 공기보다 무겁다.

② 일반적으로 무색, 무취이다.

③ 폭발위험성이 있다.

④ 액체아세틸렌은 불안정하다.

① C_2H_2은 분자량 26g으로 공기 29g보다 가볍다.

51 도시가스에 첨가하는 부취제가 갖추어야 할 성질로 틀린 것은? **[장치 27]**

① 독성이 없을 것

② 극히 낮은 농도에서도 냄새가 확인될 수 있을 것

③ 가스관이나 가스미터에 흡착이 잘 될 것

④ 배관 내의 상용온도에서 응축하지 않을 것

③ 가스관이나 가스미터에 흡착되지 않을 것

52 다음 중 물과 접촉 시 아세틸렌가스를 발생하는 것은?

① 탄화칼슘 ② 소석회

③ 가성소다 ④ 금속칼륨

카바이드 = 탄화칼슘에 물이 접촉 시 아세틸렌 발생

$CaC_2 + 2H_2O \rightarrow Ca(OH)_2 + C_2H_2$

53 일산화탄소가스의 용도로 알맞은 것은?

① 메탄올 합성 ② 용접 절단용

③ 암모니아 합성 ④ 섬유의 표백용

CO의 용도

① 이외에 발생로 수성가스의 주성분, 연료의 환원제 등이 있다.

54 다음 중 조연성(지연성) 가스는?

① H_2 ② O_3

③ Ar ④ NH_3

조연성 가스 : O_2, O_3, 공기, Cl_2, F_2

55 고압 고무호스에 사용하는 부품 중 조정기 연결부 이음쇠의 재료로서 가장 적당한 것은?

① 단조용 황동

② 쾌삭 황동

③ 스테인리스 스틸

④ 아연합금

56 주기율표의 0족에 속하는 불활성 가스의 성질이 아닌 것은?

① 상온에서 기체이며, 단원자 분자이다.

② 다른 원소와 잘 화합한다.

③ 상온에서 무색, 무미, 무취의 기체이다.

④ 방전관에 넣어 방전시키면 특유의 색을 낸다.

② 주기율표 0족인 불활성 가스는 다른 원소와 화합이 없으나 Xn(크세논)과 F_2(불소) 사이에만 약간의 화합물이 있다.

정답 48.① 49.② 50.① 51.③ 52.① 53.① 54.② 55.① 56.②

57 프로판의 착화온도는 약 몇 [℃] 정도인가?

① 460~520 ② 550~590
③ 600~660 ④ 680~740

58 표준대기압 상태에서 물의 끓는점을 [°R]로 나타낸 것은?

① 373 ② 560
③ 672 ④ 772

물의 비등점 ℃=100
℉=212이므로
∴ °R=℉+460=212+460=672°R

59 다음 중 온도의 단위가 아닌 것은?

① 섭씨온도 ② 화씨온도
③ 켈빈온도 ④ 헨리온도

60 다음 중 표준대기압에 대하여 바르게 나타낸 것은? **[설비 2]**

① 적도 지방 연평균 기압
② 토리첼리의 진공실험에서 얻어진 압력
③ 대기압을 0으로 보고 측정한 압력
④ 완전진공을 0으로 했을 때의 압력

정답 57.① 58.③ 59.④ 60.②

국가기술자격 필기시험문제

2011년 기능사 제2회 필기시험(1부) (2011년 4월 시행)

자격종목	시험시간	문제수	문제형별
가스기능사	**1시간**	**60**	**A**

수험번호		성 명	

01 도시가스시설의 설치공사 또는 변경공사를 하는 때에 이루어지는 전공정 시공감리 대상은? **[안전 99]**

① 도시가스사업자 외의 가스공급시설 설치자의 배관 설치공사
② 가스도매사업자의 가스공급시설 설치공사
③ 일반 도시가스사업자의 정압기 설치공사
④ 일반 도시가스사업자의 제조소 설치공사

시공감리 기준(도시가스 코드 KGS GC 252)
㉠ 전공정 시공감리 대상
- 일반 도시가스사업자의 공급시설 중 본관·공급관 및 사용자 공급관(부속설비 포함)
- 도시가스사업자 외의 가스공급시설 설치자의 가스공급시설 중 배관

㉡ 일부 공정 시공감리 대상
- 가스도매사업자의 가스공급시설
- 일반 도시가스사업자 및 도시가스사업자 외의 가스공급 설치자의 제조소 및 정압기

02 도시가스 사용시설인 배관의 내용적이 10L 초과 50L 이하일 때 기밀시험압력 유지시간은 얼마인가? **[안전 100]**

① 5분 이상 ② 10분 이상
③ 24분 이상 ④ 30분 이상

도시가스 사용시설 배관 내용적에 따른 기밀시험(KGS Fp 551) (4.2.2.1.15)
10L 초과 50L 이하 : 10분

03 액상의 염소가 피부에 닿았을 경우의 조치로써 가장 적당한 것은?

① 암모니아로 씻어낸다.
② 이산화탄소로 씻어낸다.
③ 소금물로 씻어낸다.
④ 맑은 물로 씻어낸다.

04 다음 굴착공사 중 굴착공사를 하기 전에 도시가스사업자와 협의를 하여야 하는 것은?

① 굴착공사 예정지역 범위에 묻혀 있는 도시가스 배관의 길이가 110m인 굴착공사
② 굴착공사 예정지역 범위에 묻혀 있는 송유관의 길이가 200m인 굴착공사
③ 해당 굴착공사로 인하여 압력이 3.2kPa인 도시가스 배관의 길이가 30m 노출될 것으로 예상되는 굴착공사
④ 해당 굴착공사로 인하여 압력이 0.8MPa인 도시가스 배관의 길이가 8m 노출될 것으로 예상되는 굴착공사

도시가스사업법 시행규칙 제55조 : 굴착공사 협의서 작성
㉠ 굴착공사 예정지역 범위에 묻혀 있는 도시가스 배관의 길이가 100m 이상인 굴착공사
㉡ 해당 굴착공사로 인하여 최고사용압력 중압 이상인 배관이 100m 이상 노출될 것이 예상되는 굴착공사

05 도시가스사업법에서 규정하는 도시가스사업이란 어떤 종류의 가스를 공급하는 것을 말하는가?

① 제조용 가스 ② 연료용 가스
③ 산업용 가스 ④ 압축가스

정답 01.① 02.② 03.④ 04.① 05.②

06 가연성 가스가 폭발할 위험이 있는 장소에 전기설비를 할 경우 위험장소의 등급 분류에 해당하지 않는 것은? **[안전 46]**

① 0종 ② 1종
③ 2종 ④ 3종

07 용기의 설계단계 검사항목이 아닌 것은?

① 용접부의 기계적 성능
② 단열성능
③ 내압성능
④ 작동성능

용기의 설계단계 검사 및 생산단계 검사항목(고법 시행규칙 별표 10 나항)
㉠ 재료의 기계적, 화학적 성능
㉡ 용접부의 기계적 성능
㉢ 단열성능
㉣ 내압성능
㉤ 기밀성능
㉥ 그 밖의 용기의 안전확보에 필요한 성능

08 다음 중 산소없이 분해 폭발을 일으키는 물질이 아닌 것은? **[설비 29]**

① 아세틸렌 ② 히드라진
③ 산화에틸렌 ④ 시안화수소

09 아세틸렌을 용기에 충전할 때에는 미리 용기에 다공물질을 고루 채운 후 침윤 및 충전을 하여야 한다. 이 때 다공도는 얼마로 하여야 하는가? **[안전 11]**

① 75% 이상 92% 미만
② 70% 이상 95% 미만
③ 62% 이상 75% 미만
④ 92% 이상

10 산소의 저장설비 외면으로부터 얼마의 우회거리에서 화기를 취급할 수 없는가? (단, 자체설비 내의 것을 제외한다.) **[안전 102]**

① 2m 이내 ② 5m 이내
③ 8m 이내 ④ 10m 이내

해설

화기와 각 설비 및 가스별 이격거리(KGS Fs 231) (고법 시행규칙 별표 4) 관련

구 분	직선(이내) 거리	구 분	우회 거리
산소와 화기	5m	가연성 산소	8m
산소 이외의 가스와 화기	2m	㉠ 그 밖의 가스 ㉡ 가정용 가스시설 ㉢ 가스계량기 입상가스 배관 ㉣ LPG 판매 및 충전사업자의 영업소 용기저장소	2m

11 독성 가스의 저장탱크에는 가스의 용량이 그 저장탱크 내용적의 90%를 초과하는 것을 방지하는 장치를 설치하여야 한다. 이 장치를 무엇이라고 하는가?

① 경보장치
② 액면계
③ 긴급차단장치
④ 과충전방지장치

12 도로굴착공사에 의한 도시가스 배관 손상방지 기준으로 틀린 것은? **[안전 132]**

① 착공 전 도면에 표시된 가스 배관과 기타 저장물 매설 유무를 조사하여야 한다.
② 도로굴착자의 굴착공사로 인하여 노출관 배관길이가 40m 이상인 경우에는 점검통로 및 조명시설을 하여야 한다.
③ 가스 배관이 있을 것으로 예상되는 지점으로부터 2m 이내에서 줄파기를 할 때에는 안전관리전담자의 입회하에 시행하여야 한다.
④ 가스 배관의 주위를 굴착하고자 할 때에는 가스 배관의 좌우 1m 이내의 부분은 인력으로 굴착한다.

KGS Fs 551 관련
② 굴착 노출 배관길이 15m 이상 점검통로 및 조명시설을 설치, 20m 이상 시 가스누출 경보장치 설치

정답 06.④ 07.④ 08.④ 09.① 10.③ 11.④ 12.②

13 가스의 폭발한계에 대한 설명으로 틀린 것은?

① 메탄계 탄화수소가스의 폭발한계는 압력이 상승함에 따라 넓어진다.
② 가연성 가스에 불활성 가스를 첨가하면 폭발범위는 좁아진다.
③ 가연성 가스에 산소를 첨가하면 폭발범위는 넓어진다.
④ 온도가 상승하면 폭발하한은 올라간다.

④ 온도 상승 시 폭발상한 값이 상승하여 폭발범위가 넓어짐

14 다음 중 가연성 가스에 해당되지 않는 것은?

① 산화에틸렌 ② 암모니아
③ 산화질소 ④ 아세트알데히드

산화질소 : 조연성

15 도시가스 고압 배관에 사용되는 관재료가 아닌 것은?

① 배관용 아크용접 탄소강관
② 압력배관용 탄소강관
③ 고압배관용 탄소강관
④ 고온배관용 탄소강관

가스 배관재료(KGS Fs 651) (2.5.2.6.1)

최고사용압력	관의 종류
고압 (액화가스의 경우 0.2MPa 이상)	㉠ 압력배관용 탄소강관 ㉡ 보일러 및 열교환기 탄소강관 ㉢ 고압배관용 탄소강관 ㉣ 저온배관용 탄소강관 ㉤ 고온배관용 탄소강관 ㉥ 보일러 열교환기용 합금강관 ㉦ 배관용 스테인리스 강관 ㉧ 보일러 열교환기용 스테인리스 강관
중압 (액화가스의 경우 0.01MPa 이상 0.2MPa 미만)	㉠ 연료가스 배관용 탄소강관 ㉡ 배관용 아크용접 탄소강관 ㉢ 그 밖에 고압배관에 사용하는 관
저압 (액화가스의 경우 0.01MPa 미만)	㉠ 이음매 없는 동 및 동합금관 ㉡ 이음매 없는 니켈합금관 ㉢ 그 밖에 고압·중압 배관에 사용하는 관

16 고압가스의 용어에 대한 설명으로 틀린 것은? **[안전 84]**

① 액화가스란 가압, 냉각 등의 방법에 의하여 액체상태로 되어 있는 것으로서 대기압에서의 끓는점이 섭씨 40도 이하 또는 상용의 온도 이하인 것을 말한다.
② 독성 가스란 공기 중에 일정량이 존재하는 경우 인체에 유해한 독성을 가진 가스로서 허용농도가 100만분의 2000 이하인 가스를 말한다.
③ 초저온 저장탱크라 함은 섭씨 영하 50도 이하의 액화가스를 저장하기 위한 저장탱크로서 단열재로 씌우거나 냉동설비로 냉각하는 등의 방법으로 저장탱크 내의 가스온도가 상용의 온도를 초과하지 아니하도록 한 것을 말한다.
④ 가연성 가스라 함은 공기 중에서 연소하는 가스로서 폭발한계의 상한과 하한의 차가 20% 이상인 것을 말한다.

② 독성 가스 : 100만분의 5000 이하

17 압축 가연성 가스를 몇 [m^3] 이상을 차량에 적재하여 운반하는 때에 운반책임자를 동승시켜 운반에 대한 감독 또는 지원을 하도록 되어 있는가? **[안전 60]**

① 100 ② 300
③ 600 ④ 1000

해설

운반책임자 동승 기준
㉠ 압축
독성 : $100m^3$, 가연성 : $300m^3$, 조연성 : $600m^3$
㉡ 액화
독성 : 1000kg, 가연성 : 3000kg, 조연성 : 6000kg

정답 13.④ 14.③ 15.① 16.② 17.②

18 공기 중에서 폭발범위가 가장 넓은 가스는?

① 메탄 ② 프로판
③ 에탄 ④ 일산화탄소

해설

가스별 폭발범위

가스명	폭발범위(%)
메탄	5~15
프로판	2.1~9.5
에탄	3~12.5
일산화탄소	12.5~74

19 가스공급자는 안전유지를 위하여 안전관리자를 선임하여야 한다. 다음 중 안전관리자의 업무가 아닌 것은?

① 용기 또는 작업 과정의 안전유지
② 안전관리 규정의 시행 및 그 기록의 작성 · 보존
③ 사업소 종사자에 대한 안전관리를 위하여 필요한 지휘 · 감독
④ 공급시설의 정기검사

20 방류둑의 성토 윗부분의 폭은 얼마 이상으로 규정되어 있는가? **[안전 15]**

① 30cm 이상 ② 50cm 이상
③ 100cm 이상 ④ 120cm 이상

21 도시가스 공급 배관에서 입상관의 밸브는 바닥으로부터 얼마의 범위에 설치하여야 하는가?

① 1m 이상 1.5m 이내
② 1.6m 이상 2m 이내
③ 1m 이상 2m 이내
④ 1.5m 이상 3m 이내

22 가연성 액화가스 저장탱크의 내용적이 $40m^3$일 때 제1종 보호시설과의 거리는 몇 [m] 이상을 유지하여야 하는가? (단, 액화가스의 비중은 0.52이다.) **[안전 7, 30]**

① 17m ② 21m
③ 24m ④ 27m

해설

액화가스 탱크 저장능력 계산식

$W = 0.9dV = 0.9 \times 0.52 \times 40000 = 18720\text{kg}$

㉠ 가스 종류(가연성 액화가스)
㉡ 저장능력(1만 초과 2만 이하)kg
㉢ 안전거리(21m)

구 분	독성, 가연성	
	1종(m)	2종(m)
1만 이하	17	12
1만 초과 2만 이하	21	14

23 액화천연가스 저장설비의 안전거리 산정식으로 옳은 것은? (단, L : 유지하여야 하는 거리[m], C : 상수, W : 저장능력[톤]의 제곱근이다.) **[안전 162]**

① $L = C\sqrt[3]{143000W}$
② $L = W\sqrt{143000C}$
③ $L = C\sqrt{143000W}$
④ $W = L\sqrt{143000C}$

24 내화구조의 가연성 가스 저장탱크에서 탱크 상호간의 거리가 1m 또는 두 저장탱크의 최대지름을 합산한 길이의 1/4길이 중 큰 쪽의 거리를 유지하지 못한 경우 물분무장치의 수량기준으로 옳은 것은? **[안전 69]**

① $4L/m^2 \cdot min$ ② $5L/m^2 \cdot min$
③ $6.5L/m^2 \cdot min$ ④ $8L/m^2 \cdot min$

25 독성 가스를 사용하는 내용적이 몇 [L] 이상인 수액기 주위에 액상의 가스가 누출될 경우에 대비하여 방류둑을 설치하여야 하는가? **[안전 15]**

① 1000 ② 2000
③ 5000 ④ 10000

26 고압가스 냉매설비의 기밀시험 시 압축공기를 공급할 때 공기의 온도는 몇 [℃] 이하로 정해져 있는가?

① 40℃ 이하 ② 70℃ 이하
③ 100℃ 이하 ④ 140℃ 이하

정답 18.④ 19.④ 20.① 21.② 22.② 23.① 24.① 25.④ 26.④

27 독성 가스 제독작업에 반드시 갖추지 않아도 되는 보호구는? **[안전 39]**

① 공기호흡기
② 격리식 방독마스크
③ 보호장화
④ 보호용 면수건

28 다음 방폭구조에 대한 설명 중 틀린 것은 어느 것인가? **[안전 45]**

① 용기 내부에 보호가스를 압입하여 내부압력을 유지함으로써 가연성 가스가 용기 내부로 유입되지 않도록 한 구조를 압력방폭구조라 한다.
② 용기 내부에 절연유를 주입하여 불꽃 아크 또는 고온발생 부분이 기름 속에 잠기게 함으로써 기름면 위에 존재하는 가연성 가스에 인화되지 않도록 한 구조를 유입방폭구조라 한다.
③ 정상운전 중에 가연성 가스의 점화원이 될 전기불꽃 아크 또는 고온 부분 등의 발생을 방지하기 위해 기계적, 전기적 구조상 또는 온도 상승에 대해 특히 안전도를 증가시킨 구조를 특수방폭구조라 한다.
④ 정상 시 및 사고 시에 발생하는 전기불꽃 아크 또는 고온부로 인하여 가연성 가스가 점화되지 않는 것이 점화시험 그 밖의 방법에 의해 확인된 구조를 본질안전방폭구조라 한다.

③ 안전증 방폭구조(e)

29 다음 중 폭발방지 대책으로서 가장 거리가 먼 것은?

① 압력계 설치
② 정전기 제거를 위한 접지
③ 방폭성능 전기설비 설치
④ 폭발하한 이내로 불활성 가스에 의한 희석

30 가연물의 종류에 따른 화재의 구분이 잘못된 것은? **[설비 36]**

① A급 : 일반화재
② B급 : 유류화재
③ C급 : 전기화재
④ D급 : 식용유 화재

④ D급(금속화재)

31 수소와 염소에 직사광선이 작용하여 폭발하였다. 폭발의 종류는?

① 산화 폭발
② 분해 폭발
③ 중합 폭발
④ 촉매 폭발

$$H_2 + Cl_2 \xrightarrow{(\text{촉매 : 직사광선})} 2HCl$$

㉠ 수소 : 염소가 1 : 1로 반응
㉡ 직사광선에 의한 폭발 : 촉매 폭발

32 용기의 내용적이 105L인 액화암모니아 용기에 충전할 수 있는 가스의 충전량은 몇 [kg]인가? (단, 액화암모니아의 가스정수 C값은 1.86이다.)

① 20.5 ② 45.5
③ 56.5 ④ 117.5

$$W = \frac{V}{C} = \frac{105}{1.86} = 56.5\text{kg}$$

33 빙점 이하의 낮은 온도에서 사용되며 LPG 탱크, 저온에서도 인성이 감소되지 않는 화학공업 배관 등에 주로 사용되는 관의 종류는? **[장치 10]**

① SPLT ② SPHT
③ SPPH ④ SPPS

① SPLT : (저온배관용 탄소강관) 빙점 이하의 화학공업용 배관에 사용

정답 27.④ 28.③ 29.① 30.④ 31.④ 32.③ 33.①

34 LP가스 이송설비 중 압축기에 의한 이송 방식에 대한 설명으로 틀린 것은 어느 것인가? [설비 1]

① 잔가스 회수가 용이하다.
② 베이퍼록 현상이 없다.
③ 펌프에 비해 이송시간이 짧다.
④ 저온에서 부탄가스가 재액화되지 않는다.

압축기 이송 시 단점
㉠ 저온에서 재액화 우려가 있다.
㉡ 드레인의 우려가 있다.
④항은 펌프 이송의 장점이다.

35 손잡이를 돌리면 원통형의 폐지밸브가 상하로 올라가고 내려가서 밸브의 개폐를 함으로써 폐쇄가 양호하고 유량조절이 용이한 밸브는?

① 플러그밸브 ② 게이트밸브
③ 글로브밸브 ④ 볼밸브

36 압축기의 실린더를 냉각할 때 얻는 효과가 아닌 것은?

① 압축효율이 증가되어 동력이 증가한다.
② 윤활기능이 향상되고 적당한 점도가 유지된다.
③ 윤활유의 탄화나 열화를 막는다.
④ 체적효율이 증가한다.

실린더 냉각의 효과
㉠ 체적효율 증대
㉡ 압축효율 증대로 인한 소요동력 감소
㉢ 윤활기능 향상
㉣ 윤활유 역화, 탄화 방지

37 펌프를 운전할 때 송출압력과 송출유량이 주기적으로 변동하여 펌프의 토출구 및 흡입구에서 압력계의 지침이 흔들리는 현상을 무엇이라고 하는가?

① 맥동(Surging)현상
② 진동(Vibration)현상
③ 공동(Cavitation)현상
④ 수격(Water hammering)현상

38 물체에 힘을 가하면 변형이 생긴다. 이 훅의 법칙에 의해 작용하는 힘과 변형이 비례하는 원리를 이용하는 압력계는?

① 액주식 압력계
② 분동식 압력계
③ 전기식 압력계
④ 탄성식 압력계

39 설치 시 공간을 많이 차지하여 신축에 따른 응력을 수반하나 고압에 잘 견디어 고온·고압용 옥외 배관에 많이 사용되는 신축 이음쇠는?

① 벨로스형 ② 슬리브형
③ 루프형 ④ 스위블형

40 1000L의 액산탱크에 액산을 넣어 방출밸브를 개방하여 12시간 방치하였더니 탱크 내의 액산이 4.8kg 방출되었다면 1시간당 탱크에 침입하는 열량은 약 몇 [kcal]인가? (단, 액산의 증발잠열은 60kcal/kg이다.)

① 12 ② 24
③ 70 ④ 150

해설

12시간 : 4.8kg 방출
1시간 : 침입열량 x(kcal)이므로
1kg당 발열량이 60kcal/kg이므로
$60 \times 4.8 = 288$kcal
$12 : 288 = 1 : x$
$\therefore x = \frac{288}{12} = 24$kcal/hr

41 압축 도시가스 자동차 충전의 냄새 첨가장치에서 냄새가 나는 물질의 공기 중 혼합 비율은 얼마인가? [안전 55]

① 공기 중 혼합 비율이 용량의 10분의 1
② 공기 중 혼합 비율이 용량의 100분의 1
③ 공기 중 혼합 비율이 용량의 1000분의 1
④ 공기 중 혼합 비율이 용량의 10000분의 1

정답 34.④ 35.③ 36.① 37.① 38.④ 39.③ 40.② 41.③

42 다음 연소기 중 가스용품 제조 기술기준에 따른 가스레인지로 보기 어려운 것은? (단, 사용압력은 3.3kPa 이하로 한다.)

① 전가스소비량이 9000kcal/h인 3구 버너를 가진 연소기
② 전가스소비량이 11000kcal/h인 4구 버너를 가진 연소기
③ 전가스소비량이 13000kcal/h인 6구 버너를 가진 연소기
④ 전가스소비량이 15000kcal/h인 2구 버너를 가진 연소기

사용압력 3.3kPa인 경우 가스용품의 조건은 전 가스소비량이 14400kcal/h 이하이어야 함
④ 14400을 초과하였으므로 가스레인지로 보기 어려움

43 다음 가스계량기 중 측정원리가 다른 하나는?

① 오리피스미터 ② 벤투리미터
③ 피도관 ④ 로터미터

오리피스미터, 벤투리미터(차압식 유량계), 피토관미터(차압식, 유속식 유량계), 로터미터(면적식 유량계)

44 암모니아 합성공정 중 중압합성에 해당되지 않는 것은? [설비 24]

① IG법 ② 뉴파우더법
③ 케미크법 ④ 케로그법

④ 케로그법 : 저압합성법

45 다음 중 캐비테이션(Cavitation)의 발생방지법이 아닌 것은? [설비 7]

① 펌프의 회전수를 높인다.
② 흡입관의 배관을 간단하게 한다.
③ 펌프의 위치를 흡수면에 가깝게 한다.
④ 흡입관의 내면에 마찰저항이 적게 한다.

① 회전수를 높인다. → 회전수를 낮춘다.

46 다음 중 LPG(액화석유가스)의 성분 물질로 가장 거리가 먼 것은?

① 프로판
② 이소부탄
③ n-부틸렌
④ 메탄

LPG는 탄소 수(C)가 3~4개이므로
㉠ C_3H_8
㉡ C_4H_{10}
㉢ C_4H_8
㉣ CH_4

47 다음 중 시안화수소의 임계온도는 약 몇 [℃]인가?

① −140
② 31
③ 183.5
④ 195.8

48 다음 중 일산화탄소의 용도가 아닌 것은?

① 요소나 소다회 원료
② 메탄올 합성
③ 포스겐 원료
④ 개미산이나 화학공업 원료

① 요소 : $(NH_2)_2CO$, 소다회 : $Ca(OH)_2$

49 다음 염소에 대한 설명 중 틀린 것은?

① 상온 · 상압에서 황록색의 기체로 조연성이 있다.
② 강한 자극성의 취기가 있는 독성 기체이다.
③ 수소와 염소의 동량 혼합 기체를 염소폭명기라 한다.
④ 건조상태의 상온에서 강재에 대하여 부식성을 갖는다.

④ 염소 : 건조상태에서는 부식이 없으며 수분 함유 시 염산생성으로 부식이 현저하다.

정답 42.④ 43.④ 44.④ 45.① 46.④ 47.③ 48.① 49.④

50 도시가스의 연소성을 측정하기 위한 시험 방법으로 틀린 것은?

① 매일 6시 30분부터 9시 사이와, 17시부터 20시 30분 사이에 각각 1회씩 실시한다.
② 가스홀더 또는 압송기 입구에서 연소속도를 측정한다.
③ 가스홀더 또는 압송기 출구에서 웨버지수를 측정한다.
④ 측정된 웨버지수는 표준 웨버지수의 ±4.5% 이내를 유지해야 한다.

51 다음 중 표준상태에서 가스상 탄화수소의 점도가 가장 높은 가스는?

① 에탄 ② 메탄
③ 부탄 ④ 프로판

탄화수소에서 탄소와 수소 수가 적을수록 비등점이 낮으며 비등점이 낮을수록 점도가 높으므로 가장 탄소수가 적은 ② CH_4이다.
[참고] CH_4의 비등점 −162℃

52 다음 중 아세틸렌의 폭발과 관계가 없는 것은 어느 것인가? **[설비 29]**

① 산화 폭발 ② 중합 폭발
③ 분해 폭발 ④ 화합 폭발

㉠ 산화 폭발
$C_2H_2+2.5O_2 \rightarrow 2CO_2+H_2O$
㉡ 분해 폭발
$C_2H_2 \rightarrow 2C+H_2$
㉢ 화합 폭발
$2Cu+C_2H_2 \rightarrow Cu_2C_2+H_2$

53 아세틸렌(C_2H_2)에 대한 설명 중 틀린 것은?

① 카바이드(CaC_2)에 물을 넣어 제조한다.
② 구리와 접촉하여 구리아세틸라이드를 만듦으로 구리 함유량이 62% 이상을 설비로 사용한다.
③ 흡열화합물이므로 압축하면 폭발을 일으킬 수 있다.
④ 공기 중 폭발범위는 약 2.5~81%이다.

② 구리 함유량 62% 미만을 사용하여야 한다.

54 70℃는 랭킹온도로 몇 [°R]인가?

① 618 ② 688
③ 736 ④ 792

°R=°F+460이므로 °F=70×1.8+32=158°F
∴ 158+460=618°R

55 표준상태에서 부탄가스의 비중은 약 얼마인가? (단, 부탄의 분자량은 58이다.)

① 1.6 ② 1.8
③ 2.0 ④ 2.2

$$비중=\frac{가스분자량}{공기분자량}=\frac{58}{29}\fallingdotseq 2$$

56 아세틸렌가스를 온도에 불구하고 2.5MPa의 압력으로 압축할 때 첨가하는 희석제가 아닌 것은? **[설비 15]**

① 질소 ② 메탄
③ 에틸렌 ④ 산소

C_2H_2의 희석제
①, ②, ③항과 일산화탄소

57 연소 시 공기비가 클 경우 나타나는 연소 현상으로 틀린 것은? **[장치 23]**

① 연소가스 온도 저하
② 배기가스량 증가
③ 불완전연소 발생
④ 연료소모 증가

해설

③ 불완전연소 : 공기비가 적을 경우에 발생되는 현상

58 1MPa과 같은 압력은 어느 것인가?

① $10N/cm^2$ ② $100N/cm^2$
③ $1000N/cm^2$ ④ $10000N/cm^2$

정답 50.② 51.② 52.② 53.② 54.① 55.③ 56.④ 57.③ 58.②

해설

㉠ 표준대기압력
$1atm = 101325Pa(N/m^2) = 101.325kPa$
$= 0.101325MPa$이므로

㉡ $1MPa = 10^6 N/m^2$에서
분모의 m^2를 cm^2로 변경 시 $1m^2 = 10^4 cm^2$를 분모에 대입 시

㉢ $1MPa = 10^6 N/10^4 cm^2 = 10^2 N/cm^2$이 된다.

59 다음 다공물질 내용적이 $100m^3$, 아세톤의 침윤 잔용적이 $20m^3$일 때 다공도는 몇 [%]인가? **[안전11]**

① 60%　② 70%
③ 80%　④ 90%

$$다공도(\%) = \frac{V-E}{V} \times 100 이므로$$

여기서, V : $100m^3$
E : $20m^3$

$$= \frac{100-20}{100} \times 100 = 80\%$$

60 다음 중 시안화수소의 중합을 방지하는 안정제가 아닌 것은?

① 아황산가스
② 가성소다
③ 황산
④ 염화칼슘

HCN의 중합방지 안정제
㉠ 황산
㉡ 아황산
㉢ 동 및 동망
㉣ 염화칼슘
㉤ 오산화인

정답 59.③ 60.②

국가기술자격 필기시험문제

2011년 기능사 제4회 필기시험(1부) (2011년 7월 시행)

자격종목	시험시간	문제수	문제형별
가스기능사	**1시간**	**60**	**A**

수험번호		성 명	

01 다음 중 프로판가스의 위험도(H)는 약 얼마인가?

① 2.1 ② 3.5
③ 9.5 ④ 11.6

㉠ 위험도$(H) = \frac{U-L}{L}$

㉡ C_3H_8의 폭발범위 2.1~9.5%이므로

$\therefore H = \frac{9.5-2.1}{2.1} = 3.5$

02 산소 제조 시 가스분석 주기는?

① 1일 1회 이상 ② 주 1회 이상
③ 3일 1회 이상 ④ 주 3회 이상

03 다음 가스의 일반적인 성질에 대한 설명 중 틀린 것은? **[설비 6]**

① 염산(HCl)은 암모니아와 접촉하면 흰 연기를 낸다.
② 시안화수소(HCN)는 복숭아 냄새가 나는 맹독성의 기체이다.
③ 염소(Cl_2)는 황록색의 자극성 냄새가 나는 맹독성의 기체이다.
④ 수소(H_2)는 저온 · 저압 하에서 탄소강과 반응하여 수소취성을 일으킨다.

① $NH_3 + HCl \rightarrow NH_4Cl$(염화암모늄)
(염화암모늄으로 흰연기 발생)
② HCN 냄새(복숭아 및 감냄새)
③ Cl_2(황록색 독성, 조연성, 액화가스)
④ H_2
㉠ 부식명 : 수소취성(강의 탈탄)
㉡ 부식이 일어나는 조건 : 고온 · 고압

04 압력용기의 내압부분에 대한 비파괴시험으로 실시되는 초음파 탐상시험 대상은?

① 두께가 35mm인 탄소강
② 두께가 5mm인 9% 니켈강
③ 두께가 15mm인 2.5% 니켈강
④ 두께가 30mm인 저합금강

해설

압력용기 내압부분의 초음파 탐상시험 대상(KGS Ac 212) (4.4.2.1.5)

재료의 종류	두께 및 (%) 인장강도
탄소강	50mm 이상
저합금강	38mm 이상
기타의 강	19mm 이상 인장강도 568.4N/mm^2 이상
	19mm 이상 저온에서 사용하는 강
니켈강	13mm 이상 2.5%, 3.5% 강
	6mm 이상 9%

05 도시가스 중 에틸렌, 프로필렌 등을 제조하는 과정에서 부산물로 생성되는 가스로서 메탄이 주성분인 가스를 무엇이라 하는가?

① 액화천연가스 ② 석유가스
③ 나프타 부생가스 ④ 바이오가스

해설

도시가스사업법에 의한 용어의 정의(법 제2조)

용 어	정 의
도시가스	천연가스(액화 포함), 배관을 통하여 공급되는 석유가스, 나프타 부생가스, 바이오 또는 합성천연가스로서 대통령령으로 정하는 것
가스 도매사업	일반도시가스 사업자 및 나프타 부생가스 · 바이오가스 제조사업자 외의 자가 일반도시가스 사업자, 도시가스 충전사업자 또는 대량 수요자에게 도시가스를 공급하는 사업

정답 01.② 02.① 03.④ 04.③ 05.③

용 어	정 의
일반도시 가스 사업	가스도매사업자 등으로부터 공급받은 도시가스 또는 스스로 제조한 석유, 나프타 부생·바이오가스를 수요에 따라 배관을 통하여 공급하는 사업
천연가스	액화를 포함한 지하에서 자연적으로 생성되는 가연성 가스로서 메탄을 주성분으로 하는 가스
석유가스	액화석유가스 및 기타 석유가스를 공기와 혼합하여 제조한 가스
나프타 부생가스	나프타 분해공정을 통해 에틸렌·프로필렌 등을 제조하는 과정에서 부산물로 생성되는 가스로서, 메탄이 주성분인 가스 및 이를 다른 도시가스와 혼합하여 제조한 가스
바이오 가스	유기성 폐기물 등 바이오매스로부터 생성된 기체를 정제한 가스로서, 메탄이 주성분인 가스 및 이를 다른 도시가스와 혼합하여 제조한 가스
합성 천연가스	석탄을 주원료로 하여 고온·고압의 가스화 공정을 거쳐 생산한 가스로서, 메탄이 주성분인 가스 및 이를 다른 도시가스와 혼합하여 제조한 가스

06 고압가스 일반 제조시설의 저장탱크를 지하에 매설하는 경우의 기준에 대한 설명으로 틀린 것은? **[안전 6]**

① 저장탱크 외면에는 부식방지 코팅을 한다.
② 저장탱크는 천장, 벽, 바닥의 두께가 각각 10cm 이상의 콘크리트로 설치한다.
③ 저장탱크 주위에는 마른 모래를 채운다.
④ 저장탱크에 설치한 안전밸브에는 지면에서 5m 이상의 높이에 방출구가 있는 가스방출관을 설치한다.

② 저장탱크는 천장, 벽, 바닥의 두께가 각각 30cm 이상 철근콘크리트로 만든 방에 설치한다.

07 다음 각 가스의 공업용 용기 도색이 옳지 않게 짝지어진 것은? **[안전 3]**

① 질소(N_2) – 회색
② 수소(H_2) – 주황색
③ 액화암모니아(NH_3) – 백색
④ 액화염소(Cl_2) – 황색

Cl_2(염소)
㉠ 용기색 : 갈색
㉡ 글자색 : 백색

08 독성 가스의 정의는 다음과 같다. 괄호 안에 알맞은 LC 50 값은? **[안전 65]**

> "독성 가스"라 함은 공기 중에 일정량 이상 존재하는 경우 인체에 유해한 독성을 가진 가스로서 허용농도(해당 가스를 성숙한 흰쥐 집단에게 대기 중에서 1시간 동안 계속하여 노출시킨 경우 14일 이내에 그 흰쥐의 2분의 1 이상이 죽게 되는 가스의 농도를 말한다)가 (　　) 이하인 것을 말한다.

① 100만분의 2000
② 100만분의 3000
③ 100만분의 4000
④ 100만분의 5000

09 나음 가스 숭 2중관 구조로 하지 않아도 되는 것은? **[안전 59]**

① 아황산가스　② 산화에틸렌
③ 염화메탄　④ 브롬화메탄

이중관으로 설치하는 독성 가스
아황산, 암모니아, 염소, 염화메탄, 산화에틸렌, 시안화수소, 포스겐, 황화수소

10 차량에 고정된 탱크의 안전운행을 위하여 차량을 점검할 때의 점검 순서로 가장 적합한 것은?

① 원동기 → 브레이크 → 조향장치 → 바퀴 → 시운전
② 바퀴 → 조향장치 → 브레이크 → 원동기 → 시운전
③ 시운전 → 바퀴 → 조향장치 → 브레이크 → 원동기
④ 시운전 → 원동기 → 브레이크 → 조향장치 → 바퀴

정답 06.② 07.④ 08.④ 09.④ 10.①

11 부탄가스의 공기 중 폭발범위(v%)에 해당하는 것은?

① 1.3~7.9　② 1.8~8.4
③ 2.2~9.5　④ 2.5~12

12 제1종 보호시설이 아닌 것은? **[안전 64]**

① 학교　② 여관
③ 주택　④ 시장

13 2개 이상의 탱크를 동일한 차량에 고정하여 운반할 때 충전관에 설치하는 것이 아닌 것은? **[안전 12]**

① 안전밸브
② 온도계
③ 압력계
④ 긴급탈압밸브

14 액화가스가 통하는 가스공급시설에서 발생하는 정전기를 제거하기 위한 접지 접속선(Bonding)의 단면적은 얼마 이상으로 하여야 하는가? **[안전 94]**

① 3.5mm^2　② 4.5mm^2
③ 5.5mm^2　④ 6.5mm^2

15 LPG 사용시설의 기준에 대한 설명 중 틀린 것은? **[안전 24]**

① 연소기 사용압력이 3.3kPa를 초과하는 배관에는 배관용 밸브를 설치할 수 있다.
② 배관이 분기되는 경우에는 주배관에 배관용 밸브를 설치한다.
③ 배관의 관경이 33mm 이상의 것은 3m 마다 고정장치를 한다.
④ 배관의 이음부(용접이음 제외)와 전기접속기와는 15cm 이상의 거리를 유지한다.

해설
④ LPG 사용시설
배관이음부와 전기접속기 : 30cm 유지

16 압력용기 제조 시 A 387 Gr 2강 등을 Annealing 하거나 900℃ 전후로 Tempering하는 과정에서 충격값이 현저히 저하되는 현상으로 Mn, Cr, Ni 등을 품고 있는 합금계의 용접금속에서 C, N, O 등이 입계에 편석함으로써 입계가 취약해지기 때문에 주로 발생한다. 이러한 현상을 무엇이라고 하는가?

① 적열취성　② 청열취성
③ 뜨임취성　④ 수소취성

17 고압가스설비는 상용압력의 몇 배 이상에서 항복을 일으키지 아니하는 두께이어야 하는가?

① 1.5배　② 2배
③ 2.5배　④ 3배

18 도시가스 사용시설에 정압기를 2012년에 설치하고 2015년에 분해점검을 실시하였다. 다음 중 이 정압기의 차기 분해점검 만료기간으로 옳은 것은? **[안전 44]**

① 2017년　② 2018년
③ 2019년　④ 2020년

도시가스 사용시설의 정압기 분해점검주기
㉠ 처음 : 3년 1회
㉡ 그 이후는 : 4년 1회이므로
2015년 이후 4년이므로
2019년에 분해점검

19 다음 중 분해에 의한 폭발을 하지 않는 가스는? **[설비 29]**

① 시안화수소
② 아세틸렌
③ 히드라진
④ 산화에틸렌

20 20kg LPG 용기의 내용적은 몇 [L]인가? (단, 충전상수 C는 2.35이다.)

① 8.51　② 20
③ 42.3　④ 47

해설

액화가스 용기의 저장능력 산정식

$W=\dfrac{V}{C}$이므로

$\therefore\ V=W\times C$

$=20\times2.35=47\text{L}$

21 차량에 고정된 저장탱크로 염소를 운반할 때 용기의 내용적(L)은 얼마 이하가 되어야 하는가? **[안전 4]**

① 10000　　② 12000

③ 15000　　④ 18000

해설

차량 고정탱크 운반 시 가스별 내용적

가스명	운반금지 내용적
가연성(LPG 제외) 산소	18000L 이상 운반금지
독성(NH_3 제외)	12000L 이상 운반금지
LPG	운반 시 내용적 제한이 없음
NH_3	운반 시 내용적 제한이 없음

22 시안화수소(HCN)의 위험성에 대한 설명으로 틀린 것은?

① 인화온도가 아주 낮다.

② 오래된 시안화수소는 자체 폭발할 수 있다.

③ 용기에 충전한 후 60일을 초과하지 않아야 한다.

④ 호흡 시 흡입하면 위험하나 피부에 묻으면 아무 이상이 없다.

④ 독성이므로 피부에 접촉 시 피부손상의 우려가 있다.

23 고압가스 특정 제조시설 기준 중 도로 밑에 매설하는 배관에 대한 기준으로 틀린 것은? **[안전 1]**

① 시가지의 도로 밑에 배관을 설치하는 경우에는 보호판을 배관의 정상부로부터 30cm 이상 떨어진 그 배관의 직상부에 설치한다.

② 배관은 그 외면으로부터 도로의 경계와 수평거리로 1m 이상을 유지한다.

③ 배관은 자동차 하중의 영향이 적은 곳에 매설한다.

④ 배관은 그 외면으로부터 다른 시설물과 60cm 이상의 거리를 유지한다.

④ 배관의 외면과 다른 시설물과 0.3m 이상 거리 유지

24 다음 가스 중 허용농도 값이 가장 적은 것은?

① 염소　　② 염화수소

③ 아황산가스　　④ 일산화탄소

가스별 허용농도

가스명	허용농도	
	LC 50	TLV-TWA
염소	293	1
염화수소	3120	5
아황산	2520	5
일산화탄소	3760	50

25 윤활유 선택 시 유의할 사항에 대한 설명 중 틀린 것은? **[설비 10]**

① 사용 기체와 화학반응을 일으키지 않을 것

② 점도가 적당할 것

③ 인화점이 낮을 것

④ 전기 전열내력이 클 것

③ 인화점이 높을 것

26 도시가스 도매사업자 배관을 지하 또는 도로 등에 설치할 경우 매설깊이의 기준으로 틀린 것은? **[안전 140]**

① 산이나 들에서는 1m 이상의 깊이로 매설한다.

② 시가지의 도로 노면 밑에는 1.5m 이상의 깊이로 매설한다.

③ 시가지 외의 도로 노면 밑에는 1.2m 이상의 깊이로 매설한다.

④ 철도를 횡단하는 배관은 지표면으로부터 배관 외면까지 1.5m 이상의 깊이로 매설한다.

정답 21.② 22.④ 23.④ 24.① 25.③ 26.④

④ 철도 횡단 시 지표면으로부터 배관 외면까지 1.2m 이상

27 압축천연가스 자동차 충전의 시설기준에서 배관 등에 대한 설명으로 틀린 것은?

① 배관, 튜브, 피팅 및 배관요소 등은 안전율이 최소 4 이상 되도록 설계한다.
② 자동차 주입호스는 5m 이하이어야 한다.
③ 배관의 단열재료는 불연성 또는 난연성 재료를 사용하고 화재나 열·냉기·물 등에 노출 시 그 특성이 변하지 아니 하는 것으로 한다.
④ 배관지지물은 화재나 초저온 액체의 유출 등을 충분히 견딜 수 있고 과다한 열전달을 예방하도록 설계한다.

해설

고정식 압축도시가스 자동차 충전시설 기준(KGS Fp 651) (2.4.4.6)
호스 설치
㉠ 자동차 주입호스(길이 8m 이하)
㉡ 배관(밸브 포함), 튜브, 피팅, 개스킷 및 패킹 재료는 도시가스에 적합한 것(압축장치 후단에 설치하는 것은 설계온도를 영하 40℃ 이하로 한다.)

28 용기에 의한 고압가스 판매시설의 충전용기 보관실 기준으로 옳지 않은 것은? **[안전 66]**

① 가연성 가스 충전용기보관실은 불연재료나 난연성의 재료를 사용한 가벼운 지붕을 설치한다.
② 가연성 가스 충전용기보관실에는 가스누출 검지경보장치를 설치한다.
③ 충전용기보관실은 가연성 가스가 새어 나오지 못하도록 밀폐구조로 한다.
④ 용기보관실의 주변에는 화기 또는 인화성 물질이나 발화성 물질을 두지 않는다.

해설

③ 가연성 충전용기보관실은 양호한 통풍구조로 할 것. 이 경우 자연환기시설의 통풍구를 갖추고 자연환기가 불가능 시 강제통풍시설을 설치할 것

29 용기 종류별 부속품의 기호 중 압축가스를 충전하는 용기밸브의 기호는? **[안전 29]**

① PG ② LG
③ AG ④ LT

30 가연성 가스의 검지경보장치 중 반드시 방폭성능을 갖지 않아도 되는 가스는? **[안전 37]**

① 수소
② 일산화탄소
③ 암모니아
④ 아세틸렌

방폭성능을 하지 않아도 되는 가스
㉠ 가연성 가스가 아닌 가스
㉡ 가연성 중 NH_3, CH_3Br

31 단열공간 양면간에 복사방지용 실드판으로서의 알루미늄박과 글라스울을 서로 다수 포개어 고진공 중에 둔 단열법은? **[장치 27]**

① 상압 단열법
② 고진공 단열법
③ 다층진공 단열법
④ 분말진공 단열법

해설

저온장치의 단열법
㉠ 상압 단열법 : 단열을 하는 공간에 분말 섬유 등의 단열재를 넣는 방법
㉡ 고진공 단열법 : 보온병과 같은 원리로 분자 열전도에 의한 단열 방법이며, 고진공도는 10^{-4}mmHg 정도
㉢ 분말진공 단열법 : 규조토, 모래입자 등의 분말을 충전시키고 압력을 10^{-2}mmHg정도 낮추면 분자의 열전도 현상이 일어나는 것을 이용한 단열법이다. 대형의 액체산소, 질소탱크가 사용되고 있다.

32 저온을 얻는 기본적인 원리로 압축된 가스를 단열팽창시키면 온도가 강하한다는 원리를 무엇이라고 하는가?

① 줄-톰슨 효과 ② 돌턴 효과
③ 정류 효과 ④ 헨리 효과

정답 27.② 28.③ 29.① 30.③ 31.③ 32.①

33 배관재료 중 사용온도 350℃ 이하, 압력이 10MPa 이상의 고압관에 사용되는 것은 어느 것인가? **[장치 10]**

① SPP ② SPPH
③ SPPW ④ SPPG

② SPPH(고압배관용 탄소강관) : 10MPa 이상의 고압 배관에 사용

34 압송기 출구에서 도시가스의 연소성을 측정한 결과 총 발열량이 10700kcal/m^3, 가스비중이 0.56이었다. 웨버지수(WI)는?

① 14298 ② 19107
③ 1.8 ④ 6.9×10^{-5}

$WI=\frac{H}{\sqrt{d}}$ 에서

여기서, H : 10700kcal/m^3

d : 0.56

$=\frac{10700}{\sqrt{0.56}}=14298$

35 펌프는 주로 임펠러의 입구에서 캐비테이션이 많이 발생한다. 다음 중 그 이유로 가장 적당한 것은? **[설비 7]**

① 액체의 온도가 높아지기 때문
② 액체의 압력이 낮아지기 때문
③ 액체의 밀도가 높아지기 때문
④ 액체의 유량이 적어지기 때문

압축기의 특징

구 분	간추린 핵심 내용
왕복	㉠ 용적형 오일윤활식 무급유식이다. ㉡ 압축효율이 높다. ㉢ 형태가 크고 접촉부가 많아 소음 진동이 있다. ㉣ 저속회전이다. ㉤ 압축이 단속적이다. ㉥ 용량조정범위가 넓고 쉽다.
원심(터보)	㉠ 원심형 무급유식이다. ㉡ 압축이 연속적이다. ㉢ 소음 진동이 적다. ㉣ 용량조정범위가 좁고 어렵다. ㉤ 설치면적이 적다.

36 터보 압축기의 특징이 아닌 것은?

① 유량이 크므로 설치면적이 적다.
② 고속회전이 가능하다.
③ 압축비가 적어 효율이 낮다.
④ 유량조절 범위가 넓으나 맥동이 많다.

37 자동 제어의 용어 중 피드백 제어에 대한 설명으로 틀린 것은? **[장치 22]**

① 자동 제어에서 기본적인 제어이다.
② 출력측의 신호를 입력측으로 되돌리는 현상을 말한다.
③ 제어량의 값을 목표치와 비교하여 그 것들을 일치하도록 정정동작을 행하는 제어이다.
④ 미리 정해진 순서에 따라서 제어의 각 단계가 순차적으로 진행되는 제어이다.

④항은 시퀀스 제어이다.

자동 제어계의 분류

• 목표값(제어목적)에 의한 분류

분류의 구분		개 요
정치제어		목표값이 시간에 관계없이 항상 일정한 제어(프로세스, 자동조정)
후치제어		목표값의 위치 · 크기가 시간에 따라 변화하는 제어
	추종	제어량의 분류 중 서브기구에 해당하는 값을 제어하며 미지의 임의 시간적 변화를 하는 목표값에 제어량을 추종시키는 제어
	프로그램	미리 정해진 시간적 변화에 따라 정해진 순서대로 제어(무인자판기, 무인열차 등)
	비율	목표값이 다른 것과 일정비율 관계를 가지고 변화하는 추종제어

• 제어량에 의한 분류

분류의 구분	개 요
서보기구	제어량의 기계적인 추치제어로서 물체의 위치 · 방위 등이 목표값이 임의의 변화에 추종하도록 한 제어
프로세스(공칭)	제어량이 피드백 제어계로서 정치제어에 해당하며 온도, 유량, 압력, 액위, 농도 등의 플랜트 또는 화학공장의 원료를 사용하여 제품생산을 제어하는 데 이용

정답 33.② 34.① 35.② 36.④ 37.④

분류의 구분	개 요
자동조정	정치제어에 해당. 주로 전압, 주파수, 속도 등의 전기적 · 기계적 양을 제어하는 데 이용

• 기타 제동제어

구 분		간추린 핵심 내용
캐스케이드 제어		2개의 제어계를 조합수행하는 제어로서 1차 제어장치는 제어량을 측정 제어명령을 하고 2차 제어장치가 미명령으로 제어량을 조절하는 제어
개회로 (open loop control system) 제어	정의	귀환요소가 없는 제어로서 가장 간편하며 출력과 관계없이 신호의 통로가 열려 있다.
	장점	㉠ 제어시스템이 간단하다. ㉡ 설치비가 저렴하다.
	단점	㉠ 제어오차가 크다. ㉡ 오차교정이 어렵다.
폐회로 (closed loop control system) 제어	정의	출력의 일부를 입력방향으로 피드백시켜 목표값과 비교되도록 폐루프를 형성하는 제어계
	장점	㉠ 생산량 증대 생산수명이 연장 ㉡ 생산품질이 향상되고 감대폭, 정확성 증가 ㉢ 동력이 절감되며 인건비가 절감
	단점	㉠ 한 라인 고장으로 전 설비에 영향이 생긴다. ㉡ 고도의 숙련과 기술이 필요하다. ㉢ 설비비가 고가이다.
	특징	㉠ 입력 출력장치가 필요하다. ㉡ 신호의 전달경로는 폐회로이다. ㉢ 제어량과 목표값이 일치하게 하는 수정동작이 있다.

38 가스누출을 감지하고 차단하는 가스누출 자동차단기의 구성요소가 아닌 것은 어느 것인가?

① 제어부 ② 중앙통제부
③ 검지부 ④ 차단부

39 2단 감압조정기 사용 시의 장점에 대한 설명으로 가장 거리가 먼 것은? **[설비 26]**

① 공급압력이 안정하다.
② 용기 교환주기의 폭을 넓힐 수 있다.
③ 중간 배관이 가늘어도 된다.
④ 입상에 의한 압력손실을 보정할 수 있다.

②항은 자동교체 조정기 사용 시의 장점이다.

40 가스압력을 적당한 압력으로 감압하는 직동식 정압기의 기본구조의 구성요소에 해당되지 않는 것은?

① 스프링
② 다이어프램
③ 메인밸브
④ 파일럿

해설

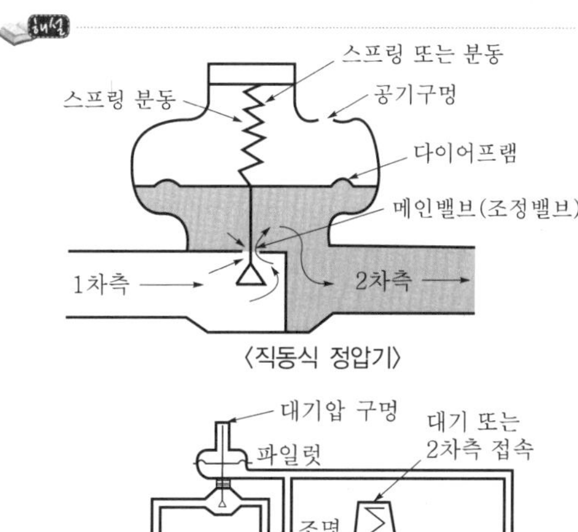

〈직동식 정압기〉

〈파일럿식 정압기〉

41 가스분석 방법 중 연소분석법에 해당되지 않는 것은?

① 완만연소법 ② 분별연소법
③ 폭발법 ④ 크로마토그래피법

42 액화석유가스 충전용 주관 압력계의 기능 검사 주기는?

① 매월 1회 이상 ② 3월에 1회 이상
③ 6월에 6회 이상 ④ 매년 1회 이상

정답 38.② 39.② 40.④ 41.④ 42.①

압력계의 점검주기

종 류	점검주기
충전용 주관	월 1회
그 밖의 압력계	3월 1회

43 다음 중 저온 재료로 부적당한 것은? [설비 34]

① 주철
② 황동
③ 9% 니켈
④ 18-8 스테인리스강

저온용 재질(9% Ni, Cu, Al, 18-8 STS)

44 연소배기가스 분석 목적으로 가장 거리가 먼 것은?

① 연소가스 조성을 알기 위하여
② 연소가스 조성에 따른 연소상태를 파악하기 위하여
③ 열정산 자료를 얻기 위하여
④ 열전도도를 측정하기 위하여

45 지름 9cm인 관 속의 유속이 30m/s이었다면 유량은 약 몇 [m^3/s]인가?

① 0.19　② 2.11
③ 2.7　④ 19.1

해설

$Q = A \cdot V$ 에서

여기서, $A = \frac{\pi}{4}D^2 = \frac{\pi}{4} \times (0.09\text{m})^2$

$V = 30\text{m/s}$

$= A \times V \fallingdotseq 0.19\text{m}^3/\text{s}$

46 프로판을 완전연소시켰을 때 주로 생성되는 물질은?

① CO_2, H_2
② CO_2, H_2O
③ C_2H_4, H_2O
④ C_4H_{10}, CO

C_3H_8의 연소반응식

$C_3H_8 + 5O_2 \rightarrow 3CO_2 + 4H_2O$

47 각 가스의 특성에 대한 설명으로 틀린 것은?

① 수소는 고온 · 고압에서 탄소강과 반응하여 수소취성을 일으킨다.
② 산소는 공기액화 분리장치를 통해 제조하며, 질소와 분리 시 비등점 차이를 이용한다.
③ 일산화탄소는 담황색의 무취기체로 허용농도는 TLV-TWA 기준으로 50ppm이다.
④ 암모니아는 붉은 리트머스를 푸르게 변화시키는 성질을 이용하여 검출할 수 있다.

③ CO : 무색, 무취

48 도시가스의 웨버지수에 대한 설명으로 옳은 것은?

① 도시가스의 총 발열량(kcal/m^3)을 가스 비중의 평방근으로 나눈 값을 말한다.
② 도시가스의 총 발열량(kcal/m^3)을 가스 비중으로 나눈 값을 말한다.
③ 도시가스의 가스 비중을 총 발열량(kcal/m^3)의 평방근으로 나눈 값을 말한다.
④ 도시가스의 가스 비중을 총 발열량(kcal/m^3)으로 나눈 값을 말한다.

해설

웨버지수(WI) $= \frac{H}{\sqrt{d}}$

여기서, H : 도시가스 총 발열량(kcal/Nm^3)
d : 공기에 대한 도시가스의 비중

49 1Therm에 해당하는 열량을 바르게 나타낸 것은?

① 10^3BTU　② 10^4BTU
③ 10^5BTU　④ 10^6BTU

50 LP가스가 불완전연소되는 원인으로 가장 거리가 먼 것은?

① 공기공급량 부족 시
② 가스의 조성이 맞지 않을 때
③ 가스기구 및 연소기구가 맞지 않을 때
④ 산소공급이 과잉일 때

정답 43.① 44.④ 45.① 46.② 47.③ 48.① 49.③ 50.④

불완전연소 원인
①, ②, ③항 이외에 프레임의 냉각 등이 있다.
※ 프레임 가스기구 등의 외형 또는 기초의 틀

51 프로판가스 224L가 완전연소하면 약 몇 [kcal]의 열이 발생되는가? (단, 표준상태 기준이며, 1mol당 발열량은 530kcal이다.)

① 530 ② 1060
③ 5300 ④ 12000

㉠ C_3H_8의 연소반응식
$C_3H_8+5O_2 \rightarrow 3CO_2+4H_2O+530kcal$
㉡ 1mol=22.4L이며, 1mol당 530kcal가 발생하므로
22.4L : 530kcal
224L : x(kcal)
$\therefore x=\frac{224\times530}{22.4}=5300kcal$

52 다음 각종 가스의 공업적 용도에 대한 설명 중 옳지 않은 것은?

① 수소는 암모니아 합성원료, 메탄올의 합성, 인조보석 제조 등에 사용된다.
② 포스겐을 알코올 또는 페놀과의 반응성을 이용해 의약, 농약, 가소제 등을 제조한다.
③ 일산화탄소는 메탄올 합성원료에 사용된다.
④ 암모니아는 열분해 또는 불완전연소시켜 카본블랙의 제조에 사용된다.

NH_3 용도
㉠ 질소비료
㉡ 액체의 경우 냉매로 사용
㉢ 질산의 제조원료

53 다음 중 제백 효과(Seebeck effect)를 이용한 온도계는? **[장치 8]**

① 열전대 온도계
② 광고 온도계
③ 서미스터 온도계
④ 전기저항 온도계

54 다음 압력 중 가장 높은 압력은?

① $1.5kg/cm^2$
② $10mH_2O$
③ 745mmHg
④ 0.6atm

$1atm=1.0332kg/cm^2$
$=10.332mH_2O$
$=760mmHg$이므로
0.6atm 단위로 통일한다면
① $\frac{1.5}{1.0332}=1.45atm$
② $\frac{10}{10.332}=0.967atm$
③ $\frac{745}{760}=0.98atm$
④ 0.6atm

55 다음 F_2의 성질에 대한 설명 중 틀린 것은?

① 담황색의 기체로 특유의 자극성을 가진 유독한 기체이다.
② 활성이 강한 원소로 거의 모든 원소와 화합한다.
③ 전기음성도가 작은 원소로서 강한 환원제이다.
④ 수소와 냉암소에서도 폭발적으로 반응한다.

③ F_2는 전기음성도가 가장 크다.
※ 전기음성도 : 화학결합 시 전자를 끌어당기는 능력의 척도이며, 순서는 다음과 같다.
F > ON > Cl > Br > C > S > I > H
(폰 염 불 탄 황 아 수)

56 가스의 연소 시 수소성분의 연소에 의하여 수증기를 발생한다. 가스발열량의 표현식으로 옳은 것은?

① 총 발열량 = 진발열량 + 현열
② 총 발열량 = 진발열량 + 잠열
③ 총 발열량 = 진발열량 − 현열
④ 총 발열량 = 진발열량 − 잠열

정답 51.③ 52.④ 53.① 54.① 55.③ 56.②

57 아세틸렌 충전 시 첨가하는 다공물질의 구비조건이 아닌 것은? [안전 11]

① 화학적으로 안정할 것
② 기계적인 강도가 클 것
③ 가스의 충전이 쉬울 것
④ 다공도가 적을 것

④ 고다공일 것

58 다음 중 LP가스의 특성으로 옳은 것은?

① LP가스의 액체는 물보다 가볍다.
② LP가스의 기체는 공기보다 가볍다.
③ LP가스는 푸른 색상을 띠며, 강한 취기를 가진다.
④ LP가스는 알코올에 녹지 않으나 물에는 잘 녹는다.

② 기체는 공기보다 무겁다.

59 수성가스(water gas)의 조성에 해당하는 것은?

① $CO+H_2$ ② CO_2+H_2
③ $CO+N_2$ ④ CO_2+N_2

60 1기압, 25℃의 온도에서 어떤 기체 부피가 88mL이었다. 표준상태에서 부피는 얼마인가? (단, 기체는 이상기체로 간주한다.)

① 56.8mL ② 73.3mL
③ 80.6mL ④ 88.8mL

보일-샤를의 법칙

$\frac{P_1V_1}{T_1}=\frac{P_2V_2}{T_2}$ 에서

$V_2=\frac{P_1V_1T_2}{T_1P_2}$ 이므로

$\therefore\ V_2=\frac{1\times88\times273}{298\times1}=80.6\text{mL}$

정답 57.④ 58.① 59.① 60.③

국가기술자격 필기시험문제

2011년 기능사 제5회 필기시험(1부) (2011년 10월 시행)

자격종목	시험시간	문제수	문제형별
가스기능사	**1시간**	**60**	**A**

수험번호		성 명	

01 고압가스 제조설비에서 누출된 가스의 확산을 방지할 수 있는 재해조치를 하여야 하는 가스가 아닌 것은?

① 황화수소 ② 시안화수소
③ 아황산가스 ④ 탄산가스

해설

누출확산 방지조치 독성 가스 종류(KGS Fp 112)(2.5.9.4) : ㉠ 염소, ㉡ 포스겐, ㉢ 불소, ㉣ 아크릴알데히드(아크로데인), ㉤ 아황산, ㉥ 시안화수소, ㉦ 황화수소

독성 가스의 누출가스 확산방지 조치(KGS Fp 112)(2.5.8.41)

구 분	간추린 핵심 내용
개 요	시가지, 하천, 터널, 도로, 수로 및 사질토 등의 특수성 지반(해저 제외) 중에 배관 설치할 경우 고압가스 종류에 따라 누출가스의 확산방지 조치를 하여야 한다.
확산방지 조치방법	이중관 및 가스누출검지 경보장치 설치

이중관의 가스 종류 및 설치장소

가스 종류	주위상황: 지상설치(하천, 수로 위 포함)	주위상황: 지하설치
염소 포스겐 불소 아크릴알데히드	주택 및 배관설치 시 정한 수평거리의 2배(500m 초과시는 500m로 함) 미만의 거리에 배관 설치구간	사업소 밖 배관 매몰설치에서 정한 수평거리 미만인 거리에 배관을 설치하는 구간
아황산 시안화수소 황화수소	주택 및 배관설치시 수평거리의 1.5배 미만의 거리에 배관 설치구간	

독성 가스 제조설비에서 누출 시 확산방지 조치하는 독성 가스	아황산, 암모니아, 염소, 염화메탄, 산화에틸렌, 시안화수소, 포스겐

02 고압가스 제조장치의 취급 설명 중 틀린 것은?

① 압력계의 밸브를 천천히 연다.
② 액화가스를 탱크에 처음 충전할 때에는 천천히 충전한다.
③ 안전밸브는 천천히 작동한다.
④ 제조장치의 압력을 상승시킬 때 천천히 상승시킨다.

③ 안전밸브는 인위적으로 작동되는 것이 아니라 고압장치 내 압력이 급상승 시 $T_P \times \frac{8}{10}$에서 급격히 작동, 내부가스를 분출시켜 장치 내의 파열 폭발을 방지한다.

03 재충전 금지용기의 안전을 확보하기 위한 기준으로 틀린 것은? **[안전 27]**

① 용기와 용기부속품을 분리할 수 있는 구조로 한다.
② 최고충전압력이 22.5MPa 이하이고 내용적이 25L 이하로 한다.
③ 납붙임 부분은 용기 몸체두께의 4배 이상의 길이로 한다.
④ 최고충전압력이 3.5MPa 이상인 경우에는 내용적이 5L 이하로 한다.

해설

(KGS Ac 216) 고압가스 재충전 금지 용기
① 용기와 용기부속품을 분리할 수 없는 구조

정답 01.④ 02.③ 03.①

04 다음 특정설비 중 재검사 대상에서 제외되는 것이 아닌 것은?

① 역화방지장치
② 자동차용 가스 자동주입기
③ 차량에 고정된 탱크
④ 독성 가스 배관용 밸브

해설

재검사 대상에서 제외되는 특정설비 종류(고압가스안전관리법 시행규칙 별표 22의 ②항)
㉠ 평저형 및 이중각 진공단열형 저온 저장탱크
㉡ 역화방지장치
㉢ 독성 가스 배관용 밸브
㉣ 자동차용 가스 자동주입기
㉤ 냉동용 특정설비
㉥ 대기식 기화장치
㉦ 저장탱크 또는 차량에 고정된 탱크에 부착되지 않는 안전밸브 긴급차단밸브
㉧ 특정고압가스용 실린더 캐비닛
㉨ 자동차용 압축천연가스 완속충전설비
㉩ 액화석유가스용 용기잔류가스 회수장치
㉪ 저장탱크 압력용기 중 다음의 것
- 초저온(저장탱크, 압력용기)
- 분리 불가능 이중관식 열교환기

05 공기 중에서의 폭발범위가 가장 넓은 가스는?

① 황화수소 ② 암모니아
③ 산화에틸렌 ④ 프로판

가스별 폭발범위

가스명	폭발범위(%)
황화수소	4.3~45
암모니아	15~28
산화에틸렌	3~80
프로판	2.1~9.5

06 다음 중 용기의 도색이 백색인 가스는? (단, 의료용 가스용기를 제외한다.) **[안전 3]**

① 액화염소
② 질소
③ 산소
④ 액화암모니아

공업용 용기의 도색
① 염소(갈색)
② 질소(회색)
③ 산소(녹색)
④ 암모니아(백색)

07 LPG가 충전된 납붙임 또는 접합용기는 얼마의 온도에서 가스누출시험을 할 수 있는 온수시험 탱크를 갖추어야 하는가?

① 20~32℃
② 35~45℃
③ 46~50℃
④ 60~80℃

08 포스겐의 취급 방법에 대한 설명 중 틀린 것은?

① 포스겐을 함유한 폐기액은 산성 물질로 충분히 처리한 후 처분한다.
② 취급 시에는 반드시 방독마스크를 착용한다.
③ 환기시설을 갖추어 작업한다.
④ 누출 시 용기가 부식되는 원인이 되므로 약간의 누출에도 주의한다.

㉠ 포스겐 : 염기성 물질로 제독
㉡ 제독제 : 가성소다수용액, 소석회

09 독성 가스용 가스누출 검지경보장치의 경보농도 설정치는 얼마 이하로 정해져 있는가? **[안전 18]**

① ±5%
② ±10%
③ ±25%
④ ±30%

가스누출 경보기 차단장치 설치(KGS Fu 282)
가스별 경보농도 설정치

가스별	설정치(%)
가연성	±25
독성	±30

정답 04.③ 05.③ 06.④ 07.③ 08.① 09.④

10 도시가스시설 설치 시 일부 공정 시공감리 대상이 아닌 것은? **[안전 99]**

① 일반 도시가스사업자의 배관
② 가스도매사업자의 가스공급시설
③ 일반 도시가스사업자의 배관(부속시설 포함) 이외의 가스공급시설
④ 시공감리의 대상이 되는 사용자 공급관

① 전공정 감리대상

11 고압가스 배관을 도로에 매설하는 경우에 대한 설명으로 틀린 것은?

① 원칙적으로 자동차 등의 하중의 영향이 적은 곳에 매설한다.
② 배관의 외면으로부터 도로의 경계까지 1m 이상의 수평거리를 유지한다.
③ 배관을 그 외면으로부터 도로 밑의 다른 시설물과 0.6m 이상의 거리를 유지한다.
④ 시가지의 도로 밑에 배관을 설치하는 경우 보호판을 배관의 정상부로부터 30cm 이상 떨어진 그 배관의 직상부에 설치한다.

배관의 도로 밑 매설(KGS Fp 112) (2.5.7.2.3)
③ 배관은 그 외면으로부터 도로 밑 다른 시설물과 0.3m 이상의 거리를 유지한다.

12 가연성 제조공장에서 착화의 원인으로 가장 거리가 먼 것은? **[설비 25]**

① 정전기
② 베릴륨합금제 공구에 의한 충격
③ 사용 촉매의 접촉작용
④ 밸브의 급격한 조작

② 베릴륨합금제 : 불꽃이 발생되지 않는 안전한 공구로서 가연성을 취급하는 공장에서 쓰임

13 일산화탄소에 대한 설명으로 틀린 것은?

① 공기보다 가볍고 무색, 무취이다.
② 산화성이 매우 강한 기체이다.
③ 독성이 강하고 공기 중에서 잘 연소한다.
④ 철족의 금속과 반응하여 금속카르보닐을 생성한다.

14 이상기체 1mol이 100℃, 100기압에서 0.1기압으로 등온가역적으로 팽창할 때 흡수되는 최대열량은 약 몇 [cal]인가? (단, 기체상수는 1987cal/mol · K이다.)

① 5020cal ② 5080cal
③ 5120cal ④ 5190cal

등온 가역적 흡수열량

$Q = nRT\ln\frac{P_1}{P_2}$ 이므로

여기서, n : 1mol
R : 1.987cal/mol · K
T : (273+100)=373K
P_1 : 100atm
P_2 : 0.1atm

$\therefore\ Q = 1\times1.987\times373\times\ln\frac{100}{0.1} \fallingdotseq 5120\text{cal}$

15 고압가스 용기 제조의 시설기준에 대한 설명 중 틀린 것은? **[안전 11]**

① 용기 동판의 최대두께와 최소두께와의 차이는 평균두께의 10% 이하로 한다.
② 초저온 용기는 오스테나이트계 스테인리스강 또는 알루미늄합금으로 제조한다.
③ 아세틸렌용기에 충전하는 다공물질은 다공도가 70% 이상 95% 미만으로 한다.
④ 용기에는 프로텍터 또는 캡을 고정식 또는 체인식으로 부착한다.

③ C_2H_2 용기 다공물질의 다공도 75% 이상 92% 미만

16 도시가스 누출 시 폭발사고를 예방하기 위하여 냄새가 나는 물질인 부취제를 혼합시킨다. 이 때 부취제의 공기 중 혼합 비율의 용량은? **[안전 55]**

① 1/1000 ② 1/2000
③ 1/3000 ④ 1/5000

정답 10.① 11.③ 12.② 13.② 14.③ 15.③ 16.①

17 다음 고압가스 압축작업 중 작업을 즉시 중단해야 하는 경우가 아닌 것은? [안전 78]

① 아세틸렌 중 산소용량이 전용량의 2% 이상의 것
② 산소 중 가연성 가스(아세틸렌, 에틸렌 및 수소를 제외한다)의 용량이 전용량의 4% 이상의 것
③ 산소 중 아세틸렌, 에틸렌 및 수소의 용량 합계가 전용량의 2% 이상인 것
④ 시안화수소 중 산소용량이 전용량의 2% 이상의 것

④ HCN은 일반 가연성 가스이므로 4% 산소와 4% 이상 압축금지

18 다음 중 가스의 폭발범위가 틀린 것은?

① 일산화탄소 : 12.5~74%
② 아세틸렌 : 2.5~81%
③ 메탄 : 2.1~9.8%
④ 수소 : 4~75%

메탄의 폭발범위 : 5~15%

19 액화석유가스 저장탱크의 저장능력 산정 시 저장능력은 몇 [℃]에서의 액비중을 기준으로 계산하는가?

① 0℃ ② 15℃
③ 25℃ ④ 40℃

20 이동식 압축도시가스 자동차 시설기준에서 처리설비, 이동충전차량 및 충전설비의 외면으로부터 화기를 취급하는 장소까지 몇 [m] 이상의 우회거리를 유지하여야 하는가?

① 5m ② 8m
③ 12m ④ 20m

21 고압가스를 운반하는 차량의 경계표지 크기의 가로 치수는 차체 폭의 몇 [%] 이상으로 하여야 하는가? [안전 34]

① 10% ② 20%
③ 30% ④ 50%

경계표지

구 분		내 용
직사각형	가로	차폭의 30% 이상
	세로	가로의 20% 이상
정사각형		전체 경계면적 $600cm^2$ 이상

22 독성 가스를 운반하는 차량에 반드시 갖추어야 할 용구나 물품이 아닌 것은? [안전 39]

① 방독면
② 제독제
③ 고무장갑
④ 소화장비

④ 소화장비 : 가연성, 산소운반 시 휴대하는 물품

23 아세틸렌에 대한 설명 중 틀린 것은?

① 액체아세틸렌은 비교적 안정하다.
② 접촉적으로 수소화하면 에틸렌, 에탄이 된다.
③ 압축하면 탄소와 수소로 자기분해 한다.
④ 구리 등의 금속과 화합 시 금속 아세틸라이드를 생성한다.

① 액체아세틸렌보다 고체아세틸렌이 안정

24 프로판가스의 위험도(H)는 약 얼마인가?

① 2.2 ② 3.3
③ 9.5 ④ 17.7

C_3H_8의 폭발범위 2.1~9.5%이므로

$$\therefore \text{위험도} = \frac{9.5-2.1}{2.1} = 3.5$$

25 고압가스 일반 제조시설에서 저장탱크를 지상에 설치한 경우 다음 중 방류둑을 설치하여야 하는 것은? [안전 15]

① 액화산소 저장능력 900톤
② 염소 저장능력 4톤
③ 암모니아 저장능력 10톤
④ 액화질소 저장능력 1000톤

정답 17.④ 18.③ 19.④ 20.② 21.③ 22.④ 23.① 24.② 25.③

해설
① 액화산소 : 1000t 이상
② 염소 : 5t 이상
③ 암모니아 : 5t 이상
④ 질소 : 방류둑 설치에 해당되지 않음

26 용기의 재검사 주기에 대한 기준으로 틀린 것은? **[안전 68]**

① 용접용기로서 신규검사 후 15년 이상 20년 미만의 용기는 2년 마다 재검사
② 500L 이상 이음매 없는 용기는 5년 마다 재검사
③ 저장탱크가 없는 곳에 설치한 기화기는 2년 마다 재검사
④ 압력용기는 4년 마다 재검사

해설
③ 저장탱크가 없는 곳에 설치한 기화기는 3년 마다 재검사

27 고압가스 저장탱크 2개를 지하에 인접하여 설치하는 경우 상호 간에 유지하여야 할 최소 거리의 기준은?

① 0.6m 이상　② 1m 이상
③ 1.2m 이상　④ 1.5m 이상

28 용기에 표시된 각인 기호 중 연결이 잘못된 것은?

① F_P－최고충전압력
② T_P－검사일
③ V－내용적
④ W－질량

해설
② T_P : 내압시험압력

29 고압가스 운반기준에 대한 설명 중 틀린 것은 어느 것인가? **[안전 4]**

① 밸브가 돌출한 충전용기는 고정식 프로텍터나 캡을 부착하여 밸브의 손상을 방지한다.
② 충전용기를 차에 싣을 때에는 넘어지거나 부딪침 등으로 충격을 받지 않도록 주의하여 취급한다.
③ 소방기본법이 정하는 위험물과 충전용기를 동일차량에 적재 시에는 1m 정도 이격시킨 후 운반한다.
④ 염소와 아세틸렌 · 암모니아 또는 수소는 동일차량에 적재하여 운반하지 않는다.

해설
③ 충전용기와 위험물안전관리법에서 정하는 위험물을 동일차량에 적재하여 운반하지는 않는다.

30 일정압력, 20℃에서 체적 1L의 가스는 40℃에서는 약 몇 [L]가 되는가?

① 1.07L　② 1.21L
③ 1.30L　④ 2L

해설
$\dfrac{V_1}{T_1}=\dfrac{V_2}{T_2}$ 에서

$V_2=\dfrac{V_1 T_2}{T_1}$ 이므로

여기서, V_1 : 1L
T_1 : 273＋20＝293K
T_2 : 293＋40＝313K

$\therefore V_2=\dfrac{1\times 313}{293}=1.07\text{L}$

31 액화가스의 비중이 0.8, 배관 직경이 50mm 이고, 유량이 15ton/h일 때 배관 내의 평균 유속은 약 몇 [m/s]인가?

① 1.80m/s
② 2.66m/s
③ 7.56m/s
④ 8.52m/s

해설
중량유량
$G=\gamma A V$에서

$V=\dfrac{G}{\gamma \cdot A}$ 이므로

여기서, G : 15ton/hr＝15m^3/3600s
γ : 0.8×10^3kg/m^3
A : $\dfrac{\pi}{4}\times(0.05\text{m})^2$

$\therefore V=\dfrac{15/3600}{0.8\times 10^3\times\dfrac{\pi}{4}\times(0.05)^2}=2.65\text{m/s}$

정답 26.③ 27.② 28.② 29.③ 30.① 31.②

32 100A용 가스누출 경보차단장치의 차단시간은 얼마 이내이어야 하는가?

① 20초 ② 30초
③ 1분 ④ 3분

33 다음 열전대 중 측정온도가 가장 높은 것은 어느 것인가? [장치 8]

① 백금-백금 · 로듐형
② 크로멜-알루멜형
③ 철-콘스탄탄형
④ 동-콘스탄탄형

열전대의 종류 및 측정 가능온도
㉠ PR(백금-백금 · 로듐) : 1600℃
㉡ CA(크로멜-알루멜) : 1200℃
㉢ IC(철-콘스탄탄) : 800℃
㉣ CC(동-콘스탄탄) : 400℃

34 다음 중 초저온 저장탱크의 측정에 많이 사용되며 차압에 의해 액면을 측정하는 액면계는?

① 햄프슨식 액면
② 전지저항식 액면계
③ 초음파식 액면
④ 크링카식 액면계

35 회전식 펌프의 특징에 대한 설명으로 틀린 것은?

① 고점도액에도 사용할 수 있다.
② 토출압력이 낮다.
③ 흡입양정이 적다.
④ 소음이 크다.

36 펌프의 유량이 100m³/s, 전양정 50m, 효율이 75%일 때 회전수를 20% 증가시키면 소요동력은 몇 배가 되는가? [설비 35]

① 1.44
② 1.73
③ 2.36
④ 3.73

회전수 N_1에서 N_2로 변경 시
변경된 동력

$$P_2 = P_1 \times \left(\frac{N_1}{N_2}\right)^3 = P_1 \times \left(\frac{N+0.2N}{N}\right)^3 = 1.73$$

펌프 회전수 변경 시 및 상사로 운전 시 변경(송수량, 양정, 동력값)

구 분		내 용
회전수를 $N_1 \to N_2$로 변경한 경우	송수량 (Q_2)	$Q_2 = Q_1 \times \left(\frac{N_2}{N_1}\right)^1$
	양정 (H_2)	$H_2 = H_1 \times \left(\frac{N_2}{N_1}\right)^2$
	동력 (P_2)	$P_2 = P_1 \times \left(\frac{N_2}{N_1}\right)^3$
회전수를 $N_1 \to N_2$로 변경과 상사로 운전 시 ($D_1 \to D_2$ 변경)	송수량 (Q_2)	$Q_2 = Q_1 \times \left(\frac{N_2}{N_1}\right)^1 \left(\frac{D_2}{D_1}\right)^3$
	양정 (H_2)	$H_2 = H_1 \times \left(\frac{N_2}{N_1}\right)^2 \left(\frac{D_2}{D_1}\right)^2$
	동력 (P_2)	$P_2 = P_1 \times \left(\frac{N_2}{N_1}\right)^3 \left(\frac{D_2}{D_1}\right)^5$

기호 설명

- Q_1, Q_2 : 처음 및 변경된 송수량
- H_1, H_2 : 처음 및 변경된 양정
- P_1, P_2 : 처음 및 변경된 동력
- N_1, N_2 : 처음 및 변경된 회전수

37 실측식 가스미터가 아닌 것은? [장치 21]

① 루트식 ② 로터리 피스톤식
③ 습식 ④ 터빈식

④ 터빈식 : 추량식 가스미터

38 가스 배관설비에 전단응력이 일어나는 원인으로 가장 거리가 먼 것은?

① 파이프의 구배
② 냉간가공의 응력
③ 내부압력의 응력
④ 열팽창에 의한 응력

응력의 원인
②, ③, ④항 이외에 용접에 의한 응력, 관의 굽힘에 의한 힘의 영향

정답 32.② 33.① 34.① 35.② 36.② 37.④ 38.①

39 부취제 중 황화합물의 화학적 안전성을 순서대로 바르게 나열한 것은?

① 이황화물 > 메르캅탄 > 환상황화물
② 메르캅탄 > 이황화물 > 환상황화물
③ 환상황화물 > 이황화물 > 메르캅탄
④ 이황화물 > 환상황화물 > 메르캅탄

40 다음 가스에 대한 가스용기의 재질로 적절하지 않은 것은?

① LPG : 탄소강
② 산소 : 크롬강
③ 염소 : 탄소강
④ 아세틸렌 : 구리합금강

C_2H_2 용기는 탄소강을 사용
Cu를 사용 시 Cu_2C_2(동아세틸라이드) 생성으로 폭발의 우려가 있음

41 진탕형 오토클레이브의 특징이 아닌 것은 어느 것인가? **[장치 4]**

① 가스누출의 가능성이 없다.
② 고압력에 사용할 수 있고 반응물의 오손이 없다.
③ 뚜껑판에 뚫어진 구멍에 촉매가 끼여 들어갈 염려가 있다.
④ 교반효과가 뛰어나며 교반형에 비하여 효과가 크다.

④ 교반형 장점 : 교반효과가 뛰어나며 진탕식에 비해 효과가 크다.
진탕형의 특징 : 상기 항목 이외에 장치 전체의 진동이 있어 본체로부터 압력계를 떨어져 설치하여야 한다.

42 가스액화 사이클 중 비점이 점차 낮은 냉매를 사용하여 저비점의 기체를 액화하는 사이클로서 다원액화 사이클이라고도 하는 것은? **[장치 24]**

① 클로드식 공기액화 사이클
② 캐피자식 공기액화 사이클
③ 필립스의 공기액화 사이클
④ 캐스케이드식 공기액화 사이클

43 쉽게 고압이 얻어지고 유량조정범위가 넓어 LPG 충전소에 주로 설치되어 있는 압축기는?

① 스크루 압축기 ② 스크롤 압축기
③ 베인 압축기 ④ 왕복식 압축기

44 면적 가변식 유량계의 특징이 아닌 것은 어느 것인가?

① 소용량 측정이 가능하다.
② 압력손실이 크고 거의 일정하다.
③ 유효 측정범위가 넓다.
④ 직접 유량을 측정한다.

② 면적식 유량계 : 압력손실이 적음

45 배관용 보온재의 구비조건으로 옳지 않은 것은?

① 장시간 사용온도에 견디며, 변질되지 않을 것
② 가공이 균일하고 비중이 적을 것
③ 시공이 용이하고 열전도율이 클 것
④ 흡습, 흡수성이 적을 것

③ 열전도율이 적을 것
그 밖에 화학적으로 안정할 것, 경제적일 것

46 이상기체 상태방정식의 R값을 옳게 나타낸 것은? **[설비 41]**

① 8.314L · atm/mol · °R
② 0.082L · atm/mol · K
③ $8.314m^3$ · atm/mol · K
④ 0.082J/mol · K

°R = 0.082atm · L/mol · K
= 1.987cal/mol · K
= 8.314J/mol · K

47 다음 중 불연성 가스는?

① CO_2 ② C_3H_5
③ C_2H_2 ④ C_2H_4

정답 39.③ 40.④ 41.④ 42.④ 43.④ 44.② 45.③ 46.② 47.①

48 가장 높은 압력을 나타내는 것은 어느 것인가?

① 101.325kPa ② 10.33mmH₂O
③ 1013hPa ④ 30.69PSI

1atm=101.325kPa=10.33mH₂O
=1013hPa=14.7PSI에서
PSI로 단위를 통일하므로
① 101.325kPa=14.7PSI
② 10.33mH₂O=14.7PSI
③ 1013hPa=14.7PSI
④ 30.69PSI

1hPa=100Pa

49 1몰의 프로판을 완전연소시키는 데 필요한 산소의 몰수는?

① 3몰 ② 4몰
③ 5몰 ④ 6몰

C_3H_8의 연소반응식
$C_3H_8+5O_2 \rightarrow 3CO_2+4H_2O$에서
C_3H_8과 O_2가 1 : 5이므로
1mol당 필요산소의 mol 수는 5mol이다.

50 도시가스의 제조 공정이 아닌 것은 어느 것인가? **[안전 124]**

① 열분해 공정 ② 접촉분해 공정
③ 수소화분해 공정 ④ 상압증류 공정

①, ②, ③항 이외에 부분연소공정 등이 있다.

51 표준상태 하에서 증발열이 큰 순서에서 적은 순으로 옳게 나열된 것은?

① NH_3－LNG－H_2O－LPG
② NH_3－LPG－LNG－H_2O
③ H_2O－NH_3－LNG－LPG
④ H_2O－LNG－LPG－NH_3

52 대기압 하의 공기로부터 순수한 산소를 분리하는 데 이용되는 액체산소의 끓는점은 몇 [℃]인가?

① －140 ② －183
③ －196 ④ －273

53 임계압력(atm)이 가장 높은 가스는?

① CO ② C_2H_4
③ HCN ④ Cl_2

가스별 임계압력

가스별	임계압력(atm)
CO	34.5
C_2H_4(에틸렌)	9.9
HCN(시안화수소)	53
Cl_2(염소)	76

54 공기액화 분리장치의 폭발원인으로 볼 수 없는 것은? **[장치 13]**

① 공기취입구로부터 O_2 혼입
② 공기취입구로부터 C_2H_2 혼입
③ 액체 공기 중에 O_3 혼입
④ 공기 중에 있는 NO_2의 혼입

① 공기취입구로부터 C_2H_2의 혼입

55 일정한 입력에서 20℃인 기체의 부피가 2배 되었을 때의 온도는 몇 [℃]인가?

① 293 ② 313
③ 323 ④ 486

$\frac{V_1}{T_1}=\frac{V_2}{T_2}$에서
기체의 부피가 2배이므로 $V_2=2V_1$이다.
$T_2=\frac{T_1\times 2V_1}{V_1}=293\times 2=586\text{K}$
∴ 586－273＝313℃

56 다음 중 공기보다 가벼운 가스는?

① O_2 ② SO_2
③ CO ④ CO_2

각 가스별 분자량
① O_2=32g
② SO_2=64g
③ CO=28g
④ CO_2=44g
∴ 공기의 분자량은 29g이므로 ③ CO=28g이다.

정답 48.④ 49.③ 50.④ 51.③ 52.② 53.④ 54.① 55.② 56.③

57 다음 중 LNG와 LPG에 대한 설명으로 옳은 것은?

① LPG는 대체천연가스 또는 합성천연가스를 말한다.
② 액체상태의 나프타를 LNG라 한다.
③ LNG는 각종 석유가스의 총칭이다.
④ LNG는 액화천연가스를 말한다.

58 다음 암모니아 제법 중 중압합성 방법이 아닌 것은? **[설비 24]**

① 카자레법 ② 뉴우데법
③ 케미크법 ④ 뉴파우더법

① 고압합성법

59 아세틸렌(C_2H_2)에 대한 설명 중 옳지 않은 것은?

① 시안화수소와 반응 시 아세트알데히드를 생성한다.
② 폭발범위(연소범위)는 약 2.5~81%이다.
③ 공기 중에서 연소하면 잘 탄다.
④ 무색이고, 가연성이다.

$C_2H_2 + HCN \rightarrow CH_2=CHCN$
반응 시 아크릴로니트릴($CH_2=CHCN$)이 생성

CH_3CHO(아세트알데히드)

$C_2H_4 + \frac{1}{2}O_2 \rightarrow CH_3CHO$
(에틸렌의 산화반응 시 발생)

60 다음 중 천연가스의 성질에 대한 설명으로 틀린 것은?

① 주성분은 메탄이다.
② 독성이 없고, 청결한 가스이다.
③ 공기보다 무거워 누출 시 바닥에 고인다.
④ 발열량은 약 9500~10500kcal/m^3 정도이다.

③ 천연가스는 CH_4이 주성분이므로 CH_3=16g으로 공기보다 가볍다.

정답 57.④ 58.① 59.① 60.③

국가기술자격 필기시험문제

2012년 기능사 제1회 필기시험(1부) (2012년 2월 시행)

자격종목	시험시간	문제수	문제형별
가스기능사	**1시간**	**60**	**A**

수험번호		성 명	

01 탱크를 지상에 설치하고자 할 때 방류둑을 설치하지 않아도 되는 저장탱크는? **[안전 15]**

① 저장능력 1000톤 이상의 질소탱크
② 저장능력 1000톤 이상의 부탄탱크
③ 저장능력 1000톤 이상의 산소탱크
④ 저장능력 5톤 이상의 염소탱크

① 방류둑 설치 대상가스 : 독성, 가연성, 산소

02 액화석유가스 충전소에서 저장탱크를 지하에 설치하는 경우에는 철근콘크리트로 저장탱크실을 만들고 그 실내에 설치하여야 한다. 이때 저장탱크 주위의 빈 공간에는 무엇을 채워야 하는가? **[안전 6]**

① 물
② 마른 모래
③ 자갈
④ 콜타르

지하 저장탱크

탱크 구분	저장탱크실에 채워넣는 물질
고압가스 저장탱크	마른 모래
LPG 저장탱크	세립분을 함유하지 않은 마른 모래

03 독성 가스 배관은 안전한 구조를 갖도록 하기 위해 2중관 구조로 하여야 한다. 다음 가스 중 2중관으로 하지 않아도 되는 가스는 어느 것인가? **[안전 58]**

① 암모니아 ② 염화메탄
③ 시안화수소 ④ 에틸렌

2중관을 설치해야 하는 가스의 종류 : 아황산, 암모니아, 염소, 염화메탄, 산화에틸렌, 시안화수소, 포스겐, 황화수소

04 자연환기설비 설치 시 LP가스의 용기보관실 바닥면적이 $3m^2$라면 통풍구의 크기는 몇 [cm^2] 이상으로 하도록 되어 있는가? (단, 철망 등이 부착되어 있지 않은 것으로 간주한다.)

① 500 ② 700
③ 900 ④ 1,100

통풍구의 크기
바닥면적 $1m^2$당 $300cm^2$ 이상의 크기
(바닥면적의 3% 이상의 크기)
$1m^2 = 10000cm^2$이므로
$3m^2 = 30000cm^2$

$\therefore\ 30000 \times \frac{3}{100} = 900cm^2$

05 자동차 용기 충전시설에 게시한 "화기엄금"이라 표시한 게시판의 색상은? **[안전 5]**

① 황색바탕에 흑색 문자
② 백색바탕에 적색 문자
③ 흑색바탕에 황색 문자
④ 적색바탕에 백색 문자

자동차 충전시설에

충전 중 엔진정지 의 경우

바탕색 : 황색, 글자색 : 흑색

정답 01.① 02.② 03.④ 04.③ 05.②

06 제조소의 긴급용 벤트스택 방출구의 위치는 작업원이 항시 통행하는 장소로부터 얼마나 이격되어야 하는가? **[안전 76]**

① 5m 이상 ② 10m 이상
③ 15m 이상 ④ 30m 이상

벤트스택 방출구 위치

구 분	작업원이 통행하는 장소로부터 이격거리
긴급용 및 공급시설	10m 이상
그 밖의 시설	5m 이상

07 내용적이 1천L를 초과하는 염소용기의 부식 여유두께의 기준은?

① 2mm 이상 ② 3mm 이상
③ 4mm 이상 ④ 5mm 이상

해설

용기의 종류에 따른 부식 여유두께 수치(KGS Ac 211) (p11)

용기의 종류		부식 여유두께 수치
암모니아 충전용기	내용적 1천L 이하	1
	내용적 1천L 초과	2
염소 충전용기	내용적 1천L 이하	3
	내용적 1천L 초과	5

08 고압가스 용접용기 제조 시 용기 동판의 최대두께와 최소두께의 차이는 평균두께의 몇 [%] 이하로 하여야 하는가? **[안전 106]**

① 10% ② 20%
③ 30% ④ 40%

해설

고압용기 동판의 최대두께와 최소두께의 차이

용기 구분	내 용
용접용기	평균두께의 10% 이하
이음매 없는 용기	평균두께의 20% 이하

09 일반 도시가스사업자가 선임하여야 하는 안전점검원 선임의 기준이 되는 배관길이 산정 시 포함되는 배관은? **[안전 118]**

① 사용자 공급관
② 내관
③ 가스사용자 소유 토지 내의 본관
④ 공공도로 내의 공급관

해설

도시가스사업자의 안전점검원 선임기준 배관(KGS Fs 551) (3.1.4.3.3)

구 분	간추린 핵심 내용
선임 대상 배관	공공도로 내의 공급관(단, 사용자 공급관, 사용자 소유 본관, 내관은 제외)
선임 시 고려사항	㉠ 배관 매설지역(도심 시외곽 지역 등) ㉡ 시설의 특성 ㉢ 배관의 노출 유무, 굴착공사 빈도 등 ㉣ 안전장치 설치 유무(원격 차단밸브, 전기방식 등)
선임기준이 되는 배관길이	㉠ 60km 이하 범위 ㉡ 15km를 기준으로 1명씩 선임된 자를 배관 안전점검원이라 함

10 가연성 가스로 인한 화재의 종류는 어느 것인가? **[설비 36]**

① A급 화재 ② B급 화재
③ C급 화재 ④ D급 화재

해설

㉠ A급 : 일반 화재 ㉡ B급 : 가스, 유류 화재
㉢ C급 : 전기화재 ㉣ D급 : 금속화재

11 고압가스(산소, 아세틸렌, 수소)의 품질검사 주기의 기준은? **[안전 36]**

① 1월 1회 이상 ② 1주 1회 이상
③ 3일 1회 이상 ④ 1일 1회 이상

12 도시가스 사용시설의 배관은 움직이지 아니하도록 고정·부착하는 조치를 하도록 규정하고 있는데 다음 중 배관의 호칭지름에 따른 고정간격의 기준으로 옳은 것은 어느 것인가? **[안전 71]**

① 배관의 호칭지름 20mm인 경우 2m 마다 고정
② 배관의 호칭지름 32mm인 경우 3m 마다 고정
③ 배관의 호칭지름 40mm인 경우 4m 마다 고정
④ 배관의 호칭지름 65mm인 경우 5m 마다 고정

배관의 고정·부착 조치
① 13mm 이상 33mm 미만 : 2m 마다

13 일반 도시가스사업의 가스공급시설에서 중압 이하의 배관과 고압 배관을 매설하는 경우 서로 몇 [m] 이상의 거리를 유지하여 설치하여야 하는가? **[안전 131]**

① 1m ② 2m
③ 3m ④ 5m

일반 도시가스사업 제조소 공급소 밖 배관의 시설기술 검사기준(KGS Fs 551)
1-8 배관 설치제한
- 고압 배관과 근접 설치제한 : 중압 이하 배관과 고압 배관은 2m 이상 거리 유지(단, 기존 설치 배관의 지반침하 손상방지를 위해 철근콘크리트 방호구조물 안에 설치 시 1m 이상으로 할 수 있다.)

14 고압가스 일반 제조소에서 저장탱크 설치 시 물분무장치는 동시에 방사할 수 있는 최대 수량을 몇 분 이상 연속하여 방사할 수 있는 수원에 접속되어 있어야 하는가? **[안전 69]**

① 30분 ② 45분
③ 60분 ④ 90분

15 아세틸렌을 용기에 충전할 때에는 미리 용기에 다공물질을 고루 채운 후 침윤 및 충전을 하여야 한다. 이때 다공도는 얼마로 하여야 하는가? **[안전 11]**

① 75% 이상 92% 미만
② 70% 이상 95% 미만
③ 62% 이상 75% 미만
④ 92% 이상

16 다음 중 냄새로 누출여부를 쉽게 알 수 있는 가스는?

① 질소, 이산화탄소
② 일산화탄소, 아르곤
③ 염소, 암모니아
④ 에탄, 부탄

③ NH_3, Cl_2 : 자극적인 냄새

17 다음 중 독성이면서 가연성인 가스는 어느 것인가? **[안전 17]**

① SO_2 ② $COCl_2$
③ HCN ④ C_2H_6

독성 · 가연성 가스
벤젠, 시안화수소, 일산화탄소, 산화에틸렌, 염화메탄, 황화수소, 이황화탄소, 석탄가스, 암모니아, 브롬화메탄

18 저장능력이 1ton인 액화염소 용기의 내용적(L)은? (단, 액화염소 정수(C)는 0.80이다.) **[안전 30]**

① 400 ② 600
③ 800 ④ 1000

액화가스 용기의 저장능력 산정식
$W=\frac{V}{C}$이므로
$\therefore\ V=W\times C$
$=1000\times0.80=800\text{L}$

19 고압가스 운반 등의 기준으로 틀린 것은 어느 것인가?

① 고압가스를 운반하는 때에는 재해방지를 위하여 필요한 주의사항을 기재한 서면을 운전자에게 교부하고 운전 중 휴대하게 한다.
② 차량의 고장, 교통사정 또는 운전자의 휴식 등 부득이한 경우를 제외하고는 장시간 정차하여서는 안 된다.
③ 고속도로 운행 중 점심식사를 하기 위해 운반책임자와 운전자가 동시에 차량을 이탈할 때에는 시건장치를 하여야 한다.
④ 지정한 도로, 시간, 속도에 따라 운반하여야 한다.

③ 고압가스를 적재하여 운반하는 차량은 차량의 고장, 교통사정이나 운반책임자 또는 운전자의 휴식 등 부득이한 경우를 제외하고 장시간 정차하여서는 안 되며, 운반책임자와 운전자가 동시에 차량에서 이탈해서는 아니 된다.

정답 13.② 14.① 15.① 16.③ 17.③ 18.③ 19.③

20 정압기지의 방호벽을 철근콘크리트 구조로 설치할 경우 방호벽 기초의 기준에 대한 설명 중 틀린 것은? **[안전 104]**

① 일체로 된 철근콘크리트 기초로 한다.
② 높이 350mm 이상, 되메우기 깊이는 300mm 이상으로 한다.
③ 두께 200mm 이상, 간격 3200mm 이하의 보조벽을 본체와 직각으로 설치한다.
④ 기초의 두께는 방호벽 최하부 두께의 120% 이상으로 한다.

해설
가스도매사업 정압기지 및 밸브기지의 시설 · 기술 검사기준(KGS Fs 452)(2.8.2) 방호벽 설치 : 지상에 설치하는 정압기실 벽은 철근콘크리트, 콘크리트 블록제 방호벽으로 설치

- 철근콘크리트 방호벽 : 두께 120mm 이상, 높이 2000mm 이상, 9mm 이상 철근을 400mm×400mm 이하의 간격으로 배근 결속

21 고압가스 제조설비의 계장회로에는 제조하는 고압가스의 종류 · 온도 및 압력과 제조설비의 상황에 따라 안전확보를 위한 주요 부분에 설비가 잘못 조작되거나 정상적인 제조를 할 수 없는 경우에 자동으로 원재료의 공급을 차단시키는 등 제조설비 안의 제조를 제어할 수 있는 장치를 설치하는 데 이를 무엇이라 하는가?

① 인터록 제어장치 ② 긴급차단장치
③ 긴급이송설비 ④ 벤트스택

22 다음 중 독성(TLV-TWA)이 가장 강한 가스는?

① 암모니아 ② 황화수소
③ 일산화탄소 ④ 아황산가스

해설
독성 가스의 농도

가스명	허용농도(ppm)	
	TLV-TWA	LC 50
암모니아	25	7338
황화수소	10	444
일산화탄소	50	3760
아황산	2	2620

23 독성 가스 배관을 지하에 매설할 경우 배관은 그 가스가 혼입될 우려가 있는 수도시설과 몇 [m] 이상의 거리를 유지하여야 하는가? **[안전 1]**

① 50m ② 100m
③ 200m ④ 300m

24 같은 성질을 가진 가스로만 나열된 것은?

① 에탄, 에틸렌
② 암모니아, 산소
③ 오존, 아황산가스
④ 헬륨, 염소

해설
① 에탄(3~12.5%), 에틸렌(2.7~36%)인 가연성 가스

25 고압가스 용기의 안전점검 기준에 해당되지 않는 것은?

① 용기의 부식, 도색 및 표시 확인
② 용기의 캡이 씌워져 있거나 프로텍터의 부착여부 확인
③ 재검사 기간의 도래여부를 확인
④ 용기의 누출을 성냥불로 확인

26 가스공급시설의 임시사용 기준 항목이 아닌 것은?

① 도시가스 공급이 가능한지의 여부
② 도시가스의 수급상태를 고려할 때 해당 지역에 도시가스의 공급이 필요한지의 여부
③ 공급의 이익 여부
④ 가스공급시설을 사용할 때 안전을 해칠 우려가 있는지의 여부

27 용기의 파열사고 원인으로 가장 거리가 먼 것은?

① 용기의 내압력 부족
② 용기의 내압 상승
③ 용기 내에서 폭발성 혼합가스에 의한 발화
④ 안전밸브의 작동

정답 20.③ 21.① 22.④ 23.④ 24.① 25.④ 26.③ 27.④

해설
④ 안전밸브 작동 시 내부압력이 내려갔으므로 파열되지 않음

28 도시가스 배관의 철도궤도 중심과 이격거리 기준으로 옳은 것은?

① 1m 이상 ② 2m 이상
③ 4m 이상 ④ 5m 이상

29 충전용기보관실의 온도는 항상 몇 [℃] 이하를 유지하여야 하는가?

① 40℃ ② 45℃
③ 50℃ ④ 55℃

30 시안화수소가스는 위험성이 매우 높아 용기에 충전·보관할 때는 안정제를 첨가하여야 한다. 적합한 안정제는?

① 염산 ② 이산화탄소
③ 황산 ④ 질소

시안화수소 안정제(KGS Fp 112) (3.2.2.2)
㉠ 법령에 규정된 안정제 : 황산, 아황산
㉡ 일반 안정제 : 동, 동망, 염화칼슘, 오산화인

31 가스폭발 사고의 근본적인 원인으로 가장 거리가 먼 것은?

① 내용물의 누출 및 확산
② 화학반응열 또는 잠열의 축적
③ 누출경보장치의 미비
④ 착화원 또는 고온물의 생성

32 정압기의 선정 시 유의사항으로 가장 거리가 먼 것은?

① 정압기의 내압성능 및 사용최대차압
② 정압기의 용량
③ 정압기의 크기
④ 1차 압력과 2차 압력 범위

33 가스용품 제조허가를 받아야 하는 품목이 아닌 것은?

① PE 배관
② 매몰형 정압기
③ 로딩암
④ 연료전지

허가대상 가스용품의 범위(액화석유가스 안전관리법 시행규칙 별표 4)

가스용품 제조허가를 받아야 하는 품목
㉠ 압력조정기
㉡ 가스누출 자동 차단장치
㉢ 정압기용 필터(정압기에 내장된 것 제외)
㉣ 매몰형 정압기
㉤ 호스
㉥ 배관용 밸브(볼밸브 및 글로브밸브),
㉦ 콕(퓨즈콕, 상자콕, 주물연소기용 노즐콕 및 업무용 대형 연소기형 노즐콕)
㉧ 배관이음관
㉨ 강제혼합식 버너
㉩ 연소기[(가스소비량 232.6kW)(20만kcal) 이하인 것]
㉪ 로딩암
㉫ 다기능 가스안전계량기
㉬ 연료전지, 다기능 보일러[소비량 232.6kW 및 20kcal 이하일 것]

34 다음 [그림]은 무슨 공기액화장치인가?

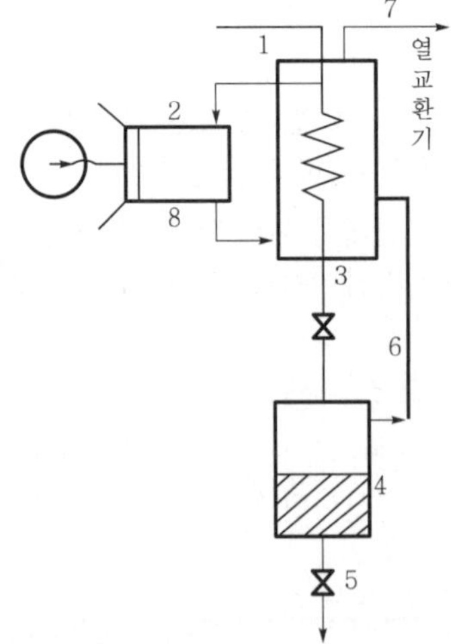

① 클로드식 액화장치
② 린데식 액화장치
③ 캐피자식 액화장치
④ 필립스식 액화장치

정답 28.③ 29.① 30.③ 31.② 32.③ 33.① 34.①

35 2000rpm으로 회전하는 펌프를 3500rpm으로 변환하였을 경우 펌프의 유량과 양정은 각각 몇 배가 되는가? **[설비 35]**

① 유량 : 2.65, 양정 : 4.12
② 유량 : 3.06, 양정 : 1.75
③ 유량 : 3.06, 양정 : 5.36
④ 유량 : 1.75, 양정 : 3.06

펌프를 운전 중 회전수를 N_1에서 N_2로 변경 시

㉠ 변경유량

$$Q_2 = Q_1 \times \left(\frac{N_2}{N_1}\right)^1 = Q_1 \times \left(\frac{3500}{2000}\right)^1 = 1.75Q_1$$

㉡ 변경양정

$$H_2 = H_1 \times \left(\frac{N_2}{N_1}\right)^2 = H_1 \times \left(\frac{3500}{2000}\right)^2 = 3.06H_1$$

36 액주식 압력계가 아닌 것은 어느 것인가?

① U관자식 ② 경사관식
③ 벨로스식 ④ 단관식

③ 탄성식 압력계

37 가스분석 시 이산화탄소 흡수제로 주로 사용되는 것은? **[장치 6]**

① NaCl ② KCl
③ KOH ④ $Ca(OH)_2$

흡수액

CO_2 → KOH 용액
㉠ O_2 : 알칼리성 피로카롤용액
㉡ CO : 암모니아성 염화제1동용액

38 이동식 부탄연소기의 용기 연결 방법에 따른 분류가 아닌 것은?

① 카세트식 ② 직결식
③ 분리식 ④ 일체식

39 파일럿 정압기 중 구동압력이 증가하면 개도가 증가하는 방식으로서 정특성, 동특성이 양호하고 비교적 콤팩트한 구조의 로딩형 정압기는? **[설비 47]**

① Fisher식 ② Axial flow식
③ Reynolds식 ④ KRF식

40 다음 가스분석법 중 흡수분석법에 해당하지 않는 것은? **[장치 6]**

① 헴펠법 ② 구데법
③ 오르자트법 ④ 게겔법

41 땅 속의 애노드에 강제 전압을 가하여 피방식 금속제를 캐소드로 하는 전기방식법은 어느 것인가? **[설비 16]**

① 희생양극법 ② 외부전원법
③ 선택배류법 ④ 강제배류법

42 화학적 부식이나 전기적 부식의 염려가 없고 0.4MPa 이하의 매몰 배관으로 주로 사용하는 배관의 종류는?

① 배관용 탄소강관
② 폴리에틸렌 피복강관
③ 스테인리스강관
④ 폴리에틸렌관

43 도시가스의 총 발열량이 10400kcal/m³, 공기에 대한 비중이 0.55일 때 웨버지수는 얼마인가?

① 11023 ② 12023
③ 13023 ④ 14023

웨버지수 $WI = \frac{H}{\sqrt{d}}$ 이므로

여기서, H : 10,400
d : 0.55

$$\therefore WI = \frac{10400}{\sqrt{0.55}} = 14023$$

44 가연성 가스 검출기 중 탄광에서 발생하는 CH_4의 농도를 측정하는 데 주로 사용되는 것은? **[장치 26]**

① 간섭계형 ② 안전등형
③ 열선형 ④ 반도체형

정답 35.④ 36.③ 37.③ 38.④ 39.① 40.② 41.② 42.④ 43.④ 44.②

45 서로 다른 두 종류의 금속을 연결하여 폐회로를 만든 후, 양 접점에 온도차를 두면 금속 내에 열기전력이 발생하는 원리를 이용한 온도계는? **[장치 8]**

① 광전관식 온도계 ② 바이메탈 온도계
③ 서미스터 온도계 ④ 열전대 온도계

46 다음 중 액화가 가장 어려운 가스는?

① H_2 ② He
③ N_2 ④ CH_4

상태별 가스 분류

구 분	해당 가스
압축가스	O_2, N_2, H_2, CH_3, CO, Ar
액화가스	NH_3, Cl_2, C_3H_8, C_4H_{10}
용해가스	C_2H_2

47 다음 중 압력이 가장 높은 것은?

① $10lb/in^2$ ② 750mmHg
③ 1atm ④ $1kg/cm^2$

단위를 atm으로 통일하면
$1atm = 14.7lb/in^2 = 760mmHg = 1.0332kg/cm^2$
이므로

① $\frac{10}{14.7} = 0.68atm$

② $\frac{750}{760} = 0.98atm$

③ 1atm

④ $\frac{1}{1.033} = 0.96atm$

∴ ③ > ② > ④ > ①

48 자동절체식 조정기의 경우 사용 쪽 용기 안의 압력이 얼마 이상일 때 표시용량의 범위에서 예비 쪽 용기에서 가스가 공급되지 않아야 하는가?

① 0.05MPa ② 0.1MPa
③ 0.15MPa ④ 0.2MPa

49 다음 중 산소의 성질에 대한 설명으로 옳지 않은 것은?

① 자신은 폭발위험은 없으나 연소를 돕는 조연제이다.
② 액체산소는 무색, 무취이다.
③ 화학적으로 활성이 강하며, 많은 원소와 반응하여 산화물을 만든다.
④ 상자성을 가지고 있다.

㉠ 기체산소 : 무색, 무취
㉡ 액체산소 : 담청색, 무취

50 성능계수(ε)가 무한정한 냉동기의 제작은 불가능하다고 표현되는 법칙은?

① 열역학 제0법칙 ② 열역학 제1법칙
③ 열역학 제2법칙 ④ 열역학 제3법칙

51 60K를 랭킨온도로 환산하면 약 몇 [°R]인가?

① 109 ② 117
③ 126 ④ 135

$°R = K \times 1.8 = 60 \times 1.8 = 109$
또는 $(60-273)℃ \times 1.8 + 460 = 109°R$

52 밀폐된 공간 안에서 LP가스가 연소되고 있을 때의 현상으로 틀린 것은?

① 시간이 지나감에 따라 일산화탄소가 증가된다.
② 시간이 지나감에 따라 이산화탄소가 증가된다.
③ 시간이 지나감에 따라 산소농도가 감소된다.
④ 시간이 지나감에 따라 아황산가스가 증가된다.

LP가스 주성분(C_3H_8, C_4H_{10})이므로 ④ 연소 시 아황산과는 무관

53 탄소 12g을 완전연소시킬 경우 발생되는 이산화탄소는 약 몇 [L]인가? (단, 표준상태일 때를 기준으로 한다.)

① 11.2 ② 12
③ 22.4 ④ 32

정답 45.④ 46.② 47.③ 48.② 49.② 50.③ 51.① 52.④ 53.③

연소방정식
$C+O_2 \rightarrow CO_2$에서 탄소(C)와 이산화탄소(CO_2)가 1 : 1이므로 탄소 12g당 CO_2는 (1mol=22.4L)이 생성한다.

54 공기 중에서 폭발하한이 가장 낮은 탄화수소는?

① CH_4 ② C_4H_{10}
③ C_3H_8 ④ C_2H_6

가스별 폭발범위

가스명	폭발범위(%)
CH_4	5~15
C_4H_{10}	1.8~8.4
C_3H_8	2.1~9.5
C_2H_6	3~12.5

55 에틸렌 제조의 원료로 사용되지 않는 것은?

① 나프타 ② 에탄올
③ 프로판 ④ 염화메탄

56 다음 중 비중이 가장 작은 가스는?

① 수소 ② 질소
③ 부탄 ④ 프로판

공기분자량 29g을 기준으로 수소는 2g, 질소는 28g, 부탄은 58g, 프로판은 44g이므로 분자량이 가장 적은 수소가 가장 비중이 작다.

57 가연성 가스 정의에 대한 설명으로 맞는 것은? [안전 84]

① 폭발한계의 하한이 10% 이하인 것과 폭발한계의 상한과 하한의 차가 20% 이상인 것을 말한다.
② 폭발한계의 하한이 20% 이하인 것과 폭발한계의 상한과 하한의 차가 10% 이상인 것을 말한다.
③ 폭발한계의 상한이 10% 이하인 것과 폭발한계의 상한과 하한의 차가 20% 이하인 것을 말한다.
④ 폭발한계의 상한이 10% 이상인 것과 폭발한계의 상한과 하한의 차가 10% 이하인 것을 말한다.

58 다음 중 아세틸렌의 발생방식이 아닌 것은? [설비 3]

① 주수식 : 카바이드에 물을 넣는 방법
② 투입식 : 물에 카바이드를 넣는 방법
③ 접촉식 : 물과 카바이드를 소량씩 접촉시키는 방법
④ 가열식 : 카바이드를 가열하는 방법

C_2H_2 발생기
주수식, 투입식, 침지식(접촉식)

59 암모니아가스의 특성에 대한 설명으로 옳은 것은?

① 물에 잘 녹지 않는다.
② 무색의 기체이다.
③ 상온에서 아주 불안정하다.
④ 물에 녹으면 산성이 된다.

① NH_3는 물 1에 800배 녹는다.
③ 상온에서 안정하다.
④ 암모니아는 물에 용해 시 염기성 물질인 수산화암모늄이 된다.
$NH_3+H_2O \rightarrow NH_4OH$

60 질소에 대한 설명으로 틀린 것은?

① 질소는 다른 원소와 반응하지 않아 기기의 기밀시험용 가스로 사용된다.
② 촉매 등을 사용하여 상온(35℃)에서 수소와 반응시키면 암모니아를 생성한다.
③ 주로 액체공기를 비점 차이로 분류하여 산소와 같이 얻는다.
④ 비점이 대단히 낮아 극저온의 냉매로 이용된다.

② N_2는 저온 · 고압에서 H_2와 결합 NH_3을 생성

$$N_2+3H_2 \xrightarrow[\text{고압, 저온}]{} 2NH_3$$

정답 54.② 55.④ 56.① 57.① 58.④ 59.② 60.②

국가기술자격 필기시험문제

2012년 기능사 제2회 필기시험(1부) (2012년 4월 시행)

자격종목	시험시간	문제수	문제형별
가스기능사	**1시간**	**60**	**A**

수험번호		성 명	

01 가스 배관의 주위를 굴착하고자 할 때에는 가스 배관의 좌우 얼마 이내의 부분을 인력으로 굴착해야 하는가? **[안전 33]**

① 30cm 이내 ② 50cm 이내
③ 1m 이내 ④ 1.5m 이내

KGS Gc 253(3.1.1) 매설 배관 위치 확인
㉠ 지하 매설 배관 탐지장치(pipe locator) 등으로 확인된 지점 중 확인이 곤란한 분기점, 곡선부, 장애물, 우회지점은 시험 굴착을 한다.
㉡ 가스 배관 1m 이내에는 인력굴착을 한다.
㉢ 위치 표시용 표지판 및 황색 깃발 등을 준비한다.

02 가스누출 자동차단장치 및 가스누출 자동차단기의 설치기준에 대한 설명으로 틀린 것은? **[안전 105]**

① 가스공급이 불시에 자동 차단됨으로써 재해 및 손실이 클 우려가 있는 시설에는 가스누출 경보차단장치를 설치하지 않을 수 있다.
② 가스누출 자동차단기를 설치하여도 설치목적을 달성할 수 없는 시설에는 가스누출 자동차단기를 설치하지 않을 수 있다.
③ 월 사용예정량이 $1000m^3$ 미만으로서 연소기에 소화안전장치가 부착되어 있는 경우에는 가스누출 경보차단장치를 설치하지 않을 수 있다.
④ 지하에 있는 가정용 가스사용시설은 가스누출 경보차단장치의 설치대상에서 제외된다.

③ 월 사용예정량 $2000m^3$ 미만으로 연소기가 연결된 퓨즈콕 · 상자콕 및 소화안전장치 부착 시에는 가스누출 자동차단장치 및 가스누출 자동차단기를 설치하지 않아도 된다.

03 사고를 일으키는 장치의 이상이나 운전자 실수의 조합을 연역적으로 분석하는 정량적 위험성 평가 기법은? **[안전 111]**

① 사건수분석(ETA) 기법
② 결함수분석(FTA) 기법
③ 위험과 운전분석(HAZOP) 기법
④ 이상위험도분석(FMECA) 기법

㉠ ETA : 초기사건으로 알려진 특정장치의 이상 또는 운전자의 실수나 조합을 연역적으로 분석하는 기법
㉡ HAZOP : 공정의 위험요소들과 공정의 효율을 떨어뜨릴 수 있는 운전상 문제점을 찾아내 그 원인을 제거하는 기법
㉢ FMECA : 공정설비의 고장의 형태 및 영향, 공정 형태별 위험도 순위 등을 결정하는 방법
㉣ 정성적 평가 기법의 종류 : 체크리스트, PHA(예비위험분석), HAZOP(위험과 운전분석), FMECA(이상위험도분석)
㉤ 정량적 평가 기법의 종류 : FTA, ETA, CCA(원인결과분석), HEA(작업자 실수분석)

04 고압가스 운반, 취급에 관한 안전사항 중 염소와 동일차량에 적재하여 운반이 가능한 가스는? **[안전 4]**

① 아세틸렌 ② 암모니아
③ 질소 ④ 수소

정답 01.③ 02.③ 03.② 04.③

05 고압가스 충전용기의 적재기준으로 틀린 것은?

① 차량의 최대적재량을 초과하여 적재하지 아니 한다.
② 충전용기를 차량에 적재하는 때에는 뉘여서 적재한다.
③ 차량의 적재함을 초과하여 적재하지 아니 한다.
④ 밸브가 돌출한 충전용기는 밸브의 손상을 방지하는 조치를 한다.

고법 시행규칙 별표 9의 2
② 충전용기를 차량에 적재하는 때는 세워서 적재한다. 단, 압축가스의 경우는 적재함 높이 이하로 눕혀서 적재할 수 있다.

06 저장능력 300m^3 이상인 2개의 가스홀더 A, B 간에 유지해야 할 거리는? (단, A와 B의 최대지름은 각각 8m, 4m이다.)

① 1m ② 2m
③ 3m ④ 4m

홀더 최대직경 합산값의 1/4이
㉠ 1m 보다 클 때는 그 길이를 유지
㉡ 1m 보다 작을 때는 1m를 유지
$(8m+4m)\times\frac{1}{4}=3m$는 1m 보다 크므로 3m 이상 유지한다.

07 다음 가스 중 TLV-TWA 기준농도로 독성이 가장 강한 것은?

① 염소 ② 불소
③ 시안화수소 ④ 암모니아

가스별 허용농도

가스명	허용농도	
	TLV-TWA	LC 50
염소(Cl_2)	1	293
불소(F_2)	0.1	185
시안화수소(HCN)	10	140
암모니아(NH_3)	25	7338

[참고] 1. TLV-TWA 기준으로는 불소
2. LC 50 기준으로는 시안화수소가 가장 독성이 강하다.

08 이음매 없는 용기 동체의 최대두께와 최소두께와의 차이는 평균두께의 몇 [%] 이하로 하여야 하는가? **[안전 106]**

① 5% ② 10%
③ 20% ④ 30%

09 도시가스의 유해성분 측정에 있어 암모니아는 도시가스 1m^3당 몇 [g]을 초과해서는 안 되는가?

① 0.02 ② 0.2
③ 0.5 ④ 1.0

유해성분 측정 시 도시가스 1m^3당 초과 금지량(g)
㉠ 황(S) : 0.5g 초과 금지
㉡ 황화수소 : 0.02g 초과 금지
㉢ 암모니아 : 0.2g 초과 금지

10 지하에 매설된 도시가스 배관의 전기방식 기준으로 틀린 것은? **[안전 42]**

① 전기방식 전류가 흐르는 상태에서 토양 중에 있는 배관 등의 방식전위 상한값은 포화황산동 기준전극으로 -0.85V 이하일 것
② 전기방식 전류가 흐르는 상태에서 자연전위와의 전위변화가 최소한 -300mV 이하일 것
③ 배관에 대한 전위측정은 가능한 배관 가까운 위치에서 실시할 것
④ 전기방식 시설의 관 대지전위 등을 2년에 1회 이상 점검할 것

④ 전기방식 시설의 관 대지전위 점검주기 : 1년 1회 이상

11 압력용기의 내압부분에 대한 비파괴시험으로 실시되는 초음파 탐상시험 대상으로 옳은 것은? **[안전 107]**

① 두께가 35mm인 탄소강
② 두께가 5mm인 9% 니켈강
③ 두께가 15mm인 2.5% 니켈강
④ 두께가 30mm인 저합금강

정답 05.② 06.③ 07.② 08.③ 09.② 10.④ 11.③

해설
① 두께 50mm
② 두께 6mm
③ 두께 13mm 이상인 2.5% 니켈강의 경우 초음파 탐상시험 대상이므로 두께가 15mm는 초음파 탐상검사 대상에 해당
④ 두께 38mm

12 천연가스의 발열량이 10400kcal/Sm³이다. SI 단위인 [MJ/Sm³]으로 나타내면?

① 2.47
② 43.68
③ 2.476
④ 43.680

해설
10400kcal/sm³
=10400kcal/sm³×4.2kJ/kcal×10⁻³MJ/kJ
=43.68MJ/sm³

단위환산의 관계
㉠ 1cal=4.2J
㉡ 1kcal=4.2kJ
㉢ $1MJ=10^3kJ$
㉣ $1kJ=10^{-3}MJ$

13 인체용 에어졸 제품의 용기에 기재하여야 할 사항으로 틀린 것은? [안전 50]

① 특정부위에 계속하여 장시간 사용하지 말 것
② 가능한 한 인체에서 10cm 이상 떨어져서 사용할 것
③ 온도가 40℃ 이상 되는 장소에 보관하지 말 것
④ 불 속에 버리지 말 것

② 인체용 에어졸의 경우 사용 시 이격거리 : 20cm 이상

14 프로판 15vol%와 부탄 85vol%로 혼합된 가스의 공기 중 폭발하한 값은 약 몇 [%]인가? (단, 프로판의 폭발하한 값은 2.1%이고, 부탄은 1.8%이다.)

① 1.84　② 1.88
③ 1.94　④ 1.98

해설
르 샤트리에의 혼합가스 폭발한계의 법칙

$$\frac{100}{L}=\frac{V_1}{L_1}+\frac{V_2}{L_2}=\frac{15}{2.1}+\frac{85}{1.8}=54.36$$

$$\therefore L=\frac{100}{54.36}\fallingdotseq 1.84\%$$

15 도시가스 배관을 지하에 설치 시공 시 다른 배관이나 타 시설물과 이격거리 기준으로 옳은 것은? [안전 1]

① 30cm 이상　② 50cm 이상
③ 1m 이상　④ 1.2m 이상

16 충전용기를 차량에 적재하여 운반 시 차량의 앞뒤 보기 쉬운 곳에 표시하는 경계표시의 글씨 색깔 및 내용으로 적합한 것은 어느 것인가? [안전 5]

① 노랑 글씨－위험고압가스
② 붉은 글씨－위험고압가스
③ 노랑 글씨－주의고압가스
④ 붉은 글씨－주의고압가스

17 가스보일러의 설치기준 중 자연배기식 보일러의 배기통 설치 방법으로 옳지 않은 것은? [안전 116]

① 배기통의 굴곡 수는 6개 이하로 한다.
② 배기통의 끝은 옥외로 뽑아낸다.
③ 배기통의 입상높이는 원칙적으로 10m 이하로 한다.
④ 배기통의 가로길이는 5m 이하로 한다.

해설
① 배기통 굴곡 수 4개 이하
반밀폐 자연배기식 보일러 설치기준(KGS Fu 551)(2.7.1.3)

항 목	내 용
배기통 굴곡 수	4개 이하
배기통 입상높이	10m 이하(10m 초과 시는 보온조치)
배기통 가로길이	5m 이하
급기구 상부환기구 유효단면적	배기통 단면적 이상
배기통의 끝	옥외로 뽑아냄

정답 12.② 13.② 14.① 15.① 16.② 17.①

18 지상에 설치하는 액화석유가스의 저장탱크 안전밸브에 가스방출관을 설치하고자 한다. 저장탱크의 정상부가 8m일 경우 방출관의 방출구 높이는 지상에서 얼마 이상의 높이에 설치하여야 하는가? **[안전 117]**

① 5m ② 8m
③ 10m ④ 12m

LPG 지상탱크의 가스방출관의 설치위치
지상에서 5m 이상 탱크정상부에서 2m 중 높은 위치이므로 탱크정상부 8m에서 2m를 더한 경우 지상에서 10m 이상이 된다.

19 냉동기 제조시설에서 내압성능을 확인하기 위한 시험압력의 기준은? **[안전 2]**

① 설계압력 이상
② 설계압력의 1.25배 이상
③ 설계압력의 1.5배 이상
④ 설계압력의 2배 이상

20 가스용 폴리에틸렌관의 굴곡 허용반경은 외경의 몇 배 이상으로 하여야 하는가?

① 10 ② 20
③ 30 ④ 50

가스용 폴리에틸렌(PE 배관)의 접합(KGS Fs 451) (2.5.5.3)

항 목			접합 방법
일반적 사항			㉠ 눈, 우천 시 천막 등의 보호조치를 하고 융착 ㉡ 수분, 먼지, 이물질 제거 후 접합
금속관과 접합			이형질 이음관(T/F)을 사용
공칭외경이 상이한 경우			관이음매(피팅)를 사용
접합	열융착	맞대기	㉠ 공칭외경 90mm 이상 직관연결 시 사용 ㉡ 이음부 연결오차는 배관두께의 10% 이하
		소켓	배관 및 이음관의 접합은 일직선
		새들	새들 중 심선과 배관의 중심선은 직각 유지
접합	전기융착	소켓	이음부는 배관과 일직선 유지
		새들	이음매 중심선과 배관중심선 직각 유지
시공방법	일반적 시공		매몰시공
	보호조치가 있는 경우		30cm 이하로 노출시공 가능
	굴곡허용반경		외경의 20배 이상(단, 20배 미만 시 엘보 사용)
지상에서 탐지방법	매몰형 보호포		
	로케팅 와이어		굵기 $6mm^2$ 이상

21 특정 고압가스용 실린더 캐비닛 제조설비가 아닌 것은?

① 가공설비
② 세척설비
③ 판넬설비
④ 용접설비

특정 고압가스용 실린더 캐비닛 제조시설의 기술 검사기준(KGS AA 913) (2)

구 분	항 목
제조설비	(가공, 용접, 조립, 세척) 설비
검사설비	㉠ 초음파 두께 측정기, 나사게이지, 버니어 캘리퍼스 ㉡ (내압, 기밀) 시험 설비 ㉢ 표준이 되는 (압력계, 온도계) ㉣ 마이크로 시험 설비

22 가스설비를 수리할 때 산소의 농도가 약 몇 [%] 이하가 되면 산소결핍 현상을 초래하게 되는가?

① 8% ② 12%
③ 16% ④ 20%

산소
㉠ 적정 농도 : 18% 이상 22% 이하
㉡ 질식 우려 농도 : 16% 이하

정답 18.③ 19.③ 20.② 21.③ 22.③

23 도시가스 사용시설 중 가스계량기의 설치 기준으로 틀린 것은? **[안전 24]**

① 가스계량기는 화기(자체 화기는 제외)와 2m 이상의 우회거리를 유지하여야 한다.
② 가스계량기($30m^3/h$ 미만)의 설치높이는 바닥으로부터 1.6m 이상 2m 이내이어야 한다.
③ 가스계량기를 격납상자 내에 설치하는 경우에는 설치높이의 제한을 받지 아니 한다.
④ 가스계량기는 절연조치를 하지 아니한 전선과 30cm 이상의 거리를 유지하여야 한다.

도시가스 사용시설의 가스계량기

구 분	이격거리
화기와 우회거리	2m 이상
전기계량기, 전기개폐기	60cm 이상
단열조치를 하지 않은 굴뚝, 전기점멸기, 전기접속기	30cm 이상
절연조치를 하지 않은 전선	15cm 이상
설치높이	바닥에서 1.6m 이상 2m 이내에 설치(단, 2m 이내로 설치할 수 있는 경우 ① 보호상자 내에 설치 시, ② 기계실 보일러(가정용 제외)에 설치 시, ③ 문이 달린 파이프 덕트 내에 설치 시)

24 아세틸렌가스 압축 시 희석제로서 적당하지 않은 것은? **[설비 15]**

① 질소 ② 메탄
③ 일산화탄소 ④ 산소

①, ②, ③항 이외에 에틸렌

25 가스가 누출된 경우 제2의 누출을 방지하기 위하여 방류둑을 설치한다. 방류둑을 설치하지 않아도 되는 저장탱크는? **[안전 15]**

① 저장능력 1000톤의 액화질소 탱크
② 저장능력 10톤의 액화암모니아 탱크
③ 저장능력 1000톤의 액화산소 탱크
④ 저장능력 5톤의 액화염소 탱크

방류둑 설치기준 대상가스(독성, 가연성, 산소)

26 방류둑에는 계단, 사다리 또는 토사를 높이 쌓아올림 등에 의한 출입구를 둘레 몇 [m]마다 1개 이상을 두어야 하는가? **[안전 15]**

① 30 ② 50
③ 75 ④ 100

27 부취제의 구비조건으로 적합하지 않은 것은? **[안전 55]**

① 연료가스 연소 시 완전연소될 것
② 일상생활의 냄새와 확연히 구분될 것
③ 토양에 쉽게 흡수될 것
④ 물에 녹지 않을 것

28 가연성이면서 유독한 가스는? **[안전 17]**

① NH_3 ② H_2
③ CH_4 ④ N_2

29 다음 중 산업통상자원부령이 정하는 특정설비가 아닌 것은? **[안전 35]**

① 저장탱크
② 저장탱크의 안전밸브
③ 조정기
④ 기화기

㉠ 고법 시행규칙 제60조(특정설비)
- 저장탱크 및 그 부속품
- 차량에 고정된 탱크 및 그 부속품
- 기화장치
- 냉동용 특정설비

㉡ 고법 시행규칙 제2조(고압가스 관련설비)
액화가스용 잔류가스 회수장치, 특정 고압가스용 실린더 캐비닛, 안전밸브, 긴급차단장치, 역화방지장치, 기화장치, 자동차용 가스자동주입기, 독성 가스 배관용 밸브, 냉동용 특정설비

30 시안화수소 충전 시 한 용기에서 60일을 초과할 수 있는 경우는?

① 순도가 90% 이상으로서 착색이 된 경우
② 순도가 90% 이상으로서 착색되지 아니한 경우
③ 순도가 98% 이상으로서 착색이 된 경우
④ 순도가 98% 이상으로서 착색되지 아니한 경우

정답 23.④ 24.④ 25.① 26.② 27.③ 28.① 29.③ 30.④

31 고압가스 배관재료로 사용되는 동관의 특징에 대한 설명으로 틀린 것은?

① 가공성이 좋다.
② 열전도율이 적다.
③ 시공이 용이하다.
④ 내식성이 크다.

32 원통형의 관을 흐르는 물의 중심부의 유속을 피토관으로 측정하였더니 수주의 높이가 10m이었다. 이때 유속은 약 몇 [m/s]인가?

① 10 ② 14
③ 20 ④ 26

$H = \frac{V^2}{2g}$ 에서

$V = \sqrt{2gH}$ 이므로

$\therefore V = \sqrt{2 \times 9.8 \times 10} = 14\text{m/s}$

33 흡수분석법의 종류가 아닌 것은? [장치 6]

① 헴펠법
② 활성알루미나겔법
③ 오르자트법
④ 게겔법

34 LPG 기화장치의 작동원리에 따른 구분으로 저온의 액화가스를 조정기를 통하여 감압한 후 열교환기에 공급해 강제 기화시켜 공급하는 방식은? [장치 1]

① 해수가열방식
② 가온감압방식
③ 감압가열방식
④ 중간매체방식

기화장치 작동원리에 따른 분류

구 분	내 용
가온감압기	열교환기에 의해 액상의 LP가스를 보내 온도를 가하고 기화된 가스를 조정기로 감압공급하는 방식
감압가열식	액상의 LP가스를 조정기 감압밸브로 감압, 열교환기로 보내 온수로 가열하는 방식

35 액화천연가스(LNG) 저장탱크 중 액화천연가스의 최고 액면을 지표면과 동등 또는 그 이하가 되도록 설치하는 형태의 저장탱크는?

① 지상식 저장탱크(Aboveground Storage Tank)
② 지중식 저장탱크(Inground Storage Tank)
③ 지하식 저장탱크(Underground Storage Tank)
④ 단일방호식 저장탱크(Single Sontainment Storage Tank)

36 액화가스의 고압가스설비에 부착되어 있는 스프링식 안전밸브는 상용의 온도에서 그 고압가스설비 내의 액화가스의 상용의 체적이 그 고압가스설비 내의 몇 [%]까지 팽창하게 되는 온도에 대응하는 그 고압가스 설비 안의 압력에서 작동하는 것으로 하여야 하는가? [안전 108]

① 90 ② 95
③ 98 ④ 99.5

37 안정된 불꽃으로 완전연소를 할 수 있는 염공의 단위면적당 인풋(in put)을 무엇이라고 하는가?

① 염공 부하 ② 연소실 부하
③ 염소효율 ④ 배기 열손실

38 도시가스 제조공정에서 사용되는 촉매의 열화와 가장 거리가 먼 것은?

① 유황화합물에 의한 열화
② 불순물의 표면 피복에 의한 열화
③ 단체와 니켈과의 반응에 의한 열화
④ 불포화탄화수소에 의한 열화

39 모듈 3, 잇수 10개, 기어의 폭이 12mm인 기어 펌프를 1200rpm으로 회전할 때 송출량은 약 얼마인가?

① $9030\text{cm}^3/\text{s}$ ② $11260\text{cm}^3/\text{s}$
③ $12160\text{cm}^3/\text{s}$ ④ $13570\text{cm}^3/\text{s}$

정답 31.② 32.② 33.② 34.③ 35.② 36.③ 37.① 38.④ 39.④

해설

기어펌프 송출량

$Q = 2\pi ZM^2BN$

여기서, Z : 기어잇수=10

M : 모듈=3

B : 폭=1.2cm

N : 회전수=1200rpm

$\therefore\ Q = 2 \times \pi \times 10 \times 3^2 \times 1.2 \times 1200$

$= 814300.815\text{cm}^3/\text{min}$

$\therefore\ 814300.815 \div 60 = 13571\text{cm}^3/\text{sec}$

40 저장능력 50톤인 액화산소 저장탱크 외면에서 사업소 경계선까지의 최단거리가 50m일 경우 이 저장탱크에 대한 내진설계 등급은? [안전 109]

① 내진 특등급 ② 내진 1등급

③ 내진 2등급 ④ 내진 3등급

해설

내진설계 기준(KGS Gc 203)

구 분		간추린 핵심 내용
내진 특등급	시설	그 설비의 손상이나 기능 상실이 사업소 경계 밖에 있는 공공의 생명·재산에 막대한 피해를 초래 및 사회의 정상적인 기능 유지에 심각한 지장을 가져 올 수 있는 것
	배관	독성 가스를 수송하는 고압가스 배관의 중요도
내진 1등급	시설	그 설비의 손상이나 기능 상실이 사업소 경계 밖에 있는 공공의 생명과 재산에 상당한 피해를 가져 올 수 있는 것
	배관	가연성 가스를 수송하는 고압가스 배관의 중요도
내진 2등급	시설	그 설비의 손상이나 기능 상실이 사업소 경계 밖에 있는 공공의 생명·재산에 경미한 피해를 가져 올 수 있는 것
	배관	독성, 가연성 이외의 가스를 수송하는 배관의 중요도

사업소 경계거리에 따른 내진 등급표

저장능력(톤) / 사업소 경계선 최단거리(m)	10톤 이하	10톤 초과 100톤 이하
20m 이하	1등급	
20m 초과 40m 이하	2등급	1등급
40m 초과 90m 이하	2등급	

41 공기보다 비중이 가벼운 도시가스의 공급시설로서 공급시설이 지하에 설치된 경우의 통풍구조에 대한 설명으로 옳은 것은 어느 것인가? [안전 110]

① 환기구를 2방향 이상 분산하여 설치한다.

② 배기구는 천장면으로부터 50cm 이내에 설치한다.

③ 흡입구 및 배기구의 관경은 80mm 이상으로 한다.

④ 배기가스 방출구는 지면에서 5m 이상의 높이에 설치한다.

해설

② 배기구 천장면 30cm 이내

③ 흡입구, 배기구 관경은 100mm 이상

④ 배기가스 방출구

• 공기보다 가벼움 : 지면에서 3m 이상

• 공기보다 무거움 : 지면에서 5m 이상

42 특정가스 제조시설에 설치한 가연성, 독성 가스 누출검지 경보장치에 대한 설명으로 틀린 것은?

① 누출된 가스가 체류하기 쉬운 곳에 설치한다.

② 설치 수는 신속하게 감지할 수 있는 숫자로 한다.

③ 설치위치는 눈에 잘 보이는 위치로 한다.

④ 기능은 가스의 종류에 적합한 것으로 한다.

43 자동교체식 조정기 사용 시 장점으로 틀린 것은? [설비 37]

① 전체 용기 수량이 수동식보다 적어도 된다.

② 배관의 압력손실을 크게 해도 된다.

③ 잔액이 거의 없어질 때까지 소비된다.

④ 용기교환 주기의 폭을 좁힐 수 있다.

해설

④ 용기교환 주기의 폭을 넓힐 수 있다.

정답 40.③ 41.① 42.③ 43.④

44 열전대 온도계는 열전쌍 회로에서 두 접점의 발생되는 어떤 현상의 원리를 이용한 것인가? **[장치 8]**

① 열기전력
② 열팽창계수
③ 체적변화
④ 탄성계수

45 실린더 중에 피스톤과 보조 피스톤이 있고 양 피스톤의 작용으로 상부에 팽창기가 있는 액화 사이클은? **[장치 24]**

① 클로드 액화 사이클
② 캐피자 액화 사이클
③ 필립스 액화 사이클
④ 캐스케이드 액화 사이클

46 도시가스 정압기의 특성으로 유량이 증가됨에 따라 가스가 송출될 때 출구측 배관(밸브 등)의 마찰로 인하여 압력이 약간 저하되는 상태를 무엇이라 하는가?

① 히스테리시스(Hysteresis) 효과
② 록업(Look-up) 효과
③ 충돌(Impingement) 효과
④ 형상(Body-Configuration) 효과

47 다음 중 압력단위의 환산이 잘못된 것은?

① $1kg/cm^2 ≒ 14.22PSI$
② $1PSI ≒ 0.0703kg/cm^2$
③ $1mbar ≒ 14.7PSI$
④ $1kg/cm^2 ≒ 98.07kPa$

③ 1013mbar = 14.7PSI

48 다음 가스 중 상온에서 가장 안정한 것은 어느 것인가?

① 산소 ② 네온
③ 프로판 ④ 부탄

해설
희가스(주기율표 0족)
He, Ne, Ar, Kr, Xe, Rn 등은 상온에서 안정

49 다음 중 카바이드와 관련이 없는 성분은 어느 것인가?

① 아세틸렌(C_2H_2)
② 석회석($CaCO_3$)
③ 생석회(CaO)
④ 염화칼슘($CaCl_2$)

- $CaCO_3 \rightarrow CaO + CO_2$
- $CaO + 3C \rightarrow CaC_2 + CO$
- $CaC_2 + 2H_2O \rightarrow C_2H_2 + Ca(OH)_2$

50 다음 중 브롬화메탄에 대한 설명으로 틀린 것은? **[안전 37]**

① 용기가 열에 노출되면 폭발할 수 있다.
② 알루미늄을 부식하므로 알루미늄용기에 보관할 수 없다.
③ 가연성이며, 독성 가스이다.
④ 용기의 충전구 나사는 왼나사이다.

④ 충전구 나사 : 오른나사

51 다음 중 메탄의 제조 방법이 아닌 것은?

① 석유를 크래킹하여 제조한다.
② 천연가스를 냉각시켜 분별 증류한다.
③ 초산나트륨에 소다회를 가열하여 얻는다.
④ 니켈을 촉매로 하여 일산화탄소에 수소를 작용시킨다.

52 아세틸렌의 특징에 대한 설명으로 옳은 것은? **[설비 15]**

① 압축 시 산화 폭발한다.
② 고체아세틸렌은 융해하지 않고 승화한다.
③ 금과는 폭발성 화합물을 생성한다.
④ 액체아세틸렌은 안정하다.

해설
㉠ $C_2H_2 \rightarrow 2C + H_2$(압축 시 분해 폭발)
㉡ $2Cu + C_2H_2 \rightarrow Cu_2C_2 + H_2$(구리, 은, 수은 등과 폭발성 화합물 생성)
㉢ 고체아세틸렌은 안정, 액체아세틸렌은 불안정

정답 44.① 45.③ 46.① 47.③ 48.② 49.④ 50.④ 51.① 52.②

53 어떤 물질의 질량은 30g이고 부피는 600cm^{3}이다. 이것의 밀도(g/cm^3)는 얼마인가?

① 0.01 ② 0.05
③ 0.5 ④ 1

밀도$=\frac{\text{질량}}{\text{부피}}$ 이므로

$\therefore \frac{30g}{600cm^3}=0.05g/cm^3$

54 대기압이 1.0332kgf/cm^{2}이고, 계기압력이 10kgf/cm^{2}일 때 절대압력은 약 몇 [kgf/cm^2]인가?

① 8.9668 ② 10.332
③ 11.0332 ④ 103.32

절대압력＝대기압력＋계기압력
$=1.0332kg/cm^2+10kgf/cm^2$
$=11.0332kgf/cm^2$

55 다음 중 휘발분이 없는 연료로서 표면연소를 하는 것은?

① 목탄, 코크스 ② 석탄, 목재
③ 휘발유, 등유 ④ 경유, 유황

56 0℃ 물 10kg을 100℃ 수증기로 만드는 데 필요한 열량은 약 몇 [kcal]인가?

① 5390 ② 6390
③ 7390 ④ 8390

㉠ 0℃ 물이 100℃ 물로 되는 열량(Q_1)
$Q_1=10\times1\times100=1000kcal$
㉡ 100℃ 물이 100℃ 수증기로 되는 열량(Q_2)
$Q_2=10\times539=5390kcal$
∴ 전체열량 $Q=Q_1+Q_2$ 이므로
$1000+5390=6390kcal$

57 설비나 장치 및 용기 등에서 취급 또는 운용되고 있는 통상의 온도를 무슨 온도라 하는가?

① 상용온도 ② 표준온도
③ 화씨온도 ④ 켈빈온도

58 도시가스의 주원료인 메탄(CH_4)의 비점은 약 얼마인가?

① −50℃ ② −82℃
③ −120℃ ④ −162℃

59 다음 화합물 중 탄소의 함유율이 가장 많은 것은?

① CO_2 ② CH_4
③ C_2H_4 ④ CO

탄소의 함유율(%)$=\frac{\text{탄소량}}{\text{전체분자량}}\times100$ 이므로

① $\frac{12}{44}\times100=27\%$

② $\frac{12}{16}\times100=75\%$

③ $\frac{24}{28}\times100=85.7\%$

④ $\frac{12}{28}\times100=43\%$

60 다음 중 온도의 단위가 아닌 것은?

① °F ② °C
③ °R ④ °T

정답 53.② 54.③ 55.① 56.② 57.① 58.④ 59.③ 60.④

국가기술자격 필기시험문제

2012년 기능사 제4회 필기시험(1부) (2012년 7월 시행)

자격종목	시험시간	문제수	문제형별
가스기능사	1시간	60	A

수험번호		성 명	

01 안전관리자가 상주하는 사무소와 현장사무소와의 사이 또는 현장사무소 상호간 신속히 통보할 수 있도록 통신시설을 갖추어야 하는데 이에 해당되지 않는 것은? **[안전 47]**

① 구내 방송설비 ② 메가폰
③ 인터폰 ④ 페이징 설비

② 메가폰[사업소 안, 종업원 상호간(사업소 안 임의의 장소)]에 필요한 통신설비임

02 1몰의 아세틸렌가스를 완전연소하기 위하여 몇 몰의 산소가 필요한가?

① 1몰 ② 1.5몰
③ 2.5몰 ④ 3몰

C_2H_2의 연소반응식
$C_2H_2 + 2.5O_2 \rightarrow CO_2 + H_2O$
C_2H_2(1mol)당 필요산소 mol(2.5mol)

03 고압가스의 용어에 대한 설명으로 틀린 것은? **[안전 84]**

① 액화가스란 가압, 냉각 등의 방법에 의하여 액체상태로 되어 있는 것으로서 대기압에서의 끓는점이 섭씨 40도 이하 또는 상용의 온도 이하인 것을 말한다.
② 독성 가스란 공기 중에 일정량이 존재하는 경우 인체에 유해한 독성을 가진 가스로서 허용농도가 100만분의 2000 이하인 가스를 말한다.
③ 초저온 저장탱크라 함은 섭씨 영하 50도 이하의 액화가스를 저장하기 위한 저장탱크로서 단열재로 씌우거나 냉동설비로 냉각하는 등의 방법으로 저장탱크 내의 가스온도가 상용의 온도를 초과하지 아니하도록 한 것을 말한다.
④ 가연성 가스라 함은 공기 중에서 연소하는 가스로서 폭발한계의 하한이 10% 이하인 것과 폭발한계의 상한과 하한의 차가 20% 이상인 것을 말한다.

② 허용농도 100만분의 5000 이하(독성 가스는 규정이 없는 한 LC 50이 기준임)

04 고압가스안전관리법에서 정하고 있는 특수고압가스에 해당되지 않는 것은? **[안전 53]**

① 아세틸렌
② 포스핀
③ 압축모노실란
④ 디실란

특수고압가스 : 포스핀, 압축모노실란, 디실란, 압축디보레인, 액화알진, 세렌화수소, 게르만

05 다음 중 동일차량에 적재하여 운반할 수 없는 경우는? **[안전 4]**

① 산소와 질소
② 질소와 탄산가스
③ 탄산가스와 아세틸렌
④ 염소와 아세틸렌

정답 01.② 02.③ 03.② 04.① 05.④

해설

동일차량에 적재금지 항목

기 준	적재금지 용기
충전용기	위험물안전관리법이 정하는 위험물
염소	㉠ 아세틸렌 ㉡ 암모니아 ㉢ 수소

06 천연가스 지하매설 배관의 퍼지용으로 주로 사용되는 가스는?

① N_2 ② Cl_2
③ H_2 ④ O_2

해설

치환용(퍼지용) 가스
N_2, CO_2 등의 불활성 가스를 사용

07 독성 가스 제조시설 식별표지의 글씨 색상은? (단, 가스의 명칭은 제외한다.) **[안전 26]**

① 백색 ② 적색
③ 황색 ④ 흑색

해설

독성 가스 표지

항 목 / 표지 종류	바탕색	글자색	적색 표시	글자 크기	식별 거리
식 별	백색	흑색	가스 명칭	10cm × 10cm	30m
위 험	백색	흑색	주위	5cm × 5cm	10m

08 폭발성이 예민하므로 마찰 타격으로 격렬히 폭발하는 물질에 해당되지 않는 것은?

① 메틸아민 ② 유화질소
③ 아세틸라이드 ④ 염화질소

09 다음 중 고압가스를 제조하는 경우 가스를 압축해서는 아니 되는 경우에 해당하지 않는 것은? **[안전 78]**

① 가연성 가스(아세틸렌, 에틸렌 및 수소 제외) 중 산소량이 전체 용량의 4% 이상인 것
② 산소 중의 가연성 가스의 용량이 전체 용량의 4% 이상인 것
③ 아세틸렌, 에틸렌 또는 수소 중의 산소용량이 전체 용량의 2% 이상인 것
④ 산소 중의 아세틸렌, 에틸렌 및 수소의 용량 합계가 전체 용량의 4% 이상인 것

해설

④ 산소 중 C_2H_2, C_2H_4, H_2 및 C_2H_2, C_2H_4, H_2 중 산소는 전체 용량의 2% 이상 시 압축이 금지
산소 중 아세틸렌, 에틸렌 및 수소의 용량의 합계가 전체 용량의 2% 이상인 것

10 지하에 설치하는 지역정압기에서 시설의 조작을 안전하고 확실하게 하기 위하여 필요한 조명도는 얼마를 확보하여야 하는가?

① 100룩스 ② 150룩스
③ 200룩스 ④ 250룩스

11 공기 중에서의 폭발한 값이 가장 낮은 가스는?

① 황화수소 ② 암모니아
③ 산화에틸렌 ④ 프로판

해설

가스별 폭발범위

가스명	폭발범위(%)
황화수소	4.3~45
암모니아	15~28
산화에틸렌	3~80
프로판	2.1~9.5

12 가스도매사업의 가스공급시설 중 배관을 지하에 매설할 때의 기준으로 틀린 것은 어느 것인가? **[안전 1]**

① 배관은 그 외면으로부터 수평거리로 건축물까지 1.0m 이상을 유지한다.
② 배관은 그 외면으로부터 지하의 다른 시설물과 0.3m 이상의 거리를 유지한다.
③ 배관을 산과 들에 매설할 때는 지표면으로부터 배관의 외면까지의 매설깊이를 1m 이상으로 한다.
④ 배관은 지반동결로 손상을 받지 아니하는 깊이로 매설한다.

정답 06.① 07.④ 08.① 09.④ 10.② 11.④ 12.①

해설
① 배관은 그 외면으로부터 수평거리로 건축물까지 1.5m 이상을 유지

13 아세틸렌을 용기에 충전하는 때에 사용하는 다공물질에 대한 설명으로 옳은 것은 어느 것인가? [안전 11]

① 다공도가 55% 이상 75% 미만의 석회를 고루 채운다.
② 다공도가 65% 이상 82% 미만의 목탄을 고루 채운다.
③ 다공도가 75% 이상 92% 미만의 규조토를 고루 채운다.
④ 다공도가 95% 이상인 다공성 플라스틱을 고루 채운다.

14 고압가스안전관리법에서 정하고 있는 보호시설이 아닌 것은? [안전 64]

① 의원 ② 학원
③ 가설건축물 ④ 주택

15 다음 가스 폭발의 위험성 평가 기법 중 정량적 평가 방법은? [안전 111]

① HAZOP(위험성운전분석 기법)
② FTA(결함수분석 기법)
③ Check List법
④ What-if(사고예상질문분석 기법)

해설
위험성 평가 기법
㉠ 정량적 기법
- 결함수분석법(FTA)
- 사건수분석법(ETA)
- 원인결과분석법(CCA)

㉡ 정성적 분석법
- 체크리스트, 상대위험 순위결정
- 사고예방질문분석(What-if)
- 위험과 운전분석(HAZOP)
- 이상위험도분석(FMECA)

16 도시가스사업 법령에 따른 안전관리자의 종류에 포함되지 않는 것은?

① 안전관리 총괄자
② 안전관리 책임자
③ 안전관리 부책임자
④ 안전점검원

해설
안전관리자
㉠ 안전관리 총괄자
㉡ 안저관리 부총괄자
㉢ 안전관리 책임자
㉣ 안전관리원

17 독성 가스 배관은 2중관 구조로 하여야 한다. 이때 외층관 내경은 내층관 외경의 몇 배 이상을 표준으로 하는가? [안전 59]

① 1.2 ② 1.5
③ 2 ④ 2.5

18 액화석유가스 충전사업자의 영업소에 설치하는 용기저장소 용기보관실 면적의 기준은 얼마인가? [안전 98]

① $9m^3$ 이상 ② $12m^3$ 이상
③ $19m^3$ 이상 ④ $21m^3$ 이상

해설
용기저장소 용기보관실 면적

가스명	면 적(m^2)
고압가스, 산소, 독성	10 이상
액화석유가스	19 이상

19 자연발화의 열의 발생속도에 대한 설명으로 틀린 것은?

① 초기온도가 높은 쪽이 일어나기 쉽다.
② 표면적이 작을수록 일어나기 쉽다.
③ 발열량이 큰 쪽이 일어나기 쉽다.
④ 촉매물질이 존재하면 반응속도가 빨라진다.

20 암모니아 충전용기로서 내용적이 1000L 이하인 것은 부식 여유치가 A이고, 염소 충전용기로서 내용적이 1000L 초과하는 것은 부식 여유치가 B이다. A와 B항의 알맞은 부식 여유치는?

① A : 1mm, B : 2mm
② A : 1mm, B : 3mm
③ A : 2mm, B : 5mm
④ A : 1mm, B : 5mm

정답 13.③ 14.③ 15.② 16.③ 17.① 18.③ 19.② 20.④

해설

부식 여유치

NH_3	1000L 이하	1mm
	1000L 초과	2mm
Cl_2	1000L 이하	3mm
	1000L 초과	5mm

21 고압가스 관련설비가 아닌 것은? **[안전 35]**

① 일반압축가스 배관용 밸브
② 자동차용 압축천연가스 완속충전설비
③ 액화석유가스용 용기 잔류가스 회수장치
④ 안전밸브, 긴급차단장치, 역화방지장치

해설

고압가스 관련설비
②, ③, ④항 이외에 기화장치, 압력용기, 자동차용 가스 자동주입기, 독성 가스 배관용 밸브, 냉동설비

22 고압가스 일반 제조시설의 저장탱크 지하설치 기준에 대한 설명으로 틀린 것은? **[안전 6]**

① 저장탱크 주위에는 마른 모래를 채운다.
② 지면으로부터 저장탱크 정상부까지의 깊이는 30cm 이상으로 한다.
③ 저장탱크를 매설한 곳의 주위에는 지상에 경계표지를 한다.
④ 저장탱크에 설치한 안전밸브는 지면에서 5m 이상 높이에 방출구가 있는 가스방출관을 설치한다.

해설

② 지면으로부터 저장탱크 정상부까지의 길이는 60cm 이상으로 한다.

23 아황산가스의 제독제로 갖추어야 할 것이 아닌 것은? **[안전 22]**

① 가성소다수용액
② 소석회
③ 탄산소다수용액
④ 물

24 산소압축기의 윤활유로 사용되는 것은 어느 것인가? **[설비 10]**

① 석유류　　② 유지류
③ 글리세린　　④ 물

㉠ 산소압축기의 윤활유 : 물, 10% 이하 글리세린수
㉡ LP가스 압축기 : 식물성유
㉢ Cl_2 압축기 : 진한 황산
㉣ 공기, 수소, 아세틸렌 압축기 : 양질의 광유

25 아세틸렌이 은, 수은과 반응하여 폭발성의 금속 아세틸라이드를 형성하여 폭발하는 형태는? **[설비 15]**

① 분해 폭발　　② 화합 폭발
③ 산화 폭발　　④ 압력 폭발

화합 폭발=아세틸라이드 폭발

26 가연성 가스 또는 독성 가스의 제조시설에서 자동으로 원재료의 공급을 차단시키는 등 제조설비 안의 제조를 제어할 수 있는 장치를 무엇이라고 하는가?

① 인터록 기구
② 벤트스택
③ 플레어스택
④ 가스누출 검지경보장치

27 다음 중 지상에 설치하는 정압기실 방호벽의 높이와 두께 기준으로 옳은 것은 어느 것인가? **[안전 104]**

① 높이 2m, 두께 7cm 이상의 철근콘크리트벽
② 높이 1.5m, 두께 12cm 이상의 철근콘크리트벽
③ 높이 2m, 두께 12cm 이상의 철근콘크리트벽
④ 높이 1.5m, 두께 15cm 이상의 철근콘크리트벽

해설

방호벽의 종류

종 류	높 이	두 께
철근콘크리트	2m 이상	12cm 이상
콘크리트 블록	2m 이상	15cm 이상
박강판	2m 이상	3.2mm 이상
후강판	2m 이상	6mm 이상

정답 21.① 22.② 23.② 24.④ 25.② 26.① 27.③

28 도시가스 도매사업 제조소에 설치된 비상공급시설 중 가스가 통하는 부분은 최고사용압력의 몇 배 이상의 압력으로 기밀시험이나 누출검사를 실시하여 이상이 없는 것으로 하는가?

① 1.1 ② 1.2
③ 1.5 ④ 2.0

도시가스 부분의 압력값

구 분	T_P(내압시험압력) (시험매체)		A_P(기밀시험압력)
	물	공기, 질소	
사용시설 및 정압기 시설	최고 사용 압력× 1.5배 이상	최고 사용 압력× 1.25배 이상	8.4kPa 이상 또는 최고사용압력×1.1배 중 높은 압력
공급시설			최고사용압력×1.1배 이상

29 용기 종류별 부속품의 기호 중 압축가스를 충전하는 용기의 부속품을 나타낸 것은 어느 것인가? **[안전 29]**

① LG ② PG
③ LT ④ AG

㉠ LG : 액화석유가스 이외 액화가스를 충전하는 용기 부속품
㉡ AG : 아세틸렌가스를 충전하는 용기 부속품
㉢ LT : 초저온 저온용기의 부속품
㉣ LPG : 액화석유가스를 충전하는 용기 부속품

30 다음 ( ) 안에 알맞은 말은?

"시 · 도지사는 도시가스를 사용하는 자에게 퓨즈콕 등 가스안전장치의 설치를 ( ) 할 수 있다."

① 권고 ② 강제
③ 위탁 ④ 시공

31 고압식 액화산소 분리장치에서 원료공기는 압축기에서 어느 정도 압축되는가?

① 40~60atm ② 70~100atm
③ 80~120atm ④ 150~200atm

32 수은을 이용한 U자관 압력계에서 액주높이(h) 600mm, 대기압(P_1)은 1kg/cm²일 때 P_2는 약 몇 [kg/cm²]인가?

① 0.22 ② 0.92
③ 1.82 ④ 9.16

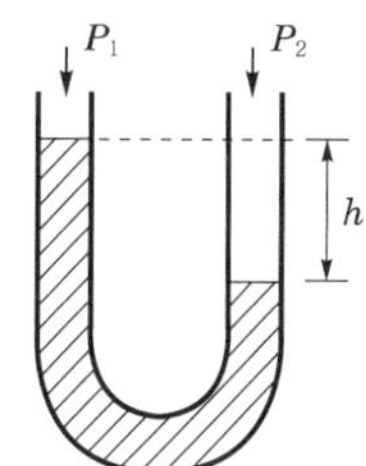

$P_2 = P_1 + Sh$이므로
여기서, P_1 : 1kg/cm²
h : 60cm
S : 13.6(kg/10³cm³)
$\therefore P_2 = 1\text{kg/cm}^2 + 13.6(\text{kg}/10^3\text{cm}^3) \times 60\text{cm}$
$= 1.82\text{kg/cm}^2$

33 조정기를 사용하여 공급가스를 감압하는 2단 감압 방법의 장점이 아닌 것은? **[설비 26]**

① 공급압력이 안정하다.
② 중간 배관이 가늘어도 된다.
③ 각 연소기구에 알맞은 압력으로 공급이 가능하다.
④ 장치가 간단하다.

④ 1단 감압식의 장점

34 LNG의 주성분인 CH_4의 비점과 임계온도를 절대온도(K)로 바르게 나타낸 것은?

① 435K, 355K
② 111K, 355K
③ 435K, 283K
④ 111K, 283K

CH_4

구 분	℃	K
비점	−162	273−162=111
임계온도	82	273+82=355

정답 28.① 29.② 30.① 31.④ 32.③ 33.④ 34.②

35 재료의 저온하에서의 성질에 대한 설명으로 가장 거리가 먼 것은?

① 강은 암모니아 냉동기용 재료로서 적당하다.
② 탄소강은 저온도가 될수록 인장강도가 감소한다.
③ 구리는 액화분리장치용 금속재료로서 적당하다.
④ 18-8 스테인리스강은 우수한 저온장치용 재료이다.

② 탄소강은 저온일수록 인장강도 경도는 증가, 신율 충격치는 감소한다.

36 수소취성을 방지하는 원소로 옳지 않은 것은 어느 것인가? [설비 6]

① 텅스텐(W) ② 바나듐(V)
③ 규소(Si) ④ 크롬(Cr)

수소취성 방지금속 : Cr(크롬), W(텅스텐), V(바나듐), Mo(몰리브덴), Ti(티탄)

37 다음 온도계의 선정 방법에 대한 설명 중 틀린 것은?

① 지시 및 기록 등을 쉽게 행할 수 있을 것
② 견고하고 내구성이 있을 것
③ 취급하기가 쉽고 측정하기 간편할 듯
④ 피측 온체의 화학반응 등으로 온도계에 영향이 있을 것

④ 화학반응의 영향이 없을 것

38 펌프의 캐비테이션에 대한 설명으로 옳은 것은? [설비 7]

① 캐비테이션은 펌프 임펠러의 출구 부근에 더 일어나기 쉽다.
② 유체 중에 그 액온의 증기압보다 압력이 낮은 부분이 생기면 캐비테이션이 발생한다.
③ 캐비테이션은 유체의 온도가 낮을수록 생기기 쉽다.
④ 이용 NPSH> 필요 NPSH일 때 캐비테이션을 발생한다.

① 임펠러 입구부분에 일어나기 쉽다.
③ 유체가 고온일수록 일어나기 쉽다.
④ 필요흡입수두>이용흡입수두일 때 발생
NPSH : 흡입수두

39 LP가스를 자동차용 연료로 사용할 때의 특징에 대한 설명 중 틀린 것은?

① 완전연소가 쉽다.
② 배기가스에 독성이 적다.
③ 기관의 부식 및 마모가 적다.
④ 시동이나 급가속이 용이하다.

④ 급가속은 곤란하다.

40 원거리 지역에 대량의 가스를 공급하기 위하여 사용되는 가스공급방식은?

① 초저압 공급 ② 저압 공급
③ 중압 공급 ④ 고압 공급

41 다음은 무슨 압력계에 대한 설명인가?

"주름관이 내압변화에 따라서 신축되는 것을 이용한 것으로 진공압 및 차압 측정에 주로 사용된다."

① 벨로스 압력계 ② 다이어프램 압력계
③ 부르동관 압력계 ④ U자관식 압력계

42 공기의 액화분리에 대한 설명 중 틀린 것은?

① 질소가 정류탑의 하부로 먼저 기화되어 나간다.
② 대량의 산소, 질소를 제조하는 공업적 제조법이다.
③ 액화의 원리는 임계온도 이하로 냉각시키고 임계압력 이상으로 압축하는 것이다.
④ 공기액화 분리장치에서는 산소가스가 가장 먼저 액화된다.

정답 35.② 36.③ 37.④ 38.② 39.④ 40.④ 41.① 42.①

해설

① 질소가 정류탑 상부로 먼저 기화된다.
- 액화 순서 : O_2, N_2
- 기화 순서 : N_2, O_2

43 증기압축식 냉동기에서 실제적으로 냉동이 이루어지는 곳은? [장치 20]

① 증발기
② 응축기
③ 팽창기
④ 압축기

44 직동식 정압기의 기본 구성요소가 아닌 것은?

① 안전밸브
② 스프링
③ 메인밸브
④ 다이어프램

해설

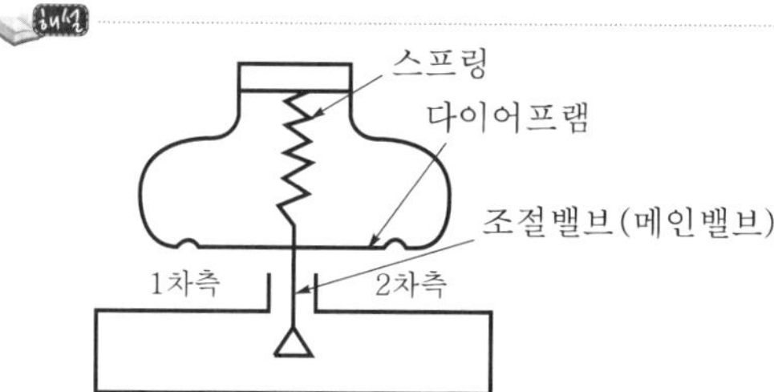

45 가연성 가스의 제조설비 내에 설치하는 전기기기에 대한 설명으로 옳은 것은? [안전 46]

① 1종 장소에는 원칙적으로 전기설비를 설치해서는 안 된다.
② 안전증 방폭구조는 전기기기의 불꽃이나 아크를 발생하여 착화원이 될 염려가 있는 부분을 기름 속에 넣은 것이다.
③ 2종 장소는 정상의 상태에서 폭발성 분위기가 연속하여 또는 장시간 생성되는 장소를 말한다.
④ 가연성 가스가 존재할 수 있는 위험장소는 1종 장소, 2종 장소 및 0종 장소로 분류하고 위험장소에서는 방폭형 전기기기를 설치하여야 한다.

46 다음 중 온도가 가장 높은 것은?

① 450°R ② 220K
③ 2°F ④ −5℃

단위를 ℃로 통일

① $450-460=-10°F$

$℃=\frac{1}{1.8}(-10-32)=-23.3℃$

② $220K=220-273=-53℃$

③ $2°F=\frac{1}{1.8}(2-32)=-16.7℃$

④ $-5℃$

47 다음 중 염소의 용도로 적합하지 않은 것은 어느 것인가?

① 소독용으로 사용된다.
② 염화비닐 제조의 원료이다.
③ 표백제로 사용된다.
④ 냉매로 사용된다.

해설

④ 냉매 사용가스 : NH_3, 프레온가스

48 부탄(C_4H_{10}) 용기에서 액체 580g이 대기 중에 방출되었다. 표준상태에서 부피는 몇 [L]가 되는가?

① 150 ② 210
③ 224 ④ 230

해설

$C_4H_{10}=1mol=58g$이므로
$580 : x(mol)=58g : 1mol$
$x=10mol$
∴ $10\times22.4=224L$

49 다음 중 비점이 가장 낮은 기체는?

① NH_3 ② C_3H_8
③ N_2 ④ H_2

해설

가스별 비등점

가스명	비등점(℃)
NH_3	−33
C_3H_8	−42
N_2	−196
H_2	−252

정답 43.① 44.① 45.④ 46.④ 47.④ 48.③ 49.④

50 도시가스에 첨가되는 부취제 선정 시 조건으로 틀린 것은? [안전 55]

① 물에 잘 녹고 쉽게 액화될 것
② 토양에 대한 투과성이 좋을 것
③ 독성 및 부식성이 없을 것
④ 가스 배관에 흡착되지 않을 것

① 물에 녹지 않을 것

51 가연성 가스 배관의 출구 등에서 공기 중으로 유출하면서 연소하는 경우는 어느 연소 형태에 해당하는가?

① 확산연소 ② 증발연소
③ 표면연소 ④ 분해연소

52 다음 중 수소가스와 반응하여 격렬히 폭발하는 원소가 아닌 것은?

① O_2 ② N_2
③ Cl_2 ④ F_2

폭명기의 3가지 반응식
① $2H_2 + O_2 \rightarrow 2H_2O$(수소폭명기)
③ $H_2 + Cl_2 \rightarrow 2HCl$(염소폭명기)
④ $H_2 + F_2 \rightarrow 2HF$(불소폭명기)

53 다음에서 설명하는 법칙은?

> "모든 기체 1몰의 체적(V)은 같은 온도(T), 같은 압력(P)에서 모두 일정하다."

① Dalton의 법칙
② Henry의 법칙
③ Avogadro의 법칙
④ Hess의 법칙

54 액화석유가스에 관한 설명 중 틀린 것은?

① 무색투명하고 물에 잘 녹지 않는다.
② 탄소의 수가 3~4개로 이루어진 화합물이다.
③ 액체에서 기체로 될 때 체적은 150배로 증가한다.
④ 기체는 공기보다 무거우며, 천연고무를 녹인다.

LPG의 특성

일반적 특성	연소특성
㉠ 가스는 공기보다 무겁다. ㉡ 액은 물보다 가볍다. ㉢ 기화·액화가 용이하다. ㉣ 기화 시 체적이 250배 커진다. ㉤ 천연고무는 용해하므로 패킹재로는 합성고무제인 실리콘 고무를 사용한다. ㉥ 무색 투명하고 물에 녹지 않는다.	㉠ 연소범위가 좁다. ㉡ 연소속도가 늦다. ㉢ 발화온도가 높다. ㉣ 연소 시 다량의 공기가 필요하다.

55 0℃에서 온도를 상승시키면 가스의 밀도는?

① 높게 된다. ② 낮게 된다.
③ 변함이 없다. ④ 일정하지 않다.

온도 상승 시 부피가 커지면 밀도$\left(\frac{질량}{부피}\right)$는 작아진다.

56 이상기체에 잘 적용될 수 있는 조건에 해당되지 않는 것은? [설비 46]

① 온도가 높고 압력이 낮다.
② 분자 간 인력이 작다.
③ 분자크기가 작다.
④ 비열이 작다.

57 60℃의 물 300kg과 20℃의 물 800kg을 혼합하면 약 몇 [℃]의 물이 되겠는가?

① 28.2 ② 30.9
③ 33.1 ④ 37

해설
열역학 제0법칙에 의하여
$300 \times 1 \times 60 + 800 \times 1 \times 20 = 1100 \times 1 \times t$
$\therefore t = \frac{300 \times 60 + 800 \times 20}{1100} = 30.9℃$

58 착화원이 있을 때 가연성 액체나 고체의 표면에 연소하한계 농도의 가연성 혼합기가 형성되는 최저온도는?

① 인화온도 ② 임계온도
③ 발화온도 ④ 포화온도

정답 50.① 51.① 52.② 53.③ 54.③ 55.② 56.④ 57.② 58.①

59 암모니아의 성질에 대한 설명으로 옳은 것은?

① 상온에서 약 8.46atm이 되면 액화한다.
② 불연성의 맹독성 가스이다.
③ 흑갈색의 기체로 물에 잘 녹는다.
④ 염화수소와 만나면 검은 연기를 발생한다.

② 가연성 독성 가스
③ 무색의 기체로 물에 잘 녹는다.
④ 염화수소와 만나면 흰 연기를 발생한다.
$NH_3 + HCl \rightarrow NH_4Cl$(염화암모늄의 흰 연기)

60 표준상태에서 에탄 2mol, 프로판 5mol, 부탄 3mol로 구성된 LPG에서 부탄의 중량은 몇 [%]인가?

① 13.2　　② 24.6
③ 38.3　　④ 48.5

$$\text{중량}(\%) = \frac{\text{해당 가스 중량}}{\text{전체의 중량}} \times 100$$

$$= \frac{3 \times 58}{2 \times 30 + 5 \times 44 + 3 \times 58} \times 100 = 38.3\%$$

※ 몰수에 분자량을 곱하면 각 가스의 중량이 된다.

정답 59.① 60.③

국가기술자격 필기시험문제

2012년 기능사 제5회 필기시험(1부) (2012년 10월 시행)

자격종목	시험시간	문제수	문제형별
가스기능사	**1시간**	**60**	**A**

수험번호		성 명	

01 고압가스 배관에 대하여 수압에 의한 내압시험을 하려고 한다. 이 때 압력은 얼마 이상으로 하는가? **[안전 2]**

① 사용압력×1.1배
② 사용압력×2배
③ 상용압력×1.5배
④ 상용압력×2배

T_P(내압시험압력)

압력매체	T_P
물(수압)	상용압력×1.5배
공기, 질소	상용압력×1.25배

02 일반도시가스 사업자는 공급권역을 구역별로 분할하고 원격조작에 의한 긴급차단장치를 설치하여 대형 가스누출, 지진발생 등 비상 시 가스 차단을 할 수 있도록 하고 있는데 이 구역의 설정기준은? **[안전 120]**

① 수요자 수가 20만 미만이 되도록 설정
② 수요자 수가 25만 미만이 되도록 설정
③ 배관길이가 20km 미만이 되도록 설정
④ 배관길이가 25km 미만이 되도록 설정

일반도시가스 공급시설 배관의 긴급차단장치 공급권역 설정기준

수요가구 20만 이하(단, 구역 설정 후 수요가구 증가 시는 25만 미만으로 할 수 있다.)

※ KGS code에 20만 미만이 아니라 20만 이하로 되어 있다.

일반도시가스 공급시설의 배관에 설치되는 긴급차단장치 및 가스공급 차단장치(KGS Fs 551) (2.8.6)

<table>
<tr><th colspan="3">긴급차단장치 설치</th></tr>
<tr><th colspan="2">항 목</th><th>핵심 내용</th></tr>
<tr><td colspan="2">긴급차단장치 설치개요</td><td>공급권역에 설치하는 배관에는 지진 대형 가스누출로 인한 긴급사태에 대비하여 구역별로 가스공급을 차단할 수 있는 원격조작에 의한 긴급차단장치 및 동등효과의 가스차단장치 설치</td></tr>
<tr><td rowspan="5">설치사항</td><td>긴급차단장치가 설치된 가스도매사업자의 배관</td><td>일반도시가스 사업자에게 전용으로 공급하기 위한 것으로서 긴급차단장치로 차단되는 구역의 수요자 수가 20만 이하일 것</td></tr>
<tr><td>가스누출 등으로 인한 긴급차단 시</td><td>사업자 상호간 공용으로 긴급차단장치를 사용할 수 있도록 사용계약과 상호협의체계가 문서로 구축되어 있을 것</td></tr>
<tr><td>연락 가능사항</td><td>양사간 유무선으로 2개 이상의 통신망 사용</td></tr>
<tr><td>비상, 훈련 합동 점검사항</td><td>6월 1회 이상 실시</td></tr>
<tr><td>가스공급을 차단할 수 있는 구역</td><td>수요자가구 20만 이하(단, 구역 설정 후 수요가구 증가 시는 25만 미만으로 할 수 있다.)</td></tr>
<tr><th colspan="3">가스공급 차단장치</th></tr>
<tr><th colspan="2">항 목</th><th>핵심 내용</th></tr>
<tr><td colspan="2">고압 중압 배관에서 분기되는 배관</td><td>분기점 부근 및 필요장소에 위급 시 신속히 차단할 수 있는 장치 설치(단, 관길이 50m 이하인 것으로 도로와 평행 매몰되어 있는 규정에 따라 차단장치가 있는 경우는 제외)</td></tr>
<tr><td colspan="2">도로와 평행하여 매설되어 있는 배관으로부터 가스사용자가 소유하거나 점유한 토지에 이르는 배관</td><td>호칭지름 65mm(가스용 폴리에틸렌관은 공칭외경 75mm) 초과하는 배관에 가스차단장치 설치</td></tr>
</table>

정답 01.③ 02.①

03 고압가스 특정 제조시설에서 배관을 해저에 설치하는 경우의 기준으로 틀린 것은 어느 것인가? **[안전 119]**

① 배관은 해저면 밑에 매설한다.
② 배관은 원칙적으로 다른 배관과 교차하지 아니하여야 한다.
③ 배관은 원칙적으로 다른 배관과 수평거리로 20m 이상을 유지하여야 한다.
④ 배관의 입상부에는 방호시설물을 설치한다.

③ 다른 배관과의 수평거리 30m 이상을 유지
고압가스 특정 제조시설, 고압가스 배관의 해저 · 해상 설치기준(KGS Fp 111) (2.5.7.1)

항 목	핵심 내용
설치	해저면 밑에 매설, 닻 내림 등으로 손상우려가 있거나 부득이한 경우에는 매설하지 아니할 수 있다.
다른 배관의 관계	㉠ 교차하지 아니함 ㉡ 수평거리 30m 이상 유지 ㉢ 입상부에는 방호시설물을 설치
두 개 이상의 배관 설치 시	㉠ 두 개 이상의 배관을 형광등으로 매거나 구조물에 조립 설치 ㉡ 충분한 간격을 두고 부설 ㉢ 부설 후 적정간격이 되도록 이동시켜 매설

04 가스도매사업의 가스공급시설에서 배관을 지하에 매설할 경우의 기준으로 틀린 것은? **[안전 140]**

① 배관을 시가지 외의 도로 노면 밑에 매설할 경우 노면으로부터 배관 외면까지 1.2m 이상 이격할 것
② 배관의 깊이는 산과 들에서는 1m 이상으로 할 것
③ 배관을 시가지의 도로 노면 밑에 매설할 경우 노면으로부터 배관 외면까지 1.5m 이상 이격할 것
④ 배관을 철도 부지에 매설할 경우 배관 외면으로부터 궤도 중심까지 5m 이상 이격할 것

궤도 중심과 4m 이상 이격

05 고압가스 특정 제조시설 중 비가연성 가스의 저장탱크는 몇 [m^3] 이상일 경우에 지진영향에 대한 안전한 구조로 설계하여야 하는가? **[안전 72]**

① 300 ② 500
③ 1000 ④ 2000

독성, 가연성의 경우 : 5톤, 500m^3 이상 시 내진설계

06 액화석유가스 저장탱크에 가스를 충전하고자 한다. 내용적이 15m^3인 탱크에 안전하게 충전할 수 있는 가스의 최대 용량은 몇 [m^3]인가?

① 12.75
② 13.5
③ 14.25
④ 14.7

액화가스 탱크에 충전용량 90% 이하로 충전하여야 하므로 $15m^3 \times 0.9 = 13.5m^3$ 이하
[참고] 소형 저장탱크(3t 미만의 탱크)의 경우는 85% 이하로 충전

07 다음 중 가연성 가스 및 방폭 전기기기의 폭발 등급 분류 시 사용하는 최소점화전류비는 어느 가스의 최소점화전류를 기준으로 하는가? **[안전 46]**

① 메탄
② 프로판
③ 수소
④ 아세틸렌

08 도시가스사업법상 제1종 보호시설이 아닌 것은? **[안전 64]**

① 아동 50명이 다니는 유치원
② 수용인원이 350명인 예식장
③ 객실 20개를 보유한 여관
④ 250세대 규모의 개별난방 아파트

④항의 경우는 제2종

정답 03.③ 04.④ 05.③ 06.② 07.① 08.④

09 아세틸렌 제조설비의 기준에 대한 설명으로 틀린 것은?

① 압축기와 충전장소 사이에는 방호벽을 설치한다.
② 아세틸렌 충전용 교체밸브는 충전장소와 격리하여 설치한다.
③ 아세틸렌 충전용 지관에는 탄소 함유량이 0.1% 이하의 강을 사용한다.
④ 아세틸렌에 접촉하는 부분에는 동 또는 동 함유량이 72% 이하의 것을 사용한다.

④ 아세틸렌에 접촉하는 부분에 동 또는 동 함유량이 62% 미만을 사용

10 가연성이면서 독성인 가스는? [안전 17]

① 아세틸렌, 프로판
② 수소, 이산화탄소
③ 암모니아, 산화에틸렌
④ 아황산가스, 포스겐

11 다음 가스 중 폭발범위의 하한값이 가장 높은 것은?

① 암모니아 ② 수소
③ 프로판 ④ 메탄

가스별 폭발범위

가스명	폭발범위(%)
암모니아	15~28
수소	4~75
프로판	2.1~9.5
메탄	5~15

12 고압가스의 충전용기를 차량에 적재하여 운반하는 때의 기준에 대한 설명으로 옳은 것은? [안전 4, 60]

① 염소와 아세틸렌 충전용기는 동일차량에 적재하여 운반이 가능하다.
② 염소와 수소 충전용기는 동일차량에 적재하여 운반이 가능하다.
③ 독성 가스가 아닌 $300m^3$의 압축가연성 가스를 차량에 적재하여 운반하는 때에는 운반책임자를 동승시켜야 한다.
④ 독성 가스가 아닌 2천 kg의 액화조연성 가스를 차량에 적재하여 운반하는 때에는 운반책임자를 동승시켜야 한다.

①, ②항 동일차량에 적재 불가능
④ 액화조연성 6000kg 이상 운반 시 운반책임자 동승

13 다음 중 풍압대와 관계없이 설치할 수 있는 방식의 가스보일러는? [안전 112]

① 자연배기식(CF) 단독배기통 방식
② 자연배기식(CF) 복합배기통 방식
③ 강제배기식(FE) 단독배기통 방식
④ 강제배기식(FE) 공동배기구 방식

해설

가스보일러의 급 · 배기 방식

반밀폐식	CF (자연배기식)	연소용 공기는 실내, 폐가스는 자연 통풍으로 옥외 배출
반밀폐식	FE (강제배기식)	연소용 공기는 실내, 폐가스는 배기용 송풍기에 의해 강제로 옥외로 배출, 단독 배기통인 경우 풍압대와 관계없이 설치 가능
밀폐식	BF (자연 급 · 배기식)	급 · 배기통을 외기와 접하는 벽을 관통, 옥외로 설치하고 자연통기력에 의해 급 · 배기를 하는 방식
밀폐식	FF (강제 급 · 배기식)	급 · 배기통을 외기와 접하는 벽을 관통하여 옥외로 설치하고 급 · 배기용 송풍기에 의해 강제로 급 · 배기하는 방식

14 도시가스 사용시설에서 입상관과 화기 사이에 유지하여야 하는 거리는 우회거리 몇 [m] 이상인가? [안전 28]

① 1m ② 2m
③ 3m ④ 5m

해설

화기와 우회거리
㉠ 가연성 · 산소 : 8m
㉡ 가정용 시설 · 가스계량기 · 입상관 : 2m
㉢ 기타 가스 : 2m

정답 09.④ 10.③ 11.① 12.③ 13.③ 14.②

15 일반 도시가스 공급시설의 시설기준으로 틀린 것은?

① 가스공급시설을 설치한 곳에는 누출된 가스가 머물지 아니하도록 환기설비를 설치한다.
② 공동구 안에는 환기장치를 설치하며 전기설비가 있는 공동구에는 그 전기설비를 방폭구조로 한다.
③ 저장탱크의 안전장치인 안전밸브나 파열판에는 가스방출관을 설치한다.
④ 저장탱크의 안전밸브는 다이어프램식 안전밸브로 한다.

④ 저장탱크의 안전밸브는 스프링식

16 방류둑의 성토는 수평에 대하여 몇 도 이하의 기울기로 하여야 하는가? **[안전 15]**

① 30° ② 45°
③ 60° ④ 75°

17 고압가스 저장탱크 및 가스홀더의 가스방출장치는 가스저장량이 몇 [m^3] 이상인 경우 설치하여야 하는가? **[안전 117]**

① $1m^3$ ② $3m^3$
③ $5m^3$ ④ $10m^3$

18 다음 중 LNG의 주성분은?

① CH_4 ② CO
③ C_2H_4 ④ C_2H_2

19 가스 제조시설에 설치하는 방호벽의 규격으로 옳은 것은? **[안전 104]**

① 철근콘크리트 벽으로 두께 12cm 이상, 높이 2m 이상
② 철근콘크리트 블록 벽으로 두께 20cm 이상, 높이 2m 이상
③ 박강판 벽으로 두께 3.2cm 이상, 높이 2m 이상
④ 후강판 벽으로 두께 10mm 이상, 높이 2.5m 이상

20 고압가스 특정 제조시설에서 플레어스택의 설치기준으로 틀린 것은? **[안전 76]**

① 파일럿버너를 항상 꺼두는 등 플레어스택에 관련된 폭발을 방지하기 위한 조치가 되어 있는 것으로 한다.
② 긴급이송설비로 이송되는 가스를 안전하게 연소시킬 수 있는 것으로 한다.
③ 플레어스택에서 발생하는 복사열이 다른 제조시설에 나쁜 영향을 미치지 아니하도록 안전한 높이 및 위치에 설치한다.
④ 플레어스택에서 발생하는 최대열량에 장시간 견딜 수 있는 재료 및 구조로 되어 있는 것으로 한다.

해설

파일럿버너 등은 항상 점화하여 두어야 한다.

21 다음은 어떤 안전설비에 대한 설명인가?

> 설비가 잘못 조작되거나 정상적인 제조를 할 수 없는 경우 자동으로 원재료의 공급을 차단시키는 등 고압가스 제조설비 안의 제조를 제어하는 기능을 한다.

① 안전밸브 ② 긴급차단장치
③ 인터록 기구 ④ 벤트스택

22 허용농도가 100만분의 200 이하인 독성가스 용기 운반차량은 몇 [km] 이상의 거리를 운행할 때 중간에 충분한 휴식을 취한 후 운행하여야 하는가? **[안전 14]**

① 100km ② 200km
③ 300km ④ 400km

23 방폭 전기기기의 구조별 표시 방법으로 틀린 것은? **[안전 45]**

① 내압방폭구조－s
② 유입방폭구조－o
③ 압력방폭구조－p
④ 본질안전 방폭구조－ia

① 내압방폭구조(d)

정답 15.④ 16.② 17.③ 18.① 19.① 20.① 21.③ 22.② 23.①

24 고압가스에 대한 사고예방 설비기준으로 옳지 않은 것은?

① 가연성 가스의 가스설비 중 전기설비는 그 설치장소 및 그 가스의 종류에 따라 적절한 방폭성능을 가지는 것일 것
② 고압가스설비에는 그 설비 안의 압력이 내압 압력을 초과하는 경우 즉시 그 압력을 내압 압력 이하로 되돌릴 수 있는 안전장치를 설치하는 등 필요한 조치를 할 것
③ 폭발 등의 위해가 발생할 가능성이 큰 특수반응설비는 그 위해의 발생을 방지하기 위하여 내부반응 감시설비 및 위험사태발생 방지설비의 설치 등 필요한 조치를 할 것
④ 저장탱크 및 배관에는 그 저장탱크 및 배관이 부식되는 것을 방지하기 위하여 필요한 조치를 할 것

해설

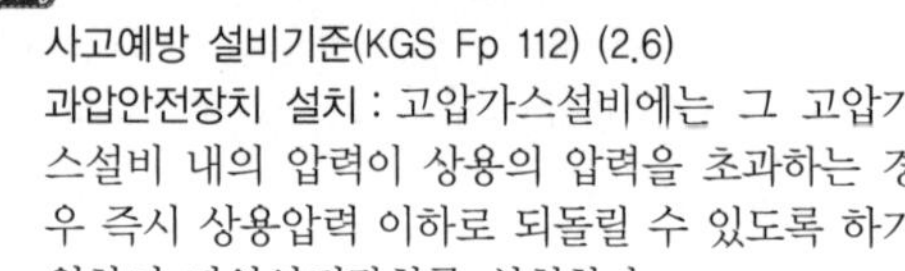

사고예방 설비기준(KGS Fp 112) (2.6)
과압안전장치 설치 : 고압가스설비에는 그 고압가스설비 내의 압력이 상용의 압력을 초과하는 경우 즉시 상용압력 이하로 되돌릴 수 있도록 하기 위하여 과압안전장치를 설치한다.

25 다음 중 고압용기에 각인되어 있는 내용적의 기호는? **[안전 113]**

① V
② F_P
③ T_P
④ W

해설

① V : 내용적 (단위 : L)
② F_P : 최고충전압력(단위 : MPa)
③ T_P : 내압시험압력(단위 : MPa)
④ W : 밸브의 부속품을 포함하지 않는 용기질량 (단위 : kg)

26 고압가스 냉동제조의 시설 및 기술기준에 대한 설명으로 틀린 것은?

① 냉동제조시설 중 냉매설비에는 자동제어장치를 설치할 것
② 가연성 가스 또는 독성 가스를 냉매로 사용하는 냉매설비 중 수액기에 설치하는 액면계는 환형 유리관액면계를 사용할 것
③ 냉매설비에는 압력계를 설치할 것
④ 압축기 최종단에 설치한 안전장치는 1년에 1회 이상 점검을 실시할 것

환형 유리제 액면계 사용가능 가스의 종류
㉠ 산소
㉡ 초저온 가스
㉢ 불활성 가스

27 다음 ( ) 안에 각각 들어갈 숫자는?

> 도시가스 공급시설에 대하여 공사가 실시하는 정밀안전진단의 실시 시기 및 기준에 의거 본관 및 공급관에 대하여 최초로 시공감리 증명서를 받은 날부터 ( )년이 지난 날에 속하는 해 및 그 이후 매 ( )년이 지난 날이 속하는 해에 받아야 한다.

① 10, 5 ② 15, 5
③ 10, 10 ④ 15, 10

도시가스사업법 시행규칙 제27조 3

28 0℃, 1atm에서 6L인 가스가 273℃, 1atm으로 변하면 용적은 몇 [L]가 되는가?

① 4 ② 8
③ 12 ④ 24

샤를의 법칙에 의하여

$\frac{V_1}{T_1} = \frac{V_2}{T_2}$ 이므로

$$\therefore V_2 = \frac{V_1 T_2}{T_1} = \frac{6 \times (273+273)}{273} = 12\text{L}$$

29 다음 중 2중관으로 하여야 하는 고압가스가 아닌 것은? **[안전 59]**

① 수소 ② 아황산가스
③ 암모니아 ④ 황화수소

정답 24.② 25.① 26.② 27.② 28.③ 29.①

해설

이중관 설치 독성 가스
아황산, 암모니아, 염소, 염화메탄, 산화에틸렌, 시안화수소, 포스겐, 황화수소

30 도시가스 사용시설에서 배관의 용접부 중 비파괴시험을 하여야 하는 것은? **[안전 114]**

① 가스용 폴리에틸렌관
② 호칭지름 65mm인 매몰된 저압 배관
③ 호칭지름 150mm인 노출된 저압 배관
④ 호칭지름 65mm인 노출된 중압 배관

해설

비파괴시험 제외
㉠ PE 배관
㉡ 저압으로 노출된 사용자 공급관
㉢ 호칭지름 80mm 미만인 저압의 배관

31 펌프의 축봉장치에서 아웃사이드 형식이 쓰이는 경우가 아닌 것은?

① 구조재, 스프링재가 액의 내식성에 문제가 있을 때
② 점성계수가 100cP를 초과하는 고점도 액일 때
③ 스타핑 복스 내가 고진공일 때
④ 고응고점 액일 때

해설

메커니컬 실의 종류

형 식	구 분	사용되는 특성
사이드 형식	인사이드형	고정환이 펌프측에 있는 것으로 일반적으로 사용된다.
	아웃사이드형 (외장형)	㉠ 구조재, 스프링재가 액의 내식성에 문제가 있을 때 ㉡ 점성계수가 100cP를 초과하는 고점도액일 때 ㉢ 저응고점액일 때 ㉣ 스타핑, 박스 안이 고진공일 때
면압 밸런스 형식	언밸런스 실	㉠ 일반적으로 사용된다. ㉡ 윤활성이 좋은 경우 0.7MPa, 안 좋은 경우 0.25MPa 이하에서 사용된다.
	밸런스 실	㉠ 내압 0.4~0.5MPa 이상일 때 ㉡ LPG, 액화가스와 같이 저비점 액체일 때 ㉢ 하이드로 카본일 때
실형식	싱글 실형	일반적으로 사용된다.
	더블 실형	㉠ 유독액 또는 인화성이 강한 액일 때 ㉡ 보냉, 보온이 필요할 때 ㉢ 누설되면 응고되는 액일 때 ㉣ 내부가 고진공일 때 ㉤ 기체를 실할 때

32 자유 피스톤식 압력계에서 추와 피스톤의 무게가 15.7kg일 때 실린더 내의 액압과 균형을 이루었다면 게이지압력은 몇 [kg/cm^2] 이 되겠는가? (단, 피스톤의 지름은 4cm이다.)

① $1.25kg/cm^2$
② $1.57kg/cm^2$
③ $2.5kg/cm^2$
④ $5kg/cm^2$

$P=\frac{W}{A}$ 이므로

여기서, W : 추와 피스톤의 무게(15.7kg)

A : 피스톤 단면적$\left(\frac{\pi}{4}\times(4cm)^2\right)$

$\therefore P=\frac{15.7}{\frac{\pi}{4}\times 4^2}=1.25kg/cm^2$

33 왕복식 압축기에서 피스톤과 크랭크 샤프트를 연결하여 왕복운동을 시키는 역할을 하는 것은?

① 크랭크
② 피스톤링
③ 커넥팅 로드
④ 톱 클리어런스

해설

정답 30.④ 31.④ 32.① 33.③

34 액화천연가스(LNG) 저장탱크 중 내부 탱크의 재료로 사용되지 않는 것은?

① 자기 지지형(Self Supporting) 9% 니켈강
② 알루미늄합금
③ 멤브레인식 스테인리스강
④ 프리스트레스트콘크리트(PC, Prestressed Concrete)

35 유리 온도계의 특징에 대한 설명으로 틀린 것은?

① 일반적으로 오차가 적다.
② 취급은 용이하나 파손이 쉽다.
③ 눈금 읽기가 어렵다.
④ 일반적으로 연속기록 자동제어를 할 수 있다.

36 자동차에 혼합 적재가 가능한 것 끼리 연결된 것은? **[안전 4]**

① 염소 – 아세틸렌
② 염소 – 암모니아
③ 염소 – 산소
④ 염소 – 수소

37 고압식 액체산소 분리장치에서 원료공기는 압축기에서 압축된 후 압축기의 중간 단에서는 몇 [atm] 정도로 탄산가스 흡수기에 들어가는가?

① 5atm ② 7atm
③ 15atm ④ 20atm

38 실린더의 단면적 $50cm^2$, 행정 10cm, 회전수 200rpm, 체적효율 80%인 왕복압축기의 토출량은?

① 60L/min
② 80L/min
③ 120L/min
④ 140L/min

왕복압축기 토출량

$$Q = \frac{\pi}{4}D^2 \times L \times N \times \eta_V$$
$$= 50cm^2 \times 10cm \times 200 \times 0.8$$
$$= 80000cm^3/min = 80L/min$$

단면적 $A = \frac{\pi}{4}D^2 = 50cm^2$

39 C_4H_{10}의 제조시설에 설치하는 가스누출 경보기는 가스누출 농도가 얼마일 때 경보를 울려야 하는가? **[안전 18]**

① 0.45% 이상
② 0.53% 이상
③ 1.8% 이상
④ 2.1% 이상

C_4H_{10}의 연소범위 (1.8~8.4)이므로

경보농도 : $1.8 \times \frac{1}{4} = 0.45\%$

경보농도

가스 종류	농 도
가연성	폭발하한의 1/4 이하
독성	TLV-TWA 기준농도 이하

40 카플러 안전기구와 과류차단 안전기구가 부착된 것으로서 배관과 카플러를 연결하는 구조의 콕은? **[안전 115]**

① 퓨즈콕
② 상자콕
③ 노즐콕
④ 커플콕

41 재료에 하중을 작용하여 항복점 이상의 응력을 가하면, 하중을 제거하여도 본래의 형상으로 돌아가지 않도록 하는 성질을 무엇이라고 하는가?

① 피로
② 크리프
③ 소성
④ 탄성

정답 34.④ 35.④ 36.③ 37.③ 38.② 39.① 40.② 41.③

금속재료의 용어

용 어	정 의
피로	재료의 인장 압축 등으로 발생되는 응력이 계속 반복 시 작은 응력이라도 결국은 재료가 파괴되는 현상
크리프	어느 온도 이상(350℃)에서 재료에 하중을 가하면 시간과 더불어 변형이 증대되는 현상
소성	재료에 항복점 이상의 응력이 가해져 하중이 제거되어도 원래로 돌아오지 않고 변형이 남아 있는 현상
탄성	재료에 항복점 이상의 응력이 가해져도 하중을 제거 시 원래대로 돌아오는 현상

42 관 도중에 조리개(교축 기구)를 넣어 조리개 전후의 차압을 이용하여 유량을 측정하는 계측기기는?

① 오벌식 유량계 ② 오리피스 유량계
③ 막식 유량계 ④ 터빈 유량계

43 펌프가 운전 중에 한숨을 쉬는 것과 같은 상태가 되어 토출구 및 흡입구에서 압력계의 바늘이 흔들리며 동시에 유량이 변화하는 현상을 무엇이라고 하는가?

① 캐비테이션 ② 워터해머링
③ 바이브레이션 ④ 서징

44 공기에 의한 전열은 어느 압력까지 내려가면 급히 압력에 비례하여 적어지는 성질을 이용하는 저온장치에 사용되는 진공단열법은?

① 고진공 단열법 ② 분말진공 단열법
③ 다층진공 단열법 ④ 자연진공 단열법

단열 방법

구 분		내 용
상압 단열법	정의	분말, 섬유 등의 단열재를 단열공간에 충전하여 단열하는 방법
	주의점	㉠ 액체산소를 단열 시 불연성 단열재를 사용 ㉡ 외부에서 수분침투 시 동결우려가 있어 기밀을 유지하고 탱크 내 공기를 건조질소를 사용, 공기 수분의 침입을 방지할 것
진공 단열법	고진공 단열법	단열의 공간 자체를 진공으로 하여 열을 차단하는 방법으로 압력이 낮아지면 공기에 의한 전열이 적어지는 성질을 이용
	분말 진공법	주로 10^{-2}torr 정도의 펄라이트 규조토 분말을 충전 후 압력을 낮추어 열의 전도를 차단하는 방법
	다층 진공법	극저온의 단열 방법으로 10^{-5}torr의 진공도를 가진다.

45 다음 중 저온장치의 가스액화 사이클이 아닌 것은? **[장치 24]**

① 린데식 사이클
② 클로드식 사이클
③ 필립스식 사이클
④ 카자레식 사이클

46 다음 중 암모니아가스의 검출 방법이 아닌 것은? **[설비 20]**

① 네슬러 시약을 넣어 본다.
② 초산연 시험지를 대어본다.
③ 진한 염산에 접촉시켜 본다.
④ 붉은 리트머스지를 대어본다.

NH_3의 검출 방법
㉠ 염화수소와 반응 시 흰 연기 발생
$NH_3 + HCl \rightarrow NH_4Cl \uparrow$
㉡ 취기(자극적 냄새)
㉢ 적색리트머스 시험기(청변)
㉣ 네슬러 시약(황갈색)

47 가스 비열비의 값은?

① 언제나 1보다 작다.
② 언제나 1보다 크다.
③ 1보다 크기도 하고 작기도 하다.
④ 0.5와 1 사이의 값이다.

비열비$(K) = \dfrac{C_P}{C_V}$에서 C_P가 C_V보다 크므로 $K>1$이다.

정답 42.② 43.④ 44.① 45.④ 46.② 47.②

48 염소의 특징에 대한 설명 중 틀린 것은?

① 염소 자체는 폭발성, 인화성은 없다.
② 상온에서 자극성의 냄새가 있는 맹독성 기체이다.
③ 염소와 산소의 1 : 1 혼합물을 염소폭명기라고 한다.
④ 수분이 있으면 염산이 생성되어 부식성이 강해진다.

③ 염소와 수소 1 : 1 반응식
염화수소가 생성되는 것이 염소폭명기이다.
$H_2 + Cl_2 \rightarrow 2HCl$

49 국가표준 기본법에서 정의하는 기본단위가 아닌 것은? **[장치 18]**

① 질량－kg ② 시간－sec
③ 전류－A ④ 온도－℃

기본단위(7종)
①, ②, ③항 이외에 온도(K), 길이(m), 물질량(mol), 광도(cd)

50 다음 중 불꽃의 표준온도가 가장 높은 연소 방식은? **[안전 10]**

① 분젠식 ② 적화식
③ 세미분젠식 ④ 전 1차 공기식

분젠식의 불꽃 연소온도 1200~1300℃로 가장 높다.

51 10%의 소금물 500g을 증발시켜 400g으로 농축하였다면 이 용액은 몇 [%]의 용액인가?

① 10 ② 12.5
③ 15 ④ 20

해설

$$중량(\%) = \frac{용질(소금)}{용액(소금물)} \times 100$$

㉠ 10% 소금물 500g(소금 : 50, 물 : 450)
㉡ 증발시키면 소금은 그대로 물만 증발되므로 소금물 400g(소금 : 50, 물 : 350)

$$\therefore \frac{50}{400} \times 100 = 12.5\%$$

52 다음 중 드라이아이스의 제조에 사용되는 가스는?

① 일산화탄소
② 이산화탄소
③ 이황산가스
④ 염화수소

53 다음 중 표준상태에서 비점이 가장 높은 것은?

① 나프타
② 프로판
③ 에탄
④ 부탄

가스별 비등점

가스명	비등점(℃)
나프타	200
프로판	−42
에탄	−89
부탄	−0.5

54 도시가스 유해성분을 측정하기 위한 도시가스 품질검사의 성분분석은 주로 어떤 기기를 사용하는가?

① 기체 크로마토그래피
② 분자흡수분광기
③ NMR
④ ICP

55 가스누출 자동차단기의 내압시험 조건으로 맞는 것은?

① 고압부 1.8MPa 이상, 저압부 8.4~10kPa
② 고압부 1MPa 이상, 저압부 0.1MPa 이상
③ 고압부 2MPa 이상, 저압부 0.2MPa 이상
④ 고압부 3MPa 이상, 저압부 0.3MPa 이상

정답 48.③ 49.④ 50.① 51.② 52.② 53.① 54.① 55.④

해설

가스누출 자동차단기
내압성능 및 기밀성능(KGS AA 633) (3.8.1)

분 류		압력값
내압성능	고압부	3MPa 이상
	저압부	0.3MPa 이상
기밀성능	고압부	1.8MPa 이상
	저압부	8.4kPa 이상 10kPa 이하

56 47L 고압가스 용기에 20℃의 온도로 15MPa의 게이지압력으로 충전하였다. 40℃로 온도를 높이면 게이지압력은 약 얼마가 되겠는가?

① 16.031MPa　② 17.132MPa
③ 18.031MPa　④ 19.031MPa

$\frac{P_1}{T_1} = \frac{P_2}{T_2}$ 이므로

$P_2 = \frac{P_1 T_2}{T_1}$

여기서, P_1 : $15 + 0.101325 = 15.101325$

T_1 : $273 + 20 = 293\text{K}$

T_2 : $273 + 40 = 313\text{K}$

$= \frac{15.101325 \times 313}{293}$

$= 16.13213\text{MPa}$

∴ 게이지압력은
16.13213−0.101325＝16.03MPa(g)

57 염화수소(HCl)의 용도가 아닌 것은?

① 강판이나 강재의 녹 제거
② 필름 제조
③ 조미료 제조
④ 향료, 염료, 의약 등의 중간물 제조

58 다음 중 독성도 없고 가연성도 없는 기체는 어느 것인가?

① NH_3
② C_2H_4O
③ CS_2
④ $CHClF_2$

④ 프레온가스 : 비독성, 비가연성

59 절대온도 300K는 랭킨온도(°R)로 약 몇 도인가?

① 27　② 167
③ 541　④ 572

$°R = K \times 1.8 = 300 \times 1.8 = 540°R$

60 천연가스(NG)의 특징에 대한 설명으로 틀린 것은?

① 메탄이 주성분이다.
② 공기보다 가볍다.
③ 연소에 필요한 공기량은 LPG에 비해 적다.
④ 발열량($kcal/m^3$)은 LPG에 비해 크다.

④ LPG는 C_3H_4과 C_4H_{10}이 주성분이며, LNG는 CH_4가 주성분이다. 따라서 탄소와 수소 수가 LPG가 많으므로 발열량은 LPG가 LNG보다 크다.

정답 56.① 57.② 58.④ 59.③ 60.④

국가기술자격 필기시험문제

2013년 기능사 제1회 필기시험(1부) (2013년 1월 시행)

자격종목	시험시간	문제수	문제형별
가스기능사	**1시간**	**60**	**A**

수험번호		성 명	

01 액화석유가스 또는 도시가스용으로 사용되는 가스용 염화비닐호스는 그 호스의 안전성, 편리성 및 호환성을 확보하기 위하여 안지름 치수를 규정하고 있는데 그 치수에 해당하지 않는 것은? **[안전 121]**

① 4.8mm ② 6.3mm
③ 9.5mm ④ 12.7mm

염화비닐호스 안지름 치수에 따른 구조
6.3mm : 1종, 9.5mm : 2종, 12.7mm : 3종

02 가스누출 자동차단장치의 검지부 설치 금지장소에 해당하지 않는 것은? **[안전 16]**

① 출입구 부근 등으로서 외부의 기류가 통하는 곳
② 가스가 체류하기 좋은 곳
③ 환기구 등 공기가 들어오는 곳으로부터 1.5m 이내의 곳
④ 연소기의 폐가스에 접촉하기 쉬운 곳

② 가스가 체류하기 좋은 곳 : 검지부 설치장소

03 가연성 고압가스 제조소에서 다음 중 착화원인이 될 수 없는 것은? **[설비 27]**

① 정전기
② 베릴륨합금체 공구에 의한 타격
③ 사용 촉매의 접촉
④ 밸브의 급격한 조작

가연성 제조공장에서 불꽃발생을 방지하기 위하여 사용되는 안전용 공구의 재료

㉠ 베릴륨, 베아론합금제
㉡ 플라스틱
㉢ 나무, 고무, 가죽

04 LP가스의 일반적인 성질에 대한 설명 중 옳은 것은?

① 공기보다 무거워 바닥에 고인다.
② 액의 체적팽창률이 적다.
③ 증발잠열이 적다.
④ 기화 및 액화가 어렵다.

LP가스
- $C_3H_8 = 44g$
- $C_4H_{10} = 58g$

공기보다 무거워 누설 시 바닥에 체류한다.

05 도시가스 사용시설에서 배관의 호칭지름이 25mm인 배관은 몇 [m] 간격으로 고정하여야 하는가? **[안전 71]**

① 1m 마다 ② 2m 마다
③ 3m 마다 ④ 4m 마다

13mm 이상 33mm 미만 : 2m 마다 고정

06 액화석유가스는 공기 중의 혼합 비율의 용량이 얼마인 상태에서 감지할 수 있도록 냄새가 나는 물질을 섞어 용기에 충전하여야 하는가? **[안전 55]**

① $\frac{1}{10}$ ② $\frac{1}{100}$
③ $\frac{1}{1000}$ ④ $\frac{1}{10000}$

정답 01.① 02.② 03.② 04.① 05.② 06.③

07 다음 중 천연가스(LNG)의 주성분은?

① CO ② CH_4
③ C_2H_4 ④ C_2H_2

08 건축물 안에 매설할 수 없는 도시가스 배관의 재료는? [안전 122]

① 스테인리스강관
② 동관
③ 가스용 금속 플렉시블호스
④ 가스용 탄소강관

09 고압가스용 용접용기 동판의 최대두께와 최소두께와의 차이는? [안전 106]

① 평균두께의 5% 이하
② 평균두께의 10% 이하
③ 평균두께의 20% 이하
④ 평균두께의 25% 이하

10 공기 중에서 폭발범위가 가장 넓은 가스는?

① 메탄 ② 프로판
③ 에탄 ④ 일산화탄소

해설

가스별 폭발범위

가스명	폭발범위(%)
메탄	5~15
프로판	2.1~9.5
에탄	3~12.5
일산화탄소	12.5~74

11 다음 중 마찰, 타격 등으로 격렬히 폭발하는 예민한 폭발물질로서 가장 거리가 먼 것은?

① AgN_2 ② H_2S
③ Ag_2C_2 ④ N_4S_4

해설

타격, 마찰, 충격 등에 의한 폭발성 물질
Cu_2C_2, Ag_2C_2, Hg_2C_2, AgN_2, HgN_2, N_4S_4, Cu, Ag, Hg 등과 결합되어 생성되는 물질. 즉, 아세틸라이드를 형성하는 물질은 약간의 충격에도 폭발의 우려가 있는 물질이라 한다.

12 독성 가스용기 운반기준에 대한 설명으로 틀린 것은? [안전 4]

① 차량의 최대적재량을 초과하여 적재하지 아니 한다.
② 충전용기는 자전거나 오토바이에 적재하여 운반하지 아니 한다.
③ 독성 가스 중 가연성 가스와 조연성 가스는 같은 차량의 적재함으로 운반하지 아니 한다.
④ 충전용기를 차량에 적재하여 운반할 때에는 적재함에 넘어지지 않게 뉘어서 운반한다.

④ 충전용기는 세워서 운반

13 도시가스 계량기와 화기 사이에 유지하여야 하는 거리는?

① 2m 이상
② 4m 이상
③ 5m 이상
④ 8m 이상

해설

가스계량기와 화기는 2m 이상 우회거리를 유지

14 용기밸브 그랜드너트의 6각 모서리에 V형의 홈을 낸 것은 무엇을 표시하기 위한 것인가?

① 왼나사임을 표시
② 오른나사임을 표시
③ 암나사임을 표시
④ 수나사임을 표시

15 부탄가스용 연소기의 명판에 기재할 사항이 아닌 것은?

① 연소기명
② 제조자의 형식 호칭
③ 연소기 재질
④ 제조(로트) 번호

정답 07.② 08.④ 09.② 10.④ 11.② 12.④ 13.① 14.① 15.③

16 도시가스 도매사업자가 제조소에 다음 시설을 설치하고자 한다. 다음 중 내진설계를 하지 않아도 되는 시설은? **[안전 72]**

① 저장능력이 2톤인 지상식 액화천연가스 저장탱크의 지지구조물
② 저장능력이 300m^3인 천연가스 홀더의 지지구조물
③ 처리능력이 10m^3인 압축기의 지지구조물
④ 처리능력이 15m^3인 펌프의 지지구조물

(KGS Gc 203)
① 저장능력 3톤 지상식 저장탱크 및 그 지지구조물이 내진설계 대상 시설

17 저장탱크의 지하설치 기준에 대한 설명으로 틀린 것은? **[안전 6]**

① 천장, 벽 및 바닥의 두께가 각각 30cm 이상인 방수조치를 한 철근콘크리트로 만든 곳에 설치한다.
② 지면으로부터 저장탱크의 정상부까지의 깊이는 1m 이상으로 한다.
③ 저장탱크에 설치한 안전밸브에는 지면에서 5m 이상의 높이에 방출구가 있는 가스방출관을 설치한다.
④ 저장탱크를 매설한 곳의 주위에는 지상에 경계표지를 설치한다.

(KGS Fu 331)
② 지면으로부터 저장탱크 정상부 깊이 60cm 이상

18 가스 중 음속보다 화염전파속도가 큰 경우 충격파가 발생하는 데 이때 가스의 연소속도로서 옳은 것은? **[장치 5]**

① 0.3~100m/s ② 100~300m/s
③ 700~800m/s ④ 1000~3500m/s

19 도시가스 사용시설의 가스계량기 설치기준에 대한 설명으로 옳은 것은? **[안전 24, 28]**

① 시설 안에서 사용하는 자체 화기를 제외한 화기와 가스계량기와 유지하여야 하는 거리는 3m 이상이어야 한다.
② 시설 안에서 사용하는 자체 화기를 제외한 화기와 입상관과 유지하여야 하는 거리는 3m 이상이어야 한다.
③ 가스계량기와 단열조치를 하지 아니한 굴뚝과의 거리는 10cm 이상 유지하여야 한다.
④ 가스계량기와 전기개폐기와의 거리는 60cm 이상 유지하여야 한다.

화기와 우회거리
㉠ 가연성, 산소 : 8m 이상
㉡ 가연성, 산소 이외의 가스 및 가스계량기, 입상관 : 2m 이상
㉢ 도시가스 사용시설의 가스계량기와 단열조치 하지 않은 굴뚝 : 30cm 이상

20 비등액체팽창증기폭발(BLEVE)이 일어날 가능성이 가장 낮은 곳은?

① LPG 저장탱크
② 액화가스 탱크로리
③ 천연가스 지구정압기
④ LNG 저장탱크

특수 폭발의 종류

구 분	핵심 내용
블래브 (BLEVE) (비등액체 증기폭발)	저비점 탱크 주변 화재 발생 시 탱크 벽면이 장시간 화염에 노출되면 온도의 상승으로 내부 탱크가 비등되어 압력이 올라가 탱크 벽면에 파이어볼로 파괴되는 현상으로, 주로 비점이 낮은 액체 저장탱크에서 발생
증기운 폭발	대기 중 다량의 가연성 가스 및 액체가 유출되어 발생한 증기가 공기와 혼합해서 가연성 혼합기체를 형성하여 발화원에 의해 발생하는 폭발

21 액화석유가스를 탱크로리로부터 이·충전할 때 정전기를 제거하는 조치로 접지하는 접지접속선의 규격은?

① 5.5mm^2 이상
② 6.7mm^2 이상
③ 9.6mm^2 이상
④ 10.5mm^2 이상

정답 16.① 17.② 18.④ 19.④ 20.③ 21.①

22 가연성 가스, 독성 가스 및 산소설비의 수리 시 설비 내의 가스 치환용으로 주로 사용되는 가스는?

① 질소 ② 수소
③ 일산화탄소 ④ 염소

23 다음 중 지연성 가스에 해당되지 않는 것은?

① 염소
② 불소
③ 이산화질소
④ 이황화탄소

24 내용적이 300L인 용기에 액화암모니아를 저장하려고 한다. 이 저장설비의 저장능력은 얼마인가? (단, 액화암모니아의 충전정수는 1.86이다.)

① 161kg ② 232kg
③ 279kg ④ 558kg

$$G=\frac{V}{C}=\frac{300}{1.86}=161.29\text{kg}$$

25 다음 중 방류둑을 설치하여야 할 기준으로 옳지 않은 것은? **[안전 15]**

① 저장능력이 5톤 이상인 독성 가스 저장탱크
② 저장능력이 300톤 이상인 가연성 가스 저장탱크
③ 저장능력이 1000톤 이상인 액화석유가스 저장탱크
④ 저장능력이 1000톤 이상인 액화산소 저장탱크

방류둑 설치 기준 저장탱크 저장능력
㉠ 고압가스 특정 제조(독성 : 5t 이상, 가연성 : 500t 이상, 산소 : 1000t 이상)
㉡ 고압가스 일반 제조(독성 : 5t 이상, 가연성, 산소 : 1000t 이상)
㉢ 액화석유가스법(1000t 이상)
㉣ 일반 도시가스사업법(1000t 이상)
㉤ 가스도매사업법(500t 이상)
㉥ 고압가스 냉동제조(수액기 내용력 10000L 이상)

26 다음은 도시가스 사용시설의 월 사용예정량을 산출하는 식이다. 이 중 기호 "A"가 의미하는 것은? **[안전 54]**

$$Q=\frac{[(A\times 240)+(B\times 90)]}{11000}$$

① 월 사용예정량
② 산업용으로 사용하는 연소기의 명판에 기재된 가스소비량의 합계
③ 산업용이 아닌 연소기의 명판에 기재된 가스소비량의 합계
④ 가정용 연소기의 가스소비량 합계

B : 산업용이 아닌 연소기 명판에 기재된 가스소비량의 합계

27 LPG 압력조정기 중 1단 감압식 저압조정기의 조정압력의 범위는? **[안전 73]**

① 2.3~3.3kPa
② 2.55~3.3kPa
③ 57~83kPa
④ 5.0~30kPa 이내에서 제조자가 설정한 기준압력의 ±20%

28 용기의 내용적 40L에 내압시험 압력의 수압을 걸었더니 내용적이 40.24L로 증가하였고, 압력을 제거하여 대기압으로 하였더니 용적은 40.02L가 되었다. 이 용기의 항구증가율과 또 이 용기의 내압시험에 대한 합격 여부는?

① 1.6%, 합격
② 1.6%, 불합격
③ 8.3%, 합격
④ 8.3%, 불합격

$$\text{항구증가율}=\frac{\text{항구증가량}}{\text{전증가량}}\times 100=\frac{40.02-40}{40.24-40}\times 100=8.3\%$$

∴ 항구증가율 10% 이하 : 합격

29 산소가스설비의 수리를 위한 저장탱크 내의 산소를 치환할 때 산소측정기 등으로 치환 결과를 수시로 측정하여 산소의 농도가 원칙적으로 몇 [%] 이하가 될 때까지 치환하여야 하는가?

① 18%　② 20%
③ 22%　④ 24%

30 최근 시내버스 및 청소차량 연료로 사용되는 CNG 충전소 설계 시 고려하여야 할 사항으로 틀린 것은? **[안전 123]**

① 압축장치와 충전설비 사이에는 방호벽을 설치한다.
② 충전기에는 90kgf 미만의 힘에서 분리되는 긴급분리장치를 설치한다.
③ 자동차 충전기(디스펜서)의 충전호스 길이는 8m 이하로 한다.
④ 펌프 주변에는 1개 이상 가스누출 검지경보장치를 설치한다.

해설

(KGS Fp 651) (2.6.1.4.3)
② 긴급분리장치 : 수평방향으로 당겼을 때 666.4N (68kgf) 미만에서 분리

LNG 자동차 충전시설 기준(KGS Fp 651) (2.6.2)
고정식 압축도시가스 자동차 충전시설 기준

항 목			세부 핵심 내용
가스누출경보장치	설치장소		㉠ 압축설비 주변 ㉡ 압축가스설비 주변 ㉢ 개별충전설비 본체 내부 ㉣ 밀폐형 피트 내부에 설치된 배관접속부(용접부 제외) 주위 ㉤ 펌프 주변
	설치개수	1개 이상	㉠ 압축설비 주변 ㉡ 충전설비 내부 ㉢ 펌프 주변 ㉣ 배관접속부 10m 마다
		2개	압축가스설비 주변
긴급분리장치	설치개요		충전호스에는 충전 중 자동차의 오발진으로 인한 충전기 및 충전호스의 파손 방지를 위하여
	설치장소		각 충전설비 마다
	분리되는 힘		수평방향으로 당길 때 666.4N (68kgf) 미만의 힘
방호벽	설치장소		㉠ 저장설비와 사업소 안 보호시설 사이 ㉡ 압축장치와 충전설비 사이 및 압축가스 설비와 충전설비 사이
자동차 충전기	충전 호스길이		8m 이하

31 다이어프램식 압력계의 특징에 대한 설명 중 틀린 것은?

① 정확성이 높다.
② 반응속도가 빠르다.
③ 온도에 따른 영향이 적다.
④ 미소압력을 측정할 때 유리하다.

다이어프램 압력계
㉠ 응답성이 좋다(반응속도가 빠르다).
㉡ 감도가 좋고 저압 측정에 유리하다.
㉢ 온도변화에 따른 영향이 있다.
㉣ 부식성 유체, 점도가 좋은 유체 측정이 가능하다.

32 어떤 도시가스의 발열량이 15000kcal/Sm³일 때 웨버지수는 얼마인가? (단, 가스의 비중은 0.5로 한다.)

① 12121　② 20000
③ 21213　④ 30000

$$WI = \frac{H}{\sqrt{d}}$$

여기서, H : 15000
d : 0.5

$$= \frac{15000}{\sqrt{0.5}} = 21213$$

33 다음 중 염화파라듐지로 검지할 수 있는 가스는? **[안전 21]**

① 아세틸렌　② 황화수소
③ 염소　④ 일산화탄소

해설

① 아세틸렌 : 염화제1동 착염지
② 황화수소 : 연당지
③ 염소 : KI 전분지

정답 29.③ 30.② 31.③ 32.③ 33.④

34 전위측정기로 관 대지전위(pipe to soil potential) 측정 시 측정 방법으로 적합하지 않은 것은? (단, 기준전극은 포화황산동 전극이다.) **[안전 42]**

① 측정선 말단의 부식부분을 연마 후에 측정한다.
② 전위측정기의 (+)는 T/B(Test Box), (−)는 기준전극에 연결한다.
③ 콘크리트 등으로 기준전극을 토양에 접지할 수 없을 경우에는 물에 적신 스펀지 등을 사용하여 측정한다.
④ 전위측정은 가능한 한 배관에서 먼 위치에서 측정한다.

KGS Fp 202 관련
④ 전위측정 : 배관의 가까운 곳에서 측정

35 주로 탄광 내에서 CH_4의 발생을 검출하는 데 사용되며 청염(푸른 불꽃)의 길이로써 그 농도를 알 수 있는 가스검지기는? **[장치 26]**

① 안전등형
② 간섭계형
③ 열선형
④ 흡광광도형

36 다음 중 용적식 유량계에 해당하는 것은 어느 것인가?

① 오리피스 유량계
② 플로노즐 유량계
③ 벤투리관 유량계
④ 오벌기어식 유량계

오리피스, 플로노즐, 벤투리관 : 차압식 유량계

37 가스난방기의 명판에 기재하지 않아도 되는 것은?

① 제조자의 형식 호칭(모델번호)
② 제조자명이나 그 약호
③ 품질보증 기간과 용도
④ 열효율

38 진탕형 오토클레이브의 특징에 대한 설명으로 틀린 것은? **[장치 4]**

① 가스누출의 가능성이 적다.
② 고압력에 사용할 수 있고 반응물의 오손이 적다.
③ 장치 전체가 진동하므로 압력계는 본체로부터 떨어져 설치한다.
④ 뚜껑판에 뚫어진 구멍에 촉매가 끼어 들어갈 염려가 없다.

④ 뚜껑판에 뚫어진 구멍에 촉매가 끼어들어갈 염려가 크다.

39 송수량 12000L/min, 전양정 45m인 볼류트 펌프의 회전수를 1000rpm에서 1100rpm으로 변화시킨 경우 펌프의 축동력은 약 몇 [PS]인가? (단, 펌프의 효율은 80%이다.) **[설비 35]**

① 165
② 180
③ 200
④ 250

㉠ 처음의 동력 계산

$$L_{PS} = \frac{\gamma \cdot Q \cdot H}{75\eta} = \frac{1000 \times 12 \times 45}{75 \times 60 \times 0.8} = 150\text{PS}$$

㉡ 회전수 변경 시 동력변화값 P_2 계산

$$P_2 = P_1 \times \left(\frac{N_2}{N_1}\right)^3 = 150 \times \left(\frac{1100}{1000}\right)^3 = 200\text{PS}$$

40 펌프의 실제 송출유량을 Q, 펌프 내부에서의 누설유량을 ΔQ, 임펠러 속을 지나는 유량을 $Q+\Delta Q$라 할 때 펌프의 체적효율 (η_v)를 구하는 식은?

① $\eta_v = \dfrac{Q}{Q+\Delta Q}$
② $\eta_v = \dfrac{Q+\Delta Q}{Q}$
③ $\eta_v = \dfrac{Q-\Delta Q}{Q+\Delta Q}$
④ $\eta_v = \dfrac{Q+\Delta Q}{Q-\Delta Q}$

$$\text{펌프의 체적효율} = \frac{\text{실제 송출유량}}{\text{실제 송출유량} + \text{누설유량}}$$

정답 34.④ 35.① 36.④ 37.④ 38.④ 39.③ 40.①

41 염화메탄을 사용하는 배관에 사용하지 못하는 금속은?

① 주강 ② 강
③ 동합금 ④ 알루미늄합금

염화메탄은 알루미늄 및 알루미늄합금을 부식시킨다.

42 고압가스 용기의 관리에 대한 설명으로 틀린 것은?

① 충전용기는 항상 40℃ 이하를 유지하도록 한다.
② 충전용기는 넘어짐 등으로 인한 충격을 방지하는 조치를 하여야 하며 사용한 후에는 밸브를 열어둔다.
③ 충전용기 밸브는 서서히 개폐한다.
④ 충전용기 밸브 또는 배관을 가열하는 때에는 열습포나 40℃ 이하의 더운물을 사용한다.

② 사용 후에는 밸브를 닫아둔다.

43 저온장치의 분말진공 단열법에서 충진용 분말로 사용되지 않는 것은?

① 펄라이트 ② 알루미늄분말
③ 글라스울 ④ 규조토

44 다음 중 저온을 얻는 기본적인 원리는?

① 등압팽창 ② 단열팽창
③ 등온팽창 ④ 등적팽창

45 압축기를 이용한 LP가스 이 · 충전 작업에 대한 설명으로 옳은 것은? [설비 1]

① 충전시간이 길다.
② 잔류가스를 회수하기 어렵다.
③ 베이퍼록 현상이 일어난다.
④ 드레인 현상이 일어난다.

① 충전시간이 짧다.
② 잔가스 회수가 용이하다.
③ 베이퍼록의 우려가 없다.

46 다음 중 가장 높은 압력은?

① 1atm ② 100kPa
③ $10mH_2O$ ④ 0.2MPa

표준대기압

1atm=101.325kPa
=$10.332mH_2O$=0.101325MPa이므로
단위를 atm으로 통일하면

① 1atm
② $\frac{100}{101.325}=0.986\text{atm}$
③ $\frac{10}{10.332}=0.976\text{atm}$
④ $\frac{0.2}{0.101325}=1.97\text{atm}$

∴ ④ 1.97atm이 가장 크다.

47 다음 중 비점이 가장 낮은 것은?

① 수소 ② 헬륨
③ 산소 ④ 네온

가스별 비등점

가스명	비등점(℃)
수소	−252
헬륨	−268
산소	−183
네온	−246

48 공기 중에 10vol% 존재 시 폭발의 위험성이 없는 가스는?

① CH_3Br ② C_2H_6
③ C_2H_4O ④ H_2S

① CH_3Br의 폭발범위가 13.5~14.5%이므로 10%는 폭발범위를 벗어나 있으므로 폭발의 우려가 없다.

49 LP가스의 일반적인 연소특성이 아닌 것은?

① 연소 시 다량의 공기가 필요하다.
② 발열량이 크다.
③ 연소속도가 늦다.
④ 착화온도가 낮다.

④ 착화온도가 높다.
그 이외에 연소범위가 좁다.

정답 41.④ 42.② 43.③ 44.② 45.④ 46.④ 47.② 48.① 49.④

50 LNG의 특징에 대한 설명 중 틀린 것은?

① 냉열을 이용할 수 있다.
② 천연에서 산출한 천연가스를 약 −162℃까지 냉각하여 액화시킨 것이다.
③ LNG는 도시가스, 발전용 이외에 일반 공업용으로도 사용된다.
④ LNG로부터 기화한 가스는 부탄이 주성분이다.

④ LNG의 주성분은 메탄(CH_4)

51 가정용 가스보일러에서 발생하는 가스 중독사고의 원인으로 배기가스의 어떤 성분에 의하여 주로 발생하는가?

① CH_4　② CO_2
③ CO　④ C_3H_8

52 순수한 물 1g을 온도 14.5℃에서 15.5℃까지 높이는 데 필요한 열량을 의미하는 것은?

① 1cal　② 1BTU
③ 1J　④ 1CHU

| 열량 |

구 분	정 의
1kcal	순수한 물 1kg을 14.5℃에서 15.5℃까지 높이는 데 필요한 열량
1BTU	순수한 물 1Lb를 1℉ 높이는 데 필요한 열량
1CHU	순수한 물 1Lb를 1℃ 높이는 데 필요한 열량

53 물질이 융해, 응고, 증발, 응축 등과 같은 상태의 변화를 일으킬 때 발생 또는 흡수하는 열을 무엇이라 하는가?

① 비열
② 현열
③ 잠열
④ 반응열

㉠ 현열(감열) : 온도변화가 있는 열량
㉡ 잠열 : 융해 · 응고 · 증발 · 응축 등 온도변화 없이 상태변화가 있는 열량

54 에틸렌(C_2H_4)의 용도가 아닌 것은?

① 폴리에틸렌의 제조
② 산화에틸렌의 원료
③ 초산비닐의 제조
④ 메탄올합성의 원료

55 공기 100kg 중에는 산소가 약 몇 [kg] 포함되어 있는가?

① 12.3kg
② 23.2kg
③ 31.5kg
④ 43.7kg

공기 중 함유하는 각 가스의 %

구 분	N_2	O_2	Ar 및 기타
부피(%)	78%	21%	1%
중량(%)	75.4%	23.2%	1.38%

∴ 공기 : 100kg×0.232=23.2kg

56 100℉를 섭씨온도로 환산하면 약 몇 [℃]인가?

① 20.8　② 27.8
③ 37.8　④ 50.8

$$℃=\frac{5}{9}(℉-32)=\frac{5}{9}(100-32)=37.8℃$$

57 0℃, 2기압 하에서 1L의 산소와 0℃, 3기압 2L의 질소를 혼합하여 2L로 하면 압력은 몇 기압이 되는가?

① 2기압　② 4기압
③ 6기압　④ 8기압

돌턴의 분압의 법칙에서 전압력(P)

$$\therefore P=\frac{P_1V_1+P_2V_2}{V}=\frac{(2\times1)+(3\times2)}{2L}=4\text{기압}$$

58 다음 중 상온에서 비교적 낮은 압력으로 가장 쉽게 액화되는 가스는?

① CH_4　② C_3H_8
③ O_2　④ H_2

정답 50.④ 51.③ 52.① 53.③ 54.④ 55.② 56.③ 57.② 58.②

구 분		비등점(℃)	관 계
압축가스	He	−268	비등점이 낮은 가스
	H_2	−252	
	Ne	−246	
	N_2	−196	
	O_2	−186	
	CH_4	−162	
액화가스	Cl_2	−34	비등점이 높은 가스
	NH_3	−33	
	C_3H_8	−42	
	C_4H_{10}	−0.5	

59 완전연소 시 공기량이 가장 많이 필요로 하는 가스는?

① 아세틸렌 ② 메탄
③ 프로판 ④ 부탄

① 아세틸렌(C_2H_2)
② 메탄(CH_4)
③ 프로판(C_3H_8)
④ 부탄(C_4H_{10})
탄소, 수소 수가 가장 많은 C_4H_{10}이 연소 시 공기량이 가장 많이 필요하다.

60 산소의 물리적 성질에 대한 설명 중 틀린 것은?

① 물에 녹지 않으며 액화산소는 담록색이다.
② 기체, 액체, 고체 모두 자성이 있다.
③ 무색, 무취, 무미의 기체이다.
④ 강력한 조연성 가스로서 자신은 연소하지 않는다.

해설

① 산소는 물에 약간만 녹으며 헨리(기체용해도)의 법칙이 성립하며, 액체산소는 담청색이다.

정답 59.④ 60.①

국가기술자격 필기시험문제

2013년 기능사 제2회 필기시험(1부) (2013년 4월 시행)

자격종목	시험시간	문제수	문제형별
가스기능사	**1시간**	**60**	**A**

수험번호		성 명	

01 LPG 충전시설의 충전소에 "화기엄금"이라고 표시한 게시판의 색깔로 옳은 것은 어느 것인가? **[안전 5]**

① 황색바탕에 흑색 글씨
② 황색바탕에 적색 글씨
③ 흰색바탕에 흑색 글씨
④ 흰색바탕에 적색 글씨

충전소의 표지판
㉠ 충전 중 엔진정지 : 황색바탕에 흑색 글씨
㉡ 화기엄금 : 흰색바탕에 적색 글씨

02 특정 고압가스 사용시설 중 고압가스 저장량이 몇 [kg] 이상인 용기보관실의 벽을 방호벽으로 설치하여야 하는가? **[안전 57]**

① 100 ② 200
③ 300 ④ 600

특정 고압가스 사용시설 방호벽 설치 적용 용량(KGS Fp 111) (2.7.2)

가스 종류	용 량
액화가스	300kg 이상
압축가스	$60m^3$ 이상

03 도시가스 중 음식물쓰레기, 가축분뇨, 하수슬러지 등 유기성 폐기물로부터 생성된 기체를 정제한 가스로서 메탄이 주성분인 가스를 무엇이라 하는가? **[안전 103]**

① 천연가스
② 나프타 부생가스
③ 석유가스
④ 바이오가스

04 방폭 전기기기의 용기 내부에서 가연성 가스의 폭발이 발생할 경우 그 용기가 폭발압력에 견디고 접합면, 개구부 등을 통해 외부의 가연성 가스에 인화되지 않도록 한 방폭구조는? **[안전 45]**

① 내압(耐壓)방폭구조
② 유입(流入)방폭구조
③ 압력(壓力)방폭구조
④ 본질안전 방폭구조

05 독성 가스 여부를 판정할 때 기준이 되는 "허용농도"를 바르게 설명한 것은? **[안전 65]**

① 해당 가스를 성숙한 흰쥐 집단에게 대기 중에서 1시간 동안 계속하여 노출시킨 경우 7일 이내에 그 흰쥐의 1/2 이상이 죽게 되는 가스의 농도를 말한다.
② 해당 가스를 성숙한 흰쥐 집단에게 대기 중에서 24시간 동안 계속하여 노출시킨 경우 7일 이내에 그 흰쥐의 1/2 이상이 죽게 되는 가스의 농도를 말한다.
③ 해당 가스를 성숙한 흰쥐 집단에게 대기 중에서 1시간 동안 계속하여 노출시킨 경우 14일 이내에 그 흰쥐의 1/2 이상이 죽게 되는 가스의 농도를 말한다.
④ 해당 가스를 성숙한 흰쥐 집단에게 대기 중에서 24시간 동안 계속하여 노출시킨 경우 14일 이내에 그 흰쥐의 1/2 이상이 죽게 되는 가스의 농도를 말한다.

정답 01.④ 02.③ 03.④ 04.① 05.③

해설

독성 가스 허용농도의 정의(고법 시행규칙 제2조)

항 목 / 종 류	측정 대상	노출 시간	실험경과 일수	측정결과
LC 50	성숙한 흰쥐 집단	1시간	14일	1/2 이상 죽게 되는 농도
TLV-TWA	건강한 성인남자	8시간	주 40시간	건강에 지장이 없는 농도

06 다음 [보기]의 독성 가스 중 독성(LC 50)이 가장 강한 것과 가장 약한 것을 바르게 나열한 것은?

[보기]
㉠ 염화수소 ㉡ 암모니아
㉢ 황화수소 ㉣ 일산화탄소

① ㉠, ㉡ ② ㉠, ㉣
③ ㉢, ㉡ ④ ㉢, ㉣

해설

LC 50 기준으로 가장 독성이 강한 것은 황화수소, 가장 약한 것은 암모니아

가스별 독성가스 허용농도(LC 50)

가스명	LC 50 허용농도(ppm) ( )안은 TLV-TWA 농도
염화수소(HCl)	3120(5)
암모니아(NH_3)	7338(25)
황화수소(H_2S)	444(10)
일산화탄소(CO)	3760(50)

07 다음 가연성 가스 중 공기 중에서의 폭발범위가 가장 좁은 것은?

① 아세틸렌
② 프로판
③ 수소
④ 일산화탄소

해설

가스별 폭발범위

가스명	폭발범위(%)	
	하 한	상 한
C_2H_2	2.4	81
C_3H_8	2.1	9.5
H_2	4	75
CO	12.5	74

08 산소가스설비의 수리 및 청소를 위해 저장탱크 내의 산소를 치환할 때, 산소측정기 등으로 치환결과를 측정하여 산소의 농도가 최대 몇 [%] 이하가 될 때까지 계속하여 치환작업을 하여야 하는가?

① 18%
② 20%
③ 22%
④ 24%

해설

설비 내 수리·보수 청소를 위하여 사람이 들어갈 수 있는 가스별 안전수치

가스명	수 치(%)(ppm)
독성	TLV-TWA 기준농도 이하
가연성	폭발하한의 1/4 이하
산소	18% 이상 22% 이하

09 원심식 압축기를 사용하는 냉동설비는 그 압축기의 원동기 정격출력 몇 [kW]를 하루의 냉동능력 1톤으로 산정하는가? **[안전 91]**

① 1.0 ② 1.2
③ 1.5 ④ 2.0

해설

냉동능력 산정기준(고법 시행규칙 별표 3)

항 목 / 냉동 방법 종류	구 분	IRT
증기압축식	한국 1냉동톤(IRT)	3320kcal/hr
흡수식 냉동기	시간당 발생기 가열량	6640kcal/hr
원심식 압축기	원동기 정격출력	1.2kW

10 다음과 같이 고압가스를 차량에 적재하여 운반할 때 운반책임자를 동승시키지 않아도 되는 경우는? **[안전 60]**

① 아세틸렌 : $400m^3$
② 일산화탄소 : $700m^3$
③ 액화염소 : 6500kg
④ 액화석유가스 : 2000kg

해설

④ 가연성 액화가스의 경우 3000kg 이상 운반 시 운반책임자 동승

정답 06.③ 07.② 08.③ 09.② 10.④

11 고압가스 제조시설에 설치되는 피해저감설비인 방호벽을 설치해야 하는 경우가 아닌 것은? **[안전 57]**

① 압축기와 충전장소 사이
② 압축기와 가스 충전용기 보관장소 사이
③ 충전장소와 충전용 주관밸브와 조작밸브 사이
④ 압축기와 저장탱크 사이

해설

방호벽 적용(KGS Fp 111)

적용시설의 종류		설비 및 대상 건축물	방호벽 설치장소
법 규	해당사항		
고압가스	일반제조 C_2H_2 압력 9.8MPa 이상 압축가스 충전 시	압축기	㉠ 당해 충전장소 사이 ㉡ 당해 충전용기 보관장소 사이
		당해 충전 장소	㉠ 당해 충전용기 보관장소 사이 ㉡ 당해 충전용 주관밸브 사이
고압가스 LPG	판매시설	용기보관실의 벽	
	충전시설	저장탱크와 가스충전장소	
	저장탱크	사업소 내 보호시설	
특정고압가스	사용시설	압축 $60m^3$ 이상 액화 300kg 이상의 용기보관실의 벽	

12 고압가스의 제조시설에서 실시하는 가스설비의 점검 중 사용 개시 전에 점검할 사항이 아닌 것은?

① 기초의 경사 및 침하
② 인터록, 자동제어장치의 기능
③ 가스설비의 전반적인 누출 유무
④ 배관계통의 밸브 개폐 상황

해설

①항은 평소의 점검사항

13 액화가스를 운반하는 탱크로리(차량에 고정된 탱크)의 내부에 설치하는 것으로서 탱크 내 액화가스 액면요동을 방지하기 위해 설치하는 것은? **[안전 62]**

① 폭발방지장치 ② 방파판
③ 압력방출장치 ④ 다공성 충진제

14 가스공급 배관 용접 후 검사하는 비파괴검사 방법이 아닌 것은? **[설비 38]**

① 방사선투과검사
② 초음파탐상검사
③ 자분탐상검사
④ 주사전자현미경검사

해설

비파괴검사 종류
㉠ 방사선투과검사(RT)
㉡ 초음파탐상검사(UT)
㉢ 자분탐상검사(MT)
㉣ 침투탐상검사(PT)
㉤ 음향검사(AE)

15 산소 저장설비에서 저장능력이 $9000m^3$일 경우 1종 보호시설 및 2종 보호시설과의 안전거리는? **[안전 7]**

① 8m, 5m ② 10m, 7m
③ 12m, 8m ④ 14m, 9m

산소가스 저장능력별 보호시설과의 안전거리

저장능력(압축 m^3) (액화 kg)	1종 보호시설(m)	2종 보호시설(m)
1만 이하	12	8
1만 초과 2만 이하	14	9
2만 초과 3만 이하	16	11
3만 초과 4만 이하	18	13
4만 초과 5만 이하	20	14

16 액화석유가스의 시설기준 중 저장탱크의 설치 방법으로 틀린 것은? **[안전 6]**

① 천장, 벽 및 바닥의 두께가 각각 30cm 이상의 방수조치를 한 철근콘크리트 구조로 한다.
② 저장탱크실 상부 윗면으로부터 저장탱크 상부까지의 깊이는 60cm 이상으로 한다.
③ 저장탱크에 설치한 안전밸브에는 지면으로부터 5m 이상의 방출관을 설치한다.
④ 저장탱크 주위 빈 공간에는 세립분을 25% 이상 함유한 마른 모래를 채운다.

정답 11.④ 12.① 13.② 14.④ 15.③ 16.④

해설

저장탱크의 빈 공간에 채워넣는 물질

법 규	내 용
고압가스 저장탱크	마른 모래
액화석유가스 저장탱크	세립분을 함유하지 않은 마른 모래

17 다음 중 고압가스의 성질에 따른 분류에 속하지 않는 것은?

① 가연성 가스　② 액화가스
③ 조연성 가스　④ 불연성 가스

해설

고압가스 분류

분 류	해당가스
상태별	압축, 액화, 용해
성질(연소성)	가연성, 조연성, 불연성

18 다음 중 화학적 폭발로 볼 수 없는 것은?

① 증기 폭발　② 중합 폭발
③ 분해 폭발　④ 산화 폭발

해설

㉠ 물리적 폭발 : 상태가 변하여 일어나는 폭발(파열, 증기)
㉡ 화학적 폭발 : 완전히 다른 물질로 변하여 일어나는 폭발(산화, 분해, 중합, 화합)

19 가연성 가스의 위험성에 대한 설명으로 틀린 것은?

① 누출 시 산소결핍에 의한 질식의 위험성이 있다.
② 가스의 온도 및 압력이 높을수록 위험성이 커진다.
③ 폭발한계가 넓을수록 위험하다.
④ 폭발하한이 높을수록 위험하다.

④ 폭발하한이 높으면 누설 시 폭발범위 안으로 진입하는 시간이 많이 걸려 폭발우려가 감소된다.

20 시안화수소의 중합 폭발을 방지할 수 있는 안정제로 옳은 것은?

① 수증기, 질소　② 수증기, 탄산가스
③ 질소, 탄산가스　④ 아황산가스, 황산

해설

시안화수소의 안정제
황산, 아황산, 동, 동망, 염화칼슘, 오산화인

21 LPG를 수송할 때의 주의사항으로 틀린 것은?

① 운전 중이나 정차 중에도 허가된 장소를 제외하고는 담배를 피워서는 안 된다.
② 운전자는 운전기술 외에 LPG의 취급 및 소화기 사용 등에 관한 지식을 가져야 한다.
③ 주차할 때는 안전한 장소에 주차하며, 운반책임자와 운전자는 동시에 차량에서 이탈하지 않는다.
④ 누출됨을 알았을 때는 가까운 경찰서, 소방서까지 직접 운행하여 알린다.

운반 중 가스누출 및 위험상황 발생 시 즉시 가까운 소방서·경찰서에 신고, 도난·분실 시는 경찰서에 신고하며 직접 운행하면 위험성이 있으므로 유선으로 신고한다.

22 염소의 성질에 대한 설명으로 틀린 것은?

① 상온·상압에서 황록색의 기체이다.
② 수분 존재 시 철을 부식시킨다.
③ 피부에 닿으면 손상의 위험이 있다.
④ 암모니아와 반응하여 푸른 연기를 생성한다.

염소는 암모니아 반응 시 염화암모늄의 흰 연기가 발생한다.
$3Cl_2 + 8NH_3 \rightarrow 6NH_4Cl + N_2$
NH_4Cl(염화암모늄) : 흰 연기

23 수소에 대한 설명 중 틀린 것은?

① 수소용기의 안전밸브는 가용전식과 파열판식을 병용한다.
② 용기밸브는 오른나사이다.
③ 수소가스는 피로카롤 시약으로 사용한 오르자트법에 의한 시험법에서 순도가 98.5% 이상이어야 한다.
④ 공업용 용기의 도색은 주황색으로 하고 문자의 표시는 백색으로 한다.

정답 17.② 18.① 19.④ 20.④ 21.④ 22.④ 23.②

② 수소는 가연성이므로 용기의 나사는 왼나사 사용

24 다음 중 폭발성이 예민하므로 마찰 및 타격으로 격렬히 폭발하는 물질에 해당되지 않는 것은?

① 황화질소 ② 메틸아민
③ 염화질소 ④ 아세틸라이드

해설

약간의 충격에도 폭발을 일으키는 물질
S_4N_4, N_2Cl, Cu_2C_2, Ag_2C_2, Hg_2C_2 등

25 고압가스 특정 제조시설 중 철도부지 밑에 매설하는 배관에 대한 설명으로 틀린 것은 어느 것인가? **[안전 140]**

① 배관의 외면으로부터 그 철도부지의 경계까지는 1m 이상의 거리를 유지한다.
② 지표면으로부터 배관의 외면까지의 깊이를 60cm 이상 유지한다.
③ 배관은 그 외면으로부터 궤도 중심과 4m 이상 유지한다.
④ 지하철도 등을 횡단하여 매설하는 배관에는 전기방식 조치를 강구한다.

② 지표면으로부터 배관 외면의 깊이 1.2m 이상

26 다음 중 같은 저장실에 혼합 저장이 가능한 것은?

① 수소와 염소가스
② 수소와 산소
③ 아세틸렌가스와 산소
④ 수소와 질소

해설

④ 수소와 질소(가연성+불연성) : 혼합 저장 가능
①, ②, ③항 가연성+조연성 : 혼합 저장 위험

27 용기 부속품에 각인하는 문자 중 질량을 나타내는 것은?

① T_P ② W
③ AG ④ V

해설

용기 및 용기 부속품 각인 사항(KGS Ac 211) (3.1.2.3)
㉠ 용기 제조업자의 명칭 또는 약호
㉡ 충전하는 가스의 명칭
㉢ 용기의 번호
㉣ V : 내용적(단위 : L)
㉤ W : 밸브 부속품을 포함하지 아니한 용기질량(단위 : kg)
㉥ T_P : 내압시험압력(단위 : MPa)
㉦ F_P : 압축가스의 경우 최고충전압력(단위 : MPa)
㉧ AG : 아세틸렌을 충전하는 용기의 부속품

28 고압가스 특정 제조시설에서 지하매설 배관은 그 외면으로부터 지하의 다른 시설물과 몇 [m] 이상 거리를 유지하여야 하는가? **[안전 1]**

① 0.1 ② 0.2
③ 0.3 ④ 0.5

29 도시가스 사용시설 중 가스계량기와 다음 설비와의 안전거리의 기준으로 옳은 것은? **[안전 24]**

① 전기계량기와는 60cm 이상
② 전기접속기와는 60cm 이상
③ 전기점멸기와는 60cm 이상
④ 절연조치를 하지 않는 전선과는 30cm 이상

해설

도시가스, LPG 사용 시설의 배관이음부, 가스계량기와의 이격거리 규정

법 규 / 항 목	LPG		도시가스	
	호스, 배관 이음부 (용접이음매 제외)	가스 계량기	배관이음매 (용접이음매 제외)	가스 계량기
전기 계량기 전기 개폐기	60cm 이상			
전기 점멸기 전기 접속기	15cm 이상	30cm 이상	15cm 이상	30cm 이상

정답 24.② 25.② 26.④ 27.② 28.③ 29.①

법 규 / 항 목	LPG		도시가스	
	호스, 배관 이음부 (용접이음매 제외)	가스 계량기	배관이음매 (용접이음매 제외)	가스 계량기
절연조치 한 전선	10cm 이상		10cm 이상	
절연조치 하지 않은 전선	15cm 이상			
단열조치 하지 않은 굴뚝	15cm 이상	30cm 이상	15cm 이상	30cm 이상

30 고압가스 제조설비에서 누출된 가스의 확산을 방지할 수 있는 재해조치를 하여야 하는 가스가 아닌 것은? **[안전 58]**

① 이산화탄소 ② 암모니아
③ 염소 ④ 염화메틸

누출확산 방지조치 독성 가스의 종류

구 분	가스의 종류
제조시설	아황산, 암모니아, 염소, 염화메탄, 산화에틸렌, 시안화수소, 포스겐, 황화수소
시가지, 하천, 터널, 도로, 수로, 사질토 등에 배관을 설치 시	아황산, 염소, 시안화수소, 포스겐, 황화수소, 불소, 아크릴알데히드

31 흡수식 냉동기에서 냉매로 물을 사용할 경우 흡수제로 사용하는 것은?

① 암모니아 ② 사염화메탄
③ 리튬브로마이드 ④ 파라핀유

흡수식 냉동기의 냉매와 흡수제의 관계

냉 매	흡수제
NH_3	H_2O
H_2O	LiBr(리튬브로마이드)

32 다음 중 이음매 없는 용기의 특징이 아닌 것은?

① 독성 가스를 충진하는 데 사용한다.
② 내압에 대한 응력분포가 균일하다.
③ 고압에 견디기 어려운 구조이다.
④ 용접용기에 비해 값이 비싸다.

용접 무이음 용기의 특징

용기 특징 / 용기 구분	특 징
용접용기	㉠ 모양 치수가 자유롭다(용접으로 제작하므로). ㉡ 경제성이 있다(저렴한 강판을 사용). ㉢ 두께공차가 적다. ㉣ 고압력에는 사용이 곤란하다(용접부위가 약함).
무이음용기	㉠ 가격이 고가이다. ㉡ 응력분포가 균일하다. ㉢ 고압력에 견딜 수 있어 압축가스에 주로 사용된다.

33 부유 피스톤형 압력계에서 실린더 지름 5cm, 추와 피스톤의 무게가 130kg일 때 이 압력계에 접속된 부르동관의 압력계 눈금이 $7kg/cm^2$를 나타내었다. 이 부르동관 압력계의 오차는 약 몇 [%]인가?

① 5.7 ② 6.6
③ 9.7 ④ 10.5

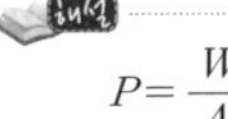

$$P = \frac{W}{A}$$

여기서, P : (게이지압력)(참값)
W : 추와 피스톤 무게 : 130kg
A : 실린더 단면적 : $\frac{\pi}{4} \times (5cm)^2$

$$= \frac{130}{\frac{\pi}{4} \times (5cm)^2} = 6.62kg/cm^2$$

$$\therefore \text{오차값}(\%) = \frac{\text{측정값} - \text{참값}}{\text{참값}} \times 100$$

$$= \frac{7 - 6.62}{6.62} \times 100 = 5.7\%$$

34 다음 고압가스설비 중 축열식 반응기를 사용하여 제조하는 것은?

① 아크릴로라이드
② 염화비닐
③ 아세틸렌
④ 에틸벤젠

정답 30.① 31.③ 32.③ 33.① 34.③

고압설비 반응기별 제조가스 종류

반응장치	제조가스
내부연소식	아세틸렌 및 합성용 가스
축열식	아세틸렌 및 에틸렌
탑식	에틸벤젠, 벤졸의 염소화
유동층식 접촉	석유개질
이동상식	에틸렌
관식	에틸렌, 염화비닐

35 열기전력을 이용한 온도계가 아닌 것은 어느 것인가? **[장치 8]**

① 백금－백금 · 로듐 온도계
② 동－콘스탄탄 온도계
③ 철－콘스탄탄 온도계
④ 백금－콘스탄탄 온도계

열전대 온도계의 종류
㉠ PR(백금－백금 · 로듐)
㉡ CA(크로멜－알루멜)
㉢ IC(철－콘스탄탄)
㉣ CC(동－콘스탄탄)

36 다음 중 유체의 흐름방향을 한 방향으로만 흐르게 하는 밸브는?

① 글로브밸브
② 체크밸브
③ 앵글밸브
④ 게이트밸브

37 다음 가스분석 중 화학분석법에 속하지 않는 방법은?

① 가스 크로마토그래피법
② 중량법
③ 분광광도법
④ 요오드 적정법

① G/C 가스 크로마토그래피 : 물리적 분석계 및 기기분석법

38 다음 고압장치의 금속재료 사용에 대한 설명으로 옳은 것은?

① LNG 저장탱크－고장력강
② 아세틸렌 압축기 실린더－주철
③ 암모니아 압력계 도관－동
④ 액화산소 저장탱크－탄소강

①, ④항 LNG 액산저장탱크(18－8 STS, 9% Ni, Cu, Al)
③ NH_3 : 탄소강 및 동 함유량 62% 미만의 동합금

39 고압가스설비의 안전장치에 관한 설명 중 옳지 않은 것은?

① 고압가스 용기에 사용되는 가용전은 열을 받으면 가용 합금이 용해되어 내부의 가스를 방출한다.
② 액화가스용 안전밸브의 토출량은 저장탱크 등의 내부 액화가스가 가열될 때의 증발량 이상이 필요하다.
③ 급격한 압력 상승이 있는 경우에는 파열판은 부적당하다.
④ 펌프 및 배관에는 압력 상승방지를 위해 릴리프밸브가 사용된다.

압력이 급상승 우려가 있는 곳에 파열판을 사용

40 다음 중 압력계 사용 시 주의사항으로 틀린 것은?

① 정기적으로 점검한다.
② 압력계의 눈금판은 조작자가 보기 쉽도록 안면을 향하게 한다.
③ 가스의 종류에 적합한 압력계를 선정한다.
④ 압력의 도입이나 배출은 서서히 행한다.

41 LPG(C_4H_{10}) 공급방식에서 공기를 3배 희석했다면 발열량은 약 몇 [kcal/Sm^3]이 되는가? (단, C_4H_{10}의 발열량은 30000kcal/Sm^{3}로 가정한다.)

① 5000
② 7500
③ 10000
④ 11000

정답 35.④ 36.② 37.① 38.② 39.③ 40.② 41.②

C_4H_{10} $1Sm^3$당 발열량 30000kcal이므로 가스 $1Sm^3$에 공기를 3배 희석할 경우 총 가스량은 $4Sm^3$이 되므로

$\frac{30000}{4}=7500kcal/Sm^3$

※ 공기희석의 목적
㉠ 발열량 조절
㉡ 누설 시 손실 감소
㉢ 연소 효율 증대
㉣ 재액화 방지

42 고압가스 제조소의 작업원은 얼마의 기간 이내에 1회 이상 보호구의 사용 훈련을 받아 사용 방법을 숙지하여야 하는가?

① 1개월 ② 3개월
③ 6개월 ④ 12개월

43 고점도 액체나 부유 현탁액의 유체압력 측정에 가장 적당한 압력계는?

① 벨로스 ② 다이어프램
③ 부르동관 ④ 피스톤

44 내산화성이 우수하고 양파 썩는 냄새가 나는 부취제는? **[안전 55]**

① T.H.T ② T.B.M
③ D.M.S ④ NAPHTHA

부취제 냄새
㉠ THT : 석탄가스 냄새
㉡ TBM : 양파 썩는 냄새
㉢ DMS : 마늘 냄새

45 계측기기의 구비조건으로 틀린 것은?

① 설치장소 및 주위조건에 대한 내구성이 클 것
② 설비비 및 유지비가 적게 들 것
③ 구조가 간단하고 정도(精度)가 낮을 것
④ 원거리 지시 및 기록이 가능할 것

③ 정도(정밀도, 정확도)가 높을 것
①, ②, ④항 이외에 인원절감

46 다음 중 화씨온도와 가장 관계가 깊은 것은?

① 표준대기압에서 물의 어는점을 0으로 한다.
② 표준대기압에서 물의 어는점을 12로 한다.
③ 표준대기압에서 물의 끓는점을 100으로 한다.
④ 표준대기압에서 물의 끓는점을 212로 한다.

온도의 종류

종 류	정 의
섭씨(℃)	물의 어는점 0℃, 끓는점 100℃로 하여 그 사이를 100등분한 값
화씨(℉)	물의 어는점 32℉, 끓는점 212℉로 하여 그 사이를 180등분한 값
켈빈(K)	㉠ 섭씨의 절대온도 ㉡ 인간이 얻을 수 있는 가장 낮은 온도 −273℃=0K
랭킨(°R)	화씨의 절대온도 −460℉=0°R

47 다음 중 부탄가스의 완전연소 반응식은?

① $C_3H_8+4O_2 \rightarrow 3CO_2+5H_2O$
② $C_3H_8+5O_2 \rightarrow 3CO_2+4H_2O$
③ $C_4H_{10}+6O_2 \rightarrow 4CO_2+5H_2O$
④ $2C_4H_{10}+13O_2 \rightarrow 8CO_2+10H_2O$

② C_3H_8의 연소 반응식

48 다음 중 LP 가스의 성질에 대한 설명으로 틀린 것은?

① 온도변화에 따른 액팽창률이 크다.
② 석유류 또는 동·식물유나 천연고무를 잘 용해시킨다.
③ 물에 잘 녹으며 알코올과 에테르에 용해된다.
④ 액체는 물보다 가볍고, 기체는 공기보다 무겁다.

정답 42.② 43.② 44.② 45.③ 46.④ 47.④ 48.③

LP가스 일반적 특성 및 연소 시 특성

일반적 특성	연소 시 특성
㉠ 분자량이 공기보다 무거워 가스는 공기보다 1.5~2배 무겁다. ㉡ 액비중 0.5로 물보다 가볍다. ㉢ 기화·액화가 용이하여 액화가스로 충전된다. ㉣ 기화 시에는 체적이 250배 커진다. ㉤ 물에 녹지 않고 알코올, 에테르에 용해한다. ㉥ 천연고무는 용해하므로 패킹 제조는 실리콘 고무가 사용된다.	㉠ 연소속도가 늦다(타 가연성 가스에 비교 시). ㉡ 연소범위가 좁다. ㉢ 탄소, 수소 수가 많아 연소열량이 높다. ㉣ 연소 시 다량의 공기가 필요하다. ㉤ 착화온도가 높다.

49 가스 배관 내 잔류물질을 제거할 때 사용하는 것이 아닌 것은?

① 피그　　② 거버너
③ 압력계　　④ 컴프레서

50 염소에 대한 설명으로 틀린 것은?

① 황록색을 띠며 독성이 강하다.
② 표백작용이 있다.
③ 액상은 물보다 무겁고 기상은 공기보다 가볍다.
④ 비교적 쉽게 액화된다.

기상(기체는 공기보다 무겁다)

비중 : $\frac{71}{29} \fallingdotseq 2.45$

51 도시가스 제조공정 중 접촉분해 공정에 해당하는 것은? **[안전 124]**

① 저온수증기 개질법
② 열분해 공정
③ 부분연소 공정
④ 수소화분해 공정

접촉분해(수증기 개질) 공정
㉠ 사이클링식
㉡ 저온수증기 개질
㉢ 고온수증기 개질

도시가스 프로세스

• 프로세스 종류와 개요

프로세스 종류	개 요	
	원 료	온도변환 가스 제조열량
열분해	원유, 중유, 나프타(분자량이 큰 탄화수소)	800~900℃로 분해 10000kcal/Nm^{3}의 고열량을 제조
부분연소	메탄에서 원유까지 탄화수소를 가스화제로 사용	산소, 공기, 수증기를 이용, CH_4, H_2, CO, CO_2로 변환하는 방법
수소화 분해	C/H비가 비교적 큰 탄화수소	수증기 흐름 중 또는 Ni 등의 수소화 촉매를 사용, 나프타 등 비교적 C/H가 낮은 탄화수소를 메탄으로 변화시키는 방법 ※ 수증기 자체가 가스화제로 사용되지 않고 탄화수소를 수증기 흐름 중에 분해시키는 방법임
접촉분해(수증기 개질, 사이클링식 접촉분해, 저온수증기 개질, 고온수증기 개질)	사용온도 400~800℃에서 탄화수소와 수증기를 반응시킴	수소, CO, CO_2, CH_4 등의 저급 탄화수소를 변화시키는 반응
사이클링식 접촉분해	연소속도의 빠름과 열량 3000kcal/Nm^3 전후의 가스를 제조하기 위해 이용되는 저열량의 가스를 제조하는 장치	

• 수증기 개질(접촉분해) 공정의 반응온도 압력 수증기비 변화에 따른 가스량(CH_4, CO_2, H_2, CO)의 변화관계

온도·압력 수증기비 카본생성 조건 \ 가스량		CH_4 · O_2	H_2 · CO
반응온도	상승	적어짐	많아짐
	하강	많아짐	적어짐
반응압력	상승	많아짐	적어짐
	하강	적어짐	많아짐
수증기비	증가	적어짐	많아짐
	감소	많아짐	적어짐

정답 49.② 50.③ 51.①

가스량 / 온도·압력 수증기비 카본생성 조건		$CH_4 \cdot O_2$	$H_2 \cdot CO$
카본생성을 어렵게 하는 조건	$2CO \rightarrow CO_2+C$	상기 반응식은 반응온도는 높게, 반응압력은 낮게 하면 카본생성이 안됨	상기 반응식을 반응온도는 낮게, 반응압력은 높게 하면 카본생성이 안됨
	$CH_4 \rightarrow 2H_2+C$		

※ 기억 방법 : CH_4, CO_2를 기준 반응온도 상승/수증기비 증가 시는 적어짐이므로 (모두를 거꾸로 생각한다면)
㉠ 온도 하강 시는 많아짐
㉡ 반응압력 상승(많아짐)
㉢ 수증기비 감소(많아짐)
$H_2 \cdot CO$도 역으로 반응온도 상승(많아짐), 하강(적어짐), 반응압력 상승(적어짐), 하강(많아짐) 수증기비 증가 $CH_4 \cdot CO_2$가 적어짐이므로 $H_2 \cdot CO$는 많아짐. 수증기비 감소는 적어짐으로 기억. 결국 암기의 기준은 $CH_4 \cdot CO_2$ 반응온도 상승 수증기비 증가 시(적어짐)으로 하며 (1) 온도상승 반대 (2) 압력상승 반대 (3) 압력 하강 시 압력상승 반대의 요령으로 암기할 것

52 −10℃인 얼음 10kg을 1기압에서 증기로 변화시킬 때 필요한 열량은 몇 [kcal]인가? (단, 얼음의 비열은 0.5kcal/kg℃, 얼음의 용해열은 80kcal/kg, 물의 기화열은 539kcal/kg이다.)

① 5400
② 6000
③ 6240
④ 7240

해설

㉠ −10℃ 얼음이 0℃ 얼음으로 되는 과정
$Q_1 = GC_1\Delta t = 10\times 0.5\times 10 = 50\text{kcal}$
㉡ 0℃ 얼음이 0℃ 물로 되는 과정
$Q_2 = G\gamma = 10\times 80 = 800\text{kcal}$
㉢ 0℃ 물이 100℃ 물로 되는 과정
$Q_3 = GC_2\Delta t = 10\times 1\times 100 = 1000\text{kcal}$
㉣ 100℃ 물이 100℃ 수증기로 되는 과정
$Q_4 = G\gamma = 10\times 539 = 5390\text{kcal}$
∴ 전체열량=㉠+㉡+㉢+㉣
=50+800+1000+5390
=7240kcal

53 다음 중 1atm과 다른 것은?

① 9.8N/m^2
② 101325Pa
③ 14.7lb/in^2
④ $10.332\text{mH}_2\text{O}$

$1\text{atm} = 1.0332\text{kgf/cm}^2 = 101325\text{Pa(N/m}^2)$
$= 14.7\text{lb/in}^2 = 10.332\text{mH}_2\text{O}$

$1.0332\text{kgf/cm}^2 = 1.0332\times 9.8\times 10^4\text{N/m}^2$
$= 101325\text{N/m}^2\text{(Pa)}$

[참고] ㉠ 1kgf=9.8N
㉡ $1\text{m}^2 = 10^4\text{cm}^2$

54 산소가스의 품질검사에 사용되는 시약은 어느 것인가? **[안전 36]**

① 동암모니아 시약
② 피로카롤 시약
③ 브롬 시약
④ 하이드로설파이드 시약

해설

• 품질검사 대상가스

구 분 / 종 류	시 약	검사방법	순 도	충전상태
O_2	동암모니아	오르자트법	99.5%	35℃ 11.8MPa
H_2	피로카롤 하이드로설파이드	오르자트법	98.5%	35℃ 11.8MPa
C_2H_2	발연황산 브롬 시약 질산은 시약	오르자트법 뷰렛법 정성시험	98%	질산은 시약을 사용한 정성시험에 합격할 것

• 검사 장소 : 1일 1회 이상 가스 제조장

55 표준상태에서 산소의 밀도는 몇 [g/L]인가?

① 1.33 ② 1.43
③ 1.53 ④ 1.63

해설

가스밀도 $= \dfrac{M(\text{분자량})\text{g}}{22.4\text{L}}$ 이므로

$= \dfrac{32\text{g}}{22.4\text{L}} \fallingdotseq 1.43\text{g/L}$

정답 52.④ 53.① 54.① 55.②

56 공기 중에 누출 시 폭발위험이 가장 큰 가스는?

① C_3H_8 ② C_4H_{10}
③ CH_4 ④ C_2H_2

폭발범위가 가장 넓은 것은 C_2H_2 가스이다.
가스별 폭발범위

가스명	폭발범위
C_3H_8	2.1~9.5
C_4H_{10}	1.8~8.4
CH_4	5~15
C_2H_2	2.5~81

57 표준물질에 대한 어떤 물질의 밀도의 비를 무엇이라고 하는가?

① 비중 ② 비중량
③ 비용 ④ 비열

58 LP가스가 증발할 때 흡수하는 열을 무엇이라 하는가?

① 현열
② 비열
③ 잠열
④ 융해열

59 LP가스를 자동차 연료로 사용할 때의 장점이 아닌 것은?

① 배기가스의 독성이 가솔린보다 적다.
② 완전연소로 발열량이 높고 청결하다.
③ 옥탄가가 높아서 녹킹 현상이 없다.
④ 균일하게 연소되므로 엔진수명이 연장된다.

LP가스를 자동차 연료로 사용 시
㉠ 장점
• 경제적이다.
• 완전연소한다.
• 공해가 적다.
• 엔진 수명이 연장된다.
㉡ 단점
• 용기의 무게, 설치공간이 필요하다.
• 급속한 가속은 곤란하다.
• 누설가스가 차내에 들어오지 않도록 밀폐하여야 한다.

60 다음 중 염소의 주된 용도가 아닌 것은?

① 표백
② 살균
③ 염화비닐 합성
④ 강재의 녹 제거용

정답 56.④ 57.① 58.③ 59.③ 60.④

국가기술자격 필기시험문제

2013년 기능사 제4회 필기시험(1부) (2013년 7월 시행)

자격종목	시험시간	문제수	문제형별
가스기능사	**1시간**	**60**	**A**

수험번호		성 명	

01 신규검사에 합격된 용기의 각인 사항과 그 기호의 연결이 틀린 것은? **[안전 115]**

① 내용적 : V ② 최고충전압력 : F_P
③ 내압시험압력 : T_P ④ 용기의 질량 : M

④ W : 밸브 부속품을 포함하지 아니하는 용기의 질량(단위 : kg)

02 역화방지장치를 설치하지 않아도 되는 곳은 어느 것인가? **[안전 23]**

① 가연성 가스 압축기와 충전용 주관 사이의 배관
② 가연성 가스 압축기와 오토클레이브 사이의 배관
③ 아세틸렌 충전용 지관
④ 아세틸렌 고압건조기와 충전용 교체밸브 사이의 배관

①항은 역류방지밸브 설치장소

03 아세틸렌 용접용기의 내압시험압력으로 옳은 것은? **[안전 2]**

① 최고충전압력의 1.5배
② 최고충전압력의 1.8배
③ 최고충전압력의 5/3배
④ 최고충전압력의 3배

용기의 내압시험압력

용기 명칭	T_P
아세틸렌	F_P×3
초저온 및 저온 용기	F_P×5/3
그 이외의 용기	F_P×5/3

04 가연성 가스의 제조설비 또는 저장설비 중 전기설비 방폭구조를 하지 않아도 되는 가스는? **[안전 37]**

① 암모니아, 시안화수소
② 암모니아, 염화메탄
③ 브롬화메탄, 일산화탄소
④ 암모니아, 브롬화메탄

05 고압가스 특정 제조시설에서 안전구역 설정 시 사용하는 안전구역 안의 고압가스설비 연소열량수치(Q)의 값은 얼마 이하로 정해져 있는가? **[안전 82]**

① 6×10^8 ② 6×10^9
③ 7×10^8 ④ 7×10^9

안전구역 설정(KGS Fp 111)(p 7)

㉠ 설정목적 : 가연성 독성 가스의 재해 확대방지를 위해
㉡ 안전구역의 면적 : 2만m^2 이하
㉢ 연소열량 : 6×10^8 이하
㉣ 연소열량 공식(한 종류의 가스가 있는 경우)
$Q=KW$
여기서, Q : 연소열량
K : 가스 종류 · 상용온도에 따라 정한 상수
W : 저장설비 · 처리설비에 따라 정한 수치

06 LP가스 사용시설에서 호스의 길이는 연소기까지 몇 [m] 이내로 하여야 하는가?

① 3m ② 5m
③ 7m ④ 9m

정답 01.④ 02.① 03.④ 04.④ 05.① 06.①

㉠ 사용시설 배관 중 호스길이 3m 이내
㉡ LPG 충전기 호스길이 5m 이내
㉢ 고정식, 이동식 LNG 충전기 호스길이 8m 이내

07 액상의 염소가 피부에 닿았을 경우의 조치로서 가장 적절한 것은?

① 암모니아로 씻어낸다.
② 이산화탄소로 씻어낸다.
③ 소금물로 씻어낸다.
④ 맑은 물로 씻어낸다.

08 용기에 의한 고압가스 판매시설 저장실 설치기준으로 틀린 것은? **[안전 31]**

① 고압가스의 용적이 $300m^3$를 넘는 저장설비는 보호시설과 안전거리를 유지하여야 한다.
② 용기보관실 및 사무실은 동일 부지 내에 구분하여 설치한다.
③ 사업소의 부지는 한 면이 폭 5m 이상의 도로에 접하여야 한다.
④ 가연성 가스 및 독성 가스를 보관하는 용기보관실의 면적은 각 고압가스별로 $10m^2$ 이상으로 한다.

③ 사업소 부지는 한 면이 폭 4m 이상의 도로에 접하여야 한다.

09 아세틸렌용기에 다공질 물질을 고루 채운 후 아세틸렌을 충전하기 전에 침윤시키는 물질은? **[안전 11]**

① 알코올
② 아세톤
③ 규조토
④ 탄산마그네슘

C_2H_2

구 분	내 용
용제의 종류	아세톤, DMF
다공물질의 종류	석면, 규조토, 목탄, 석회, 다공성 플라스틱

10 운전 중인 액화석유가스 충전설비의 작동상황에 대하여 주기적으로 점검하여야 한다. 점검 주기는?

① 1일에 1회 이상
② 1주일에 1회 이상
③ 3개월에 1회 이상
④ 6개월에 1회 이상

11 다음 중 어떤 가스를 수소와 함께 차량에 적재하여 운반할 때 그 충전용기와 밸브가 서로 마주보지 않도록 하여야 하는가? **[안전 3]**

① 산소　② 아세틸렌
③ 브롬화메탄　④ 염소

고법 시행규칙 별표 24
가연성 가스와 산소용기를 동일차량에 적재 운반 시 충전용기 밸브를 마주보지 않도록 적재한다.

12 LP가스가 누출될 때 감지할 수 있도록 첨가하는 냄새가 나는 물질의 측정 방법이 아닌 것은? **[안전 49]**

① 유취실법　② 주사기법
③ 냄새주머니법　④ 오더(Oder)미터법

무취실법, 주사기법, 오더미터법, 냄새주머니법

13 다음 중 독성 가스 허용농도의 종류가 아닌 것은?

① 시간가중 평균농도(TLV-TWA)
② 단시간노출 허용농도(TLV-STEL)
③ 최고허용농도(TLV-C)
④ 순간사망 허용농도(TLV-D)

14 내용적 94L인 액화 프로판 용기의 저장능력은 몇 [kg]인가? (단, 충전상수 C는 2.35이다.)

① 20　② 40
③ 60　④ 80

$W = \frac{V}{C} = \frac{94}{2.35} = 40\text{kg}$

15 가연성 가스의 제조설비 중 1종 장소에서의 변압기의 방폭구조는? [안전 125]

① 내압방폭구조 ② 안전증 방폭구조
③ 유입방폭구조 ④ 압력방폭구조

위험장소에 따른 방폭기기 선정

위험장소	방폭 전기기기 종류
0종	본질안전방폭구조(ia, ib)
1종	본질안전(ia, ib), 유입(o), 압력(p), 내압(d) 방폭구조
2종	1종의 방폭구조+안전증방폭구조(e)
변압기의 설비는 1종, 2종 장소에 내압방폭구조를 사용	

16 액화석유가스 용기를 실외 저장소에 보관하는 기준으로 틀린 것은?

① 용기보관장소의 경계 안에서 용기를 보관할 것
② 용기는 눕혀서 보관할 것
③ 충전용기는 항상 40℃ 이하를 유지할 것
④ 충전용기는 눈 · 비를 피할 수 있도록 할 것

② 용기는 세워서 보관하여야 한다.

17 가스계량기와 전기계량기와는 최소 몇 [cm] 이상의 거리를 유지하여야 하는가? [안전 24]

① 15cm ② 30cm
③ 60cm ④ 80cm

18 산소에 대한 설명 중 옳지 않은 것은 어느 것인가? [설비 6]

① 고압의 산소와 유지류의 접촉은 위험하다.
② 과잉의 산소는 인체에 유해하다.
③ 내산화성 재료로서는 주로 납(Pb)이 사용된다.
④ 산소의 화학반응에서 과산화물은 위험성이 있다.

㉠ 산소가스 부식명 : 산화
㉡ 산화 방지 금속 : Cr, Al, Si

19 재검사 용기에 대한 파기 방법의 기준으로 틀린 것은?

① 절단 등의 방법으로 파기하여 원형으로 가공할 수 없도록 할 것
② 허가관청에 파기의 사유 · 일시 · 장소 및 인수시한 등에 대한 신고를 하고 파기할 것
③ 잔가스를 전부 제거한 후 절단할 것
④ 파기하는 때에는 검사원이 검사장소에서 직접 실시할 것

③ 검사 신청인에게 파기의 사유, 일시, 장소, 인수시한 등을 통지하고 파기할 것

불합격 용기 및 특정설비 파기 방법(고법 시행규칙 별표 23)

신규용기 및 특정설비	재검사 용기 및 특정설비
㉠ 절단 등의 방법으로 파기. 원형으로 가공할 수 없도록 할 것 ㉡ 파기는 검사장소에서 검사원 입회 하에 용기 및 특정설비 제조자로 하여금 실시하게 할 것	㉠ 절단 등의 방법으로 파기. 원형으로 가공할 수 없도록 할 것 ㉡ 잔가스는 전부 제거한 후 절단할 것 ㉢ 검사 신청인에게 파기의 사유, 일시, 장소, 인수시한 등을 통지하고 파기할 것 ㉣ 파기 시 검사장소에서 검사원으로 하여금 직접 하게 하거나 검사원 입회하에 용기, 특정설비 사용자로 하여금 실시하게 할 것 ㉤ 파기한 물품은 검사 신청인이 인수시한(통지한 날로 1월 이내) 내에 인수치 않을 경우 검사기관으로 하여금 임의로 매각처분하게 할 것

20 시내버스의 연료로 사용되고 있는 CNG의 주요 성분은?

① 메탄(CH_4)
② 프로판(C_3H_8)
③ 부탄(C_4H_{10})
④ 수소(H_2)

CNG : 압축천연가스(CH_4이 주성분)

정답 15.① 16.② 17.③ 18.③ 19.② 20.①

21 액화석유가스의 냄새 측정 기준에서 사용하는 용어에 대한 설명으로 옳지 않은 것은 어느 것인가? **[안전 49]**

① 시험가스란 냄새를 측정할 수 있도록 액화석유가스를 기화시킨 가스를 말한다.
② 시험자란 미리 선정한 정상적인 후각을 가진 사람으로서 냄새를 판정하는 자를 말한다.
③ 시료 기체란 시험가스를 청정한 공기로 희석한 판정용 기체를 말한다.
④ 희석배수란 시료 기체의 양을 시험가스의 양으로 나눈 값을 말한다.

KGS Fp 331
시험자 : 냄새 · 농도 측정에 있어서 희석조작을 하여 냄새 농도를 측정하는 자

22 다음 가스의 폭발에 대한 설명 중 틀린 것은?

① 폭발범위가 넓은 것은 위험하다.
② 폭굉은 화염전파속도가 음속보다 크다.
③ 안전간격이 큰 것일수록 위험하다.
④ 가스의 비중이 큰 것은 낮은 곳에 체류할 위험이 있다.

안전간격이 적은 것은 위험하다.

23 독성 가스의 저장탱크에는 그 가스의 용량이 탱크 내용적의 몇 [%]까지 채워야 하는가? **[안전 13]**

① 80% ② 85%
③ 90% ④ 95%

24 고압가스 특정 제조시설에서 상용압력 0.2MPa 미만의 가연성 가스 배관을 지상에 노출하여 설치 시 유지하여야 할 공지의 폭 기준은? **[안전 52]**

① 2m 이상 ② 5m 이상
③ 9m 이상 ④ 15m 이상

해설

배관 공지의 폭

상용압력(MPa)	공지의 폭(m)
0.2 미만	5
0.2~1 미만	9
1 이상	15

25 고압가스 공급자 안전점검 시 가스누출 검지기를 갖추어야 할 대상은?

① 산소 ② 가연성 가스
③ 불연성 가스 ④ 독성 가스

해설

공급자의 안전점검장비

안전점검장비	가스별		
가스누설시험지	독성		
가스누설검지기		가연성	
가스누설검지액	독성	가연성	산소 및 기타 가스
기타 안전에 필요한 장비	독성	가연성	산소 및 기타 가스

26 고압가스설비에 설치하는 압력계의 최고눈금의 범위는?

① 상용압력의 1배 이상 1.5배 이하
② 상용압력의 1.5배 이상 2배 이하
③ 상용압력의 2배 이상 3배 이하
④ 상용압력의 3배 이상 5배 이하

27 고압가스 특정 제조시설에서 고압가스설비의 설치기준에 대한 설명으로 틀린 것은?

① 아세틸렌의 충전용 교체밸브는 충전하는 장소에 직접 설치한다.
② 에어졸 제조시설에는 정량을 충전할 수 있는 자동충전기를 설치한다.
③ 공기액화분리기로 처리하는 원료공기의 흡입구는 공기가 맑은 곳에 설치한다.
④ 공기액화분리기에 설치하는 피트는 양호한 환기구조로 한다.

KGS Fp 111
① 아세틸렌 충전용 교체밸브의 설치는 충전장소에서 떨어져 설치하여야 한다.

정답 21.② 22.③ 23.③ 24.② 25.② 26.② 27.①

28 도시가스 사용시설에 정압기를 2013년에 설치하였다. 다음 중 이 정압기의 분해점검 만료 시기로 옳은 것은? **[안전 44]**

① 2015년
② 2016년
③ 2017년
④ 2018년

(KGS Fu 551, Fp 551) 정압기의 분해점검

시설구분		주 기
공급시설		2년 1회 이상
사용시설	신규	3년 1회 이상
	향후	4년 1회 이상

29 다음 액화석유가스 충전사업장에서 가스충전 준비 및 충전작업에 대한 설명으로 틀린 것은?

① 자동차에 고정된 탱크는 저장탱크의 외면으로부터 3m 이상 떨어져 정지한다.
② 안전밸브에 설치된 스톱밸브는 항상 열어둔다.
③ 자동차에 고정된 탱크(내용적이 1만리터 이상의 것에 한한다.)로부터 가스를 이입받을 때에는 자동차가 고정되도록 자동차 정지목 등을 설치한다.
④ 자동차에 고정된 탱크로부터 저장탱크에 액화석유가스를 이입받을 때에는 5시간 이상 연속하여 자동차에 고정된 탱크를 저장탱크에 접속하지 아니 한다.

차량 정지목(자동차 정지목) 설치기준

법규 구분	자동차에 고정된 탱크용량
고압가스 안전관리법의 탱크로리	2000L 이상
액화석유 가스사업법의 탱크로리	5000L 이상

30 저장량이 10000kg인 산소저장설비는 제1종 보호시설과의 거리가 얼마 이상이면 방호벽을 설치하지 아니할 수 있는가? **[안전 7]**

① 9m ② 10m
③ 11m ④ 12m

(KGS Fp 112) 저장능력에 따른 산소가스 보호시설과 이격거리

저장능력 압축가스(m^3), 액화가스(kg)	1종 보호시설(m)	2종 보호시설(m)
1만 이하	12	8
1만 초과 2만 이하	14	9
2만 초과 3만 이하	16	11
3만 초과 4만 이하	18	13
4만 초과	20	14

31 압력계의 측정 방법에는 탄성을 이용하는 것과 전기적 변화를 이용하는 방법 등이 있다. 전기적 변화를 이용하는 압력계는?

① 부르동관 압력계
② 벨로스 압력계
③ 스트레인게이지
④ 다이어프램 압력계

압력계의 구분

측정방법	종 류	특 성
탄성식 압력계	부르동관	가장 많이 쓰임. 고압력 측정
	벨로스	신축의 원리를 이용한 압력계
	다이어프램	독성 가스 및 부식성 유체의 압력측정
전기식 압력계	피에조 전기	C_2H_2과 같은 급격한 압력 측정에 이용
	전기저항식	일반적 전기의 성질을 이용한 압력계
액주식	U자관	차압의 측정에 이용
	경사관식	미압측정에 사용
	링밸런스식	링안에 액주를 넣어 하부에는 액이 있으므로 상부에 기체압을 측정

32 금속재료에서 고온일 때 가스에 의한 부식으로 틀린 것은?

① 산소 및 탄산가스에 의한 산화
② 암모니아에 의한 강의 질화
③ 수소가스에 의한 탈탄작용
④ 아세틸렌에 의한 황화

상기 항목 이외에 일산화탄소에 의한 침탄 또는 카르보닐화

정답 28.② 29.③ 30.④ 31.③ 32.④

33 오리피스미터로 유량을 측정할 때 갖추지 않아도 되는 조건은?

① 관로가 수평일 것
② 정상류 흐름일 것
③ 관 속에 유체가 충만되어 있을 것
④ 유체의 전도 및 압축의 영향이 클 것

34 액화석유가스용 강제용기란 액화석유가스를 충전하기 위한 내용적이 얼마 미만인 용기를 말하는가?

① 30L ② 50L
③ 100L ④ 125L

35 나사압축기에서 숫로터의 직경 150mm, 로터길이 100mm, 회전수가 350rpm이라고 할 때 이론적 토출량은 약 몇 [m^3/min]인가? (단, 로터 형상에 의한 계수(C_V)는 0.476이다.)

① 0.11 ② 0.21
③ 0.37 ④ 0.47

해설
나사압축기 피스톤 송출량

$Q = KD^2LN$

$= 0.476 \times (0.15\text{m})^3 \times \dfrac{0.1}{0.15} \times 350$

$= 0.37\text{m}^3/\text{min}$

여기서, K : 기어의 형에 따른 계수
D : 로터 직경(m)
L : 압축에 유효하게 작용하는 로터길이(m)
N : 분당 회전수(rpm)

36 고압가스설비는 그 고압가스의 취급에 적합한 기계적 성질을 가져야 한다. 충전용 지관에는 탄소 함유량이 얼마 이하의 강을 사용하여야 하는가?

① 0.1% ② 0.33%
③ 0.5% ④ 1%

37 고압식 액화산소 분리장치의 원료공기에 대한 설명 중 틀린 것은?

① 탄산가스가 제거된 후 압축기에서 압축된다.
② 압축된 원료공기는 예냉기에서 열교환하여 냉각된다.
③ 건조기에서 수분이 제거된 후에는 팽창기와 정류탑의 하부로 열교환하며 들어간다.
④ 압축기로 압축한 후 물로 냉각한 다음 축냉기에 보내진다.

압축기로 압축한 후 예냉기로 보내진다.

38 LP가스 수송관의 이음부분에 사용할 수 있는 패킹재료로 적합한 것은?

① 종이 ② 천연고무
③ 구리 ④ 실리콘 고무

39 회전 펌프의 특징에 대한 설명으로 틀린 것은?

① 고압에 적당하다.
② 점성이 있는 액체에 성능이 좋다.
③ 송출량의 맥동이 거의 없다.
④ 왕복 펌프와 같은 흡입·토출 밸브가 있다.

회전 펌프의 특징
①, ②, ③항 이외에 흡입·토출 밸브가 없다. 연속송출 된다.

40 공기액화분리기에서 이산화탄소 7.2kg을 제거하기 위해 필요한 건조제(NaOH)의 양은 약 몇 [kg]인가?

① 6 ② 9
③ 13 ④ 15

해설
㉠ 반응식 : $2NaOH + CO_2 \rightarrow Na_2CO_3 + H_2O$
㉡ NaOH와 CO_2가 2 : 1로 반응하므로
2NaOH : CO_2
2×40 : 44
x : 7.2

$\therefore x = \dfrac{2\times40\times7.2}{44}$

$= 13\text{kg}$

정답 33.④ 34.④ 35.③ 36.① 37.④ 38.④ 39.④ 40.③

41 염화메탄을 사용하는 배관에 사용해서는 안 되는 금속은?

① 철
② 강
③ 동합금
④ 알루미늄

염화메탄은 알루미늄 및 알루미늄합금을 부식시킨다.

42 저온장치에 사용하는 금속재료로 적합하지 않은 것은? [설비 34]

① 탄소강
② 18-8 스테인리스강
③ 알루미늄
④ 크롬-망간강

탄소강은 일반적으로 사용되는 재질로 저온용으로 사용 시 저온취성이 발생한다.

43 관 내를 흐르는 유체의 압력강하에 대한 설명으로 틀린 것은? [설비 42]

① 가스비중에 비례한다.
② 관 길이에 비례한다.
③ 관내경의 5승에 반비례한다.
④ 압력에 비례한다.

저압 배관 유량식

$$Q = K\sqrt{\frac{D^5 H}{SL}}$$

$$\therefore H = \frac{Q^2 \cdot S \cdot L}{K^2 \cdot D^5}$$

여기서, H : 압력손실(mmH_2O)
Q : 가스유량(m^3/h)
S : 가스비중
L : 관길이(m)
K : 유량계수
D : 관경(cm)

※ 압력손실
㉠ 가스유량의 제곱에 비례
㉡ 가스비중에 비례
㉢ 관길이에 비례
㉣ 관내경의 5승에 반비례

44 액화천연가스(LNG) 저장탱크의 지붕 시공 시 지붕에 대한 좌굴강도(Bucking Strength)를 검토하는 경우 반드시 고려하여야 할 사항이 아닌 것은?

① 가스압력
② 탱크의 지붕판 및 지붕뼈대의 중량
③ 지붕부위 단열재의 중량
④ 내부 탱크 재료 및 중량

45 연소기의 설치 방법에 대한 설명으로 틀린 것은?

① 가스온수기나 가스보일러는 목욕탕에 설치할 수 있다.
② 배기통이 가연성 물질로 된 벽 또는 천장 등을 통과하는 때에는 금속 외의 불연성 재료로 단열조치를 한다.
③ 배기팬이 있는 밀폐형 또는 반밀폐형의 연소기를 설치한 경우 그 배기팬의 배기가스와 접촉하는 부분은 불연성 재료로 한다.
④ 개방형 연소기를 설치한 실에는 환풍기 또는 환기구를 설치한다.

① 가스온수기, 가스보일러 등은 환기불량한 목욕탕에 설치 시 산소결핍에 의한 질식사의 우려가 있어 설치할 수 없다.

46 '자연계에 아무런 변화도 남기지 않고 어느 열원의 열을 계속해서 일로 바꿀 수 없다. 즉 고온 물체의 열을 계속해서 일로 바꾸려면 저온 물체로 열을 버려야만 한다.'라고 표현되는 법칙은? [설비 27]

① 열역학 제0법칙 ② 열역학 제1법칙
③ 열역학 제2법칙 ④ 열역학 제3법칙

47 공기 중에서의 프로판의 폭발범위(하한과 상한)를 바르게 나타낸 것은?

① 1.8~8.4% ② 2.2~9.5%
③ 2.1~8.4% ④ 1.8~9.5%

정답 41.④ 42.① 43.④ 44.④ 45.① 46.③ 47.②

48 액화석유가스의 주성분이 아닌 것은?

① 부탄 ② 헵탄
③ 프로판 ④ 프로필렌

해설
탄화수소의 명명법
㉠ 탄소 수 3 : 프로
⇨ C_3H_8(프로판), C_3H_6(프로필렌), C_3H_4(프로핀)
㉡ 탄소 수 4 : 부타
⇨ C_4H_{10}(부탄), C_4H_8(부틸렌), C_4H_6(부타디엔) 등으로 액화석유가스는 탄소 수가 3~4로 이루어진 가스를 말한다.

49 고압가스안전관리법령에 따라 "상용의 온도에서 압력이 1MPa 이상이 되는 압축가스로서 실제로 그 압력이 1MPa 이상이 되는 경우에는 고압가스에 해당한다." 여기에서 압력은 어떠한 압력을 말하는가? **[설비 2]**

① 대기압
② 게이지압력
③ 절대압력
④ 진공압력

법령에서 정하는 가스의 압력은 게이지압력이다.

50 비중병의 무게가 비었을 때는 0.2kg이고, 액체로 충만되어 있을 때에는 0.8kg이었다. 액체의 체적이 0.4L라면 비중량(kg/m³)은 얼마인가?

① 120 ② 150
③ 1200 ④ 1500

해설
㉠ 빈병무게 : 0.2kg
㉡ 병과 액체의 무게 : 0.8kg이므로 액체만의 무게는 0.8−0.2=0.6kg이다.
㉢ 비중량 $= \frac{\text{액체무게(kg)}}{\text{액체부피}(m^3)} = \frac{0.6kg}{0.4L}$
$= 1.5kg/L(1m^3 = 10^3L\text{에서})$
$= 1.5 \times 10^3 kg/m^3 = 1500kg/m^3$

51 가스를 그대로 대기 중에 분출시켜 연소에 필요한 공기를 전부 불꽃의 주변에서 취하는 연소방식은? **[안전 10]**

① 적화식 ② 분젠식
③ 세미분젠식 ④ 전 1차 공기식

연소 방법의 분류 : ( )는 불꽃온도

구 분	특 징
분젠식 (1200~1300℃)	㉠ 가스가 노즐에서 분사되며 운동에너지에 의해 공기구멍으로부터 1차 공기를 흡입 ㉡ 가스와 1차 공기가 혼합관 속에서 혼합되어 염공에서 나오며 연소 ㉢ 불꽃 주위확산에 의해 2차 공기를 취함
적화식 (1000℃)	㉠ 가스를 그대로 대기 중에서 분출하며 연소 ㉡ 필요공기는 모두 불꽃 주변에서 확산에 의해 취함 ㉢ 연소 과정이 늦고 불꽃은 장염으로 적황색을 띰
세미분젠식 (1000℃)	㉠ 적화식과 분젠식의 중간 형태 ㉡ 1차 공기율이 40℃ 이하
전 1차 공기식 (850~900℃)	㉠ 필요 공기를 모두 1차 공기로만 공급 ㉡ 역화하기 쉽다.

52 천연가스(NG)를 공급하는 도시가스의 주요 특성이 아닌 것은?

① 공기보다 가볍다.
② 메탄이 주성분이다.
③ 발전용, 일반공업용 연료로도 널리 사용된다.
④ LPG보다 발열량이 높아 최근 사용량이 급격히 많아졌다.

천연가스는 CH_4이 주성분으로 LPG(C_3H_8, C_4H_{10})에 비해 탄소 수, 수소 수가 적으므로 발열량이 낮다.

53 다음 중 엔트로피의 단위는?

① kcal/h
② kcal/kg
③ kcal/kg · m
④ kcal/kg · K

정답 48.② 49.② 50.④ 51.① 52.④ 53.④

해설

② 엔탈피
③ 일의 열당량

▌물리학적 단위▐

물리학적 개념	단 위	개 요
엔탈피	kcal/kg	단위중량당 열량(물체가 가지는 총에너지)
밀도	kg/m^3(g/L)	단위체적당 질량
비체적	m^3/kg(L/g)	단위질량당 체적
일의 열당량	1/427kcal/kg · m	어떤 물체 1kg을 1m 움직이는 데 필요한 열량
열의 일당량	427kg · m/kcal	열량 1kcal로 427kg의 물체를 1m 움직일 수 있음
엔트로피	kcal/kg · K	단위중량당 열량을 절대온도로 나눈 값
비열	kcal/kg℃	어떤 물체 1kg을 1℃ 높이는 데 필요한 열량

54 압력에 대한 설명으로 옳은 것은? **[설비 2]**

① 절대압력＝게이지압력＋대기압이다.
② 절대압력＝대기압＋진공압이다.
③ 대기압은 진공압보다 낮다.
④ 1atm은 $1033.2kg/m^2$이다.

55 수분이 존재할 때 일반 강재를 부식시키는 가스는? **[설비 6]**

① 황화수소 ② 수소
③ 일산화탄소 ④ 질소

해설

① 황화수소 : 수분 존재 시 황산생성으로 부식
• 수분 존재 시 부식을 일으키는 가스
H_2S, SO_2, CO_2, Cl_2, $COCl_2$

56 브로민화수소의 성질에 대한 설명으로 틀린 것은?

① 독성 가스이다.
② 기체는 공기보다 가볍다.
③ 유기물 등과 격렬하게 반응한다.
④ 가열 시 폭발 위험성이 있다.

57 증기압이 낮고 비점이 높은 가스는 기화가 쉽게 되지 않는다. 다음 가스 중 기화가 가장 안 되는 가스는?

① CH_4 ② C_2H_4
③ C_3H_8 ④ C_4H_{10}

기화가 쉽게 되지 않는 가스
비등점이 높은 액화가스이므로
CH_4(−162℃)
C_2H_4(−104℃)
C_3H_8(−42℃)
C_4H_{10}(−0.5℃)
∴ 가장 비등점이 높은 C_4H_{10}이다.

58 절대온도 40K를 랭킨온도로 환산하면 몇 [°R]인가?

① 36 ② 54
③ 72 ④ 90

$$°R = \frac{9}{5}K = \frac{9}{5} \times 40 = 72°R$$

59 도시가스에 사용되는 부취제 중 DMS의 냄새는? **[안전 55]**

① 석탄가스 냄새
② 마늘 냄새
③ 양파 썩는 냄새
④ 암모니아 냄새

① 석탄가스 냄새 : THT
② 마늘 냄새 : DMS
③ 양파 썩는 냄새 : TBM

60 0℃, 1atm인 표준상태에서 공기와의 같은 부피에 대한 무게비를 무엇이라고 하는가?

① 비중 ② 비체적
③ 밀도 ④ 비열

정답 54.① 55.① 56.② 57.④ 58.③ 59.② 60.①

국가기술자격 필기시험문제

2013년 기능사 제5회 필기시험(1부) (2013년 10월 시행)

자격종목	시험시간	문제수	문제형별
가스기능사	**1시간**	**60**	**A**

수험번호		성 명	

01 가스가 누출되었을 때 조치로 가장 적당한 것은?

① 용기밸브가 열려서 누출 시 부근 화기를 멀리하고 즉시 밸브를 잠근다.
② 용기밸브 파손으로 누출 시 전부 대피한다.
③ 용기 안전밸브 누출 시 그 부위를 열 습포도 감싸준다.
④ 가스 누출로 실내에 가스 체류 시 그냥 놔두고 밖으로 피신한다.

02 무색, 무미, 무취의 폭발범위가 넓은 가연성 가스로서 할로겐원소와 격렬하게 반응하여 폭발반응을 일으키는 가스는?

① H_2 ② Cl_2
③ HCl ④ C_6H_6

H_2는 할로겐(F, Cl, Br)과 폭발적으로 반응하여 폭명기를 생성한다.
㉠ $H_2 + Cl_2 \rightarrow 2HCl$(염소폭명기) 생성
㉡ $H_2 + F_2 \rightarrow 2HF$(불소폭명기) 생성

03 가스사용시설의 연소기 각각에 대하여 퓨즈콕을 설치하여야 하나, 연소기 용량이 몇 [kcal/h]를 초과할 때 배관용 밸브로 대용할 수 있는가?

① 12500 ② 15500
③ 19400 ④ 25500

중간밸브 설치(KGS Fu 551) (2.4.4.4)
㉠ 가스사용시설에는 연소기 각각에 대하여 퓨즈콕을 설치한다. 다만, 연소기가(가스용 금속 플렉시블호스 포함) 배관에 연결된 경우 또는 가스소비량이 19400kcal/hr을 초과하거나 사용압력이 3.3kPa를 초과하는 연소기가 연결된 배관(가스용 금속 플렉시블호스 포함)에는 배관용 밸브를 설치할 수 있다.
㉡ 배관이 분기되는 경우 주배관에 배관용 밸브를 설치한다.
㉢ 2개 이상의 실로 분기되는 경우에는 각 실의 주배관마다 배관용 밸브를 설치한다.

04 C_2H_2 제조설비에서 제조된 C_2H_2를 충전용기에 충전 시 위험한 경우는?

① 아세틸렌이 접촉되는 설비부분에 동 함량 72%의 동합금을 사용하였다.
② 충전 중의 압력을 2.5MPa 이하로 하였다.
③ 충전 후에 압력이 15℃에서 1.5MPa 이하로 될 때까지 정치하였다.
④ 충전용 지관은 탄소 함유량 0.1% 이하의 강을 사용하였다.

① C_2H_2 접촉부분에 동 함유량 62% 이상 사용 시 Cu_2C_2(동아세틸라이드) 생성으로 폭발의 우려가 있다.

05 LP가스 저장탱크를 수리할 때 작업원이 저장탱크 속으로 들어가서는 아니 되는 탱크 내의 산소농도는?

① 16% ② 19%
③ 20% ④ 21%

탱크 수리를 위하여 유지하여야 하는 산소의 농도 : 18% 이상 22% 이하

정답 01.① 02.① 03.③ 04.① 05.①

06 고압가스 용기 등에서 실시하는 재검사 대상이 아닌 것은?

① 충전할 고압가스 종류가 변경된 경우
② 합격표시가 훼손된 경우
③ 용기밸브를 교체한 경우
④ 손상이 발생된 경우

07 다음 중 제독제로서 다량의 물을 사용하는 가스는? [안전 22]

① 일산화탄소 ② 이황화탄소
③ 황화수소 ④ 암모니아

해설
제독제로 물을 사용하는 독성 가스의 종류 : 아황산, 암모니아, 염화메탄, 산화에틸렌

08 고압가스 냉매설비의 기밀시험 시 압축공기를 공급할 때 공기의 온도는 몇 [℃] 이하로 할 수 있는가?

① 40℃ ② 70℃
③ 100℃ ④ 140℃

09 LP가스 저온 저장탱크에 반드시 설치하지 않아도 되는 장치는? [안전 20]

① 압력계 ② 진공안전밸브
③ 감압밸브 ④ 압력경보설비

해설
저장탱크 부압 방지조치 설비(KGS Fp 111)
①, ②, ④항 이외에 균압관, 압력과 연동하는 긴급차단장치를 설치한 냉동제어설비, 송액 설비

10 가연성 가스 제조설비 중 전기설비는 방폭성능을 가지는 구조이어야 한다. 다음 중 반드시 방폭성능을 가지는 구조로 하지 않아도 되는 가연성 가스는? [안전 37]

① 수소 ② 프로판
③ 아세틸렌 ④ 암모니아

해설
방폭 성능이 필요없는 가연성 가스
(NH_3, CH_3Br) 암모니아, 브롬화메탄

11 도시가스 품질검사 시 허용기준 중 틀린 것은 어느 것인가? [안전 81]

① 전유황 : 30mg/m^3 이하
② 암모니아 : 10mg/m^3 이하
③ 할로겐 총량 : 10mg/m^3 이하
④ 실록산 : 10mg/m^3 이하

해설
도시가스 품질검사(도시가스 통합 고시 별표 1)
② 암모니아 : 검출되지 않아야 한다.

12 포스겐의 취급 방법에 대한 설명 중 틀린 것은?

① 환기시설을 갖추어 작업한다.
② 취급 시에는 반드시 방독마스크를 착용한다.
③ 누출 시 용기가 부식되는 원인이 되므로 약간의 누출에도 주의한다.
④ 포스겐을 함유한 폐기액은 염화수소로 충분히 처리한다.

해설
포스겐은 중화액, 가성소다수용액이나 소석회 등으로 처리하여야 한다.

13 가스보일러의 공통 설치기준에 대한 설명으로 틀린 것은? [안전 93]

① 가스보일러는 전용 보일러실에 설치한다.
② 가스보일러는 지하실 또는 반지하실에 설치하지 아니 한다.
③ 전용 보일러실에는 반드시 환기팬을 설치한다.
④ 전용 보일러실에는 사람이 거주하는 곳과 통기될 수 있는 가스레인지 배기덕트를 설치하지 아니 한다.

해설
가스보일러 공동설치 기준(KGS Fu 551) (p38)
③ 전용 보일러실에는 부압의 원인이 되는 환기팬을 설치하지 않는다.

14 수소가스의 위험도(H)는 약 얼마인가?

① 13.5 ② 17.8
③ 19.5 ④ 21.3

정답 06.③ 07.④ 08.④ 09.③ 10.④ 11.② 12.④ 13.③ 14.②

수소의 연소범위 : 4~75%이므로

$\therefore H = \frac{U-L}{L} = \frac{75-4}{4} \fallingdotseq 17.8$

15 액화석유가스 용기 충전시설의 저장탱크에 폭발방지장치를 의무적으로 설치하여야 하는 경우는?

① 상업지역에 저장능력 15톤 저장탱크를 지상에 설치하는 경우
② 녹지지역에 저장능력 20톤 저장탱크를 지상에 설치하는 경우
③ 주거지역에 저장능력 5톤 저장탱크를 지상에 설치하는 경우
④ 녹지지역에 저장능력 30톤 저장탱크를 지상에 설치하는 경우

LPG 탱크 폭발방지장치 설치 유무(KGS Fp 331) (p22) (2.3.3.5)

폭발방지장치	
설치하는 경우	설치하지 않는 경우
㉠ LPG 차량 고정탱크 ㉡ 주거지역, 상업지역에 설치하는 10t 이상 저장탱크	㉠ 안전조치가 되어 있는 저장탱크 ㉡ 지하에 매몰하여 설치하는 저장탱크 ㉢ 마운드형 저장탱크
폭발방지장치 재료 : 다공성 알루미늄 합금박판	

16 다음 가스 저장시설 중 환기구를 갖추는 등의 조치를 반드시 하여야 하는 곳은?

① 산소 저장소
② 질소 저장소
③ 헬륨 저장소
④ 부탄 저장소

공기보다 무거운 가연성 저장실에 환기구를 설치하여야 하므로 ④ C_3H_{10} : 연소범위 1.8~8.4%, 분자량 : 58g으로 공기보다 무거움

17 고압가스 용기를 내압시험한 결과 전 증가량은 400mL, 영구증가량이 20mL이었다. 영구증가율은 얼마인가?

① 0.2% ② 0.5%
③ 5% ④ 20%

$$영구증가율(\%) = \frac{영구증가량}{전증가량} \times 100 = \frac{20mL}{400mL} \times 100 = 5\%$$

18 염소의 일반적인 성질에 대한 설명으로 틀린 것은?

① 암모니아와 반응하여 염화암모늄을 생성한다.
② 무색의 자극적인 냄새를 가진 독성, 가연성 가스이다.
③ 수분과 작용하면 염산을 생성하여 철강을 심하게 부식시킨다.
④ 수돗물의 살균소독제, 표백분 제조에 이용된다.

② 황록색의 자극성 냄새를 가진 독성, 조연성 액화가스이다.

19 독성 가스 용기 운반차량의 경계표지를 정사각형으로 할 경우 그 면적의 기준은? **[안전 79]**

① $500cm^2$ 이상
② $600cm^2$ 이상
③ $700cm^2$ 이상
④ $800cm^2$ 이상

독성 가스 용기 운반 시 경계표지(KGS Gc 206)

경계표지 종류		규 격
직사각형	가로	차폭의 30% 이상
	세로	가로의 20% 이상
정사각형	전체 경계면적	$600cm^2$ 이상

20 독성 가스인 염소를 운반하는 차량에 반드시 갖추어야 할 용구나 물품에 해당되지 않는 것은?

① 소화장비 ② 제독제
③ 내산장갑 ④ 누출검지기

① 소화장비 : 가연성, 산소 운반 시 구비하는 보호구

정답 15.① 16.④ 17.③ 18.② 19.② 20.①

21 다음 중 연소기구에서 발생할 수 있는 역화(back fire)의 원인이 아닌 것은? [장치 7]

① 염공이 적게 되었을 때
② 가스의 압력이 너무 낮을 때
③ 콕이 충분히 열리지 않았을 때
④ 버너 위에 큰 용기를 올려서 장시간 사용할 경우

① 염공이 적게 되었을 때 : 선화의 원인

22 다음 중 특정 고압가스에 해당되지 않는 것은 어느 것인가? [안전 53]

① 이산화탄소
② 수소
③ 산소
④ 천연가스

특정 고압가스 종류
포스핀, 셀렌화수소, 게르만디실란, 오불화비소, 오불화인, 삼불화인, 삼불화질소, 삼불화붕소, 사불화유황, 사불화규소, 수소, 산소, 액화암모니아, 이세틸렌, 액화염소, 천연가스, 압축모노실란, 압축디보레인, 액화알진

23 일반 도시가스 배관의 설치기준 중 하천 등을 횡단하여 매설하는 경우로서 적합하지 않은 것은?

① 하천을 횡단하여 배관을 설치하는 경우에는 배관의 외면과 계획하상(河床, 하천의 바닥) 높이와의 거리는 원칙적으로 4.0m 이상으로 한다.
② 소화전, 수로를 횡단하여 배관을 매설하는 경우 배관의 외면과 계획하상(河床, 하천의 바닥) 높이와의 거리는 원칙적으로 2.5m 이상으로 한다.
③ 그 밖의 좁은 수로를 횡단하여 배관을 매설하는 경우 배관의 외면과 계획하상(河床, 하천의 바닥) 높이와의 거리는 원칙적으로 1.5m 이상으로 한다.
④ 하상변동, 패임, 닻 내림 등의 영향을 받지 아니 하는 깊이에 매설한다.

③ 좁은 수로 : 1.2m 이상
일반도시가스 제조공급소 밖, 하천구역 배관매설 (KGS Fs 551) (p34) 관련

구 분	핵심 내용(설치 및 매설깊이)
하천 횡단매설	교량설치, 교량설치 불가능 시 하천 밑 횡단매설
하천수로 횡단매설	2중관 또는 방호구조물 안에 설치
배관매설 깊이 기준	하상변동, 패임, 닻 내림 등 영향이 없는 곳에 매설(단, 한국가스안전공사의 평가 시 평가 제시거리 이상으로 하되 최소깊이는 1.2m 이상)
하천 구역깊이	4m 이상 단폭이 20m 이하 중압 이하 배관을 하천매설 시 하상폭 양끝단에서 보호시설까지 $L=220\sqrt{P}\cdot d$ 산출식 이상인 경우 2.5m 이상으로 할 수 있다.
소화전 수로	2.5m 이상
그 밖의 좁은 수로	1.2m 이상

24 일반 공업지역의 암모니아를 사용하는 A공장에서 저장능력 25톤의 저장탱크를 지상에 설치하고자 한다. 저장설비 외면으로부터 사업소 외의 주택까지 몇 [m] 이상의 안전거리를 유지하여야 하는가? [안전 7]

① 12m
② 14m
③ 16m
④ 18m

암모니아, 주택과 보호시설 안전거리
㉠ 가스의 종류 : 독성
㉡ 보호시설의 종류 : 2종
㉢ 저장능력 25톤=250000kg
독성, 가연성 보호시설과 안전거리

저장능력	안전거리(m)	
	1종	2종
1만 이하	17	12
1만 초과 2만 이하	21	14
2만 초과 3만 이하	24	16
3만 초과 4만 이하	27	18

정답 21.① 22.① 23.③ 24.③

25 폭발범위의 상한 값이 가장 낮은 가스는?

① 암모니아 ② 프로판
③ 메탄 ④ 일산화탄소

가스별 폭발범위

가스명	폭발범위(%)
암모니아	15~28
프로판	2.1~9.5
메탄	5~15
일산화탄소	12.5~74

26 고압가스 설비의 내압 및 기밀시험에 대한 설명으로 옳은 것은? **[안전 2]**

① 내압시험은 상용압력의 1.1배 이상의 압력으로 실시한다.
② 기체로 내압시험을 하는 것은 위험하므로 어떠한 경우라도 금지된다.
③ 내압시험을 할 경우에는 기밀시험을 생략할 수 있다.
④ 기밀시험은 상용압력 이상으로 하되 0.7MPa을 초과하는 경우 0.7MPa 이상으로 한다.

㉠ T_P=상용압력의 1.5배 이상
㉡ 공기, 질소 등으로 내압시험 압력으로 시험할 경우 T_P=상용압력의 1.25배 이상으로 한다.
㉢ 내압시험과 기밀시험은 각각 실시
- 내압시험 : 내압력에 견디는 정도이어야 한다.
- 기밀시험 : 누설 유무를 판단하여야 한다.

27 저장탱크에 의한 LPG 사용시설에서 가스계량기의 설치기준에 대한 설명으로 틀린 것은? **[안전 28]**

① 가스계량기와 화기와의 우회거리 확인은 계량기의 외면과 화기를 취급하는 설비의 외면을 실측하여 확인한다.
② 가스계량기는 화기와 3m 이상의 우회거리를 유지하는 곳에 설치한다.
③ 가스계량기의 설치높이는 1.6m 이상 2m 이내에 설치하여 고정한다.
④ 가스계량기와 굴뚝 및 전기 점멸기와의 거리는 30cm 이상의 거리를 유지한다.

화기와 우회거리
㉠ 가연성, 산소의 가스 : 8m 이상
㉡ 가연성, 산소를 제외한 가스 : 2m 이상
㉢ 입상 배관, 가스계량기 : 2m 이상
㉣ 액화석유가스 판매 및 충전사업자의 용기저장소

28 차량에 고정된 탱크로서 고압가스를 운반할 때 그 내용적의 기준으로 틀린 것은 어느 것인가? **[안전 12]**

① 수소 : 18000L
② 액화암모니아 : 12000L
③ 산소 : 18000L
④ 액화염소 : 12000L

차량에 고정된 탱크로 가스운반 시 내용적의 한계

가스 종류	내용적
LPG 이외의 가연성 및 산소	18000L 이상 운반금지
암모니아 제외 독성	12000L 이상 운반금지
LPG, NH_3	내용적 제한 없음

29 고압가스 특정 제조시설에서 안전구역 안의 고압가스 설비는 그 외면으로부터 다른 안전구역 안에 있는 고압가스 설비의 외면까지 몇 [m] 이상의 거리를 유지하여야 하는가? **[안전 83]**

① 5m ② 10m
③ 20m ④ 30m

고압가스 특정 제조시설
㉠ 고압설비는 다른 안전구역 안의 고압설비의 면까지 : 30m 이상
㉡ 처리능력 20만m^3 압축기와 30m 이상 거리 유지
㉢ 제조소 경계와 20m 이상 유지

30 다음 중 독성 가스에 해당하지 않는 것은?

① 아황산가스
② 암모니아
③ 일산화탄소
④ 이산화탄소

정답 25.② 26.④ 27.② 28.② 29.④ 30.④

독성 가스별 허용농도

가스명	허용농도(ppm)
아황산	2520(2)ppm
암모니아	7338(25)ppm
일산화탄소	3760(50)ppm
( )은 TLV-TWA 기준농도 값	

31 고압식 공기액화 분리장치의 복식 정류탑 하부에서 분리되어 액체산소 저장탱크에 저장되는 액체산소의 순도는 약 얼마인가?

① 99.6~99.8% ② 96~98%
③ 90~92% ④ 88~90%

32 초저온 용기의 단열성능 검사 시 측정하는 침입열량의 단위는? [장치 9]

① kcal/h · L · ℃ ② $kcal/m^2 \cdot h \cdot ℃$
③ kcal/m · h · ℃ ④ kcal/m · h · bar

초저온 용기

구 분		세부 내용
정의		섭씨 영하 50도 이하의 액화가스를 충전하기 위한 용기로서 단열재로 피복하거나 냉동설비로 냉각 용기 내 온도가 상용온도를 초과하지 아니하도록 조치한 용기
단열성능시험 가스 종류		㉠ 액화질소(−196℃) ㉡ 액화아르곤(−186℃) ㉢ 액화산소(−183℃)
침투열량에 따른 합격기준	1000L 이상 용기	0.002kcal/h℃L 이하가 합격
	1000L 미만 용기	0.0005kcal/h℃L 이하가 합격

33 저장능력 10톤 이상의 저장탱크에는 폭발방지장치를 설치한다. 이때 사용되는 폭발방지제의 재질로서 가장 적당한 것은?

① 탄소강 ② 구리
③ 스테인리스 ④ 알루미늄

폭발방지장치 재료(KGS Fp 331) : 다공성 벌집형 알루미늄 합금 박판

34 긴급차단장치의 동력원으로 가장 부적당한 것은? [안전 19]

① 스프링 ② X선
③ 기압 ④ 전기

긴급차단장치 동력원 : 공기압, 전기압, 스프링압

35 다음 중 1차 압력계는?

① 부르동관 압력계
② 전기저항식 압력계
③ U자관형 마노미터
④ 벨로스 압력계

압력계 구분

구 분		내 용
1차 압력계	종류	자유(부유) 피스톤식 압력계, 액주식(마노미터) 압력계
	용도	2차 압력계의 눈금교정용
2차 압력계	종류	부르동관, 벨로스, 다이어프램, 전기저항
	용도	실제 현장에서 사용되는 압력계

36 압축기 윤활의 설명으로 옳은 것은? [설비 10]

① 산소압축기의 윤활유로는 물을 사용한다.
② 염소압축기의 윤활유로는 양질의 광유가 사용된다.
③ 수소압축기의 윤활유로는 식물성유가 사용된다.
④ 공기압축기의 윤활유로는 식물성유가 사용된다.

② 염소압축기 : 진한 황산
③ 수소압축기 : 양질의 광유
④ 공기압축기 : 양질의 광유

37 다음 금속재료 중 저온재료로 가장 부적당한 것은? [설비 34]

① 탄소강 ② 니켈강
③ 스테인리스강 ④ 황동

① 탄소강 : 상온, 상압이나 일반적으로 사용되는 재료로, 저온용으로 사용 시 저온취성을 일으켜 파열의 우려가 있다.

정답 31.① 32.① 33.④ 34.② 35.③ 36.① 37.①

38 다음 유량 측정 방법 중 직접법은? [장치 28]

① 습식 가스미터 ② 벤투리미터
③ 오리피스미터 ④ 피토튜브

유량 측정

구 분	유량계 종류
직접식	습식 가스미터
간접식	오리피스, 벤투리관, 피토관, 로터미터
추량(추측)식	오리피스, 벤투리, 델타, 터빈, 선근차, 와류(소용돌이)(볼텍스)

39 내용적 47L인 LP가스 용기의 최대충전량은 몇 [kg]인가?

① 20 ② 42
③ 50 ④ 110

$W = \frac{V}{C}$이므로

여기서, V : 47, C : 2.35

$\therefore W = \frac{47}{2.35} = 20\text{kg}$

40 다음 중 정압기의 부속설비가 아닌 것은?

① 불순물 제거장치
② 이상압력 상승 방지장치
③ 검사용 맨홀
④ 압력기록장치

정압기의 기본 흐름도

필터 → SSV(긴급차단장치) → 조정장치 → 이상압력 방지장치 → 자기압력 기록계

41 다음 [보기]의 특징을 가지는 펌프는?

[보기]
- 고압, 소유량에 적당하다.
- 토출량이 일정하다.
- 송수량의 가감이 가능하다.
- 맥동이 일어나기 쉽다.

① 원심 펌프 ② 왕복 펌프
③ 축류 펌프 ④ 사류 펌프

42 터보식 펌프로서 비교적 저양정에 적합하며, 효율변화가 비교적 급한 펌프는?

① 원심 펌프
② 축류 펌프
③ 왕복 펌프
④ 사류 펌프

43 산소용기의 최고충전압력이 15MPa일 때 이 용기의 내압시험압력은 얼마인가?

① 15MPa
② 20MPa
③ 22.5MPa
④ 25MPa

용기$(T_P) = F_P \times \frac{5}{3} = 15 \times \frac{5}{3} = 25\text{MPa}$

44 기화기에 대한 설명으로 틀린 것은?

① 기화기 사용 시 장점은 LP가스 종류에 관계없이 한냉 시에도 충분히 기화시킨다.
② 기화장치의 구성요소 중에는 기화부, 제어부, 조압부 등이 있다.
③ 감압가열방식은 열교환기에 의해 액상의 가스를 기화시킨 후 조정기로 감압시켜 공급하는 방식이다.
④ 기화기를 증발 형식에 의해 분류하면 순간 증발식과 유입 증발식이 있다.

기화기(베이퍼라이저)

항 목		세부 핵심 내용
정의		외기온도와 관계없이 액가스를 가열 기화하여 기화가스로 공급하기 위하여 사용되는 고압가스의 특정설비
구성요소		기화부, 제어부, 조압부
증발 형식	가온 감압식	열교환기에 의해 액상 LP가스를 온도를 상승 기화된 가스를 조정기로 감압(압력을 낮추어)시켜 공급하는 방식
	감압 가온식	액상 LP가스를 조정기로 감압 후 열교환기에서 가열하는 방식

정답 38.① 39.① 40.③ 41.② 42.② 43.④ 44.③

45 펌프에서 유량을 Q(m³/min), 양정을 H(m), 회전수 N(rpm)이라 할 때 1단 펌프에서 비교회전도 η_s를 구하는 식은?

① $\eta_s = \dfrac{Q^2\sqrt{N}}{H^{\frac{3}{4}}}$　② $\eta_s = \dfrac{N^2\sqrt{Q}}{H^{\frac{3}{4}}}$

③ $\eta_s = \dfrac{N\sqrt{Q}}{H^{\frac{3}{4}}}$　④ $\eta_s = \dfrac{\sqrt{NQ}}{H^{\frac{3}{4}}}$

46 액체산소의 색깔은?

① 담황색　② 담적색

③ 회백색　④ 담청색

47 LPG에 대한 설명 중 틀린 것은?

① 액체상태는 물(비중 1)보다 가볍다.

② 기화열이 커서 액체가 피부에 닿으면 동상의 우려가 있다.

③ 공기와 혼합시켜 도시가스 원료로도 사용된다.

④ 가정에서 연료용으로 사용하는 LPG는 올레핀계 탄화수소이다.

④ LPG는 파라핀계 탄화수소이다.

48 "기체의 온도를 일정하게 유지할 때 기체가 차지하는 부피는 절대압력에 반비례한다." 라는 법칙은?

① 보일의 법칙　② 샤를의 법칙

③ 헨리의 법칙　④ 아보가드로의 법칙

해설

구 분		내 용
이상기체 법칙	보일의 법칙	온도 일정 시 이상기체 부피는 압력에 반비례
	샤를의 법칙	압력 일정 시 이상기체 부피는 온도에 비례
	보일-샤를의 법칙	이상기체 부피는 온도에 비례, 압력에는 반비례
	아보가드로의 법칙	이상기체 1mol=22.4L=분자량=6.02×10^{23}개의 분자 수를 가진다.
기체 용해도 법칙	헨리의 법칙	기체가 용해하는 부피는 압력에 관계없이 일정하고 질량은 압력에 비례한다.
	적용 기체	O_2, H_2, N_2, CO_2
	비적용 기체	NH_3

49 압력 환산 값을 서로 가장 바르게 나타낸 것은?

① $1\text{lb/ft}^2 \fallingdotseq 0.142\text{kg/cm}^2$

② $1\text{kg/cm}^2 \fallingdotseq 13.7\text{lb/in}^2$

③ $1\text{atm} \fallingdotseq 1033\text{g/cm}^2$

④ $76\text{cmHg} \fallingdotseq 1013\text{dyne/cm}^2$

해설

① 1lb/ft^2

$1\text{kg}=2.205\text{lb}$

$1\text{ft}=30.48\text{cm}$이므로

$1\times\dfrac{1}{2.205}\text{kg}/(30.48\text{cm})^2 \fallingdotseq 4.9\times10^{-4}\text{kg/cm}^2$

② $1.0332\text{kg/cm}^2=14.7\text{lb/in}^2$이므로

$1.0332 : 14.7$

$1 : x$

$\therefore x=14.22\text{lb/in}^2$

③ $1\text{atm}=1.033\text{kg/cm}^2=1033\text{g/cm}^2$

④ $1\text{atm}=1.0332\text{kgf/cm}^2=76\text{cmHg}$

$\therefore 76\text{cmHg}=1.0332\times9.8\times10^5\text{dyne/cm}^2$

$=1012536\text{dyne/cm}^2$

$1\text{kgf}=9.8\times10^5\text{dyne}=9.8\text{N}$

50 절대온도 0K는 섭씨온도 약 몇 [℃]인가?

① −273　② 0

③ 32　④ 273

$K=℃+273$

$\therefore ℃=K-273=0-273=-273℃$

51 다음 수소와 산소 또는 공기와의 혼합기체에 점화하면 급격히 화합하여 폭발하므로 위험하다. 이 혼합기체를 무엇이라고 하는가?

① 염소폭명기　② 수소폭명기

③ 산소폭명기　④ 공기폭명기

정답 45.③ 46.④ 47.④ 48.① 49.③ 50.① 51.②

폭명기

종 류	반응식
수소폭명기	$2H_2+O_2 \rightarrow 2H_2O$
염소폭명기	$H_2+Cl_2 \rightarrow 2HCl$
불소폭명기	$H_2+F_2 \rightarrow 2HF$

52 기체연료의 일반적인 특징에 대한 설명으로 틀린 것은?

① 완전연소가 가능하다.
② 고온을 얻을 수 있다.
③ 화재 및 폭발의 위험성이 적다.
④ 연소조절 및 점화, 소화가 용이하다.

③ 기체는 역화(폭발) 및 화재의 위험성이 액체, 고체에 비하여 높다.

53 다음 중 압력단위가 아닌 것은?

① Pa
② atm
③ bar
④ N

$1atm=101325Pa(N/m^2)=1.013bar$

54 공기비가 클 경우 나타나는 현상이 아닌 것은 어느 것인가? **[장치 23]**

① 통풍력이 강하여 배기가스에 의한 열손실 증대
② 불완전연소에 의한 매연 발생이 심함
③ 연소가스 중 SO_3의 양이 증대되어 저온 부식 촉진
④ 연소가스 중 NO_3의 발생이 심하여 대기오염 유발

② 공기비가 클 경우 연소성은 향상되므로 불완전 연소하지는 않는다.

공기비(m)=(과잉공기비)

구 분	간추린 핵심 내용	
정의	이론공기량에 대한 실제공기량의 비	
공식	$m=\frac{A}{A_o}=\frac{A_o+P}{A_o}=1+\frac{P}{A_o}$	
공식	기호 m : 공기비 A : 실제공기량 A_o : 이론공기량 P : 과잉공기량$(A-A_o)=(m-1)A_o$	
과잉 공기율	$\frac{P}{A_o}\times 100=\frac{(m-1)A_o}{A}\times 100$ $=(m-1)\times 100$	
공기비가 클 경우와 적을 경우의 영향	클 경우	작을 경우
	㉠ 연료소비량 증가 ㉡ 연소가스 중 N_2 산화물 증가 ㉢ 질소로 인한 연소가스 온도 저하 ㉣ 배기(폐)가스량 증가 ㉤ 황에 의한 저온부식 초래	㉠ 불완전연소 초래 ㉡ 불완전연소에 의한 매연발생 우려 ㉢ 미연소 가스에 의한 열손실 발생 ㉣ 미연소가스에 의한 역화의 우려

55 표준상태에서 1몰의 아세틸렌이 완전연소될 때 필요한 산소의 몰 수는?

① 1몰
② 1.5몰
③ 2몰
④ 2.5몰

㉠ C_2H_2의 연소반응식
$C_2H_2+2.5O_2 \rightarrow 2CO_2+H_2O$
㉡ C_2H_2 1mol당 O_2의 몰수는 2.5mol
즉, 반응 비율은 1 : 2.5이다.

56 다음 [보기]에서 설명하는 가스는?

[보기]
• 독성이 강하다.
• 연소시키면 잘 탄다.
• 물에 매우 잘 녹는다.
• 각종 금속에 작용한다.
• 가압 · 냉각에 의해 액화가 쉽다.

① HCl
② NH_3
③ CO
④ C_2H_2

정답 52.③ 53.④ 54.② 55.④ 56.②

NH_3의 특성

구 분	내 용
분자량	17g(공기보다 무겁다)
독성	TLV-TWA(25ppm) LC 50(7380ppm)
가연성	연소범위(15~28%)
물에 대한 용해도	물 1에 800배 용해
중화액	물, 묽은 염산, 묽은 황산
액화가스	비등점(-33℃)

57 질소의 용도가 아닌 것은?

① 비료에 이용
② 질산 제조에 이용
③ 연료용에 이용
④ 냉매로 이용

58 27℃, 1기압 하에서 메탄가스 80g이 차지하는 부피는 약 몇 [L]인가?

① 112 ② 123
③ 224 ④ 246

이상기체 상태식

$PV=\frac{W}{M}RT$에서

$V=\frac{WRT}{PM}$이므로

여기서, W : 80g
R : 0.082atm · L/mol · K
T : 273+27=300K
P : 1atm
M : 16g

$\therefore V=\frac{80\times0.082\times300}{1\times16}=123\text{L}$

59 산소농도의 증가에 대한 설명으로 틀린 것은?

① 연소속도가 빨라진다.
② 발화온도가 올라간다.
③ 화염온도가 올라간다.
④ 폭발력이 세어진다.

② 발화온도 낮아진다.

산소농도 증가 시 화학적 변화값

항 목	변화값	증가 및 감소 유무
연소범위	넓어진다.	증가
연소속도	빨라진다.	증가
화염속도	빨라진다.	증가
화염온도	높아진다.	증가
발화(점화)에너지	낮아진다.	감소
인화점	낮아진다.	감소

60 다음 중 보관 시 유리를 사용할 수 없는 것은?

① HF ② C_6H_6
③ $NaHCO_3$ ④ KBr

HF(불화수소)

보관 가능병	보관 불가능
폴리에틸렌 병	유리제병(화학반응 시 유리와 부식을 일으킴)

정답 57.③ 58.② 59.② 60.①

국가기술자격 필기시험문제

2014년 기능사 제1회 필기시험(1부) (2014년 1월 시행)

자격종목	시험시간	문제수	문제형별
가스기능사	**1시간**	**60**	**A**

수험번호		성 명	

01 도로굴착공사에 의한 도시가스 배관 손상 방지기준으로 틀린 것은? **[안전 126, 127]**

① 착공 전 도면에 표시된 가스 배관과 기타 지장물 매설유무를 조사하여야 한다.
② 도로굴착자의 굴착공사로 인하여 노출된 배관길이가 10m 이상인 경우에야 점검통로 및 조명시설을 하여야 한다.
③ 가스 배관이 있을 것으로 예상되는 지점으로부터 2m 이내에서 줄파기를 할 때에는 안전관리전담자의 입회하에 시행하여야 한다.
④ 가스 배관의 주위를 굴착하고자 할 때에는 가스 배관의 좌우 1m 이내의 부분은 인력으로 굴착한다.

KGS Fs 551
② 굴착 시 점검통로 조명시설을 하여야 하는 경우의 노출된 배관의 길이 : 15m 이상

02 도시가스 배관이 하천을 횡단하는 배관 주위의 흙이 사질토의 경우 방호구조물의 비중은?

① 배관 내 유치 비중 이상의 값
② 물의 비중 이상의 값
③ 토양의 비중 이상의 값
④ 공기의 비중 이상의 값

03 액화석유가스 사용시설에서 LPG 용기 접합설비의 저장능력이 얼마 이하일 때 용기, 용기밸브, 압력조정기가 직사광선, 눈 또는 빗물에 노출되지 않도록 해야 하는가? **[안전 9]**

① 50kg 이하 ② 100kg 이하
③ 300kg 이하 ④ 500kg 이하

LPG 용기 접합설비에서의 용기 보관방법

저장능력	보관방법
100kg 이하	용기, 용기밸브, 압력조정기 등이 직사광선, 빗물 등에 노출되지 않도록 조치
100kg 초과	용기저장실을 만들고 용기저장실 내에 보관

04 아세틸렌용기를 제조하고자 하는 자가 갖추어야 하는 설비가 아닌 것은?

① 원료혼합기 ② 건조로
③ 원료충전기 ④ 소결로

C_2H_2 용기 제조시설 기준이 갖추어야 하는 제조설비 (KGS Ac 214) 2(제조시설 기준) 2.1(제조설비)

구 분	내 용
개요	용기제조자가 용기제조를 위하여 갖추어야 하는 설비 종류 규정
설비 종류	㉠ 단조설비 또는 성형설비 ㉡ 아래부분 접합설비(아래부분을 접합하여 제조하는 경우로 한정) ㉢ 열처리로 및 그 노내의 온도를 측정하여 자동으로 기록하는 장치 ㉣ 세척설비 ㉤ 쇼트브라스팅 및 도장설비 ㉥ 밸브 탈부착기 ㉦ 용기 내부 건조설비 및 진공흡입설비(대기압 이하) ㉧ 용접설비(내용적 250L 미만의 용기는 자동용접설비) ㉨ 넥크링 가공설비(전문생산업체로부터 공급받는 경우 제외) ㉩ 원료혼합기, 건조로, 원료충전기, 자동부식방지 도장설비 ㉪ 아세톤, DMF 충전설비

정답 01.② 02.② 03.② 04.④

05 가스의 연소한계에 대하여 가장 바르게 나타낸 것은?

① 착화온도의 상한과 하한
② 물질이 탈 수 있는 최저온도
③ 완전연소가 될 때의 산소공급 한계
④ 연소가 가능한 가스의 공기와의 혼합비율의 상한과 하한

06 LPG 사용시설에서 가스누출 경보장치 검지부 설치높이의 기준으로 옳은 것은?

① 지면에서 30cm 이내
② 지면에서 60cm 이내
③ 천장에서 30cm 이내
④ 천장에서 60cm 이내

가스누출 검지경보장치 검지부 설치높이

가스의 종류	설치높이(m)
공기보다 가벼움 (CH_4 주성분 도시가스)	천장에서 검지부 하단까지 30cm 이내
공기보다 무거움 (C_3H_8, C_4H_{10} 주성분 LPG)	지면에서 검지부 상단까지 30cm 이내

07 도시가스사업자는 가스공급시설을 효율적으로 관리하기 위하여 배관 정압기에 대하여 도시가스 배관망을 전산화하여야 한다. 이때 전산관리 대상이 아닌 것은? **[안전 58]**

① 설치도면 ② 시방서
③ 시공자 ④ 배관 제조자

배관망의 전산화(KGS Fs 551) (3.1.4.1)

구 분	핵심 내용
개요	가스공급시설의 효율적 관리를 위함
전산화 항목	㉠ 배관, 정압기 설치도면 ㉡ 시방서(호칭지름과 재질 등에 관한 사항 기재) ㉢ 시공자 ㉣ 시공연월일

08 겨울철 LP 가스용기 표면에 성애가 생겨 가스가 잘 나오지 않을 경우 가스를 사용하기 위한 가장 적절한 조치는?

① 연탄불로 쪼인다.
② 용기를 힘차게 흔든다.
③ 열 습포를 사용한다.
④ 90℃ 정도의 물을 용기에 붓는다.

동계에 LP 가스가 잘 나오지 않을 경우 녹이는 방법
㉠ 40℃ 이하 온수를 사용
㉡ 열 습포(더운 물수건) 사용

09 액화석유가스를 저장하기 위하여 지상 또는 지하에 고정 설치된 탱크로서 액화석유가스의 안전관리 및 사업법에서 정한 "소형저장탱크"는 그 저장능력이 얼마인 것을 말하는가?

① 1톤 미만
② 3톤 미만
③ 5톤 미만
④ 10톤 미만

소형 저장탱크

구 분	내 용
정의	저장능력 3t 미만인 탱크
용기집합설비로 시공하지 않고 소형 저장탱크로 시공하여야 하는 저장능력	500kg 이상
소형 저장탱크의 저장능력(kg) 산정식	$W=0.85dV$ 여기서, d : 비중 V : 내용적(L)

10 차량이 고정된 탱크로 염소를 운반할 때 탱크의 최대 내용적은? **[안전 12]**

① 12000L
② 18000L
③ 20000L
④ 38000L

차량 고정탱크로 가스를 운반 시 내용적의 한계(L)

가스의 종류	내용적 한계(L)
NH_3 제외 독성	12000L 이상 운반금지
LPG 제외 가연성	18000L 이상 운반금지
NH_3, LPG	내용적 제한이 없음

정답 05.④ 06.① 07.④ 08.③ 09.② 10.①

11 굴착으로 인하여 도시가스 배관이 65m가 노출되었을 경우 가스누출경보기의 설치 개수로 알맞은 것은?

① 1개 ② 2개
③ 3개 ④ 4개

(KGS Fs 551)에 의해 굴착으로 노출된 노출 배관 길이 20m 이상 시 20m 마다 가스누출경보기를 설치하여야 하므로
∴ 65m ÷ 20 = 3.25개 ≒ 4개를 설치하여야 한다.

12 도시가스 제조소 저장탱크 방류둑에 대한 설명으로 틀린 것은? **[안전 15]**

① 지하에 묻은 저장탱크 내의 액화가스가 전부 유출된 경우에 그 액면이 지면보다 낮도록 된 구조는 방류둑을 설치한 것으로 본다.
② 방류둑의 용량은 저장탱크 저장능력의 90%에 상당하는 용적 이상이어야 한다.
③ 방류둑의 재료는 철근콘크리트, 금속, 흙, 철골 · 철근 콘크리트 또는 이들을 혼합하여야 한다.
④ 방류둑은 액밀한 것이어야 한다.

방류둑의 용량

구 분		내 용
정의		액상의 가스 누설 시 방류둑에서 차단할 수 있는 능력
독, 가연성 가스	차단 능력	저장능력 상당용적(저장능력 상당용적의 100%) 이상
산소	차단 능력	저장능력 상당용적의 60% 이상

13 냉동기란 고압가스를 사용하여 냉동하기 위한 기기로서 냉동능력 산정기준에 따라 계산된 냉동능력 몇 톤 이상인 것을 말하는가?

① 1 ② 1.2
③ 2 ④ 3

14 에어졸 제조설비와 인화성 물질과의 최소 우회거리는?

① 2m 이상 ② 5m 이상
③ 8m 이상 ④ 10m 이상

(KGS Fp 112) (3.2.2.1) 에어졸 제조
에어졸과 화기의 우회거리 : 8m 이상

15 지상 배관은 안전을 확보하기 위해 그 배관의 외부에 다음의 항목들을 표기하여야 한다. 해당하지 않는 것은?

① 사용가스명
② 최고사용압력
③ 가스의 흐름방향
④ 공급회사명

배관에 표시사항

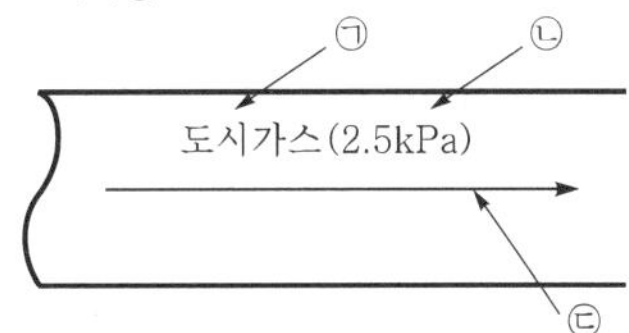

㉠ 도시가스 : 사용가스명
㉡ 2.5kPa : 최고사용압력
㉢ → : 가스 흐름방향

16 고압가스 제조시설에서 가연성 가스 가스설비 중 전기설비를 방폭구조로 하여야 하는 가스는? **[안전 37]**

① 암모니아
② 브롬화메탄
③ 수소
④ 공기 중에서 자기 발화하는 가스

방폭구조 시공여부 가스의 종류

가스명	시공여부
NH_3, CH_3Br 및 가연성 이외의 가스	방폭구조 시공이 필요없음
NH_3, CH_3Br 제외 가연성 가스	방폭구조로 시공

17 용기 종류별 부속품의 기호 중 아세틸렌을 충전하는 용기의 부속품 기호는? **[안전 29]**

① AT ② AG
③ AA ④ AB

정답 11.④ 12.② 13.④ 14.③ 15.④ 16.③ 17.②

해설

용기 종류별 부속품의 기호
㉠ LG : LPG를 제외한 액화가스를 충전하는 용기의 부속품
㉡ LPG : 액화석유가스를 충전하는 용기의 부속품
㉢ PG : 압축가스를 충전하는 용기의 부속품
㉣ AG : 아세틸렌가스를 충전하는 용기의 부속품
㉤ LT : 초저온 및 저온 용기의 부속품

18 도시가스 배관을 노출하여 설치하고자 할 때 배관 손상방지를 위한 방호조치 기준으로 옳은 것은?

① 방호 철판두께는 최소 10mm 이상으로 한다.
② 방호 철판의 크기는 1m 이상으로 한다.
③ 철근콘크리트재 방호구조물은 두께가 15cm 이상이어야 한다.
④ 철근콘크리트재 방호구조물은 높이가 1.5m 이상이어야 한다.

해설

(KGS Fs 551) (p40) 도시가스 노출 배관의 방호

구 분	간추린 핵심 내용
개요	차량통행 기타 충격에 의해 손상 우려 노출 배관은 방호조치를 하여야 한다.
지상설치 배관	㉠ 지면에서 30cm 이상 유지 및 방책 가드레일 설치 ㉡ 차량 추돌 우려가 없는 안전 장소에 설치
ㄷ자 형태 방호 철판	㉠ 두께 4mm 이상 어느 정도 강도 유지 ㉡ 부식방지조치 및 야간식별(야광테이프, 야광페인트) 표시 ㉢ 철판 크기 1m 이상
방호 파이프	㉠ 호칭경 50A 이상 어느 정도 강도 유지 ㉡ 야간식별 가능 표시
ㄷ자 형태 철근콘크리트재	㉠ 두께 10cm 이상, 높이 1m 이상 ㉡ 야간식별 가능 표시

19 다음 중 누출 시 다량의 물로 제독할 수 있는 가스는? **[안전 21]**

① 산화에틸렌
② 염소
③ 일산화탄소
④ 황화수소

해설

물로 제독 가능한 독성 가스
㉠ 아황산
㉡ 암모니아
㉢ 염화메탄
㉣ 산화에틸렌

20 시안화수소의 충전 시 사용되는 안정제가 아닌 것은?

① 암모니아
② 황산
③ 염화칼슘
④ 인산

해설

시안화수소 안정제(KGS Fp 112) (p93)

구 분	안정제
법령 규정 안정제	아황산, 황산
그 밖의 안정제	동, 동망, 염화칼슘, 오산화인

21 가스계량기와 전기개폐기와의 최소안전거리는? **[안전 24]**

① 15cm　② 30cm
③ 60cm　④ 80cm

22 다음 중 공동주택 등에 도시가스를 공급하기 위한 것으로서 압력조정기의 설치가 가능한 경우는? **[안전 128]**

① 가스압력이 중압으로서 전체 세대 수가 100세대인 경우
② 가스압력이 중압으로서 전체 세대 수가 150세대인 경우
③ 가스압력이 저압으로서 전체 세대 수가 250세대인 경우
④ 가스압력이 저압으로서 전체 세대 수가 300세대인 경우

해설

(KGS Fs 551) (2.4.4.1.1)
㉠ 압력이 중압 이상 전체 세대 수 150세대 미만의 경우 압력조정기 설치
㉡ 150세대 미만이어야 설치
㉢ 250세대 미만이어야 설치

정답 18.② 19.① 20.① 21.③ 22.①

23 다음 중 동일차량에 적재하여 운반할 수 없는 가스는? **[안전 4]**

① 산소와 질소
② 염소와 아세틸렌
③ 질소와 탄산가스
④ 탄산가스와 아세틸렌

동일차량 적재금지
㉠ 염소와(아세틸렌, 암모니아, 수소)
㉡ 가연성 산소의 충전용기 밸브가 마주보는 경우
㉢ 독성 가스 중 가연성과 조연성 가스
㉣ 충전용기와 소방기본법이 정하는 위험물

24 고압가스 배관의 설치기준 중 하천과 병행하여 매설하는 경우에 대한 설명으로 틀린 것은? **[안전 148]**

① 배관은 견고하고 내구력을 갖는 방호구조물 안에 설치한다.
② 배관의 외면으로부터 2.5m 이상의 매설심도를 유지한다.
③ 하상(河床, 하천의 바닥)을 포함한 하천구역에 하천과 병행하여 설치한다.
④ 배관손상으로 인한 가스누출 등 위급한 상황이 발생한 때에 그 배관에 유입되는 가스를 신속히 차단할 수 있는 장치를 설치한다.

KGS Fp 112
③ 설치 지역은 하상이 아닌 곳에 설치하여야 한다.

25 가스사용 시설에서 원칙적으로 PE 배관을 노출배관으로 사용할 수 있는 경우는? **[안전 129]**

① 지상 배관과 연결하기 위하여 금속관을 사용하여 보호조치를 한 경우로서 지면에서 20cm 이하로 노출하여 시공하는 경우
② 지상 배관과 연결하기 위하여 금속관을 사용하여 보호조치를 한 경우로서 지면에서 30cm 이하로 노출하여 시공하는 경우
③ 지상 배관과 연결하기 위하여 금속관을 사용하여 보호조치를 한 경우로서 지면에서 50cm 이하로 노출하여 시공하는 경우
④ 지상 배관과 연결하기 위하여 금속관을 사용하여 보호조치를 한 경우로서 지면에서 1m 이하로 노출하여 시공하는 경우

도시가스 사용시설 폴리에틸렌관 설치 제한(KGS Fu 551) (1.7.1.1) (p9)
폴리에틸렌관(PE)은 노출 배관으로 사용하지 않는다. 단, 지상 배관과의 연결을 위하여 금속관을 사용하여 보호조치를 할 경우로서 지면에서 30cm 이하로 노출하여 시공하는 경우에는 노출하여 시공 가능

26 가연물의 종류에 따른 화재의 구분이 잘못된 것은? **[설비 36]**

① A급 : 일반 화재
② B급 : 유류 화재
③ C급 : 전기 화재
④ D급 : 식용유 화재

④ D급 : 금속 화재
화재 종류, 색, 소화제

급 수	화재 종류	색	소화제
A급	일반 화재(종이, 목재)	백색	물
B급	가스 화재, 유류 화재	황색	분말소화제
C급	전기 화재	청색	건조사
D급	금속 화재	무색	해당 소화기

27 정전기에 대한 설명 중 틀린 것은?

① 습도가 낮을수록 정전기를 축적하기 쉽다.
② 화학섬유로 된 의류는 흡수성이 높으므로 정전기가 대전하기 쉽다.
③ 액상의 LP가스는 전기절연성이 높으므로 유동 시에는 대전하기 쉽다.
④ 재료 선택 시 접촉 전위차를 적게 하여 정전기 발생을 줄인다.

화학섬유 : 흡수성이 낮으므로 정전기가 대전하기 쉽다.

정답 23.② 24.③ 25.② 26.④ 27.②

28 비중이 공기보다 커서 바닥에 체류하는 가스로만 나열된 것은?

① 프로판, 염소, 포스겐
② 프로판, 수소, 아세틸렌
③ 염소, 암모니아, 아세틸렌
④ 염소, 포스겐, 암모니아

해설

각 가스의 분자량

가스명	분자량
$COCl_2$	99g
Cl_2	71g
C_3H_8	44g
C_2H_2	26g
NH_3	17g
H_2	2g

※ 공기(Air)=29g이므로 바닥에 체류하는 가스
: 포스겐, 염소, 프로판

29 아세틸렌을 용기에 충전 시 미리 용기에 다공물질을 채우는 데 이때 다공도의 기준은? **[안전 11]**

① 75% 이상 92% 미만
② 80% 이상 95% 미만
③ 95% 이상
④ 98% 이상

30 다음 중 폭발방지 대책으로서 가장 거리가 먼 것은?

① 압력계 설치
② 정전기 제거를 위한 접지
③ 방폭성능 전기설비 설치
④ 폭발하한 이내로 불활성 가스에 의한 희석

31 재료에 인장과 압축하중을 오랜 시간 반복적으로 작용시키면 그 응력이 인장강도보다 작은 경우에도 파괴되는 현상은?

① 인성파괴
② 피로파괴
③ 취성파괴
④ 크리프 파괴

32 아세틸렌용기에 주로 사용되는 안전밸브의 종류는? **[설비 28]**

① 스프링식 ② 가용전식
③ 파열판식 ④ 압전식

가스별 안전밸브 형식

가스 종류	안전밸브 형식
압축가스	파열판식
Cl_2, C_2H_2, C_2H_4O	가용전식
그 밖의 가스	스프링식(가장 많이 쓰임)

33 다량의 메탄을 액화시키려면 어떤 액화 사이클을 사용해야 하는가? **[장치 24]**

① 캐스케이드 사이클
② 필립스 사이클
③ 캐피자 사이클
④ 클라우드 사이클

캐스케이드 액화
비점이 점차 낮은 냉매를 사용, 메탄과 같이 저비점의 가스를 액화

34 저온액체 저장설비에서 열의 침입요인으로 가장 거리가 먼 것은?

① 단열재를 직접 통한 열대류
② 외면으로부터의 열복사
③ 연결 파이프를 통한 열전도
④ 밸브 등에 의한 열전도

고압가스 저장탱크 열의 침입요인
㉠ 단열재를 충전한 공간에 남은 가스의 열전도
㉡ 외면에서의 열복사
㉢ 연결된 배관을 통한 열전도
㉣ 밸브 안전밸브에 의한 열전도

35 LP가스 이송설비 중 압축기의 부속장치로서 토출측과 흡수측을 전환시키며 액송과 가스 회수를 한 동작으로 할 수 있는 것은?

① 액트랩
② 액가스 분리기
③ 전자밸브
④ 사방밸브

정답 28.① 29.① 30.① 31.② 32.② 33.① 34.① 35.④

36 다음 중 고압배관용 탄소강 강관의 KS 규격 기호는? **[장치 10]**

① SPPS ② SPHT
③ STS ④ SPPH

해설
① SPPS(압력배관용 탄소강관)
② SPHT(고온배관용 탄소강관)
③ STS(스테인리스 강관)
④ SPPH(고압배관용 탄소강관)

37 저온장치용 재료 선정에 있어서 가장 중요하게 고려해야 하는 사항은?

① 고온취성에 의한 충격치의 증가
② 저온취성에 의한 충격치의 감소
③ 고온취성에 의한 충격치의 감소
④ 저온취성에 의한 충격치의 증가

38 다음 가연성 가스 검출기 중 가연성 가스의 굴절률 차이를 이용하여 농도를 측정하는 것은? **[장치 26]**

① 열선형 ② 안전등형
③ 검지관형 ④ 간섭계형

39 다음 곡률반지름(r)이 50mm일 때 90° 구부림 곡선길이는 얼마인가?

① 48.75mm ② 58.75mm
③ 68.75mm ④ 78.75mm

해설
곡률반경(r)에 대한 90° 구부린 곡선길이(L)

$1.5\times\frac{D}{2}+\frac{1.5\times\frac{D}{2}}{20}$ 에서

여기서, $\frac{D}{2}$=곡률반지름 50mm

$\therefore\ 1.5\times50+\frac{1.5\times50}{20}=78.75\text{mm}$

40 다음 펌프 중 시동하기 전에 프라이밍이 필요한 펌프는?

① 기어 펌프 ② 원심 펌프
③ 축류 펌프 ④ 왕복 펌프

해설
원심 펌프 : 펌프에 액을 채우지 않고 운전 시 진공이 형성되지 않아 기동 불능상태가 되어 펌프에 액을 채운 다음 기동을 하여야 하며 이것을 프라이밍이라 하고 원심 펌프 기동 시에 반드시 필요한 작업이다.

41 강관의 녹을 방지하기 위해 페인트를 칠하기 전에 먼저 사용되는 도료는?

① 알루미늄 도료
② 산화철 도료
③ 합성수지 도료
④ 광명단 도료

42 "압축된 가스를 단열팽창시키면 온도가 강하한다"는 것은 무슨 효과라고 하는가?

① 단열 효과
② 줄-톰슨 효과
③ 정류 효과
④ 팽윤 효과

43 다음 중 저온장치 재료로서 가장 우수한 것은? **[설비 34]**

① 13% 크롬강 ② 9% 니켈강
③ 탄소강 ④ 주철

해설
저온에 사용되는 재료의 종류
㉠ 18-8 STS(오스테나이트계 스테인리스강)
㉡ 9% Ni
㉢ 구리 및 구리합금
㉣ 알루미늄 및 알루미늄합금

44 펌프의 회전수를 1000rpm에서 1200rpm으로 변환시키면 동력은 약 몇 배가 되는가?

① 1.3 ② 1.5
③ 1.7 ④ 2.0

해설
펌프를 운전 중 회전수를 N_1에서 N_2로 변경 시 변경된 동력

$$P_2=P_1\times\left(\frac{N_2}{N_1}\right)^3$$
$$=P_1\times\left(\frac{1200}{1000}\right)^3\fallingdotseq1.7$$

정답 36.④ 37.② 38.④ 39.④ 40.② 41.④ 42.② 43.② 44.③

45 왕복동 압축기의 특징이 아닌 것은?

① 압축하면 맥동이 생기기 쉽다.
② 기체의 비중에 관계없이 고압이 얻어진다.
③ 용량조절의 폭이 넓다.
④ 비용적식 압축기이다.

④ 왕복 압축기 : 용적식 압축기
원심 압축기 : 원심식 압축기

46 각 가스의 성질에 대한 설명으로 옳은 것은?

① 질소는 안정한 가스로서 불활성 가스라고도 하고, 고온에서도 금속과 화합하지 않는다.
② 염소는 반응성이 강한 가스로 강재에 대하여 상온에서도 무수(無水) 상태로 현저한 부식성을 갖는다.
③ 암모니아는 동을 부식하고 고온 · 고압에서는 강재를 침식한다.
④ 산소는 액체공기를 분류하여 제조하는 반응성이 강한 가스로 그 자신이 잘 연소한다.

① N_2 : 안정된 가스, 불활성 가스, 고온 · 고압에서 다른 금속과 화합한다.
② Cl_2 : 반응성이 강한 가스이나 수분이 없으면 부식이 없으므로 용기재질로는 탄소강을 사용, 수분접촉에 주의하여야 한다.
③ NH_3 : 동을 부식시키므로 동사용 시 함유량 62% 미만을 사용, 고온 · 고압에서는 강재를 침식한다.
④ 산소는 연소되는 가연성이 아님. 가연성을 연소시키는 데 도와주는 조연성 가스이다.

47 어떤 액의 비중을 측정하였더니 2.5이었다. 이 액의 액주 5m의 압력은 몇 [kg/cm^2]인가?

① $15kg/cm^2$ ② $1.5kg/cm^2$
③ $0.15kg/cm^2$ ④ $0.015kg/cm^2$

$P = S \times H$(비중×높이)
여기서, S : 2.5kg/L
H : 5m

$\therefore P = \frac{2.5}{1000}(kg/cm^3) \times 500cm = 1.5kg/cm^2$
($\because$ $1L = 1000cm^3$)

48 100℃를 화씨온도로 단위환산하면 몇 [℉]인가?

① 212 ② 234
③ 248 ④ 273

$°F = \frac{9}{5}℃ + 32 = \frac{9}{5} \times 100 + 32 = 212°F$

49 밀도의 단위로 옳은 것은?

① g/S^2 ② L/g
③ g/cm^3 ④ lb/in^2

밀도 : 단위체적당 질량(g/cm^3, kg/m^3)

50 수돗물의 살균과 섬유의 표백용으로 주로 사용되는 가스는?

① F_2 ② Cl_2
③ O_2 ④ CO_2

51 다음 중 1atm에 해당하지 않는 것은?

① 760mmHg ② 14.7PSI
③ 29.92inHg ④ $1013kg/m^2$

1atm = 760mmHg
= 14.7PSI
= 29.92inHg
= $10332kg/m^3$

52 다음 중 액화석유가스의 일반적인 특성이 아닌 것은?

① 기화 및 액화가 용이하다.
② 공기보다 무겁다.
③ 액상의 액화석유가스는 물보다 무겁다.
④ 증발잠열이 크다.

③ 액상의 LP 가스는 액비중이 0.5이므로 물보다 가볍다.

정답 45.④ 46.③ 47.② 48.① 49.③ 50.② 51.④ 52.③

53 다음 가스 1몰을 완전연소시키고자 할 때 공기가 가장 적게 필요한 것은?

① 수소 ② 메탄
③ 아세틸렌 ④ 에탄

각 가스의 연소식

① $H_2+\frac{1}{2}O_2 \rightarrow H_2O$

② $CH_4+2O_2 \rightarrow CO_2+2H_2O$

③ $C_2H_2+2.5O_2 \rightarrow CO_2+H_2O$

④ $C_2H_6+3.5O_2 \rightarrow 2CO_2+3H_2O$

수소연소 시 산소의 몰수가 1/2몰이므로 연소 시 가장 공기량이 적게 필요하다.

54 다음 중 열(熱)에 대한 설명이 틀린 것은 어느 것인가?

① 비열이 큰 물질은 열용량이 크다.
② 1cal는 약 4.2J이다.
③ 열은 고온에서 저온으로 흐른다.
④ 비열은 물보다 공기가 크다.

④ 물의 비열 : 1, 공기의 비열 : 0.24로서 물의 비열이 크다.

55 다음 중 무색, 무취의 가스가 아닌 것은 어느 것인가?

① O_2 ② N_2
③ CO_2 ④ O_3

④ O_3 독성, 조연성 가스

56 불완전연소 현상의 원인으로 옳지 않은 것은 어느 것인가?

① 가스압력에 비하여 공급 공기량이 부족할 때
② 환기가 불충분한 공간에 연소기가 설치되었을 때
③ 공기와의 접촉혼합이 불충분할 때
④ 불꽃의 온도가 증대되었을 때

불완전연소 원인
㉠ 공기량 부족
㉡ 연소기구 불량
㉢ 배기 불량, 환기 불량
㉣ 프레임의 냉각
㉤ 가스조성 불량

57 무색의 복숭아 냄새가 나는 독성 가스는?

① Cl_2
② HCN
③ NH_3
④ PH_3

HCN(시안화수소) : 복숭아 냄새 및 감 냄새

58 기체밀도가 가장 작은 것은?

① 프로판 ② 메탄
③ 부탄 ④ 아세틸렌

기체의 밀도 분자량÷22.4L이므로 분자량이 가장 작은 H_2(2g)의 밀도가 가장 작다.

59 수소의 성질에 대한 설명 중 틀린 것은?

① 무색, 무미, 무취의 가연성 기체이다.
② 밀도가 아주 작아 확산속도가 빠르다.
③ 열전도율이 작다.
④ 높은 온도일 때에는 강재, 기타 금속재료라도 쉽게 투과한다.

③ 수소는 열전도율이 가장 빠르다.

60 액화천연가스(LNG)의 폭발성 및 인화성에 대한 설명으로 틀린 것은?

① 다른 지방족 탄화수소에 비해 연소속도가 느리다.
② 다른 지방족 탄화수소에 비해 최소발화에너지가 낮다.
③ 다른 지방족 탄화수소에 비해 폭발하한 농도가 높다.
④ 전기저항이 작으며 유동 등에 의한 정전기 발생은 다른 가연성 탄화수소류보다 크다.

② LNG는 CH_4이 주성분이고 연소범위 5~15%, 하한값이 5%로 최소발화에너지가 높다.

정답 53.① 54.④ 55.④ 56.④ 57.② 58.② 59.③ 60.②

국가기술자격 필기시험문제

2014년 기능사 제2회 필기시험(1부) (2014년 4월 시행)

자격종목	시험시간	문제수	문제형별
가스기능사	**1시간**	**60**	**A**

수험번호		성 명	

01 고압가스 특정 제조시설에서 긴급이송설비에 의하여 이송되는 가스를 안전하게 연소시킬 수 있는 장치는?

① 플레어스택
② 벤트스택
③ 인터록 기구
④ 긴급차단장치

긴급이송설비

구 분	내 용
벤트스택	독성, 가연성 가스를 폐기시키는 탑
플레어스택	가연성 가스를 연소시켜 폐기시키는 탑

02 어떤 도시가스의 웨버지수를 측정하였더니 36.52MJ/m^{3}이었다. 품질검사기준에 의한 합격 여부는? **[안전 130]**

① 웨버지수 허용기준보다 높으므로 합격이다.
② 웨버지수 허용기준보다 낮으므로 합격이다.
③ 웨버지수 허용기준보다 높으므로 불합격이다.
④ 웨버지수 허용기준보다 낮으므로 불합격이다.

도시가스안저관리법 통합 고시
도시가스 품질검사 기준 WI(웨버지수) 허용수치

기 준	단위별	수 치
0℃ 101.3kPa	MJ/m^3	51.50~56.52
	kcal/m^3	12300~13500

03 다음 아세틸렌의 성질에 대한 설명으로 틀린 것은?

① 색이 없고 불순물이 있을 경우 악취가 난다.
② 융점과 비점이 비슷하여 고체아세틸렌은 융해하지 않고 승화한다.
③ 발열화합물이므로 대기에 개방하면 분해 폭발할 우려가 있다.
④ 액체아세틸렌보다 고체아세틸렌이 안정하다.

③ C_2H_2은 흡열화합물로서 압축 시 분해 폭발의 우려가 있다.

04 교량에 도시가스 배관을 설치하는 경우 보호조치 등 설계·시공에 대한 설명으로 옳은 것은?

① 교량첨가 배관은 강관을 사용하며, 기계적 접합을 원칙으로 한다.
② 제3자의 출입이 용이한 교량설치 배관의 경우 보행방지 철조망 또는 방호철조망을 설치한다.
③ 지진발생 시 등 비상 시 긴급차단을 목적으로 첨가 배관의 길이가 200m 이상인 경우 교량 양단의 가까운 곳에 밸브를 설치토록 한다.
④ 교량첨가 배관에 가해지는 여러 하중에 대한 합성응력이 배관의 허용응력을 초과하도록 설계한다.

정답 01.① 02.④ 03.③ 04.②

① 용접접합을 원칙으로 한다.
③ 주요하천 호수를 횡단하는 배관으로서 횡단거리가 500m 이상이고 교량에 설치하는 배관에는 그 배관 횡단부의 양끝으로 가까운 거리에 설치한다.
④ 교량 첨가 배관에 가해지는 여러 가지 하중에 대한 합성응력이 배관의 허용응력을 초과하지 아니하도록 설계한다.

05 가스 폭발을 일으키는 영향요소로 가장 거리가 먼 것은?

① 온도
② 매개체
③ 조성
④ 압력

06 프로판을 사용하고 있던 버너에 부탄을 사용하려고 한다. 프로판의 경우보다 약 몇 배의 공기가 필요한가?

① 1.2배 ② 1.3배
③ 1.5배 ④ 2.0배

연소반응식
㉠ $C_3H_8+5O_2 \rightarrow 3CO_2+4H_2O$
$C_4H_{10}+6.5O_2 \rightarrow 4CO_2+5H_2O$
㉡ 연소반응식에서 C_3H_8과 C_4H_{10}의 산도 비율이 5 : 6.5이고 이것을 공기배수로 변경 시
$5\times\frac{100}{21} : 6.5\times\frac{100}{21}$ 이므로
$$\therefore \frac{6.5\times\frac{100}{21}}{5\times\frac{100}{21}}=1.3\text{배}$$
(산소 비율이나 공기 비율은 동일하므로 6.5/5 =1.3으로 계산하여도 무방)

07 차량에 고정된 충전탱크는 그 온도를 항상 몇 [℃] 이하로 유지하여야 하는가?

① 20 ② 30
③ 40 ④ 50

08 아세틸렌의 취급 방법에 대한 설명으로 가장 부적절한 것은?

① 저장소는 화기엄금을 명기한다.
② 가스출구 동결 시 60℃ 이하의 온수로 녹인다.
③ 산소용기와 같이 저장하지 않는다.
④ 저장소는 통풍이 양호한 구조이어야 한다.

② 가스가 동결 시 40℃ 이하 온수나 열 습포로 녹인다.

09 용기의 안전점검 기준에 대한 설명으로 틀린 것은?

① 용기의 도색 및 표시 여부를 확인
② 용기의 내 · 외면을 점검
③ 재검사 기간의 도래여부를 확인
④ 열영향을 받은 용기는 재검사와 상관이 없이 새 용기로 교환

용기의 안전점검기준(고법 시행규칙 별표 18)
㉠ 용기 내외면 점검 : 사용 시 위험한 부식, 금, 주름 등의 여부 확인
㉡ 용기는 도색 및 표시가 되어 있는지 확인
㉢ 용기의 스커트에 찌그러짐이 있는지, 사용할 때 위험하지 않도록 적정간격을 유지하고 있는지 여부를 확인할 것
㉣ 유통 중 열영향을 받았는지 여부를 점검할 것. 이 경우 열영향을 받는 용기는 재검사를 받을 것
㉤ 용기 캡이 씌워져 있거나 프로텍터가 부착되어 있는지 여부를 확인할 것
㉥ 재검사기간의 도래여부를 확인할 것
㉦ 용기 아랫부분의 부식상태를 확인할 것
㉧ 밸브의 몸통, 충전구 나사, 안전밸브에 사용상 지장을 주는 흠, 주름, 스프링, 부식 등이 있는지 확인할 것
㉨ 밸브의 개폐조작이 쉬운 핸들이 부착되어 있는지 여부를 확인할 것

10 독성 가스 사용시설에서 처리설비의 저장능력이 45000kg인 경우 제2종 보호시설까지 안전거리는 얼마 이상 유지하여야 하는가? **[안전 7]**

① 14m ② 16m
③ 18m ④ 20m

정답 05.② 06.② 07.③ 08.② 09.④ 10.④

해설

보호시설과 안전거리 조건
㉠ 독성 가스(가스 종류)
㉡ 45000kg(저장능력)
㉢ 2종(보호시설의 구분)

저장능력	1종(m)	2종(m)
4만 초과 5만 이하	30m	20m
45000kg이므로 2종과는 20m 이격		

11 300kg의 액화프레온 12(R-12) 가스를 내용적 50L 용기에 충전할 때 필요한 용기의 개수는? (단, 가스정수 C는 0.86이다.)

① 5개 ② 6개
③ 7개 ④ 8개

해설

㉠ 용기 1개당 충전량

$$W=\frac{V}{C}=\frac{50}{0.86}=58.139\text{kg}$$

㉡ 전체 용기 수
300÷58.139＝5.16＝6개

12 상용의 온도에서 사용압력이 1.2MPa인 고압가스 설비에 사용되는 배관의 재료로서 부적합한 것은?

① KSD 3562(압력배관용 탄소강관)
② KSD 3570(고온배관용 탄소강관)
③ KSD 3507(배관용 탄소강관)
④ KSD 3576(배관용 스테인리스강관)

③ 배관용 탄소강관 : 중압 0.01MPa 이상 0.2MPa 미만에서 사용

가스배관 및 일반강관의 사용용도 및 특징

압력별 가스배관의 사용재료 (KGS code에 규정된 부분)

최고사용압력	배관 종류	KS D 번호
고압용 10MPa 이상에서 (액화가스는 0.2MPa 이상) 사용하는 배관	압력배관용 탄소강관	KS D 3562
	보일러 및 열교환기용 탄소강관	KS D 3563
	고압배관용 탄소강관	KS D 3564
	저온배관용 탄소강관	KS D 3569
	고온배관용 탄소강관	KS D 3570
	보일러 및 열교환기용 합금강강관	KS D 3572
	배관용 합금강강관	KS D 3573
	배관용 스테인리스강관	KS D 3576
	보일러 및 열교환기용 스테인리스강관	KS D 3577
중압용 0.1MPa 이상 10MPa 미만(액화가스는 0.01MPa 이상 0.2MPa 미만)	연료가스 배관용 탄소강관	KS D 3631
	배관용 아크용접 탄소강관	KS D 3583
저압용 0.1MPa 미만(액화가스는 0.01MPa 미만)	이음매 없는 동 및 동합금관	KS D 5301
	이음매 있는 니켈 합금관	KS D 5539
지하매몰배관	폴리에틸렌 피복강관	KS D 3589
	분말 용착식 폴리에틸렌 피복강관	KS D 3607
	가스용 폴리에틸렌관	KS M 3514

일반배관 재료의 사용온도압력

기 호	관의 명칭	사용압력 및 온도
SPP	배관용 탄소강관	사용압력 1MPa 미만
SPPS	압력배관용 탄소강관	사용압력 1MPa 이상 10MPa 미만
SPPH	고압배관용 탄소강관	사용압력 10MPa 이상
SPW	배관용 아크용접 탄소강관	사용압력 1MPa 미만
SPPW	수도용 아연도금강관	급수배관에 사용

13 도시가스 사용시설의 지상 배관은 표면색상을 무슨 색으로 도색하여야 하는가? **[안전 147]**

① 황색 ② 적색
③ 회색 ④ 백색

해설

배관의 색상

지상 배관		황색
매몰 배관	저 압	황색
	중압 이상	적색

정답 11.② 12.③ 13.①

14 LPG 저장탱크 지하 설치 시 저장탱크실 상부 윗면으로부터 저장탱크 상부까지의 깊이는 얼마 이상으로 하여야 하는가? **[안전 6]**

① 0.6m ② 0.8m
③ 1m ④ 1.2m

15 고압가스용 이음매 없는 용기의 재검사 시 내압시험 합격 판정의 기준이 되는 영구증가율은?

① 0.1% 이하 ② 3% 이하
③ 5% 이하 ④ 10% 이하

내압시험 시 영구(항구)증가율 합격기준

검사 구분		영구증가율 합격기준(%)
신규검사		10% 이하
재검사	질량검사 95% 이상	10% 이하
	질량검사 90% 이상 95% 미만	6% 이하

16 초저온용기나 저온용기의 부속품에 표시하는 기호는? **[안전 29]**

① AG ② PG
③ LG ④ LT

㉠ AG : 아세틸렌가스를 충전하는 용기의 부속품
㉡ PG : 압축가스를 충전하는 용기의 부속품
㉢ LG : LPG 이외의 액화가스를 충전하는 용기의 부속품

17 액화석유가스 충전시설 중 충전설비는 그 외면으로부터 사업소 경계까지 몇 [m] 이상의 거리를 유지하여야 하는가? **[안전 132]**

① 5 ② 10
③ 15 ④ 24

액화석유가스 충전사업의 사업소 경계와의 거리(KGS Fp 331) (2.1.4) (p10)
액화석유가스 충전시설 중 저장설비 외면에서 사업소 경계(사업소 경계가 바다, 호수, 하천, 도로 등과 접한 경우에는 그 반대 끝을 경계로 본다)까지 거리는 다음 표의 거리 이상(단, 지하설치 저장설비 안에 액중 펌프를 설치할 경우 사업소 경계거리에서 0.7을 곱한 거리 이상으로 할 수 있다.

시설별		사업소 경계거리	
충전시설에서의 충전설비		24m 이상	
충전시설에서의 저장설비	저장능력	사업소경계거리 기준	사업소경계거리 지하에 액중 펌프 설치 시
	10톤 이하	24m 이상	24m×0.7m 이상
	10톤 초과 20톤 이하	27m	27m×0.7m 이상
	20톤 초과 30톤 이하	30m	30m×0.7m 이상
	30톤 초과 40톤 이하	33m	33m×0.7m 이상
	40톤 초과 200톤 이하	36m	36m×0.7m 이상
	200톤 초과	39m	39m×0.7m 이상

18 가연성이면서 독성 가스인 것은? **[안전 17]**

① NH_3 ② H_2
③ CH_4 ④ N_2

가연성, 독성 가스
CO, C_2H_4O, CH_3Cl, H_2S, CS_2, 석탄가스, C_6H_6, HCN, 아크릴로니트릴, NH_3, CH_3Br

19 가스의 연소에 대한 설명으로 틀린 것은?

① 인화점은 낮을수록 위험하다.
② 발화점은 낮을수록 위험하다.
③ 탄화수소에서 착화점은 탄소 수가 많은 분자일수록 낮아진다.
④ 최소점화에너지는 가스의 표면장력에 의해 주로 결정된다.

최소점화에너지(MIE)
연소에 필요한 최소한의 에너지로서, 연료의 성질 · 공기의 혼합 정도 · 점화원에 의해서 결정된다.

20 에어졸 시험 방법에서 불꽃길이 시험을 위해 채취한 시료의 온도조건은? **[안전 50]**

① 24℃ 이상 26℃ 이하
② 26℃ 이상 30℃ 미만
③ 46℃ 이상 50℃ 미만
④ 60℃ 이상 66℃ 미만

정답 14.① 15.④ 16.④ 17.④ 18.① 19.④ 20.①

해설
에어졸시험 방법(KGS Fp 112) (3.2.2.1)

시험온도 종류	온 도
누설시험 온도	46℃ 이상 50℃ 미만
불꽃길이시험 온도	24℃ 이상 26℃ 이하

21 도시가스로 천연가스를 사용하는 경우 가스누출경보기의 검지부 설치위치로 가장 적합한 것은?

① 바닥에서 15cm 이내
② 바닥에서 30cm 이내
③ 천장에서 15cm 이내
④ 천장에서 30cm 이내

해설
가스누설검지기의 가스 종류별 설치위치

구 분	설치위치	사용 가스
공기보다 무거운 가스	지면에서 검지기 상단부까지 30cm 이내	C_3H_8, C_4H_{10} 등 Cl_2, $COCl_2$ 등
공기보다 가벼운 가스	천장에서 검지기 하단부까지 30cm 이내	CH_4, NH_3, CO_2, H_2

22 다음 각 독성 가스 누출 시 사용하는 제독제로서 적합하지 않은 것은? **[안전 22]**

① 염소 : 탄산소다수용액
② 포스겐 : 소석회
③ 산화에틸렌 : 소석회
④ 황화수소 : 가성소다수용액

해설
③ 산화에틸렌 : 물

23 저장탱크에 의한 액화석유가스 사용시설에서 가스계량기는 화기와 몇 [m] 이상의 우회거리를 유지해야 하는가? **[안전 28]**

① 2m ② 3m
③ 5m ④ 8m

해설
화기와의 우회거리

구 분	우회거리(m)
가연성 가스, 산소	8m
가연성 산소를 제외한 그 밖의 가스	2m
가스계량기 입상관 LPG 판매시설 영업소의 용기저장소	2m

24 가연성 물질을 공기로 연소시키는 경우 공기 중의 산소농도를 높게 하면 연소속도와 발화온도는 어떻게 변하는가?

① 연소속도는 빠르게 되고, 발화온도는 높아진다.
② 연소속도는 빠르게 되고, 발화온도는 낮아진다.
③ 연소속도는 느리게 되고, 발화온도는 높아진다.
④ 연소속도는 느리게 되고, 발화온도는 낮아진다.

해설
공기 중 산소농도 증가 시 변화하는 현상

항 목	변화값	증가 및 감소
연소범위	넓어진다.	증가
연소속도	빨라진다.	증가
화염온도	높아진다.	증가
발화(착화)온도	낮아진다.	감소
인화점, 점화에너지	낮아진다.	감소

25 다음 중 독성(LC 50)이 강한 가스는?

① 염소 ② 시안화수소
③ 산화에틸렌 ④ 불소

해설
가스별 허용농도

가스명	허용농도(ppm)	
	LC 50	TLV-TWA
Cl_2(염소)	293ppm	1ppm
HCN(시안화수소)	140ppm	140ppm
C_2H_4O(산화에틸렌)	2900ppm	1ppm
F_2(불소)	185pm	0.1ppm

※ LC 50의 순서 : HCN(140) − F_2(185) − Cl_2(293) − C_2H_4O(2900)

26 가스사고가 발생하면 산업통상자원부령에서 정하는 바에 따라 관계 기관에 가스사고를 통보해야 한다. 다음 중 사고 통보내용이 아닌 것은? **[안전 86]**

① 통보자의 소속, 직위, 성명 및 연락처
② 사고원인자 인적사항
③ 사고발생 일시 및 장소
④ 시설현황 및 피해현황(인명 및 재산)

정답 21.④ 22.③ 23.① 24.② 25.② 26.②

고압가스 사고 시 통보 방법(고법 시행규칙 별표 34) 사고 통보 내용에 포함되어야 하는 사항 ①, ③, ④항 이외에 사고내용(가스의 종류, 양, 확산거리 등 포함)

27 가스의 경우 폭굉(Detonation)의 연소속도는 약 몇 [m/s] 정도인가? **[장치 5]**

① 0.03~10 ② 10~50
③ 100~600 ④ 1000~3500

㉠ 가스의 정상연소속도 : 0.03~10m/s
㉡ 가스의 폭굉속도 : 1000~3500m/s

28 다음 가스 중 위험도(H)가 가장 큰 것은?

① 프로판
② 일산화탄소
③ 아세틸렌
④ 암모니아

㉠ 위험도(H)$=\dfrac{U-L}{L}$이고
㉡ 각 가스의 연소범위
- C_3H_8(2.1~9.5%)
- CO(12.5~74%)
- C_2H_2(2.5~81%)
- NH_3(15~28%)

∴ C_2H_2의 위험도$=\dfrac{81-2.5}{2.5}=31.4$

[참고] CS_2(이황화탄소) : 1.2~44%이므로 위험도 계산 시$=\dfrac{44-1.2}{1.2}=35.67$로 모든 가연성 중 위험도 수치는 C_2H_2 보다 높아 가장 크다.

29 의료용 가스용기의 도색구분이 틀린 것은 어느 것인가? **[안전 3]**

① 산소－백색
② 액화탄산가스－회색
③ 질소－흑색
④ 에틸렌－갈색

③ C_2H_4의 의료용 용기 도색 : 자색

30 고압가스 저장실 등에 설치하는 경계책과 관련된 기준으로 틀린 것은? **[안전 56]**

① 저장설치 · 처리설비 등을 설치한 장소의 주위에는 높이 1.5m 이상의 철책 또는 철망 등의 경계표지를 설치하여야 한다.
② 건축물 내에 설치하였거나, 차량의 통행 등 조업시행이 현저히 곤란하여 위해 요인이 가중될 우려가 있는 경우에는 경계책 설치를 생략할 수 있다.
③ 경계책 주위에는 외부 사람이 무단출입을 금하는 내용의 경계표지를 보기 쉬운 장소에 부착하여야 한다.
④ 경계책 안에는 불가피한 사유발생 등 어떠한 경우라도 화기, 발화 또는 인화하기 쉬운 물질을 휴대하고 들어가서는 아니 된다.

④ 경계책 안에는 누구도 발화 · 인화우려 물질을 휴대하고 들어가지 아니 한다(단, 당해 설비의 수리 · 정비가 불가피한 사유발생 시 안전관리책임자 감독하에는 휴대가 가능하다).

31 가스 여과분리장치에서 냉동 사이클과 액화 사이클을 응용한 장치는?

① 한냉발생장치
② 정유분출장치
③ 정유흡수장치
④ 불순물제거장치

32 양정 90m, 유량이 90m^3/h인 송수 펌프의 소요동력은 약 몇 [kW]인가? (단, 펌프의 효율은 60%이다.)

① 30.6 ② 36.8
③ 50.2 ④ 56.8

해설

소요동력 $L_{kW}=\dfrac{\gamma\cdot Q\cdot H}{102\eta}$

여기서, γ : 1000kgf/m^3
Q : 90m^3/hr $=$ 90m^3/3600s
H : 90m
η : 0.6

$=\dfrac{1000\times90\times90}{1.2\times0.6\times3600}$
$=36.8$kW

정답 27.④ 28.③ 29.④ 30.④ 31.① 32.②

33 도시가스 공급시설에서 사용되는 안전제어 장치와 관계가 없는 것은?

① 중화장치
② 압력안전장치
③ 가스누출 검지경보장치
④ 긴급차단장치

34 재료가 일정온도 이상에서 응력이 작용할 때 시간이 경과함에 따라 변형이 증대되고 때로는 파괴되는 현상을 무엇이라 하는가?

① 피로　② 크리프
③ 에로션　④ 탈탄

해설

금속재료의 기계적 성질 및 부식

구 분		정 의
기계적 성질	강도	재료에 하중을 줄 때 파괴될 때까지 최대응력
	인성	재료의 충격에 대한 저항력(질긴 정도)
	피로	인장, 압축에 의해 강도보다 작은 응력이 생기는 하중이라도 반복적으로 작용 시 재료가 파괴되는 현상
	크리프	어느 온도(350℃) 이상에서 새료에 하중을 가하면 변형이 증대되는 현상
부식	에로션	금속의 배관 밴드, 펌프 회전차 등과 같이 유속이 큰 부분은 부식환경에서 마모가 현저한데 이것을 에로션이라 하며 황산이송배관에서 많이 일어난다.
	산화	산소가스 등이 고온 · 고압에서 부식을 일으키는 현상
	탈탄	수소가 고온 · 고압 하에서 일으키는 부식
	침탄	일명 카보닐이라고 하며, CO에 의한 부식을 말함

35 저압가스 수송 배관의 유량공식에 대한 설명으로 틀린 것은? [설비 42]

① 배관길이에 반비례한다.
② 가스비중에 비례한다.
③ 허용압력손실에 비례한다.
④ 관경에 의해 결정되는 계수에 비례한다.

$Q = K\sqrt{\dfrac{D^5 H}{SL}}$ 이면

② 유량은 가스비중의 평방근에 반비례한다.

36 구조에 따라 외치식, 내치식, 편심로터리식 등이 있으며 베이퍼록 현상이 일어나기 쉬운 펌프는?

① 제트 펌프　② 기포 펌프
③ 왕복 펌프　④ 기어 펌프

37 탄소강 중에서 저온취성을 일으키는 원소로 옳은 것은?

① P　② S
③ Mo　④ Cu

38 유량을 측정하는 데 사용하는 계측기기가 아닌 것은? [장치 16]

① 피토관　② 오리피스
③ 벨로스　④ 벤투리

③ 벨로스 : 탄성식 압력계

39 가스의 연소방식이 아닌 것은? [안전 10]

① 적화식
② 세미분젠식
③ 분젠식
④ 원지식

가스의 연소방식 : ①, ②, ③항 이외에 전 1차 공기식이 있다.

40 다음 중 터보(Turbo)형 펌프가 아닌 것은?

① 원심 펌프　② 사류 펌프
③ 축류 펌프　④ 플런저 펌프

해설

④ 플런저 펌프 : 왕복 펌프이며 ,용적식에 해당

▌펌프의 분류▐

구 분		종 류
용적식	왕복	피스톤, 플런저, 다이어프램
	회전	기어, 베인, 나사
터보식	원심	벌류트, 터빈
	축류	축방향으로 흡입하여 축방향으로 토출
	사류	축방향으로 흡입하여 경사방향으로 토출

정답 33.① 34.② 35.② 36.④ 37.① 38.③ 39.④ 40.④

41 LP가스 공급방식 중 강제기화방식의 특징에 대한 설명 중 틀린 것은? **[장치 1]**

① 기화량 가감이 용이하다.
② 공급가스의 조성이 일정하다.
③ 계량기를 설치하지 않아도 된다.
④ 한냉 시에도 충분히 기화시킬 수 있다.

③ 계량기의 설치 유무는 체적으로 사용할 것인가 중량으로 사용할 것인가를 구분 시 필요

42 LPG나 액화가스와 같이 비점이 낮고 내압이 0.4~0.5MPa 이상인 액체에 주로 사용되는 펌프의 메커니컬 시일의 형식은?

① 더블 시일형
② 인사이드 시일형
③ 아웃사이드 시일형
④ 밸런스 시일형

43 기화기의 성능에 대한 설명으로 틀린 것은? **[장치 1]**

① 온수가열방식은 그 온수의 온도가 90℃ 이하일 것
② 증기가열방식은 그 증기의 온도가 120℃ 이하일 것
③ 압력계는 그 최고눈금이 상용압력의 1.5~2배일 것
④ 기화통 안의 가스액이 토출 배관으로 흐르지 않도록 적합한 자동제어장치를 설치할 것

기화기의 가열방식의 매체

구 분	온 도
온수가열식	80℃ 이하
증기가열식	120℃ 이하

44 가스 크로마토그래피의 구성요소가 아닌 것은?

① 광원 ② 칼럼
③ 검출기 ④ 기록계

G/C 가스 크로마토그래피의 3대 요소 : 분리관(칼럼), 검출기, 기록계

45 고압장치의 재료로서 가장 적합하게 연결된 것은?

① 액화염소용기－화이트메탈
② 압축기의 베어링－13% 크롬강
③ LNG 탱크－9% 니켈강
④ 고온 · 고압의 수소반응탑－탄소강

③ LNG 탱크(CH_4이 주성분이며 액화 시 -162℃ 이하이므로 초저온에 견딜 수 있는 금속재료인 18-8 STS(오스테나이트계 스테인리스강) 9% Ni, Cu 및 Cu 합금, Al 및 Al 합금 등의 재료를 사용하여야 한다)

46 섭씨온도(℃)의 눈금과 일치하는 화씨온도(℉)는?

① 0
② -10
③ -30
④ -40

$℃ = \frac{5}{9}(℉-32)$에서 ℉가 -40일 때 ℃가 -40이 된다.

47 연소기 연소상태 시험에 사용되는 도시가스 중 역화하기 쉬운 가스는?

① 13A-1 ② 13A-2
③ 13A-3 ④ 13A-R

48 가스분석 시 이산화탄소의 흡수제로 사용되는 것은? **[장치 5]**

① KOH
② H_2SO_4
③ NH_4Cl
④ $CaCl_2$

흡수분석법에서의 각 가스의 흡수제

가스명	흡수제
CO_2	KOH 용액
C_mH_n(탄화수소)	발연황산
O_2	알칼리성 피로카롤용액
CO	암모니아성 염화제1동용액

정답 41.③ 42.④ 43.① 44.① 45.③ 46.④ 47.② 48.①

49 기체의 성질을 나타내는 보일의 법칙(Boyles law)에서 일정한 값으로 가정한 인자는 어느 것인가?

① 압력 ② 온도
③ 부피 ④ 비중

이상기체의 법칙

종 류	일정값	물리학의 관계
보일의 법칙	온도	압력과 부피 반비례
샤를의 법칙	압력	온도와 부피 비례
보일-샤를의 법칙	없음	부피는 압력에 반비례, 온도에 비례

50 산소(O_2)에 대한 설명 중 틀린 것은?

① 무색, 무취의 기체이며, 물에는 약간 녹는다.
② 가연성 가스이나 그 자신은 연소하지 않는다.
③ 용기의 도색은 일반 공업용이 녹색, 의료용이 백색이다.
④ 저장용기는 무계목 용기를 사용한다.

② 산소는 조연성 가스로 자신이 연소하지 않고 다른 가연성 가스가 연소하는 데 도와주는 가스 즉, 보조 가연성 가스라 한다.

51 다음 중 폭발범위가 가장 넓은 가스는?

① 암모니아 ② 메탄
③ 황화수소 ④ 일산화탄소

가스별 폭발범위

가스명	폭발범위(%)
NH_3(암모니아)	15~28
CH_4(메탄)	5~15
H_2S(황화수소)	4.3~45
CO(일산화탄소)	12.5~74

52 다음 중 암모니아 건조제로 사용되는 것은?

① 진한 황산
② 할로겐화합물
③ 소다석회
④ 황산동수용액

53 공기보다 무거워서 누출 시 낮은 곳에 체류하며, 기화 및 액화가 용이하고, 발열량이 크며, 증발잠열이 크기 때문에 냉매로도 이용되는 성질을 갖는 것은?

① O_2 ② CO
③ LPG ④ C_2H_4

54 "열은 스스로 저온의 물체에서 고온의 물체로 이동하는 것은 불가능하다."와 같은 관계 있는 법칙은? **[설비 27]**

① 에너지 보존의 법칙
② 열역학 제2법칙
③ 평형이동의 법칙
④ 보일-샤를의 법칙

55 다음 압력 중 가장 높은 압력은?

① $1.5kg/cm^2$ ② $10mH_2O$
③ 745mmHg ④ 0.6atm

$1atm = 1.033kg/cm^2 = 10.33mH_2O = 760mmHg$
에서 압력값을 atm으로 통일
① $1.5 \div 1.033 = 1.45atm$
② $10 \div 10.332 = 0.96atm$
③ $745 \div 760 = 0.98atm$
④ 0.6atm

56 게이지압력을 옳게 표시한 것은? **[설비 2]**

① 게이지압력=절대압력−대기압
② 게이지압력=대기압−절대압력
③ 게이지압력=대기압+절대압력
④ 게이지압력=절대압력+진공압력

57 다음 중 나프타(Naphtha)의 가스화 효율이 좋으려면?

① 올레핀계 탄화수소 함량이 많을수록 좋다.
② 파라핀계 탄화수소 함량이 많을수록 좋다.
③ 나프텐계 탄화수소 함량이 많을수록 좋다.
④ 방향족계 탄화수소 함량이 많을수록 좋다.

정답 49.② 50.② 51.④ 52.③ 53.③ 54.② 55.① 56.① 57.②

나프타 : 도시가스 원료로 사용되는 정제되지 않은 가솔린이며 비점이 200℃ 이하 유분을 말한다. 또한 포화탄화수소(파라핀계) 탄화수소가 많아야 효율이 좋다.

58 10L 용기에 들어있는 산소의 압력이 10MPa이었다. 이 기체를 20L 용기에 옮겨놓으면 압력은 몇 [MPa]로 변하는가?

① 2 ② 5
③ 10 ④ 20

보일의 법칙에 의하여 $P_1V_1 = P_2V_2$이므로

$$\therefore P_2 = \frac{P_1V_1}{V_2} = \frac{10\text{MPa} \times 10\text{L}}{20\text{L}} = 5\text{MPa}$$

59 순수한 물 1kg을 1℃ 높이는 데 필요한 열량을 무엇이라 하는가? **[설비 5]**

① 1kcal ② 1BTU
③ 1CHU ④ 1kJ

60 같은 조건일 때 액화시키기 가장 쉬운 가스는 어느 것인가?

① 수소 ② 암모니아
③ 아세틸렌 ④ 네온

상태별 가스의 구분

구 분	종 류	비등점(℃)	비 고
압축가스	He H_2 N_2 Ar O_2	−246.5 −252 −196 −186 −186	비등점이 낮아 액화하기 어려운 가스
액화가스	C_4H_{10} C_3H_8 Cl_2 NH_3	−0.5 −42 −34 −33	비등점이 압축가스보다 높아 액화하기 쉬운 가스
용해가스	C_2H_2	−84	충전 시 녹이면서 충전하므로 용해가스라 부르나 용기 내의 상태는 액체상태이다.

※ 비등점이 가장 높은 NH_3(−33℃)가 가장 액화하기 쉽다.

정답 58.② 59.① 60.②

국가기술자격 필기시험문제

2014년 기능사 제4회 필기시험(1부) (2014년 7월 시행)

자격종목	시험시간	문제수	문제형별
가스기능사	**1시간**	**60**	**A**

수험번호		성 명	

01 다음 중 가연성이면서 유독한 가스는 어느 것인가? **[안전 17]**

① NH_3 ② H_2
③ CH_4 ④ N_2

가연성인 동시에 독성 가스의 종류
㉠ CO ㉡ C_2H_4O
㉢ CH_3Cl ㉣ H_2S
㉤ CS_2 ㉥ 석탄가스
㉦ C_6H_6 ㉧ HCN
㉨ NH_3 ㉩ CH_3Br

02 시안화수소(HCN)의 위험성에 대한 설명으로 틀린 것은?

① 인화온도가 아주 낮다.
② 오래된 시안화수소는 자체 폭발할 수 있다.
③ 용기에 충전한 후 60일을 초과하지 않아야 한다.
④ 호흡 시 흡입하면 위험하나 피부에 묻으면 아무 이상이 없다.

HCN
㉠ 독성 TLV-TWA 10ppm, LC 50 140ppm(독성가스이므로 피부접촉 시 독성에 의한 피부 손상이 있다)
㉡ 가연성 6~41%
㉢ 산화 폭발, 중합 폭발
㉣ 충전 후 60일이 경과되기 전 다른 용기에 옮겨 다시 충전하여야 중합 폭발을 방지할 수 있다.
㉤ 순도는 98% 이상
㉥ 중합 방지 안정제 : 황산, 아황산

03 도시가스 배관의 지하매설 시 사용하는 침상재료(Bedding)는 배관 하단에서 배관 상단 몇 [cm]까지 포설하는가? **[안전 51]**

① 10 ② 20
③ 30 ④ 50

도시가스 배관의 지하매설 시 되메움 재료 및 다짐공정(KGS Fs 451) (2.5.8.2.1)
지하매설 배관에 설치하는 재료의 종류

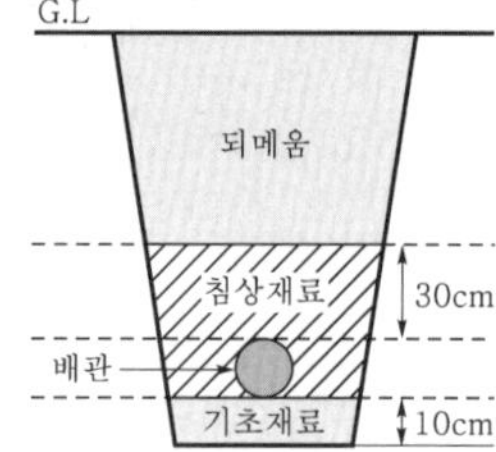

04 다음은 이동식 압축도시가스 자동차 충전시설을 점검한 내용이다. 이 중 기준에 부적합한 경우는? **[안전 137]**

① 이동충전차량과 가스배관구를 연결하는 호스의 길이가 6m이었다.
② 가스배관구 주위에는 가스배관구를 보호하기 위하여 높이 40cm, 두께 13cm인 철근콘크리트 구조물이 설치되어 있었다.
③ 이동충전차량과 충전설비 사이 거리는 8m이었고, 이동충전차량과 충전설비 사이에 강판제 방호벽이 설치되어 있었다.
④ 충전설비 근처 및 충전설비에서 6m 떨어진 장소에 수동긴급 차단장치가 각각 설치되어 있었으며 눈에 잘 띄었다.

정답 01.① 02.④ 03.③ 04.①

① 8m 이상이어야 함
② 높이 30cm 이상, 두께 12cm 이상이면 되므로 규정에 적합
③ 이동충전차량과 충전설비 사이 8m 이상이면 규정에 적합. 방호벽 설치 시는 8m를 유지하지 않아도 되나 더욱 안전보강조치를 한 것이므로 규정에 적합
④ 수동 긴급차단장치의 이격거리 5m 이상이므로 6m는 규정에 적합

이동식 압축도시가스 자동차 충전시설의 기술기준 (KGS Fp 652) (2)

항 목			규정 이격거리
처리설비, 이동충전 차량과 충전설비	화기와의 수평거리	고압전선 (직류 750V 초과 교류 600V 초과)	5m 이상
	화기와 우회거리		8m 이상
	가연성물질 저장소		8m 이상
이동충전차량 방호벽 설치 경우			이동충전차량 및 충전설비로부터 30m 이내 보호시설이 있을 때
설비와 이격거리	가스배관구와 가스배관구 사이 이동충전차량과 충전설비 사이		8m 이상(방호벽 설치 시는 제외)
사업소 경계와 거리	이동충전차량, 충전설비 외면과 사업소 경계 안전거리		10m 이상(단, 외부에 방화판 충전설비 주위 방호벽이 있는 경우 5m 이상)
도로경계와 거리	충전설비		5m 이상(방호벽 설치 시 2.5m 이상 유지)
철도와 거리	이동충전차량 충전설비		15m 이상 유지
이동충전 차량	가스배관구 연결호스		5m 이내
충전설비 주위 및 가스배관구 주위	충전기 보호의 구조물 및 가스 배관구 보호 구조물 규격 및 재질		높이 30cm 이상 두께 12cm 이상 철근콘크리트 구조물 설치
수동긴급 차단장치	충전설비 근처 충전설비로부터 이격거리		5m 이상(쉽게 식별할 수 있는 조치 할 것)
충전작업 이동충전 차량 설치대수	충전소 내 주정차 가능 및 주차공간 확보를 위함		3대 이상

05 고정식 압축도시가스 자동차 충전의 저장설치, 처리설비, 압축가스설비 외부에 설치하는 경계책의 설치기준으로 틀린 것은 어느 것인가? **[안전 138]**

① 긴급차단장치를 설치할 경우는 설치하지 아니할 수 있다.
② 방호벽(철근콘크리트로 만든 것)을 설치할 경우는 설치하지 아니할 수 있다.
③ 처리설비 및 압축가스설비가 밀폐형 구조물 안에 설치된 경우는 설치하지 아니할 수 있다.
④ 저장설비 및 처리설비가 액확산방지시설 내에 설치된 경우는 설치하지 아니할 수 있다.

해설

고정식 압축도시가스 자동차시설 기술기준(KGS Fp 651) (2.9) 사업소(저장, 처리, 압축가스)설치에 경계표지 경계책 설치

구 분	핵심 내용
설치목적	설비의 안전 확보를 위하여 필요장소에 도시가스 취급시설, 일반인 출입제한시설 등 눈에 띄게 경계표지, 외부인 출입을 금지하는 경계책 설치
설치하지 않아도 되는 경우	㉠ 방호벽 설치 시 ㉡ 처리, 압축가스 설비가 밀폐구조물 안에 설치되어 있는 경우 ㉢ 저장, 처리 설비가 액확산 방지시설 안에 설치된 경우

고정식 압축 도시가스 자동차 충전시설 기술기준(KGS Fp 651)(2)

항 목		이격거리 및 세부 내용
(저장, 처리, 충전, 압축가스) 설비	고압전선 (직류 750V 초과 교류 600V 초과)	수평거리 5m 이상 이격
	저압전선 (직류 750V 이하 교류 600V 이하)	수평거리 1m 이상 이격
	화기취급장소 우회거리, 인화성 가연성 물질저장소 수평거리	8m 이상
	철도	30m 이상 유지

정답 05.①

항 목		이격거리 및 세부 내용
처리설비 압축가스 설비	30m 이내 보호시설이 있는 경우	방호벽 설치(단처리설비 주위 방류둑 설치 경우 방호벽을 설치하지 않아도 된다.)
유동방지 시설	내화성 벽	높이 2m 이상으로 설치
	화기취급장소 우회거리	8m 이상
사업소 경계	압축, 충전설비 외면	10m 이상 유지(단처리 압축가스설비 주위 방호벽 설치 시 5m 이상 유지)
도로경계	충전설비	5m 이상 유지
충전설비 주위	충전기 주위 보호구조물	높이 30cm 이상 두께 12cm 이상 철근콘크리트 구조물 설치
방류둑	수용용량	최대저장용량 110% 이상의 용량
긴급분리 장치	분리되는 힘	수평방향으로 당길 때 666.4N(68kgf) 미만
수동긴급 분리장치	충전설비 근처 및 충전 설비로부터	5m 이상 떨어진 장소에 설치
역류방지 밸브	설치장소	압축장치 입구측 배관
내진설계 기준 저장능력	압축	$500m^3$ 이상
	액화	5톤 이상 저장탱크 및 압력용기에 적용
압축가스 설비	밸브와 배관부속품 주위	1m 이상 공간확보(단, 밀폐형 구조물 내에 설치 시는 제외)
펌프 및 압축장치	직렬로 설치	차단밸브 설치
	병렬로 설치	토출 배관에 역류방지밸브 설치
강제기화 장치	열원 차단장치 설치	열원차단장치는 15m 이상 위치에 원격조작이 가능할 것
대기식 및 강제기화 장치	저장탱크로부터 15m 이내 설치 시	기화장치에서 3m 이상 떨어진 위치에 액배관에 자동차단밸브 설치

06 다음 중 일반 도시가스사업 가스공급시설의 입상관 밸브는 분리가 가능한 것으로서 바닥으로부터 몇 [m] 범위에 설치하여야 하는가?

① 0.5~1m
② 1.2~1.5m
③ 1.6~2.0m
④ 2.5~3.0m

07 연소에 대한 일반적인 설명 중 옳지 않은 것은?

① 인화점이 낮을수록 위험성이 크다.
② 인화점보다 착화점의 온도가 낮다.
③ 발열량이 높을수록 착화온도가 낮아진다.
④ 가스의 온도가 높아지면 연소범위는 넓어진다.

08 독성 가스 저장시설의 제독 조치로서 옳지 않은 것은?

① 흡수, 중화조치
② 흡착, 제거조치
③ 이송설비로 대기 중에 배출
④ 연소조치

09 다음 굴착공사 중 굴착공사를 하기 전에 도시가스사업자와 협의를 하여야 하는 것은 어느 것인가? **[안전 133]**

① 굴착공사 예정지역 범위에 묻혀 있는 도시가스 배관의 길이가 110m인 굴착공사
② 굴착공사 예정지역 범위에 묻혀 있는 송유관의 길이가 200m인 굴착공사
③ 해당 굴착공사로 인하여 압력이 3.2kPa인 도시가스 배관의 길이가 30m 노출된 것으로 예상되는 굴착공사
④ 해당 굴착공사로 인하여 압력이 0.8MPa인 도시가스 배관의 길이가 8m 노출될 것으로 예상되는 굴착공사

해설
도시가스사업법 시행규칙 제55조
도시가스 배관길이 100m 이상의 굴착공사 시 협의서를 작성하여야 하므로 110m 굴착공사 시 협의서 작성

정답 06.③ 07.② 08.③ 09.①

10 고압가스 제조설비에 설치하는 가스누출경보 및 자동차단장치에 대한 설명으로 틀린 것은? **[안전 16]**

① 계기실 내부에도 1개 이상 설치한다.
② 잡가스에는 경보하지 아니 하는 것으로 한다.
③ 누출을 검지하여 그 농도를 지시함과 동시에 경보를 울리는 방식으로 한다.
④ 가연성 가스의 제조설비에 격막 갈바니 전지방식의 것을 설치한다.

④ 가연성의 경우 접촉연소식 사용

11 건축물 내 도시가스 매설배관으로 부적합한 것은? **[안전 122]**

① 동관
② 강관
③ 스테인리스강
④ 가스용 금속 플렉시블호스

12 시안화수소를 충전한 용기는 충전 후 몇 시간 정치한 뒤 가스의 누출검사를 해야 하는가?

① 6 ② 12
③ 18 ④ 24

13 도시가스 공급시설의 공사계획 승인 및 신고대상에 대한 설명으로 틀린 것은?

① 제조소 안에서 액화가스용 저장탱크의 위치변경 공사는 공사계획 신고대상이다.
② 밸브 기지의 위치변경 공사는 공사계획 신고대상이다.
③ 호칭지름 50mm 이하인 저압의 공급관을 설치하는 공사는 공사계획 신고대상에서 제외한다.
④ 저압인 사용자 공급관 50m를 변경하는 공사는 공사계획 신고대상이다.

도시가스 안전관리법 시행규칙 별표 2.3
④ 사용자 공급관을 제외한 공급관 중 최고사용압력이 저압인 공급관을 20m 이상 설치하거나 변경하는 공사인 경우 신고대상이 된다.

14 고압가스용 냉동기에 설치하는 안전장치의 구조에 대한 설명으로 틀린 것은?

① 고압차단장치는 그 설정압력이 눈으로 판별할 수 있는 것으로 한다.
② 고압차단장치는 원칙적으로 자동복귀 방식으로 한다.
③ 안전밸브는 작동압력을 설정한 후 봉인될 수 있는 구조로 한다.
④ 안전밸브 각 부의 가스 통과면적은 안전밸브의 구경면적 이상으로 한다.

해설

고압가스 냉동기 제조의 시설, 기술검사 기준(KGS AA 111) (3.4.6) 안전장치 구조
② 고압차단장치는 작동 후 원칙적으로 수동복귀 방식으로 한다.
(KGS Aa 111) (3.4.6) 고압가스 냉동기 제조의 시설기술 검사기준의 안전장치

안전장치 부착의 목적	냉동설비를 안전하게 사용하기 위하여 상용압력 이하로 되돌림
종 류	㉠ 고압차단장치 ㉡ 안전밸브(압축기 내장형 포함) ㉢ 파열판 ㉣ 용전 및 압력 릴리프 장치
안전밸브 구조	작동압력을 설정한 후 봉인될 수 있는 구조
안전밸브 가스통과 면적	안전밸브 구경면적 이상
고압차단장치	㉠ 설정압력이 눈으로 판별할 수 있는 것 ㉡ 원칙적으로 수동복귀방식이다(단, 냉매가 가연성·독성이 아닌 유니트형 냉동설비에서 자동복귀되어도 위험이 없는 경우는 제외). ㉢ 냉매설비 고압부 압력을 바르게 검지할 수 있을 것
용 전	냉매가스 온도를 정확히 검지할 수 있고 압축기 또는 발생기의 고온 토출가스에 영향을 받지 않는 위치에 부착
파열판	냉매가스 압력이 이상 상승 시 파열 냉매가스를 방출하는 구조

정답 10.④ 11.② 12.④ 13.④ 14.②

15 염소(Cl_2)의 재해방지용으로서 흡수제 및 제해제가 아닌 것은? **[안전 21]**

① 가성소다수용액 ② 소석회
③ 탄산소다수용액 ④ 물

16 아세틸렌은 폭발 형태에 따라 크게 3가지로 분류된다. 이에 해당되지 않은 폭발은 어느 것인가? **[설비 15]**

① 화합 폭발 ② 중합 폭발
③ 산화 폭발 ④ 분해 폭발

C_2H_2의 폭발성

폭발종류	개 념	반응식
화합(아세틸라이드) 폭발	아세틸렌이 Cu, Ag, Hg 등과 화합 시 Cu_2C_2, Ag_2C_2, Hg_2C_2 등을 생성, 약간의 충격에도 일어나는 폭발	• $2Cu+C_2H_2 \rightarrow Cu_2C_2+H_2$ • $2Ag+C_2H_2 \rightarrow Ag_2C_2+H_2$ • $2Hg+C_2H_2 \rightarrow Hg_2C_2+H_2$
분해 폭발	아세틸렌이 2.5MPa 이상 압축 시 분해되면서 일어나는 폭발	$C_2H_2 \rightarrow 2C+H_2$
산화 폭발	C_2H_2이 산소 또는 공기와 연소 시 연소범위 내에서 일어나는 폭발	$C_2H_2+2.5O_2 \rightarrow 2CO_2+H_2O$

17 다음 중 고압가스안전관리법의 적용을 받는 가스는? **[안전 95]**

① 철도 차량의 에어컨디셔너 안의 고압가스
② 냉동능력 3톤 미만의 냉동설비 안의 고압가스
③ 용접용 아세틸렌가스
④ 액화브롬화메탄 제조설비 외에 있는 액화브롬화메탄

①, ②, ④항은 적용범위에서 제외되는 고압가스

18 액화석유가스 사용시설을 변경하여 도시가스를 사용하기 위해서 실시하여야 하는 안전조치 중 잘못 설명한 것은?

① 일반도시가스 사업자는 도시가스를 공급한 이후에 연소기 열량의 변경 사실을 확인하여야 한다.
② 액화석유가스의 배관 양단에 막음조치를 하고 호스는 철거하여 설치하려는 도시가스 배관과 구분되도록 한다.
③ 용기 및 부대설비가 액화석유가스 공급자의 소유인 경우에는 도시가스 공급 예정일까지 용기 등을 철거해 줄 것을 공급자에게 요청해야 한다.
④ 도시가스로 연료를 전환하기 전에 액화석유가스 안전공급계약을 해지하고 용기 등의 철거와 안전조치를 확인하여야 한다.

① 일반도시가스 사업자는 도시가스를 공급하기 전 연소기 열량의 변경 사실을 확인한다.

19 고압가스설비에 장치하는 압력계의 눈금은?

① 상용압력의 2.5배 이상 3배 이하
② 상용압력의 2배 이상 2.5배 이하
③ 상용압력의 1.5배 이상 2배 이하
④ 상용압력의 1배 이상 1.5배 이하

20 LP가스 충전설비의 작동상황 점검주기로 옳은 것은?

① 1일 1회 이상 ② 1주일 1회 이상
③ 1월 1회 이상 ④ 1년 1회 이상

21 다음은 어떤 안전설비에 대한 설명인가?

> 설비가 잘못 조작되거나 정상적인 제조를 할 수 없는 경우 자동으로 원재료의 공급을 차단시키는 등 고압가스 제조설비 안에 제조를 제어하는 기능을 한다.

① 긴급이송설비 ② 인터록 기구
③ 안전밸브 ④ 벤트스택

22 일반 도시가스사업자의 가스공급시설 중 정압기의 분해 점검주기의 기준은? **[안전 44]**

① 1년에 1회 이상
② 2년에 1회 이상
③ 3년에 1회 이상
④ 5년에 1회 이상

정답 15.④ 16.② 17.③ 18.① 19.③ 20.① 21.② 22.②

정압기 및 필터 / 시설별		정압기	필 터	
			처음 공급개시 시	공급 개시 후
공급시설		2년 1회	1월 이내	1년 1회
사용 시설	처 음	3년 1회	1월 이내	3년 1회(공급 개시 후의 첫 번째 검사 시)
	그 이후 (향후)	4년 1회		4년 1회(공급 개시 후 처음 검사한 이후의 검사 주기)
기 타		정압기실 작동상황점검과 정압기실 가스누출 경보기는 1주일 1회 이상 점검한다.		

23 공기 중 폭발범위에 따른 위험도가 가장 큰 가스는?

① 암모니아　　② 황화수소
③ 석탄가스　　④ 이황화탄소

$$H(\text{위험도}) = \frac{U-L}{L}$$

① 암모니아 : $\frac{28-15}{15} = 0.86$

② 황화수소 : $\frac{45-4.3}{4.3} = 9.45$

③ 석탄가스 : $\frac{31-5.3}{5.3} = 4.85$

④ 이황화탄소 : $\frac{44-1.2}{1.2} = 35.67$

24 공기 중에서 폭발하한 값이 가장 낮은 것은?

① 시안화수소
② 암모니아
③ 에틸렌
④ 부탄

가스별 폭발범위

가스명	하 한(%)	상 한(%)
HCN(시안화수소)	6	41
NH_3(암모니아)	15	28
C_2H_4(에틸렌)	2.7	36
C_4H_{10}(부탄)	1.8	8.4

25 폭발 등급은 안전간격에 따라 구분한다. 폭발 등급 1급이 아닌 것은? [안전 47]

① 일산화탄소　　② 메탄
③ 암모니아　　④ 수소

안전간격에 따른 폭발 등급

폭발 등급	안전간격(mm)	해당 가스
1등급	안전간격 0.6mm 초과	㉠ 2등급, 3등급 이외의 모든 가스 ㉡ CH_4, C_2H_6, C_3H_8, C_4H 등
2등급	0.4mm 초과 0.6mm 이하	에틸렌, 석탄가스
3등급	0.4mm 이하	C_2H_2, H_2, 수성가스, 이황화탄소

26 다음 ( ) 안의 Ⓐ와 Ⓑ에 들어갈 명칭은 무엇인가?

> 아세틸렌을 용기에 충전하는 때에는 미리 용기에 다공물질을 고루 채워 다공도가 75% 이상 92% 미만이 되도록 한 후 (Ⓐ) 또는 (Ⓑ)를(을) 고루 침윤시키고 충전하여야 한다.

① Ⓐ 아세톤, Ⓑ 알코올
② Ⓐ 아세톤, Ⓑ 물(H_2O)
③ Ⓐ 아세톤, Ⓑ 디메틸포름아미드
④ Ⓐ 알코올, Ⓑ 물(H_2O)

27 고압가스 용기의 파열사고 원인으로서 가장 거리가 먼 내용은?

① 압축산소를 충전한 용기를 차량에 눕혀서 운반하였을 때
② 용기의 내압이 이상 상승하였을 때
③ 용기 재질의 불량으로 인하여 인장강도가 떨어질 때
④ 균열되었을 때

① 압축가스의 경우 운반차량의 적재함 높이 이하로 눕혀서 운반가능

파열사고 원인으로는 ②, ③, ④항 이외에 과충전 등이 있다.

정답 23.④ 24.④ 25.④ 26.③ 27.①

28 도시가스 사용시설 중 자연배기식 반밀폐식, 보일러에서 배기톱의 옥상돌출부는 지붕면으로부터 수직거리로 몇 [cm] 이상으로 하여야 하는가?

① 30　　② 50
③ 90　　④ 100

반밀폐 자연배기식 보일러(KGS Fu 551) (2.7.1.3)

항 목		내 용
배기통	굴곡 수	4개 이하
	입상높이	10m 이하 (10m 초과 시 보온조치)
	끝부분	옥외로 뽑아냄
	가로길이	5m 이하
배기톱	위치	풍압대를 피하고 통풍이 잘 되는 곳 설치
	옥상돌출부	지붕면으로부터 수직거리 1m 이상
급기구 상부 환기구	유효단면적	배기통 단면적 이상

29 자동차용 압축천연가스 완속충전설비에서 실린더 내경이 100mm, 실린더의 행정이 200mm, 회전수가 100rpm일 때 처리능력 (m^3/h)은 얼마인가?

① 9.42　　② 8.21
③ 7.05　　④ 6.15

자동차용 압축천연가스 완속충전설비 제조의 시설 검사기준(KGS AA 915) (3.8.3.2) (p15)
처리능력(V)

$$V=\frac{\pi\times D^2}{4}\times L\times N\times 60\times 10^{-9}$$

여기서, V : 표준상태의 압축가스 양(m^3/h)
D : 제1단 실린더 내경(mm) : 100
L : 제1단 실린더 행정(mm) : 200
N : 회전수 : 100

$$=\frac{\pi\times(100)^2}{4}\times 200\times 100\times 60\times 10^{-9}$$

$=3.42m^3/hr$

※ 처리능력은 상기 식으로 계산한 값이 18.5m^3/hr 미만이 되도록 하여야 한다.

30 공정과 설비의 고장 형태 및 영향, 고장 형태별 위험도 순위 등을 결정하는 안전성 평가 기법은? **[안전 111]**

① 위험과 운전분석(HAZOP)
② 예비위험분석(PHA)
③ 결함수분석(FTA)
④ 이상위험도분석(FMECA)

(KGS Gc 211) 고압가스 안정성 평가 기준(1.3) (p1)

평가 방법	개 요
위험과 운전분석 (HAZOP) (1.3.6)	공정에 존재하는 위험요소들과 공정의 효율을 떨어뜨릴 수 있는 운전상 문제점을 찾아내어 그 원인을 제거하는 기법(정성적)
예비위험분석 (PHA) (1.3.11)	공정설비 등에 관한 상세한 정보를 얻을 수 없는 상황에서 위험물질과 공정요소에 초점을 맞추어 초기위험을 확인하는 방법
결함수분석 (FTA) (1.3.8)	사고를 일으키는 장치의 이상이나 운전자 실수의 조합을 연역적으로 분석하는 안전성 평가기법(정량적)
이상위험도분석 (FMECA) (1.3.7)	공정과 설비의 고장형태 및 영향, 고장형태별 위험도 순위 등을 결정하는 기법

31 3단 토출압력이 2MPag이고, 압축비가 2인 4단 공기압축기에서 1단 흡입압력은 약 몇 [MPag]인가? (단, 대기압은 0.1MPa로 한다.)

① 0.16MPag　　② 0.26MPag
③ 0.36MPag　　④ 0.46MPag

㉠ 압축비(a)=2
3단 토출압력 $(P_a)_3$=2MPa(게이지)
=2+0.1
=2.1MPa(절대)

㉡ 4단 압축기의 최초흡입압력 P_1, 최종토출압력 P_2라고 한다면

• 4단 부분의 압축비(a)= $\frac{P_2(\text{4단의 토출})}{(P_a)_3(\text{4단의 흡입})}$

$P_2=a\times(P_a)_3=2\times 2.1=4.2$MPa

• 전체 기준의 압축비(a)= $\sqrt[4]{\frac{P_2}{P_1}}$ 이므로

$a=\sqrt[4]{\frac{P_2}{P_1}}$ 에서

$\therefore P_1=\frac{P_2}{a^4}=\frac{4.2}{2^4}=0.26$MPa(절대)
=0.2625−0.1
=0.16MPa(게이지)

정답 28.④ 29.① 30.④ 31.①

32 다음 중 [보기]에서 설명하는 정압기의 종류는?

> [보기]
> • Unloading형이다.
> • 본체는 복좌밸브로 되어 있어 상부에 다이어프램을 가진다.
> • 정특성은 아주 좋으나 안정성은 떨어진다.
> • 다른 형식에 비하여 크기가 크다.

① 레이놀즈 정압기
② 엠코 정압기
③ 피셔식 정압기
④ 엑셀 플로우식 정압기

33 대형 저장탱크 내를 가는 스테인리스관으로 상하로 움직여 관내에서 분출하는 가스 상태와 액체상태의 경계면을 찾아 액면을 측정하는 액면계로 옳은 것은?

① 슬립튜브식 액면계
② 유리관식 액면계
③ 클린카식 액면계
④ 플로트식 액면계

34 다음 배관재료 중 사용온도 350℃ 이하, 압력이 10MPa 이상의 고압관에 사용되는 것은? **[안전 136]**

① SPP ② SPPH
③ SPPW ④ SPPG

㉠ SPP(배관용 탄소강관) : 사용압력 1MPa 미만
㉡ SPPS(압력배관용 탄소강관) : 사용압력 1MPa 이상 10MPa 미만
㉢ SPPH(고압배관용 탄소강관) : 사용압력 10MPa 이상
㉣ SPPW(수도용 아연도금강관) : 급수관에 사용

35 반복하중에 의해 재료의 저항력이 저하하는 현상을 무엇이라고 하는가?

① 교축 ② 크리프
③ 피로 ④ 응력

해설

금속재료의 성질

종 류	정 의
교축	금속재료가 온도가 낮아져 수축되는 현상
신율	금속재료가 온도 상승 시 늘어나는 현상
크리프	어느 온도 이상에서 재료에 하중을 가하면 시간과 더불어 변형이 증대되는 현상
피로	재료에 반복적으로 하중을 가해 저항력이 저하하는 현상
응력	물체에 하중이 작용할 때 그 재료 내부에 생기는 저항력을 내력이라 하고 단위면적당 내력의 크기를 응력이라 한다.

36 다음 중 왕복식 펌프에 해당하는 것은?

① 기어 펌프
② 베인 펌프
③ 터빈 펌프
④ 플런저 펌프

펌프의 분류

구 분	형 식	종 류
용적식	왕복	㉠ 피스톤 ㉡ 플런저 ㉢ 다이어펌프
	회전	㉠ 기어 ㉡ 베인 ㉢ 나사
터보식	원심	㉠ 벌류트 ㉡ 터빈
	축류	축방향으로 흡입하여 축방향으로 토출
	사류	축방향으로 흡입하여 경사방향으로 토출

37 LP가스 공급방식 중 자연기화방식의 특징에 대한 설명으로 틀린 것은?

① 기화능력이 좋아 대량 소비 시에 적당하다.
② 가스 조성의 변화량이 크다.
③ 설비장소가 크게 된다.
④ 발열량의 변화량이 크다.

해설

자연기화
정의 : 대기 중의 열을 흡수하여 액가스를 기화하므로 소량의 소비처인 가정용으로 주로 사용된다.

정답 32.① 33.① 34.② 35.③ 36.④ 37.①

38 LPG를 탱크로리에서 저장탱크로 이송 시 작업을 중단해야 되는 경우가 아닌 것은 어느 것인가? [설비 33]

① 과충전이 된 경우
② 충전기에서 자동차에 충전하고 있을 때
③ 작업 중 주위에서 화재 발생 시
④ 누출이 생길 경우

LP 가스 이충전 시 작업을 중단하여야 하는 경우
㉠ 과충전 시
㉡ 주변 화재 발생 시
㉢ 누설 시
㉣ 펌프로 이송 시 베이퍼록 발생 시
㉤ 압축기로 이송 시 액압축 발생 시
㉥ 안전관리자 부재 시

39 저온액화 가스탱크에서 발생할 수 있는 열의 침입현상으로 가장 거리가 먼 것은?

① 연결된 배관을 통한 열전도
② 단열재를 충전한 공간에 남은 가스분자의 열전도
③ 내면으로부터의 열전도
④ 외면의 열복사

①, ②, ④항 이외에 지지물에 의한 열전도, 밸브, 안전밸브를 통한 열전도 등

40 내압이 0.4~0.5MPa 이상이고, LPG나 액화가스와 같이 낮은 비점의 액체일 때 사용되는 터보식 펌프의 메커니컬 시일 형식은?

① 더블 시일
② 아웃사이드 시일
③ 밸런스 시일
④ 언밸런스 시일

41 펌프의 실제송출유량을 Q, 펌프 내부에서의 누설유량을 $0.6Q$, 임펠러 속을 지나는 유량을 $1.6Q$라 할 때 펌프의 체적효율 (η_ν)은?

① 37.5% ② 40%
③ 60% ④ 62.5%

$$\text{펌프체적효율}(\eta_V) = \frac{\text{실제송출유량}}{\text{실체송출유량} + \text{누설유량}} = \frac{Q}{Q+0.6Q} \times 100 = 62.5\%$$

42 도시가스의 측정 사항에 있어서 반드시 측정하지 않아도 되는 것은?

① 농도 측정
② 연소성 측정
③ 압력 측정
④ 열량 측정

43 가연성 냉매로 사용되는 냉동제조시설의 수액기에는 액면계를 설치한다. 다음 중 수액기의 액면계로 사용 할 수 없는 것은?

① 환형유리관 액면계
② 차압식 액면계
③ 초음파식 액면계
④ 방사선식 액면계

44 가연성 가스 검출기 중 탄광에서 발생하는 CH_4의 농도를 측정하는 데 주로 사용되는 것은?

① 간섭계형 ② 안전등형
③ 열선형 ④ 반도체형

안전등형 : 탄광 내에서 주로 CH_4의 농도측정에 사용되며 발생되는 청염의 불꽃길이로 측정한다.

45 LP가스 자동차충전소에서 사용하는 디스펜서(Dispenser)에 대해 옳게 설명한 것은?

① LP가스 충전소에서 용기에 일정량의 LP가스를 충전하는 충전기기이다.
② LP가스 충전소에서 용기에 충전하는 가스용적을 계량하는 기기이다.
③ 압축기를 이용하여 탱크로리에서 저장탱크로 LP가스를 이송하는 장치이다.
④ 펌프를 이용하는 LP가스를 저장탱크로 이송할 때 사용하는 안전장치이다.

정답 38.② 39.③ 40.③ 41.④ 42.① 43.① 44.② 45.①

46 고압가스의 성질에 따른 분류가 아닌 것은?

① 가연성 가스 ② 액화가스
③ 조연성 가스 ④ 불연성 가스

② 액화가스 : 상태별 분류

47 다음 중 확산속도가 가장 빠른 것은 어느 것인가?

① O_2 ② N_2
③ CH_4 ④ CO_2

그레암의 법칙 : 기체의 확산속도는 분자량의 제곱근에 반비례하므로 가장 분자량이 적은 CH_4(16g)이 가장 빠름

확산속도식 : $\frac{u_1}{u_2} = \sqrt{\frac{M_2}{M_1}}$

여기서, u_1, u_2 : 각각의 확산속도
M_1, M_2 : 각각의 분자량

48 다음 각 온도의 단위환산 관계로서 틀린 것은?

① 0℃=273K
② 32°F=492°R
③ 0K=−273℃
④ 0K=460°R

① K = ℃ + 273 = 0 + 273 = 273K
② °R = °F + 460 = 32 + 460 = 492°R
③ K = ℃ + 273 = −273 + 273 = 0K
④ °R = 1.8K = 1.8 × 0 = 0°R

49 수소의 공업적 용도가 아닌 것은?

① 수증기의 합성
② 경화유의 제조
③ 메탄올의 합성
④ 암모니아 합성

수소의 공업적 용도 : 경화유 제조, 메탄올 합성, 암모니아 합성, 유지공업, 금속제련, 염산제조

50 압력이 일정할 때 기체의 온도가 절대온도와 체적은 어떤 관계가 있는가?

① 절대온도와 체적은 비례한다.
② 절대온도와 체적은 반비례한다.
③ 절대온도는 체적의 제곱에 비례한다.
④ 절대온도는 체적의 제곱에 반비례한다.

이상기체의 체적과 압력온도의 관계

종 류	일정값	관계 물리학 변수	비례변수
보일의 법칙	온도	체적과 압력	반비례
샤를의 법칙	압력	체적과 온도	비례
보일-샤를의 법칙	없음	체적, 압력, 온도	체적은 압력에 반비례, 온도에 비례

51 다음 중에서 수소(H_2)의 제조법이 아닌 것은?

① 공기액화 분리법
② 석유 분해법
③ 천연가스 분해법
④ 일산화탄소 전화법

수소의 제조법
㉠ 공업적 : 석유의 분해, 천연가스 분해, 일산화탄소 전화법, 물의 전기분해, 소금물 전기분해
㉡ 실험적 : 금속에 산을 첨가하는 방법

52 프로판의 완전연소 반응식으로 옳은 것은?

① $C_3H_8 + 4O_2 \rightarrow 3CO_2 + 2H_2O$
② $C_3H_8 + 5O_2 \rightarrow 3CO_2 + 4H_2O$
③ $C_3H_8 + 2O_2 \rightarrow 3CO + H_2O$
④ $C_3H_8 + O_2 \rightarrow CO_2 + H_2O$

53 도시가스 제조방식 중 촉매를 사용하여 사용온도 400~800℃에서 탄화수소와 수증기를 반응시켜 수소, 메탄, 일산화탄소, 탄산가스 등의 저급 탄화수소로 변환시키는 프로세스는? **[안전 124]**

① 열분해 프로세스
② 접촉분해 프로세스
③ 부분연소 프로세스
④ 수소화분해 프로세스

정답 46.② 47.③ 48.④ 49.① 50.① 51.① 52.② 53.②

도시가스 제조 프로세스

㉠ 부분연소 프로세스 : 메탄에서 원유까지의 탄화수소를 가스화제로서 산소, 공기 및 수증기를 이용 CH_4, H_2, CO, CO_2로 변환하는 방법

㉡ 수소화분해 프로세스 : 고압 · 고온에서 C/H비가 비교적 큰 탄화수소를 수증기 흐름 중 또는 Ni 등의 수소화 촉매를 사용해서 나프타 등의 비교적 C/H비가 낮은 탄화수소를 메탄으로 변환시키는 방법으로 수증기 자체가 가스화제로 사용되지 않고 탄화수소를 수증기 흐름 중에 분해를 시키는 방법

㉢ 접촉분해 프로세스 : 탄화수소와 수증기를 반응시킨 수소, CO, CO_2, CH_4 등의 저급 탄화수소를 변화하는 반응

㉣ 열분해 공정 : 분자량이 큰 탄화수소 원료 즉 나프타 중유, 원유 등을 800~900℃에서 열분해 가스화재로서 수증기가 첨가되고 있다.

54 표준상태에서 분자량이 44인 기체의 밀도는?

① 1.96g/L ② 1.96kg/L
③ 1.55g/L ④ 1.55kg/L

기체(가스)의 밀도 : M(g) ÷ 22.4L(M : 분자량)

∴ 44g ÷ 22.4L = 1.96g/L

55 다음 중 저장소의 바닥부 환기에 가장 중점을 두어야 하는 가스는?

① 메탄 ② 에틸렌
③ 아세틸렌 ④ 부탄

㉠ 바닥부 환기 : 공기보다 무거운 C_4H_{10}, C_3H_8, Cl_2 등

㉡ 천장부 환기 : 공기보다 가벼운 NH_3, CH_4, H_2 등

56 다음 중 일산화탄소의 성질에 대한 설명 중 틀린 것은?

① 산화성이 강한 가스이다.
② 공기보다 약간 가벼우므로 수상치환으로 포집한다.
③ 개미산에 진한 황산을 작용시켜 만든다.
④ 혈액 속의 헤모글로빈과 반응하여 산소의 운반력을 저하시킨다.

① CO는 환원성이 강한 가스

57 수은주 760mmHg 압력은 수주로는 얼마가 되는가?

① 9.33mH_2O ② 10.33mH_2O
③ 11.33mH_2O ④ 12.33mH_2O

1atm = 1.0332kgf/cm^2

= 760mmHg = 10.332mH_2O

$S_1H_1 = S_2H_2$에서(S_1 : 수은비중, S_2 : 물비중)

$H_2 = \frac{S_1 h_1}{S_2} = \frac{13.6 \times 0.76}{1} ≒ 10.33\text{m}$이다.

58 고압가스 종류별 발생 현상 또는 작용으로 틀린 것은? **[설비 6]**

① 수소 – 탈탄작용
② 염소 – 부식
③ 아세틸렌 – 아세틸라이드 생성
④ 암모니아 – 카르보닐 생성

㉠ 암모니아 : 질화 또는 수소취성(탈탄작용)

㉡ 일산화탄소 : 카르보닐 또는 침탄 작용

59 100J의 일의 양을 [cal] 단위로 나타내면 약 얼마인가?

① 24 ② 40
③ 240 ④ 400

100 × 0.24 = 24cal

60 정압비열(C_P)와 정적비열(C_V)의 관계를 나타내는 비열비(k)를 옳게 나타낸 것은?

① $K = C_P / C_V$ ② $K = C_V / C_P$
③ $K < 1$ ④ $K = C_V - C_P$

$K(\text{비열비}) = \frac{\text{정압비열}}{\text{정적비열}}$이다.

② $K = \frac{C_P}{C_V}$

③ $K > 1$

④ $C_P - C_V = R$

정답 54.① 55.④ 56.① 57.② 58.④ 59.① 60.①

국가기술자격 필기시험문제

2014년 기능사 제5회 필기시험(1부) (2014년 10월 시행)

자격종목	시험시간	문제수	문제형별
가스기능사	**1시간**	**60**	**A**

수험번호		성 명	

01 다음 각 가스의 정의에 대한 설명으로 틀린 것은? **[안전 84]**

① 압축가스란 일정한 압력에 의하여 압축되어 있는 가스를 말한다.

② 액화가스란 가압 · 냉각 등의 방법에 의하여 액체상태로 되어 있는 것으로서 대기압에서의 끓는점이 40℃ 이하 또는 상용온도 이하인 것을 말한다.

③ 독성 가스란 인체에 유해한 독성을 가진 가스로서 허용농도가 100만분의 3000 이하인 것을 말한다.

④ 가연성 가스란 공기 중에서 연소하는 가스로서 폭발한계의 하한이 10% 이하인 것과 폭발한계의 상한과 하한의 차가 20% 이상인 것을 말한다.

독성 가스의 정의

종 류	정 의	허용농도
LC 50	성숙한 흰쥐의 집단에서 1시간 흡입 실험에 의하여 14일 이내 실험동물의 50%가 사망할 수 있는 농도	100만분의 5000 이하
TLV-TWA	건강한 성인남자가 1일 8시간, 주 40시간 그 분위기에서 작업하여도 건강에 지장이 없는 농도	100만분의 200 이하

02 용기 신규검사에 합격된 용기 부속품 각인에서 초저온용기나 저온용기의 부속품에 해당하는 기호는? **[안전 29]**

① LT ② PT
③ MT ④ UT

① LT : 저온 및 초저온 용기의 부속품
② PT : 비파괴검사(침투탐상시험)
③ MT : 비파괴검사(자분탐상시험)
④ UT : 비파괴검사(초음파탐상시험)

03 용기의 재검사 주기에 대한 기준으로 맞는 것은? **[안전 68]**

① 압력용기는 1년 마다 재검사

② 저장탱크가 없는 곳에 설치한 기화기는 2년 마다 재검사

③ 500L 이상 이음매 없는 용기는 5년 마다 재검사

④ 용접용기로서 신규검사 후 15년 이상 20년 미만인 용기는 3년 마다 재검사

용기 및 특정설비 재검사 기간(고법 시행규칙 별표 22)

용기 및 특정설비		재검사 주기
압력용기		4년 마다
기화장치	저장탱크와 함께 설치된 것	검사 후 2년을 경과하여 해당 탱크의 재검사 시 마다
	저장탱크가 없는 곳에 설치된 것	3년 마다
	설치되지 않은 것	2년 마다
안전밸브 및 긴급차단장치		검사 후 2년을 경과하여 해당 안전밸브 또는 긴급차단장치가 설치된 저장탱크 또는 차량 고정탱크의 재검사 시 마다

정답 01.③ 02.① 03.③

용기 및 특정설비	재검사 주기		
저장탱크	5년(재검사에 불합격되어 수리한 것은 3년, 음향방출 시험에 의해 안정성이 확인된 것은 5년)		
500L 이상 이음매 없는 용기	5년 마다		
용접용기			
신규검사 후 경과년수			
구 분	15년 미만	15년 이상 20년 미만	20년 이상
용접용기 500L 이상	5년 마다	2년 마다	1년 마다
용접용기 500L 미만	3년 마다	2년 마다	1년 마다
LPG 용기 500L 이상	5년 마다	2년 마다	1년 마다
LPG 용기 500L 미만	5년 마다		2년 마다

04 가스사용시설인 가스보일러의 급 · 배기 방식에 따른 구분으로 틀린 것은? [안전 112]

① 반밀폐형 자연배기식(CF)
② 반밀폐형 강제배기식(FE)
③ 밀폐형 자연배기식(RF)
④ 밀폐형 강제 급 · 배기식(FF)

해설

가스보일러의 급 · 배기 방식

항 목		정 의
반밀폐식	자연배기식(CF)	연소용 공기는 옥내에서 연소 후 배기가스는 자연통풍으로 옥외로 배출
반밀폐식	강제배기식(FE)	연소용 공기는 옥내에서 연소 후 배기가스는 배기용 송풍기에 의하여 강제로 옥외에 배출하는 방식
밀폐식	자연 급 · 배기식(BF)	급 · 배기통을 외기와 접하는 벽을 관통하여 옥외로 설치하고 자연통기력에 의해 급 · 배기를 하는 방식
밀폐식	강제 급 · 배기식(FF)	급 · 배기통을 외기와 접하는 벽을 관통하여 옥외로 설치하고 급 · 배기용 송풍기에 의해 강제로 급 · 배기를 하는 방식

05 도시가스 배관을 지상에 설치 시 검사 및 보수를 위하여 지면으로부터 몇 [cm] 이상의 거리를 유지하여야 하는가?

① 10cm ② 15cm
③ 20cm ④ 30cm

06 차량에 고정된 산소용기 운반차량에는 일반인이 쉽게 식별할 수 있도록 표시하여야 한다. 운반차량에 표시하여야 하는 것은?

① 위험고압가스, 회사명
② 위험고압가스, 전화번호
③ 화기엄금, 회사명
④ 화기엄금, 전화번호

07 LPG 충전 · 집단공급 저장시설의 공기에 의한 내압시험 시 상용압력의 일정압력 이상으로 승압한 후 단계적으로 승압시킬 때, 상용압력의 몇 [%]씩 증가시켜 내압시험 압력에 달하였을 때 이상이 없어야 하는가? [안전 25]

① 5% ② 10%
③ 15% ④ 20%

내압시험을 공기 등으로 실시할 때의 순서
㉠ 압력은 한 번에 시험압력까지 승압하지 아니하고 50%까지 승압
㉡ 그 이후에는 상용압력의 10%씩 단계적으로 승압

08 도시가스 도매사업자가 제조소 내에 저장능력이 20만톤인 지상식 액화천연가스 저장탱크를 설치하고자 한다. 이때 처리능력이 30만m^3인 압축기와 얼마 이상의 거리를 유지하여야 하는가?

① 10m ② 24m
③ 30m ④ 50m

제조소 공급소의 시설기준(도시가스사업법 시행규칙 별표 5)
1. 액화석유가스 저장설비 처리설비 외면에서 보호시설까지 30m 이상 유지
2. 배관 제외 가스공급시설 화기취급장소까지 8m 이상 우회거리 유지
3. 안전구역 안의 가스공급시설과 다른 안전구역의 가스공급시설 외면까지 30m 이상 유지
4. 제조소가 인접하여 있는 가스공급시설은 외면에서 다른 제조소 경계와 20m 이상 유지
5. 액화천연가스 저장탱크는 처리능력 20만m^3 이상 압축기와 30m 이상 거리를 유지할 것

정답 04.③ 05.④ 06.② 07.② 08.③

09 특정 고압가스 가용시설에서 독성 가스 감압설비와 그 가스의 반응설비 간의 배관에 반드시 설치하여야 하는 설비는? **[안전 23]**

① 안전밸브
② 역화방지장치
③ 중화장치
④ 역류방지장치

10 과압안전장치 형식에서 용전의 용융온도로서 옳은 것은? (단, 저압부에 사용하는 것은 제외한다.)

① 40℃ 이하 ② 60℃ 이하
③ 75℃ 이하 ④ 105℃ 이하

11 차량에 고정된 탱크 중 독성 가스는 내용적을 얼마 이하로 하여야 하는가? **[안전 12]**

① 12000L ② 15000L
③ 16000L ④ 18000L

차량 고정탱크의 내용적 한계

탱크 종류	초과 금지 내용적
가연성(LPG 제외) 산소	18000L
독성(암모니아 제외)	12000L

12 다음 중 2중관으로 하여야 하는 가스가 아닌 것은? **[안전 19]**

① 일산화탄소 ② 암모니아
③ 염화메탄 ④ 염소

독성 가스 중 이중관 제독설비 설치 확산 방지조치 대상가스(KGS Fp 112) (2.3.4) : 아황산, 암모니아, 염소, 염화메탄, 산화에틸렌, 시안화수소, 포스겐, 황화수소

13 LPG 저장탱크에 설치하는 압력계는 상용압력 몇 배 범위의 최고눈금이 있는 것을 사용하여야 하는가?

① 1~1.5배 ② 1.5~2배
③ 2~2.5배 ④ 2.5~3배

14 암모니아 취급 시 피부에 닿았을 때 조치사항으로 가장 적당한 것은?

① 열습포로 감싸준다.
② 아연화 연고를 바른다.
③ 산으로 중화시키고 붕대로 감는다.
④ 다량의 물로 세척 후 붕산수를 바른다.

15 압축, 액화 등의 방법으로 처리할 수 있는 가스의 용적이 1일 100m^3 이상인 사업소에는 표준이 되는 압력계를 몇 개 이상 비치하여야 하는가?

① 1개 ② 2개
③ 3개 ④ 4개

16 압력조정기 출구에서 연소기 입구까지의 호스는 얼마 이상의 압력으로 기밀시험을 실시하는가?

① 2.3kPa ② 3.3kPa
③ 5.63kPa ④ 8.4kPa

17 가연성 가스 및 독성 가스의 충전용기 보관실에 대한 안전거리 규정으로 옳은 것은?

① 충전용기 보관실 1m 이내에 발화성 물질을 두지 말 것
② 충전용기 보관실 2m 이내에 인화성 물질을 두지 말 것
③ 충전용기 보관실 5m 이내에 발화성 물질을 두지 말 것
④ 충전용기 보관실 8m 이내에 인화성 물질을 두지 말 것

18 액화염소가스 1375kg을 용량 50L인 용기에 충전하려면 몇 개의 용기가 필요한가? (단, 액화염소가스의 정수(C)는 0.8이다.)

① 20 ② 22
③ 35 ④ 37

$1375\text{kg} \div \frac{50}{0.8}\text{kg} = 22$

정답 09.④ 10.③ 11.① 12.① 13.② 14.④ 15.② 16.④ 17.② 18.②

19 고압가스 품질검사에 대한 설명으로 틀린 것은? **[안전 36]**

① 품질검사 대상가스는 산소, 아세틸렌, 수소이다.
② 품질검사는 안전관리책임자가 실시한다.
③ 산소는 동암모니아 시약을 사용한 오르자트법에 의한 시험결과 순도가 99.5% 이상이어야 한다.
④ 수소는 하이드로설파이드 시약을 사용한 오르자트법에 의한 시험결과 순도가 99.0% 이상이어야 한다.

가스의 품질검사(KGS Fp 112) (3.2.2.9)

품질검사 대상		산소, 아세틸렌, 수소 제조 시 (단, 액체산소를 기화시켜 용기 충전하는 경우, 자체 사용목적의 경우는 제외)		
검사장소		1일 1회 가스 제조장		
검 사	시행자	안전관리책임자		
	확인 서명 날인자	안전관리책임자, 부총괄자		
판정기준				
가스명	사용 시약	검사 방법	순 도	용기 내부상태 및 기타 항목
산소 (O_2)	동암모니아	오르자트법	99.5% 이상	35℃에서 11.8MPa 이상
수소 (H_2)	피로카롤 하이드로설파이드	오르자트법	98.5% 이상	35℃에서 11.8MPa 이상
아세틸렌 (C_2H_2)	발연황산	오르자트법	98% 이상	질산은 시약을 사용한 정성시험에 합격
	브롬 시약	뷰렛법		

20 저장탱크 방류둑 용량은 저장능력에 상당하는 용적 이상의 용적이어야 한다. 다만, 액화산소 저장탱크의 경우에는 저장능력 상당용적의 몇 [%] 이상으로 할 수 있는가? **[안전 15]**

① 40 ② 60
③ 80 ④ 90

방류둑의 용량 및 구조

용 량(누설 시 차단능력)	
독성·가연성	산소
저장능력 상당용적 (저장능력의 100% 이상)	저장능력 상당용적의 60% 이상

구 조	
성토의 각도	45° 이하
정상부 폭	30cm 이상
출입구 수	둘레 50m 마다 1개소 전 둘레 50m 미만 시 출입구 2곳을 분산 설치

21 도시가스 중압 배관을 매몰할 경우 다음 중 적당한 색상은? **[안전 147]**

① 회색
② 청색
③ 녹색
④ 적색

배관의 색상

지상 배관		황색
매몰 배관	저 압	황색
	중압 이상	적색

22 가연성 가스를 취급하는 장소에서 공구의 재질로 사용하였을 경우 불꽃이 발생할 가능성이 가장 큰 것은? **[설비 25]**

① 고무
② 가죽
③ 알루미늄합금
④ 나무

③ 알루미늄합금 : 금속제 공구이므로 불꽃 발생
불꽃 발생하지 않는 안전 공구 : 베릴륨, 베아론, 나무, 고무, 가죽 등

23 고압가스 저장능력 산정기준에서 액화가스의 저장탱크 저장능력을 구하는 식은? (단, Q, W는 저장능력, P는 최고충전압력, V는 내용적, C는 가스 종류에 따른 정수, d는 가스의 비중이다.) **[안전 30]**

① $W=0.9dV$
② $Q=10PV$
③ $W=\dfrac{V}{C}$
④ $Q=(10P+1)V$

정답 19.④ 20.② 21.④ 22.③ 23.①

저장능력 계산

압축가스	액화가스		
	용기	저장탱크	소형 저장탱크
$Q=(10P+1)V$ 여기서, Q : 저장능력(m^3) P : 35℃의 F_P(MPa) V : 내용적(m^3)	$W=\frac{V}{C}$	$W=0.9dV$	$W=0.85dV$
	W : 저장능력(kg) d : 액비중(kg/L) V : 내용적(L) C : 충전상수		

24 도시가스 공급시설의 안전조작에 필요한 조명 등의 조도는 몇 럭스 이상이어야 하는가?

① 100 ② 150
③ 200 ④ 300

25 도시가스사업법에서 정한 특정가스 사용시설에 해당하지 않는 것은? [안전 135]

① 제1종 보호시설 내 월 사용예정량 1000m^3 이상인 가스사용시설
② 제2종 보호시설 내 월 사용예정량 2000m^3 이상인 가스사용시설
③ 월 사용예정량 2000m^3 이하인 가스사용시설 중 많은 사람이 이용하는 시설로 시·도지사가 지정하는 시설
④ 전기사업법, 에너지이용합리화법에 의한 가스사용시설

26 가연성 가스용 가스누출경보 및 자동차단장치의 경보농도 설정치의 기준은? [안전 18]

① ±5% 이하
② ±10% 이하
③ ±15% 이하
④ ±25% 이하

가스누출경보 및 자동차단장치의 경보농도(KGS Fp 112) (2.6.2.1.3)

가스 종류	설정치 기준
독성	±30% 이하
가연성	±25% 이하

27 액화가스를 충전하는 탱크는 그 내부에 액면요동을 방지하기 위하여 무엇을 설치하여야 하는가? [안전 62]

① 방파판 ② 안전밸브
③ 액면계 ④ 긴급차단장치

28 고압가스 충전용 밸브를 가열할 때의 방법으로 가장 적당한 것은?

① 60℃ 이상의 더운 물을 사용한다.
② 열습포를 사용한다.
③ 가스버너를 사용한다.
④ 복사열을 사용한다.

가열 방법 : 40℃ 이하 온수 및 열습포

29 일반 도시가스사업 정압기실에 설치되는 기계환기설비 중 배기구의 관경은 얼마 이상으로 하여야 하는가? [안전 110]

① 10cm ② 20cm
③ 30cm ④ 50cm

흡입구, 배기구 관경 100mm 이상

30 도시가스 공급시설을 제어하기 위한 기기를 설치한 계기실의 구조에 대한 설명으로 틀린 것은? [안전 134]

① 계기실의 구조는 내화구조로 한다.
② 내장재는 불연성 재료로 한다.
③ 창문은 망입(網入)유리 및 안전유리 등으로 한다.
④ 출입구는 1곳 이상에 설치하고 출입문은 방폭문으로 한다.

도시가스 공급시설의 계기실의 구조(KSG Fp 451 28 41)
1. 계기실은 안전한 구조로 하고 출입문이나 창문은 내화성으로 한다.
2. 계기실의 구조는 내화구조로 한다.
3. 내장재는 불연성 재료로 한다. 다만, 바닥재료는 난연성 재료를 사용할 수 있다.
4. 출입구는 둘 이상의 장소에 설치하고 출입문은 방화문으로 하며 그 중 하나의 장소는 위험한 장소로 향하지 않도록 설치한다.
5. 창문은 망입유리 및 안전유리 등으로 한다.
6. 계기실의 출입문은 2중문으로 한다.

정답 24.② 25.④ 26.④ 27.① 28.② 29.① 30.④

31 가스미터의 설치장소로서 가장 부적당한 곳은?

① 통풍이 양호한 곳
② 전기공작물 주변의 직사광선이 비치는 곳
③ 가능한 한 배관의 길이가 짧고 꺾이지 않는 곳
④ 화기와 습기에서 멀리 떨어져 있고 청결하며 진동이 없는 곳

32 액주식 압력계에 사용되는 액체의 구비조건으로 틀린 것은? **[장치 11]**

① 화학적으로 안정되어야 한다.
② 모세관 현상이 없어야 한다.
③ 점도와 팽창계수가 작아야 한다.
④ 온도변화에 의한 밀도변화가 커야 한다.

④ 온도변화에 의한 밀도변화가 적어야 한다.

33 고압가스안전관리법령에 따라 고압가스 판매시설에서 갖추어야 할 계측설비가 바르게 짝지어진 것은?

① 압력계, 계량기
② 온도계, 계량기
③ 압력계, 온도계
④ 온도계, 가스분석계

34 사용압력이 2MPa, 관의 인장강도가 20kg/mm^{2}일 때의 스케줄 번호(Sch No)는? (단, 안전율은 4로 한다.) **[설비 40]**

① 10　　② 20
③ 40　　④ 80

$$SCH = 100 \times \frac{P}{S} = 100 \times \frac{2}{20 \times \left(\frac{1}{4}\right)} = 40$$

(스케줄 번호) : 관두께를 나타내며, 클수록 관이 두꺼움
P : 사용압력
S : 허용응력(인장강도×1/4)

• $SCH = 10 \times \frac{P}{S}$
P : kg/cm^2, S : kg/mm^2

• $SCH = 1000 \times \frac{P}{S}$
P : kg/mm^2, S : kg/mm^2

• $SCH = 100 \times \frac{P}{S}$
P : MPa, S : kg/mm^2

35 부취제 주입용기를 가스압으로 밸런스시켜 중력에 의해서 부취제를 가스흐름 중에 주입하는 방식은? **[안전 55]**

① 적하주입방식
② 펌프주입방식
③ 위크증발식 주입방식
④ 미터연결 바이패스 주입방식

해설

부취제 주입설비

종 류		특 징
액체 주입식	펌프 주입 방식	소용량의 다이어프램 등에 의하여 부취제를 직접가스 중에 주입하는 방식. 규모가 큰 곳에 사용되며 부취제 농도를 항상 일정하게 유지할 수 있다.
	적하 주입 방식	부취제 주입용기를 가스압으로 밸런스시켜 중력에 의해 부취제를 가스흐름 중 떨어뜨린다.
	미터연결 바이패스 주입방식	오리피스 차압에 의해 바이패스 라인과 가스유량을 변화시켜 바이패스 라인에 설치된 가스미터에 연동하고 있는 부취제 첨가장치를 구동하여 부취제를 가스 중에 주입하는 방식
증발식	바이패스 증발식	부취제를 넣는 용기에 가스를 저유속으로 흐르면 가스는 부취제의 증발로 포화되면 오리피스에 의해 부취제 용기에서 흐르는 유량을 조절하면 부취제 포화가스가 가스라인으로 흘러 일정 비율로 부취할 수 있다.
	위크 증발식	아스베스토스심을 전달하여 부취제가 상승하고 이것에 가스가 접촉하는 데 부취제가 증발하여 부취가 된다.

정답 31.② 32.④ 33.① 34.③ 35.①

36 도시가스의 품질검사 시 가장 많이 사용되는 검사 방법은? **[안전 130]**

① 원자흡광광도법
② 가스 크로마토그래피법
③ 자외선, 적외선 흡수분광법
④ ICP법

37 도시가스시설 중 입상관에 대한 설명으로 틀린 것은?

① 입상관이 화기가 있을 가능성이 있는 주위를 통과하여 불연재료로 차단조치를 하였다.
② 입상관의 밸브는 분리가능한 것으로서 바닥으로부터 1.7m의 높이에 설치하였다.
③ 입상관의 밸브를 어린아이들이 장난을 못하도록 3m의 높이에 설치하였다.
④ 입상관의 밸브높이가 1m이어서 보호상자 안에 설치하였다.

해설

입상관의 설치위치 : 지면에서 1.6m 이상 2m 이내

38 배관 속을 흐르는 액체의 속도를 급격히 변화시키면 물이 관벽을 치는 현상이 일어나는 데 이런 현상을 무엇이라 하는가?

① 캐비테이션 현상 ② 워터해머링 현상
③ 서징 현상 ④ 맥동 현상

39 연소기의 설치 방법으로 틀린 것은?

① 환기가 잘 되지 않은 곳에는 가스온수기를 설치하지 아니 한다.
② 밀폐형 연소기는 급기구 및 배기통을 설치하여야 한다.
③ 배기통의 재료는 불연성 재료로 한다.
④ 개방형 연소기가 설치된 실내에는 환풍기를 설치한다.

해설

연소기별 설치기구(KGS Fp 551) (2.7.3)

연소기 종류	설치기구
개방형 연소기	환풍기, 환기구
반밀폐형 연소기	급기구, 배기통

40 오리피스미터 특징의 설명으로 옳은 것은?

① 압력손실이 매우 작다.
② 침전물이 관벽에 부착되지 않는다.
③ 내구성이 좋다.
④ 제작이 간단하고 교환이 쉽다.

41 압력조정기의 종류에 따른 조정압력이 틀린 것은? **[안전 73]**

① 1단 감압식 저압조정기 : 2.3~3.3kPa
② 1단 감압식 준저압조정기 : 5~30kPa 이내에서 제조자가 설정한 기준압력의 ±20%
③ 2단 감압식 2차용 저압조정기 : 2.3~3.3kPa
④ 자동절체식 일체형 저압조정기 : 2.3~3.3kPa

해설

압력조정기의 종류에 따른 입구압력, 조정압력 범위 (KGS AA 434) (1.7)

종 류	입구압력(MPa)		조정압력(kPa)
1단 감압식 저압조정기	0.07~1.56		2.3~3.3
1단 감압식 준저압 조정기	0.1~1.56		5.0~30.0 내에서 제조자가 설정한 기준압력의 ±20%
2단 감압식 1차용 조정기	용량 100kg/h 이하	0.1~1.56	57.0~83.0
	용량 100kg/h 초과	0.3~1.56	
2단 감압식 2차용 조정기	0.01~0.1 또는 0.025~0.1		2.30~3.30
자동절체식 일체형 저압조정기	0.1~1.56		2.55~3.30
자동절체식 일체형 준저압 조정기	0.1~1.56		5.0~30.0 내에서 제조자가 설정한 기준압력의 ±20%
그 밖의 압력조정기	조정압력 이상 ~1.56		5kPa를 초과하는 압력 범위에서 상기 압력 조정기 종류에 따른 조정압력에 해당하지 않는 것에 한하며 제조사가 설정한 기준압력의 ±20%일 것

정답 36.② 37.③ 38.② 39.② 40.④ 41.④

42 용기의 내용적이 105L인 액화암모니아 용기에 충전할 수 있는 가스의 충전량은 약 몇 [kg]인가? (단, 액화암모니아의 가스정수 C값은 1.86이다.)

① 20.5 ② 45.5
③ 56.5 ④ 117.5

$W=\frac{V}{C}=\frac{105}{1.86}=56.5\text{kg}$

43 증기압축식 냉동기에서 냉매가 순환되는 경로로 옳은 것은? **[장치 20]**

① 압축기 → 증발기 → 응축기 → 팽창밸브
② 증발기 → 응축기 → 압축기 → 팽창밸브
③ 증발기 → 팽창밸브 → 응축기 → 압축기
④ 압축기 → 응축기 → 팽창밸브 → 증발기

㉠ 증기압축식 냉동기
압축기－응축기－팽창밸브－증발기
㉡ 흡수식 냉동기
흡수기－발생기(재생기)－응축기－증발기

44 도시가스 정압기에 사용되는 정압기용 필터의 제조기술 기준으로 옳은 것은?

① 내가스 성능시험의 질량변화율은 5~8%이다.
② 입 · 출구 연결부는 플랜지식으로 한다.
③ 기밀시험은 최고사용압력 1.25배 이상의 수압으로 실시한다.
④ 내압시험은 최고사용압력 2배의 공기압으로 실시한다.

정압기용 필터 제조기술 기준(KGS AA 433)
㉠ 내가스 성능시험의 질량변화율 : −8~53% 이내
㉡ 기밀시험 : 최고사용압력의 1.1배 이상의 공기압에서 1분간 누출이 없어야 한다.
㉢ 내압성능 : 최고사용압력의 1.5배 수압으로 1분간 유지 시 이상이 없어야 한다.

45 구조가 간단하고 고압 · 고온 밀폐탱크의 압력까지 측정이 가능하여 가장 널리 사용되는 액면계는?

① 크린카식 액면계 ② 벨로스식 액면계
③ 차압식 액면계 ④ 부자식 액면계

46 주기율표의 0족에 속하는 불활성 가스의 성질이 아닌 것은?

① 상온에서 기체이며, 단원자 분자이다.
② 다른 원소와 잘 화합한다.
③ 상온에서 무색, 무미, 무취의 기체이다.
④ 방전관에 넣어 방전시키면 특유의 색을 낸다.

47 LPG 1L가 기화해서 약 250L의 가스가 된다면 10kg의 액화 LPG가 기화하면 가스 체적은 얼마나 되는가? (단, 액화 LPG의 비중은 0.5이다.)

① 1.25m^3 ② 5.0m^3
③ 10.1m^3 ④ 25m^3

$10\text{kg}\div 0.5\text{kg/L}=20\text{L}$
$\therefore\ 20\times 250=5000\text{L}=5\text{m}^3$

48 공급가스인 천연가스 비중이 0.6이라할 때 45m 높이의 아파트 옥상까지 압력손실은 약 몇 [mmH_2O]인가?

① 18.0 ② 23.3
③ 34.9 ④ 27.0

$p=1.293(1-S)h=1.293(1-0.6)\times 45=23.274\text{mmH}_2\text{O}$

49 시안화수소 충전에 대한 설명 중 틀린 것은?

① 용기에 충전하는 시안화수소는 순도가 98% 이상이어야 한다.
② 시안화수소를 충전한 용기는 충전 후 24시간 이상 정치한다.
③ 시안화수소는 충전 후 30일이 경과되기 전에 다른 용기에 옮겨 충전하여야 한다.
④ 시안화수소 충전용기는 1일 1회 이상 질산구리, 벤젠 등의 시험지로 가스누출검사를 한다.

③ 충전 후 60일이 경과되기 전에 다른 용기에 옮겨 충전하여야 한다.

정답 42.③ 43.④ 44.② 45.④ 46.② 47.② 48.② 49.③

50 다음 중 절대압력을 정하는 데 기준이 되는 것은? **[설비 2]**

① 게이지압력　② 국소 대기압
③ 완전진공　④ 표준 대기압

압력의 종류	기준이 되는 압력
절대압력	완전진공
게이지압력	대기압력
진공압력	대기압력보다 낮은 부압 (−)의 의미를 가진 압력

51 일산화탄소 전화법에 의해 얻고자 하는 가스는?

① 암모니아
② 일산화탄소
③ 수소
④ 수성 가스

일산화탄소 전화법
$CO + H_2O \rightarrow CO_2 + H_2$

52 도시가스는 무색, 무취이기 때문에 누출 시 중독 및 사고를 미연에 방지하기 위하여 부취제를 첨가하는 데, 그 첨가 비율의 용량이 얼마의 상태에서 냄새를 감지할 수 있어야 하는가? **[안전 55]**

① 0.1%　② 0.01%
③ 0.2%　④ 0.02%

$\frac{1}{1000}$ 상태=0.1%

53 절대영도로 표시한 것 중 가장 거리가 먼 것은?

① −273.15℃
② 0K
③ 0°R
④ 0°F

0K=−273.15℃=0°R

54 염소(Cl_2)에 대한 설명으로 틀린 것은?

① 황록색의 기체로 조연성이 있다.
② 강한 자극성의 취기가 있는 독성 기체이다.
③ 수소와 염소의 등량 혼합기체를 염소폭명기라 한다.
④ 건조 상태의 상온에서 강재에 대하여 부식성을 갖는다.

염소 : 습기가 있는 상태에서 현저한 부식성을 가지고 습기가 없으면 부식성이 없음

55 '효율이 100%인 열기관은 제작이 불가능하다.'라고 표현되는 법칙은? **[설비 27]**

① 열역학 제0법칙
② 열역학 제1법칙
③ 열역학 제2법칙
④ 열역학 제3법칙

56 순수한 물의 증발잠열은?

① 539kcal/kg
② 79.68kcal/kg
③ 539cal/kg
④ 79.68cal/kg

57 게이지압력 1520mmHg는 절대압력으로 몇 기압인가?

① 0.33atm
② 3atm
③ 30atm
④ 33atm

절대압력=대기압력+게이지압력
=760+1520=2280mmHg

$\therefore \frac{2280}{760} = 3atm$

58 압력단위를 나타낸 것은?

① kg/cm^2　② kL/m^2
③ $kcal/mm^2$　④ kV/km^2

정답 50.③ 51.③ 52.① 53.④ 54.④ 55.③ 56.① 57.② 58.①

59 A의 분자량은 B의 분자량의 2배이다. A와 B의 확산속도의 비는?

① $\sqrt{2}$: 1
② 4 : 1
③ 1 : 4
④ 1 : $\sqrt{2}$

$\frac{u_A}{u_B} = \sqrt{\frac{1}{2}}$ 이므로

$u_A : u_B = 1 : \sqrt{2}$

∴ 확산속도는 분자량의 제곱근에 반비례한다.

60 부탄(C_4H_{10}) 가스의 비중은?

① 0.55
② 0.9
③ 1.5
④ 2

$C_4H_{10} = 58g$ 이므로

∴ $\frac{58}{29} = 2$

정답 59.④ 60.④

국가기술자격 필기시험문제

2015년 기능사 제1회 필기시험(1부) (2015년 1월 시행)

자격종목	시험시간	문제수	문제형별
가스기능사	**1시간**	**60**	**A**

수험번호		성 명	

01 도시가스의 매설 배관에 설치하는 보호판은 누출가스가 지면으로 확산되도록 구멍을 뚫는데 그 간격의 기준으로 옳은 것은? **[안전 8]**

① 1m 이하 간격
② 2m 이하 간격
③ 3m 이하 간격
④ 5m 이하 간격

02 처리능력이 1일 35000m^{3}인 산소 처리설비로 전용 공업지역이 아닌 지역일 경우 처리설비 외면과 사업소 밖에 있는 병원과는 몇 [m] 이상 안전거리를 유지하여야 하는가? **[안전 7]**

① 16m ② 17m
③ 18m ④ 20m

산소와 보호시설의 안전거리

처리 및 저장능력	1종	2종
1만 이하	12m	8m
1만 초과 2만 이하	14m	9m
2만 초과 3만 이하	16m	11m
3만 초과 4만 이하	18m	13m
4만 초과	20m	14m

• 병원 : 1종 보호시설

03 도시가스사업자는 굴착공사 정보지원센터로부터 굴착계획의 통보 내용을 통지받은 때에는 얼마 이내에 매설된 배관이 있는지를 확인하고 그 결과를 굴착공사 정보지원센터에 통지하여야 하는가?

① 24시간 ② 36시간
③ 48시간 ④ 60시간

04 공기 중에서 폭발범위가 가장 좁은 것은?

① 메탄 ② 프로판
③ 수소 ④ 아세틸렌

폭발범위

가스명	폭발범위(%)
CH_4	5~15
C_3H_8	2.1~9.5
H_2	4~75
C_2H_2	2.5~81

05 용기에 의한 액화석유가스 저장소에서 실외 저장소 주위의 경계울타리와 용기보관장소 사이에는 얼마 이상의 거리를 유지하여야 하는가?

① 2m ② 8m
③ 15m ④ 20m

06 다음 중 고압가스 특정 제조허가의 대상이 아닌 것은? **[안전 139]**

① 석유정제시설에서 고압가스를 제조하는 것으로서 그 저장능력이 100톤 이상인 것
② 석유화학공업시설에서 고압가스를 제조하는 것으로서 그 처리능력이 1만세제곱미터 이상인 것
③ 철강공업시설에서 고압가스를 제조하는 것으로서 그 처리능력이 1만세제곱미터 이상인 것
④ 비료 제조시설에서 고압가스를 제조하는 것으로서 그 저장능력이 100톤 이상인 것

정답 01.③ 02.③ 03.① 04.② 05.④ 06.③

07 가연성 가스의 제조설비 중 전기설비를 방폭 성능을 가지는 구조로 갖추지 아니하여도 되는 가스는?

① 암모니아　② 염화메탄
③ 아크릴알데히드　④ 산화에틸렌

방폭구조 시공 가스
모든 가연성 가스(단, NH_3, CH_3Br 제외)

08 가스도매사업 제조소의 배관장치에 설치하는 경보장치가 울려야 하는 시기의 기준으로 잘못된 것은? **[안전 40]**

① 배관 안의 압력이 상용압력의 1.05배를 초과한 때
② 배관 안의 압력이 정상운전 때의 압력보다 15% 이상 강하한 경우 이를 검지한 때
③ 긴급차단밸브의 조작회로가 고장난 때 또는 긴급차단밸브가 폐쇄된 때
④ 상용압력이 5MPa 이상인 경우에는 상용압력에 0.5MPa를 더한 압력을 초과한 때

경보장치
사용압력 4MPa 이상 시 0.2MPa를 더한 압력이므로
∴ 5+0.2=5.2MPa

09 다음 중 상온에서 가스를 압축, 액화상태로 용기에 충전시키기가 가장 어려운 가스는?

① C_3H_8　② CH_4
③ Cl_2　④ CO_2

가스 종류	해당 가스
압축가스	H_2, O_2, N_2, CO, CH_4, Ar
액화가스	C_3H_8, C_4H_{10}, Cl_2, NH_3

압축하여 액화상태로 충전 : 액화가스를 의미

10 일반 도시가스사업의 가스공급시설 기준에서 배관을 지상에 설치할 경우 가스 배관의 표면 색상은? **[안전 147]**

① 흑색　② 청색
③ 적색　④ 황색

11 가스도매사업의 가스공급시설 중 배관을 지하에 매설할 때의 기준으로 틀린 것은 어느 것인가? **[안전 140]**

① 배관은 그 외면으로부터 수평거리로 건축물까지 1.0m 이상을 유지한다.
② 배관은 그 외면으로부터 지하의 다른 시설물과 0.3m 이상의 거리를 유지한다.
③ 배관을 산과 들에 매설할 때는 지표면으로부터 배관의 외면까지의 매설깊이를 1m 이상으로 한다.
④ 배관은 지반 동결로 손상을 받지 아니하는 깊이로 매설한다.

① 건축물까지 1.5m 이상 유지

12 운반책임자를 동승시키지 않고 운반하는 액화석유가스용 차량에서 고정된 탱크에 설치하여야 하는 장치는?

① 살수장치　② 누설방지장치
③ 폭발방지장치　④ 누설경보장치

13 수소의 특징에 대한 설명으로 옳은 것은?

① 조연성 기체이다.
② 폭발범위가 넓다.
③ 가스의 비중이 커서 확산이 느리다.
④ 저온에서 탄소와 수소취성을 일으킨다.

① 가연성
③ 비중이 적어 확산이 빠르다.
④ 고온·고압에서 수소취성을 일으킨다.

14 다음 중 제1종 보호시설이 아닌 것은 어느 것인가? **[안전 64]**

① 가설건축물이 아닌 사람을 수용하는 건축물로서 사실상 독립된 부분의 연면적이 1500m²인 건축물
② 문화재보호법에 의하여 지정문화재로 지정된 건축물
③ 수용 능력이 100인(人) 이상인 공연장
④ 어린이집 및 어린이놀이시설

정답 07.① 08.④ 09.② 10.④ 11.① 12.③ 13.② 14.③

예식장, 장례식장 및 전시장 그 밖에 이와 유사한 시설로 300인 이상 수용할 수 있는 건축물(공연장은 그 밖에 유사한 시설에 해당, 300인 이상이 제1종 보호시설임)

15 가연성 가스와 동일차량에 적재하여 운반할 경우 충전용기의 밸브가 서로 마주보지 않도록 적재해야 할 가스는?

① 수소
② 산소
③ 질소
④ 아르곤

16 천연가스의 발열량이 10400kcal/Sm³이다. SI 단위인 [MJ/Sm³]으로 나타내면?

① 2.47　② 43.68
③ 2476　④ 43680

1cal=4.2J
1kcal=4.2kJ=4.2×10^{-3}MJ이므로
∴ 10400kcal/Sm³=$10400\times4.2\times10^{-3}$MJ/Sm³
=43.68MJ/Sm³

17 다음 중 연소의 3요소가 아닌 것은?

① 가연물
② 산소공급원
③ 점화원
④ 인화점

18 다음 중 허가대상 가스용품이 아닌 것은 어느 것인가? **[안전 141]**

① 용접절단기용으로 사용되는 LPG 압력조정기
② 가스용 폴리에틸렌 플러그형 밸브
③ 가스소비량이 132.6kW인 연료전지
④ 도시가스 정압기에 내장된 필터

19 가연성 가스 충전용기 보관실의 벽 재료의 기준은?

① 불연재료
② 난연재료
③ 가벼운 재료
④ 불연 또는 난연 재료

가연성 충전용기 보관실
㉠ 벽 : 불연재료
㉡ 천장 : 가벼운 불연성 또는 난연성 재료

20 고압가스안전관리법상 독성 가스는 공기 중에 일정량 이상 존재하는 경우 인체에 유해한 독성을 가진 가스로서 허용농도(해당 가스를 성숙한 흰쥐 집단에게 대기 중에서 1시간 동안 계속하여 노출시킨 경우 14일 이내에 그 흰쥐의 2분의 1 이상이 죽게 되는 가스의 농도를 말한다.)가 얼마인 것을 말하는가?

① 100만분의 2000 이하
② 100만분의 3000 이하
③ 100만분의 4000 이하
④ 100만분의 5000 이하

21 고압가스 저장의 시설에서 가연성 가스 시설에 설치하는 유동방지 시설의 기준은? **[15-5]**

① 높이 2m 이상의 내화성 벽으로 한다.
② 높이 1.5m 이상의 내화성 벽으로 한다.
③ 높이 2m 이상의 불연성 벽으로 한다.
④ 높이 1.5m 이상의 불연성 벽으로 한다.

22 다음 중 고압가스 용기 재료의 구비조건이 아닌 것은?

① 내식성, 내마모성을 가질 것
② 무겁고 충분한 강도를 가질 것
③ 용접성이 좋고 가공 중 결함이 생기지 않을 것
④ 저온 및 사용온도에 견디는 연성과 점성강도를 가질 것

② 가볍고 충분한 강도를 가질 것

정답 15.② 16.② 17.④ 18.④ 19.① 20.④ 21.① 22.②

23 LPG 충전소에는 시설의 안전확보상 "충전 중 엔진정지"를 주위의 보기 쉬운 곳에 설치해야 한다. 이 표지판의 바탕색과 문자색은? [안전 5]

① 흑색바탕에 백색 글씨
② 흑색바탕에 황색 글씨
③ 백색바탕에 흑색 글씨
④ 황색바탕에 흑색 글씨

LPG 충전소
㉠ 황색바탕에 흑색 글씨 : 충전 중 엔진정지
㉡ 백색바탕에 붉은 글씨 : 화기엄금

24 도시가스 배관의 지름이 15mm인 배관에 대한 고정장치의 설치 간격은 몇 [m] 이내마다 설치하여야 하는가? [안전 71]

① 1 ② 2
③ 3 ④ 4

배관의 고정장치
13mm 이상 33mm 미만 : 2m마다

25 가스 운반 시 차량 비치 항목이 아닌 것은?

① 가스 표시 색상
② 가스 특성(온도와 압력과의 관계, 비중, 색깔 냄새)
③ 인체에 대한 독성 유무
④ 화재, 폭발의 위험성 유무

26 다음 중 고압가스 판매자가 실시하는 용기의 안전점검 및 유지관리의 기준으로 틀린 것은?

① 용기 아래부분의 부식상태를 확인할 것
② 완성검사 도래 여부를 확인할 것
③ 밸브의 그랜드너트가 고정핀으로 이탈방지를 위한 조치가 되어 있는지의 여부를 확인할 것
④ 용기 캡이 씌워져 있거나 프로텍터가 부착되어 있는지의 여부를 확인할 것

② 재검사 도래 여부를 확인할 것

27 독성 가스인 암모니아의 저장탱크에는 그 가스의 용량이 그 저장탱크 내용적의 몇 [%]를 초과하지 않아야 하는가? [안전 13]

① 80%
② 85%
③ 90%
④ 95%

28 다음 중 액화암모니아 10kg을 기화시키면 표준상태에서 약 몇 [m^3]의 기체로 되는가?

① 80
② 5
③ 13
④ 26

NH_3의 분자량은 17g이므로
17kg : 22.4m^3
10kg : $x(m^3)$

$$\therefore x = \frac{10 \times 22.4}{17} = 13.176 = 13.18m^3$$

29 용기에 의한 고압가스 판매시설의 충전용기 보관실 기준으로 옳지 않은 것은?

① 가연성 가스 충전용기 보관실은 불연성 재료나 난연성의 재료를 사용한 가벼운 지붕을 설치한다.
② 공기보다 무거운 가연성 가스의 용기 보관실에는 가스누출 검지경보장치를 설치한다.
③ 충전용기 보관실은 가연성 가스가 새어나오지 못하도록 밀폐구조로 한다.
④ 용기보관실의 주변에는 화기 또는 인화성 물질이나 발화성 물질을 두지 않는다.

③ 가연성 가스 충전용기 보관실은 통풍이 양호한 구조로 한다.

정답 23.④ 24.② 25.① 26.② 27.③ 28.③ 29.③

30 도시가스 배관의 용어에 대한 설명으로 틀린 것은? **[안전 143]**

① 배관이란 본관, 공급관, 내관 또는 그 밖의 관을 말한다.
② 본관이란 도시가스 제조사업소의 부지경계에서 정압기까지 이르는 배관을 말한다.
③ 사용자 공급관이란 공급관 중 정압기에서 가스사용자가 구분하여 소유하는 건축물의 외벽에 설치된 계량기까지 이르는 배관을 말한다.
④ 내관이란 가스사용자가 소유하거나 점유하고 있는 토지의 경계에서 연소기까지 이르는 배관을 말한다.

사용자 공급관 : 가스사용자가 소유하거나 점유하고 있는 토지의 경계에서 가스사용자가 구분하여 소유하거나 점유하는 건축물의 외벽에 설치된 계량기의 전단밸브(계량기가 건축물 내부에 설치된 경우에는 건축물의 외벽)까지 이르는 배관

31 측정압력이 $0.01 \sim 10 kg/cm^2$ 정도이고, 오차가 ±1~2% 정도이며 유체 내의 먼지 등의 영향이 적으나, 압력변동에 적응하기 어렵고 주위온도 차에 의한 충분한 주의를 요하는 압력계는?

① 전기저항 압력계
② 벨로스(Bellows) 압력계
③ 부르동(bourdon)관 압력계
④ 피스톤 압력계

32 1단 감압식 저압조정기의 조정압력(출구압력)은? **[안전 73]**

① 2.3~3.3kPa ② 5~30kPa
③ 32~83kPa ④ 57~83kPa

33 초저온 저장탱크에 주로 사용되며, 차압에 의하여 측정하는 액면계는?

① 시창식 ② 햄프슨식
③ 부자식 ④ 회전 튜브식

34 분말진공 단열법에서 충진용 분말로 사용되지 않는 것은?

① 탄화규소
② 펄라이트
③ 규조토
④ 알루미늄 분말

35 압축기에서 다단 압축을 하는 목적으로 틀린 것은? **[설비 11]**

① 소요일량의 감소
② 이용효율의 증대
③ 힘의 평형 향상
④ 토출온도 상승

④ 온도 상승을 방지한다.

36 1000L의 액산탱크에 액산을 넣어 방출밸브를 개방하여 12시간 방치하였더니 탱크 내의 액산이 4.8kg 방출되었다면 1시간당 탱크에 침입하는 열량은 약 몇 [kcal]인가? (단, 액산의 증발잠열은 60kcal/kg이다.)

① 12 ② 24
③ 70 ④ 150

12h : 4.8kg×60kcal/kg
1hr : x

$$\therefore x = \frac{1 \times 4.8 \times 60}{12} = 24\text{kcal}$$

37 도시가스용 압력조정기에 대한 설명으로 옳은 것은?

① 유량성능은 제조자가 제시한 설정압력의 ±10% 이내로 한다.
② 합격표시는 바깥지름이 5mm의 "K"자 각인을 한다.
③ 입구측 연결배관 관경은 50A 이상의 배관에 연결되어 사용되는 조정기이다.
④ 최대표시유량 $300Nm^3/h$ 이상인 사용처에 사용되는 조정기이다.

정답 30.③ 31.② 32.① 33.② 34.① 35.④ 36.② 37.②

도시가스용 압력조정기 제조의 시설 · 기술검사 기준 (KGS AA 431)

1. 도시가스용 압력조정기란 도시가스 정압기 이외에 설치되는 압력조정기로 호칭지름이 50A 이하 최대표시유량이 300Nm^3/h 이하인 것
2. 유량성능에서 도시가스 압력조정기 유량시험은 조절 스프링을 고정하고 표시된 입구압력 범위 안에서 최대표시유량을 통과시킬 경우 출구압력은 제조자가 제시한 설정압력의 ±20% 이내로 한다.
3. 도시가스용 압력조정기는 바깥지름 5mm의 "K"자 각인 정압기용 압력조정기는 바깥지름 10mm의 "K"자 각인
4. 입구측에는 황동 선망이나 스테인리스강 선망 등을 사용한 스트레나를 부착(조립)할 수 있는 구조로 한다.(최대표시유량이 300Nm^3/h 이하인 것에 적용)
5. 출구압력이 이상 상승 시 자동으로 가스를 방출시킬 수 있는 릴리프식 안전장치와 입구측 가스흐름을 차단시키는 이상승압 차단장치를 부착한 구조로 한다.

38 오리피스 유량계는 다음 중 어떤 형식의 유량계인가?

① 차압식
② 면적식
③ 용적식
④ 터빈식

39 질소를 취급하는 금속재료에서 내질화성을 증대시키는 원소는?

① Ni ② Al
③ Cr ④ Ti

40 다음 각 가스에 의한 부식 현상 중 틀린 것은?

① 암모니아에 의한 강의 질화
② 황화수소에 의한 철의 부식
③ 일산화탄소에 의한 금속의 카르보닐화
④ 수소원자에 의한 강의 탈수소화

수소원자에 의한 강의 탈탄(탈탄소화)
$Fe_3C + 2H_2 \rightarrow CH_4 + 3Fe$

41 다음 중 아세틸렌과 치환반응을 하지 않는 것은?

① Cu ② Ag
③ Hg ④ Ar

- $2Cu + C_2H_2 \rightarrow Cu_2C_2 + H_2$
- $2Ag + C_2H_2 \rightarrow Ag_2C_2 + H_2$
- $2Hg + C_2H_2 \rightarrow Hg_2C_2 + H_2$

42 비점이 점차 낮은 냉매를 사용하여 저비점의 기체를 액화하는 사이클은? **[장치 24]**

① 클라우드 액화 사이클
② 플립스 액화 사이클
③ 캐스케이드 액화 사이클
④ 캐피자 액화 사이클

43 유체가 5m/s의 속도로 흐를 때 이 유체의 속도수두는 약 몇 [m]인가? (단, 중력가속도는 9.8m/s^{2}이다.)

① 0.98 ② 1.28
③ 12.2 ④ 14.1

속도수두$= \dfrac{V^2}{2g} = \dfrac{5^2}{2 \times 9.8} = 1.275 = 1.28$m

44 빙점 이하의 낮은 온도에서 사용되며 LPG 탱크, 저온에도 인성이 감소되지 않는 화학공업 배관 등에 주로 사용되는 관의 종류는? **[안전 136]**

① SPLT ② SPHT
③ SPPH ④ SPPS

해설
① 저온배관용 탄소강관
② 고온배관용 탄소강관
③ 고압배관용 탄소강관
④ 압력배관용 탄소강관

45 고압가스용 이음매 없는 용기에서 내력비란?

① 내력과 압궤강도의 비를 말한다.
② 내력과 파열강도의 비를 말한다.
③ 내력과 압축강도의 비를 말한다.
④ 내력과 인장강도의 비를 말한다.

정답 38.① 39.① 40.④ 41.④ 42.③ 43.② 44.① 45.④

46 섭씨온도로 측정할 때 상승된 온도가 5℃이었다. 이 때 화씨온도로 측정하면 상승온도는 몇 도인가?

① 7.5 ② 8.3
③ 9.0 ④ 41

상승온도 5℃ : 5×1.8=9℉

주의 섭씨온도 5℃를 화씨온도로 계산할 때에는 ℉=℃×1.8+32=5×1.8+32=41℃이다.
※ 상승한 만큼의 화씨온도는 ℃×1.8=℉임.

47 어떤 물질의 고유의 양으로 측정하는 장소에 따라 변함이 없는 물리량은?

① 질량 ② 중량
③ 부피 ④ 밀도

㉠ 중량(kgf) : 물체가 가지는 무게
㉡ 비열(kcal/kg℃) : 단위중량당 열량을 섭씨온도로 나눈 값 또는 어떤 물질 1kg을 1℃ 높이는데 필요한 열량

48 하버-보시법으로 암모니아 44g을 제조하려면 표준상태에서 수소는 약 몇 [L]가 필요한가?

① 22 ② 44
③ 87 ④ 100

$N_2+3H_2 \rightarrow 2NH_3$
$3\times22.4L : 34g$
$x(L) : 44g$
$\therefore x=\frac{3\times22.4\times44}{34}=86.96=87L$

49 기체연료의 연소 특성으로 틀린 것은?

① 소형의 버너도 매연이 적고, 완전연소가 가능하다.
② 하나의 연료공급원으로부터 다수의 연소로와 버너에 쉽게 공급된다.
③ 미세한 연소조정이 어렵다.
④ 연소율의 가변범위가 넓다.

50 비중이 13.6인 수은은 76cm의 높이를 갖는다. 비중이 0.5인 알코올로 환산하면 그 수주는 몇 [m]인가?

① 20.67 ② 15.2
③ 13.6 ④ 5

$S_1h_1=S_2h_2$이므로
$\therefore h_2=\frac{S_1h_1}{S_2}=\frac{13.6\times76}{0.5}$
$=2067.2cm=20.67m$

51 SNG에 대한 설명으로 가장 적당한 것은 어느 것인가?

① 액화석유가스
② 액화천연가스
③ 정유가스
④ 대체천연가스

① LPG
② LNG
③ Off Gas

52 액체는 무색투명하고, 특유의 복숭아 향을 가진 맹독성 가스는?

① 일산화탄소 ② 포스겐
③ 시안화수소 ④ 메탄

53 단위체적당 물체의 질량은 무엇을 나타내는 것인가?

① 중량 ② 비열
③ 비체적 ④ 밀도

㉠ 비체적(m^3/kg) : 단위질량당 체적 또는 단위중량당 체적
㉡ 밀도(kg/m^3) : 단위체적당 질량

54 다음 중 지연성 가스로만 구성되어 있는 것은?

① 일산화탄소, 수소
② 질소, 아르곤
③ 산소, 이산화질소
④ 석탄가스, 수성 가스

지연성 가스 : O_2, NO_2, O_3, 공기, Cl_2

정답 46.③ 47.① 48.③ 49.③ 50.① 51.④ 52.③ 53.④ 54.③

55 메탄가스의 특성에 대한 설명으로 틀린 것은?

① 메탄은 프로판에 비해 연소에 필요한 산소량이 많다.
② 폭발하한 농도가 프로판보다 높다.
③ 무색, 무취이다.
④ 폭발상한 농도가 부탄보다 높다.

- $CH_4+2O_2 \rightarrow CO_2+2H_2O$
- $C_3H_8+5O_2 \rightarrow 3CO_2+4H_2O$

연소에 필요한 산소량이 적다.

56 암모니아의 성질에 대한 설명으로 옳지 않은 것은?

① 가스일 때 공기보다 무겁다.
② 물에 잘 녹는다.
③ 구리에 대하여 부식성이 강하다.
④ 자극성 냄새가 있다.

NH_3는 분자량 17g으로 공기보다 가볍다.

57 수소에 대한 설명으로 틀린 것은?

① 상온에서 자극성을 가지는 가연성 기체이다.
② 폭발범위는 공기 중에서 약 4~75%이다.
③ 염소와 반응하여 폭명기를 형성한다.
④ 고온 · 고압에서 강재 중 탄소와 반응하여 수소취성을 일으킨다.

수소는 무색 · 무취의 가연성 가스이다.

58 다음 중 표준상태에서 가스상 탄화수소의 점도가 가장 높은 가스는?

① 에탄 ② 메탄
③ 부탄 ④ 프로판

분자량이 적고 비등점이 낮을수록 점도가 높다.

59 도시가스의 원료인 메탄가스를 완전연소시켰다. 이 때 어떤 가스가 주로 발생되는가?

① 부탄 ② 암모니아
③ 콜타르 ④ 이산화탄소

$CH_4+2O_2 \rightarrow CO_2+2H_2O$

60 표준대기압 하에서 물 1kg의 온도를 1℃ 올리는 데 필요한 열량은 얼마인가?

① 0kcal
② 1kcal
③ 80kcal
④ 539kcal/kg℃

정답 55.① 56.① 57.① 58.② 59.④ 60.②

국가기술자격 필기시험문제

2015년 기능사 제2회 필기시험(1부) (2015년 4월 시행)

자격종목	시험시간	문제수	문제형별
가스기능사	**1시간**	**60**	**A**

수험번호		성 명	

01 액화석유가스의 안전관리 및 사업법에서 정한 용어에 대한 설명으로 틀린 것은 어느 것인가?

① 저장설비란 액화석유가스를 저장하기 위한 설비로서 각종 저장탱크 및 용기를 말한다.
② 저장탱크란 액화석유가스를 저장하기 위하여 지상 또는 지하에 고정 설치된 탱크로서 그 저장능력이 3톤 이상인 탱크를 말한다.
③ 용기집합설비란 2개 이상의 용기를 집합하여 액화석유가스를 저장하기 위한 설비를 말한다.
④ 충전용기란 액화석유가스 충전질량의 90% 이상이 충전되어 있는 상태의 용기를 말한다.

㉠ 충전용기 : 충전질량 50% 이상 충전되어 있는 용기
㉡ 잔가스용기 : 충전질량 50% 미만 충전되어 있는 용기

02 다음 중 방호벽을 설치하지 않아도 되는 곳은? **[안전 57]**

① 아세틸렌가스 압축기와 충전장소 사이
② 판매소의 용기 보관실
③ 고압가스 저장설비와 사업소 안 보호시설과의 사이
④ 아세틸렌가스 발생장치와 해당 가스 충전용기 보관장소의 사이

03 공기와 혼합된 가스의 압력이 높아지면 폭발범위가 좁아지는 가스는?

① 메탄
② 프로판
③ 일산화탄소
④ 아세틸렌

㉠ 모든 가연성 가스는 압력을 올리면 폭발범위가 넓어진다.
㉡ CO는 압력을 올리면 폭발범위가 좁아진다.
㉢ H_2는 압력을 올리면 폭발범위가 좁아지다가 계속 압력을 올리면 폭발범위가 다시 넓어진다.

04 천연가스 지하매설 배관의 퍼지용으로 주로 사용되는 가스는?

① N_2
② Cl_2
③ H_2
④ O_2

치환용(퍼지용) 가스
N_2, CO_2, He 등

05 산소압축기의 내부 윤활유제로 주로 사용되는 것은? **[설비 10]**

① 석유
② 물
③ 유지
④ 황산

정답 01.④ 02.④ 03.③ 04.① 05.②

06 지하에 매설된 도시가스 배관의 전기방식 기준으로 틀린 것은? **[안전 42]**

① 전기방식전류가 흐르는 상태에서 토양 중에 있는 배관 등의 방식전위 상한값은 포화황산동 기준전극으로 −0.85V 이하일 것
② 전기방식전류가 흐르는 상태에서 자연전위와의 전위변화가 최소한 −300mV 이하일 것
③ 배관에 대한 전위측정은 가능한 배관 가까운 위치에서 실시할 것
④ 전기방식시설의 관 대지전위 등을 2년에 1회 이상 점검할 것

07 충전용기 등을 적재한 차량의 운반 개시 전 용기 적재상태의 점검내용이 아닌 것은?

① 차량의 적재중량 확인
② 용기 고정상태 확인
③ 용기 보호캡의 부착유무 확인
④ 운반계획서 확인

08 도시가스 사용시설에서 안전을 확보하기 위하여 최고사용압력의 1.1배 또는 얼마의 압력 중 높은 압력으로 실시하는 기밀시험에 이상이 없어야 하는가?

① 5.4kPa
② 6.4kPa
③ 7.4kPa
④ 8.4kPa

09 다음 각 폭발의 종류와 그 관계로서 맞지 않는 것은?

① 화학 폭발 : 화약의 폭발
② 압력 폭발 : 보일러의 폭발
③ 촉매 폭발 : C_2H_2의 폭발
④ 중합 폭발 : HCN의 폭발

해설

촉매 폭발

$H_2 + Cl_2 \xrightarrow{\text{햇빛}} 2HCl$

10 일반 도시가스사업자가 설치하는 가스공급시설 중 정압기의 설치에 대한 설명으로 틀린 것은? **[안전 44]**

① 건축물 내부에 설치된 도시가스사업자의 정압기로서 가스누출경보기와 연동하여 작동하는 기계환기설비를 설치하고 1일 1회 이상 안전점검을 실시하는 경우에는 건축물의 내부에 설치할 수 있다.
② 정압기에 설치되는 가스방출관의 방출구는 주위에 불 등이 없는 안전한 위치로서 지면으로부터 3m 이상의 높이에 설치하여야 하며, 전기시설물과의 접촉 등으로 사고의 우려가 있는 장소에서는 5m 이상의 높이로 설치한다.
③ 정압기에 설치하는 가스차단장치는 정압기의 입구 및 출구에 설치한다.
④ 정압기는 2년에 1회 이상 분해점검을 실시하고 필터는 가스공급 개시 후 1월 이내 및 가스공급 개시 후 매년 1회 이상 분해점검을 실시한다.

② 정압기 안전밸브 가스방출관 : 지면에서 5m 이상(단, 전기시설물 접촉 우려 시 3m 이상으로 할 수 있다.)

11 아세틸렌(C_2H_2)에 대한 설명으로 틀린 것은?

① 폭발범위는 수소보다 넓다.
② 공기보다 무겁고 황색의 가스이다.
③ 공기와 혼합되지 않아도 폭발할 수 있다.
④ 구리, 은, 수은 및 그 합금과 폭발성 화합물을 만든다.

C_2H_2 : 분자량 26g으로 공기보다 가볍다.

12 고압가스 충전용기는 항상 몇 [℃] 이하의 온도를 유지하여야 하는가?

① 10℃ ② 30℃
③ 40℃ ④ 50℃

정답 06.④ 07.④ 08.④ 09.③ 10.② 11.② 12.③

13 용기에 의한 고압가스 운반기준으로 틀린 것은? **[안전 60]**

① 3000kg의 액화 조연성 가스를 차량에 적재하여 운반할 때에는 운반책임자가 동승하여야 한다.
② 허용농도가 500ppm인 액화 독성 가스 1000kg을 차량에 적재하여 운반할 때에는 운반책임자가 동승하여야 한다.
③ 충전용기와 위험물안전관리법에서 정하는 위험물과는 동일차량에 적재하여 운반할 수 없다.
④ $300m^3$의 압축 가연성 가스를 차량에 적재하여 운반할 때에는 운전자가 운반책임자의 자격을 가진 경우에는 자격이 없는 사람을 동승시킬 수 있다.

해설
액화 조연성 가스 : 6000kg 이상일 경우 운반책임자 동승

14 공기 중으로 누출 시 냄새로 쉽게 알 수 있는 가스로만 나열된 것은?

① Cl_2, NH_3
② CO, Ar
③ C_2H_2, CO
④ O_2, Cl_2

15 신규검사 후 20년이 경과한 용접용기(액화석유가스용 용기는 제외한다)의 재검사 주기는? **[안전 68]**

① 3년마다
② 2년마다
③ 1년마다
④ 6개월마다

16 액화석유가스 저장탱크 벽면의 국부적인 온도상승에 따른 저장탱크의 파열을 방지하기 위하여 저장탱크 내벽에 설치하는 폭발방지장치의 재료로 맞는 것은?

① 다공성 철판
② 다공성 알루미늄판
③ 다공성 아연판
④ 오스테나이트계 스테인리스판

17 최대지름 6m인 가연성 가스 저장탱크 2개가 서로 유지하여야 할 최소 거리는? **[안전 144]**

① 0.6m　② 1m
③ 2m　④ 3m

$(6m+6m)\times\frac{1}{4}=3m$

18 다음 중 연소의 형태가 아닌 것은 어느 것인가? **[장치 25]**

① 분해연소　② 확산연소
③ 증발연소　④ 물리연소

19 고압가스 일반제조시설 중 에어졸의 제조기준에 대한 설명으로 틀린 것은? **[안전 50]**

① 에어졸의 분사제는 독성 가스를 사용하지 아니 한다.
② 35℃에서 그 용기의 내압은 0.8MPa 이하로 한다.
③ 에어졸 제조설비는 화기 또는 인화성 물질과 5m 이상의 우회거리를 유지한다.
④ 내용적이 $30cm^3$ 이상인 용기는 에어졸의 제조에 재사용하지 않는다.

③ 8m 이상 우회거리

20 가스누출 검지경보장치의 설치에 대한 설명으로 틀린 것은?

① 통풍이 잘 되는 곳에 설치한다.
② 가스의 누출을 신속하게 검지하고 경보하기에 충분한 개수 이상을 설치한다.
③ 장치의 기능은 가스의 종류에 적절한 것으로 한다.
④ 가스가 체류할 우려가 있는 장소에 적절하게 설치한다.

① 가스누출 시 체류하기 쉬운 장소에 설치한다.

정답 13.① 14.① 15.③ 16.② 17.④ 18.④ 19.③ 20.①

21 가스용기의 취급 및 주의사항에 대한 설명으로 틀린 것은?

① 충전 시 용기는 용기 재검사기간이 지나지 않았는지 확인한다.
② LPG 용기나 밸브를 가열할 때는 뜨거운 물(40℃ 이상)을 사용한다.
③ 충전한 후에는 용기 밸브의 누출여부를 확인한다.
④ 용기 내에 잔류물이 있을 때는 잔류물을 제거하고 충전한다.

해설
② LPG 용기나 밸브를 가열할 때는 40℃ 이하의 물을 사용한다.

22 용기 신규검사에 합격된 용기 부속품 기호 중 압축가스를 충전하는 용기 부속품의 기호는? **[안전 29]**

① AG ② PG
③ LG ④ LT

23 일반 액화석유가스 압력조정기에 표시하는 사항이 아닌 것은?

① 제조자명이나 그 약호
② 제조번호나 로트번호
③ 입구압력(기호 : P, 단위 : MPa)
④ 검사 연월일

24 다음 중 산화에틸렌 취급 시 주로 사용되는 제독제는? **[안전 22]**

① 가성소다수용액
② 탄산소다수용액
③ 소석회수용액
④ 물

25 고압가스 설비에 설치하는 압력계의 최고눈금에 대한 측정범위의 기준으로 옳은 것은?

① 상용압력의 1.0배 이상 1.2배 이하
② 상용압력의 1.2배 이상 1.5배 이하
③ 상용압력의 1.5배 이상 2.0배 이하
④ 상용압력의 2.0배 이상 3.0배 이하

26 0종 장소는 원칙적으로 어떤 방폭구조의 것으로 하여야 하는가? **[안전 46]**

① 내압방폭구조
② 본질안전방폭구조
③ 특수방폭구조
④ 안전증 방폭구조

0종 장소에는 본질안전방폭구조만 사용

27 도시가스 사용시설에서 PE 배관은 온도가 몇 [℃] 이상이 되는 장소에 설치하지 아니하는가?

① 25℃
② 30℃
③ 40℃
④ 60℃

PE 배관 설치 장소 제한(KGS Fu 551) (2.5.4.1.4)
PE 배관은 온도가 40℃ 이상이 되는 장소에 설치하지 아니 한다. 단, 파이프, 슬리브 등을 이용하여 단열조치를 한 경우에는 온도가 40℃ 이상되는 장소에 설치할 수 있다.

28 충전용 주관의 압력계는 정기적으로 표준압력계로 그 기능을 검사하여야 한다. 다음 중 검사의 기준으로 옳은 것은?

① 매월 1회 이상
② 3개월에 1회 이상
③ 6개월에 1회 이상
④ 1년에 1회 이상

충전용 주관의 압력계는 월 1회, 기타 압력계는 3월 1회 표준압력계로 기능을 검사

29 방류둑의 내측 및 그 외면으로부터 몇 [m] 이내에 그 저장탱크의 부속설비 외의 것을 설치하지 못하도록 되어 있는가? **[안전 15]**

① 3m
② 5m
③ 8m
④ 10m

정답 21.② 22.② 23.④ 24.④ 25.③ 26.② 27.③ 28.① 29.④

30 가스의 성질로 옳은 것은?

① 일산화탄소는 가연성이다.
② 산소는 조연성이다.
③ 질소는 가연성도 조연성도 아니다.
④ 아르곤은 공기 중에 함유되어 있는 가스로서 가연성이다.

① CO : 독가연성
③ N_2 : 불연성
④ Ar : 불연성

31 부취제를 외기로 분출하거나 부취설비로부터 부취제가 흘러나오는 경우 냄새를 감소시키는 방법으로 틀린 것은? **[안전 49]**

① 연소법
② 수동조절
③ 화학적 산화처리
④ 활성탄에 의한 흡착

32 고압가스 매설배관에 실시하는 전기방식 중 외부전원법의 장점이 아닌 것은? **[설비 16]**

① 과방식의 염려가 없다.
② 전압 · 전류의 조정이 용이하다.
③ 전식에 대해서도 방식이 가능하다.
④ 전극의 소모가 적어서 관리가 용이하다.

① 과방식의 우려가 있다.

33 압력 배관용 탄소강관의 사용압력범위로 가장 적당한 것은? **[안전 136]**

① 1~2MPa
② 1~10MPa
③ 10~20MPa
④ 10~50MPa

34 정압기(Governor)의 기능을 모두 옳게 나열한 것은?

① 감압기능
② 정압기능
③ 감압기능, 정압기능
④ 감압기능, 정압기능, 폐쇄기능

35 고압식 액화분리장치의 작동 개요에 대한 설명이 아닌 것은?

① 원료공기는 여과기를 통하여 압축기로 흡입하여 약 150~200kg/cm^{2}로 압축시킨다.
② 압축기를 빠져나온 원료공기는 열교환기에서 약간 냉각되고 건조기에서 수분이 제거된다.
③ 압축공기는 수세정탑을 거쳐 축냉기로 송입되어 원료공기와 불순 질소류가 서로 교환된다.
④ 액체공기는 상부 정류탑에서 약 0.5atm 정도의 압력으로 정류된다.

36 정압기의 분해점검 및 고장에 대비하여 예비정압기를 설치하여야 한다. 다음 중 예비정압기를 설치하지 않아도 되는 경우는 어느 것은가? **[안전 145]**

① 캐비닛형 구조의 정압기실에 설치된 경우
② 바이패스관이 설치되어 있는 경우
③ 단독 사용자에게 가스를 공급하는 경우
④ 공동 사용자에게 가스를 공급하는 경우

37 부유 피스톤형 압력계에서 실린더 지름이 0.02m, 추와 피스톤의 무게가 20000g일 때 이 압력계에 접속된 부르동관의 압력계 눈금이 7kg/cm^{2}를 나타내었다. 이 부르동관 압력계의 오차는 약 몇 [%]인가?

① 5%
② 10%
③ 15%
④ 20%

$$\text{게이지압력} = \frac{W}{A} = \frac{20\text{kg}}{\frac{\pi}{4}\times(2\text{cm})^2} = 6.36\text{kg/cm}^2$$

$$\therefore \text{오차값} = \frac{7-6.36}{6.36}\times 100 = 9.95 = 10\%$$

정답 30.② 31.② 32.① 33.② 34.④ 35.③ 36.③ 37.②

38 저비점(低沸点) 액체용 펌프의 사용상 주의 사항으로 틀린 것은?

① 밸브와 펌프 사이에 기화가스를 방출할 수 있는 안전밸브를 설치한다.
② 펌프의 흡입·토출관에는 신축 조인트를 장치한다.
③ 펌프는 가급적 저장용기(貯槽)로부터 멀리 설치한다.
④ 운전 개시 전에는 펌프를 청정(清淨)하여 건조한 다음 충분히 예냉(豫冷)한다.

③ 펌프는 가급적 저장용기 가까이에 설치한다.

39 금속재료의 저온에서의 성질에 대한 설명으로 가장 거리가 먼 것은?

① 강은 암모니아 냉동기용 재료로서 적당하다.
② 탄소강은 저온도가 될수록 인장강도가 감소한다.
③ 구리는 액화분리장치용 금속재료로서 적당하다.
④ 18-8 스테인리스강은 우수한 저온장치용 재료이다.

② 탄소강은 저온일수록 인장강도 경도 증가, 신율 충격치는 감소한다.

40 사용압력 15MPa, 배관내경 15mm, 재료의 인장강도 480N/mm², 관내면 부식여유 1mm, 안전율 4, 외경과 내경의 비가 1.2 미만인 경우 배관의 두께는?

① 2mm ② 3mm
③ 4mm ④ 5mm

외경과 내경의 비가 1.2 미만인 배관의 두께 계산식

$$t = \frac{PD}{2\times\frac{f}{S}-P}+C$$

$$= \frac{15\times15}{2\times\frac{480}{4}-15}+1$$

$$= 2\text{mm}$$

41 수소불꽃을 이용하여 탄화수소의 누출을 검지할 수 있는 가스누출 검출기는?

① FID
② OMD
③ 접촉연소식
④ 반도체식

㉠ FID(수소이온화검출기)
㉡ OMD(광학식 메탄가스 검출기)

42 압축기에 사용하는 윤활유 선택 시 주의사항으로 틀린 것은? **[설비 10]**

① 인화점이 높을 것
② 잔류탄소의 양이 적을 것
③ 점도가 적당하고 항유화성이 적을 것
④ 사용가스와의 화학반응을 일으키지 않을 것

③ 항유화성이 클 것

43 공기에 의한 전열이 어느 압력까지 내려가면 급히 압력에 비례하여 적어지는 성질을 이용하는 저온장치에 사용되는 진공 단열법은?

① 고진공 단열법
② 분말진공 단열법
③ 다층진공 단열법
④ 자연진공 단열법

44 1단 감압식 저압조정기의 성능에서 조정기의 최대 폐쇄압력은?

① 2.5kPa 이하 ② 3.5kPa 이하
③ 4.5kPa 이하 ④ 5.5kPa 이하

45 백금-백금 로듐 열전대 온도계의 온도측정 범위로 옳은 것은? **[장치 78]**

① −180~350℃
② −20~800℃
③ 0~1700℃
④ 300~2000℃

정답 38.③ 39.② 40.① 41.① 42.③ 43.① 44.② 45.③

46 비열에 대한 설명 중 틀린 것은?

① 단위는 kcal/kg · ℃이다.
② 비열비는 항상 1보다 크다.
③ 정적비열은 정압비열보다 크다.
④ 물의 비열은 얼음의 비열보다 크다.

③ 정압비열은 정적비열보다 크다.

47 다음 화합물 중 탄소의 함유율이 가장 많은 것은?

① CO_2 ② CH_4
③ C_2H_4 ④ CO

① $CO_2 = \frac{12}{44} = 0.27$
② $CH_4 = \frac{12}{16} = 0.75$
③ $C_2H_4 = \frac{24}{28} = 0.85$
④ $CO = \frac{12}{28} = 0.428$

48 수소(H_2)에 대한 설명으로 옳은 것은?

① 3중 수소는 방사능을 갖는다.
② 밀도가 크다.
③ 금속재료를 취화시키지 않는다.
④ 열전달률이 아주 작다.

② 수소의 밀도는 2g/22.4L로, 모든 가스 중 최소의 밀도이다.
③ 고온 · 고압에서 금속을 취화시켜 수소 취성을 일으킨다.
④ 열전달률이 크다.

49 샤를의 법칙에서 기체의 압력이 일정할 때 모든 기체의 부피는 온도가 1℃ 상승함에 따라 0℃ 때의 부피보다 어떻게 되는가?

① 22.4배씩 증가한다.
② 22.4배씩 감소한다.
③ $\frac{1}{273}$씩 증가한다.
④ $\frac{1}{273}$씩 감소한다.

50 다음 중 가장 높은 온도는?

① −35℃ ② −45°F
③ 213K ④ 450°R

① −35℃
② $-45°F = \frac{-45-32}{1.8} = -42℃$
③ $213K = 213-273 = -60℃$
④ $\frac{450}{1.8} - 273 = -23℃$

51 일산화탄소와 염소가 반응하였을 때 주로 생성되는 것은?

① 포스겐 ② 카르보닐
③ 포스핀 ④ 사염화탄소

$CO + Cl_2 \rightarrow COCl_2$(포스겐)

52 현열에 대한 가장 적절한 설명은?

① 물질이 상태변화 없이 온도가 변할 때 필요한 열이다.
② 물질이 온도변화 없이 상태가 변할 때 필요한 열이다.
③ 물질이 상태, 온도 모두 변할 때 필요한 열이다.
④ 물질이 온도변화 없이 압력이 변할 때 필요한 열이다.

㉠ 현열 : 물질이 상태변화 없이 온도변화에 필요한 열량
㉡ 잠열 : 물질이 온도변화 없이 상태변화에 필요한 열량

53 다음 [보기]에서 압력이 높은 순서대로 나열된 것은?

[보기]
㉠ 100atm
㉡ $2kg/mm^2$
㉢ 15m 수은주

① ㉠ > ㉡ > ㉢ ② ㉡ > ㉢ > ㉠
③ ㉢ > ㉠ > ㉡ ④ ㉡ > ㉠ > ㉢

정답 46.③ 47.③ 48.① 49.③ 50.④ 51.① 52.① 53.④

해설

① 100atm

② $2kg/mm^2 = 200kg/cm^2 = \frac{200}{1.033} = 193.6atm$

③ $15mHg = \frac{15}{0.76} = 19.73atm$

54 산소에 대한 설명으로 옳은 것은?

① 안전밸브는 파열판식을 주로 사용한다.
② 용기는 탄소강으로 된 용접용기이다.
③ 의료용 용기는 녹색으로 도색한다.
④ 압축기 내부 윤활유는 양질의 광유를 사용한다.

해설

② 무이음 용기
③ 공업용(녹색), 의료용(백색)
④ 윤활유(물, 10% 이하 글리세린수)

55 다음 가스 중 가장 무거운 것은?

① 메탄
② 프로판
③ 암모니아
④ 헬륨

해설

① 메탄 : 16g
② 프로판 : 44g
③ 암모니아 : 17g
④ 헬륨 : 4g

56 대기압 하에서 0℃ 기체의 부피가 500mL였다. 이 기체의 부피가 2배로 될 때의 온도는 몇 [℃]인가? (단, 압력은 일정하다.)

① -100℃
② 32℃
③ 273℃
④ 500℃

해설

$\frac{V_1}{T_1} = \frac{V_2}{T_2}$ 에서

$T_2 = \frac{2V_2}{V_1} \times T_1$

$= 2 \times 273 = 546K$ 이므로

$\therefore 546 - 273 = 273℃$

57 다음 [보기]에서 설명하는 열역학법칙은 무엇인가? **[설비 27]**

> [보기]
> 어떤 물체의 외부에서 일정량의 열을 가하면 물체는 이 열량의 일부분을 소비하여 외부에 대하여 일을 하고 남은 부분은 전부 내부에너지로 내부에 저장되고, 그 사이에 소비된 열은 발생되는 일과 같다.

① 열역학 제0법칙 ② 열역학 제1법칙
③ 열역학 제2법칙 ④ 열역학 제3법칙

58 다음 중 불연성 가스는?

① CO_2 ② C_3H_6
③ C_2H_2 ④ C_2H_4

불연성(CO_2, N_2, He, Ne)

59 에틸렌(C_2H_4)이 수소와 반응할 때 일으키는 반응은?

① 환원반응 ② 분해반응
③ 제거반응 ④ 첨가반응

60 황화수소의 주된 용도는?

① 도료 ② 냉매
③ 형광물질 원료 ④ 합성고무

정답 54.① 55.② 56.③ 57.② 58.① 59.④ 60.③

국가기술자격 필기시험문제

2015년 기능사 제4회 필기시험(1부) (2015년 7월 시행)

자격종목	시험시간	문제수	문제형별
가스기능사	**1시간**	**60**	**A**

수험번호		성 명	

01 압축 또는 액화 그 밖의 방법으로 처리할 수 있는 가스의 용적이 1일 $100m^3$ 이상인 사업소는 압력계를 몇 개 이상 비치하도록 되어 있는가?

① 1 ② 2
③ 3 ④ 4

계측설비 설치(KGS Fp 112) (2.8.1)

계측기 종류		핵심 정리 내용
압력계 설치	최고눈금범위	상용압력의 1.5배 이상 2배 이하
	국가표준기본법의 인정, 압력계 2개 설치 경우	압축 액화 그 밖의 방법으로 처리할 수 있는 가스용적 1일 $100m^3$ 이상 사업소
액면계 설치	설치설비	액화가스 저장탱크
	액면계 종류	평형반사식 유리액면계, 평형투시식 유리액면계 및 플로트식, 차압식, 정전용량식, 편위식, 고정튜브식, 회전튜브식, 스립튜브식
	환형유리제, 액면계 설치 가능, 저장탱크	산소, 불활성 가스 초저온 저장탱크

02 고압가스의 충전용기는 항상 몇 ℃ 이하의 온도를 유지하여야 하는가?

① 15 ② 20
③ 30 ④ 40

03 암모니아 200kg을 내용적 50L 용기에 충전할 경우 필요한 용기의 개수는? (단, 충전 정수를 1.86으로 한다.)

① 4개 ② 6개
③ 8개 ④ 12개

용기 1개당 충전량 $W=\frac{V}{C}$이므로

∴ 전체 필요 용기 수

$200\text{kg} \div \frac{50}{1.86} = 7.44 = 8$개

04 가스도매사업자 가스공급시설의 시설기준 및 기술기준에 의한 배관의 해저 설치의 기준에 대한 설명으로 틀린 것은?

① 배관은 원칙적으로 다른 배관과 교차하지 아니 한다.
② 두 개 이상의 배관을 동시에 설치하는 경우에는 배관이 서로 접촉하지 아니하도록 필요한 조치를 한다.
③ 배관이 부양하거나 이동할 우려가 있는 경우에는 이를 방지하기 위한 조치를 한다.
④ 배관은 원칙적으로 다른 배관과 20m 이상의 수평거리를 유지한다.

④ 배관은 원칙적으로 다른 배관과 수평거리 30m 이상 유지

배관의 해저 설치(KGS Fs 451) (2.5.8.5)

설치 기준사항	세부 내용
매설하는 장소	해저면 밑
매설하지 않아도 되는 경우	닻내림 등으로 손상의 우려가 없는 경우
금기사항	타 배관과 교차하지 아니하도록
다른 배관과 수평 유지거리	30m 이상
배관 입상부에 설치하는 것	방호시설물

정답 01.② 02.④ 03.③ 04.④

05 도시가스 제조시설의 플레어스택 기준에 적합하지 않은 것은?

① 스택에서 방출된 가스가 지상에서 폭발한계에 도달하지 아니하도록 할 것
② 연소능력은 긴급이송설비로 이송되는 가스를 안전하게 연소시킬 수 있을 것
③ 스택에서 발생하는 최대열량에 장시간 견딜 수 있는 재료 및 구조로 되어 있을 것
④ 폭발을 방지하기 위한 조치가 되어 있을 것

06 초저온 용기에 대한 정의로 옳은 것은?

① 임계온도가 50℃ 이하인 액화가스를 충전하기 위한 용기
② 강판과 동판으로 제조된 용기
③ −50℃ 이하인 액화가스를 충전하기 위한 용기로서 용기 내의 가스온도가 상용의 온도를 초과하지 않도록 한 용기
④ 단열재로 피복하여 용기 내의 가스온도가 상용의 온도를 초과하도록 조치된 용기

07 독성 가스의 제독제로 물을 사용하는 가스는?

① 염소
② 포스겐
③ 황화수소
④ 산화에틸렌

제독제를 물로 사용하는 독성 가스
암모니아, 염화메탄, 산화에틸렌, 아황산

08 특정설비 중 압력용기의 재검사 주기는?

① 3년 마다
② 4년 마다
③ 5년 마다
④ 10년 마다

09 아세틸렌 제조설비의 방호벽 설치기준으로 틀린 것은?

① 압축기와 충전용주관밸브 조작밸브 사이
② 압축기와 가스충전용기 보관장소 사이
③ 충전장소와 가스충전용기 보관장소 사이
④ 충전장소와 충전용주관밸브 조작밸브 사이

C_2H_2 가스 압력이 9.8MPa 이상인 압축가스를 용기에 충전하는 경우(KGS Fp 112) (2.7.2) 방호벽 설치(p69)

설치대상 기준설비	설치장소
압축기와	㉠ 그 충전 장소 사이 ㉡ 그 충전 장소 용기보관소 사이
충전장소와	㉠ 그 충전 용기보관장소 사이 ㉡ 충전용 주관밸브와 조작밸브 사이

10 용기 파열사고의 원인으로 가장 거리가 먼 것은?

① 용기의 내압력 부족
② 용기 내 규정압력의 초과
③ 용기 내에서 폭발성 혼합가스에 의한 발화
④ 안전밸브의 작동

안전밸브 작동 시 용기 내 압력이 정상화되었으므로 파열되지 않음

11 액화산소 저장탱크 저장능력이 $1000m^3$일 때 방류둑의 용량은 얼마 이상으로 설치하여야 하는가?

① $400m^3$　② $500m^3$
③ $600m^3$　④ $1000m^3$

방류둑 용량

구 분	세부 핵심 내용
개요	누설 시 방류둑에서 차단하는 능력
산소	저장능력 상당용적의 60% 이상
독, 가연성	저장능력 상당용적 (상당용적의 100% 이상)
$1000m^3 \times 0.6 = 600m^3$의 용량	

정답 05.① 06.③ 07.④ 08.② 09.① 10.④ 11.③

12 당해 설비 내의 압력이 상용압력을 초과할 경우 즉시 상용압력 이하로 되돌릴 수 있는 안전장치의 종류에 해당하지 않는 것은?

① 안전밸브 ② 감압밸브
③ 바이패스밸브 ④ 파열판

과압안전장치(KGS Fp 112) (2.6.1)

항 목	세부 핵심 내용
설치목적	고압설비 내의 압력이 상용압력을 초과하는 경우, 즉시 사용압력 이하로 되돌릴 수 있게 하기 위하여
종 류	**작동 개요**
안전밸브	기체 및 증기의 압력상승방지
파열판	급격한 압력의 상승, 독성 가스 누출, 유체의 부식성, 반응 생성물 성상에 따라 안전밸브 설치가 부적당 시
릴리프밸브 또는 안전밸브	펌프 및 배관의 압력상승방지를 위하여
안전제어장치	고압설비 내압이 상용압력을 초과한 경우, 그 고압설비 등으로 가스 유입량을 감소
상기 항목 이외에 기타 안전장치에는 바이패스밸브 등이 있다.	

13 일반도시가스 배관을 지하에 매설하는 경우에는 표지판을 설치해야 하는데 몇 [m] 간격으로 1개 이상을 설치하는가?

① 100m ② 200m
③ 500m ④ 1000m

도시가스 배관의 표지판

구 분		설치 간격 및 규격	
일반도시 가스 공급시설 (2.5.10.3.3) (2.10.3.3.3)	제조소 및 공급소 (KGS Fp 551)	500m 간격으로 설치	
	제조소 및 공급소 밖 (KGS Fp 551)	200m 간격으로 설치	
가스도매 사업 공급시설 (2.5.10.3.3) (2.10.3.3.3)	제조소 공급소 (KGS Fs 451)	500m 간격으로 설치	
	제조소 공급소 밖 (KGS Fs 451)	500m 간격으로 설치	
표지판 규격 (가로×세로)	표지판의 바탕색, 글자색	㉠ 가로 200mm ㉡ 세로 150mm	㉠ 바탕색 : 황색 ㉡ 글자색 : 검정색
설치장소		시가지 외의 도로, 산지, 농지, 철도 부지에 매설할 경우 설치	

[문제 출제 오류]
가스도매사업 공급시설의 경우는 제조소 공급소의 배관과 제조소 공급소 밖의 배관 표지판 설치 간격이 모두 500m 마다이나, 일반도시가스공급시설의 경우는 제조소 공급소 배관은 500m, 제조소 공급소 밖의 배관은 200m 마다 설치하여야 하므로 문제에서 제조소 공급소인지, 제조소 공급소 밖의 배관인지를 구분하여 출제하여야 한다.

14 도시가스 보일러 중 전용 보일러실에 반드시 설치하여야 하는 것은?

① 밀폐식 보일러
② 옥외에 설치하는 가스보일러
③ 반밀폐형 자연 배기식 보일러
④ 전용급기통을 부착시키는 구조로 검사에 합격한 강제배기식 보일러

가스보일러 설치기준(KGS Fu 551) (2.7.1.2)

구 분	세부 핵심 내용
설치장소	전용 보일러실
전용보일러실에 설치하지 않아도 되는 보일러 종류	밀폐식 보일러, 옥외에 설치 시, 전용 급기통을 부착시키는 구조로서 검사에 합격한 강제배기식 보일러
전용보일러실에 설치하지 않는 것	환기팬(부압형성의 원인이 되므로), 가스레인지 배기후드
가스보일러의 설치 제외장소	지하실, 반지하실(단, 밀폐식 보일러 및 급·배기시설을 갖춘 전용 보일러실에 설치된 반밀폐식 보일러의 경우는 지하실·반지하실 설치 가능)

15 다음 중 산소압축기의 내부 윤활제로 적당한 것은?

① 광유
② 유지류
③ 물
④ 황산

정답 12.② 13.② 14.③ 15.③

16 고압가스 용기 제조의 시설기준에 대한 설명으로 옳은 것은?

① 용접용기 동판의 최대두께와 최소두께와의 차이는 평균두께의 5% 이하로 한다.
② 초저온 용기는 고압배관용 탄소강관으로 제조한다.
③ 아세틸렌용기에 충전하는 다공질물은 다공도가 72% 이상 95% 미만으로 한다.
④ 용접용기에는 그 용기의 부속품을 보호하기 위하여 프로텍터 또는 캡을 고정식 또는 체인식으로 부착한다.

① 용접용기 동판의 최대두께와 최소두께 차이는 평균두께의 10% 이하
② 초저온 용기는 초저온용 재료로 제조
③ 다공도 75% 이상 92% 미만

17 도시가스 배관 이음부와 전기점멸기, 전기접속기와는 몇 cm 이상의 거리를 유지해야 하는가?

① 10cm ② 15cm
③ 30cm ④ 40cm

도시가스 배관이음매(용접이음매 제외) 유지거리

설비 명칭	공급시설 (KGS Fu 551) (2.5.8.3.1)	사용시설 (KGS Fu 551) (2.5.4.5.8)
전기계량기, 전기개폐기	60cm 이상	60cm 이상
전기점멸기, 전기접속기	30cm 이상	15cm 이상
절연조치하지 않은 전선, 단열조치하지 않은 굴뚝	15cm 이상	15cm 이상
절연전선	10cm 이상	10cm 이상

[문제 출제 오류]
도시가스 배관 이음부와 전기점멸기 · 접속기와의 이격거리에서 공급시설 : 30cm, 사용시설 : 15cm이므로 공급 · 사용시설의 구분이 있어야 한다.

18 용기 종류별 부속품의 기호 표시로서 틀린 것은?

① AG : 아세틸렌가스를 충전하는 용기의 부속품
② PG : 압축가스를 충전하는 용기의 부속품
③ LG : 액화석유가스를 충전하는 용기의 부속품
④ LT : 초저온 용기 및 저온 용기의 부속품

③ LG : 액화석유가스 이외에 액화가스를 충전하는 용기의 부속품

19 독성 가스 제독작업에 필요한 보호구의 보관에 대한 설명으로 틀린 것은?

① 독성 가스가 누출할 우려가 있는 장소에 가까우면서 관리하기 쉬운 장소에 보관한다.
② 긴급 시 독성 가스에 접하고 반출할 수 있는 장소에 보관한다.
③ 정화통 등의 소모품은 정기적 또는 사용 후에 점검하여 교환 및 보충한다.
④ 항상 청결하고 그 기능이 양호한 장소에 보관한다.

20 일반 공업용 용기의 도색 기준으로 틀린 것은?

① 액화염소－갈색
② 액화암모니아－백색
③ 아세틸렌－황색
④ 수소－회색

④ 수소 : 주황색

21 액화석유가스의 안전관리 및 사업법에 규정된 용어의 정의에 대한 설명으로 틀린 것은?

① 저장설비라 함은 액화석유가스를 저장하기 위한 설비로서 저장탱크, 마운드형 저장탱크, 소형 저장탱크 및 용기를 말한다.
② 자동차에 고정된 탱크라 함은 액화석유가스의 수송, 운반을 위하여 자동차에 고정 설치된 탱크를 말한다.
③ 소형 저장탱크라 함은 액화석유가스를 저장하기 위하여 지상 또는 지하에 고정 설치된 탱크로서 그 저장능력이 3톤 미만인 탱크를 말한다.
④ 가스설비라 함은 저장설비 외의 설비로서 액화석유가스가 통하는 설비(배관을 포함한다)와 그 부속설비를 말한다.

정답 16.④ 17.② 18.③ 19.② 20.④ 21.④

액화석유가스안전관리법 시행규칙 제2조 (정의)

④ 가스설비 : 저장설비 외의 설비로서 액화석유가스가 통하는 설비(배관은 제외)와 그 부속설비를 말한다.

22 1%에 해당하는 ppm의 값은?

① 10^2ppm ② 10^3ppm
③ 10^4ppm ④ 10^5ppm

$1\% = \frac{1}{100}$

$1ppm = \frac{1}{10^6}$ 이므로

$1\% = 10^4 ppm$

23 가스배관의 시공 신뢰성을 높이는 일환으로 실시하는 비파괴검사 방법 중 내부선원법, 이중벽 이중상법 등을 이용하는 방법은?

① 초음파탐상시험
② 자분탐상시험
③ 방사선투과시험
④ 침투탐상방법

24 차량에 고정된 저장탱크로 염소를 운반할 때 용기의 내용적(L)은 얼마 이하가 되어야 하는가?

① 10000 ② 12000
③ 15000 ④ 18000

해설

차량 고정탱크의 운반한계 내용적

구 분	초과금지 내용적(L)
LPG 제외 가연성 가스와 산소가스의 고정 저장탱크	18000L
NH_3 제외 독성 가스의 고정 저장탱크	12000L

25 일산화탄소와 공기의 혼합가스는 압력이 높아지면 폭발범위는 어떻게 되는가?

① 변함없다. ② 좁아진다.
③ 넓어진다. ④ 일정치 않다.

26 도시가스 배관을 폭 8m 이상의 도로에서 지하에 매설 시 지표면으로부터 배관의 외면까지의 매설깊이의 기준은?

① 0.6m 이상
② 1.0m 이상
③ 1.2m 이상
④ 1.5m 이상

배관의 지하매설(KGS Fs 551) (2.5.8.2.1)

항 목	매설깊이(m)
공동주택 부지 안	0.6
폭 8m 이상 도로	1.2
도로에 매설된 최고사용압력이 저압인 배관에서 횡으로 분기 수요자에게 직접 연결 배관	1
폭 4m 이상 8m 미만인 도로	1
호칭경 300mm 이하 최고사용압력 저압 배관	0.8
도로에 매설된 최고사용압력 저압 배관으로 횡으로 분기 수요자에게 연결된 배관	0.8
폭 4m 미만 도로(암반 지하매설물 등으로 매설깊이 유지 · 곤란하다고 시장, 군수, 구청장이 인정 시)	0.6

27 도시가스시설의 설치공사 또는 변경공사를 하는 때에 이루어지는 주요공정 시공감리 대상은?

① 도시가스사업자 외의 가스공급시설 설치자의 배관 설치공사
② 가스도매사업자의 가스공급시설 설치공사
③ 일반도시가스 사업자의 정압기 설치공사
④ 일반도시가스 사업자의 제조소 설치공사

해설

도시가스안전관리법 시행규칙 제23조
도시가스시설의 설치 변경 공사의 주요공정 시공감리 대상

㉠ 가스도매사업 가스공급시설
㉡ 일반도시가스 사업의 가스공급시설
㉢ 나프타 부생가스 제조사업 가스공급시설
㉣ 바이오가스 제조사업 가스공급시설
㉤ 합성천연가스 제조사업의 가스공급시설(공급시설에는 제조소, 정압기 등을 포함한다.)

정답 22.③ 23.③ 24.② 25.② 26.③ 27.①

28 고압가스 공급자의 안전점검 항목이 아닌 것은?

① 충전 용기의 설치 위치
② 충전 용기의 운반 방법 및 상태
③ 충전 용기와 화기와의 거리
④ 독성 가스의 경우 흡수장치, 제해장치 및 보호구 등에 대한 적합여부

29 액화석유가스 판매업소의 충전용기 보관실에 강제 통풍장치 설치 시 통풍능력의 기준은?

① 바닥면적 $1m^2$당 $0.5m^3$/분 이상
② 바닥면적 $1m^2$당 $1.0m^3$/분 이상
③ 바닥면적 $1m^2$당 $1.5m^3$/분 이상
④ 바닥면적 $1m^2$당 $2.0m^3$/분 이상

해설

통풍장치 및 자연환기구

구 분	통풍능력 및 환기구면적
강제통풍장치	바닥면적 $1m^2$당 $0.5m^3$/min
자연환기구 크기	바닥면적 $1m^2$당 $300cm^2$ 이상

30 다음 중 동일차량에 적재하여 운반할 수 없는 경우는?

① 산소와 질소
② 질소와 탄산가스
③ 탄산가스와 아세틸렌
④ 염소와 아세틸렌

31 액화가스의 이송 펌프에서 발생하는 캐비테이션 현상을 방지하기 위한 대책으로서 틀린 것은?

① 흡입 배관을 크게 한다.
② 펌프의 회전수를 크게 한다.
③ 펌프의 설치위치를 낮게 한다.
④ 펌프의 흡입구 부근을 냉각한다.

캐비테이션(공동 현상)

구 분	내 용
정의	유수 중 그 수온의 증기압보다 낮은 부분이 생기면 물이 증발을 일으키고 기포를 발생하는 현상으로 원심 펌프의 물을 수송하는 펌프 입구 배관에서 발생
방지법	㉠ 회전수를 낮춘다. ㉡ 흡입관경을 넓힌다. ㉢ 펌프 설치위치를 낮춘다. ㉣ 양흡입 펌프를 사용한다. ㉤ 두 대 이상의 펌프를 사용한다. ㉥ 수직축 펌프를 사용하고 회전차를 수중에 완전히 잠기게 한다.

32 다음 중 대표적인 차압식 유량계는?

① 오리피스미터
② 로터미터
③ 마노미터
④ 습식 가스미터

차압식(교축 기구식) 유량계 : 오리피스, 플로노즐, 벤투리

33 공기액화분리기 내의 CO_2를 제거하기 위해 NaOH 수용액을 사용한다. 1.0kg의 CO_2를 제거하기 위해서는 약 몇 kg의 NaOH를 가해야 하는가?

① 0.9
② 1.8
③ 3.0
④ 3.8

반응식

$2NaOH + CO_2 \rightarrow Na_2CO_3 + H_2O$

여기서, $2NaOH : CO_2$

$2 \times 40g : 44g$

$x(kg) : 1kg$

$$\therefore x = \frac{2 \times 40 \times 1}{44} = 1.82kg$$

34 다음 왕복동 압축기 용량 조정 방법 중 단계적으로 조절하는 방법에 해당되는 것은?

① 회전수를 변경하는 방법
② 흡입 주밸브를 폐쇄하는 방법
③ 타임드 밸브 제어에 의한 방법
④ 클리어런스 밸브에 의해 용적 효율을 낮추는 방법

정답 28.② 29.① 30.④ 31.② 32.① 33.② 34.④

용량 조정

항 목		내 용
목적		토출량 조절, 무부하 운전
방법	단계적	㉠ 클리어런스 밸브에 의해 용적 효율을 낮추는 방법 ㉡ 흡입밸브 강제개방법
	연속적	㉠ 회전수 변경법 ㉡ 타임드밸브 제어에 의한 방법 ㉢ 흡입주밸브 폐쇄법 ㉣ 바이패스밸브에 의한 방법

35 LP 가스에 공기를 희석시키는 목적이 아닌 것은?

① 발열량 조절
② 연소효율 증대
③ 누설 시 손실 감소
④ 재액화 촉진

공기희석의 목적
④ 재액화 방지

36 다음 중 정압기의 부속설비가 아닌 것은?

① 불순물 제거장치
② 이상압력상승 방지장치
③ 검사용 맨홀
④ 압력기록장치

37 금속재료 중 저온 재료로 적당하지 않은 것은?

① 탄소강
② 황동
③ 9% 니켈강
④ 18－8 스테인리스강

저온장치에 탄소강 사용 시 저온취성을 일으킴

38 터보압축기에서 주로 발생할 수 있는 현상은?

① 수격작용(water hammer)
② 베이퍼록(vapor lock)
③ 서징(surging)
④ 캐비테이션(cavitation)

서징(Surging) (맥동) 현상

구 분	내 용
정의	터보압축기에서 압축기와 송풍기 사이 토출측 저항이 커지면 풍량이 감소하고 불완전한 진동을 일으키는 현상
방지법	㉠ 우상특성이 없게 하는 방법 ㉡ 방출밸브에 의한 방법 ㉢ 안내깃 각도 조정법(베인콘트롤) ㉣ 회전수 변경법 ㉤ 교축밸브 근접설치법

수격, 베이퍼록, 캐비테이션은 원심 펌프에서 일어나는 현상

39 파이프 커터로 강관을 절단하면 거스러미(burr)가 생긴다. 이것을 제거하는 공구는?

① 파이프 벤더 ② 파이프 렌치
③ 파이프바이스 ④ 파이프리머

40 고속회전하는 임펠러의 원심력에 의해 속도에너지를 압력에너지로 바꾸어 압축하는 형식으로서 유량이 크고 설치면적이 적게 차지하는 압축기의 종류는?

① 왕복식 ② 터보식
③ 회전식 ④ 흡수식

41 가스홀더의 압력을 이용하여 가스를 공급하며 가스 제조공장과 공급 지역이 가깝거나 공급 면적이 좁을 때 적당한 가스공급 방법은?

① 저압공급방식
② 중앙공급방식
③ 고압공급방식
④ 초 고압공급방식

42 가스 종류에 따른 용기의 재질로서 부적합한 것은?

① LPG : 탄소강 ② 암모니아 : 동
③ 수소 : 크롬강 ④ 염소 : 탄소강

암모니아는 동 및 동합금 62% 이상 사용 시 착이온 생성으로 부식을 일으킨다.

정답 35.④ 36.③ 37.① 38.③ 39.④ 40.② 41.① 42.②

43 오르자트법으로 시료가스를 분석할 때의 성분 분석 순서로서 옳은 것은?

① CO_2 → O_2 → CO
② CO → CO_2 → O_2
③ O_2 → CO → CO_2
④ O_2 → CO_2 → CO

44 수소염이온화식(FID) 가스 검출기에 대한 설명으로 틀린 것은?

① 감도가 우수하다.
② CO_2, NO_2는 검출할 수 없다.
③ 연소하는 동안 시료가 파괴된다.
④ 무기화합물의 가스검지에 적합하다.

45 다음 [보기]와 관련있는 분석 방법은?

[보기]
- 쌍극자모멘트의 알짜변화
- 진동 짝지움
- Nernst 백열등
- Fourier 변환분광계

① 질량분석법
② 흡광광도법
③ 적외선 분광분석법
④ 킬레이트 적정법

46 표준상태에서 1000L의 체적을 갖는 가스상태의 부탄은 약 몇 kg인가?

① 2.6
② 3.1
③ 5.0
④ 6.1

해설
부탄은 아보가드로 법칙에 의하여
1mol=22.4L=58g이므로
22.4L : 58
1000L : x

$$\therefore x = \frac{1000 \times 58}{22.4} = 2589\text{g} = 2.589\text{kg} \fallingdotseq 2.6\text{kg}$$

47 다음 중 일반 기체상수(R)의 단위는?

① kg · m/kmol · K ② kg · m/kcal · K
③ kg · m/m^3 · K ④ kcal/kg · ℃

기체상수(R)의 값

수 치	단 위
0.082	atm · L/mol · K
848	kg · m/kmol · K
1.987	cal/mol · K
8.314	J/mol · K kJ/kg · K
8314	J/kg · K

[참고] J=N · m, kJ=kN · m이므로 J을 N · m로 kJ은 kN · m으로 사용하기도 한다.

48 열역학 제1법칙에 대한 설명이 아닌 것은?

① 에너지 보존의 법칙이라고 한다.
② 열은 항상 고온에서 저온으로 흐른다.
③ 열과 일은 일정한 관계로 상호교환된다.
④ 제1종 영구기관이 영구적으로 일하는 것은 불가능하다는 것을 알려준다.

② 열역학 제2법칙

49 표준상태의 가스 $1m^3$를 완전연소시키기 위하여 필요한 최소한의 공기를 이론공기량이라고 한다. 다음 중 이론공기량으로 적합한 것은? (단, 공기 중에 산소는 21% 존재한다.)

① 메탄 : 9.5배
② 메탄 : 12.5배
③ 프로판 : 15배
④ 프로판 : 30배

해설
$CH_4 + 2O_2 \rightarrow CO_2 + 2H_2O$에서
산소는 2mol이므로 공기배수를 구하면

$$2 \times \frac{100}{21} = 9.52\text{mol}$$

$C_3H_8 + 5O_2 \rightarrow 3CO_2 + 4H_2O$
산소는 5mol이므로

$$5 \times \frac{100}{21} = 23.80\text{mol}$$

정답 43.① 44.④ 45.③ 46.① 47.① 48.② 49.①

50 다음 중 액화가 가장 어려운 가스는?

① H_2 ② He
③ N_2 ④ CH_4

비등점이 가장 낮을수록 액화되기가 어렵다.

가스별	비등점(℃)
H_2	−252
He	−269
N_2	−196
CH_4	−162

51 다음 중 아세틸렌의 발생방식이 아닌 것은?

① 주수식 : 카바이드에 물을 넣는 방법
② 투입식 : 물에 카바이드를 넣는 방법
③ 접촉식 : 물과 카바이드를 소량씩 접촉시키는 방법
④ 가열식 : 카바이드를 가열하는 방법

52 이상기체의 등온과정에서 압력이 증가하면 엔탈피(H)는?

① 증가한다.
② 감소한다.
③ 일정하다.
④ 증가하다가 감소한다.

53 1kW의 열량을 환산한 것으로 옳은 것은?

① 536kcal/h
② 632kcal/h
③ 720kcal/h
④ 860kcal/h

1kWh=860kcal/hr
1PSh=632.5kcal/hr

54 섭씨온도와 화씨온도가 같은 경우는?

① −40℃ ② 32°F
③ 273℃ ④ 45°F

$$°F = \frac{9}{5}℃ + 32 = \frac{9}{5}(-40) + 32 = -40$$

$\therefore -40°F = -40℃$

55 다음 중 1기압(1atm)과 같지 않은 것은?

① 760mmHg
② 0.9807bar
③ 10.332mH₂O
④ 101.3kPa

(표준대기압)
1atm=760mmHg
=1.01325bar
=10.332mH_2O
=0.101325MPa
=101.325kPa
=101325Pa

56 어떤 기구가 1atm, 30℃에서 10000L의 헬륨으로 채워져 있다. 이 기구가 압력이 0.6atm이고 온도가 −20℃인 고도까지 올라갔을 때 부피는 약 몇 L가 되는가?

① 10000 ② 12000
③ 14000 ④ 16000

보일-샤를의 법칙에 의해

$$\frac{P_1 V_1}{T_1} = \frac{P_2 V_2}{T_2}$$

$$\therefore V_2 = \frac{P_1 V_1 T_2}{T_1 P_2} = \frac{1 \times 10000 \times (273-20)}{(273+30) \times 0.6} = 13916.39L ≒ 14000L$$

57 다음 중 절대온도 단위는?

① K
② °R
③ °F
④ °C

58 이상기체를 정적하에서 가열하면 압력과 온도의 변화는?

① 압력 증가, 온도 일정
② 압력 일정, 온도 일정
③ 압력 증가, 온도 상승
④ 압력 일정, 온도 상승

정답 50.② 51.④ 52.③ 53.④ 54.① 55.② 56.③ 57.① 58.③

59 산소의 물리적인 성질에 대한 설명으로 틀린 것은?

① 산소는 약 −183℃에서 액화한다.
② 액체 산소는 청색으로 비중이 약 1.13이다.
③ 무색, 무취의 기체이며 물에는 약간 녹는다.
④ 강력한 조연성 가스이므로 자신이 연소한다.

④ 강력한 조연성이며 자신은 연소하지 않고 다른 가연성이 연소하는 것을 도와준다.

60 도시가스의 주원료인 메탄(CH_4)의 비점은 약 얼마인가?

① −50℃
② −82℃
③ −120℃
④ −162℃

정답 59.④ 60.④

국가기술자격 필기시험문제

2015년 기능사 제5회 필기시험(1부) (2015년 10월 시행)

자격종목	시험시간	문제수	문제형별
가스기능사	1시간	60	A

수험번호		성 명	

01 다음 중 플레어스택에 대한 설명으로 틀린 것은? [안전 76]

① 플레어스택에서 발생하는 복사열이 다른 제조시설에 나쁜 영향을 미치지 아니하도록 안전한 높이 및 위치에 설치한다.
② 플레어스택에서 발생하는 최대열량에 장시간 견딜 수 있는 재료 및 구조로 되어 있는 것으로 한다.
③ 파일럿버너를 항상 점화하여 두는 등 플레어스택에 관련된 폭발을 방지하기 위한 조치가 되어 있는 것으로 한다.
④ 특수반응설비 또는 이와 유사한 고압가스설비에는 그 특수반응설비 또는 고압가스설비마다 설치한다.

02 초저온 용기의 단열성능 시험에 있어 침입열량 산식은 다음과 같이 구해진다. 여기서 "q"가 의미하는 것은? [장치 9]

$$Q=\frac{W\cdot q}{H\cdot \Delta t\cdot V}$$

① 침입열량
② 측정시간
③ 기화된 가스량
④ 시험용 가스의 기화잠열

03 고압가스용 저장탱크 및 압력용기 제조시설에 대하여 실시하는 내압검사에서 압력용기 등의 재질이 주철인 경우 내압시험압력의 기준은?

① 설계압력의 1.2배의 압력
② 설계압력의 1.5배의 압력
③ 설계압력의 2배의 압력
④ 설계압력의 3배의 압력

(KGS Fp 112)
압력용기 등의 재질이 주철인 경우 내압시험압력을 설계압력의 2배로 한다.

04 가스도매사업시설에서 배관 지하매설의 설치기준으로 옳은 것은? [안전 140]

① 산과 들 이외의 지역에서 배관의 매설깊이는 1.5m 이상
② 산과 들에서의 배관의 매설깊이는 1m 이상
③ 배관은 그 외면으로부터 수평거리로 건축물까지 1.2m 이상 거리 유지
④ 배관은 그 외면으로부터 지하의 다른 시설물과 1.2m 이상 거리 유지

05 일반 도시가스의 배관을 철도부지 밑에 매설할 경우 배관의 외면과 지표면과의 거리는 몇 m 이상으로 하여야 하는가?

① 1.0m ② 1.2m
③ 1.3m ④ 1.5m

해설
일반 도시가스 제조소 공급소 밖의 배관 철도부지 매설 유지간격

정답 01.④ 02.④ 03.③ 04.② 05.②

구 분 \ 항 목	철도와 병행매설	철도와 횡단매설
궤도중심	4m 이상	㉠ 횡단부 지하에는 지면으로부터 1.2m 이상 깊이에 매설 ㉡ 횡단하여 배관에 설치 시 강재의 이중보호관 및 방호구조물 안에 설치
부지경계	1m 이상	
지표면으로부터 배관 외면까지 길이	1.2m 이상	
수평거리 건축물	1.5m 이상	
다른 시설물	0.3m 이상	
표지판	50m 간격	

06 도시가스 배관의 매설심도를 확보할 수 없거나 타 시설물과 이격거리를 유지하지 못하는 경우 등에는 보호판을 설치한다. 압력이 중압 배관일 경우 보호판의 두께 기준은 얼마인가? **[안전 8]**

① 3mm ② 4mm
③ 5mm ④ 6mm

07 자연발화의 열의 발생속도에 대한 설명으로 틀린 것은?

① 발열량이 큰 쪽이 일어나기 쉽다.
② 표면적이 적을수록 일어나기 쉽다.
③ 초기온도가 높은 쪽이 일어나기 쉽다.
④ 촉매물질이 존재하면 반응속도가 빨라진다.

08 가연성 가스의 지상 저장탱크의 경우 외부에 바르는 도료의 색깔은 무엇인가?

① 청색 ② 녹색
③ 은 · 백색 ④ 검정색

09 산화에틸렌 충전용기에는 질소 또는 탄산가스를 충전하는데 그 내부 가스압력의 기준으로 옳은 것은?

① 상온에서 0.2MPa 이상
② 35℃에서 0.2MPa 이상
③ 40℃에서 0.4MPa 이상
④ 45℃에서 0.4MPa 이상

10 보일러 중독사고의 주원인이 되는 가스는?

① 이산화탄소 ② 일산화탄소
③ 질소 ④ 염소

11 인화온도가 약 −30℃이고 발화온도가 매우 낮아 전구 표면이나 증기 파이프 등의 열에 의해 발화할 수 있는 가스는?

① CS_2 ② C_2H_2
③ C_2H_4 ④ C_3H_8

12 발열량이 9500kcal/m^{3}이고, 가스비중이 0.65인 (공기 1) 가스의 웨버지수는 약 얼마인가?

① 6175 ② 9500
③ 11780 ④ 14615

$$WI = \frac{H_g}{\sqrt{d}} = \frac{9500}{\sqrt{0.65}} = 11783$$

13 고압가스 제조허가의 종류가 아닌 것은?

① 고압가스 특수제조
② 고압가스 일반제조
③ 고압가스 충전
④ 냉동제조

14 아세틸렌 용기에 대한 다공물질 충전검사 적합 판정기준은?

① 다공물질은 용기 벽을 따라서 용기 안지름의 1/200 또는 1mm를 초과하는 틈이 없는 것으로 한다.
② 다공물질은 용기 벽을 따라서 용기 안지름의 1/200 또는 3mm를 초과하는 틈이 없는 것으로 한다.
③ 다공물질은 용기 벽을 따라서 용기 안지름의 1/100 또는 5mm를 초과하는 틈이 없는 것으로 한다.
④ 다공물질은 용기 벽을 따라서 용기 안지름의 1/100 또는 10mm를 초과하는 틈이 없는 것으로 한다.

정답 06.② 07.② 08.③ 09.④ 10.② 11.① 12.③ 13.① 14.②

15 비등액체팽창증기폭발(BLEVE)이 일어날 가능성이 가장 낮은 곳은?

① LPG 저장탱크
② LNG 저장탱크
③ 액화가스 탱크로리
④ 천연가스 지구정압기

BLEVE(블래브, 비등액체증기폭발)

구 분	세부 내용
정의	가연성 액화가스가 외부 화재에 의하여 비등 증기가 팽창하면서 일어나는 폭발
발생장소	㉠ LPG, LNG 액화가스의 저장탱크 ㉡ 액화가스 탱크로리

16 가스누출 자동차단장치의 구성요소에 해당하지 않는 것은? **[장치 2]**

① 지시부
② 검지부
③ 차단부
④ 제어부

가스누출 자동차단장치 구성요소

구 분	기 능
검지부	누설가스를 검지하여 제어부로 신호를 보냄
제어부	차단부에 자동차단 신호를 전송
차단부	제어부의 신호에 따라 가스를 개폐하는 기능

17 다음 가스의 용기보관실 중 그 가스가 누출된 때에 체류하지 않도록 통풍구를 갖추고, 통풍이 잘 되지 않는 곳에는 강제환기시설을 설치하여야 하는 곳은?

① 질소 저장소
② 탄산가스 저장소
③ 헬륨 저장소
④ 부탄 저장소

공기보다 무거운 가연성 가스 저장실에는 통풍구를 갖추고 통풍이 잘 되지 않는 곳은 강제환기시설을 갖춘다.

18 고압가스안전관리법의 적용을 받는 고압가스의 종류 및 범위로서 틀린 것은? **[안전 95]**

① 상용의 온도에서 압력이 1MPa 이상이 되는 압축가스
② 섭씨 35도의 온도에서 압력이 0Pa을 초과하는 아세틸렌가스
③ 상용의 온도에서 압력이 0.2MPa 이상이 되는 액화가스
④ 섭씨 35도의 온도에서 압력이 0Pa을 초과하는 액화가스 중 액화시안화수소

19 LP가스 저장탱크 지하에 설치하는 기준에 대한 설명으로 틀린 것은? **[안전 6]**

① 저장탱크실 상부 윗면으로부터 저장탱크 상부까지의 깊이는 1m 이상으로 한다.
② 저장탱크 주위 빈 공간에는 세립분을 함유하지 않은 것으로서 손으로 만졌을 때 물이 손에서 흘러내리지 않는 상태의 모래를 채운다.
③ 저장탱크를 2개 이상 인접하여 설치하는 경우에는 상호간에 1m 이상의 거리를 유지한다.
④ 저장탱크실은 천장, 벽 및 바닥의 두께가 각각 30cm 이상의 방수조치를 한 철근콘크리트 구조로 한다.

① 저장탱크실 상부 윗면으로부터 저장탱크실 상부까지의 깊이는 60cm 이상으로 한다.

20 다음 중 사용신고를 하여야 하는 특정고압가스에 해당하지 않는 것은? **[안전 53]**

① 게르만 ② 삼불화질소
③ 사불화규소 ④ 오불화붕소

21 LPG 자동차에 고정된 용기충전시설에서 저장탱크의 물분무장치는 최대수량을 몇 분 이상 연속해서 방사할 수 있는 수원에 접속되어 있도록 하여야 하는가? **[안전 69]**

① 20분 ② 30분
③ 40분 ④ 60분

정답 15.④ 16.① 17.④ 18.② 19.① 20.④ 21.②

22 다음 중 용기의 설계단계 검사항목이 아닌 것은? **[안전 149]**

① 단열성능
② 내압성능
③ 작동성능
④ 용접부의 기계적 성능

용기 제조시설 기술검사 기준의 설계단계 검사항목
㉠ 재료의 기계적·화학적 성능
㉡ 용접부의 기계적 성능
㉢ 단열 성능
㉣ 내압 성능
㉤ 기밀 성능
㉥ 그 밖의 용기의 안전확보에 필요한 성능

23 액화석유가스가 공기 중에 얼마의 비율로 혼합되었을 때 그 사실을 알 수 있도록 냄새가 나는 물질을 섞어 용기에 충전하여야 하는가? **[안전 55]**

① $\frac{1}{1000}$　② $\frac{1}{10000}$
③ $\frac{1}{100000}$　④ $\frac{1}{1000000}$

24 도시가스 사용시설에서 도시가스 배관의 표시 등에 대한 기준으로 틀린 것은?

① 지하에 매설하는 배관은 그 외부에 사용가스명, 최고사용압력, 가스의 흐름 방향을 표시한다.
② 지상 배관은 부식방지 도장 후 황색으로 도색한다.
③ 지하매설 배관은 최고사용압력이 저압인 배관은 황색으로 한다.
④ 지하매설 배관은 최고사용압력이 중압 이상인 배관은 적색으로 한다.

지상설치 배관의 표시사항

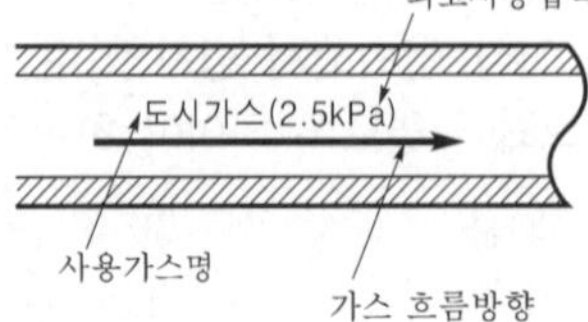

25 특정고압가스 사용시설에서 용기의 안전조치 방법으로 틀린 것은?

① 고압가스의 충전용기는 항상 40℃ 이하를 유지하도록 한다.
② 고압가스의 충전용기 밸브는 서서히 개폐한다.
③ 고압가스의 충전용기 밸브 또는 배관을 가열할 때에는 열습포나 40℃ 이하의 더운 물을 사용한다.
④ 고압가스의 충전용기를 사용한 후에는 밸브를 열어 둔다.

④ 충전용기 사용 후 밸브는 잠가 둔다.

26 액화가스를 충전하는 차량에 고정된 탱크는 그 내부에 액면요동을 방지하기 위하여 액면요동 방지조치를 하여야 한다. 다음 중 액면요동 방지조치로 올바른 것은?

① 방파판　② 액면계
③ 온도계　④ 스톱밸브

27 암모니아 충전용기로서 내용적이 1000L 이하인 것은 부식여유 두께의 수치가 (A)mm이고, 염소 충전용기로서 내용적이 1000L를 초과하는 것은 부식여유 두께의 수치가 (B)mm이다. A와 B에 알맞은 부식여유치는? **[안전 150]**

① A : 1, B : 3
② A : 2, B : 3
③ A : 1, B : 5
④ A : 2, B : 5

해설

부식 여유치

구 분	내 용		
개요	NH_3, Cl_2의 독성 가스 용기의 부식되는 정도를 감안하여 용기를 미리 두껍게 제작하는 개념		
해당 가스	NH_3	1000L 이하	1mm
		1000L 초과	2mm
	Cl_2	1000L 이하	3mm
		1000L 초과	5mm

정답 22.③ 23.① 24.① 25.④ 26.① 27.③

28 아르곤(Ar)가스 충전용기의 도색은 어떤 색상으로 하여야 하는가? **[안전 3]**

① 백색 ② 녹색
③ 갈색 ④ 회색

29 인체용 에어졸 제품의 용기에 기재하여야 할 사항으로 틀린 것은? **[안전 50]**

① 불 속에 버리지 말 것
② 가능한 한 인체에서 10cm 이상 떨어져서 사용할 것
③ 온도가 40℃ 이상 되는 장소에 보관하지 말 것
④ 특정부위에 계속하여 장시간 사용하지 말 것

30 지하에 매몰하는 도시가스 배관의 재료로 사용할 수 없는 것은?

① 가스용 폴리에틸렌관
② 압력 배관용 탄소강관
③ 압출식 폴리에틸렌 피복강관
④ 분말융착식 폴리에틸렌 피복강관

해설
지하매몰 도시가스 배관의 재료
① 가스용 PE(폴리에틸렌)관
② PLP(폴리에틸렌 피복) 강관
③ 분말융착식 피복강관

31 연소에 필요한 공기를 전부 2차 공기로 취하며 불꽃의 길이가 길고, 온도가 가장 낮은 연소방식은? **[안전 10]**

① 분젠식
② 세미분젠식
③ 적화식
④ 전 1차 공기식

32 압축천연가스 자동차 충전소에 설치하는 압축가스설비의 설계압력이 25MPa인 경우 이 설비에 설치하는 압력계의 지시눈금은?

① 최소 25.0MPa까지 지시할 수 있는 것
② 최소 27.5MPa까지 지시할 수 있는 것
③ 최소 37.5MPa까지 지시할 수 있는 것
④ 최소 50.0MPa까지 지시할 수 있는 것

압력계의 눈금범위
설계압력의 1.5배 이상 2배 이하이므로 $25 \times 1.5 = 37.5$MPa까지 최소눈금을 지시할 수 있는 것

33 저온, 고압의 액화석유가스 저장탱크가 있다. 이 탱크를 퍼지하여 수리 점검 작업할 때에 대한 설명으로 옳지 않은 것은?

① 공기로 재치환하여 산소농도가 최소 18%인지 확인한다.
② 질소가스로 충분히 퍼지하여 가연성 가스의 농도가 폭발하한계의 1/4 이하가 될 때까지 치환을 계속한다.
③ 단시간에 고온으로 가열하면 탱크가 손상될 우려가 있으므로 국부가열이 되지 않게 한다.
④ 가스는 공기보다 가벼우므로 상부 맨홀을 열어 자연적으로 퍼지가 되도록 한다.

액화석유가스는 공기보다 무겁다.

34 공기액화 분리장치에는 다음 중 어떤 가스 때문에 가연성 물질을 단열재로 사용할 수 없는가?

① 질소 ② 수소
③ 산소 ④ 아르곤

35 도시가스 사용시설의 정압기실에 설치된 가스누출 경보기의 점검주기는?

① 1일 1회 이상
② 1주일 1회 이상
③ 2주일 1회 이상
④ 1개월 1회 이상

36 도시가스 공급시설이 아닌 것은?

① 압축기 ② 홀더
③ 정압기 ④ 용기

정답 28.④ 29.② 30.② 31.③ 32.③ 33.④ 34.③ 35.② 36.④

37 저압식(Linde-Frankl 식) 공기액화 분리장치의 정류탑 하부의 압력은 다음 중 어느 정도인가?

① 1기압 ② 5기압
③ 10기압 ④ 20기압

38 액주식 압력계에 대한 설명으로 틀린 것은?

① 경사관식은 정도가 좋다.
② 단관식은 차압계로도 사용된다.
③ 링 밸런스식은 저압가스의 압력측정에 적당하다.
④ U자관은 메니스커스의 영향을 받지 않는다.

39 액화산소, LNG 등에 일반적으로 사용될 수 있는 재질이 아닌 것은? **[설비 34]**

① Al 및 Al합금
② Cu 및 Cu합금
③ 고장력 주철강
④ 18-8 스테인리스강

저온용에 사용되는 재료
㉠ 18-8 STS(오스테나이트계 스테인리스강)
㉡ 9% Ni
㉢ Cu 및 Cu합금
㉣ Al 및 Al합금

40 다음 중 암모니아 용기의 재료로 주로 사용되는 것은?

① 동
② 알루미늄합금
③ 동합금
④ 탄소강

41 이동식 부탄연소기의 용기 연결방법에 따른 분류가 아닌 것은?

① 용기이탈식
② 분리식
③ 카세트식
④ 직결식

42 저온장치에서 열의 침입 원인으로 가장 거리가 먼 것은?

① 내면으로부터의 열전도
② 연결배관 등에 의한 열전도
③ 지지요크 등에 의한 열전도
④ 단열재를 넣은 공간에 남은 가스의 분자 열전도

① 외면에서의 열전도

43 고압가스 제조설비에서 정전기의 발생 또는 대전 방지에 대한 설명으로 옳은 것은 어느 것인가? **[안전 94]**

① 가연성 가스 제조설비의 탑류, 벤트스택 등은 단독으로 접지한다.
② 제조장치 등에 본딩용 접속선은 단면적이 $5.5mm^2$ 미만의 단선을 사용한다.
③ 대전 방지를 위하여 기계 및 장치에 절연재료를 사용한다.
④ 접지 저항치 총합이 100Ω 이하의 경우에는 정전기 제거 조치가 필요하다.

44 저장탱크 내부의 압력이 외부의 압력보다 낮아져 그 탱크가 파괴되는 것을 방지하기 위한 설비와 관계없는 것은? **[안전 20]**

① 압력계 ② 진공안전밸브
③ 압력경보설비 ④ 벤트스택

45 LP가스 저압배관 공사를 완료하여 기밀시험을 하기 위해 공기압을 $1000mmH_2O$로 하였다. 이 때 관지름 25mm, 길이 30m로 할 경우 배관의 전체 부피는 약 몇 L인가?

① 5.7L ② 12.7L
③ 14.7L ④ 23.7L

배관 내용적

$$V = \frac{\pi}{4} \times D^2 \times L$$
$$= \frac{\pi}{4} \times (0.025\text{m})^2 \times 30\text{m}$$
$$= 0.0147\text{m}^3 = 14.7\text{L}$$

정답 37.② 38.④ 39.③ 40.④ 41.① 42.① 43.① 44.④ 45.③

46 이상기체의 정압비열(C_P)과 정적비열(C_V)에 대한 설명 중 틀린 것은? (단, k는 비열비이고, R은 이상기체 상수이다.)

① 정적비열과 R의 합은 정압비열이다.

② 비열비(k)는 $\frac{C_P}{C_V}$로 표현된다.

③ 정적비열은 $\frac{R}{k-1}$로 표현된다.

④ 정압비열은 $\frac{k-1}{k}$로 표현된다.

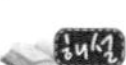

㉠ $C_P - C_V = R$

$\therefore\ C_P = C_V + R$

㉡ $C_P = \frac{k}{k-1}$

47 부탄가스의 주된 용도가 아닌 것은 어느 것인가?

① 산화에틸렌 제조
② 자동차 연료
③ 라이터 연료
④ 에어졸 제조

48 LNG의 주성분은?

① 메탄 ② 에탄
③ 프로판 ④ 부탄

49 부양기구의 수소 대체용으로 사용되는 가스는?

① 아르곤
② 헬륨
③ 질소
④ 공기

50 착화원이 있을 때 가연성 액체나 고체의 표면에 연소하한계 농도의 가연성 혼합기가 형성되는 최저온도는?

① 인화온도 ② 임계온도
③ 발화온도 ④ 포화온도

51 황화수소에 대한 설명으로 틀린 것은?

① 무색이다.
② 유독하다.
③ 냄새가 없다.
④ 인화성이 아주 강하다.

52 표준상태에서 산소의 밀도(g/L)는?

① 0.7 ② 1.43
③ 2.72 ④ 2.88

산소의 밀도

M(g)/22.4L=32g/22.4L=1.43g/L

53 다음 중 가장 낮은 압력은?

① 1atm ② 1kg/cm^2
③ 10.33mH_2O ④ 1MPa

1atm=1.033kg/cm^2=10.33mH_2O
=0.101325MPa이므로

① 1atm
② 1÷1.033=0.968atm
③ 10.33mH_2O=1atm
④ 1MPa÷0.101325=9.869atm

54 시안화수소를 충전한 용기는 충전 후 얼마를 정치해야 하는가?

① 4시간 ② 8시간
③ 16시간 ④ 24시간

55 메탄(CH_4)의 공기 중 폭발범위 값에 가장 가까운 것은?

① 5~15.4% ② 3.2~12.5%
③ 2.4~9.5% ④ 1.9~8.4%

56 다음 가스 중 비중이 가장 적은 것은?

① CO ② C_3H_8
③ Cl_2 ④ NH_3

분자량

① CO : 28g ② C_3H_8 : 44g
③ Cl_2 : 71g ④ NH_3 : 17g

정답 46.④ 47.① 48.① 49.② 50.① 51.③ 52.② 53.② 54.④ 55.① 56.④

57 포스겐의 화학식은?

① $COCl_2$ ② $COCl_3$
③ PH_2 ④ PH_3

58 표준상태에서 부탄가스의 비중은 약 얼마인가? (단, 부탄의 분자량은 58이다.)

① 1.6 ② 1.8
③ 2.0 ④ 2.2

$C_4H_{10}=58g$이므로

$\therefore S(\text{비중})=\frac{58}{29}=2$

59 다음 중 헨리의 법칙에 잘 적용되지 않는 가스는?

① 암모니아 ② 수소
③ 산소 ④ 이산화탄소

헨리의 법칙(기체 용해도의 법칙)

구 분	간추린 핵심 내용
개요	기체가 용해하는 용해도는 압력에 비례한다.
적용 가스	물에 약간 녹는 기체(O_2, H_2, N_2, CO_2)
적용되지 않는 가스	NH_3(NH_3는 물 1에 800배 용해)

60 아세틸렌(C_2H_2)에 대한 설명 중 틀린 것은?

① 공기보다 무거워 낮은 곳에 체류한다.
② 카바이드(CaC_2)에 물을 넣어 제조한다.
③ 공기 중 폭발범위는 약 2.5~81%이다.
④ 흡열화합물이므로 압축하면 폭발을 일으킬 수 있다.

$C_2H_2=26g$으로 공기보다 가볍다.

정답 57.① 58.③ 59.① 60.①

국가기술자격 필기시험문제

2016년 기능사 제1회 필기시험(1부) (2016년 1월 시행)

자격종목	시험시간	문제수	문제형별
가스기능사	**1시간**	**60**	**A**

수험번호		성 명	

01 고압가스 제조설비에서 기밀시험용으로 사용할 수 없는 것은?

① 산소
② 질소
③ 공기
④ 탄산가스

기밀시험 사용 가스
공기 및 불활성(N_2, CO_2) 가스

02 액화석유가스 자동차에 고정된 용기 충전시설에 설치하는 긴급차단장치에 접속하는 배관에 대하여 어떠한 조치를 하도록 되어 있는가?

① 워터해머가 발생하지 않도록 조치
② 긴급차단에 따른 정전기 등이 발생하지 않도록 하는 조치
③ 체크밸브를 설치하여 과량 공급이 되지 않도록 조치
④ 바이패스 배관을 설치하여 차단성능을 향상시키는 조치

03 액화석유가스 자동차에 고정된 용기 충전시설에 게시한 "화기엄금"이라 표시한 게시판의 색상은? **[안전 5]**

① 황색바탕에 흑색글씨
② 흑색바탕에 황색글씨
③ 백색바탕에 적색글씨
④ 적색바탕에 백색글씨

LPG 충전시설의 표지

충전 중 엔진정지	(황색바탕에 흑색글씨)
화기엄금	(백색바탕에 적색글씨)

04 특정고압가스 사용시설의 시설기준 및 기술기준으로 틀린 것은?

① 가연성 가스의 사용설비에는 정전기 제거설비를 설치한다.
② 지하에 매설하는 배관에는 전기부식 방지조치를 한다.
③ 독성 가스의 저장설비에는 가스가 누출된 때 이를 흡수 또는 중화할 수 있는 장치를 설치한다.
④ 산소를 사용하는 밸브에는 밸브가 잘 동작할 수 있도록 석유류 및 유지류를 주유하여 사용한다.

산소는 석유류, 유지류와 접촉 시 연소폭발이 일어남

05 다음 중 가연성이면서 독성 가스는? **[안전 17]**

① $CHClF_2$ ② HCl
③ C_2H_2 ④ HCN

가연성이면서 독성

㉠ CO ㉡ C_2H_4O
㉢ CH_3Cl ㉣ H_2S
㉤ CS_2 ㉥ 석탄가스
㉦ C_6H_6 ㉧ HCN
㉨ NH_3 ㉩ CH_3Br

정답 01.① 02.① 03.③ 04.④ 05.④

06 액화석유가스 집단공급시설에서 가스설비의 상용압력이 1MPa일 때 이 설비의 내압시험압력은 몇 MPa로 하는가? [안전 2]

① 1
② 1.25
③ 1.5
④ 2.0

T_P(내압시험압력) = 상용압력×1.5
= 1×1.5
= 1.5MPa

07 아세틸렌가스 또는 압력이 9.8MPa 이상인 압축가스를 용기에 충전하는 경우 방호벽을 설치하지 않아도 되는 곳은? [안전 57]

① 압축기와 충전장소 사이
② 압축가스 충전장소와 그 가스 충전용기 보관장소 사이
③ 압축기와 그 가스 충전용기 보관장소 사이
④ 압축가스를 운반하는 차량과 충전용기 사이

방호벽 적용(KGS Fp 111)

적용시설의 종류		설비 및 대상 건축물	방호벽 설치장소
법 규	해당 사항		
고압가스	일반제조 C_2H_2 압력 9.8MPa 이상 압축가스 충전 시	압축기	㉠ 당해 충전장소 사이 ㉡ 당해 충전용기 보관장소 사이
		당해 충전장소	㉠ 당해 충전용기 보관장소 사이 ㉡ 당해 충전용 주관밸브 사이
고압가스 LPG	판매시설	용기보관실의 벽	
	충전시설	저장탱크와 가스충전장소	
	저장탱크	사업소 내 보호시설	
특정고압가스	사용시설	압축 $60m^3$ 이상 액화 300kg 이상의 용기보관실의 벽	

08 저장탱크에 의한 액화석유가스 저장소에서 지상에 노출된 배관을 차량 등으로부터 보호하기 위하여 설치하는 방호철판의 두께는 얼마 이상으로 하여야 하는가? [안전 8]

① 2mm
② 3mm
③ 4mm
④ 5mm

보호철판(보호판)

구 분	규 격			
	설치 대상	재료	구멍 직경 및 간격	두께
지하 매설 배관	최고 사용 압력 0.1MPa 이상의 배관	KSD 3503	30mm 이상 50mm 이하의 구멍, 3m 간격으로 설치 (누출가스가 지면으로 확산되는 것 방지)	4mm 이상 (단, 고압배관 매설 시 6mm 이상)
지상 노출 배관	두께 4mm 이상			

09 가스 제조시설에 설치하는 방호벽의 규격으로 옳은 것은? [안전 104]

① 박강판 벽으로 두께 3.2cm 이상, 높이 3m 이상
② 후강판 벽으로 두께 10mm 이상, 높이 3m 이상
③ 철근콘크리트 벽으로 두께 12cm 이상, 높이 2m 이상
④ 철근콘크리트 블록 벽으로 두께 20cm 이상, 높이 2m 이상

방호벽

종 류	높 이	두 께
철근콘크리트	2m 이상	12cm 이상
콘크리트블록	2m 이상	15cm 이상
박강판	2m 이상	3.2mm 이상
후강판	2m 이상	6mm 이상

정답 06.③ 07.④ 08.③ 09.③

10 고압가스안전관리법의 적용범위에서 제외되는 고압가스가 아닌 것은? **[안전 95]**

① 섭씨 35℃의 온도에서 게이지압력이 4.9MPa 이하인 유닛형 공기압축장치 안의 압축공기
② 섭씨 15℃의 온도에서 압력이 0Pa을 초과하는 아세틸렌가스
③ 내연 기관의 시동, 타이어의 공기 충전, 리베팅, 착암 또는 토목공사에 사용되는 압축장치 안의 고압가스
④ 냉동능력이 3톤 미만인 냉동설비 안의 고압가스

고법 시행령 제2조 및 별표 1
적용 고압가스

가스의 구분	온도	압력	세부 내용
압축가스	상용	1MPa(g) 이상	실제로 그 압력이 1MPa(g) 이상 되는 것
	35℃	1MPa(g) 이상	압축가스
액화가스	상용	0.2MPa(g) 이상	실제로 그 압력이 0.2MPa(g) 이상 되는 것
		0.2MPa의 경우	35℃ 이하인 액화가스
아세틸렌	15℃	0Pa 초과	
액화시안화수소, 액화브롬화메탄, 액화산화에틸렌	35℃	0Pa 초과	

11 도시가스 배관에 설치하는 희생양극법에 의한 전위 측정용 터미널은 몇 m 이내의 간격으로 하여야 하는가? **[안전 160]**

① 200m ② 300m
③ 500m ④ 600m

12 고압가스 용기를 취급 또는 보관할 때의 기준으로 옳은 것은?

① 충전용기와 잔가스용기는 각각 구분하여 용기 보관장소에 놓는다.
② 용기는 항상 60℃ 이하의 온도를 유지한다.
③ 충전용기는 통풍이 잘 되고 직사광선을 받을 수 있는 따스한 곳에 둔다.
④ 용기 보관장소의 주위 5m 이내에는 화기, 인화성 물질을 두지 아니한다.

해설
② 용기는 40℃ 이하 온도 유지
③ 용기는 직사광선, 빗물을 받지 않는 장소에 보관
④ 용기 보관장소 2m 이내에는 화기, 인화성 · 발화성 물질을 두지 않는다.

13 다음 중 고압가스의 용어에 대한 설명으로 틀린 것은? **[안전 84]**

① 액화가스란 가압, 냉각 등의 방법에 의하여 액체상태로 되어 있는 것으로서 대기압에서의 끓는점이 섭씨 40℃ 이하 또는 상용의 온도 이하인 것을 말한다.
② 독성 가스란 공기 중에 일정량이 존재하는 경우 인체에 유해한 독성을 가진 가스로서 허용농도가 100만분의 2000 이하인 가스를 말한다.
③ 초저온 저장탱크라 함은 섭씨 영하 50℃ 이하의 액화가스를 저장하기 위한 저장탱크로서 단열재로 씌우거나 냉동설비로 냉각하는 등의 방법으로 저장탱크 내의 가스 온도가 상용의 온도를 초과하지 아니하도록 한 것을 말한다.
④ 가연성 가스라 함은 공기 중에서 연소하는 가스로서 폭발한계의 하한이 10% 이하인 것과 폭발한계의 상한과 하한의 차가 20% 이상인 것을 말한다.

14 도시가스에 대한 설명 중 틀린 것은?

① 국내에서 공급하는 대부분의 도시가스는 메탄을 주성분으로 하는 천연가스이다.
② 도시가스는 주로 배관을 통하여 수요자에게 공급된다.
③ 도시가스의 원료로 LPG를 사용할 수 있다.
④ 도시가스는 공기와 혼합만 되면 폭발한다.

정답 10.② 11.② 12.① 13.② 14.④

④ 도시가스 및 모든 가연성 가스는 폭발범위 내에서 연소 및 폭발한다.

15 도시가스 배관에는 도시가스를 사용하는 배관임을 명확하게 식별할 수 있도록 표시를 한다. 다음 중 그 표시방법에 대한 설명으로 옳은 것은? **[안전 153]**

① 지상에 설치하는 배관 외부에는 사용가스명, 최고사용압력 및 가스의 흐름방향을 표시한다.
② 매설배관의 표면색상은 최고사용압력이 저압인 경우에는 녹색으로 도색한다.
③ 매설배관의 표면색상은 최고사용압력이 중압인 경우에는 황색으로 도색한다.
④ 지상배관의 표면색상은 백색으로 도색한다. 다만, 흑색으로 2중 띠를 표시한 경우 백색으로 하지 않아도 된다.

16 고압가스 특정 제조시설에서 선임하여야 하는 안전관리원의 선임 인원 기준은? **[안전 154]**

① 1명 이상 ② 2명 이상
③ 3명 이상 ④ 5명 이상

17 일반도시가스 공급시설에 설치하는 정압기의 분해점검 주기는? **[안전 44]**

① 1년에 1회 이상
② 2년에 1회 이상
③ 3년에 1회 이상
④ 1주일에 1회 이상

정압기 분해점검
① 공급시설 : 2년 1회, 사용시설 : 3년 1회

18 방폭전기기기 구조별 표시방법 중 "e"의 표시는?

① 안전증방폭구조
② 내압방폭구조
③ 유입방폭구조
④ 압력방폭구조

방폭전기기기 기호 및 종류

기 호	종 류
d	내압방폭구조
p	압력방폭구조
o	유입방폭구조
e	안전증방폭구조
ia, ib	본질안전방폭구조

19 자연환기설비 설치 시 LP가스의 용기보관실 바닥면적이 $3m^2$라면 통풍구의 크기는 몇 cm^2 이상으로 하도록 되어 있는가? (단, 철망 등이 부착되어 있지 않은 것으로 간주한다.) **[안전 155]**

① 500 ② 700
③ 900 ④ 1100

∴ $3m^2 = 30000cm^2$이므로
$30000 \times 0.03 = 900cm^2$

20 고속도로 휴게소에서 액화석유가스 저장능력이 얼마를 초과하는 경우에 소형 저장탱크를 설치하여야 하는가? **[안전 156]**

① 300kg ② 500kg
③ 1000kg ④ 3000kg

21 액화석유가스의 용기보관소 시설기준으로 틀린 것은?

① 용기보관실은 사무실과 구분하여 동일 부지에 설치한다.
② 저장설비는 용기집합식으로 한다.
③ 용기보관실은 불연재료를 사용한다.
④ 용기보관실 창의 유리는 망입유리 또는 안전유리로 한다.

액화석유가스 안전관리법 별표 6
용기저장소 시설 기술검사기준
1. 용기보관실은 불연성 재료 사용, 지붕은 불연성 재료를 사용한 가벼운 지붕 설치
2. 용기보관실의 벽은 방호벽으로 할 것
3. 용기보관실은 누출가스가 사무실로 유입되지 않도록 하고 용기보관실의 면적은 $19m^2$ 이상

정답 15.① 16.② 17.② 18.① 19.③ 20.② 21.②

4. 용기보관실과 사무실은 동일 부지 위에 구분 설치할 것
5. 용기보관실의 창의 유리는 망입유리 또는 안전유리로 할 것
6. 저장설비는 용기집합식으로 하지 아니할 것

22 액화석유가스 사용시설의 연소기 설치방법으로 옳지 않은 것은? **[안전 157]**

① 밀폐형 연소기는 급기구, 배기통과 벽과의 사이에 배기가스가 실내로 들어올 수 없게 한다.
② 반밀폐형 연소기는 급기구와 배기통을 설치한다.
③ 개방형 연소기를 설치한 실에는 환풍기 또는 환기구를 설치한다.
④ 배기통이 가연성 물질로 된 벽을 통과 시에는 금속 등 불연성 재료로 단열조치를 한다.

23 상용압력이 10MPa인 고압설비의 안전밸브 작동압력은 얼마인가?

① 10MPa ② 12MPa
③ 15MPa ④ 20MPa

$$\text{안전밸브 작동압력} = \text{상용압력} \times 1.5 \times \frac{8}{10}$$
$$= 10 \times 1.5 \times \frac{8}{10}$$
$$= 12\text{MPa}$$

24 다음 가스 중 독성(LC_{50})이 가장 강한 것은?

① 암모니아
② 디메틸아민
③ 브롬화메탄
④ 아크릴로니트릴

LC_{50}(ppm) 농도

가스의 종류	LC_{50}(ppm)
NH_3	7338
디메틸아민	11100
브롬화메탄	850
아크릴로니트릴	20

25 특정고압가스 사용시설에서 취급하는 용기의 안전조치사항으로 틀린 것은?

① 고압가스 충전용기는 항상 40℃ 이하를 유지한다.
② 고압가스 충전용기 밸브는 서서히 개폐하고 밸브 또는 배관을 가열하는 때에는 열습포나 40℃ 이하의 더운 물을 사용한다.
③ 고압가스 충전용기를 사용한 후에는 폭발을 방지하기 위하여 밸브를 열어 둔다.
④ 용기보관실에 충전용기를 보관하는 경우에는 넘어짐 등으로 충격 및 밸브 등의 손상을 방지하는 조치를 한다.

③ 고압가스 용기 사용 후 밸브를 닫아 둔다.

26 LPG 충전자가 실시하는 용기의 안전점검 기준에서 내용적 얼마 이하의 용기에 대하여 "실내보관 금지" 표시여부를 확인하여야 하는가?

① 15L ② 20L
③ 30L ④ 50L

27 독성가스 충전용기를 차량에 적재할 때의 기준에 대한 설명으로 틀린 것은? **[안전 158]**

① 운반 차량에 세워서 운반한다.
② 차량의 적재함을 초과하여 적재하지 아니한다.
③ 차량의 최대적재량을 초과하여 적재하지 아니한다.
④ 충전용기는 2단 이상으로 겹쳐 쌓아 용기가 서로 이격되지 않도록 한다.

28 허용농도가 100만분의 200 이하인 독성가스 용기 중 내용적이 얼마 미만인 충전용기를 운반하는 차량의 적재함에 대하여 밀폐된 구조로 하여야 하는가?

① 500L ② 1000L
③ 2000L ④ 3000L

정답 22.④ 23.② 24.④ 25.③ 26.① 27.④ 28.②

KGS Gc 206
허용농도가 100만분의 200 이하인 독성가스 충전용기를 운반 시 용기 승하차용 리프트와 밀폐된 구조의 적재함이 부착된 전용 차량(독성가스 전용 차량)으로 운반한다. 단, 내용적이 1000L 이상인 충전용기를 운반하는 경우에는 그러하지 아니하다.

29 도시가스 배관 굴착작업 시 배관의 보호를 위하여 배관 주위 얼마 이내에는 인력으로 굴착하여야 하는가? **[안전 127]**

① 0.3m　② 0.6m
③ 1m　④ 1.5m

30 차량에 고정된 고압가스 탱크를 운행할 경우에 휴대하여야 할 서류가 아닌 것은 어느 것인가? **[안전 159]**

① 차량등록증
② 탱크테이블(용량환산표)
③ 고압가스이동계획서
④ 탱크제조시방서

31 다단 왕복동 압축기의 중간단의 토출온도가 상승하는 주된 원인이 아닌 것은?

① 압축비 감소
② 토출밸브 불량에 의한 역류
③ 흡입밸브 불량에 의한 고온가스 흡입
④ 전단 쿨러 불량에 의한 고온가스 흡입

① 압축비 감소 : 토출온도 저하의 원인

32 LP가스의 자동교체식 조정기 설치 시의 장점에 대한 설명 중 틀린 것은? **[설비 37]**

① 도관의 압력손실을 적게 해야 한다.
② 용기 숫자가 수동식보다 적어도 된다.
③ 용기 교환주기의 폭을 넓힐 수 있다.
④ 잔액이 거의 없어질 때까지 소비가 가능하다.

자동교체 조정기 사용 시 장점
②, ③, ④항 이외에 분리형 사용 시 도관의 압력손실이 커도 된다.

33 수은을 이용한 U자관 압력계에서 액주 높이(h)는 600mm, 대기압(P_1)은 1kg/cm^{2}일 때 P_2는 약 몇 kg/cm^{2}인가?

① 0.22　② 0.92
③ 1.82　④ 9.16

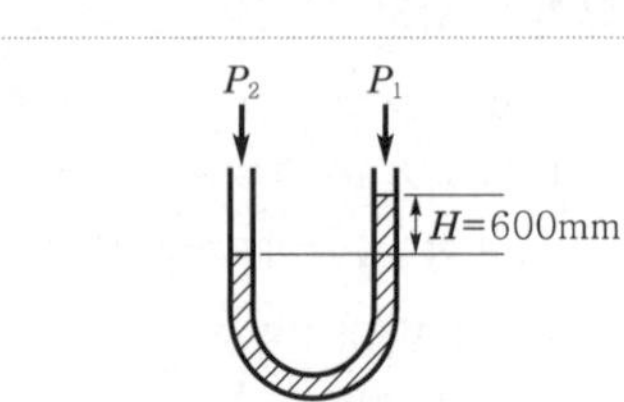

$\therefore\ P_2 = P_1 + SH$
$= 1\text{kg/cm}^2 + 13.6\text{kg/L} \times 60\text{cm}$
$= 1\text{kg/cm}^2 + 13.6\text{kg/}10^3\text{cm}^3 \times 60\text{cm}$
$= 1.816$
$= 1.82\text{kg/cm}^2$

34 공기액화분리장치의 내부를 세척하고자 할 때 세정액으로 가장 적당한 것은?

① 염산(HCl)
② 가성소다(NaOH)
③ 사염화탄소(CCl_4)
④ 탄산나트륨(Na_2CO_3)

공기액화분리장치 중요사항

항 목		세부 요점내용	
분리장치 사용목적		기체공기를 고압, 저온으로 L-O_2, L-Ar, L-N_2를 비등점 차이로 제조	
즉시 운전을 중지하여야 하는 경우		㉠ 액화산소 5L 중 C의 질량이 500mg 이상 시 ㉡ 액화산소 5L 중 C_2H_2의 질량이 5mg 이상 시	
압축기 윤활제	내부 세정제	양질의 광유	CCl_4(사염화탄소)
분리장치 폭발원인		㉠ 공기취입구로부터 C_2H_2 혼입 ㉡ 압축기 윤활유 분해에 따른 탄화수소 생성 ㉢ 액체 공기 중 O_3의 혼입 ㉣ 공기 중 질소 화합물의 혼입	
대책		㉠ 공기취입구를 맑은 곳에 설치한다. ㉡ 부근에 카바이드 작업을 피한다. ㉢ 윤활유는 양질의 광유를 사용한다. ㉣ 연 1회 CCl_4로 세척한다.	

정답 29.③ 30.④ 31.① 32.① 33.③ 34.③

35 오리피스 유량계의 특징에 대한 설명으로 옳은 것은?

① 내구성이 좋다.
② 저압, 저유량에 적당하다.
③ 유체의 압력손실이 크다.
④ 협소한 장소에는 설치가 어렵다.

오리피스 유량계
차압식 유량계(오리피스, 플로노즐, 벤투리)로서 압력손실이 가장 크다.

36 가스 유량 2.03kg/h, 관의 내경 1.61cm, 길이 20m의 직관에서의 압력손실은 약 몇 mm 수주인가? (단, 온도 15℃에서 비중 1.58, 밀도 $2.04kg/m^3$, 유량계수 0.436이다.)

① 11.4 ② 14.0
③ 15.2 ④ 17.5

저압 배관 유량식

$Q=K\sqrt{\frac{D^5H}{SL}}$ 에서

$$H=\frac{Q^2\cdot S\cdot L}{K^2\cdot D^5}$$

$$=\frac{\left(\frac{2.03}{2.04}\right)^2\times1.58\times20}{0.436^2\times1.61^5}$$

$$=15.21mmH_2O$$

[참고] 유량(Q)의 단위가 m^3/h이므로

$$\frac{2.03kg/hr}{2.04kg/m^3}=\frac{2.03}{2.04}m^3/h$$

37 암모니아를 사용하는 고온 · 고압 가스장치의 재료로 가장 적당한 것은?

① 동
② PVC 코팅강
③ 알루미늄 합금
④ 18-8 스테인리스강

38 가스보일러의 본체에 표시된 가스소비량이 100000kcal/h이고, 버너에 표시된 가스소비량이 120000kcal/h일 때 도시가스 소비량 산정은 얼마를 기준으로 하는가?

① 100000kcal/h ② 105000kcal/h
③ 110000kcal/h ④ 120000kcal/h

39 다음 중 다공도를 측정할 때 사용되는 식은? (단, V : 다공물질의 용적, E : 아세톤 침윤 잔용적이다.) **[안전 11]**

① 다공도$=\frac{V}{(V-E)}$

② 다공도$=(V-E)\times\frac{100}{V}$

③ 다공도$=(V+E)\times V$

④ 다공도$=(V+E)\times\frac{V}{100}$

다공도
불활성 가스인 He, Ne, Ar, Kr 등은 원자가 0

40 공기액화분리 장치의 부산물로 얻어지는 아르곤가스는 불활성 가스이다. 아르곤가스의 원자가는?

① 0 ② 1
③ 3 ④ 8

41 로터미터는 어떤 형식의 유량계인가?

① 차압식 ② 터빈식
③ 회전식 ④ 면적식

유량계
㉠ 용적식 : 습식 가스미터, 건식 가스미터
㉡ 차압식 : 오리피스, 플로노즐, 벤투리
㉢ 면적 : 로터미터

42 LP가스 사용 시의 주의사항으로 틀린 것은 어느 것인가?

① 용기밸브, 콕 등은 신속하게 열 것
② 연소기구 주위에 가연물을 두지 말 것
③ 가스누출 유무를 냄새 등으로 확인할 것
④ 고무호스의 노화, 갈라짐 등은 항상 점검할 것

① 밸브의 개폐는 서서히 한다.

정답 35.③ 36.③ 37.④ 38.① 39.② 40.① 41.④ 42.①

43 원심펌프의 양정과 회전속도의 관계는? (단, N_1 : 처음 회전수, N_2 : 변화된 회전수) [설비 35]

① $\left(\frac{N_2}{N_1}\right)$ ② $\left(\frac{N_2}{N_1}\right)^2$
③ $\left(\frac{N_2}{N_1}\right)^3$ ④ $\left(\frac{N_2}{N_1}\right)^5$

회전수 변화($N_1 \rightarrow N_2$)에 따른 송수량(유량)(Q), 양정(H), 동력(P) 값의 변화

송수량	$Q_2 = Q_1 \times \left(\frac{N_2}{N_1}\right)$
양 정	$H_2 = H_1 \times \left(\frac{N_2}{N_1}\right)^2$
동 력	$P_2 = P_1 \times \left(\frac{N_2}{N_1}\right)^3$

44 조정압력이 2.8kPa인 액화석유가스 압력 조정기의 안전장치 작동표준압력은? [안전 73]

① 5.0kPa ② 6.0kPa
③ 7.0kPa ④ 8.0kPa

조정압력이 3.3kPa 이하인 조정기의 안전장치 작동압력

압력 구분	압력(kPa)
작동 표준	7
작동 개시	5.6~8.4
작동 정지	5.04~8.4

45 오스테나이트계 스테인리스강에 대한 설명으로 틀린 것은?

① Fe-Cr-Ni 합금이다.
② 내식성이 우수하다.
③ 강한 자성을 갖는다.
④ 18-8 스테인리스강이 대표적이다.

46 임계온도에 대한 설명으로 옳은 것은?

① 기체를 액화할 수 있는 절대온도
② 기체를 액화할 수 있는 평균온도
③ 기체를 액화할 수 있는 최저의 온도
④ 기체를 액화할 수 있는 최고의 온도

해설
㉠ 임계온도 : 기체를 액화시킬 수 있는 최고의 온도
㉡ 임계압력 : 기체를 액화시킬 수 있는 최저의 압력

47 암모니아에 대한 설명 중 틀린 것은?

① 물에 잘 용해된다.
② 무색, 무취의 가스이다.
③ 비료의 제조에 이용된다.
④ 암모니아가 분해되면 질소와 수소가 된다.

48 LNG의 특징에 대한 설명 중 틀린 것은?

① 냉열을 이용할 수 있다.
② 천연에서 산출한 천연가스를 약 -162℃까지 냉각하여 액화시킨 것이다.
③ LNG는 도시가스, 발전용 이외에 일반 공업용으로도 사용된다.
④ LNG로부터 기화한 가스는 부탄이 주성분이다.

49 불꽃의 끝이 적황색으로 연소하는 현상을 의미하는 것은?

① 리프트 ② 옐로우팁
③ 캐비테이션 ④ 워터해머

50 랭킨온도가 420°R일 경우 섭씨온도로 환산한 값으로 옳은 것은?

① -30℃ ② -40℃
③ -50℃ ④ -60℃

°R=1.8K이므로

$K = \frac{°R}{1.8} = \frac{420}{1.8} = 233.33K$

$\therefore$ °C$= K - 273 = 233.33 - 273 = -39.66 \fallingdotseq -40$°C

51 도시가스의 제조공정이 아닌 것은?[안전 124]

① 열분해 공정
② 접촉분해 공정
③ 수소화분해 공정
④ 상압증류 공정

정답 43.② 44.③ 45.③ 46.④ 47.② 48.④ 49.② 50.② 51.④

도시가스 프로세스
㉠ 열분해
㉡ 부분연소
㉢ 수소화분해
㉣ 접촉분해(수증기 개질, 사이클링식, 저온수증기 개질, 고온수증기 개질)

52 포화온도에 대하여 가장 잘 나타낸 것은?

① 액체가 증발하기 시작할 때의 온도
② 액체가 증발현상 없이 기체로 변하기 시작할 때의 온도
③ 액체가 증발하여 어떤 용기 안이 증기로 꽉 차 있을 때의 온도
④ 액체와 증기가 공존할 때 그 압력에 상당한 일정한 값의 온도

53 다음 중 1MPa과 같은 것은?

① $10N/cm^2$
② $100N/cm^2$
③ $1000N/cm^2$
④ $10000N/cm^2$

$1MPa = 10^6 Pa$
$Pa = N/m^2$
$1m^2 = 10^4 cm^2$이므로
$10^6 N/m^2 = 10^6 N/10^4 cm^2 = 100N/cm^2$

54 20℃의 물 50kg을 90℃로 올리기 위해 LPG를 사용하였다면, 이때 필요한 LPG의 양은 몇 kg인가? (단, LPG 발열량은 10000kcal/kg이고, 열효율은 50%이다.)

① 0.5
② 0.6
③ 0.7
④ 0.8

$Q = Gc\Delta t$
$= 50kg \times 1kcal/kg℃ \times (90-20)℃ = 3500kcal$
3500kcal : x(프로판)kg=
$10000 \times 0.5kcal$: 1kg
$\therefore x = \dfrac{3500 \times 1}{10000 \times 0.5} = 0.7kg$

55 다음 중 압축가스에 속하는 것은?

① 산소 ② 염소
③ 탄산가스 ④ 암모니아

압축가스와 비등점

가스 종류	비등점
He	-269℃
H_2	-252℃
N_2	-196℃
O_2	-183℃
CH_4	-162℃
CO	-192℃

56 진공도 200mmHg는 절대압력으로 약 몇 $kg/cm^2 \cdot abs$인가?

① 0.76 ② 0.80
③ 0.94 ④ 1.03

절대압력=대기압력-진공압력
=760-200
=560mmHg
$\therefore \dfrac{560}{760} \times 1.0332 = 0.76kg/cm^2$

57 다음 중 압력 단위로 사용하지 않는 것은?

① kg/cm^2 ② Pa
③ mmH_2O ④ kg/m^3

④ kg/m^3 : 밀도의 단위

58 다음 중 엔트로피의 단위는? **[설비 39]**

① kcal/h
② kcal/kg
③ kcal/kg · m
④ kcal/kg · K

물리학적 단위
㉠ 시간당 열량
㉡ 엔탈피
㉢ 일의 열당량

정답 52.④ 53.② 54.③ 55.① 56.① 57.④ 58.④

59 다음 각 가스의 특성에 대한 설명으로 틀린 것은?

① 수소는 고온, 고압에서 탄소강과 반응하여 수소 취성을 일으킨다.
② 산소는 공기액화분리장치를 통해 제조하며, 질소와 분리 시 비등점 차이를 이용한다.
③ 일산화탄소는 담화액의 무취 기체로 허용농도는 TLV-TWA 기준으로 50ppm이다.
④ 암모니아는 붉은 리트머스를 푸르게 변화시키는 성질을 이용하여 검출할 수 있다.

해설

③ CO는 무색무취의 독성 가스

60 대기압 하에서 다음 각 물질별 온도를 바르게 나타낸 것은?

① 물의 동결점 : −273K
② 질소의 비등점 : −183℃
③ 물의 동결점 : 32°F
④ 산소의 비등점 : −196℃

해설

① 물의 동결점 : 273K
② 질소의 비등점 : −196℃
④ 산소의 비등점 : −183℃

정답 59.③ 60.③

국가기술자격 필기시험문제

2016년 기능사 제2회 필기시험(1부) (2016년 4월 시행)

자격종목	시험시간	문제수	문제형별
가스기능사	**1시간**	**60**	**A**

수험번호		성 명	

01 다음 중 전기설비 방폭구조의 종류가 아닌 것은? **[안전 45]**

① 접지 방폭구조
② 유입 방폭구조
③ 압력 방폭구조
④ 안전증 방폭구조

전기설비 방폭구조
유입 방폭구조, 압력 방폭구조, 안전증 방폭구조, 내압 방폭구조, 본질안전 방폭구조, 특수 방폭구조

02 다음 중 특정고압가스에 해당되지 않는 것은? **[안전 53]**

① 이산화탄소
② 수소
③ 산소
④ 천연가스

특정고압가스
수소, 산소, 액화암모니아, 액화염소, 아세틸렌천연가스, 압축모노실란, 압축디보레인, 액화알진

03 내부용적이 25000L인 액화산소 저장탱크의 저장능력은 얼마인가? (단, 비중은 1.14이다.) **[안전 30]**

① 21930kg
② 24780kg
③ 25650kg
④ 28500kg

$W = 0.9dv = 0.9 \times 1.14 \times 25000 = 25650\text{kg}$

04 배관의 설치방법으로 산소 또는 천연메탄을 수송하기 위한 배관과 이에 접속하는 압축기와의 사이에 반드시 설치하여야 하는 것은?

① 방파판 ② 솔레노이드
③ 수취기 ④ 안전밸브

05 공정에 존재하는 위험요소와 비록 위험하지는 않더라도 공정의 효율을 떨어뜨릴 수 있는 운전상의 문제를 파악하기 위한 안전성 평가기법은? **[안전 111]**

① 안전성 검토(Safety Review)기법
② 예비위험성 평가(Preliminary Hazard Analysis)기법
③ 사고예상 질문(What If Analysis)기법
④ 위험과 운전분석(HAZOP)기법

06 다음 특정설비 중 재검사 대상인 것은?

① 역화방지장치
② 차량에 고정된 탱크
③ 독성가스 배관용 밸브
④ 자동차용 가스 자동주입기

07 독성가스 외의 고압가스 충전용기를 차량에 적재하여 운반할 때 부착하는 경계표지에 대한 내용으로 옳은 것은? **[안전 34]**

① 적색글씨로 "위험 고압가스"라고 표시
② 황색글씨로 "위험 고압가스"라고 표시
③ 적색글씨로 "주의 고압가스"라고 표시
④ 황색글씨로 "주의 고압가스"라고 표시

정답 01.① 02.① 03.③ 04.③ 05.④ 06.② 07.①

08 LP가스설비를 수리할 때 내부의 LP가스를 질소 또는 물로 치환하고, 치환에 사용된 가스나 액체를 공기로 재치환하여야 하는데, 이때 공기에 의한 재치환의 결과가 산소농도 측정기로 측정하여 산소농도가 얼마의 범위 내에 있을 때까지 공기로 재치환하여야 하는가?

① 4~6% ② 7~11%
③ 12~16% ④ 18~22%

09 고압가스특정제조시설 중 도로 밑에 매설하는 배관의 기준에 대한 설명으로 틀린 것은? **[안전 140]**

① 시가지의 도로 밑에 배관을 설치하는 경우에는 보호판을 배관의 정상부로부터 30cm 이상 떨어진 그 배관의 직상부에 설치한다.
② 배관은 그 외면으로부터 도로의 경계와 수평거리로 1m 이상을 유지한다.
③ 배관은 원칙적으로 자동차 등의 하중의 영향이 적은 곳에 매설한다.
④ 배관은 그 외면으로부터 도로 밑의 다른 시설물과 60cm 이상의 거리를 유지한다.

④ 도로 밑 다른 시설물과 30cm 이상 유지

10 공기보다 비중이 가벼운 도시가스의 공급시설로서 공급시설이 지하에 설치된 경우의 통풍구조의 기준으로 틀린 것은? **[안전 110]**

① 통풍구조는 환기구를 2방향 이상 분산하여 설치한다.
② 배기구는 천장면으로부터 30cm 이내에 설치한다.
③ 흡입구 및 배기구의 관경은 500mm 이상으로 하되, 통풍이 양호하도록 한다.
④ 배기가스 방출구는 지면에서 3m 이상의 높이에 설치하되, 화기가 없는 안전한 장소에 설치한다.

흡입구 배기구의 관경 100mm 이상

11 다음 중 폭발한계의 범위가 가장 좁은 것은?

① 프로판 ② 암모니아
③ 수소 ④ 아세틸렌

① 2.1~9.5 ② 15~28
③ 4~75 ④ 2.5~81

12 도시가스 사용시설에서 정한 액화가스란 상용의 온도 또는 섭씨 35도의 온도에서 압력이 얼마 이상이 되는 것을 말하는가?

① 0.1MPa ② 0.2MPa
③ 0.5MPa ④ 1MPa

13 염소가스 저장탱크의 과충전 방지장치는 가스충전량이 저장탱크 내용적의 몇 %를 초과할 때 가스충전이 되지 않도록 동작하는가?

① 60% ② 80%
③ 90% ④ 95%

14 도시가스 사고의 사고 유형이 아닌 것은?

① 시설 부식
② 시설 부적합
③ 보호포 설치
④ 연결부 이완

15 가연성 가스 저온저장탱크 내부의 압력이 외부의 압력보다 낮아져 저장탱크가 파괴되는 것을 방지하기 위한 조치로서 갖추어야 할 설비가 아닌 것은? **[안전 20]**

① 압력계
② 압력경보설비
③ 정전기제거설비
④ 진공안전밸브

저장탱크 부압파괴방지 설비
㉠ 압력계
㉡ 압력경보설비
㉢ 기타 설비 중 1 이상의 설비(진공안전밸브, 균압관 압력과 연동하는 긴급차단장치를 설치한 냉동제어설비 및 송액설비)

정답 08.④ 09.④ 10.③ 11.① 12.② 13.③ 14.③ 15.③

16 일반 도시가스 배관 중 중압 이하의 배관과 고압배관을 매설하는 경우 서로간의 거리를 몇 m 이상으로 유지하여야 하는가? [안전 131]

① 1 ② 2
③ 3 ④ 5

중압 이하 배관과 고압배관 매설 시 매설간격 2m 이상(단, 철근콘크리트 방호구조물 내 설치 시 1m 이상 배관의 주체가 같은 경우 3m 이상)

17 초저온용기의 단열성능시험용 저온 액화가스가 아닌 것은?

① 액화아르곤 ② 액화산소
③ 액화공기 ④ 액화질소

18 고압가스 판매소의 시설기준에 대한 설명으로 틀린 것은? [안전 31, 98]

① 충전용기의 보관실은 불연재료를 사용한다.
② 가연성 가스·산소 및 독성가스의 저장실은 각각 구분하여 설치한다.
③ 용기보관실 및 사무실은 부지를 구분하여 설치한다.
④ 산소, 독성가스 또는 가연성 가스를 보관하는 용기보관실의 면적은 각 고압가스별로 $10m^2$ 이상으로 한다.

용기보관실 및 사무실은 동일부지에 설치

19 운전 중인 액화석유가스 충전설비의 작동상황에 대하여 주기적으로 점검하여야 한다. 점검주기는?

① 1일에 1회 이상
② 1주일에 1회 이상
③ 3월에 1회 이상
④ 6월에 1회 이상

20 재검사 용기 및 특정설비의 파기방법으로 틀린 것은? [안전 68]

① 잔가스를 전부 제거한 후 절단한다.
② 절단 등의 방법으로 파기하여 원형으로 가공할 수 없도록 한다.
③ 파기 시에는 검사장소에서 검사원 입회하에 사용자가 실시할 수 있다.
④ 파기 물품은 검사 신청인이 인수시한 내에 인수하지 아니한 때도 검사인이 임의로 매각 처분하면 안 된다.

파기 물품은 검사 신청인이 인수시한(통지한 날로부터 1월 이내) 내에 인수하지 않을 경우 검사기관으로 하여금 임의로 매각 처분하게 할 수 있다.

21 도시가스 배관이 굴착으로 20m 이상이 노출되어 누출가스가 체류하기 쉬운 장소일 때 가스누출경보기는 몇 m마다 설치해야 하는가? [안전 126]

① 5 ② 10
③ 20 ④ 30

근무자가 상주하는 곳에 경보음이 전달되도록 20m마다 설치한다.

22 시안화수소의 중합폭발을 방지하기 위하여 주로 사용할 수 있는 안정제는? [설비 43]

① 탄산가스
② 황산
③ 질소
④ 일산화탄소

23 고압가스 용접용기 동체의 내경은 약 몇 mm인가?

- 동체 두께 : 2mm
- 최고충전압력 : 2.5MPa
- 인장강도 : $480N/mm^2$
- 부식 여유 : 0
- 용접 효율 : 1

① 190mm
② 290mm
③ 660mm
④ 760mm

정답 16.② 17.③ 18.③ 19.① 20.④ 21.③ 22.② 23.①

해설

$$t = \frac{PD}{2Sn - 1.2P} + c$$

$$\therefore\ D = \frac{t(2Sn - 1.2P)}{P}$$

$$= \frac{2 \times (2 \times 480 \times \frac{1}{4} \times 1 - 1.2 \times 2.5)}{2.5}$$

$$= 189.6$$

$$\fallingdotseq 190$$

24 고압가스관련법에서 사용되는 용어의 정의에 대한 설명 중 틀린 것은? **[안전 84]**

① 가연성 가스라 함은 공기 중에서 연소하는 가스로서 폭발한계의 하한이 10% 이하인 것과 폭발한계의 상한과 하한의 차가 20% 이상인 것을 말한다.
② 독성가스라 함은 인체에 유해한 독성을 가진 가스로서 허용농도가 100만분의 100 이하인 것을 말한다.
③ 액화가스라 함은 가압·냉각 등의 방법에 의하여 액체상태로 되어 있는 것으로서 대기압에서의 비점이 섭씨 40도 이하 또는 상용의 온도 이하인 것을 말한다.
④ 초저온저장탱크라 함은 섭씨 영하 50도 이하의 저장탱크로서 단열재로 피복하거나 냉동설비로 냉각하는 등의 방법으로 저장탱크 내의 가스온도가 상용의 온도를 초과하지 아니하도록 한 것을 말한다.

해설

독성가스라 함은 인체에 유해한 독성을 가진 가스로서 허용농도가 100만분의 5000 이하인 것을 말한다.

25 다음 고압가스 압축작업 중 작업을 즉시 중단하여야 하는 경우인 것은? **[안전 78]**

① 산소 중의 아세틸렌, 에틸렌 및 수소의 용량 합계가 전체 용량의 2% 이상인 것
② 아세틸렌 중의 산소용량이 전체 용량의 1% 이하인 것
③ 산소 중의 가연성 가스(아세틸렌, 에틸렌 및 수소를 제외한다)의 용량이 전체 용량의 2% 이하의 것
④ 시안화수소 중의 산소 용량이 전체 용량의 2% 이상의 것

해설

고압가스 압축작업 중 작업을 즉시 중단하여야 하는 경우
㉠ 가연성 중의 산소 및 산소 중 가연성 : 4% 이상
㉡ 수소, 아세틸렌, 에틸렌 중 산소 중 수소, 아세틸렌, 에틸렌 : 2% 이상

26 다음 중 가스사고를 분류하는 일반적인 방법이 아닌 것은?

① 원인에 따른 분류
② 사용처에 따른 분류
③ 사고형태에 따른 분류
④ 사용자의 연령에 따른 분류

27 고압가스 저장시설에 설치하는 방류둑에는 계단, 사다리 또는 토사를 높이 쌓아올림 등에 의한 출입구를 둘레 몇 m마다 1개 이상을 두어야 하는가? **[안전 15]**

① 30
② 50
③ 75
④ 100

고압가스 저장시설에 설치하는 방류둑에는 계단, 사다리 또는 토사를 높이 쌓아올림 등에 의한 출입구를 둘레 50m마다 1개 설치(전 둘레 50m 미만 시 2곳을 분산 설치)한다.

28 LPG 용기 및 저장탱크에 주로 사용되는 안전밸브의 형식은?

① 가용전식
② 파열판식
③ 중추식
④ 스프링식

정답 24.② 25.① 26.④ 27.② 28.④

29 가스 충전용기 운반 시 동일차량에 적재할 수 없는 것은? **[안전 4]**

① 염소와 아세틸렌
② 질소와 아세틸렌
③ 프로판과 아세틸렌
④ 염소와 산소

해설
염소와 아세틸렌, 암모니아, 수소는 한 차량에 운반하지 않는다.

30 다음 ( ) 안에 들어갈 수 있는 경우로 옳지 않은 것은?

> 액화천연가스의 저장설비와 처리설비는 그 외면으로부터 사업소 경계까지 일정 규모 이상의 안전거리를 유지하여야 한다. 이 때 사업소 경계가 ( )의 경우에는 이들의 반대 편 끝을 경계로 보고 있다.

① 산　　② 호수
③ 하천　　④ 바다

31 비중이 0.5인 LPG를 제조하는 공장에서 1일 10만L를 생산하여 24시간 정치 후 모든 산업현장으로 보낸다. 이 회사에서 생산하는 LPG를 저장하려면 저장용량이 5톤인 저장탱크 몇 개를 설치해야 하는가?

① 2　　② 5
③ 7　　④ 10

$0.5(\text{kg/L}) \times 100000\text{L} = 50000\text{kg}$
$= 50\text{ton}$
$\therefore 50 \div 5 = 10$

32 고압용기나 탱크 및 라인(line) 등의 퍼지(purge)용으로 주로 쓰이는 기체는?

① 산소
② 수소
③ 산화질소
④ 질소

33 고압가스 제조소의 작업원은 얼마의 기간 이내에 1회 이상 보호구의 사용훈련을 받아 사용방법을 숙지하여야 하는가?

① 1개월
② 3개월
③ 6개월
④ 12개월

34 LPG 기화장치의 작동원리에 따른 구분으로 저온의 액화가스를 조정기를 통하여 감압한 후 열교환기에 공급해 강제 기화시켜 공급하는 방식은?

① 해수가열 방식
② 가온감압 방식
③ 감압가열 방식
④ 중간 매체 방식

35 도시가스사업법령에서는 도시가스를 압력에 따라 고압, 중압 및 저압으로 구분하고 있다. 중압의 범위로 옳은 것은? (단, 액화가스가 기화되고 다른 물질과 혼합되지 않은 경우로 가정한다.) **[안전 160]**

① 0.1MPa 이상 1MPa 미만
② 0.2MPa 이상 1MPa 미만
③ 0.1MPa 이상 0.2MPa 미만
④ 0.01MPa 이상 0.2MPa 미만

중압
0.1MPa 이상 1MPa 미만(단, 액화가스가 기화되고 다른 물질과 혼합되지 않은 경우 0.01MPa 이상 0.2MPa 미만)

36 가연성 가스 누출검지 경보장치의 경보농도는 얼마인가?

① 폭발하한계 이하
② LC_{50} 기준농도 이하
③ 폭발하한계 1/4 이하
④ TLV-TWA 기준농도 이하

정답 29.① 30.① 31.④ 32.④ 33.② 34.③ 35.④ 36.③

37 내용적 47L인 LP가스 용기의 최대 충전량은 몇 kg인가? (단, LP가스 정수는 2.35이다.)

① 20 ② 42
③ 50 ④ 110

$W = \frac{V}{C} = \frac{47}{2.35} = 20\text{kg}$

38 부식성 유체나 고점도의 유체 및 소량의 유체 측정에 가장 적합한 유량계는?

① 차압식 유량계
② 면적식 유량계
③ 용적식 유량계
④ 유속식 유량계

39 LP가스 이송설비 중 압축기에 의한 이송방식에 대한 설명으로 틀린 것은? **[설비 1]**

① 베이퍼록 현상이 없다.
② 잔가스 회수가 용이하다.
③ 펌프에 비해 이송시간이 짧다.
④ 저온에서 부탄가스가 재액화되지 않는다.

LP가스 이송설비 중 압축기에 의한 이송 시에는 재액화와 드레인 우려가 있다.

40 공기, 질소, 산소 및 헬륨 등과 같이 임계온도가 낮은 기체를 액화하는 액화사이클의 종류가 아닌 것은?

① 구데 공기액화사이클
② 린데 공기액화사이클
③ 필립스 공기액화사이클
④ 캐스케이드 공기액화사이클

41 다기능 가스안전계량기에 대한 설명으로 틀린 것은?

① 사용자가 쉽게 조작할 수 있는 테스트 차단기능이 있는 것으로 한다.
② 통상의 사용상태에서 빗물, 먼지 등이 침입할 수 없는 구조로 한다.
③ 차단밸브가 작동한 후에는 복원조작을 하지 아니하는 한 열리지 않는 구조로 한다.
④ 복원을 위한 버튼이나 레버 등은 조작을 쉽게 실시할 수 있는 위치에 있는 것으로 한다.

42 계측기기의 구비조건으로 틀린 것은?

① 설비비 및 유지비가 적게 들 것
② 원거리 지시 및 기록이 가능할 것
③ 구조가 간단하고 정도(精度)가 낮을 것
④ 설치장소 및 주위조건에 대한 내구성이 클 것

43 압축기에서 두압이란?

① 흡입압력이다.
② 증발기 내의 압력이다.
③ 피스톤 상부의 압력이다.
④ 크랭크케이스 내의 압력이다.

44 반밀폐식 보일러의 급·배기설비에 대한 설명으로 틀린 것은?

① 배기통의 끝은 옥외로 뽑아낸다.
② 배기통의 굴곡수는 5개 이하로 한다.
③ 배기통의 가로길이는 5m 이하로서 될 수 있는 한 짧게 한다.
④ 배기통의 입상높이는 원칙적으로 10m 이하로 한다.

배기통의 굴곡수는 4개 이하

45 흡입압력이 대기압과 같으며 최종압력이 $15\text{kgf/cm}^2 \cdot \text{g}$인 4단 공기압축기의 압축비는 약 얼마인가? (단, 대기압은 1kgf/cm^2로 한다.)

① 2 ② 4
③ 8 ④ 16

$a = {}_4\sqrt{\frac{16}{1}} = 2$

정답 37.① 38.② 39.④ 40.① 41.① 42.③ 43.③ 44.② 45.①

46 순수한 것은 안정하나 소량의 수분이나 알칼리성 물질을 함유하면 중합이 촉진되고 독성이 매우 강한 가스는?

① 염소 ② 포스겐
③ 황화수소 ④ 시안화수소

47 다음 중 비점이 가장 높은 가스는?

① 수소 ② 산소
③ 아세틸렌 ④ 프로판

① −252℃ ② −183℃
③ −75℃ ④ −42℃

48 단위질량인 물질의 온도를 단위온도차 만큼 올리는 데 필요한 열량을 무엇이라고 하는가?

① 일률 ② 비열
③ 비중 ④ 엔트로피

49 LNG의 성질에 대한 설명 중 틀린 것은?

① LNG가 액화되면 체적이 약 1/600로 줄어든다.
② 무독, 무공해의 청정가스로 발열량이 약 9500kcal/m^3 정도이다.
③ 메탄을 주성분으로 하며 에탄, 프로판 등이 포함되어 있다.
④ LNG는 기체상태에서는 공기보다 가벼우나 액체상태에서는 물보다 무겁다.

액체상태에서는 물보다 가볍다.

50 압력에 대한 설명 중 틀린 것은?

① 게이지압력은 절대압력에 대기압을 더한 압력이다.
② 압력이란 단위면적당 작용하는 힘의 세기를 말한다.
③ 1.0332kg/cm^2의 대기압을 표준대기압이라고 한다.
④ 대기압은 수은주를 76cm만큼의 높이로 밀어 올릴 수 있는 힘이다.

절대압력＝대기압력＋게이지압력

51 프로판을 완전연소시켰을 때 주로 생성되는 물질은?

① CO_2, H_2
② CO_2, H_2O
③ C_2H_4, H_2O
④ C_4H_{10}, CO

$C_3H_8 + 5O_2 \rightarrow 3CO_2 + 4H_2O$

52 요소비료 제조 시 주로 사용되는 가스는?

① 염화수소 ② 질소
③ 일산화탄소 ④ 암모니아

$2NH_3 + CO_2 \rightarrow (NH_2)_2CO + H_2O$

53 수분이 존재할 때 일반 강재를 부식시키는 가스는?

① 황화수소 ② 수소
③ 일산화탄소 ④ 질소

수분 존재 시 부식을 일으키는 가스
CO_2, H_2S, SO_2, Cl_2, $COCl_2$

54 폭발위험에 대한 설명 중 틀린 것은?

① 폭발범위의 하한값이 낮을수록 폭발위험은 커진다.
② 폭발범위의 상한값과 하한값의 차가 작을수록 폭발위험은 커진다.
③ 프로판보다 부탄의 폭발범위 하한값이 낮다.
④ 프로판보다 부탄의 폭발범위 상한값이 낮다.

55 다음 중 액체가 기체로 변하기 위해 필요한 열은?

① 융해열 ② 응축열
③ 승화열 ④ 기화열

정답 46.④ 47.④ 48.② 49.④ 50.① 51.② 52.④ 53.① 54.② 55.④

56 부탄 $1Nm^3$를 완전연소시키는 데 필요한 이론공기량은 약 몇 Nm^3인가? (단, 공기 중의 산소농도는 21v%이다.)

① 5　② 6.5
③ 23.8　④ 31

$C_4H_{10} + 6.5O_2 \rightarrow 4CO_2 + 5H_2O$

$1 : 6.5 \times \frac{100}{21} = 31Nm^3$

57 온도 410°F를 절대온도로 나타내면?

① 273K　② 483K
③ 512K　④ 612K

$\frac{(410-32)}{1.8} + 273 = 483K$

58 도시가스에 사용되는 부취제 중 DMS의 냄새는?

① 석탄가스 냄새　② 마늘 냄새
③ 양파 썩는 냄새　④ 암모니아 냄새

- THT : 석탄가스 냄새
- TBM : 양파 썩는 냄새
- DMS : 마늘 냄새

59 다음에서 설명하는 기체와 관련된 법칙은?

> 기체의 종류에 관계 없이 모든 기체 1몰은 표준상태(0℃, 1기압)에서 22.4L의 부피를 차지한다.

① 보일의 법칙
② 헨리의 법칙
③ 아보가드로의 법칙
④ 아르키메데스의 법칙

60 내용적 47L인 용기에 C_3H_8 15kg이 충전되어 있을 때 용기 내 안전공간은 약 몇 %인가? (단, C_3H_8의 액 밀도는 0.5kg/L이다.)

① 20　② 25.2
③ 36.1　④ 40.1

$15kg \div 0.5kg/L = 30L$

$\therefore \frac{47-30}{47} \times 100\% = 36.1\%$

정답 56.④ 57.② 58.② 59.③ 60.③

국가기술자격 필기시험문제

2016년 기능사 제4회 필기시험(1부) (2016년 7월 시행)

자격종목	시험시간	문제수	문제형별
가스기능사	**1시간**	**60**	**A**

수험번호		성 명	

01 가스 공급시설의 임시사용 기준 항목이 아닌 것은? **[안전 161]**

① 공급의 이익 여부
② 도시가스의 공급이 가능한지의 여부
③ 가스 공급시설을 사용할 때 안전을 해칠 우려가 있는지 여부
④ 도시가스의 수급상태를 고려할 때 해당 지역에 도시가스의 공급이 필요한지의 여부

02 다음 [보기]의 독성가스 중 독성(LC_{50})이 가장 강한 것과 가장 약한 것을 바르게 나열한 것은?

[보기] ㉠ 염화수소
㉡ 암모니아
㉢ 황화수소
㉣ 일산화탄소

① ㉠, ㉡
② ㉢, ㉡
③ ㉠, ㉣
④ ㉢, ㉣

독성 LC_{50}의 농도

가스명	LC_{50}(ppm)
염화수소	3120
암모니아	7338
황화수소	444
일산화탄소	3760

03 가연성 가스의 발화점이 낮아지는 경우가 아닌 것은?

① 압력이 높을수록
② 산소농도가 높을수록
③ 탄화수소의 탄소수가 많을수록
④ 화학적으로 발열량이 낮을수록

④ 화학적으로 발열량이 높을수록

04 다음 각 가스의 품질검사 합격기준으로 옳은 것은?

① 수소 : 99.0% 이상
② 산소 : 98.5% 이상
③ 아세틸렌 : 98.0% 이상
④ 모든 가스 : 99.5% 이상

산소, 수소, 아세틸렌 품질검사

해당 가스 및 판정기준			
해당 가스	순 도	시약 및 방법	합격온도, 압력
산소	99.5% 이상	동암모니아 시약, 오르자트법	35℃, 11.8MPa 이상
수소	98.5% 이상	피로카롤, 하이드로설파이드, 오르자트	35℃, 11.8MPa 이상
아세틸렌	㉠ 발연황산 시약을 사용한 오르자트법, 브롬 시약을 사용한 뷰렛법에서 순도가 98% 이상 ㉡ 질산은 시약을 사용한 정성시험에서 합격한 것		

정답 01.① 02.② 03.④ 04.③

05 0℃에서 10L의 밀폐된 용기 속에 32g의 산소가 들어있다. 온도를 150℃로 가열하면 압력은 약 얼마가 되는가?

① 0.11atm ② 3.47atm
③ 34.7atm ④ 111atm

(처음 압력)

$$P=\frac{wRT}{VM}=\frac{32\times0.082\times273}{10\times32}=2.2386\text{atm}$$

(나중 압력)

$$\frac{P_1V_1}{T_1}=\frac{P_2V_2}{T_2}(V_1=V_2)$$

$$\therefore\ P_2=\frac{P_1T_2}{T_1}=\frac{2.2386\times(273+150)}{273}=3.47\text{atm}$$

06 염소에 다음 가스를 혼합하였을 때 가장 위험할 수 있는 가스는?

① 일산화탄소
② 수소
③ 이산화탄소
④ 산소

혼합 시 위험한 가스는 (가연성+조연성)이므로 염소(조연성)이고 가연성(일산화탄소, 수소) 중 폭발범위가 넓은 수소(4~75%) 혼합 시 가장 위험

07 고압가스 특정제조시설에서 배관을 해저에 설치하는 경우의 기준으로 틀린 것은?

① 배관은 해저면 밑에 매설한다.
② 배관은 원칙적으로 다른 배관과 교차하지 아니하여야 한다.
③ 배관은 원칙적으로 다른 배관과 수평거리로 30m 이상을 유지하여야 한다.
④ 배관의 입상부에는 방호시설물을 설치하지 아니한다.

배관의 해저 해상 설치

구 분	간추린 핵심 내용
설치 위치	해저면 밑에 매설(단, 닻 내림 등 손상우려가 없거나 부득이한 경우는 제외)
설치 방법	㉠ 다른 배관과 교차하지 아니할 것 ㉡ 다른 배관과 30m 이상 수평거리 유지

08 고압가스 특정제조시설 중 비가연성 가스의 저장탱크는 몇 m^3 이상일 경우에 지진 영향에 대한 안전한 구조로 설계하여야 하는가? [안전 72]

① 300 ② 500
③ 1000 ④ 2000

내진설계 적용대상 시설

법령 구분		보유 능력	대상 시설물
고법 적용시설	독성, 가연성	5t, 500m^3 이상	㉠ 저장탱크(지하 제외) ㉡ 압력용기(반응, 분리, 정제, 증류 등을 행하는 탑류) 동체부 높이 5m 이상인 것
	비독성, 비가연성	10t, 1000m^3 이상	
	세로방향 설치 동체 길이 5m 이상		원통형 응축기 및 내용적 5000L 이상 수액기와 지지구조물
액법 도법 적용시설	3t, 300m^3 이상		저장탱크 가스홀더의 연결부와 지지구조물
그 밖의 도법 적용시설	5t, 500m^3 이상		㉠ 고정식 압축도시가스 충전시설 ㉡ 고정식 압축도시가스 자동차충전시설 ㉢ 이동식 압축도시가스 자동차충전시설 ㉣ 액화도시가스 자동차 충전시설

09 압축도시가스 이동식 충전차량 충전시설에서 가스누출검지 경보장치의 설치위치가 아닌 것은? [안전 123]

① 펌프 주변
② 압축설비 주변
③ 압축가스설비 주변
④ 개별충전설비 본체 외부

가스누출 경보장치 설치장소
㉠ 압축설비 주변
㉡ 압축가스설비 주변
㉢ 개별충전설비 본체 내부
㉣ 밀폐형 피트 내부에 설치된 배관접속부(용접부 제외) 주위
㉤ 펌프 주변

정답 05.② 06.② 07.④ 08.③ 09.④

10 흡수식 냉동설비의 냉동능력 정의로 옳은 것은? **[안전 91]**

① 발생기를 가열하는 1시간의 입열량 3320kcal를 1일의 냉동능력 1톤으로 본다.
② 발생기를 가열하는 1시간의 입열량 6640kcal를 1일의 냉동능력 1톤으로 본다.
③ 발생기를 가열하는 24시간의 입열량 3320kcal를 1일의 냉동능력 1톤으로 본다.
④ 발생기를 가열하는 24시간의 입열량 6640kcal를 1일의 냉동능력 1톤으로 본다.

냉동능력

구 분	1RT의 능력
한국 1냉동톤	3320kcal/hr
흡수식 냉동기	6640kcal/hr
원심식 압축기	1.2kW

11 폭발범위에 대한 설명으로 옳은 것은?

① 공기 중의 폭발범위는 산소 중의 폭발범위보다 넓다.
② 공기 중 아세틸렌가스의 폭발범위는 약 4~71%이다.
③ 한계산소농도치 이하에서는 폭발성 혼합가스가 생성된다.
④ 고온, 고압일 때 폭발범위는 대부분 넓어진다.

① 산소 중 폭발범위가 더 넓다.
② 공기 중 아세틸렌(C_2H_2)가스의 폭발범위는 2.5~81%이다.

12 도시가스 사용시설에서 배관의 이음부와 절연전선과의 이격거리는 몇 cm 이상으로 하여야 하는가? **[안전 24]**

① 10　② 15
③ 30　④ 60

13 압축기 최종단에 설치된 고압가스 냉동제조시설의 안전밸브는 얼마마다 작동압력을 조정하여야 하는가?

① 3개월에 1회 이상
② 6개월에 1회 이상
③ 1년에 1회 이상
④ 2년에 1회 이상

안전밸브 작동압력 조정 주기
㉠ 압축기 최종단 안전밸브 : 1년에 1회 이상
㉡ 그 밖의 안전밸브 : 2년에 1회 이상

14 고압가스 특정제조시설에서 플레어스택의 설치기준으로 틀린 것은?

① 파일럿 버너를 항상 점화하여 두는 등 플레어스택에 관련된 폭발을 방지하기 위한 조치가 되어 있는 것으로 한다.
② 긴급이송설비로 이송되는 가스를 대기로 방출할 수 있는 것으로 한다.
③ 플레어스택에서 발생하는 복사열이 다른 제조시설에 나쁜 영향을 미치지 아니하도록 안전한 높이 및 위치에 설치한다.
④ 플레어스택에서 발생하는 최대열량에 장시간 견딜 수 있는 재료 및 구조로 되어 있는 것으로 한다.

② 긴급이송설비로 이송되는 가스를 안전하게 연소시킬 수 있는 것으로 한다.

플레어스택

항 목	세부 핵심 내용
개요	긴급이송설비로 이송되는 가스를 안전하게 연소시킬 수 있는 것
발생복사열	타 제조설비에 나쁜 영향을 미치지 아니하도록 안전한 높이 및 위치에 설치
폭발방지조치	파일럿 버너를 항상 점화하여 두는 등의 조치
복사열	4000kcal/m²h 이하
역화 및 공기와 혼합 폭발을 방지하기 위한 시설	㉠ Liquid seal 설치 ㉡ Flame Arrestor 설치 ㉢ Vapor seal 설치 ㉣ Purge gas 주입 ㉤ Molecular 설치

정답 10.② 11.④ 12.① 13.③ 14.②

15 액화석유가스 판매시설에 설치되는 용기보관실에 대한 시설기준으로 틀린 것은?

① 용기보관실에는 가스가 누출될 경우 이를 신속히 검지하여 효과적으로 대응할 수 있도록 하기 위하여 반드시 일체형 가스누출경보기를 설치한다.
② 용기보관실에 설치되는 전기설비는 누출된 가스의 점화원이 되는 것을 방지하기 위하여 반드시 방폭구조로 한다.
③ 용기보관실에는 누출된 가스가 머물지 않도록 하기 위하여 그 용기보관실의 구조에 따라 환기구를 갖추고 환기가 잘 되지 아니하는 곳에는 강제통풍시설을 설치한다.
④ 용기보관실에는 용기가 넘어지는 것을 방지하기 위하여 적절한 조치를 마련한다.

① 분리형 가스누출경보기를 설치한다.

16 20kg LPG 용기의 내용적은 몇 L인가? (단, 충전상수 C는 2.35이다.)

① 8.51
② 20
③ 42.3
④ 47

$W=\frac{V}{C}$에서
$V=W\cdot C$
$=20\times2.35=47\text{L}$

17 독성가스 용기를 운반할 때에는 보호구를 갖추어야 한다. 비치하여야 하는 기준은?

① 종류별로 1개 이상
② 종류별로 2개 이상
③ 종류별로 3개 이상
④ 그 차량의 승무원 수에 상당한 수량

18 가스보일러의 안전사항에 대한 설명으로 틀린 것은?

① 가동 중 연소상태, 화염유무를 수시로 확인한다.
② 가동 중지 후 노 내 잔류가스를 충분히 배출한다.
③ 수면계의 수위는 적정한가 자주 확인한다.
④ 점화 전 연료가스를 노 내에 충분히 공급하여 착화를 원활하게 한다.

19 고압가스배관의 설치기준 중 하천과 병행하여 매설하는 경우로서 적합하지 않은 것은?

① 배관은 견고하고 내구력을 갖는 방호구조물 안에 설치한다.
② 매설심도는 배관의 외면으로부터 1.5m 이상 유지한다.
③ 설치지역은 하상(河床, 하천의 바닥)이 아닌 곳으로 한다.
④ 배관 손상으로 인한 가스누출 등 위급한 상황이 발생한 때에 그 배관에 유입되는 가스를 신속히 차단할 수 있는 장치를 설치한다.

② 매설심도는 배관의 외면으로부터 2.5m 이상 유지한다.

20 LP Gas 사용 시 주의사항에 대한 설명으로 틀린 것은?

① 중간밸브 개폐는 서서히 한다.
② 사용 시 조정기 압력은 적당히 조절한다.
③ 완전연소되도록 공기조절기를 조절한다.
④ 연소기는 급배기가 충분히 행해지는 장소에 설치하여 사용하도록 한다.

② 조정기 압력은 임의로 조절할 수 없다.

21 도시가스 매설배관의 주위에 파일박기 작업 시 손상방지를 위하여 유지하여야 할 최소거리는?

① 30cm ② 50cm
③ 1m ④ 2m

정답 15.① 16.④ 17.④ 18.④ 19.② 20.② 21.①

22 액화 독성 가스의 운반질량이 1000kg 미만 이동 시 휴대하여야 할 소석회는 몇 kg 이상이어야 하는가?

① 20kg ② 30kg
③ 40kg ④ 50kg

독성 가스 운반 시 휴대하여야 하는 제독제의 양

품 명	운반하는 독성 가스의 양 액화가스 질량 1000kg		적용 독성 가스
	미만	이상	
소석회	20kg 이상	40kg 이상	염소, 염화수소, 포스겐, 아황산 등 효과가 있는 액화가스에 적용

23 고압가스를 취급하는 자가 용기안전점검 시 하지 않아도 되는 것은?

① 도색표시 확인
② 재검사기간 확인
③ 프로텍터의 변형여부 확인
④ 밸브의 개폐조작이 쉬운 핸들 부착 여부 확인

24 도시가스 도매사업의 가스공급시설 기준에 대한 설명으로 옳은 것은?

① 고압의 가스공급시설은 안전구획 안에 설치하고 그 안전구역의 면적은 1만m^2 미만으로 한다.
② 안전구역 안의 고압인 가스공급시설은 그 외면으로부터 다른 안전구역 안에 있는 고압인 가스공급시설의 외면까지 20m 이상의 거리를 유지한다.
③ 액화천연가스의 저장탱크는 그 외면으로부터 처리능력이 20만m^3 이상인 압축기까지 30m 이상의 거리를 유지한다.
④ 두 개 이상의 제조소가 인접하여 있는 경우의 가스공급시설은 그 외면으로부터 그 제조소와 다른 제조소의 경계까지 10m 이상의 거리를 유지한다.

가스 도매사업자의 가스공급시설(KGS Fp 451)(2.1.3)의 다른 설비와의 거리

① 고압인 가스공급시설 안전구역 안에 설치하고 안전구역의 면적은 20000m^2 미만(공정상 밀접한 관련을 가지는 가스공급시설로서 둘 이상 안전구역을 구분 시 운영에 지장을 줄 우려가 있을 때 그 면적을 20000m^2 이상 가능)으로 한다.
② 안전구역 안 고압가스 공급시설 그 외면으로부터 다른 안전구역 안에 있는 고압인 가스공급시설 외면까지 30m 이상 거리를 유지한다.
④ 둘 이상 제조소가 인접하여 있는 경우의 가스공급시설은 그 외면으로부터 그 제조소와 다른 제조소 경계까지 20m 이상 거리를 유지한다.

25 가연성 가스의 폭발등급 및 이에 대응하는 본질안전 방폭구조의 폭발등급 분류 시 사용하는 최소점화전류비는 어느 가스의 최소점화전류를 기준으로 하는가? **[안전 46]**

① 메탄
② 프로판
③ 수소
④ 아세틸렌

해설

본질안전구조의 폭발등급

최소점화전류비의 범위(mm)	0.8 초과	0.45 이상 0.8 이하	0.45 미만
가연성 가스의 폭발등급	A	B	C
방폭전기기기의 폭발등급	ⅡA	ⅡB	ⅡC

[비고] 최소점화전류비는 메탄가스의 최소점화전류를 기준으로 나타낸다.

26 수소의 성질에 대한 설명 중 옳지 않은 것은?

① 열전도도가 적다.
② 열에 대하여 안정하다.
③ 고온에서 철과 반응한다.
④ 확산속도가 빠른 무취의 기체이다.

정답 22.① 23.③ 24.③ 25.① 26.①

27 용기 종류별 부속품 기호로 틀린 것은?

① AG : 아세틸렌가스를 충전하는 용기의 부속품
② LPG : 액화석유가스를 충전하는 용기의 부속품
③ TL : 초저온용기 및 저온용기의 부속품
④ PG : 압축가스를 충전하는 용기의 부속품

해설
용기 종류별 부속품의 기호
㉠ AG : C_2H_2 가스를 충전하는 용기의 부속품
㉡ PG : 압축가스를 충전하는 용기의 부속품
㉢ LG : LPG 이외의 액화가스를 충전하는 용기의 부속품
㉣ LPG : 액화석유가스를 충전하는 용기의 부속품
㉤ LT : 초저온용기 및 저온용기의 부속품

28 공기액화 분리장치의 폭발원인이 아닌 것은 어느 것인가? [장치 13]

① 액체 공기 중의 아르곤의 혼입
② 공기 취입구로부터 아세틸렌 혼입
③ 공기 중의 질소화합물(NO, NO_2)의 혼입
④ 압축기용 윤활유 분해에 따른 탄화수소 생성

해설
공기액화 분리장치의 폭발원인
㉠ 공기취입구로부터 C_2H_2 혼입
㉡ 압축기용 윤활유 분해에 따른 탄화수소 생성
㉢ 공기 중 질소화합물의 혼입
㉣ 액체 공기 중 O_3의 혼입

29 고압가스 충전용기를 운반할 때 운반책임자를 동승시키지 않아도 되는 경우는? [안전 60]

① 가연성 압축가스 $-300m^3$
② 조연성 액화가스 $-5000kg$
③ 독성 압축가스(허용농도가 100만분의 200 초과, 100만분의 5000 이하) $-100m^3$
④ 독성 액화가스(허용농도가 100만분의 200 초과, 100만분의 5000 이하) $-1000kg$

30 고압가스 배관재료로 사용되는 동관의 특징에 대한 설명으로 틀린 것은?

① 가공성이 좋다.
② 열전도율이 적다.
③ 시공이 용이하다.
④ 내식성이 크다.

31 다음 중 폭발범위의 상한값이 가장 낮은 가스는?

① 암모니아 ② 프로판
③ 메탄 ④ 일산화탄소

해설
폭발범위(%)

가스명	폭발범위(%)
암모니아	15~28
프로판	2.1~9.5
메탄	5~15
일산화탄소	12.5~74

32 자동절체식 일체형 저압 조정기의 조정압력은? [안전 73]

① 2.30~3.30kPa
② 2.55~3.30kPa
③ 57~83kPa
④ 5.0~30kPa 이내에서 제조자가 설정한 기준압력의 ±20%

33 수소(H_2)가스 분석방법으로 가장 적당한 것은?

① 팔라듐관 연소법
② 헴펠법
③ 황산바륨 침전법
④ 흡광광도법

34 터보압축기의 구성이 아닌 것은?

① 임펠러
② 피스톤
③ 디퓨저
④ 증속기어장치

정답 27.③ 28.① 29.② 30.② 31.② 32.② 33.① 34.②

35 피토관을 사용하기에 적당한 유속은?

① 0.001m/s 이상
② 0.1m/s 이상
③ 1m/s 이상
④ 5m/s 이상

피토관
유속식 유량계로서 5m/s 이상에 적용 가능

36 수소를 취급하는 고온, 고압 장치용 재료로서 사용할 수 있는 것은?

① 탄소강, 니켈강
② 탄소강, 망간강
③ 탄소강, 18-8 스테인리스강
④ 18-8 스테인리스강, 크롬-바나듐강

37 원심식 압축기 중 터보형의 날개출구각도에 해당하는 것은?

① 90°보다 작다. ② 90°이다.
③ 90°보다 크다. ④ 평행이다.

원심압축기 날개출구각도
㉠ 터보형 : 90°보다 작을 때
㉡ 레이디얼형 : 90°
㉢ 다익형 : 90°보다 클 때

38 압력변화에 의한 탄성변위를 이용한 탄성압력계에 해당되지 않는 것은?

① 플로트식 압력계
② 부르동관식 압력계
③ 벨로스식 압력계
④ 다이어프램식 압력계

압력계 구분

구 분	종 류
탄성식	부르동관 벨로스 다이어프램
전기식	전기저항압력계 피에조전기압력계
액주식	U자관 경사관식 환상천평식

39 다음 중 액면측정 장치가 아닌 것은?

① 임펠러식 액면계
② 유리관식 액면계
③ 부자식 액면계
④ 퍼지식 액면계

40 나사압축기에서 숫로터의 직경 150mm, 로터 길이 100mm, 회전수가 350rpm이라고 할 때 이론적 토출량은 약 몇 m^3/min인가? (단, 로터 형상에 의한 계수[C_v]는 0.476이다.)

① 0.11 ② 0.21
③ 0.37 ④ 0.47

$Q = C_v \times D^2 \times L \times N$
$C_v = 0.476$
$D = 0.15\text{m}$
$L = 0.1\text{m}$
$N = 350\text{rpm}$이므로
$\therefore\ Q = 0.476 \times (0.15\text{m})^2 \times 0.1\text{m} \times 350$
$= 0.37\text{m}^3/\text{min}$

41 다음 중 아세틸렌의 정성시험에 사용되는 시약은? **[안전 36]**

① 질산은
② 구리암모니아
③ 염산
④ 피로카롤

42 정압기를 평가·선정할 경우 고려해야 할 특성이 아닌 것은? **[설비 22]**

① 정특성 ② 동특성
③ 유량특성 ④ 압력특성

43 액화석유가스 소형저장탱크가 외경 1000mm, 길이 2000mm, 충전상수 0.03125, 온도보정계수 2.15일 때의 자연기화능력(kg/h)은 얼마인가?

① 11.2 ② 13.2
③ 15.2 ④ 17.2

정답 35.④ 36.④ 37.① 38.① 39.① 40.③ 41.① 42.④ 43.①

44 가스누출을 감지하고 차단하는 가스누출 자동차단기의 구성요소가 아닌 것은?

① 제어부 ② 중앙통제부
③ 검지부 ④ 차단부

가스누출 자동차단장치 구성요소
㉠ 검지부 : 누설가스를 검지하여 제어부로 신호를 보냄
㉡ 제어부 : 차단부에 자동차단 신호를 전송
㉢ 차단부 : 제어부의 신호에 따라 가스를 개폐하는 기능

45 다음 중 단별 최대압축비를 가질 수 있는 압축기는?

① 원심식 ② 왕복식
③ 축류식 ④ 회전식

46 C_3H_8 비중이 1.5라고 할 때 20m 높이 옥상까지의 압력손실은 약 몇 mmH_2O인가?

① 12.9 ② 16.9
③ 19.4 ④ 21.4

$H = 1.293\times(S-1)H$
$= 1.293(1.5-1)\times 20 = 12.9mmH_2O$

47 실제기체가 이상기체의 상태식을 만족시키는 경우는? **[설비 46]**

① 압력과 온도가 높을 때
② 압력과 온도가 낮을 때
③ 압력이 높고 온도가 낮을 때
④ 압력이 낮고 온도가 높을 때

48 다음 중 유리병에 보관해서는 안 되는 가스는?

① O_2 ② Cl_2
③ HF ④ Xe

49 황화수소에 대한 설명으로 틀린 것은?

① 무색의 기체로서 유독하다.
② 공기 중에서 연소가 잘 된다.
③ 산화하면 주로 황산이 생성된다.
④ 형광물질 원료의 제조 시 사용된다.

50 다음 중 가연성 가스가 아닌 것은?

① 일산화탄소 ② 질소
③ 에탄 ④ 에틸렌

51 나프타의 성상과 가스화에 미치는 영향 중 PONA 값의 각 의미에 대하여 잘못 나타낸 것은? **[설비 30]**

① P : 파라핀계 탄화수소
② O : 올레핀계 탄화수소
③ N : 나프텐계 탄화수소
④ A : 지방족 탄화수소

④ A : 방향족 탄화수소

52 25℃의 물 10kg을 대기압하에서 비등시켜 모두 기화시키는 데 약 몇 kcal의 열이 필요한가? (단, 물의 증발잠열은 540kcal/kg이다.)

① 750 ② 5400
③ 6150 ④ 7100

Q_1 : 25℃ 물 → 100℃ 물
$= 10\times1\times75 = 750kcal$
Q_2 : 100℃ 물 → 100℃ 수증기
$= 10\times540 = 5400kcal$
$\therefore Q = Q_1 + Q_2 = 750 + 5400 = 6150kcal$

53 다음에서 설명하는 법칙은?

> 같은 온도(T)와 압력(P)에서 같은 부피(V)의 기체는 같은 분자 수를 가진다.

① Dalton의 법칙 ② Henry의 법칙
③ Avogadro의 법칙 ④ Hess의 법칙

① 돌턴의 법칙 : 이상기체가 가지는 전압은 각 성분에 의한 분압의 합과 같다.
② 헨리의 법칙 : 기체 용해도의 법칙
④ 헤스의 법칙 : 총열량 불변의 법칙

정답 44.② 45.② 46.① 47.④ 48.③ 49.③ 50.② 51.④ 52.③ 53.③

54 LP가스의 제법으로서 가장 거리가 먼 것은?

① 원유를 정제하여 부산물로 생산
② 석유정제공정에서 부산물로 생산
③ 석탄을 건류하여 부산물로 생산
④ 나프타 분해공정에서 부산물로 생산

55 가스의 연소와 관련하여 공기 중에서 점화원없이 연소하기 시작하는 최저온도를 무엇이라 하는가?

① 인화점 ② 발화점
③ 끓는점 ④ 융해점

56 아세틸렌가스 폭발의 종류로서 가장 거리가 먼 것은? **[설비 29]**

① 중합폭발 ② 산화폭발
③ 분해폭발 ④ 화합폭발

57 도시가스 제조 시 사용되는 부취제 중 THT의 냄새는? **[안전 55]**

① 마늘 냄새
② 양파 썩는 냄새
③ 석탄가스 냄새
④ 암모니아 냄새

부취제

특성 \ 종류	TBM (터시어리부틸메르카부탄)	THT (테트라하이드로티오페)	DMS (디메틸설파이드)
냄새 종류	양파 썩는 냄새	석탄가스 냄새	마늘 냄새
강도	강함	보통	약간 약함
혼합 사용 여부	혼합 사용	단독 사용	혼합 사용

58 압력에 대한 설명으로 틀린 것은?

① 수주 280cm는 0.28kg/cm²와 같다.
② 1kg/cm²은 수은주 760mm와 같다.
③ 160kg/mm²는 16000kg/cm²에 해당한다.
④ 1atm이란 1cm²당 1.033kg의 무게와 같다.

① $280\text{cmH}_2\text{O} = \dfrac{280\text{cmH}_2\text{O}}{1033.2\text{cmH}_2\text{O}} \times 1.0332\text{kg/cm}^2 = 0.28\text{kg/cm}^2$

② $\dfrac{1\text{kg/cm}^2}{1.0332\text{cm}^2} \times 730\text{mmHg} = 735.57\text{mmHg}$

③ $160\text{kg/mm}^2 = 160\text{kg/mm}^2 \times 100\text{mm}^2/1\text{cm}^2 = 16000\text{kg/cm}^2$

④ $1\text{atm} = 1.033\text{kg/cm}^2$

59 프레온(Freon)의 성질에 대한 설명으로 틀린 것은?

① 불연성이다.
② 무색, 무취이다.
③ 증발잠열이 적다.
④ 가압에 의해 액화되기 쉽다.

60 다음 중 가장 낮은 온도는?

① −40°F ② 430°R
③ −50°C ④ 240K

해설

① $-40°\text{F} = \dfrac{-40-32}{1.8} = -40℃$

② $430°\text{R} = 430 - 460 = -30°\text{F}$

$\therefore \dfrac{-30-32}{1.8} = -0.26℃$

④ $240 - 273 = -33℃$

정답 54.③ 55.② 56.① 57.③ 58.② 59.③ 60.③

제1회 CBT 기출복원문제

가스기능사	수험번호 : 수험자명 :	※ 제한시간 : 60분 ※ 남은시간 :
글자 크기 100% 150% 200% / 화면 배치	전체 문제 수 : 안 푼 문제 수 :	답안 표기란 ① ② ③ ④

01 냉동설비의 수액기 방류둑 용량을 결정하는 데 있어서 암모니아의 경우 수액기 내의 압력이 0.7MPa 이상 2.1MPa 미만일 경우 내용적은?

① 방류둑에 설치된 수액기 내용적의 60%
② 방류둑에 설치된 수액기 내용적의 70%
③ 방류둑에 설치된 수액기 내용적의 80%
④ 방류둑에 설치된 수액기 내용적의 90%

냉동제조의 방류둑 용량(KGS Fp 113 관련)

구 분			세부 핵심 내용
NH_3 이외의 냉매			방류둑 내에 설치된 수액기 내용적 90% 이상 용적
NH_3 사용 냉매	수액기 안의 압력 (MPa)	0.7 이상 2.1 미만	방류둑 내 설치된 수액기 내용적의 90%
		2.1 이상	방류둑 내 설치된 수액기 내용적의 80%

02 산화에틸렌의 저장탱크는 그 내부의 질소가스, 탄산가스 및 산화에틸렌가스의 분위기 가스를 질소가스 또는 탄산가스로 치환하고 몇 [℃] 이하로 유지해야 하는가?

① 0 ② 5
③ 10 ④ 20

03 차량에 고정된 탱크로서 고압가스를 운반할 때 그 내용적의 한계로서 틀린 것은 어느 것인가? [안전 12]

① 수소 : 18000L
② 산소 : 18000L
③ 액화암모니아 : 12000L
④ 액화염소 : 12000L

액화암모니아, 액화석유가스는 운반용량의 제한이 없음

04 차량에 고정된 고압가스 탱크 및 용기의 안전밸브 작동압력은? [안전 2]

① 사용압력의 8/10 이하
② 내압시험압력의 8/10 이하
③ 기밀시험압력의 8/10 이하
④ 최고충전압력의 8/10 이하

05 가연성 가스와 산소의 혼합비가 완전산화에 가까울수록 발화지연은 어떻게 되는가?

① 길어진다.
② 짧아진다.
③ 변함이 없다.
④ 일정치 않다.

06 독성 가스의 제독제로 물을 사용하는 가스명은 어느 것인가? [안전 22]

① 염소 ② 포스겐
③ 황화수소 ④ 산화에틸렌

제독제가 물인 독성 가스
㉠ 산화에틸렌
㉡ 아황산
㉢ 암모니아
㉣ 염화메탄

정답 01.④ 02.② 03.③ 04.② 05.② 06.④

07 고압가스 충전용기는 그 온도를 항상 몇 [℃] 이하로 유지하도록 해야 하는가?

① 40℃ ② 30℃
③ 20℃ ④ 15℃

고압가스 저장실 설치규격(KGS Fu 111) (p16)

규정 항목	세부 핵심 내용
가연성, 산소, 독성 용기보관실	각각 구분 설치
가연성 용기보관실	㉠ 통풍구를 갖춘다. ㉡ 통풍이 불량 시 강제환기 시설을 설치한다.
독성 용기보관실	누출가스의 확산을 적절히 방지할 수 있는 구조

※ C_4H_{10}(부탄) : 공기보다 무거운 가연성으로서 양호한 통풍구조로 하여야 한다.

08 내부반응 감시장치를 설치하여야 할 설비에서 특수반응 설비에 속하지 않는 것은 어느 것인가? **[안전 85]**

① 암모니아 2차 개질로
② 수소화 분해반응기
③ 사이클로헥산 제조시설의 벤젠 수첨 반응기
④ 산화에틸렌 제조시설의 아세틸렌 수첨탑

09 다음 가스의 저장시설 중 양호한 통풍구조로 해야 되는 것은?

① 질소 저장소 ② 탄산가스 저장소
③ 헬륨 저장소 ④ 부탄 저장소

공기보다 무거운 가연성 가스의 저장실은 양호한 통풍구조로 하여야 한다.

10 가스 중독에 원인이 되는 가스로 거리가 가장 먼 것은?

① 시안화수소 ② 염소
③ 이산화유황 ④ 헬륨

①, ②, ③항은 독성 가스
④항 헬륨은 불활성 가스

11 가스용접 중 고무 호스에 역화가 일어났을 때 제일 먼저 해야 할 일은?

① 즉시 산소용기의 밸브를 닫는다.
② 토치에서 고무관을 뺀다.
③ 안전기에 규정의 물을 넣어 다시 사용한다.
④ 토치의 나사부를 충분히 조인다.

12 다음은 폭발에 관한 가스의 성질을 설명한 것이다. 틀린 것은?

① 폭발범위가 넓은 것은 위험하다.
② 가스비중이 큰 것은 낮은 곳 속에 체류할 위험이 있다.
③ 안전간격이 큰 것일수록 위험하다.
④ 폭굉은 화염 전파속도가 음속보다 크다.

안전간격 1등급 0.6mm 이상으로 폭발범위가 좁은 가스로서 안전간격이 큰 것은 안정성이 높은 가스이다.

13 내압시험에 합격하려면 용기의 전 증가량이 500cc일 때 영구증가량은 얼마인가? (단, 이음매없는 용기는 신규 검사 시)

① 80cc 이하 ② 50cc 이하
③ 60cc 이하 ④ 70cc 이하

500cc의 10%는 50cc임

항구증가율과 내압시험

검사구분		내압시험의 합격기준
신규검사		항구증가율 10% 이하
재검사	질량검사 95% 이상	항구증가율 10% 이하
	질량검사 98% 이상 95% 미만	항구증가율 6% 이하

14 도시가스 배관 이음부와 굴뚝, 전기점멸기, 전기접속기와는 몇 [cm] 이상의 거리를 유지해야 하는가? **[안전 24]**

① 10cm ② 30cm
③ 40cm ④ 60cm

정답 07.① 08.④ 09.④ 10.④ 11.① 12.③ 13.② 14.②

해설

가스계량기 호스이음부, 배관이음부 이격거리 유지(단, 용접이음부 제외)

<table>
<tr><th>시설명</th><th>이격거리</th><th colspan="2">법령 및 기설기준</th><th colspan="2">이격하여야 하는 해당 시설</th></tr>
<tr><td>전기계량기, 전기개폐기</td><td>60cm 이상</td><td colspan="2">LPG, 도시가스의 공급시설 사용시설</td><td colspan="2">배관이음매 (용접이음매 제외) 호스이음매 가스계량기</td></tr>
<tr><td rowspan="3">전기점멸기, 전기접속기</td><td rowspan="2">30cm 이상</td><td colspan="2">LPG 도시가스 공급시설</td><td colspan="2">배관이음매 (용접이음매 제외)</td></tr>
<tr><td>LPG 사용시설</td><td>도시가스 사용시설</td><td>호스, 배관이음매 가스계량기</td><td>가스계량기</td></tr>
<tr><td>15cm 이상</td><td colspan="2">도시가스 사용시설</td><td colspan="2">배관이음매 (용접이음매 제외)</td></tr>
<tr><td rowspan="2">단열조치하지 않은 굴뚝</td><td>30cm 이상</td><td>LPG 도시가스 공급시설</td><td>LPG 도시가스 사용시설</td><td>배관이음매</td><td>가스계량기</td></tr>
<tr><td>15cm 이상</td><td colspan="2">LPG 도시가스 사용시설</td><td colspan="2">호스이음매 배관이음매</td></tr>
<tr><td rowspan="2">절연조치하지 않은 전선</td><td>30cm 이상</td><td colspan="2">LPG 공급시설</td><td colspan="2">배관이음매</td></tr>
<tr><td>15cm 이상</td><td>도시가스 공급시설</td><td>LPG 도시가스 사용시설</td><td>배관이음매</td><td>호스이음매 배관이음매 가스계량기</td></tr>
<tr><td>절연조치한 전선</td><td>10cm 이상</td><td>LPG 도시가스 공급시설</td><td>LPG 도시가스 사용시설</td><td>배관이음매</td><td>배관이음매 호스이음매</td></tr>
<tr><td>암기방법</td><td colspan="5">㉠ 전기계량기 전기개폐기 : LPG, 도시가스 공급시설 사용시설에 관계 없이 60cm 이상
㉡ 전기점멸기 전기접속기 : 도시가스 사용시설의 배관이음매는 15cm 그 이외는 모두 30cm 이상
㉢ 단열조치하지 않은 굴뚝 : LPG, 도시가스 사용시설의 호스, 배관이음매 15cm 그 이외는 모두 30cm 이상
즉 LPG 도시가스 사용시설이라도 가스계량기와는 30cm 이상임
㉣ 절연조치하지 않은 전선 : LPG 공급시설의 배관이음매는 30cm 이상 그 이외는 모두 15cm 이상
㉤ 절연조치한 전선 : 가스계량기와는 이격거리 규정이 없으며 그 이외는 모두 10cm 이상</td></tr>
</table>

15 다음 중 가스공급시설의 임시합격 기준에 틀린 것은?

① 도시가스 공급이 가능한지의 여부
② 당해 지역의 도시가스의 수급상 도시가스의 공급이 필요한지의 여부
③ 공급의 이익 여부
④ 가스공급시설을 사용함에 따른 안전저해의 우려가 있는지의 여부

16 LPG 충전 및 저장시설 내압시험 시 공기를 사용하는 경우 우선 상용압력의 몇 [%]까지 승압하는가? **[안전 25]**

① 상용압력의 30%까지
② 상용압력의 40%까지
③ 상용압력의 50%까지
④ 상용압력의 60%까지

17 암모니아 취급 시 피부에 닿았을 때 조치사항은?

① 열습포로 감싸준다.
② 다량의 물로 세척 후 붕산수를 바른다.
③ 산으로 중화시키고 붕대를 감는다.
④ 아연화 연고를 바른다.

18 저압가스 사용시설의 배관의 중간 밸브로 사용할 때 적당한 밸브는?

① 플러그 밸브 ② 글로브 밸브
③ 볼 밸브 ④ 슬루스 밸브

19 고압가스 탱크의 제조 및 유지관리에 대한 설명 중 틀린 것은?

① 지진에 대해서는 구형보다 횡형이 안전하다.
② 용접 후는 잔류응력을 제거하기 위해 용접부를 서서히 냉각시킨다.
③ 용접부는 방사선 검사를 실시한다.
④ 정기적으로 내부를 검사하여 부식균열의 유무를 조사한다.

정답 15.③ 16.③ 17.② 18.③ 19.①

20 가스가 누출될 경우에 제2의 누출을 방지하기 위해서 방류둑을 설치한다. 방류둑을 설치하지 않아도 되는 저장탱크는?

① 저장능력 1000톤 이상의 액화질소 탱크
② 저장능력 5톤 이상의 암모니아 탱크
③ 저장능력 1000톤 이상의 액화산소 탱크
④ 저장능력 5톤 이상의 액화염소 탱크

방류둑 설치용량
㉠ 일반 제조 : 가연성 산소−1000t 이상, 독성−5t 이상
㉡ 특정 제조 : 산소−1000t 이상, 가연성−500t 이상, 독성−5t 이상

21 가스설비 및 저장설비는 그 외면으로부터 화기를 취급하는 장소까지 몇 [m] 이상의 우회거리를 두어야 하는가?

① 2m ② 5m
③ 8m ④ 10m

화기와 설비와의 이격거리(KGS Fs 231)

구 분	직선(이내) 거리	구 분	우회 거리
산소와 화기	5m	가연성, 산소	8m
산소 이외의 가스와 화기	2m	㉠ 그 밖의 가스 ㉡ 가정용 가스시설 ㉢ 가스계량기 ㉣ 입상관 ㉤ 액화석유가스 판매 및 충전사업자의 영업소 용기저장소	2m

22 다음 가스 중 독성이 가장 큰 것은?

① 염소 ② 불소
③ 시안화수소 ④ 암모니아

독성 가스의 농도

가스명	허용농도	
	TLV−TWA	LC 50
Cl_2	1	293
F_2	0.1	185
HCN	10	140
NH_3	25	7338

출제 당시 TLV−TWA가 기준이었으나 LC 50 농도가 기준이므로 같이 숙지하여야 한다.

23 가정용 액화석유가스(LPG) 연소 기구의 부근에서 가스가 새어나올 때의 적절한 조치 방법은?

① 용기를 안전한 장소로 옮긴다.
② 용기에 메인밸브를 즉시 잠근다.
③ 물을 뿌려서 가스를 용해시킨다.
④ 방의 창문을 닫고 가스가 다른 곳으로 새어나가지 않도록 한다.

24 아세틸렌 용기의 기밀시험은 최고충전압력의 얼마로 해야 하는가? **[안전 2]**

① 0.8배
② 1.1배
③ 1.5배
④ 1.8배

C_2H_2의
A_P(기밀시험압력) = F_P(최고충전압력)×1.8배

C_2H_2 F_P=1.5MPa

25 아세틸렌에 대한 설명으로 틀린 것은?

① 액체아세틸렌은 비교적 안정하다.
② 아세틸렌은 접촉식으로 수소화하면 에틸렌, 에탄이 된다.
③ 가열, 충격, 마찰 등의 원인으로 탄소와 수소로 자기분해한다.
④ 동, 은, 수은 등의 금속과 화합 시 폭발성의 화합물인 아세틸라이드를 생성한다.

물질의 상태인 고체, 액체, 기체 중 안정도의 순서는 고체>액체>기체이다.

26 산화에틸렌 충전용기에는 질소 또는 탄산가스를 충전하는 데 그 내부 압력은?

① 상온에서 0.2MPa 이상
② 35℃에서 0.2MPa 이상
③ 40℃에서 0.4MPa 이상
④ 45℃에서 0.4MPa 이상

해설
45℃에서 0.4MPa

정답 20.① 21.① 22.② 23.② 24.④ 25.① 26.④

27 방류둑의 내측 및 그 외면으로부터 몇 [m] 이내에는 그 저장탱크의 부속설비 외의 것을 설치하지 않아야 하는가? **[안전 15]**

① 10m ② 20m
③ 30m ④ 50m

방류둑 부속설비 설치에 관한 규정

구 분	간추린 핵심 내용
방류둑 외측 및 내면	10m 이내 그 저장탱크 부속설비 이외의 것을 설치하지 아니함
10m 이내 설치 가능 시설	㉠ 해당 저장탱크의 송출 송액설비 ㉡ 불활성 가스의 저장탱크 물분무, 살수장치 ㉢ 가스누출검지 경보설비 ㉣ 조명, 배수설비 ㉤ 배관 및 파이프 래크

※ 상기 문제 출제 시에는 10m 이내 설치 가능 시설의 규정이 없었으나 법 규정 이후 변경되었음

28 가연성 가스를 취급하는 장소에는 누출된 가스의 폭발사고를 방지하기 위하여 전기설비를 방폭구조로 한다. 다음 중 방폭구조가 아닌 것은? **[안전 45]**

① 안전증 방폭구조 ② 내열방폭구조
③ 압력방폭구조 ④ 내압방폭구조

가스시설 전기방폭 기준

종 류	표시방법	정 의
내압 방폭 구조	d	방폭전기기기의 용기(이하 "용기") 내부에서 가연성 가스의 폭발이 발생할 경우 그 용기가 폭발압력에 견디고, 접합면, 개구부 등을 통해 외부의 가연성 가스에 인화되지 않도록 한 구조를 말한다.
유입 방폭 구조	o	용기 내부에 절연유를 주입하여 불꽃·아크 또는 고온발생 부분이 기름 속에 잠기게 함으로써 기름면 위에 존재하는 가연성 가스에 인화되지 않도록 한 구조를 말한다.
압력 방폭 구조	p	용기 내부에 보호 가스(신선한 공기 또는 불활성 가스)를 압입하여 내부압력을 유지함으로써 가연성 가스가 용기 내부로 유입되지 않도록 한 구조를 말한다.
안전증 방폭 구조	e	정상운전 중에 가연성 가스의 점화원이 될 전기불꽃·아크 또는 고온부분 등의 발생을 방지하기 위해 기계적, 전기적 구조상 또는 온도상승에 대해 특히 안전도를 증가시킨 구조를 말한다.
본질 안전 방폭 구조	ia, ib	정상 시 및 사고(단선, 단락, 지락 등) 시에 발생하는 전기불꽃·아크 또는 고온부로 인하여 가연성 가스가 점화되지 않는 것이 점화시험, 그 밖의 방법에 의해 확인된 구조를 말한다.
특수 방폭 구조	s	상기 구조 이외의 방폭구조로서 가연성 가스에 점화를 방지할 수 있다는 것이 시험, 그 밖의 방법으로 확인된 구조를 말한다.

29 상온에서 비교적 용이하게 가스를 압축 액화상태로 용기에 충전할 수 없는 가스는?

① C_3H_8
② CH_4
③ O_2
④ CO_2

상태별 가스의 분류

구 분	종 류
압축가스	H_2, O_2, N_2, Ar, CH_4, CO
용해가스	C_2H_2
액화가스	압축, 용해가스 이외의 모든 가스

30 독성 가스 제조시설 식별표지의 가스 명칭 색상은? **[안전 26]**

① 노란색
② 청색
③ 적색
④ 흰색

독성 가스 저장실의 표지 종류(KGS Fu 111)
표지판의 설치목적은 독성 가스 시설에 일반인의 출입을 제한하여 안전을 확보하기 위함

정답 27.① 28.② 29.② 30.③

표지 종류 / 항 목	식 별	위 험
보 기	독성 가스(○○) 저장소	독성 가스 누설 주의 부분
문자크기 (가로×세로)	10cm×10cm	5cm×5cm
식별거리	30m 이상에서 식별가능	10m 이상에서 식별가능
바탕색	백색	백색
글 씨	흑색	흑색
적색표시 글자	가스 명칭(○○)	주의

31 다음 중 팽창 조인트 KS 도시기호는?

① ─┼▭┼─
② ─┤├─
③ ─)(─
④ ─⊖─

팽창 조인트=신축 이음

32 구리관의 특징이 아닌 것은 어느 것인가?

① 내식성이 좋아 부식의 염려가 없다.
② 열전도율이 높아 복사난방용에 많이 사용된다.
③ 스케일 생성에 의한 열효율이 저하가 적다.
④ 굽힘, 절단, 용접 등의 가공이 복잡하여 공사비가 많이 든다.

33 다단압축을 하는 목적은? **[설비 11]**

① 압축일과 체적효율 증가
② 압축일 증가와 체적효율 감소
③ 압축일 감소와 체적효율 증가
④ 압축일과 체적효율 감소

다단압축

개요	1단 압축 시 기계의 과부하 또는 고장 시 운전중지 되는 폐단을 없애기 위해 실시하는 압축방법
목적	㉠ 1단 압축에 비하여 일량이 절약된다. ㉡ 압축되는 가스의 온도상승을 피한다. ㉢ 힘의 평형이 양호하다. ㉣ 상호간의 이용효율이 증대된다.

34 고압가스에 사용되는 고압장치용 금속재료가 갖추어야 할 일반적인 성질로서 적당치 않은 것은?

① 내식성
② 내열성
③ 내마모성
④ 내알칼리성

35 다음 압력계 중 부르동관 압력계의 눈금 교정용으로 사용되는 압력계는?

① 피에조 전기 압력계
② 마노미터 압력계
③ 자유 피스톤식 압력계
④ 벨로스 압력계

36 다음 고압식 액화분리장치의 작동 개요 중 맞지 않는 것은?

① 원료공기는 여과기를 통하여 압축기로 흡입하여 약 150~200kg/cm^{2}으로 압축시킨 후 탄산가스는 흡수탑으로 흡수시킨다.
② 압축기를 빠져나온 원료공기는 열교환기에서 약간 냉각되고 건조기에서 수분이 제거된다.
③ 압축공기는 수세정탑을 거쳐 축냉기로 송입되어 원료공기와 불순 질소류가 서로 교환된다.
④ 액체공기는 상부 정류탑에서 약 0.5atm 정도의 압력으로 정류된다.

37 비접촉식 온도계의 종류로 맞는 것은 어느 것인가? **[장치 3]**

① 방사 온도계
② 열전대 온도계
③ 전기저항식 온도계
④ 바이메탈식 온도계

비접촉식 온도계(광고, 광전관, 색, 복사 온도계)

정답 31.① 32.④ 33.③ 34.④ 35.③ 36.③ 37.①

38 다음 중 수소가 고온 · 고압에서 탄소강에 접촉하여 메탄을 생성하는 것을 무엇이라고 하는가?

① 냉간취성 ② 수소취성
③ 메탄취성 ④ 상온취성

해설
$Fe_3C+2H_2 \rightarrow CH_4+3Fe$(수소취성=강의 탈탄)
강에 붙어 있는 탄소가 탈락되어 CH_4를 생성하고 강의 강도가 약해짐

39 진탕형 오토클레이브의 특징이 아닌 것은 어느 것인가? **[장치 4]**

① 가스누설의 가능성이 없다.
② 고압력에 사용할 수 있고 반응물의 오손이 없다.
③ 뚜껑판에 뚫어진 구멍에 촉매가 끼워 들어 갈 염려가 있다.
④ 교반효과가 뛰어나며 교반형에 비하여 효과가 크다.

40 다음 펌프 중 베이퍼록 현상이 일어나는 것은? **[설비 8]**

① 회전 펌프 ② 기포 펌프
③ 왕복 펌프 ④ 기어 펌프

41 암모니아 합성공정을 반응압력에 따라 분류한 것이 아닌 것은?

① 고압 합성
② 중압 합성
③ 중저압 합성
④ 저압 합성

해설
NH3의 합성법

하버보시법에 의한 제조반응식		$N_2+3H_2 \rightarrow 2NH_3$			
고압법		중압법		저압법	
압력(MPa)	종류	압력(MPa)	종류	압력(MPa)	종류
60~100	클로드법, 카자레법	30 전후	고압 저압 이외의 방법	15	케이그법, 구데법

42 수은을 사용한 U자관 압력계에서 $h=$ 300mm일 때 P_2의 압력은 절대압력으로 얼마인가? (단, 대기압(P_1)은 1kg/cm^{2}으로 하고 수은의 비중은 13.6×10^{-3}kg/cm^{3}이다.)

① 0.816kg/cm^2
② 1.408kg/cm^2
③ 0.408kg/cm^2
④ 1.816kg/cm^2

해설
P_2(절대)$=P_1$(대기압)+게이지압력
$=1\text{kg/cm}^2+13.6\times10^{-3}\text{kg/cm}^3\times30\text{cm}$
$=1.408\text{kg/cm}^2$

43 LPG의 연소방식 중 모두 연소용 공기를 2차 공기로만 취하는 방식은? **[안전 10]**

① 적화식
② 분젠식
③ 세미분젠식
④ 전 1차 공기식

44 원심 펌프를 직렬로 연결 운전할 때 양정과 유량의 변화는? **[설비 12]**

① 양정 : 일정, 유량 : 일정
② 양정 : 증가, 유량 : 증가
③ 양정 : 증가, 유량 : 일정
④ 양정 : 일정, 유량 : 증가

해설
병렬 : 유량 증가, 양정 불변

45 왕복 압축기의 용량제어 방법으로 적당하지 않은 것은? **[설비 44]**

① 깃 각도 조정에 의한 방법
② 타일드 밸브에 의한 방법
③ 회전수 변경에 의한 방법
④ 바이패스 밸브에 의하여 압축가스를 흡입축에 복귀시키는 방법

정답 38.② 39.④ 40.① 41.③ 42.② 43.① 44.③ 45.①

46 액화천연가스(LNG)의 특징이 아닌 것은?

① 질소가 소량 함유되어 있다.
② 질식성 가스이다.
③ 연소에 필요한 공기량은 LPG에 비해 적다.
④ 발열량은 LPG에 비해 크다.

㉠ LNG(액화천연가스) : CH_4이 주성분
㉡ LPG(액화석유가스) : C_3H_8, C_4H_{10}이 주성분
㉢ 탄화수소에서 탄소(C)수와 수소(H)수가 많을수록 발열량이 높다.

47 탄화수소의 설명이 틀린 것은?

① 외부의 압력이 커지게 되면 비등점은 낮아진다.
② 탄소수가 같을 때 포화탄화수소는 불포화탄화수소보다 비등점이 높다.
③ 이성체 화합물에서는 normal은 iso보다 비등점이 높다.
④ 분자 중의 탄소 원자수가 많아질수록 비등점은 높아진다.

외부의 압력이 커지면 비등점이 높아진다.

48 이산화탄소의 제거 방법이 아닌 것은?

① 암모니아 흡수법 ② 고압수 세정법
③ 열탄산칼륨법 ④ 알킬아민법

49 압력 10kg/cm²은 몇 [mAq]인가?

① 1 ② 10
③ 100 ④ 1000

$1kg/cm^2 = 10mAq$

50 아연, 구리, 은, 코발트 등과 같은 금속과 반응하여 착이온을 만드는 가스는?

① 암모니아 ② 염소
③ 아세틸렌 ④ 질소

해설
NH_3는 Zn, Ag, Cu와 착이온 생성으로 부식을 일으키므로 Cu를 사용 시 62% 미만을 사용

51 천연가스(LNG)를 공급하는 도시가스의 주요 특성이 아닌 것은?

① 공기보다 가볍다.
② 황분이 없으며 독성이 없는 고열량의 연료로서 정제설비가 필요없다.
③ 공기보다 가벼워 누설되더라도 위험하지 않다.
④ 발전용, 일반공업용 연료로도 널리 쓰인다.

LNG는 가연성이므로 누설 시 폭발 우려

52 천연가스의 임계온도는 몇 [℃]인가?

① −62.1 ② −82.1
③ −92.1 ④ −112.1

53 다음 가스 중 비점이 가장 낮은 것은?

① 아르곤(Ar) ② 질소(N_2)
③ 헬륨(He) ④ 수소(H_2)

해설
중요가스 비등점

가스명	비등점	가스명	비등점	가스명	비등점
H_2	−252℃	O_2	−183℃	C_4H_{10}	−0.5℃
N_2	−196℃	CH_4	−162℃	Cl_2	−34℃
Ar	−186℃	C_3H_8	−42℃	NH_3	−33℃

54 다음 가스 중 가압 또는 냉각하면 가장 쉽게 액화되고 공업용, 가정용 연료로 사용되는 가스는?

① 아세틸렌 ② 액화석유가스
③ CO_2 ④ 수소

55 염소가스의 건조제로 사용되는 것은?

① 진한 황산
② 염화칼슘
③ 활성알루미나
④ 진한 염산

Cl_2의 건조제 및 윤활제 : 진한 황산

정답 46.④ 47.① 48.② 49.③ 50.① 51.③ 52.② 53.③ 54.② 55.①

56 산소가스가 27℃에서 130kg/cm^2의 압력으로 50kg이 충전되어 있다. 이 때 부피는 몇 [m^3]인가? (단, 산소의 정수는 26.5kg · m/kg · K)

① 0.30m^3　② 0.25m^3
③ 0.28m^3　④ 0.43m^3

이상기체 상태식
$PV = GRT$이므로
$\therefore\ V = \frac{GRT}{P} = \frac{50\text{kg} \times 26.5 \times (273+27)}{130 \times 10^4\text{kg/m}^2} = 0.30\text{m}^3$

57 압력이 650mmHg인 10L인 질소는 압력 750mmHg 약 몇 [L]인가? (단, 온도는 일정하다고 본다.)

① 8.5L　② 10.5L
③ 15.5L　④ 20.5L

온도 일정 시 보일의 법칙에서
$PV = P'V'$이므로
$\therefore\ V' = \frac{PV}{P'} = \frac{650\text{mmHg} \times 10\text{L}}{750\text{mmHg}} = 8.5\text{L}$

58 다음 가스 중 액화시키기가 가장 어려운 가스는?

① H_2　② He
③ N_2　④ CH_4

해설
압축가스(H_2, O_2, N_2, Ar, CH_4, CO)에서 He의 비등점이 가장 낮은 −269℃이므로 가장 액화가 어렵다.

59 액화천연가스의 비등점은 대기압 상태에서 몇 [℃]인가?

① −42.1　② −140
③ −161　④ −183

60 다음 중 열과 같은 차원을 갖는 것은?

① 밀도　② 비중
③ 비중량　④ 에너지

정답 56.① 57.① 58.② 59.③ 60.④

제2회 CBT 기출복원문제

가스기능사	수험번호 : 수험자명 :	※ 제한시간 : 60분 ※ 남은시간 :
글자 크기 100% 150% 200% 화면 배치	전체 문제 수 : 안 푼 문제 수 :	답안 표기란 ① ② ③ ④

01 순수 아세틸렌은 0.15MPa 이상 압축하면 위험하다. 그 이유는? **[설비 15]**

① 중합 폭발
② 분해 폭발
③ 화학 폭발
④ 촉매 폭발

02 다음 중 폭굉이란 용어의 해석 중 적합한 것은? **[장치 5]**

① 가스 중의 폭발속도보다 음속이 큰 경우로 파면선단에 충격파라고 하는 솟구치는 압력파가 생겨 격렬한 파괴작용을 일으키는 현상
② 가스 중의 음속보다 폭발속도가 큰 경우로 파면선단에 충격파라고 하는 솟구치는 압력파가 생겨 격렬한 파괴작용을 일으키는 현상
③ 가스 중의 음속보다 화염전파속도가 큰 경우로 파면선단에 충격파라고 하는 솟구치는 압력파가 생겨 격렬한 파괴작용을 일으키는 현상
④ 가스 중의 화염전파속도보다 음속이 큰 경우로 파면선단에 충격파라고 하는 솟구치는 압력파가 생겨 격렬한 파괴작용을 일으키는 현상

03 다음 중 분해에 의한 폭발에 해당되지 않는 것은?

① 시안화수소 ② 아세틸렌
③ 히드라진 ④ 산화에틸렌

해설

HCN : 수분 2% 이상 함유 시 중합 폭발이 일어남

중합 폭발을 일으키는 가스 : ① HCN, ② C_2H_4O

04 긴급차단밸브의 동력원이 아닌 것은 어느 것인가? **[안전 19]**

① 액압 ② 기압
③ 전기 ④ 차압

05 용기 종류별 부속품 기호로 틀린 것은 어느 것인가? **[안전 29]**

① AG : 아세틸렌가스를 충전하는 용기의 부속품
② PG : 압축가스를 충전하는 용기의 부속품
③ LPG : 액화석유가스를 충전하는 용기의 부속품
④ TL : 초저온용기 및 저온용기의 부속품

06 고압가스 방출장치를 설치하여야 하는 저장탱크의 용량은 얼마 이상이어야 하는가?

① $300m^3$
② $100m^3$
③ $10m^3$
④ $5m^3$

07 다음 중 발화발생 요인이 아닌 것은?

① 용기의 재질 ② 온도
③ 압력 ④ 조성

정답 01.② 02.③ 03.① 04.④ 05.④ 06.④ 07.①

08 내부 용적이 25000L인 액화산소 저장탱크의 저장능력은 얼마인가? (단, 비중은 1.14이다.) [안전 30]

① 28500kg
② 21930kg
③ 24780kg
④ 25650kg

해설

액화가스 저장탱크의 저장능력 산정식

$W = 0.9dV$
$= 0.9 \times 1.14 \times 25000$
$= 25650\text{kg}$

LPG의 소형 저장탱크의 경우
$W = 0.85dV$로 계산

09 다음 중 몇 [km] 이상의 거리를 운행하는 경우에 중간에 충분한 유식을 취한 후 운행하는가?

① 200 ② 100
③ 50 ④ 10

10 액화석유가스 사용시설에서 가스계량기는 화기와 몇 [m] 이상의 우회거리를 유지해야 하는가? [안전 24]

① 2m ② 3m
③ 5m ④ 8m

11 도시가스 공급시설의 정압기실에 설치하는 가스누출경보기의 검지부는 바닥면 둘레 몇 [m]에 대해 1개 이상의 비율로 설치해야 하는가? [안전 16]

① 20m ② 30m
③ 40m ④ 60m

12 가스의 (TLV-TWA) 허용농도란 그 분위기 속에서 1일 몇 시간 노출되더라도 신체 장애를 일으키지 않는 것을 말하는가?

① 1시간 ② 3시간
③ 5시간 ④ 8시간

13 도시가스 배관을 도로에 매설하는 경우 보호포는 중압 이상의 배관의 경우에 보호판의 상부로부터 몇 [cm] 이상 떨어진 곳에 설치하는가? [안전 8]

① 20cm ② 30cm
③ 40cm ④ 60cm

14 가스누출 검지경보장치의 설치기준 중 틀리는 것은? [안전 16]

① 통풍이 잘 되는 곳에 설치할 것
② 설치 수는 가스의 누설을 신속하게 검지하고 경보하기에 충분한 수일 것
③ 기능은 가스 종류에 적절한 것일 것
④ 체류할 우려가 있는 장소에 적절하게 설치할 것

15 액화석유가스 용기저장소의 시설기준 중 틀린 것은? [안전 31]

① 용기보관실 주위의 2m(우회거리) 이내에는 화기취급을 하거나 인화성 물질 및 가연성 물질을 두지 않는다.
② 용기보관실의 전기시설은 방폭구조인 것이어야 하며, 전기스위치는 용기저장실 내부에 설치한다.
③ 용기보관실 내에는 분리형 가스누출경보기를 설치한다.
④ 용기보관실 내에는 방폭등 외의 조명등을 설치하지 아니 한다.

해설

액화석유가스 판매, 충전사업자의 영업소에 설치하는 용기저장소의 시설 · 기술 검사기준(액화석유가스 안전관리법 별표 6 관련)

항 목		간추린 핵심 내용
사업소 부지		한 면이 폭 4m 도로에 접할 것
용기보관실	화기취급 장소	2m 이상 우회거리
	재료	불연성 지붕의 경우 가벼운 불연성
	판매용기 보관실 벽	방호벽
	용기보관실 면적	19m^2(사무실 면적 : 9m^2, 보관실 주위 부지확보면적 : 11.5m^2)

정답 08.④ 09.① 10.① 11.① 12.④ 13.② 14.① 15.②

<table>
<tr><th colspan="2">항 목</th><th>간추린 핵심 내용</th></tr>
<tr><td rowspan="2">용기보관실</td><td>사무실과 의 위치</td><td>동일 부지에 설치</td></tr>
<tr><td>사고예방 조치</td><td>㉠ 가스누출경보기 설치
㉡ 전기설비는 방폭구조
㉢ 전기스위치는 보관실 밖에 설치
㉣ 환기구를 갖추고 환기불량 시 강제통풍시설을 갖출 것</td></tr>
</table>

16 다음 중 개방식으로 할 수 없는 연소기는?

① 가스보일러 ② 가스난로
③ 가스렌지 ④ 가스 순간온수기

17 고압가스를 차량에 운반 시 액화석유가스를 제외한 가연성 가스는 몇 [L]를 초과할 수 없는가? [안전 12]

① 12000L ② 14000L
③ 16000L ④ 18000L

18 2개 이상의 탱크를 동일한 차량에 고정 운반 시의 기준에 적합하지 않은 것은? [안전 12]

① 탱크마다 주밸브를 설치할 것
② 탱크 상호간 또는 탱크와 차량 사이를 견고히 결속할 것
③ 충전관에는 안전밸브, 압력계 및 긴급 탈압밸브를 설치할 것
④ 독성 가스 운반 시 소화설비를 휴대할 것

19 다음 가스 중 허용농도 값이 가장 작은 것은?

① 염소 ② 염화수소
③ 아황산가스 ④ 일산화탄소

독성 가스 농도

가 스	허용농도(ppm)	
	TLV-TWA	LC 50
Cl_2	1	293
HCl	5	3120
SO_2	10	2520
CO	50	3760

20 가연성 가스의 제조설비에서 오조작되거나 정상적인 제조를 할 수 없는 경우에 자동적으로 원재료의 공급을 차단시키는 등 제조설비 내의 제조를 제어할 수 있는 장치는?

① 인터록 기구
② 가스누설 자동차단기
③ 벤트스택
④ 플레어스택

21 액화석유가스의 냄새측정 기준에서 사용하는 용어 설명으로 옳지 않은 것은? [안전 49]

① 시험가스 : 냄새를 측정할 수 있도록 액화석유가스를 기화시킨 가스
② 시험자 : 미리 선정한 정상적인 후각을 가진 사람으로서 냄새를 판정하는 자
③ 시료기체 : 시험가스를 청정한 공기로 희석한 판정용 기체
④ 희석배수 : 시료기체의 양을 시험가스의 양으로 나눈 값

해설

(고압, LPG, 도시)가스의 냄새나는 물질의 첨가(KGS Fp 331) (3.2.1.1) 관련

<table>
<tr><th colspan="2">항 목</th><th>간추린 세부 핵심 내용</th></tr>
<tr><td colspan="2">공기 중 혼합 비율 용량(%)</td><td>1/1000(0.1%)</td></tr>
<tr><td colspan="2">냄새농도 측정방법</td><td>㉠ 오더미터법(냄새측정기법)
㉡ 주사기법
㉢ 냄새주머니법
㉣ 무취실법</td></tr>
<tr><td colspan="2">시료기체 희석배수 (시료기체 양 ÷시험가스 양)</td><td>㉠ 500배
㉡ 1000배
㉢ 2000배
㉣ 4000배</td></tr>
<tr><td rowspan="4">용어설명</td><td>패널 (panel)</td><td>미리 선정한 정상적인 후각을 가진 사람으로서 냄새를 판정하는 자</td></tr>
<tr><td>시험자</td><td>냄새농도 측정에 있어서 희석조작을 하여 냄새농도를 측정하는 자</td></tr>
<tr><td>시험가스</td><td>냄새를 측정할 수 있도록 기화시킨 가스</td></tr>
<tr><td>시료기체</td><td>시험가스를 청정한 공기로 희석한 판정용 기체</td></tr>
<tr><td colspan="2">기타 사항</td><td>㉠ 패널은 잡담을 금지한다.
㉡ 희석배수의 순서는 랜덤하게 한다.
㉢ 연속측정 시 30분마다 30분간 휴식한다.</td></tr>
<tr><td colspan="2">부취제 구비조건</td><td>㉠ 경제적일 것
㉡ 화학적으로 안정할 것
㉢ 보통존재 냄새와 구별될 것
㉣ 물에 녹지 않을 것
㉤ 독성이 없을 것</td></tr>
</table>

정답 16.① 17.④ 18.④ 19.① 20.① 21.②

22 다음 독성 가스의 검지 방법 중 염화파라듐지에 의해 검지하는 가스는? **[안전 21]**

① 아황산가스 ② 시안화수소
③ 암모니아 ④ 일산화탄소

23 발화점에 영향을 주는 인자가 아닌 것은?

① 가연성 가스와 공기의 혼합비
② 가열속도와 지속시간
③ 발화가 생기는 공간의 비중
④ 점화원의 종류와 에너지 투여법

24 아세틸렌가스의 용기에 표시하는 그림은?

① 

② 
③ 

④ 

해설

용기의 표시사항

가스 종류	표시사항
가연성	
독성	

25 정전기에 관한 다음 설명 중 틀린 것은?

① 습도가 낮을수록 정전기를 축적하기 쉽다.
② 화학섬유로 된 의류는 흡수성이 높으므로 정전기가 대전하기 쉽다.
③ 액상의 LP가스는 전기절연성이 높으므로 유동 시에는 대전하기 쉽다.
④ 재료 선택 시 접촉 전위차를 적게 하여 정전기 발생을 줄인다.

26 일반 도시가스사업의 공급시설 중 최고사용압력이 저압인 가스정제설비에서 압력의 이상 상승을 방지하기 위해 설치하는 것은?

① 액유출방지장치 ② 역류방지장치
③ 고압차단 스위치 ④ 수봉기

27 액화석유가스의 저장소 시설기준에 적합하지 않은 것은?

① 기화장치 주위에는 보호책을 설치해야 함
② 저장설비를 용기 집합식으로 해야 함
③ 실외 저장소 주위에는 경계책을 설치하고 경계책과 용기 보관장소 사이에는 20m 이상의 거리를 유지함
④ 저장탱크 색은 은백색이며, 글씨색은 적색임

저장설비 용기보관소 등은 용기집합식으로 시설을 설치하지 않는다.

28 액화 독성 가스 1000kg 이상을 이동 시 휴대해야 할 제독제인 소석회는 몇 [kg] 이상을 휴대하여야 하는가? **[안전 32]**

① 20kg ② 30kg
③ 40kg ④ 80kg

29 도로에 도시가스 배관을 매설하는 경우에 라인마크는 구부러진 지점 및 그 주위 몇 [m] 이내에 설치하는가?

① 15m ② 30m
③ 50m ④ 100m

30 다음 중 공기를 압축 · 냉각하여 액체공기를 만드는 과정 및 액체 공기를 분류 · 증류하는 과정에서 기화, 액체되어 나오는 가스의 순서가 맞는 것은?

① 액화는 산소가 먼저하고, 기화는 질소가 먼저한다.
② 액화는 질소가 먼저하고, 기화는 산소가 먼저한다.
③ 산소가 액화, 기화 모두 먼저한다.
④ 질소가 액화, 기화 모두 먼저한다.

공기액화 분리장치의 액화, 기화로서
㉠ 액화 순서 : O_2 → Ar → N_2
㉡ 기화 순서 : N_2 → Ar → O_2

정답 22.④ 23.③ 24.② 25.② 26.④ 27.② 28.③ 29.③ 30.①

31 강의 표면에 타 금속을 침투시켜 표면을 경화시키고 내식성, 내산화성을 향상시키는 것을 금속침투법이라 한다. 그 종류에 해당되지 않는 것은?

① 세라다이징(Sheardizing)
② 칼로라이징(Caiorizing)
③ 크로마이징(Chromizing)
④ 도우라이징(Dowrizing)

32 LP가스 용기의 최대 충전량 산식은? (단, C는 가스 정수, V는 내용적, P는 최고충전압력이다.) **[안전 30]**

① $G=V/C$
② $G=0.9d\cdot V$
③ $G=(P+1)V$
④ $G=V-0.9d$

33 질소를 취급하는 금속재료에서 내질화성을 증대시키는 원소는?

① Ni　② Al
③ Cr　④ Ti

질화 방지 조치 : Ni를 사용

34 다음 중에서 액면계의 측정방식에 해당하지 않는 것은?

① 다이어프램식　② 정전용량식
③ 음향식　④ 환상천평식

35 저압 압축기로서 대용량을 취급할 수 있는 압축기의 형식은?

① 왕복동식　② 원심식
③ 회전식　④ 흡수식

36 다음 중 공기액화 분리장치에는 가연성 단열재를 사용할 수 없다. 그 이유는 어느 가스 때문인가?

① N_2　② CO_2
③ H_2　④ O_2

가연성 산소 혼합 시 폭발의 우려

37 압력 배관용 탄소강관의 KS 규격기호는?

① SPP
② SPPS
③ SPLT
④ SPHT

배관의 명칭

관의 종류	명칭
SPP	배관용 탄소강관
SPPS	압력 배관용 탄소강관
SPPH	고압 배관용 탄소강관
SPLT	저온 배관용 탄소강관
SPHT	고온 배관용 탄소강관

38 금속재료에 S, P, Ni, Mn과 같은 원소들이 함유되면 강에 영향을 미치는 데 다음 설명 중 틀린 것은?

① S : 적열취성의 원인이 된다.
② P : 상온취성을 개선시킨다.
③ Mn : S과 결합하여 황에 의한 악영향을 완화시킨다.
④ Ni : 저온취성을 개선시킨다.

P(인) : 상온취성을 발생

39 고압장치의 상용압력이 150kg/cm^{2}일 때 안전밸브의 작동압력은?

① 120kg/cm^2
② 165kg/cm^2
③ 180kg/cm^2
④ 225kg/cm^2

$$\text{안전밸브 작동압력}=T_P\times\frac{8}{10}$$
$$=\text{상용압력}\times1.5\times\frac{8}{10}$$
$$=150\times1.5\times\frac{8}{10}$$
$$=180\text{kg/cm}^2$$
$(\because T_P=\text{상용압력}\times1.5)$

정답 31.④ 32.① 33.① 34.④ 35.② 36.④ 37.② 38.② 39.③

40 아세틸렌 제조시설 중 아세틸렌 접촉부분에 사용해서는 안 되는 것은? [설비 16]

① 알루미늄 또는 알루미늄 함량 62%
② 스테인리스 24종 이상
③ 철 또는 탄소 함유량이 4.3% 이상인 강
④ 동 또는 동 함유량이 62% 이상

41 흡수분석법에 의한 CO_2의 흡수제는 어느 것인가?

① 포화식염수
② 염화제1구리용액
③ 알칼리성 피로가롤용액
④ 수산화칼륨 30% 수용액

42 공기액화 분리장치의 CO_2에 관한 설명으로 옳지 않은 것은? [설비 4]

① CO_2는 수분리기에서 제거하여 건조기에서 완결되어진다.
② CO_2는 장치폐쇄를 일으킨다.
③ CO_2는 8% NaOH 용액으로 제거한다.
④ CO_2는 원료공기에 포함된 것이다.

해설
CO_2 제거법 : 탄산가스 흡수기에서 다음 반응으로 제거
$2NaOH + CO_2 \rightarrow Na_2CO_3 + H_2O$

43 고압가스설비에 설치하는 벤트스택과 플레어스택에 관한 기술 중 틀린 것은?

① 플레어스택에서는 화염이 장치 내에 들어가지 않도록 역화방지장치를 설치해야 한다.
② 플레어스택에서 방출하는 가연성 가스를 폐기할 때는 흑연의 발생을 방지하기 위하여 스팀을 불어넣는 방법이 이용된다.
③ 가연성 가스의 긴급용 벤트스택의 높이는 착지농도가 폭발하한계 값 미만이 되도록 충분한 높이로 한다.
④ 벤트스택은 가능한 공기보다 무거운 가스를 방출해야 한다.

44 펌프 중 고압에 사용하기 적합한 펌프는?

① 원심 펌프　② 왕복 펌프
③ 축류 펌프　④ 사류 펌프

45 다음 ( ) 안에 가장 적합한 것은?

> 공기액화분리기의 원료공기 중에서 제거해야 할 불순물로는 보통 수분과 ( ) 이(가) 있다.

① He　② CO_2
③ N_2　④ Ar

46 다음 중 가장 큰 압력은?

① $1000kg/m^2$　② $10kg/cm^2$
③ $0.01kg/mm^2$　④ 수주 150m

해설
① $1000kg/m^2 \div 10332kg/m^2 = 0.096atm$
② $10kg/cm^2 \div 1.0332 = 9.67atm$
③ $0.01kg/mm^2 = 1kg/cm^2$
$1 \div 1.0332 = 0.96atm$
④ $150mH_2O \div 10.332 = 14.5atm$

47 진공도 90%란? (단, 대기압은 760mmHg)

① $0.1033kg/cm^2a$　② 1.148ata
③ 684mmHg　④ 760mmAq

㉠ 진공도 90% : 진공압력=대기압력×0.9이므로
㉡ 절대=760−760×0.9=76mmHg
㉢ $\frac{76}{760} \times 1.033 = 0.1033kg/cm^2$

48 액체는 무색 투명하고 특유한 복숭아향을 가지고 있으며 맹독성이 있고 고농도를 흡입하면 목숨을 잃는 가스는?

① 일산화탄소　② 포스겐
③ 시안화수소　④ 메탄

49 LNG의 임계온도는 −82℃이다. 비점은 얼마인가?

① −50℃　② −82℃
③ −120℃　④ −162℃

정답 40.④ 41.④ 42.① 43.④ 44.② 45.② 46.④ 47.① 48.③ 49.④

50 다음은 산소(O_2)에 대하여 설명한 것이다. 틀린 것은?

① 무색, 무취의 기체이며, 물에는 약간 녹는다.
② 가연성 가스이나 그 자신은 연소하지 않는다.
③ 용기의 도색은 일반 공업용이 녹색, 의료용이 백색이다.
④ 용기는 탄소강으로 무계목 용기이다.

O_2 : 압축가스, 조연성 가스

51 다음 중 가스의 성질에 대한 설명으로 맞는 것은?

① 질소는 안정된 가스이며, 불활성 가스라고도 불리우고 고온에서도 금속과 화합하는 일은 없다.
② 암모니아는 산이나 할로겐과도 잘 화합한다.
③ 산소는 액체공기를 분류하여 제조하는 반응성이 강한 가스이며, 그 자신으로서 연소된다.
④ 염소는 반응성이 강한 가스이며, 강에 대해서 상온에서도 건조상태에서 현저한 부식성이 있다.

52 다음 중 엔트로피의 변화가 없는 것은 어느 것인가? **[설비 14]**

① 폴리트로픽 변화
② 단열변화
③ 등온변화
④ 등압변화

53 다음 중 가스와 그 용도를 짝지은 것 중 틀린 것은?

① 프레온-냉장고의 냉매
② 이산화황-환원성 표백제
③ 시안화수소-아크릴로니트릴 제조
④ 에틸렌-메탄올 합성원료

54 다음 [보기]의 세 종류 물질에 동일량의 열량을 흡수시켰을 때 그 최종온도가 높은 것부터 낮은 것의 순서대로 올바르게 나열된 것은? (단, 최초온도는 동일한 것으로 본다.)

[보기]
㉠ 비열 0.7인 물질 30kg
㉡ 비열 1인 물질 15kg
㉢ 비열 0.5인 물질 40kg

① ㉠-㉡-㉢
② ㉠-㉢-㉡
③ ㉡-㉠-㉢
④ ㉡-㉢-㉠

현열=중량×비열×온도차에서 열량과 최초온도는 동일하므로 온도차가 클수록 최종온도가 높은 것이므로

온도차$=\dfrac{\text{열량}}{\text{중량}\times\text{비열}}$에서 중량×비열 값이 적을수록 온도차가 큰 값이다.

㉠ $0.7\times30=21$
㉡ $1\times15=15$
㉢ $0.5\times40=20$
∴ ㉡ > ㉢ > ㉠

55 LPG의 성질에 대한 설명 중 틀린 것은?

① 상온·상압에서는 기체이지만 상온에서도 비교적 낮은 압력으로 액화가 가능하다.
② 프로판의 임계온도는 32.3℃이다.
③ 동일 온도하에서 프로판은 부탄보다 증기압이 높다.
④ 순수한 것은 색깔이 없고 냄새도 없다.

㉠ 프로판 임계온도 : 96.8℃
㉡ 부탄 임계온도 : 152℃

56 다음 중 가연성 가스 취급장소에서 사용 가능한 방폭 공구가 아닌 것은?

① 알루미늄합금 공구
② 베릴륨합금 공구
③ 고무 공구
④ 나무 공구

정답 50.② 51.② 52.② 53.④ 54.④ 55.② 56.①

가연성 공장에서 사용되는 안전용 공구의 종류
나무, 고무, 가죽, 플라스틱, 베릴륨합금, 베아론합금(금속제 공구는 불꽃발생이 있으므로 위험)

57 0℃ 얼음 30kg을 100℃ 물로 만들 때 필요한 프로판 질량은 몇 [g]인가? (단, 프로판의 발열량은 12000kcal/kg이다.)

① 300 ② 350
③ 400 ④ 450

$30 \times 80 + 30 \times 1 \times 100 = 5400\text{kcal}$
$5400\text{kcal} : x(\text{kg})$
$12000\text{kcal} : 1\text{kg}$
$\therefore\ x = \dfrac{5400 \times 1}{12000} = 0.45\text{kg} = 450\text{g}$

58 LP가스의 특성을 잘못 설명한 것은?

① 상온 · 상압에서 기체상태이다.
② 증기비중은 공기의 1.5~2배이다.
③ 액체는 물보다 무겁다.
④ 액체는 무색 · 투명하며, 물에 잘 녹지 않는다.

해설
C_3H_8의 액비중 : 0.5

59 수소가스의 용도 중 가장 거리가 먼 것은?

① 산소와 수소의 혼합 기체의 온도가 높으므로 용접용으로 사용한다.
② 암모니아나 염산의 합성원료로 사용한다.
③ 경화유의 제조에 사용한다.
④ 탄산소다의 제조 시 주원료로 사용한다.

60 다음 온도에 대한 설명 중 옳은 것은?

① 절대 0도는 물의 어는 온도를 0으로 기준한 온도이다.
② 임계온도 이상 시에는 액화되지 않는다.
③ 임계온도는 기체를 액화시킬 수 있는 최소의 온도이다.
④ 온도의 상한계를 기준으로 정한 것이 절대온도이다.

㉠ 임계온도 : 가스를 액화시킬 수 있는 최고온도
㉡ 임계압력 : 가스를 액화시킬 수 있는 최소압력
㉢ 액화의 조건 : 임계온도 이하로 낮추고 임계압력 이상으로 높인다.

정답 57.④ 58.③ 59.④ 60.②

제3회 CBT 기출복원문제

가스기능사	수험번호 : 수험자명 :	※ 제한시간 : 60분 ※ 남은시간 :
글자 크기 100% 150% 200% 화면 배치	전체 문제 수 : 안 푼 문제 수 :	답안 표기란 ① ② ③ ④

01 고압가스 일반 제조시설의 저장탱크에 설치하는 가스방출장치는 저장능력 얼마 이상의 것에 설치해야 하는가?

① $5m^3$ ② $10m^3$
③ $20m^3$ ④ $30m^3$

02 다음 중 도시가스 배관작업 시 파일 및 방호판 타설 시 일반적 조치사항과 적합하지 않은 것은? **[안전 33]**

① 가스 배관과 수평거리 1m 이내에서는 파일박기를 하지 말 것
② 항타기는 가스 배관과 수평거리 2m 이상 이격할 것
③ 파일을 뺀 자리는 충분히 메울 것
④ 가스 배관과 수평거리 2m 이내에서 파일박기를 할 경우에는 도시가스 사업자 입회하에 시험굴착을 통하여 가스 배관의 위치를 정확히 확인할 것

가스 배관 주위 1m 이내에는 인력굴착으로 굴착 실시(파일박기를 하지 말 것의 규정없음)

03 시안화수소 충전 시 유지해야 할 조건 중 틀린 것은?

① 충전 시 순도는 98% 이상을 유지한다.
② 안정제는 아황산가스나 황산 등을 사용한다.
③ 저장 시는 1일 2회 이상 염화제1동착염지로 누출검사를 한다.
④ 충전한 용기는 충전 후 24시간 정치한다.

HCN
㉠ 누설검지 시험지 : 질산구리벤젠지
㉡ 1일 1회 이상 누설검사 실시

04 고압가스의 분출에 대하여 정전기가 가장 발생되기 쉬운 경우는?

① 가스가 충분히 건조되어 있을 경우
② 가스 속에 고체의 미립자가 있을 경우
③ 가스 분자량이 작은 경우
④ 가스 비중이 큰 경우

05 용기에 충전한 시안화수소는 충전한 후 몇 일이 경과되기 전에 다른 용기에 옮겨 충전하여야 하는가? (단, 순도 98% 이상으로서 착색된 것에 한한다.)

① 5
② 20
③ 40
④ 60

06 LP가스 용기 충전시설 중 지상에 설치하는 경우 저장탱크의 주위에는 액상의 LP가스가 유출하지 아니하도록 방류둑을 설치하여야 한다. 다음 중 얼마의 저장량 이상일 때 방류둑을 설치하는가? **[안전 15]**

① 500톤 이상
② 1000톤 이상
③ 1500톤 이상
④ 2000톤 이상

정답 01.① 02.① 03.③ 04.② 05.④ 06.②

07 다음 중 저장능력이 1ton인 액화염소 용기의 내용적(L)은? (단, 액화염소 정수(C)는 0.80이다.) **[안전 30]**

① 400　② 600
③ 800　④ 1000

액화가스 용기 충전량

$W = \frac{V}{C}$이므로

내용적 $V = W \times C$

$= 1000 \times 0.80 = 800\text{L}$

08 도시가스의 유해성분을 측정할 때 측정하지 않아도 되는 성분은?

① 일산화탄소
② 황화수소
③ 황
④ 암모니아

도시가스 유해성분 측정

측정가스	초과금지 양
S(황)	0.5g
H_2S(황화수소)	0.02g
NH_3(암모니아)	0.2g

09 아세틸렌 용기에 아세틸렌을 충전할 때 온도와 관계없이 몇 [MPa] 이하의 압력을 유지해야 하는가? **[설비 15]**

① 1.5　② 2.0
③ 2.5　④ 3.0

C_2H_2는 압축기 분해폭발을 일으키므로

㉠ 충전 중 압력 : 2.5MPa 이하
㉡ 충전 후는 15℃, 1.5MPa 이하가 되어야 한다.
㉢ 부득이 충전 중에 2.5MPa 이상으로 할 경우 N_2, CH_4, CO, C_2H_4 등의 희석제를 첨가한다.

10 고압가스를 운반하는 차량의 경계표시 크기의 가로 치수는 차체 폭의 몇 [%] 이상으로 하는가? **[안전 34]**

① 5%　② 10%
③ 20%　④ 30%

11 고압가스 판매시설의 용기보관실에 대한 기준으로 맞지 않는 것은?

① 충전용기의 넘어짐 및 충격을 방지하는 조치를 할 것
② 가연성 가스와 산소의 용기보관실은 각각 구분하여 설치할 것
③ 가연성 가스의 충전용기보관실 8m 이내에 화기 또는 발화성 물질을 두지 말 것
④ 충전용기는 항상 40℃ 이하를 유지할 것

충전용기보관실 2m 이내에는 화기 또는 발화성 물질을 두지 말 것

12 가스를 사용하는 일반가정이나 음식점 등에서 호스가 절단 또는 파손으로 다량 가스누출 시 사고예방을 위해 신속하게 자동으로 가스누출을 차단하기 위해 설치하는 것은?

① 중간밸브　② 체크밸브
③ 나사콕　④ 퓨즈콕

13 초저온 용기 부속품의 기호를 나타낸 것은? **[안전 29]**

① LG　② PG
③ LT　④ LP

14 다음 중 특정설비의 범위에 해당되지 않는 것은? **[안전 35]**

① 저장탱크
② 저장탱크의 안전밸브
③ 조정기
④ 기화기

15 도시가스의 가스발생설비, 가스정제설비, 가스홀더 등이 설치된 장소 주위에는 철책 또는 철망 등의 경계책을 설치하여야 하는데 그 높이는 몇 [m] 이상으로 하여야 하는가?

① 1m 이상　② 1.5m 이상
③ 2.0m 이상　④ 3.0m 이상

정답 07.③ 08.① 09.③ 10.④ 11.③ 12.④ 13.③ 14.③ 15.②

16 다음 독성 가스 중 제독제로 물을 사용할 수 없는 것은? **[안전 22]**

① 암모니아 ② 아황산가스
③ 염화메탄 ④ 황화수소

해설

제독제
㉠ 암모니아, 아황산, 염화메탄, 산화에틸렌 : 물
㉡ 황화수소 : 가성소다수용액, 탄산소다수용액

17 도시가스 배관의 설치에서 직류 전철 등에 의한 누출전류의 영향을 받는 배관의 가장 적합한 전기방식법은? (단, 이 전기방식의 방식효과는 충분한 경우임.) **[설비 16]**

① 배류법
② 정류법
③ 외부전원법
④ 희생양극법

해설

전기방식법

• 희생(유전)양극법

정 의	특 징	
	장 점	단 점
양극의 금속 Mg, Zn 등을 지하매설관에 일정간격으로 설치하면 Fe보다 (−)방향 전위를 가지고 있어 Fe이 (−) 방향으로 전위변화를 일으켜 양극의 금속이 Fe 대신 소멸되어 관의 부식을 방지함	㉠ 타 매설물의 간섭이 없다. ㉡ 시공이 간단 ㉢ 단거리 배관에 경제적이다. ㉣ 과방식의 우려가 없다.	㉠ 전류 조절이 어렵다. ㉡ 강한 전식에는 효과가 없고, 효과 범위가 좁다. ㉢ 양극의 보충이 필요하다.

• 외부전원법

정 의	특 징	
	장 점	단 점
방식 전류기를 이용 한전의 교류전원을 직류로 전환 매설배관에 전기를 공급하여 부식을 방지함	㉠ 전압전류 조절이 쉽다. ㉡ 방식효과 범위가 넓다. ㉢ 전식에 대한 방식이 가능하다. ㉣ 장거리 배관에 경제적이다.	㉠ 과방식의 우려가 있다. ㉡ 비경제적이다. ㉢ 타 매설물의 간섭이 있다. ㉣ 교류전원이 필요하다.

• 강제배류법

정 의	특 징	
	장 점	단 점
레일에서 멀리 떨어져 있는 경우에 외부전원장치로 가장 가까운 선택배류방법으로 전기방식하는 방법	㉠ 전압전류조정가능하다. ㉡ 전기방식의 효과범위가 넓다. ㉢ 전철의 운행중지에도 방식이 가능하다.	㉠ 과방식의 우려가 있다. ㉡ 전원이 필요하다. ㉢ 타 매설물의 장애가 있다. ㉣ 전철의 신호장애를 고려해야 한다.

• 선택배류법

정 의	특 징	
	장 점	단 점
직류전철에서 누설되는 전류에 의한 전식을 방지하기 위해 배관의 직류전원 (−)선을 레일에 연결 부식을 방지함	㉠ 전철의 위치에 따라 효과범위가 넓다. ㉡ 시공비가 저렴하다. ㉢ 전철의 전류를 사용, 비용절감의 효과가 있다.	㉠ 과방식의 우려가 있다. ㉡ 전철의 운행 중지 시에는 효과가 없다. ㉢ 타 매설물의 간섭에 유의해야 한다.

※ 전기방식법에 의한 전위측정용 터미널 간격
1. 외부전원법은 500m 마다 설치
2. 희생양극법 배류법은 300m 마다 설치

18 고압가스의 충전용기 밸브는 서서히 개폐하고, 밸브 또는 배관을 가열하는 때에는 열습포 또는 몇 [℃]의 물을 사용하는가?

① 15℃ 이하 ② 25℃ 이하
③ 30℃ 이하 ④ 40℃ 이하

19 수소의 순도는 피로카롤 또는 하이드로설파이드 시약을 사용한 오르자트법에 의해서 몇 [%] 이상이어야 하는가?

① 98.5% ② 90%
③ 99.9% ④ 99.5%

해설

산소 · 수소 · 아세틸렌 품질검사(고법 시행규칙 별표 4. KGS Fp 112) (3.2.2.9)

항 목	간추린 핵심 내용
검사장소	1일 1회 이상 가스제조장
검사자	• 안전관리책임자 실시 • 부총괄자와 책임자가 함께 확인 후 서명

정답 16.④ 17.① 18.④ 19.①

해당 가스 및 판정기준			
해당 가스	순 도	시약 및 방법	합격온도, 압력
산소	99.5% 이상	동암모니아 시약, 오르자트법	35℃, 11.8MPa 이상
수소	98.5% 이상	피로카롤, 하이드로설파이드, 오르자트법	35℃, 11.8MPa 이상
아세틸렌	㉠ 발연황산 시약을 사용한 오르자트법(브롬 시약을 사용한 뷰렛법에서 순도가 98% 이상) ㉡ 질산은 시약을 사용한 정성시험에서 합격한 것		

20 고압가스 냉매설비의 기밀시험 시 압축공기를 공급할 때 공기의 온도는?

① 40℃ 이하　② 70℃ 이하
③ 100℃ 이하　④ 140℃ 이하

21 일반 도시가스사업 가스공급시설의 입상관 밸브는 분리가 가능한 것으로서 바닥으로부터 몇 [m] 이내에 설치해야 하는가?

① 0.5~1m　② 1.2~1.5m
③ 1.6~2.0m　④ 2.5~3.0m

22 액화석유가스 충전시설의 지하에 묻는 저장탱크는 천장, 벽 및 바닥의 철근콘크리트 두께가 몇 [cm] 이상으로 된 저장탱크실에 설치해야 하는가? **[안전 6]**

① 20cm　② 30cm
③ 40cm　④ 50cm

23 합격한 용기의 도색 구분이 백색인 가스는 어느 것인가? (단, 의료용 가스용기를 제외한다.) **[안전 3]**

① 염소　② 질소
③ 산소　④ 액화암모니아

해설
염소(갈색), 질소(회색), 산소(녹색), 이산화탄소(청색), 수소(주황색)

24 산화에틸렌 취급 시 제독제로 준비해야 할 것은? **[안전 22]**

① 가성소다수용액　② 탄산소다수용액
③ 소석회수용액　④ 물

25 아세틸렌가스의 용해 충전 시 다공질 물질의 재료로 사용할 수 없는 것은? **[안전 11]**

① 규조토, 석면
② 알루미늄 분말, 활성탄
③ 석회, 산화철
④ 탄산마그네슘, 다공성 플라스틱

26 폭발성이 예민하므로 마찰 및 타격으로 격렬히 폭발하는 물질에 해당되지 않는 것은?

① 황화질소　② 메틸아민
③ 염화질소　④ 아세틸라이드

27 다음 중 가연성 물질을 공기로 연소시키는 경우에 공기 중의 산소농도를 높게 하면 연소속도와 발화온도는 어떻게 변하는가?

① 연소속도는 크게(빠르게) 되고, 발화온도도 높아진다.
② 연소속도는 크게(빠르게) 되고, 발화온도는 낮아진다.
③ 연소속도는 낮게(느리게) 되고, 발화온도는 높아진다.
④ 연소속도는 낮게(느리게) 되고, 발화온도도 낮아진다.

28 용기보관장소에 대한 설명으로 옳지 않은 것은?

① 외부에서 보기 쉬운 곳에 경계표지를 설치할 것
② 지붕은 쉽게 연소될 수 있는 가연성 재료를 사용할 것
③ 가스가 누출된 때에 체류하지 아니하도록 할 것
④ 독성 가스인 경우에는 흡입장치와 연동시켜 중화설비에 이송시키는 설비를 갖출 것

지붕은 가벼운 불연성 재료

정답 20.④ 21.③ 22.② 23.④ 24.④ 25.② 26.④ 27.② 28.②

29 가스의 폭발범위에 영향을 주는 인자가 아닌 것은?

① 비열　② 압력
③ 온도　④ 가스량

30 공기보다 비중이 가벼운 도시가스의 공급시설로서 공급시설이 지하에 설치된 경우 통풍구조는 흡입구 및 배기구의 관경을 몇 [mm] 이상으로 하는가?

① 50mm　② 75mm
③ 100mm　④ 150mm

31 저온장치에서 열의 침입원인이 아닌 것은?

① 연결배관 등에 의한 열전도
② 외면으로부터 열복사
③ 밸브 등에 의한 열전도
④ 지지 요크 등에 의한 열방사

저온장치 열침입 원인
①, ②, ③항 이외에 안전밸브에 의한 열전도, 단열재를 충전한 공간에 남은 가스분자의 열전도, 지지점의 열전도

32 원통형 저장탱크의 부속품이 아닌 것은?

① 안전밸브　② 드레인밸브
③ 액면계　④ 승압밸브

원통형 저장탱크

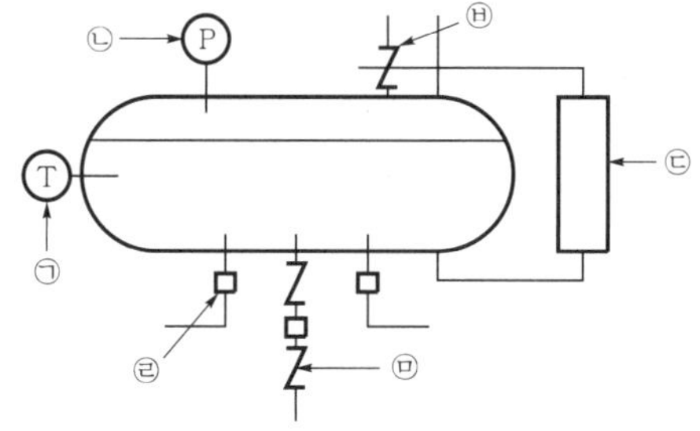

㉠ 온도계
㉡ 압력계
㉢ 액면계
㉣ 긴급차단밸브
㉤ 드레인밸브
㉥ 안전밸브

33 원심 펌프를 병렬로 연결시켜서 운전하면 무엇이 증가하는가? **[설비 12]**

① 양정　② 동력
③ 유량　④ 효율

㉠ 직렬로 연결 시(양정-증가, 유량-불변)
㉡ 병렬로 연결 시(양정-일정, 유량-증가)

34 다음 [보기]는 어떤 진공단열법의 특징을 설명한 것인가?

[보기]
㉠ 단열층이 어느 정도 압력에 견디므로 내층의 지지력이 있다.
㉡ 최고의 단열성능을 얻으려면 10^{-5}Torr 정도의 높은 진공도를 필요로 한다.

① 고진공단열법
② 다층 진공단열법
③ 분말 진공단열법
④ 상압 진공단열법

35 회전 펌프의 장점이 아닌 것은?

① 왕복 펌프와 같은 흡입, 토출밸브가 없다.
② 점성이 있는 액체에 좋다.
③ 토출압력이 높다.
④ 연속 토출되어 맥동이 많다.

36 기동성이 있어 장·단거리 어느 쪽에도 적합하고 용기에 비해 다량수송이 가능한 방법은?

① 용기에 의한 방법
② 탱크로리에 의한 방법
③ 철도차량에 의한 방법
④ 유조선에 의한 방법

37 압축된 가스를 단열팽창시키면 온도가 강하한다는 효과는?

① 단열 효과
② 줄-톰슨 효과
③ 정류 효과
④ 강하 효과

정답 29.① 30.③ 31.④ 32.④ 33.③ 34.② 35.④ 36.② 37.②

38 다음 중 진탕형 교반기의 특징으로 틀린 것은?

① 교반축 스타핑박스에서 가스누설의 가능성이 많다.
② 고압력에 사용할 수 있고 반응물의 오손이 없다.
③ 장치 전체가 진동하므로 압력계는 본체에서 떨어져 설치한다.
④ 뚜껑판에 뚫어진 구멍에 촉매가 끼어 들어갈 염려가 있다.

39 실린더의 단면적 50cm², 행정 10cm, 회전수 200rpm, 체적효율 80%인 왕복 압축기의 토출량은?

① 60L/min ② 80L/min
③ 120L/min ④ 140L/min

왕복 압축기 토출량

$Q=\frac{\pi}{4}D^2\times L\times N\times n\times n_V$

$=50\text{cm}^2\times 10\text{cm}\times 200\times 0.8$

$=80000\text{cm}^3/\text{min}$

$=80\text{L/min}$

여기서, Q : 피스톤 압출량
A : 실린더 단면적$\left(\frac{\pi}{4}D^2\right)$
L : 행정
N : 회전수
n : 기통수
n_V : 체적효율

40 다음 가스용기의 밸브 중 충전구 나사를 왼나사로 정한 것은? **[안전 37]**

① NH_3 ② C_2H_2
③ CO_2 ④ O_2

41 다음 가스분석법 중 흡수분석법에 해당되지 않는 것은? **[장치 6]**

① 헴펠법
② 산화동법
③ 오르자트법
④ 게겔법

42 수소취성을 방지하기 위하여 첨가되는 원소가 아닌 것은?

① Mo ② W
③ Ti ④ Mn

수소취성(강의 탈탄)
$Fe_3C+2H_2 \rightarrow CH_4+3Fe$
고온 · 고압하에서 수소를 사용 시 5~6% 크롬강에 텅스텐, 몰리브덴, 티탄, 바나듐 등을 첨가

43 프로판 10kg이 완전연소에 필요한 공기량은 몇 [m³]인가?

① 25.45m³ ② 121.2m³
③ 36.3m³ ④ 173.2m³

$C_3H_8+5O_2 \rightarrow 3CO_2+4H_2O$
10kg : x(m³)
44kg : 5×22.4m³에서

산소량$(x)=\frac{10\times 5\times 22.4}{44}=25.4545$

∴ 공기량 $25.4545\times\frac{1}{0.21}=121.21\text{m}^3$

44 다음 설명 중 LP가스 충전 시 디스펜서(dispenser)란?

① LP가스 압축기 이송장치의 충전기기 중 소량에 충전하는 기기
② LP가스 자동차 충전소에서 LP가스 자동차의 용기에 용적을 계량하여 충전하는 충전기기
③ LP가스 대형 저장탱크에 역류방지용으로 사용하는 기기
④ LP가스 충전소에서 청소하는 데 사용하는 기기

45 초저온 저장탱크의 측정에 많이 사용되며 차압에 의해 액면을 측정하는 액면계는?

① 햄프슨식 액면계
② 전기저항식 액면계
③ 초음파식 액면계
④ 크링카식 액면계

차압식 액면계=햄프슨식 액면계

정답 38.① 39.② 40.② 41.② 42.④ 43.② 44.② 45.①

46 다음 압력 중 가장 높은 압력은?

① 2.4kg/cm²a ② 3.1kg/cm²g
③ 760mmg ④ 1017mmbar

1atm=1.0332kg/cm²=760mmHg=1013mmba
이므로 kg/cm²으로 단위를 통일한다.
① 2.4kg/cm²a
② 3.1+1.033=4.133kg/cm²g
③ 760mmHg=1.0332kg/cm²a
④ $\frac{1017}{1013}\times 1.033 = 1.037$kg/cm² 이므로
가장 높은 압력 : 4.133kg/cm²이다.

47 액화천연가스를 취급하는 설비의 금속재료로 부적합한 것은?

① 일반 탄소강 ② 스테인리스강
③ 알루미늄합금 ④ 9% 니켈강

- 액화천연가스 : 가스의 온도가 −162℃ 이하, 저온용 재질을 사용
- 저온용에 사용되는 금속
  ㉠ 18-8 STS(오스테나이트계 스테인리스)
  ㉡ 9% Ni
  ㉢ 구리 및 구리합금
  ㉣ 알루미늄 및 알루미늄합금

48 천연가스의 성질 중 잘못된 것은?

① 독성이 없고 청결한 가스이다.
② 주성분은 메탄으로 이루어졌다.
③ 공기보다 무거워 누설 시 바닥에 고인다.
④ 발열량은 약 9500~11000kcal/m³ 정도이다.

천연가스
㉠ 분자식 : CH_4
㉡ 분자량 : 16g
㉢ 연소범위 : 5~15%
∴ 공기보다 가볍다.

49 다음은 온도 환산식이다. 옳게 표시된 것은?

① K=℃−273.15
② K=(5/9)°R
③ ℃=(5/9)(°F+32)
④ °F=°R+460

해설

온도 계산식 공식

단위별	계산식
°F와 ℃의 관계	$°F = \frac{9}{5}℃ + 32$ $℃ = \frac{5}{9}(°F - 32)$
K와 ℃의 관계	K = ℃ + 273.15 ℃ = K − 273.15
°R과 °F의 관계	°R = °F + 460 °F = °R − 460
K와 °R의 관계	°R = K × 1.8 $K = \frac{1}{1.8}°R$

$1.8 = \frac{9}{5},\ \frac{1}{1.8} = \frac{5}{9}$

50 수소의 용도 중 맞지 않는 것은?

① 암모니아의 합성원료로 사용
② 비료 제조용
③ 환원성이 커서 금속제련에 사용
④ 기구 부양용 가스로 사용

51 황화수소의 성질이 아닌 것은?

① 유황천에서 물에 녹아 용출한다.
② 알칼리와 반응하여 염을 만든다.
③ 무색이며, 계란 썩은 냄새가 난다.
④ 산소 중에서 노란불꽃을 내며 연소하여 육불화황을 만든다.

52 습성 천연가스 및 원유로부터 LP가스 제조법이 아닌 것은?

① 단열팽창 액화법
② 압축냉각법
③ 흡수법
④ 활성탄에 의한 흡착법

53 비체적이 큰 순서대로 나열된 것은?

① 프로판−메탄−질소−수소
② 프로판−질소−수소−메탄
③ 수소−메탄−질소−프로판
④ 수소−질소−메탄−프로판

정답 46.② 47.① 48.③ 49.② 50.② 51.④ 52.① 53.③

가스의 비체적 22.4L/M(분자량)g
㉠ C_3H_8=22.4/44=0.509L/g
㉡ CH_4=22.4/16=1.4L/g
㉢ N_2=22.4/28=0.8L/g
㉣ H_2=22.4/2=11.2L/g

54 10Joule의 일의 양을 [cal] 단위로 나타내면?

① 0.39 ② 1.39
③ 2.39 ④ 3.39

- 1J=0.239cal≒0.24cal
- 10J=0.24×10≒2.4cal

55 아세틸렌에 관한 다음 사항 중 틀린 것은?

① 공기 중에서의 폭발범위는 수소보다 좁다.
② 아세틸렌은 구리, 은, 수은 및 그 합금과 폭발성의 화합물을 만든다.
③ 공기와 혼합되지 아니하여도 폭발하는 수가 있다.
④ 아세틸렌은 공기보다 가볍고 무색인 가스이다.

C_2H_2은 폭발범위가 2.5~81%, 모든 가연성 가스 중 폭발범위가 가장 넓다.

56 천연가스에 대한 설명 중 맞는 것은?

① 천연가스 채굴 시 상당량의 황화합물이 함유되어 있어 제거해야 한다.
② 천연가스의 주성분은 수성가스와 프로판이다.
③ 천연가스의 액화공정으로는 팽창법만을 이용한다.
④ 천연가스 채굴 시 혼합되어 있는 고분자 탄화수소 혼합물은 분리하지 않는다.

NG(천연가스)
지하에서 채취한 천연가스는 불순물을 함유하고 있으므로 제진-탈황-탈탄산 등 불순물 제거 과정을 거쳐 LNG로 제조된다. 제조된 LNG는 불순물을 제거하였으므로 청정연료라고 한다.

57 다음 중 단위가 옳게 연결된 것은?

① 엔탈피-[kcal/kg·℃]
② 밀도-[kcal/kg]
③ 비체적-[kg/m^3]
④ 열의 일 당량-[kg·m/kcal]

물리학적 단위

물리학적 개념	단 위	개 요
엔탈피	kcal/kg	단위중량당 열량(물체가 가지는 총에너지)
밀도	kg/m^3(g/L)	단위체적당 질량
비체적	m^3/kg(L/g)	단위질량당 체적
일의 열 당량	1/427kcal/kg·m	어떤 물체 1kg을 1m 움직이는 데 필요한 열량
열의 일 당량	427kg·m/kcal	열량 1kcal로 427kg을 1m 움직일 수 있음
엔트로피	kcal/kg·K	단위중량당 열량을 절대온도로 나눈 값
비열	kcal/kg℃	어떤 물체 1kg을 1℃ 높이는 데 필요한 열량

58 액화석유가스 설비의 내압시험압력은 얼마인가? (단, 공기, 질소 등의 기체에 의한 내압시험은 제외)

① 상용압력의 1.5배 이상
② 기밀시험압력 이상
③ 허용압력 이상
④ 설계압력의 1.5배 이상

T_P(내압시험압력)

설비별		내압 시험 압력
용기	C_2H_2 용기	F_P×3 이상
	초저온 용기	F_P×1.1 이상
	그 밖의 용기	$F_P\times\frac{5}{3}$ 이상
배관 저장탱크 (용기 이외의 모든 설비)	물로서 시험 시	㉠ 고법, LPG법 기준 : 상용압력×1.5 이상 ㉡ 냉동 제조기준 : 설계압력×1.5 이상 ㉢ 도시가스사업법 기준 : 최고사용압력×1.5 이상
	공기 질소로 시험 시	상기 압력×1.25배 이상

정답 54.③ 55.① 56.① 57.④ 58.①

59 비중이 0.58인 액화부탄가스 1L를 표준상태에서 기화시키면 약 몇 [L]가 되는가?

① 58
② 116
③ 224
④ 448

액비중 0.58kg/L이므로
1L : 0.58kg (580g)
기화 시의 체적은

$$\therefore \frac{580}{58(\text{부탄의 분자량})} \times 22.4 = 224\text{L}$$

60 다음은 염소에 대하여 기술한 것이다. 이 중 틀린 것은?

① 상온 · 상압에서 황록색의 기체로 조연성이 있다.
② 강한 자극성의 취기가 있어 맹독성이 가스로 허용농도는 1ppm이다.
③ 수소와 염소의 등량 혼합기체를 염소폭명기라 한다.
④ 건조상태로 상온에서 강재에 대하여 부식성을 갖는다.

$Cl_2 + H_2O \rightarrow HCl + HClO$에서
수분과 접촉 시 HCl(염산)을 생성시켜 급격히 부식을 일으킨다(단, 수분이 없는 건조상태에서는 부식을 일으키지 않는다).

정답 59.③ 60.④

제4회 CBT 기출복원문제

가스기능사	수험번호 : 수험자명 :	※ 제한시간 : 60분 ※ 남은시간 :
글자 크기 100% 150% 200% 화면 배치	전체 문제 수 : 안 푼 문제 수 :	답안 표기란 ① ② ③ ④

01 다음은 고압가스 용기의 검사 방법이다. 초저온 용기 신규 검사항목에 해당되지 않는 것은?

① 외관검사
② 용접부에 관한 방사선검사
③ 단열성능시험
④ 다공도시험

해설

다공도시험은 C_2H_2 용기에만 해당
다공도 시험(KGS Ac 214 관련)

항 목	간추린 세부 핵심 내용
용해제 및 다공물질을 고루 채운 다공도	75% 이상 92% 미만
다공도의 측정 시 온도	20℃에서 아세톤 DMF 또는 물의 흡수량으로 측정
다공물질 고형 시	아세톤 DMF 충전 후 용기벽을 따라 용기 직경의 1/200 또는 3mm를 초과하지 아니하는 틈이 있는 것은 무방

02 타 공사 시 가스 배관 주요 사고원인과 관계가 적은 것은?

① 매설상황 조사 미실시
② 실제 매설위치와 도면의 불일치
③ 도시가스사와 사전협의 합동 순회점검 체제 미흡
④ 배관의 깊이가 깊을 때

03 시안화수소 충전 시 한 용기에서 60일을 초과할 수 있는 경우는?

① 순도가 90% 이상으로서 착색되었다.
② 순도가 90% 이상으로서 착색되지 아니하였다.
③ 순도가 98% 이상으로서 착색되었다.
④ 순도가 98% 이상으로서 착색되지 아니하였다.

04 일산화탄소와 공기의 혼합가스 폭발범위는 고압일수록 어떻게 변하는가?

① 넓어진다. ② 변하지 않는다.
③ 좁아진다. ④ 일정치 않다.

압력상승 시 폭발범위와 압력과의 관계

가스별	관 계
H_2	처음에는 좁아지다가 어느 한계의 압력에서 다시 넓어진다.
CO	좁아진다.
그 밖의 가연성 가스	넓어진다.

05 다음 중 연소의 3요소가 아닌 것은?

① 가연물 ② 산소공급원
③ 점화원 ④ 인화점

06 LPG 용기보관소 경계표지의 "연"자 표시의 색상은?

① 흑색 ② 적색
③ 노란색 ④ 흰색

07 자연발화 중 산화열에 해당되는 물질은?

① 시안화수소 ② 염화비닐
③ 과산화질소 ④ 산화은

정답 01.④ 02.④ 03.④ 04.③ 05.④ 06.② 07.③

산화열

구 분	핵심 내용
정의	자연발화의 한 형태로 물질이 산소와 결합 시 일어나는 반응열
해당 물질	석탄, 고무분말, 건성유, 과산화질소

※ 자연발화가 되는 열의 종류에는(산화, 흡착, 분해)열 등이 있다.

08 내부 용적이 20000L인 액화산소 저장탱크의 저장능력은 얼마인가? (단, 액비중은 1.14로 한다.) **[안전 30]**

① 10260kg ② 20520kg
③ 30400kg ④ 42450kg

액화가스 저장탱크의 저장능력

$W=0.9dV$
$=0.9\times1.14\text{kg/L}\times20000\text{L}=20520\text{kg}$

09 도시가스 제조설비에 설치되는 가스누출 경보설비가 경보를 울릴 경우 검지농도로 적합한 것은? **[안전 18]**

① 폭발하한계의 1/4 이하
② 폭발하한계의 1/6 이하
③ 폭발상한계의 1/4 이하
④ 폭발상한계의 1/6 이하

경보장치의 경보농도

가스별	경보농도
독성(NH_3 이외)	TLV-TWA 농도기준 농도 이하
NH_3(실내 사용 시)	TLV-TWA 농도기준 50ppm 이하
가연성	폭발하한의 1/4 이하

10 압력조정기 출구에서 연소기 입구까지의 배관 및 호스는 얼마의 압력으로 기밀시험을 실시해야 하는가?

① 2.3~3.3kPa ② 5~30kPa
③ 5.6~8.4kPa ④ 8.4kPa

11 국내 일반가정에 공급되는 도시가스(LNG)의 발열량은 약 몇 [kcal/m^3]인가?

① 11000kcal/m^3 ② 25000kcal/m^3
③ 40000kcal/m^3 ④ 54000kcal/m^3

발열량

- LNG(11000kcal/Nm^3)
- LPG(C_3H_8 : 24000kcal/Nm^3)
  (C_4H_{10} : 31000kcal/Nm^3)

12 굴착으로 주위가 노출된 일반 도시가스사업자 도시가스 배관(관경이 100mm 미만인 저압 배관은 제외)으로서 노출된 부분의 길이가 100m 이상인 것은 위급 시 신속히 차단할 수 있도록 노출부분 양 끝으로부터 몇 [m] 이내에 차단장치를 설치해야 하는가?

① 200m ② 300m
③ 350m ④ 500m

도시가스 배관의 굴착으로 노출된 배관의 방호(KGS Fs 551) (3.1.8.6) 관련

배관길이	위급 시 조치사항
노출 길이 100m 이상 (호칭경 100mm 미만 저압관 제외)	노출부분 양 끝 300m 이내 차단장치 설치 또는 500m 이내 원격조작 가능 차단장치 설치

※ 도시가스 배관의 긴급차단장치 및 가스공급 차단장치

긴급차단장치	차단구역 수요가구 20만 가구 이하가 되도록 설정(향후 수요가구 증가 시 25만 이하로 차단구역 설정)
가스공급 차단장치	고압·중압 배관에서 분기되는 배관의 분기점 부근에 설치

13 LPG 용기 충전시설에 설치되는 긴급차단장치에 대한 기준으로 틀린 것은? **[안전 19]**

① 저장탱크 외면에서 5m 이상 떨어진 위치에서 조작하는 장치를 설치한다.
② 기상 가스 배관 중 송출 배관에는 반드시 설치한다.
③ 액상의 가스를 이입하기 위한 배관에는 역류방지밸브로 갈음할 수 있다.
④ 소형 저장탱크에는 의무적으로 설치할 필요가 없다.

정답 08.② 09.① 10.④ 11.① 12.② 13.②

14 다음 중 일반적으로 발화의 원인에 해당되지 않는 것은?

① 온도 ② 조성
③ 압력 ④ 용기의 재질

상기 항목 이외에 발화가 형성되는 공간의 크기와 형태

15 독성 가스 운반 시 휴대하는 보호구가 아닌 것은? **[안전 39]**

① 방독마스크 ② 메가폰
③ 보호의 ④ 보호장화

16 고압가스 공급자 안전점검 시 가스누출 검지기를 갖추어야 할 대상은?

① 산소
② 가연성 가스
③ 불연성 가스
④ 독성 가스

가스 종류별 공급자의 부유장비

점검장비	해당 가스
누설검지액	모든 가스(가연성, 독성, 산소불연성)
누설검지기	가연성 가스
누설시험지	독성 가스

17 LP GAS 사용 시 주의하지 않아도 되는 것은?

① 완전연소 되도록 공기조절기를 조절한다.
② 급배기가 충분히 행해지는 장소에 설치하여 사용하도록 한다.
③ 사용 시 조정기 압력은 적당히 조절한다.
④ 중간밸브 개폐는 서서히 한다.

조정기의 조정압력은 임의로 조정이 불가능하다.

18 압축 또는 액화 그 밖의 방법으로 처리 할 수 있는 가스의 용적이 1일 $100m^3$ 이상인 사업소는 표준압력계를 몇 개 이상 비치해야 하는가?

① 1 ② 2
③ 3 ④ 4

19 다음 중 지연성 가스에 해당되지 않는 것은?

① 염소 ② 불소
③ 이산화질소 ④ 이황화탄소

지연성(조연성)
O_2, 공기, O_3, NO_2, Cl_2, F_2 등
이황화탄소는 가연성(1.2~44%)이다.

20 가스도매사업의 가스공급시설 중 배관의 운전상태 감시장치가 경보를 울려야 되는 경우가 아닌 것은? **[안전 40]**

① 긴급차단밸브 폐쇄 시
② 배관 내 압력이 상용압력의 1.05배 초과 시
③ 배관 내 압력이 정상운전 압력보다 10% 이상 강하 시
④ 긴급차단밸브 회로가 고장 시

경보가 울려야 되는 경우
③ 배관 내 압력이 정상운전 압력보다 15% 이상 강하 시

21 다음은 저장설비나 가스설비를 수리 또는 청소를 할 때 가스 치환을 생략할 수 있는 조건들이다. 이 조건에 적합하지 않은 것은 어느 것인가? **[안전 41]**

① 설비들의 내용적이 $2m^3$ 이하일 경우
② 작업원이 설비 내부로 들어가지 않고 작업을 할 경우
③ 화기를 사용하지 아니하는 작업일 경우
④ 간단한 청소, 가스켓의 교환이나 이와 유사한 경미한 작업일 경우

22 LP가스의 용기보관실 바닥면적이 $3m^2$라면 통풍구의 크기는 얼마 이상으로 하여야 하는가?

① $1100cm^2$ ② $900cm^2$
③ $700cm^2$ ④ $500cm^2$

자연통풍구 크기 : 바닥면적의 3%($1m^2$당 $300cm^2$)
$\therefore 3m^2 \times 0.03 = 0.09m = 0.09 \times 10^4 = 900cm^2$

정답 14.④ 15.② 16.② 17.③ 18.② 19.④ 20.③ 21.① 22.②

23 다음 가스 중 독성이 가장 큰 것은?

① 일산화탄소
② 불소
③ 황화수소
④ 암모니아

독성 가스의 허용농도

가스별	허용농도(ppm)	
	TLV-TWA	LC 50
CO	50	3760
F_2	0.1	185
H_2S	10	
NH_3	25	7338

24 방류둑의 성토 윗부분의 폭은 얼마 이상으로 해야 하는가? **[안전 15]**

① 10cm 이상 ② 15cm 이상
③ 20cm 이상 ④ 30cm 이상

25 고압가스의 저장설비 및 충전설비는 그 외면으로부터 화기를 취급하는 장소까지 얼마 이상의 우회거리를 두어야 하는가? (단, 산소 및 가연성 가스 제외)

① 1m 이상 ② 2m 이상
③ 5m 이상 ④ 8m 이상

설비화기와 우회거리

구 분	우회거리
가연성 산소 에어졸 설비	8m 이상
㉠ 가연성 산소를 제외한 그 밖의 가스 ㉡ 가정용 가스시설 ㉢ 가스계량기 ㉣ 입상배관 ㉤ LPG 판매 및 충전사업자의 용기저장소	2m 이상

26 고압가스 충전시설 중 방폭성능을 갖지 않아도 되는 가스는?

① 수소 ② 일산화탄소
③ 암모니아 ④ 아세틸렌

27 다음 차량에 고정된 탱크가 있다. 차체폭이 A, 차체길이가 B라고 할 때 이 탱크의 운반 시 표시해야 하는 경계표시의 크기는? **[안전 34]**

① 가로 : $A\times0.3$ 이상, 세로 : $B\times0.2$ 이상
② 가로 : $B\times0.3$ 이상, 세로 : $A\times0.2$ 이상
③ 가로 : $A\times0.3$ 이상, 세로 : $A\times0.3\times0.2$ 이상
④ 가로 : $A\times0.3$ 이상, 세로 : $B\times0.3\times0.2$ 이상

경계표의 크기
㉠ 정사각형(경계면적 $600cm^2$ 이상)
㉡ 직사각형(가로 : 차폭의 30% 이상, 세로 : 가로의 20% 이상)

28 산화에틸렌 저장탱크의 내부를 질소 또는 탄산가스로 치환하고는 몇 [℃] 이하로 유지해야 하는가?

① 5℃
② 15℃
③ 25℃
④ 35℃

29 산소없이 분해 폭발을 일으키는 물질이 아닌 것은?

① 아세틸렌
② 산화에틸렌
③ 히드라진
④ 시안화수소

가스 종류별 폭발성

폭발의 종류	해당 가스
산화 폭발	모든 가연성
분해 폭발	C_2H_2, C_2H_4O, N_2H_4(히드라진)
화합(아세틸라이드) 폭발	C_2H_2
중합	HCN, C_2H_4O

정답 23.② 24.④ 25.② 26.③ 27.③ 28.① 29.④

30 지하에 매설된 도시가스 배관의 전기방식 기준으로 틀린 것은? **[안전 42]**

① 전기방식 전류가 흐르는 상태에서 토양 중에 있는 배관 등의 방식전위 상한값은 포화황산동 기준전극으로 −0.85V 이하일 것
② 전기방식 전류가 흐르는 상태에서 자연전위와의 전위변화가 최소한 −300mV 이하일 것
③ 배관에 대한 전위측정은 가능한 배관 가까운 위치에서 실시할 것
④ 전기방식시설의 관 대지전위 등을 2년에 1회 이상 점검할 것

④ 전기방식시설의 관 대지전위 등을 1년에 1회 이상 점검
상기 항목 이외에도 다음 사항이 있다.
㉠ 외부전원법에 의한 전기방식시설은 외부전원점 관 대지전위 정류기의 출력전압 전류배선의 접속상태 및 계기류 확인 등을 3개월에 1회 이상 점검
㉡ 배류법에 의한 전기방식시설은 배류점 관 대지 전위 배류기 출력진입 전류배선의 접속상태 계기류 확인 등을 3개월에 1회 이상 점검
㉢ 절연부속품 역전류 방지장치 결선 및 보호절연체의 효과는 6월에 1회 이상 점검

31 0℃, 1기압 하에서 액체산소의 비등점(B.P)은 몇 [℃]인가?

① −186　② −196
③ −183　④ −178

32 액화석유가스 설비 중 소형 저장탱크라 함은 용량이 얼마 미만의 것을 말하는가?

① 500kg　② 1000kg
③ 2000kg　④ 3000kg

저장탱크와 소형 저장탱크

구 분	저장능력	계산식
저장탱크	3t 이상	$W=0.9dV$
소형 저장탱크	3t 미만	$W=0.85dV$

소형 저장탱크로 시설을 설치하여야 하는 저장능력 : 500kg 이상

33 고압 용기의 내용적이 105L인 암모니아 용기에 법정 가스 충전량은 약 몇 [kg]인가? (단, 가스상수 C값은 1.86이다.) **[안전 30]**

① 20.5kg　② 45.5kg
③ 56.5kg　④ 117.5kg

$$W=\frac{V}{C}=\frac{105}{1.86}=56.5\text{kg}$$

34 터보형 펌프가 아닌 것은? **[설비 9]**

① 사류 펌프　② 다이어프램 펌프
③ 축류식 펌프　④ 원심식 펌프

35 다음 탱크로리 충전작업 중 작업을 중단해야 하는 경우가 아닌 것은?

① 탱크 상부로 충전 시
② 과충전 시
③ 누설 시
④ 안전밸브 작동 시

해설

탱크로리 충전작업 중 작업을 중단하여야 하는 경우
㉠ 누설 시
㉡ 과충전 시
㉢ 긴급 차단밸브, 안전밸브 작동 시
㉣ 베이퍼록 발생 시
㉤ 액압축 발생 시
㉥ 주변 화재 발생 시

36 LPG, 액화가스와 같이 저비점의 액체용 펌프에서 쓰이는 펌프의 축봉장치는?

① 싱글 시일　② 더블 시일
③ 언밸런스 시일　④ 밸런스 시일

37 일반 도시가스 공급시설에서 도로가 평탄할 경우 배관의 기울기는?

① $\frac{1}{50}\sim\frac{1}{100}$
② $\frac{1}{150}\sim\frac{1}{300}$
③ $\frac{1}{500}\sim\frac{1}{1000}$
④ $\frac{1}{1500}\sim\frac{1}{2000}$

정답 30.④ 31.③ 32.④ 33.③ 34.② 35.① 36.④ 37.③

38 가스액화 분리장치를 구분할 때 속하지 않는 장치는?

① 한냉발생장치 ② 정류장치
③ 불순물 제거장치 ④ 물분무장치

39 공기액화 분리장치에서 공기 중의 이산화탄소를 제거하는 이유는?

① 가스의 원활함과 밸브 및 배관에 세척을 잘 하기 때문에
② 압축기에서 토출된 가스의 압축열을 제거하기 때문에
③ 저온장치에 이산화탄소가 존재하면 고형의 드라이아이스가 되어 밸브 및 배관을 폐쇄장애를 일으키기 때문에
④ 원료가스를 저온에서 분리, 정제하기 때문에

40 다음 중 고압가스 금속재료에서 내질화성(耐窒化性)을 증대시키는 원소는?

① Ni ② Al
③ Cr ④ Mo

㉠ N_2 부식명 : 질화
㉡ 질화방지 금속 : Ni

41 원통형의 관을 흐르는 물의 중심부의 유속을 피토관으로 측정하니 정압과 동압의 차가 수주 10m이었다. 이 때 중심부의 유속은 얼마인가?

① 10m/s ② 14m/s
③ 20m/s ④ 26m/s

유속(V)= $\sqrt{2gH}$ 에서
$g=9.8\text{m/s}^2$
$H=10\text{m}$
$\therefore V=\sqrt{2\times9.8\times10}=14\text{m/s}$

42 가스유량계 중 그 측정원리가 다른 하나는?

① 오리피스미터 ② 벤투리미터
③ 피토관 ④ 로터미터

해설
㉠ 차압식(오리피스 벤투리)
㉡ 차압식 및 유속식(피토관)
㉢ 면적식(로터미터)

43 대형 용기의 상부에 설치되어 있는 튜브를 상하로 움직여 직접 유체를 유출시켜 봄으로써 액면을 측정하는 것은?

① 시창식 액면계
② 슬립 튜브식 액면계
③ 정전용량식 액면계
④ 마그네트식 액면계

44 압축기의 다단압축의 목적이 아닌 것은 어느 것인가? [설비 11]

① 소요 일량을 절약할 수 있다.
② 힘의 평형을 이룰 수 있다.
③ 온도 상승을 피할 수 있다.
④ 압축비가 커지며 이용효율을 증가시킨다.

45 다음 고압장치 금속재료의 사용에 대하여 올바른 것은?

① LNG 저장탱크-고장력강
② 아세틸렌 압축기 실린더-주철
③ 암모니아 압력계 도관-동
④ 액화산소 저장탱크-탄소강

가스별 사용금속 재료

재료명		사용 가스
초저온용(18-8 STS, 9% Ni, Cu, Al)		액화(O_2, N_2, Ar), LNG
탄소강		C_2H_2, NH_3, Cl_2
참고	수분에 약한 가스	Cl_2, $COCl_2$, SO_2, CO_2
	Cu 사용금지 가스	C_2H_2, NH_3, H_2S

46 도시가스의 부취제는 공기 중에서 얼마의 농도에서 쉽게 감지할 수 있어야 하겠는가?

① $\frac{1}{100}$ ② $\frac{1}{200}$
③ $\frac{1}{500}$ ④ $\frac{1}{1000}$

정답 38.④ 39.③ 40.① 41.② 42.④ 43.② 44.④ 45.② 46.④

47 가스밀도가 0.25인 기체의 비체적은?

① 0.25l/g　② 0.25kg/l
③ 4.0l/g　④ 4.0kg/l

밀도와 비체적은 반비례 관계
$\frac{1}{0.25} = 4.0l/g$

48 압력에 대한 정의는?

① 단위체적에 작용되는 힘의 합
② 단위체적에 작용되는 모멘트의 합
③ 단위면적에 작용되는 힘의 합
④ 단위길이에 작용되는 모멘트의 합

49 −10℃인 얼음 10kg을 1기압에서 증기로 변화시킬 때 필요한 열량은 몇 [kcal]인가? (단, 얼음의 비열은 0.5kcal/kg · ℃, 얼음의 용해열 80kcal/kg, 물의 기화열은 539kcal/kg이다.)

① 5,400　② 6000
③ 6240　④ 7240

−10℃ 얼음 10kg → 수증기로 변할 때
㉠ −10℃ 얼음이 0℃ 얼음으로 변화하는 과정
$Q_1 = 10 \times 0.5 \times \{(0)-(-10)\} = 50\text{kcal}$
㉡ 0℃ 얼음이 0℃ 물로 변화하는 과정
$Q_2 = 10 \times 80 = 800\text{kcal}$
㉢ 0℃ 물이 100℃ 물로 변화하는 과정
$Q_3 = 10 \times 1 \times (100-0) = 1000\text{kcal}$
㉣ 100℃ 물이 100℃ 수증기로 변화하는 과정
$Q_4 = 10 \times 539 = 5390\text{kcal}$
∴ ㉠+㉡+㉢+㉣이면
50+800+1000+5390=7240kcal

50 일산화탄소가스의 용도로 알맞은 것은?

① 메탄올 합성　② 용접 절단용
③ 암모니아 합성　④ 섬유의 표백용

$CO + 2H_2 \rightarrow CH_3OH$(메탄올)

51 공기 100kg 중에는 산소가 약 몇 [kg] 섞여 있는가? **[설비 17]**

① 12.3kg　② 23.2kg
③ 31.5kg　④ 43.7kg

공기 중 산소의 질량(%)은 23.2%이므로
$\therefore\ 100 \times \frac{23.2}{100} = 23.2\text{kg}$

52 다음 중 확산속도가 가장 빠른 것은?

① O_2　② N_2
③ CH_4　④ CO_2

기체의 확산속도는 분자량의 제곱근에 반비례하므로 분자량이 적을수록 확산속도가 빠르다.

53 다음 대기압 750mmHg하에서 게이지압력이 3.25kg/cm^{2}이면, 이 때 절대압력은 약 몇 [kg/cm^{2}a]인가?

① 0.42kg/cm^{2}a
② 4.27kg/cm^{2}a
③ 42.7kg/cm^{2}a
④ 427kg/cm^{2}a

절대압력 = 대기압력 + 게이지압력
$= 750\text{mmHg} + 3.25\text{kg/cm}^2$
$= \frac{750}{760} \times 1.0332\text{kg/cm}^2 + 3.25\text{kg/cm}^2$
$= 4.27\text{kg/cm}^2\text{a}$

54 1atm과 다른 것은?

① 9.8N/m^2
② 101325Pa
③ 14.7lb/in^2
④ 10.332mAq

$1\text{atm} = 1.0332\text{kgf/cm}^2$
$= 1.0332 \times 9.8 \times 10^4\text{N/m}^2$
$= 101325\text{N/m}^2$

- $1\text{kgf} = 9.8\text{N}$
- $1\text{m}^2 = 10^4\text{cm}^2$

55 LPG 사용시설의 배관 중 호스의 길이는 연소기까지 몇 [m] 이내로 해야 하는가?

① 10　② 8
③ 5　④ 3

정답 47.③ 48.③ 49.④ 50.① 51.② 52.③ 53.② 54.① 55.④

56 고온 · 고압 하에서 암모니아 가스장치에 사용하는 금속으로 적당한 것은?

① 탄소강
② 알루미늄합금
③ 동합금
④ 18-8 스테인리스강

가스를 고온 · 고압에서 사용 시
㉠ 일반강(탄소강)은 사용하여서는 안 된다.
㉡ NH_3는 상온 · 상압에서도 Cu, Al 등과는 착이온 생성으로 부식을 일으킨다.

57 질소가스의 특징이 아닌 것은?

① 암모니아 합성원료
② 공기의 주성분
③ 방전용으로 사용
④ 산화방지제

58 표준상태 하에서 증발열이 큰 순서로 나열된 것은?

① $NH_3 - LNG - H_2O - LPG$
② $NH_3 - LPG - LNG - H_2O$
③ $H_2O - NH_3 - LNG - LPG$
④ $H_2O - LNG - LPG - NH_3$

59 주기율이 0족에 속하는 불활성 가스의 성질이 아닌 것은?

① 상온에서 기체이며, 단원자 분자이다.
② 다른 원소와 잘 화합한다.
③ 상온에서 무색, 무미, 무취의 기체이다.
④ 방전관에 넣어 방전시키면 특유의 색을 낸다.

주기율표 0족

항 목	세부 핵심 내용
가스 성질	불활성 가스
가스 종류	He, Ne, Ar, Kr, Xe, Rn
특징	안정된 가스로서 다른 원소나 화학결합을 하지 않으나 Xe(크세논)과 F_2(불소) 사이에 몇 종류의 화학결합이 있다.

60 BOG(Boil Off Gas)란 무슨 뜻인가?

① 엘엔지(LNG) 저장 중 열침입으로 발생한 가스
② 엘엔지(LNG) 저장 중 사용하기 위하여 기화시킨 가스
③ 정유탑 상부에 생성된 오프가스(Off gas)
④ 정유탑 상부에 생성된 부생가스

정답 56.④ 57.③ 58.③ 59.② 60.①

제5회 CBT 기출복원문제

가스기능사	수험번호 : 수험자명 :	※ 제한시간 : 60분 ※ 남은시간 :
글자 크기 100% 150% 200% 화면 배치	전체 문제 수 : 안 푼 문제 수 :	답안 표기란 ① ② ③ ④

01 아세틸렌 제조시설 중 가스발생기에서 최적 가스 발생온도는? **[설비 3]**

① 20~30℃
② 50~60℃
③ 90~100℃
④ 200~500℃

습식 아세틸렌가스의 표면온도는 70℃ 이하－최적온도 50~60℃

| C_2H_2 발생기 |

구 분		간추린 핵심 내용
발생 형식에 따라	주수식	카바이드에 물을 넣는 형식
	투입식	물에 카바이드를 주입하는 형식
	침지식	카바이드와 물을 소량식 혼합하는 형식
발생 압력에 따라	고압식	1.3kg/cm^2 이상
	중압식	0.07~1.3kg/cm^2 미만
	저압식	0.07kg/cm^2 미만
발생기 표면온도		70℃ 이하
발생기 최적온도		50~60℃

02 일반 도시가스사업의 가스 공급시설 중 수봉기를 설치하여야 하는 설비는?

① 최고사용압력이 고압인 차단장치
② 최고사용압력이 저압인 가스발생설비
③ 최고사용압력이 저압인 가스정제설비
④ 최고사용압력이 고압인 경보설비

03 다음 배관 중 역화방지장치를 반드시 설치하여야 할 곳은? **[안전 23]**

① 가연성 가스 압축기와 충전용 주관 사이의 배관
② 가연성 가스 압축기와 오토클레이브 사이의 배관
③ 아세틸렌 압축기의 유분리기와 고압 건조기 사이의 배관
④ 암모니아 또는 메탄올의 합성탑과 압축기 사이의 배관

역화방지장치 적용시설
㉠ 가연성 가스를 압축하는 압축기와 오토클레이브 사이 배관
㉡ 아세틸렌의 고압건조기와 충전용 교체밸브 사이 배관
㉢ 아세틸렌 충전용 지관 : 수소, 산소, 아세틸렌 화염 사용시설

04 암모니아와 착이온을 생성하는 금속이 아닌 것은?

① Cu
② Zn
③ Ag
④ Fe

NH_3와 착이온 생성으로 부식을 일으키는 가스(Cu, Al, Zn)

05 가연성 가스가 폭발할 위험이 있는 장소에 전기설비를 할 경우 위험장소의 등급 분류에 해당하지 않는 것은? **[안전 46]**

① 0종 ② 1종
③ 2종 ④ 3종

정답 01.② 02.③ 03.② 04.④ 05.④

해설

위험장소 분류, 가스시설 전기방폭기준(KGS Gc 201)

• 위험장소 분류 : 가연성 가스가 폭발할 위험이 있는 농도에 도달할 우려가 있는 장소(이하 "위험장소"라 한다)의 등급은 다음과 같이 분류한다.

0종 장소	상용의 상태에서 가연성 가스의 농도가 연속해서 폭발하한계 이상으로 되는 장소(폭발상한계를 넘는 경우에는 폭발한계 이내로 들어갈 우려가 있는 경우를 포함한다)
1종 장소	상용상태에서 가연성 가스가 체류해 위험하게 될 우려가 있는 장소, 정비보수 또는 누출 등으로 인하여 종종 가연성 가스가 체류하여 위험하게 될 우려가 있는 장소
2종 장소	㉠ 밀폐된 용기 또는 설비 안에 밀봉된 가연성 가스가 그 용기 또는 설비의 사고로 인하여 파손되거나 오조작의 경우에만 누출할 위험이 있는 장소 ㉡ 확실한 기계적 환기조치에 따라 가연성 가스가 체류하지 아니하도록 되어 있으나 환기장치에 이상이나 사고가 발생한 경우에는 가연성 가스가 체류해 위험하게 될 우려가 있는 장소 ㉢ 1종장소의 주변 또는 인접한 실내에서 위험한 농도의 가연성 가스가 종종 침입할 우려가 있는 장소

[해당 사용 방폭구조]

0종 : 본질안전방폭구조

1종 : 본질안전방폭구조, 유입방폭구조, 압력방폭구조, 내압방폭구조

2종 : 본질안전방폭구조, 유입방폭구조, 내압방폭구조, 압력방폭구조, 안전증방폭구조

• 가스시설 전기방폭기준

종 류	표시방법	정 의
내압방폭구조	(d)	방폭전기기기의 용기(이하 "용기") 내부에서 가연성 가스의 폭발이 발생할 경우 그 용기가 폭발압력에 견디고, 접합면, 개구부 등을 통해 외부의 가연성 가스에 인화되지 않도록 한 구조를 말한다.
유입방폭구조	(o)	용기 내부에 절연유를 주입하여 불꽃·아크 또는 고온발생부분이 기름 속에 잠기게 함으로써 기름면 위에 존재하는 가연성 가스에 인화되지 않도록 한 구조를 말한다.
압력방폭구조	(p)	용기 내부에 보호 가스(신선한 공기 또는 불활성 가스)를 압입하여 내부압력을 유지함으로써 가연성 가스가 용기 내부로 유입되지 않도록 한 구조를 말한다.
안전증방폭구조	(e)	정상운전 중에 가연성 가스의 점화원이 될 전기불꽃·아크 또는 고온부분 등의 발생을 방지하기 위해 기계적, 전기적 구조상 또는 온도상승에 대해 특히 안전도를 증가시킨 구조를 말한다.
본질안전방폭구조	(ia) (ib)	정상 시 및 사고(단선, 단락, 지락 등) 시에 발생하는 전기불꽃·아크 또는 고온부로 인하여 가연성 가스가 점화되지 않는 것이 점화시험, 그 밖의 방법에 의해 확인된 구조를 말한다.
특수방폭구조	(s)	상기 구조 이외의 방폭구조로서 가연성 가스에 점화를 방지할 수 있다는 것이 시험, 그 밖의 방법으로 확인된 구조를 말한다.

• 방폭기기 선정

| 내압방폭구조의 폭발등급 |

최대안전틈새 범위(mm)	0.9 이상	0.5 초과 0.9 미만	0.5이하
가연성 가스의 폭발등급	A	B	C
방폭전기기기의 폭발등급	IIA	IIB	IIC

[비고] 최대안전틈새는 내용적이 8리터이고, 틈새 깊이가 25mm인 표준용기 안에서 가스가 폭발할 때 발생한 화염이 용기 밖으로 전파하여 가연성 가스에 점화되지 않는 최대값

| 본질안전구조의 폭발등급 |

최소점화전류비의 범위(mm)	0.8 초과	0.45 이상 0.8 이하	0.45 미만
가연성 가스의 폭발등급	A	B	C
방폭전기기기의 폭발등급	IIA	IIB	IIC

[비고] 최소점화전류비는 메탄가스의 최소점화전류를 기준으로 나타낸다.

| 가연성 가스 발화도 범위에 따른 방폭전기기기의 온도등급 |

가연성 가스의 발화도(℃) 범위	방폭전기기기의 온도등급
450 초과	T1
300 초과 450 이하	T2
200 초과 300 이하	T3
135 초과 200 이하	T4
100 초과 135 이하	T5
85 초과 100 이하	T6

• 기타 방폭전기기기 설치에 관한 사항

기기 분류	간추린 핵심 내용
용기	방폭성능을 손상시킬 우려가 있는 유해한 흠, 부식, 균열, 기름 등 누출부위가 없도록 할 것
방폭전기기기 결합부의 나사류를 외부에서 조작 시 방폭성능 손상우려가 있는 것	드라이버, 스패너, 플라이어 등의 일반 공구로 조작할 수 없도록 한 자물쇠식 죄임구조로 할 것
방폭전기기기 설치에 사용되는 정션박스, 푸울박스 접속함	내압방폭구조 또는 안전증 방폭구조
조명기구 천장, 벽에 메어 달 경우	바람진동에 견디도록 하고 관이 길이를 짧게 한다.

• 도시가스 공급시설에 설치하는 정압기실 및 구역압력조정기실 개구부와 RTU(Remote Terminal Unit) box와 유지거리

지구정압기 건축물 내 지역정압기 및 공기보다 무거운 가스를 사용하는 지역정압기	4.5m 이상
공기보다 가벼운 가스를 사용하는 지역정압기 및 구역압력조정기	1m 이상

06 다음 중 폭발범위가 넓은 것부터 좁은 순서로 옳게 나열한 것은?

① H_2, C_2H_2, CH_4, CO
② CH_4, CO, C_2H_2, H_2
③ C_2H_2, H_2, CO, CH_4
④ C_2H_2, CO, H_2, CH_4

해설

폭발범위

가스명	폭발범위(%)
C_2H_2	2.5~81
H_2	4~75
CO	12.5~74
CH_4	5~15

07 압축기의 윤활에 대한 설명 중 옳은 것은 어느 것인가? **[설비 10]**

① 수소 압축기의 윤활유에는 양질의 광유(鑛油)가 사용된다.
② 아세틸렌 압축기의 윤활에는 물이 사용된다.
③ 산소 압축기의 윤활에는 진한 황산이 사용된다.
④ 염소 압축기의 윤활에는 식물성유가 사용된다.

해설

각종 가스의 윤활제
㉠ 아세틸렌(양질의 광유)
㉡ 산소(물, 10% 이하 글리세린)
㉢ 염소(진한 황산)

08 도시가스 사용시설 중 호스의 길이는 연소기까지 몇 [m] 이내로 하여야 하는가?

① 1 ② 2
③ 3 ④ 4

해설

호스의 길이

구분	호스 길이(m)
배관 중 호스 길이	3m 이내
LPG 자동차 충전기 호스 길이	5m 이내

09 차량에 고정된 고압가스 탱크를 운행할 경우에 휴대해야 할 서류가 아닌 것은 어느 것인가? **[안전 43]**

① 차량등록증
② 탱크테이블(용량 환산표)
③ 고압가스 이동계획서
④ 탱크 제조시방서

10 부탄(C_4H_{10})의 위험도는 약 얼마인가? (단, 폭발범위는 1.8~8.4%이다.)

① 1.23 ② 2.27
③ 3.67 ④ 4.58

$$위험도 = \frac{폭발한계상한 - 폭발한계하한}{폭발한계하한}$$
$$= \frac{8.4\% - 1.8\%}{1.8\%} = 3.67$$

※ 위험도는 단위가 없는 무차원임. (%)의 단위를 붙이면 실기시험에서는 오답이 된다.

11 독성 가스 저장탱크에 과충전방지장치를 설치하고자 한다. 과충전방지장치는 가스충전량이 저장탱크 내용적의 몇 [%]를 초과하는 것을 방지하기 위하여 설치하는가?

① 80 ② 85
③ 90 ④ 95

정답 06.③ 07.① 08.③ 09.④ 10.③ 11.③

12 유독성 가스를 검지하고자 할 때 하리슨 시험지를 주로 사용하는 가스는? [안전 22]

① 염소 ② 아세틸렌
③ 황화수소 ④ 포스겐

13 일반 도시가스 공급시설에 설치하는 정압기의 분해점검 주기는 어떻게 정하여져 있는가? (단, 단독 사용자에게 공급하기 위한 정압기는 제외한다.) [안전 44]

① 1년에 1회 이상
② 2년에 1회 이상
③ 3년에 1회 이상
④ 1주일에 1회 이상

14 가연성 가스를 취급하는 장소에서 사용하는 공구 등의 재질로 불꽃이 가장 많이 발생되는 것으로 볼 수 있는 것은?

① 고무
② 알루미늄합금
③ 가죽
④ 나무

가연성 취급공장에서 불꽃이 발생되지 않는 안전용공구의 재료
㉠ 나무
㉡ 고무
㉢ 가죽
㉣ 플라스틱
㉤ 베릴륨 및 베아론합금
※ 금속제 공구 사용 시 불꽃 발생으로 폭발 우려

15 LP가스를 용기에 의해 수송할 때의 설명으로 틀린 것은?

① 용기 자체가 저장설비로 이용될 수 있다.
② 소량 수송의 경우 편리한 점이 많다.
③ 취급 부주의로 인한 사고의 위험 등이 수반된다.
④ 용기의 내용적을 모두 채울 수 있어 가스의 누설이 전혀 발생되지 않는다.

16 고압가스 충전용기는 항상 몇 [℃] 이하로 유지해야 하는가?

① 10℃ ② 30℃
③ 40℃ ④ 50℃

17 공업용 산소용기의 문자 색상은? [안전 3]

① 백색 ② 적색
③ 흑색 ④ 녹색

18 다음 중 허용농도 1ppb에 해당하는 것은?

① $\frac{1}{10^3}$
② $\frac{1}{10^6}$
③ $\frac{1}{10^9}$
④ $\frac{1}{10^{10}}$

19 가스도매사업의 가스 공급시설 중 배관을 지하에 매설할 때의 기준으로 틀린 것은 어느 것인가? [안전 1]

① 배관은 그 외면으로부터 수평거리로 건축물까지 1.0m 이상으로 할 것
② 배관은 그 외면으로부터 지하의 다른 시설물과 0.3m 이상으로 할 것
③ 배관을 산과 들에 매설할 때는 지표면으로부터 배관의 외면까지의 매설깊이를 1m 이상으로 할 것
④ 굴착 및 되메우기는 안전확보를 위하여 적절한 방법으로 실시할 것

도시가스사업법 시행규칙 별표 5
① 건축물과 수평거리 1.5m 이상 유지

20 폭발성 혼합가스에서 폭발 등급 2급의 안전 간격은? [안전 46]

① 0.1~0.3mm ② 0.4~0.6mm
③ 0.8~1.0mm ④ 1.5~2.0mm

정답 12.④ 13.② 14.② 15.④ 16.③ 17.① 18.③ 19.① 20.②

21 일반 도시가스사업의 가스 공급시설 중 최고사용압력이 저압인 유수식 가스홀더에 갖추어야 할 기준으로 틀린 것은? **[설비 18]**

① 모든 관의 입·출구에는 신축을 흡수하는 조치를 반드시 할 것
② 가스 방출장치를 설치한 것일 것
③ 수조에 물공급관과 물이 넘쳐 빠지는 구멍을 설치한 것일 것
④ 봉수의 동결방지 조치를 한 것일 것

해설

가스홀더 분류 및 특징

분 류	종 류		
정의	공장에서 정제된 가스를 저장, 가스의 질을 균일하게 유지, 제조량·수요량을 조절하는 탱크		
분 류			
중·고압식		저압식	
원통형	구형	유수식	무수식
종류별 특징			
구형	㉠ 가스 수요의 시간적 변동에 대하여 제조량을 안정하게 공급하고 남는 것은 저장 ㉡ 정전배관공사 공급설비의 일시적 지장에 대하여 어느 정도 공급 확보 ㉢ 각 지역에 가스홀더를 설치, 피크 시 공급과 동시 배관 수송효율을 높인다.		
유수식	㉠ 물로 인한 기초공사비가 많이 든다. ㉡ 물탱크의 수분으로 습기가 있다. ㉢ 추운 곳에 물의 동결방지조치가 필요하다. ㉣ 유효 가동량이 구형에 비해 크다.		
무수식	㉠ 대용량 저장에 사용된다. ㉡ 물탱크가 없어 기초가 간단하고 설치비가 적다. ㉢ 건조 상태로 가스가 저장된다. ㉣ 작업 중 압력변동이 적다.		

22 다음 내용 중 역화의 원인이 아닌 것은 어느 것인가? **[장치 6]**

① 염공이 적게 되었을 때
② 버너 위에 큰 용기를 올려서 장시간 사용할 경우
③ 가스의 압력이 너무 낮을 때
④ 콕이 충분히 열리지 않았을 때

23 저장능력이 23000kg인 액화석유가스의 저장탱크와 제2종 보호시설과의 안전거리 기준은 몇 [m]이어야 하는가? **[안전 7]**

① 16　② 18
③ 20　④ 21

해설

LPG
㉠ 가스 종류 : 가연성
㉡ 저장능력 2만 초과 3만 이하
1종 : 24m, 2종 : 16m

24 고압가스 제조시설에서 긴급사태 발생 시 필요한 연락을 신속히 할 수 있도록 설치해야 할 통신설비 중 현장사무소 상호간에 설치하여야 할 통신설비가 아닌 것은? **[안전 48]**

① 페이징 설비　② 구내 전화
③ 인터폰　④ 메가폰

25 일정압력 20℃에서 체적 1L의 가스는 40℃에서는 약 몇 [L]가 되는가?

① 1.07　② 1.21
③ 1.30　④ 1.41

$$\frac{P_1V_1}{T_1}=\frac{P_2V_2}{T_2} \text{에서 } (P_1=P_2)$$

$$\therefore V_2=\frac{V_1T_2}{T_1}=\frac{1\times(273+40)}{(273+20)}=1.07\text{L}$$

26 고압가스 특정 제조시설의 배관시설에 검지경보장치의 검출부를 설치하여야 하는 장소가 아닌 것은? **[안전 16]**

① 긴급차단장치의 부분
② 방호구조물 등에 의하여 개방되어 설치된 배관의 부분
③ 누출된 가스가 체류하기 쉬운 구조인 배관의 부분
④ 슬리브관, 이중관 등에 의하여 밀폐되어 설치된 배관의 부분

KGS Fp 111(2.6.2.3) 관련
② 방호구조물에 의하여 (개방되어) → (밀폐되어)

정답 21.① 22.① 23.① 24.④ 25.① 26.②

27 고압인 도시가스 공급시설은 통로, 공지 등으로 구획된 안전구역 안에 설치하되 그 안전구역 면적은 몇 [m^2] 미만이어야 하는가?

① 10000　　② 20000
③ 30000　　④ 40000

해설

도시가스사업법 시행규칙 별표 5
가스도매사업의 가스 공급시설 기술기준 중 안전성 평가기준

항 목	이격거리
LPG 저장처리설비 외면에서 보호시설	30m 이상
제조공급소의 가스공급시설 화기와 우회거리	8m 이상
고압가스 공급시설 안전구역 면적	2만m^2 미만
안전구역 내 고압가스 공급시설과 고압가스 공급시설	30m 이상
LNG 저장탱크와 처리능력 20만m^3 압축기	30m 이상
가스공급시설과 제조소 경계까지	20m 이상

28 고압가스 일반 제조시설의 처리설비를 실내에 설치하는 경우에 처리설비실의 천장, 벽 및 바닥의 두께가 몇 [cm] 이상인 철근콘크리트로 하여야 하는가?

① 20　　② 30
③ 40　　④ 60

29 가스의 위험성에 대한 설명 중 틀린 것은?

① 가연성 가스의 고압 배관밸브를 급격히 열면 배관 내의 철, 녹 등이 급격히 움직여 발화의 원인이 된다.
② 염소와 암모니아가 접촉할 때 염소 과잉의 경우는 대단히 강한 폭발성 물질은 NCl_3를 생성하고 사고발생의 원인이 된다.
③ 아르곤은 수은과 접촉하면 위험한 성질인 아르곤수은을 생성하여 사고발생의 원인이 된다.
④ 아세틸렌은 동(銅) 등과 반응하여 금속 아세틸라이드를 생성하여 사고발생의 원인이 된다.

해설

Ar
㉠ 원자번호 : 18
㉡ 원자량 : 40g
㉢ 불활성으로 다른 금속과 접촉하여도 위험성이 없다.

30 도시가스의 유해성분 측정 대상이 아닌 것은?

① 황　　② 황화수소
③ 이산화탄소　　④ 암모니아

도시가스 유해성분 측정

측정 대상가스	초과금지 양
황	0.5g
황화수소	0.02g
암모니아	0.2g

31 스크루 펌프는 어느 형식의 펌프에 해당 하는가? **[설비 9]**

① 축류 펌프　　② 원심 펌프
③ 회전 펌프　　④ 왕복 펌프

펌프의 분류

<table>
<tr><th colspan="2">용적형</th><th colspan="4">터보형</th></tr>
<tr><td>왕복</td><td>회전</td><td colspan="2">원심</td><td rowspan="3">축류</td><td rowspan="3">사류</td></tr>
<tr><td rowspan="2">피스톤, 플런저, 다이어프램</td><td rowspan="2">기어, 나사(스크루), 베인</td><td>벌류트</td><td>터빈</td></tr>
<tr><td>안내베인이 없는 원심펌프</td><td>안내베인이 있는 원심펌프</td></tr>
</table>

32 가스 배관의 배관경로의 결정에 대한 설명 중 옳지 않은 것은?

① 가능한 한 최단거리로 할 것
② 구부러지거나 오르내림을 적게 할 것
③ 가능한 한 은폐하거나 매설할 것
④ 가능한 한 옥외에 설치할 것

해설

가스 배관경로 선정 시 유의사항
㉠ 최단거리로 할 것(최단)
㉡ 구부러지거나 오르내림이 적게 할 것=직선 배관으로 할 것(직선)
㉢ 은폐매설을 피할 것=노출하여 시공할 것(노출)
㉣ 가능한 한 옥외에 설치할 것(옥외)

정답 27.② 28.② 29.③ 30.③ 31.③ 32.③

33 다음 암모니아 합성공정 중 고압합성에 이용되고 있는 방법은?

① 케미그법 ② 구데법
③ 케로그법 ④ 클로드법

- 고압법(클로드법, 카자레법)
- 중압법(IG법, 동공시법)
- 저압법(구데법, 케로그법)

❙ NH_3 합성법 ❙

하버보시법에 의한 제조반응식			$N_2+3H_2 \rightarrow 2NH_3$		
고압법		중압법		저압법	
압력(MPa)	종류	압력(MPa)	종류	압력(MPa)	종류
60~100	클로드법 카자레법	30 전후	IG법, 동공시법 등 고압 저압 이외의 방법	15	케미그법 구데법

34 펌프를 운전할 때 송출압력과 송출유량이 주기적으로 변동하여 펌프의 토출구 및 흡입구에서 압력계의 시침이 흔들리는 현상은 어느 것인가? **[설비 8]**

① 공동현상(Cavitation)
② 맥동현상(Surging)
③ 수격작용(Water hammering)
④ 진동현상(Vibration)

원심 펌프에서 발생되는 이상현상

이상현상의 종류		핵심 내용
베이퍼록	정의	저비등점을 가진 액화가스를 이송 시 펌프 입구에서 발생되는 현상으로 액의 끓음에 의한 동요현상을 일으킴
베이퍼록	방지법	㉠ 흡입관경을 넓힌다. ㉡ 회전수를 낮춘다. ㉢ 펌프설치 위치를 낮춘다. ㉣ 실린더라이너를 냉각시킨다. ㉤ 외부와 단열조치한다.
수격작용(워터해머)	정의	관속을 충만하여 흐르는 대형 송수관로에서 정전 등에 의한 심한 압력변화가 생기면 심한 속도변화를 일으켜 물이 가지고 있는 힘의 세기가 해머를 내려치는 힘과 같아 워터해머라 부름
수격작용(워터해머)	방지법	㉠ 펌프에 플라이휠(관성차)을 설치한다. ㉡ 관내유속(1m/s 이하)을 낮춘다. ㉢ 조압수조를 관선에 설치한다. ㉣ 밸브를 송출구 가까이 설치하고 적당히 제어한다.
서징(맥동)현상	정의	펌프를 운전 중 규칙바르게 양정 유량 등이 변동하는 현상
서징(맥동)현상	발생조건	㉠ 펌프의 양정곡선이 산고곡선이고 그 곡선의 산고상승부에서 운전 시 ㉡ 배관 중 물탱크나 공기탱크가 있을 때 ㉢ 유량조절밸브가 탱크 뒤측에 있을 때

〈원심압축 시의 서징〉
1. 정의 : 압축기와 송풍기 사이에 토출측 저항이 커지면 풍량이 감소하고 어느 풍량에 대하여 일정압력으로 운전되나 우상특성의 풍량까지 감소되면 관로에 심한 공기의 맥동과 진동을 발생하여 불안정 운전이 되는 현상
2. 방지법
   ㉠ 우상특성이 없게 하는 방식
   ㉡ 방출밸브에 의한 방법
   ㉢ 회전수를 변화시키는 방법
   ㉣ 교축밸브를 기계에 근접시키는 방법

※ 우상특성 : 운전점이 오른쪽 상하부로 치우치는 현상

35 양면간에 복지방지용 시일드 판으로서 알루미늄박과 스페이서로서의 글라스울을 서로 다수 포개어 고진공 중에 두는 단열 방법은? **[장치 27]**

① 상압 단열법
② 고진공 단열법
③ 다층진공 단열법
④ 분말진공 단열법

36 가스용기 재료의 구비조건으로 옳지 않은 것은?

① 경량이고 충분한 흡습성이 있을 것
② 저온 및 사용온도에 견딜 것
③ 내식성, 내마모성이 있을 것
④ 용접성 및 가공성이 좋을 것

흡습성 → 용기부식을 일으킴

정답 33.④ 34.② 35.③ 36.①

37 금속재료에서 고온일 때의 가스에 의한 부식에 해당하지 않는 것은? **[설비 6]**

① 수소에 의한 강의 탈탄
② 황화수소에 의한 황화
③ 탄산가스에 의한 카보닐화
④ 산소에 의한 산화

③ CO에 의한 카보닐(침탄)

38 용기용 밸브는 가스 충전구의 형식에 따라 분류된다. 가스 충전구에 나사가 없는 것은 어느 것인가? **[안전 37]**

① A형 ② B형
③ C형 ④ AB형

용기밸브 충전구 나사 형식

구 분	세부 핵심 내용
왼나사	NH_3, CH_3Br을 제외한 모든 가연성 가스
오른나사	NH_3, CH_3Br을 포함한 가연성 이외의 가스
A형	충전구 나사가 숫나사
B형	충전구 나사가 암나사
C형	충전구에 나사가 없음

39 백금 로듐–백금 열전대 온도계의 온도 측정범위로 옳은 것은? **[장치 8]**

① −180~−350℃ ② −20~−800℃
③ 0~1,600℃ ④ 300~2000℃

40 양정 90m, 유량 $90m^3/h$의 송수 펌프의 소요동력은 약 몇 [kW]인가? (단, 펌프의 효율은 60%이다.)

① 30.6 ② 36.8
③ 50.2 ④ 56.8

$$L_{kW} = \frac{\gamma \cdot Q \cdot H}{102\eta}$$

여기서, γ(비중량) : $1000kg/m^3$
Q(유량) : $90m^3/h = 90/3600s$
H(양정) : 90m
η(효율) : 0.6

$$= \frac{1,000 \times (90/3,600) \times 90}{102 \times 0.6}$$

$= 36.8kW$

41 오토클레이브(Auto Clave)에 대한 설명 중 옳지 않은 것은? **[장치 4]**

① 압력은 일반적으로 부르동관식 압력계로 측정한다.
② 오토클레이브의 재질은 사용범위가 넓은 탄소강이 주로 사용된다.
③ 오토클레이브에는 정치형, 교반형, 진탕형 등이 있다.
④ 오토클레이브의 부속장치로는 압력계, 온도계, 안전밸브 등이 있다.

42 주로 탄광 내에서 CH_4의 발생을 검출하는데 사용되며 청염(푸른 불꽃)의 길이로써 그 농도를 알 수 있는 가스 검지기는? **[장치 26]**

① 안전등형 ② 간섭계형
③ 열선형 ④ 흡광 광도형

43 관 내에 흐르고 있는 물의 속도가 6m/s일 때 속도수두는 몇 [m]인가?

① 1.22 ② 1.84
③ 2.62 ④ 2.82

속도수두 $H = \frac{V^2}{2g}$

여기서, V : 유속(6m/s), g : 중력가속도($9.8m/s^2$)

$\therefore \frac{6^2}{2 \times 9.8} = 1.84m$

44 비점이 점차 낮은 냉매를 사용하여 저비점의 기체를 액화하는 사이클은? **[장치 24]**

① 클로드 액화 사이클
② 캐스케이드 액화 사이클
③ 필립스 액화 사이클
④ 린데 액화 사이클

45 LP가스의 이송설비 중 압축기에 의한 공급방식에 대한 설명으로 틀린 것은? **[설비 1]**

① 이송시간이 짧다.
② 베이퍼록 현상의 우려가 없다.
③ 재액화의 우려가 없다.
④ 잔가스 회수가 용이하다.

정답 37.③ 38.③ 39.③ 40.② 41.② 42.① 43.② 44.② 45.③

46 일산화탄소와 염소를 활성탄 촉매하에서 반응시켰을 때 주로 얻을 수 있는 것은?

① 카르보닐 ② 카르복실산
③ 사염화탄소 ④ 포스겐

$CO + Cl_2 \xrightarrow{\text{촉매}\downarrow(\text{활성탄})} COCl_2$(포스겐) 생성

47 장기간 보존하면 수분과 반응하여 중합 폭발을 일으키는 가스는?

① 메탄 ② 시안화수소
③ 수소 ④ 아세틸렌

48 에틸렌(C_2H_4)이 수소와 반응할 때 일으키는 반응은?

① 환원반응 ② 분해반응
③ 제거반응 ④ 부가반응

49 밀도의 단위로 옳은 것은?

① g/s^2 ② l/g
③ g/cm^3 ④ lb/in^2

50 액체의 높이가 4m이며 이 액체의 비중을 0.68이라고 할 때 수은주의 높이는 몇 [cm]인가? (단, 수은의 비중은 13.6이다.)

① 10 ② 20
③ 40 ④ 80

액비중×액면높이 = 액비중′×액면높이′

$\therefore$ 높이′ $= \dfrac{\text{액비중} \times \text{높이}}{\text{액비중}'}$

$S_1 h_1 = S_2 h_2$

여기서, S_1 : 처음의 액비중 : 0.68
h_1 : 처음의 액면높이 : 4m
S_2 : 나중의 액비중 : 13.6
h_2 : 나중의 액면높이 : x

$\therefore h_2 = \dfrac{0.68 \times 400}{13.6} = 20\text{cm}$

51 다음 중 기화열이 가장 큰 것은?

① 암모니아 ② 메탄
③ 프로판 ④ 시안화수소

기화열 : 암모니아(301.8kcal/kg), 메탄(85.7kcal/kg), 프로판(101.8kcal/kg), 시안화수소(223kcal/kg)

52 다음 중 약 −195.8℃의 비점을 가진 기체는?

① 산소 ② 질소
③ 이산화탄소 ④ 수소

비등점

가스별	비등점(℃)
O_2	−183
N_2	−196
CO_2	−78.5
H_2	−252

53 다음 가스 중 무색 · 무취가 아닌 것은?

① O_2 ② N_2
③ CO_2 ④ O_3

54 염소에 대한 설명으로 옳지 않은 것은?

① 황록색의 기체이다.
② 상수도 살균용으로 사용된다.
③ 염소가스 누출 시에는 다량의 물로 씻어낸다.
④ 수소와 혼합하면 염소폭명기가 되어 격렬히 폭발한다.

염소가스는 물과 혼합 시 염산 생성으로 급격한 부식이 생성되며 제독제는 다음과 같다.
㉠ 가성소다수용액
㉡ 탄산소다수용액
㉢ 소석회 등이 사용

55 다음 중 1기압(1atm)과 같지 않은 것은?

① 760mmHg
② 0.9807bar
③ $10.332mH_2O$
④ 101.3kPa

해설

1atm = 760mmHg = 1.01325bar
= $10.332mH_2O$ = 101.3kPa
= 14.7PSI = 0.101325MPa

정답 46.④ 47.② 48.④ 49.③ 50.② 51.① 52.② 53.④ 54.③ 55.②

56 10kg의 물체를 온도 10℃에서 40℃까지 올리는 데 소요되는 열량은 약 몇 [kcal]인가? (단, 이 물체의 비열은 0.24kcal/kg · ℃이다.)

① 24　② 72
③ 120　④ 300

온도변화가 있으므로
현열공식 $Q = G \cdot C \cdot \Delta t$
여기서, G : 10kg
C : 0.24kcal/kg · ℃
Δt : 40−10=30℃
$\therefore Q = 10 \times 0.24 \times 30 = 72$kcal

57 압력단위에 대한 설명 중 옳은 것은?

① 절대압력=게이지압력+대기압
② 절대압력=대기압+진공압
③ 대기압은 진공압보다 낮다.
④ 1atm은 1033.2kg/cm²이다.

② 절대압력=대기압−진공압력
③ 진공압력 : (−)의 의미를 가지는 대기압력보다 낮은 압력
④ 1atm=1.0332kg/cm²

58 다음 중 수소가스의 특징이 아닌 것은 어느 것인가?

① 가연성 기체이다.
② 열에 대하여 불안정하다.
③ 확산속도가 빠르다.
④ 폭발범위가 넓다.

59 LP가스의 성질에 대한 설명 중 옳은 것은?

① 무색 투명하고 물에 잘 녹는다.
② 기체는 공기보다 가볍다.
③ 상온, 상압에서 액체이다.
④ 석유류 또는 동식물유, 천연고무를 잘 용해시킨다.

㉠ 무색 투명하고 물에 녹지 않는다.
㉡ 기체는 공기보다 무겁다.
㉢ 상온, 상압 시 기체, 가압 냉각 시 액체
㉣ 석유류, 동식물류, 천연고무는 용해시키므로 패킹제로는 합성고무제인 실리콘 고무줄을 사용한다.

60 액상의 LP가스와 물을 밀폐용기 안에 넣었을 경우에 어떻게 되겠는가?

① 물이 액상의 LP가스 위에 떠 있는 상태가 된다.
② 액상의 LP가스가 물 위에 떠 있는 상태가 된다.
③ 액상의 LP가스가 물에 용해되어 섞인 상태가 된다.
④ 액상의 LP가스가 물 중앙부에 위치하게 된다.

물의 비중은 1, LP가스의 액비중은 0.5이므로 혼합 시 비중이 무거운 물은 하부에 가라앉고 LP가스는 상부에 떠 있다.

정답 56.② 57.① 58.② 59.④ 60.②

가스기능사 기출문제집 필기

2016. 3. 10. 초 판 1쇄 발행
2024. 1. 17. 개정 8판 1쇄(통산 11쇄) 발행

지은이 | 양용석
펴낸이 | 이종춘
펴낸곳 | BM ㈜도서출판 성안당
주소 | 04032 서울시 마포구 양화로 127 첨단빌딩 3층(출판기획 R&D 센터)
10881 경기도 파주시 문발로 112 파주 출판 문화도시(제작 및 물류)
전화 | 02) 3142-0036
031) 950-6300
팩스 | 031) 955-0510
등록 | 1973. 2. 1. 제406-2005-000046호
출판사 홈페이지 | **www.cyber.co.kr**
ISBN | 978-89-315-2952-4 (13530)
정가 | 29,000원

이 책을 만든 사람들
책임 | 최옥현
진행 | 이용화, 박현수
전산편집 | 전채영
표지 디자인 | 박현정
홍보 | 김계향, 유미나, 정단비, 김주승
국제부 | 이선민, 조혜란
마케팅 | 구본철, 차정욱, 오영일, 나진호, 강호묵
마케팅 지원 | 장상범
제작 | 김유석